Vahlens Handbücher
der Wirtschafts- und Sozialwissenschaften

Wöhe · Kaiser · Döring

Übungsbuch zur Einführung in die Allgemeine Betriebswirtschaftslehre

Übungsbuch zur Einführung in die Allgemeine Betriebswirtschaftslehre

von

Dr. Dr. h. c. mult. Günter Wöhe †

ehemals o. Professor der Betriebswirtschaftslehre
an der Universität des Saarlandes

Dr. Hans Kaiser

und

Dr. Ulrich Döring

o. Professor der Betriebswirtschaftslehre
an der Universität Lüneburg

12., vollständig überbearbeitete Auflage

Verlag Franz Vahlen München

VERLAG
VAHLEN
MÜNCHEN
www.vahlen.de

ISBN 978 3 8006 3525 2

Gesamtherstellung: Druckerei C. H. Beck, Nördlingen
(Adresse wie Verlag)

Gedruckt auf säurefreiem, alterungsbeständigem Papier
(hergestellt aus chlorfrei gebleichtem Zellstoff)

Vorwort zur zwölften Auflage

In der 23. Auflage des Wöhe-Lehrbuchs erscheinen der Zweite Hauptabschnitt „Der Aufbau des Betriebes", der Fünfte Hauptabschnitt „Investition und Finanzierung" und der Sechste Hauptabschnitt „Das betriebswirtschaftliche Rechnungswesen" in stark überarbeiteter Form. Den gleichen Überarbeitungsschwerpunkt setzt das Übungsbuch. Zur gezielten Klausurvorbereitung in einem zeitlich komprimierten BWL-Studium wurden viele bisherige Übungsaufgaben durch praktisch erprobte Klausuraufgaben ersetzt.

Der Seniorautor dieses Buches, unser akademischer Lehrer Günter Wöhe, ist im Dezember 2007 im Alter von 83 Jahren verstorben. Wir sind sehr dankbar, dass er uns in jahrzehntelanger fruchtbarer Zusammenarbeit an seinem reichen Erfahrungsschatz partizipieren ließ und werden dieses Buch in seinem Sinne fortführen. Wir danken den wissenschaftlichen Mitarbeitern, Frau Dipl.-Kffr. Christina Sandin, Herrn Dipl.-Kfm. Andreas Kadner und Herrn Dipl.-Kfm. Oliver Obermann sowie Herrn Dipl. Hdl. Ingo Schewe für die kritische Durchsicht des Neutextes und Frau Kristina Drünkler, Frau Violetta Graf und Frau Antje Jesswein für die Sorgfalt und Umsicht beim Erstellen der Druckvorlage. Den Lektoren des Verlages, Herrn Dipl.-Vw. Dieter Sobotka und Herrn Dipl.-Vw. Hermann Schenk, sind wir für die bewährte Zusammenarbeit erneut zu Dank verpflichtet.

Lüneburg und Saarbrücken, im Februar 2008

Ulrich Döring
Hans Kaiser

Vorwort zur ersten Auflage

Mit dem vorliegenden Übungsbuch werden zwei Aufgaben verfolgt: erstens soll der Lehr- und Problemstoff der „Einführung in die Allgemeine Betriebswirtschaftslehre" anhand von Fallaufgaben beleuchtet, vertieft und noch leichter verständlich gemacht und damit für die Berufspraxis einfacher anwendbar gestaltet werden; zweitens soll der Leser durch Wiederholungs- und Testfragen und dazugehörige Lösungshinweise sein Wissen überprüfen und ergänzen und sich somit gezielt auf Prüfungen vorbereiten können.

Dieser doppelten Zielsetzung entsprechend ist der Stoff in zweifacher Weise bearbeitet worden: einerseits erfolgte eine Aufbereitung der gesamten „Einführung" in Form von Wiederholungs- und Testfragen, die teils kurze Antworten (z.B. Fragen nach Definitionen von Begriffen), teils längere Analysen (z.B. Fragen nach Zusammenhängen oder Verfahren, ihren Vor- und Nachteilen oder nach der Analyse von Entscheidungskriterien) erfordern; andererseits wurden möglichst praxisbezogene Fallaufgaben entwickelt. Den etwa 500 Fallaufgaben ist grundsätzlich die Lösung beigegeben. Bei den etwa 500 Wiederholungsfragen erübrigt sich in der Regel eine ausführliche Lösungsantwort, da sich jede Frage auf einen bestimmten Abschnitt der „Einführung" bezieht, die Antwort sich also in der „Einführung" befindet. Es genügt deshalb der Hinweis auf die entsprechende Seite der „Einführung" (11. und 12. Auflage). Den etwa 130 Testfragen sind jeweils mehrere Antworten beigegeben, die teils richtig, teils falsch sind. Die Aufgabe für den Leser besteht darin, die richtigen Lösungen herauszufinden. Am Ende jeder Gruppe von

Testfragen findet sich ein Hinweis auf die jeweils richtigen Antworten. Der Lerneffekt kann erheblich vergrößert werden, wenn der Leser auch Überlegungen darüber anstellt, was an den seiner Meinung nach nicht zutreffenden Antworten falsch ist.

Da wir der Meinung sind, daß die didaktischen Vorzüge eines Übungsbuches, die in der Möglichkeit des fallweisen Lernens bestehen, erst dann zur Geltung kommen, wenn sich die Fälle und Aufgaben aus dem Fundus an Kenntnissen lösen lassen, die sich der Leser zuvor aus dem Lehrbuch erworben hat, haben wir den Stoff des Übungsbuches gliederungsmäßig und inhaltlich soweit wie möglich an das dazugehörige Lehrbuch angelehnt, d.h. die Gliederung des Übungsbuches in 6 Hauptabschnitte und die Untergliederung der Hauptabschnitte entsprechen der Gliederung der „Einführung". Der Leser hat somit die Möglichkeit, sich zunächst den Stoff des Lehrbuches oder eines Lehrbuchabschnittes anzueignen und danach sein Wissen auf die möglichst praxisnahen Fälle und Übungsaufgaben des Übungsbuches anzuwenden. Auf diese Weise gewinnt er nicht nur einen Einblick in praktische Entscheidungssituationen, sondern er festigt auch durch die Lösung der Fälle und Übungsaufgaben seine aus dem Lehrbuch erworbenen Kenntnisse der betriebswirtschaftlichen Theorie und Praxis.

Die zweifache Aufbereitung des Stoffes in Wiederholungs- und Testfragen sowie in Fallaufgaben ist in den Hauptabschnitten 2–6 konsequent durchgeführt worden. Der 1. Hauptabschnitt (Gegenstand, Methoden und Geschichte der Betriebswirtschaftslehre) eignet sich nur bedingt für Fallaufgaben. Dieser Abschnitt kann weitaus besser mit Hilfe der Wiederholungs- und Testfragen und der als Lösungshilfe beigegebenen Schaubilder und tabellarischen Zusammenfassungen wiederholt werden.

Ein großer Teil der Fragen könnte in einer mündlichen Prüfung gestellt werden und läßt sich folglich relativ kurz beantworten. Ein anderer Teil eignet sich vom Problemumfang her für mehrstündige schriftliche Arbeiten. Eine ausführliche Bearbeitung – mit entsprechenden Kontrollmöglichkeiten in der „Einführung" – ist als Vorbereitung auf schriftliche Prüfungen zu empfehlen.

Für kritische Anregungen und das Lesen der Korrekturen sind wir den Herren Dipl.-Kfm. Hartmut Bieg, Dipl.-Kfm. Jürgen Bilstein, Dipl.-Kfm. Helmuth Lehr und Dipl.-Kfm. Karl-Willi Schlemmer zu Dank verpflichtet. Unser Dank gilt ebenso Frau Angelika Hauch und Fräulein Doris Schneider für ihre Sorgfalt und Mühe beim Schreiben der Manuskripte.

Saarbrücken, im September 1975/September 1976

Günter Wöhe
Hans Kaiser
Ulrich Döring

Inhaltsübersicht

Dritter Abschnitt. Die Produktion

Vierter Abschnitt. Der Absatz

Fünfter Abschnitt. Investition und Finanzierung

Sechster Abschnitt. Das betriebswirtschaftliche Rechnungswesen

Erster Abschnitt
Gegenstand, Methoden und Geschichte der Betriebswirtschaftslehre

Wiederholungsfragen:

	Wöhe Seite
Wie lässt sich das ökonomische Prinzip mengen- und wertmäßig definieren?	1 f.
Worin besteht der Unterschied zwischen einem Betrieb, einem privaten Haushalt und einem öffentlichen Haushalt?	3
Zu welchem Einteilungsergebnis gelangt man, wenn man die Gesamtzahl der Betriebe nach Wirtschaftszweigen unterteilt?	5
Zu welchem Einteilungsergebnis gelangt man, wenn man die Betriebe nach Art des vorherrschenden Produktionsfaktors unterteilt?	7
Wie lässt sich das Verhältnis der Wirtschaftswissenschaften zu den Sozialwissenschaften beschreiben?	9 f.
Worin liegt der Unterschied zwischen Beschreibungsmodellen, Erklärungsmodellen und Entscheidungsmodellen?	14
Was versteht man unter einer Unternehmensführung nach dem Prinzip gemeinwirtschaftlicher Wirtschaftlichkeit?	16
Welche kritischen Einwände werden gegen das Gewinnmaximierungsprinzip geltend gemacht?	18 f.
Worin liegt der Unterschied zwischen primären und sekundären Werturteilen?	19
Wie lässt sich der produktivitätsorientierte Ansatz von Erich Gutenberg beschreiben?	24 f.
Wie lässt sich der entscheidungsorientierte Ansatz der Betriebswirtschaftslehre charakterisieren?	25 f.
Wie lässt sich der verhaltensorientierte Ansatz der Betriebswirtschaftslehre charakterisieren?	26 f.
Welche Rolle spielen Transaktionskosten, Property-Rights und die Principal-Agent-Beziehung im Rahmen des institutionenökonomischen Ansatzes?	30 f.
Wie vollzieht sich die betriebliche Leistungserstellung und -verwertung zwischen Beschaffungsmarkt, Absatzmarkt, Kapitalmarkt und Staat?	35 f.
Wie lässt sich das Erfahrungsobjekt und das Erkenntnisobjekt der Betriebswirtschaftslehre umschreiben?	38
Wie lässt sich das ökonomische Prinzip als Maximumprinzip, Minimumprinzip und Optimumprinzip interpretieren?	39
Worin unterscheidet sich ein Betrieb im marktwirtschaftlichen System von einem Betrieb in der Planwirtschaft?	41 f.
Welche Aufgabe hat die entscheidungsorientierte Betriebswirtschaftslehre?	42
Wie sind Produktivität, Wirtschaftlichkeit, Gewinn und Rentabilität definiert?	43
Welcher Unterschied besteht zwischen der Eigenkapitalrentabilität und der Gesamtkapitalrentabilität?	44
Wie lässt sich die Verhaltensweise des homo oeconomicus umschreiben?	46

	Wöhe Seite
Wie lässt sich die Betriebswirtschaftslehre von anderen Disziplinen abgrenzen?	47
Zu welchem Einteilungsergebnis gelangt man bei einer funktionalen Einteilung der Betriebswirtschaftslehre?	48 f.

Aufgabe 1 Rationalprinzip und Homo oeconomicus

Welcher Zusammenhang besteht zwischen dem allgemeinen Rationalprinzip und dem ökonomischen Prinzip?

Wöhe S. 38 f.

Die Modelltheorie geht von der Voraussetzung aus, dass sich ein Wirtschaftssubjekt bei seinen Wahlhandlungen rational verhält. Rationales Verhalten liegt dann vor, wenn das Wirtschaftssubjekt der Alternative mit dem höheren Zielerreichungsgrad den Vorzug gibt. Ein rational handelndes, nutzenmaximierendes Wirtschaftssubjekt wird in der ökonomischen Modelltheorie als „Homo oeconomicus" bezeichnet.

Aufgabe 2 Rationalprinzip und ökonomisches Prinzip

Erläutern Sie den Zusammenhang zwischen dem Rationalprinzip und dem ökonomischen Prinzip!

Wöhe S. 38 f.

Das **Rationalprinzip** geht von der Hypothese aus, dass ein Wirtschaftssubjekt die bessere Lösung der schlechteren Lösung vorzieht. Das ökonomische Prinzip gibt dem Wirtschaftssubjekt eine Verhaltensmaßregel an die Hand, wie es zur besseren Lösung gelangen kann. Da die Produktionsfaktoren knapp sind, müssen sie mit großer Umsicht, d.h. nach dem Aspekt der Nützlichkeit eingesetzt werden. Daraus folgt:

- Mit einem gegebenen Faktoreinsatz muss das höchstmögliche Produktionsergebnis erzielt werden (Maximumprinzip).
- Ein vorgegebenes Produktionsergebnis muss mit geringstmöglichem Faktoreinsatz erreicht werden (Minimumprinzip).

Das **ökonomische Prinzip** kann als Prinzip zur **Schonung knapper Ressourcen** verstanden werden.

Aufgabe 3 Ökonomisches Prinzip und Prinzip langfristiger Gewinnmaximierung

Erläutern Sie den Zusammenhang zwischen dem ökonomischen Prinzip und dem Prinzip langfristiger Gewinnmaximierung!

Wöhe S. 39–42

Im **planwirtschaftlichen System** bemühen sich die Betriebe um die Einhaltung des ökonomischen Prinzips. Gewinnmaximierung ist der Planwirtschaft fremd.

Auch im **marktwirtschaftlichen System** müssen die Unternehmen das ökonomische Prinzip beachten. Täten sie es nicht, würden sie also auf Kostensenkungsmöglichkeiten verzichten, wären sie nicht mehr wettbewerbsfähig. Würden die Unternehmen im marktwirtschaftlichen Wettbewerb auf die Gewinnerzielungsabsicht verzichten, blieben sie – bei schlechter Wirtschaftslage – doch der Verlustgefahr, also der Eigenkapitaldezimierung, ausgesetzt. Zum Ausgleich dieses unternehmerischen Risikos müssen Unternehmen im marktwirtschaftlichen Wettbewerb auf die Erzielung möglichst hoher Gewinne bedacht sein. Gewinnmaximierungsstreben dient der langfristigen Sicherung der Unternehmensexistenz: Nur wer (in guten Jahren) sein Eigenkapital durch Gewinnmaximierung mehrt, hat (in schlechten Jahren) ein Eigenkapitalpolster, aus dem sich Verluste abdecken lassen.

Aufgabe 4 Systematisierung von Grundbegriffen

Stellen Sie die Gemeinsamkeiten und Unterschiede zwischen folgenden Begriffen in einem Schema heraus:

(a) Rationalprinzip
(b) Allgemeines Vernunftprinzip
(c) Wirtschaftlichkeitsprinzip
(d) Gesamtkapitalrentabilitätsmaximierung
(e) Eigenkapitalrentabilitätsmaximierung
(f) Rentabilitätsoptimierung

Wöhe S. 1, 38–40 und 44 f.

Verwenden Sie das folgende Schema als Lösungshilfe; versuchen Sie jedoch, den Inhalt der einzelnen Spalten, d.h. die Umschreibung der Begriffe, zunächst selbst zu entwickeln!

RATIONALPRINZIP (ALLGEMEINES VERNUNFTPRINZIP)				
Allgemeine Formulierung	**Wirtschaftlichkeitsprinzip** (ökonomisches Prinzip)		**Rentabilitätsoptimierung**	
	Produktivität (mengenmäßige oder technische Wirtschaftlichkeit)	Wirtschaftlichkeit i. e. S. (wertmäßige Wirtschaftlichkeit)	**Gesamtkapitalrentabilitätsmaximierung**	**Eigenkapitalrentabilitätsmaximierung**
$\frac{\text{Ziel}}{\text{Mittel}} = \frac{\text{Nutzen}}{\text{Opfer}}$	$\frac{\text{mengenmäßiger Ertrag (Ausbringungsmenge)}}{\text{mengenmäßiger Einsatz (Faktoreinsatzmenge)}}$	$\frac{\text{wertmäßiger Ertrag}}{\text{wertmäßiger Einsatz (Aufwand)}}$	$\frac{\text{Gewinn + FK-Zinsen}}{\text{Gesamtkapital}}$	$\frac{\text{Gewinn}}{\text{Eigenkapital}}$
Ein optimales Ziel soll mit einem gegebenen Einsatz an Mitteln erreicht werden.	Ein maximaler mengenmäßiger Ertrag soll mit einem gegebenen mengenmäßigen Faktoreinsatz erzielt werden.	Ein maximaler wertmäßiger Ertrag soll mit einem gegebenen Aufwand erzielt werden.	Ein maximaler Gesamtertrag (Gewinn + FK-Zinsen) soll mit einem gegebenen Gesamtkapitaleinsatz (Eigenkapital + Fremdkapital) erzielt werden.	Ein maximaler Gewinn soll mit einem gegebenen Eigenkapitaleinsatz erzielt werden.
Ein bestimmtes Ziel soll mit dem geringsten Einsatz an Mitteln erreicht werden.	Ein bestimmter mengenmäßiger Ertrag soll mit dem geringsten mengenmäßigen Faktoreinsatz erzielt werden.	Ein bestimmter wertmäßiger Ertrag soll mit dem geringsten Aufwand erzielt werden.	Ein bestimmter Gesamtertrag (Gewinn + Fremdkapitalzinsen) soll mit dem geringsten Gesamtkapitaleinsatz (Eigenkapital + Fremdkapital) erzielt werden.	Ein bestimmter Gewinn soll mit dem geringstmöglichen Eigenkapitaleinsatz erzielt werden.

Aufgabe 5 Zuordnung von Grundbegriffen

Ordnen Sie folgende Begriffe den nachstehenden Beispielen zu:

(a) Rationalprinzip
(b) Produktivitätsmaximierung
(c) wertmäßige Wirtschaftlichkeitsmaximierung
(d) Gesamtkapitalrentabilitätsmaximierung
(e) Eigenkapitalrentabilitätsmaximierung

(1) Herr SCHLAU will mit möglichst wenig Geld eine möglichst lange Weltreise unternehmen.
(2) Herr SPRINGER will mit möglichst wenig Worten seine aufgebrachte Gattin beruhigen.
(3) Der Taxiunternehmer KASKO wünscht, dass seine Fahrer mit möglichst wenig Benzin möglichst weit kommen.
(4) Der Zuschneider MECK soll aus 1.000 qm Stoff möglichst viele Anzüge herausschneiden.
(5) Der Filialleiter GRÜN soll mit einem Eigenkapitaleinsatz von 1.000.000 EUR einen möglichst großen Gewinn erzielen.
(6) Der Student MEISER will für eine Ferienreise 1.000 EUR in möglichst kurzer Zeit verdienen.
(7) Der Betriebsleiter BLAU soll aus 1.000 qm Weißblech im Wert von 3 EUR/qm 15.000 Konservendosen im Wert von 0,20 EUR pro Stück fertigen.

Den Beispielen (1) bis (7) lassen sich folgende Begriffe (a) bis (e) zuordnen:

(1) Keine Zuordnung möglich, da nicht durchführbar. Herr SCHLAU würde sich nach dem Rationalprinzip verhalten, wenn er mit einem bestimmten Geldbetrag eine möglichst lange Weltreise machen wollte oder eine Weltreise einer bestimmten Länge mit einem minimalen Geldbetrag.

(2) Rationalprinzip (a).

(3) Keine Zuordnung möglich, da nicht durchführbar. Es würde sich um eine mengenmäßige Produktivitätsmaximierung handeln, wenn die Fahrer entweder mit einer bestimmten Menge Benzin möglichst weit fahren oder für eine bestimmte Strecke möglichst wenig Benzin verbrauchen.

(4) Mengenmäßige Wirtschaftlichkeits- oder Produktivitätsmaximierung (b).

(5) Eigenkapitalrentabilitätsmaximierung (e).

(6) Rationalprinzip (a).

(7) Es handelt sich hier um eine Arbeitsanleitung, jedoch nicht um ein Optimierungsproblem. Die wertmäßige Wirtschaftlichkeit wäre zu maximieren, wenn Herr BLAU aus dem Weißblech im Wert von 3.000 EUR möglichst viele Konservendosen im Wert von 0,20 EUR pro Stück anfertigen oder 15.000 Konservendosen im Wert von 0,20 EUR pro Stück aus möglichst wenig Weißblech zum Preis von 3 EUR/qm fertigen sollte.

Aufgabe 6 Bestimmung von Produktivität und Wirtschaftlichkeit

Aus 10 kg Draht können 1.000 Schrauben hergestellt werden. Der Wert des Drahtes beläuft sich auf 2 EUR/kg. Der Wert einer Schraube beträgt 0,02 EUR.

Teilaufgabe a)

> Wie hoch sind die Produktivität (mengenmäßige Wirtschaftlichkeit) und die wertmäßige Wirtschaftlichkeit des Einsatzes von 10 kg Draht zur Herstellung von 1.000 Schrauben?

Wöhe S. 43 f.

$$\textbf{Produktivität} = \frac{\text{Ausbringungsmenge}}{\text{Faktoreinsatzmenge}}$$

$$\textbf{Produktivität} = \frac{\text{1.000 Schrauben}}{\text{10 kg Draht}} = \text{100 Schrauben/kg Draht}$$

$$\textbf{Wirtschaftlichkeit} = \frac{\text{wertmäßiger Faktorertrag (Ertrag)}}{\text{wertmäßiger Faktoreinsatz (Aufwand)}}$$

$$\textbf{Wirtschaftlichkeit} = \frac{\text{1.000 Schrauben} \cdot \text{0,02 EUR/Schraube}}{\text{10 kg Draht} \cdot \text{2 EUR/kg Draht}} = \frac{\text{20 EUR}}{\text{20 EUR}} = 10$$

Teilaufgabe b)

> Sie erhalten den Auftrag, die Produktivität der Schraubenherstellung um 10 % zu steigern. Welche Möglichkeiten haben Sie?

Bis jetzt werden 100 Schrauben aus 1 kg Draht hergestellt. Soll die Produktivität um 10% gesteigert werden, müssen 110 Schrauben aus 1 kg Draht erzeugt werden.

$$\textbf{Produktivität} = \frac{\text{1.100 Schrauben}}{\text{10 kg Draht}}$$

$$\textbf{Produktivität} = \text{110 Schrauben/kg Draht}$$

Halten Sie die Faktoreinsatzmenge von 10 kg Draht konstant, so müssen Sie 1.100 Schrauben herstellen. Soll jedoch die Ausbringung mit 1.000 Schrauben konstant bleiben, so dürfen Sie nur 9,09 kg Draht verbrauchen.

$$\textbf{Produktivität} = \frac{\text{1.000 Schrauben}}{\text{9,09 kg Draht}}$$

$$\textbf{Produktivität} = \text{110 Schrauben/kg Draht}$$

Teilaufgabe c)

> Sie erhalten den Auftrag, die wertmäßige Wirtschaftlichkeit der Schraubenherstellung um 10% zu erhöhen. Welche Möglichkeiten stehen Ihnen zur Verfügung?
>
> **Lösungshinweis:** Variieren Sie einmal die Mengen, zum anderen die Preise.

Wöhe S. 43 f.

Bleibt der **Preis** für eine Schraube mit 0,02 EUR und der Preis für 1 kg Draht mit 2 EUR unverändert, so ist die Erhöhung der Wirtschaftlichkeit um 10 % wie in Teilaufgabe b) zu erreichen.

(1) Erhöhung der Anzahl der Schrauben von 1.000 auf 1.100 Stück

$$\textbf{Wirtschaftlichkeit} = \frac{1.100 \text{ Schrauben} \cdot 0{,}02 \text{ EUR/Schraube}}{10 \text{ kg Draht} \cdot 2 \text{ EUR/kg}} = \frac{22 \text{ EUR}}{20 \text{ EUR}} = 1{,}1$$

(2) Verminderung der Menge des eingesetzten Drahtes

$$\textbf{Wirtschaftlichkeit} = \frac{1.000 \text{ Schrauben} \cdot 0{,}02 \text{ EUR/Schraube}}{9{,}09 \text{ kg Draht} \cdot 2 \text{ EUR/kg}} = \frac{20 \text{ EUR}}{18{,}18 \text{ EUR}} = 1{,}1$$

Bleiben die **Mengen** unverändert, so lässt sich die Erhöhung der Wirtschaftlichkeit über eine Änderung der Preise erzielen.

(3) Können Sie den Preis für die Schrauben um 10% auf 0,022 EUR/Schraube erhöhen, so folgt:

$$\textbf{Wirtschaftlichkeit} = \frac{1.000 \text{ Schrauben} \cdot 0{,}022 \text{ EUR/Schraube}}{10 \text{ kg Draht} \cdot 2 \text{ EUR/kg}} = \frac{22 \text{ EUR}}{20 \text{ EUR}} = 1{,}1$$

(4) Gelingt es, den Preis des Drahtes auf 1,818 EUR/kg herunterzuhandeln, so folgt:

$$\textbf{Wirtschaftlichkeit} = \frac{1.000 \text{ Schrauben} \cdot 0{,}02 \text{ EUR/Schraube}}{10 \text{ kg Draht} \cdot 1{,}818 \text{ EUR/kg}} = \frac{20 \text{ EUR}}{18{,}18 \text{ EUR}} = 1{,}1$$

Aufgabe 7 Auswahlprinzip der Betriebswirtschaftslehre

Eine der wichtigsten Aufgaben der Betriebswirtschaftslehre ist es, betriebliche Handlungsalternativen auf ihre Zweckmäßigkeit hin zu untersuchen. So versucht man, Aussagen darüber zu machen, ob die Handlungsalternative A vorteilhafter ist als B oder C. Das Kriterium, an welchem man die Vorteilhaftigkeit der verschiedenen Handlungsalternativen misst, ist der langfristig erzielbare Gewinn. Die Investition A ist also vorteilhafter als die Investitionen B und C, wenn sie einen höheren Gewinn erwarten lässt. Die Betriebswirtschaftslehre käme in diesem Falle zu folgender Empfehlung: will ein Unternehmen den maximalen Gewinn erzielen, so sollte es die Investition A durchführen. Die Betriebswirtschaftslehre macht demnach das **Gewinnmaximierungsprinzip** zu ihrem Auswahlprinzip.

Daneben wird zuweilen behauptet, das Auswahlprinzip der Betriebswirtschaftslehre sei nicht der maximal erzielbare **Gewinn,** sondern die maximal erreichbare **Eigenkapitalrentabilität.** Im folgenden Beispiel soll gezeigt werden, inwieweit beide Auswahlkriterien identisch sind und in welchem Punkt sie sich unterscheiden.

> Max VOLLGAS ist Alleininhaber einer Tankstelle, die ausschließlich mit Eigenkapital (200.000 EUR) finanziert ist und deren Jahresgewinn zur Zeit 40.000 EUR beträgt. VOLLGAS spielt mit dem Gedanken, seinen Betrieb um eine automatische Waschanlage zu erweitern, deren Investitionsvolumen gerade 200.000 EUR beträgt. Der Jahresgewinn würde in diesem Falle auf 72.000 EUR ansteigen.
>
> VOLLGAS, der kein Fremdkapital aufnehmen möchte, müsste im Falle einer Betriebserweiterung seinen Bruder als Kompagnon aufnehmen, der das zusätzlich erforderliche Eigenkapital einbrächte und zur Hälfte am Gewinn beteiligt würde.

Halten Sie die Betriebserweiterung für zweckmäßig, wenn

(a) die Firma VOLLGAS nach dem maximalen Gewinn strebt (Auswahlprinzip = Gewinnmaximierung) oder wenn

(b) Max VOLLGAS nach einer maximalen Verzinsung seines Eigenkapitals strebt (Auswahlprinzip = Eigenkapitalrentabilitätsmaximierung)?

Unter welcher Bedingung sind beide Auswahlprinzipien identisch?

Wöhe S. 43–45

Die Betriebserweiterung würde zu einer Steigerung des Gewinns der Firma VOLLGAS um 32.000 EUR führen. Unter Anwendung des Auswahlprinzips „Gewinnmaximierung" ist also die geplante Betriebserweiterung zu befürworten.

Macht man dagegen die Eigenkapitalrentabilität zum Auswahlprinzip, dann muss man die Betriebserweiterung ablehnen: Während die Eigenkapitalrentabilität von Max VOLLGAS zur Zeit bei 20 % liegt, würde sie nach der Betriebserweiterung auf 18% zurückgehen.

Das Auswahlprinzip „Gewinnmaximierung" führt immer dann zu den gleichen Ergebnissen wie das Auswahlprinzip „Eigenkapitalrentabilitätsmaximierung", wenn die Größe „Eigenkapital" unverändert bleibt. Sobald aber zwei (oder mehrere) Handlungsalternativen von einer unterschiedlichen Eigenkapitalbasis ausgehen, ist nicht mehr die absolute Höhe des Gewinns, sondern der auf das Eigenkapital bezogene Gewinn (= Eigenkapitalrentabilität) die für den Unternehmer ausschlaggebende Größe.

Aufgabe 8 Bestimmung der Rentabilität

Ein Betrieb weist folgende Bilanz und Gewinn- und Verlustrechnung auf:

Aktiva	Bilanz zum 31. 12. 01		Passiva
Anlagevermögen	6.000	Eigenkapital 1. 1. 01	24.000
Umlaufvermögen	37.600	Schulden	16.000
		Gewinn 01	3.600
	43.600		43.600

Aufwand	Gewinn- und Verlustrechnung 1. 1. – 31. 12. 01		Ertrag
Wareneinsatz	6.000	Erlöse	20.000
Löhne	9.440		
Schuldzinsen	960		
Gewinn	3.600		
	20.000		20.000

Die Schulden sollen sich seit dem 1. 1. 01 nicht verändert haben.

Welche

(a) Gesamtkapitalrentabilität

(b) Eigenkapitalrentabilität

wurden in diesem Betrieb erzielt?

Wöhe S. 43–45

Gesamtkapitalrentabilität	Eigenkapitalrentabilität
$r_G = \frac{\text{Gewinn + Fremdkapitalzinsen}}{\text{Eigenkapital + Fremdkapital}} \cdot 100$	$r_E = \frac{\text{Gewinn}}{\text{Eigenkapital}} \cdot 100$
$r_G = \frac{3.600 + 960}{24.000 + 16.000} \cdot 100$	$r_E = \frac{3.600}{24.000} \cdot 100$
$r_G =$ 11,4 %	$r_E =$ 15 %

Aufgabe 9 Eigenkapitalrentabilität und Gesamtkapitalrentabilität

Sie lesen in der Zeitung folgende Anzeige:

„Renditeobjekt: Mieteinnahmen 18.000 EUR pro Jahr; Rendite 15 %; erforderliches Eigenkapital 80.000 EUR; Restfinanzierung über Bausparkasse zu 5 %."

Wieviel kostet das Grundstück, wenn mit 15 % Rendite

(a) die Gesamtkapitalrentabilität

(b) die Eigenkapitalrentabilität

gemeint ist?

Wöhe S. 43–45

Gesucht ist der Kaufpreis X, der sich aus dem erforderlichen Eigenkapital in Höhe von 80.000 EUR und dem Fremdkapital zusammensetzt.

Gesamtkapital (Kaufpreis)	= X
Eigenkapital	= 80.000 EUR
Fremdkapital	= X – 80.000 EUR
Fremdkapitalzinsen	= 5% von (X – 80.000 EUR)
Fremdkapitalzinsen	= 0,05 (X – 80.000)
Ertrag	= 18.000 EUR
Gewinn	= 8.000 EUR – Fremdkapitalzinsen
Gewinn	= 18.000 – 0,05 (X – 80.000)

(a) Kaufpreis bei Gesamtkapitalrentabilität = 15 %	**(b) Kaufpreis bei Eigenkapitalrentabilität = 15 %**
$0{,}15 = \frac{18.000}{X}$	$0{,}15 = \frac{18.000 - 0.05\,(X - 80.000)}{80.000}$
(a) Kaufpreis = 120.000 EUR	**(b) Kaufpreis = 200.000 EUR**

Aufgabe 10 Finanzielles Gleichgewicht – Aufrechterhaltung der Zahlungsfähigkeit

Unternehmen im marktwirtschaftlichen System verfolgen üblicherweise das Ziel langfristiger Gewinnmaximierung. Voraussetzung unternehmerischer Tätigkeit ist aber die Aufrechterhaltung der Zahlungsfähigkeit. Wird ein Unternehmen zahlungsunfähig, muss es Insolvenz anmelden. In der Regel bedeutet dies: Der Betrieb muss seine Tätigkeit einstellen, seine Vermögenswerte veräußern und aus dem Veräußerungserlös seine Schulden begleichen.

Die DAMNUM AG rechnet für die kommende Periode 02 mit folgenden Zahlungen:

Finanzplan 02			
Einzahlungen		Auszahlungen	
Umsatzerlöse	550	Lohn und Gehalt	80
Staatl. Investitionsförderung	50	Anschaffung Betriebsmittel	600
		Einkauf Werkstoffe	120
		Dividende	60
		Steuern	40
		Darlehenstilgung	30

Am Periodenanfang 02 beziffert sich der Bestand finanzieller Mittel auf 130.

Teilaufgabe a)

Kann die DAMNUM AG nach diesem Plan ihre Zahlungsfähigkeit in Periode 02 aufrechterhalten?

Lösungshinweis für Anfänger: Ordnen Sie die verschiedenen Zahlungen ein in das System „Betriebliche Leistungserstellung und -verwertung" in Abb. 1 auf S. 35!

Nach der vorliegenden Planung müsste die DAMNUM AG im kommenden Jahr ihre Zahlungen einstellen:

	Erwartete Einzahlungen	600
–	Erwartete Auszahlungen	930
	Auszahlungsüberschuss	330
–	Anfangsbestand Finanzmittel	130
	Finanzielle Deckungslücke	**200**

Selbst unter Einsatz des anfänglich vorhandenen Finanzmittelbestandes verbleibt eine Deckungslücke von 200 Geldeinheiten.

Teilaufgabe b)

Sehen Sie Möglichkeiten, die drohende Deckungslücke zu schließen?

Zur Aufrechterhaltung der Zahlungsbereitschaft müssten die Einzahlungen um (mindestens) 200 Geldeinheiten erhöht bzw. die Auszahlungen entsprechend gesenkt werden. Dazu sind folgende Alternativen denkbar:

(1) Kürzung des Investitionsprogramms
Dabei müssten die Auszahlungen für Betriebsmittel von 600 auf 400 gesenkt werden. Fraglich bleibt, ob dann das Umsatzvolumen von 550 noch realisierbar wäre.

(2) Zuführung von Fremdkapital.

(3) Zuführung von zusätzlichem Eigenkapital durch die Aktionäre.

Aufgabe 11 Betriebswirtschaftliche Modelle

In einem betriebswirtschaftlichen Modell wird versucht, die Wirklichkeit in vereinfachter Form abzubilden. Je nach Untersuchungszweck unterscheidet man drei Modelltypen:

(a) **Beschreibungsmodelle:** Man begnügt sich mit der übersichtlichen Darstellung betrieblicher Vorgänge und Zustände.

(b) **Erklärungsmodelle:** Man versucht, Zusammenhänge und Ursachen betrieblicher Vorgänge zu erklären. Aus den dem Modell zugrunde gelegten Prämissen werden Hypothesen abgeleitet.

(c) **Entscheidungsmodelle:** Innerhalb bestimmter Nebenbedingungen (z.B. Erlösfunktion und Kostenfunktion) werden Variable (z.B. Menge und Preis) so festgelegt, dass sie einer bestimmten Zielsetzung (z.B. Gewinnmaximierung) Genüge tun.

Wie lassen sich die folgenden Modelle den drei verschiedenen Modelltypen zuordnen?

	Wöhe Seite
(1) Minimalkostenkombination	308 f.
(2) Cournot'sches Monopolmodell	451–454
(3) Modell der vollkommenen Konkurrenz	456–460
(4) Preisuntergrenze bei vollkommener Konkurrenz	456–460
(5) Doppelt geknickte Preisabsatzfunktion	460–462
(6) Doppelt geknickte Preisabsatzfunktion mit Kostenfunktion	463 f.
(7) Produktlebenszyklus	428 f.
(8) Kapitalwertmethode	537–539
(9) Inventar	702 f.
(10) Äquivalenzziffernkalkulation	968 f.

Wöhe S. 12–15

Modelle und Modelltypen lassen sich folgendermaßen zuordnen: 1c, 2c, 3b, 4c, 5b, 6c, 7b, 8c, 9a, 10b.

Aufgabe 12 Allgemeine und spezielle Betriebswirtschaftslehre

In Ihrem Vorlesungsverzeichnis werden folgende Lehrveranstaltungen ausgewiesen:

(1) Controlling
(2) Statistik
(3) Marketing
(4) Investition
(5) Tourismus
(6) Produktion
(7) Organisation
(8) Entscheidungstheorie
(9) Bilanzen
(10) Einführung in die VWL
(11) Materialwirtschaft
(12) Bankbetriebslehre
(13) Finanzwirtschaft
(14) Betriebssoziologie
(15) Industriebetriebslehre
(16) Handelsrecht
(17) Wirtschaftsprüfung
(18) Personal und Führung

Welche Lehrveranstaltungen sind der

A Allgemeinen Betriebswirtschaftslehre
B Speziellen Betriebswirtschaftslehre
C Nachbarwissenschaften

zuzuordnen?

Wöhe S. 46–50

A Allgemeine Betriebswirtschaftslehre: (1), (3), (4), (6), (7), (8), (9), (11), (13) und (18)
B Spezielle Betriebswirtschaftslehren: (5), (12), (15) und (17)
C Nachbarwissenschaften: (2), (10), (14) und (16)

Testfragen zum Ersten Abschnitt

Den folgenden Fragen sind Antworten beigegeben, die teils richtig, teils falsch sind. Ihre Aufgabe besteht darin, die richtigen Antworten herauszufinden und zu begründen, warum sie richtig und die anderen falsch sind. Die Lösungen finden Sie im Anschluss an die letzte Frage. Gelingt Ihnen die Begründung nicht, so ist es empfehlenswert, die erfragten Zusammenhänge und Definitionen im „Wöhe" noch einmal durchzuarbeiten. Das Stichwortverzeichnis des „Wöhe" wird Ihnen helfen, sich schnell zurechtzufinden.

(1) Das ökonomische Prinzip besagt:
- (a) Mit gegebenem Geldaufwand soll ein maximaler Erlös erzielt werden.
- (b) Mit geringstem Mitteleinsatz soll der größtmögliche Ertrag erwirtschaftet werden.
- (c) Es soll stets mit den geringsten Kosten produziert werden.
- (d) Ein gegebenes Ziel soll mit geringstmöglichem Mitteleinsatz erreicht werden.

(2) Welche der folgenden Behauptungen ist richtig?
- (a) Gewinnmaximierungsprinzip und ökonomisches Prinzip sind voneinander unabhängig.
- (b) Das ökonomische Prinzip ist die Voraussetzung des Gewinnmaximierungsprinzips.
- (c) Das Gewinnmaximierungsprinzip ist die Voraussetzung des ökonomischen Prinzips.

(3) Welche der folgenden Behauptungen ist richtig?
- (a) Jeder Betrieb ist eine Unternehmung.
- (b) Unternehmungen sind die Betriebe im marktwirtschaftlichen Wirtschaftssystem.
- (c) Betrieb ist ein technischer Begriff, Unternehmung ist ein juristischer Begriff.
- (d) Alle Betriebe streben nach dem Gewinnmaximum.
- (e) Ein Betrieb ist eine planvoll organisierte Wirtschaftseinheit, in der Sachgüter produziert und Dienstleistungen bereitgestellt werden.

(4) Welche der folgenden Prinzipien sind systembezogene Merkmale des Betriebes?
- (a) erwerbswirtschaftliches Prinzip
- (b) Prinzip der Wirtschaftlichkeit
- (c) Prinzip des finanziellen Gleichgewichts
- (d) Prinzip plandeterminierter Leistungserstellung

(5) Welche der folgenden Prinzipien sind vom Wirtschaftssystem unabhängige Bestimmungsfaktoren des Betriebes?
- (a) Prinzip der Planerfüllung
- (b) Prinzip der Wirtschaftlichkeit
- (c) Prinzip des Privateigentums an den Produktionsmitteln
- (d) Autonomieprinzip

(6) Ein Betrieb kann seinen Wirtschaftsplan anhand der Daten des Marktes selbst bestimmen. Um welches Wirtschaftssystem handelt es sich?
- (a) Marktwirtschaft
- (b) Zentralverwaltungswirtschaft
- (c) kommunistische Planwirtschaft
- (d) staatlich gelenkte Wirtschaft
- (e) kapitalistisches Wirtschaftssystem

(7) Mit welchen Wirtschaftseinheiten beschäftigt sich die Betriebswirtschaftslehre?
   (a) Einzelwirtschaften
   (b) Private Haushalte
   (c) Öffentliche Haushalte
   (d) Produktionswirtschaften

(8) In welche Gruppe von Wissenschaften ist die Betriebswirtschaftslehre einzuordnen?
   (a) Idealwissenschaften
   (b) Realwissenschaften
   (c) Kulturwissenschaften
   (d) Naturwissenschaften
   (e) Wirtschaftswissenschaften

(9) Welche der folgenden Teilgebiete der Betriebswirtschaftslehre sind Bestandteil der Allgemeinen Betriebswirtschaftslehre?
   (a) Industriebetriebslehre
   (b) Betriebswirtschaftliche Steuerlehre
   (c) Bankbetriebslehre
   (d) Unternehmensfinanzierung
   (e) Kostenrechnung

(10) Welche der folgenden Modelle sind Entscheidungsmodelle?
   (a) Minimalkostenkombination
   (b) Langfristige Preisuntergrenze bei vollkommener Konkurrenz
   (c) Gewinnmaximum beim Angebotsmonopol
   (d) Äquivalenzziffernkalkulation

(11) Welches der folgenden Prinzipien ist nach herrschender Meinung das Auswahlprinzip der Betriebswirtschaftslehre?
   (a) Gemeinwirtschaftliche Wirtschaftlichkeit
   (b) langfristige Gewinnmaximierung
   (c) Umsatzmaximierung
   (d) Kostenminimierung

(12) Welche der folgenden Aussagen sind primäre Werturteile?
   (a) Die Gewinnbeteiligung der Arbeitnehmer entspricht einer gerechten Entlohnung.
   (b) Die Steuerbelastung der Unternehmen ist zu hoch.
   (c) Nur wer Kapitalrisiko trägt, darf im Aufsichtsrat mitbestimmen.
   (d) Bei vollkommener Konkurrenz wird das Gewinnmaximum an der Kapazitätsgrenze erreicht.

(13) Welche der folgenden Aussagen sind sekundäre Werturteile (Finalrelationen)?
   (a) Will der Betrieb bei gegebener Absatzsituation den Gewinn maximieren, so muss er das kostengünstigste Verfahren anwenden.
   (b) Je höher die im Betrieb gezahlten Löhne sind, desto größer ist die Lohngerechtigkeit.
   (c) Soll in Zeiten steigender Preise die Substanz erhalten werden, so ist eine Bewertung zu Wiederbeschaffungskosten zweckmäßiger als eine Bewertung zu Anschaffungskosten.
   (d) Die degressive Abschreibung sollte mit Rücksicht auf die Gleichmäßigkeit der Besteuerung in der Steuerbilanz nicht zugelassen werden.

(14) Welche der folgenden Vertreter der Betriebswirtschaftslehre zählen zur normativ-ethischen Richtung?
(a) Eugen Schmalenbach
(b) Heinrich Nicklisch
(c) Wilhelm Rieger
(d) Erich Gutenberg

(15) Wer hat die Produktivitätsbeziehung zwischen Faktoreinsatz und Faktorertrag in den Mittelpunkt der betriebswirtschaftlichen Forschung gestellt?
(a) Heinrich Nicklisch
(b) Fritz Schmidt
(c) Erich Gutenberg
(d) Eugen Schmalenbach

Lösungen: Richtig sind folgende Antworten: 1 a, d; 2 b; 3 b, e; 4 a, d; 5 b; 6 a, e; 7 d; 8 b, c, e; 9 b, d, e; 10 a, b, c; 11 b; 12 a, b, c; 13 a, c; 14 b; 15 c.

Zweiter Abschnitt
Der Aufbau des Betriebes

I. Die Unternehmensführung

1. Shareholder, Stakeholder und Unternehmensziele

Wiederholungsfragen:

	Wöhe Seite
Was versteht man unter Unternehmensführung und wie lässt sich die Unternehmensführung in einzelne Teilsysteme untergliedern?	52–54
Welche Personengruppe beansprucht im Shareholder-Ansatz für sich das Recht zur Festlegung der Unternehmensziele und zur uneingeschränkten Entscheidungsgewalt?	55
Welche Personengruppen beanspruchen nach dem Stakeholder-Ansatz Entscheidungskompetenzen im Unternehmen?	56
Welcher Zusammenhang besteht zwischen der Übernahme unternehmerischen Risikos, Festbetragsbeteiligten und Restbetragsbeteiligten?	57 f.
Wie lässt sich die Berücksichtigung der Stakeholder-Interessen im marktwirtschaftlichen System verwirklichen?	58 f.
Welches sind die konstitutiven Merkmale eigentümergeführter Unternehmen und managementgeführter Unternehmen?	60 f.
Welches sind die wesentlichen Gegenstände arbeitsrechtlicher Mitbestimmung?	63 f.
Welches sind die wesentlichen Gegenstände unternehmerischer Mitbestimmung?	64–67
Was versteht man unter Corporate Governance?	68 f.
Wo liegt das Konfliktpotential zwischen ökonomischen, sozialen und ökologischen Zielen?	75 f.
Nach welchen verschiedenen Merkmalen lassen sich Unternehmensziele einteilen?	77 f.
Warum ist es in der betrieblichen Praxis notwendig, zwischen Oberzielen, Zwischenzielen und Unterzielen zu unterscheiden?	79

Aufgabe 1 Shareholder- versus Stakeholderinteressen

Als Stakeholder sind die Arbeitnehmer u. a. an einer Arbeitszeitverkürzung bei vollem Lohnausgleich bzw. an einer Erfolgsbeteiligung interessiert. Eine andere Stakeholdergruppe, die Nachfrager, haben ein Interesse an Verbraucherschutz durch Produktqualitätsgarantien. Die gesamte Öffentlichkeit hat schließlich ein Interesse am Einsatz umweltschonender Produktionstechniken, deren Realisierung im allgemeinen mit einer Erhöhung der Produktionskosten verbunden ist. Erläutern Sie vor diesem Hintergrund die Beziehungen zwischen den Zielen der Shareholder und den Zielen der Stakeholder!

Wöhe S. 55–57

Eine Erfolgsbeteiligung der Arbeitnehmer führt ceteris paribus für die Anteilseigner zu einer Verringerung des Zukunftserfolgs G. Eine Arbeitszeitverkürzung bei vollem Lohnausgleich führt c.p. zu einer Erhöhung der Lohnstückkosten, die ihrerseits eine Reduzierung des Zukunftserfolgs G bewirkt.

Ähnlich verhält es sich mit der von den Nachfragern gewünschten Qualitätssicherungsgarantie und Produzentenhaftung: Die Kosten steigen, wodurch die Zukunftserfolge c.p. sinken. Gleiche Kosten- und Erfolgswirkungen ergeben sich beim Einsatz umweltschonender Produktionstechniken. Fazit: Unter ceteris paribus-Bedingungen gibt es einen **Zielkonflikt** zwischen **Shareholder-** und **Stakeholderinteressen.**

Hebt man die ceteris paribus-Bedingung auf, muss man bei der Berücksichtigung von Stakeholderinteressen mögliche positive Erfolgsbeiträge in Rechnung stellen.

Sichere Erfolgsminderung	Mögliche Erfolgssteigerung
• G sinkt durch Erfolgsbeteiligung bzw. Arbeitszeitverkürzung	• G steigt bei Erhöhung der Arbeitsproduktivität bewirkt durch gestiegene Arbeitszufriedenheit
• G sinkt durch gestiegene Gewährleistungskosten	• G steigt, wenn sich Produkterlöse über verbessertes Produzentenimage steigern lassen
• G sinkt durch gestiegene Produktionskosten	• G steigt, wenn der Absatzmarkt das verbesserte Produzentenimage über höhere Produktpreise honoriert

Ist bei Berücksichtigung von Stakeholderinteressen die mögliche Erfolgssteigerung größer als die sichere Erfolgsminderung, verfolgen Shareholder und Stakeholder **komplementäre Ziele.**

Aufgabe 2 Determinanten des Shareholder Value

Der Shareholder Value-Ansatz ist ein Konzept zur Unternehmenssteuerung im Interesse der Anteilseigner. Nach diesem Konzept sind die Eigentümer an einer Maximierung des Marktwertes des Eigenkapitals interessiert. Die Aktie ist ein Wertpapier, das ein Anteilsrecht am Eigenkapital einer Aktiengesellschaft verkörpert. An der Höhe des Aktienkurses lässt sich ablesen, auf welchen Betrag der Kapitalmarkt den Wert der Beteiligung (= 1 Aktie) veranschlagt.

Von welchen Faktoren hängt der Shareholder Value eines Unternehmens ab?

Wöhe S. 196–199

Der Shareholder Value entspricht dem Marktwert des Eigenkapitals. Der Shareholder Value wird auf investitionstheoretischer Grundlage ermittelt. Er entspricht dem Barwert künftiger Gewinne. Somit gelten

- die Zukunftsgewinne G bzw. (E – A),
- der Kalkulationszinsfuß i und
- die Dauer der Unternehmenstätigkeit t

als Determinanten zur Ermittlung des Shareholder Value. Der Kalkulationszinsfuß ist ein risikoabhängiger Zins und entspricht der gewünschten Mindestverzinsung der Eigenkapitalgeber.

Aufgabe 3 Shareholder Value und Aktienkurs

Die PROFITTO AG weist in ihrer Bilanz ein Grundkapital von 50 Mio. Geldeinheiten (GE) aus. Die Gesellschaft ist vollständig eigenfinanziert. Der Nennbetrag der ausgegebenen Stammaktien beziffert sich auf 5 GE/Stück.

Teilaufgabe a)

Wie hoch ist der rechnerische Aktienkurs, wenn die Aktionäre
- einen jährlichen Zukunftsgewinn G von 90 Mio. GE,
- eine Mindestverzinsung i von 9 % und
- eine unendliche Lebensdauer des Unternehmens erwarten?

Wöhe S. 196–199

Die PROFITTO AG hat 10 Mio. Aktien ausgegeben. Bei unendlicher Lebensdauer und gleichbleibendem Zukunftsgewinn entspricht der Shareholder Value (= Marktwert des Eigenkapitals) dem Barwert einer ewigen Rente UW:

$$\mathbf{UW} = \frac{G}{i} = \frac{90 \text{ Mio. GE}}{0{,}09} = 1.000 \text{ Mio. GE}$$

$$\textbf{Rechnerischer Aktienkurs} = \frac{\text{UW}}{\text{Aktienzahl}} = \frac{1.000 \text{ Mio. GE}}{10 \text{ Mio. Stück}} = 100 \text{ GE/Aktie}$$

Unter den gegebenen Annahmen beziffert sich der rechnerische Aktienkurs auf 100 GE pro Aktie.

Teilaufgabe b)

Welche grundlegenden Unternehmensstrategien ermöglichen dem Vorstand eine Steigerung des Shareholder Value? Erläutern Sie diese Strategien an einem selbstgebildeten Beispiel!

Grundsätzlich kann der Shareholder Value gesteigert werden durch
- Gewinnexpansion (G nimmt zu),
- Risikoreduktion (i nimmt ab) und/oder
- Lebensdauerverlängerung (t nimmt zu).

Unter den Bedingungen der Teilaufgabe a) ist eine Verlängerung der Lebensdauer nicht möglich. Die Möglichkeiten zur Steigerung des Shareholder Value und des rechnerischen Aktienkurses lassen sich beispielhaft wie folgt beziffern:

Strategie A: Steigerung des Zukunftsgewinns G auf 99 Mio. GE;

Strategie B: Senkung der gewünschten Mindestverzinsung i auf 7,5 % durch Besetzung risikoärmerer Geschäftsfelder;

Strategie C: Kombination aus A und B (G = 99 Mio. i = 0,0075)

Strategie	A	B	C
$UW = \frac{G}{i}$	$\frac{99 \text{ Mio.}}{0{,}09}$	$\frac{90 \text{ Mio.}}{0{,}075}$	$\frac{99 \text{ Mio.}}{0{,}075}$
Shareholder Value	1.100 Mio.	1.200 Mio.	1.320 Mio.
Rechnerischer Aktienkurs	110 GE	120 GE	132 GE

Aufgabe 4 Arbeitsrechtliche und unternehmerische Mitbestimmung

Wo wurde die arbeitsrechtliche, wo die unternehmerische Mitbestimmung gesetzlich verankert? Auf welche Betriebe wird die jeweilige Form der Mitbestimmung angewendet? Welche Zielsetzung liegt jedem der Gesetzeswerke zugrunde?

Wöhe S. 63–67

<table>
<tr><th colspan="4">Arbeitsrechtliche Mitbestimmung</th></tr>
<tr><td>Gesetzlich geregelt im:</td><td colspan="3">Betriebsverfassungsgesetz vom 11. 10. 1957 in der Fassung vom 15. 1. 1972</td></tr>
<tr><td>Anwendungsbereich:</td><td colspan="3">Alle Unternehmen mit mehr als fünf Arbeitnehmern.</td></tr>
<tr><td>Zielsetzung:</td><td colspan="3">Schutz der Arbeitnehmer durch Informations-, Anhörungs- und beschränkte Mitentscheidungsrechte bezüglich aller Fragen, die das tägliche Arbeitsleben, den Arbeitsplatz, die Arbeitszeit und die Lohngestaltung betreffen.</td></tr>
<tr><th colspan="4">Unternehmerische Mitbestimmung</th></tr>
<tr><td>Gesetzlich geregelt im:</td><td>Mitbestimmungsgesetz vom 21. 5. 1951 (Montan-Mitbestimmungsgesetz)</td><td>Mitbestimmungsgesetz vom 4. 5. 1976</td><td>Drittelbeteiligungsgesetz vom 18. 5. 2004</td></tr>
<tr><td>Anwendungsbereich:</td><td>Alle Unternehmen der Montanindustrie in der Rechtsform der AG, KGaA, GmbH und bergrechtlichen Gewerkschaft. Mindestens 1.000 Arbeitnehmer</td><td>Alle Unternehmen in der Rechtsform der AG, KGaA, GmbH, bergrechtlichen Gewerkschaft und Erwerbs- und Wirtschaftsgenossenschaft mit mehr als 2.000 Arbeitnehmern</td><td>Alle Unternehmen in der Rechtsform der AG, GmbH, Erwerbs- und Wirtschaftsgenossenschaft, KGaA sowie Versicherungsvereine auf Gegenseitigkeit</td></tr>
<tr><td>Zielsetzung:</td><td colspan="2">Partnerschaft zwischen Arbeitnehmer und Arbeitgeber durch paritätische Teilnahme der Arbeitnehmer an allen wichtigen unternehmerischen Planungen und Entscheidungen</td><td>Mitspracherecht der Arbeitnehmer an unternehmerischer Planung und Entscheidung durch Besetzung des Aufsichtsrates mit 1/3 Arbeitnehmern</td></tr>
</table>

Aufgabe 5 Arbeitsrechtliche Mitbestimmung

Die Geschäftsleitung der SPIELWAREN GMBH hat für das kommende Jahr folgende Maßnahmen ins Auge gefasst:

(1) Entlassungen im Frühjahr;
(2) Kurzarbeit im Sommer;
(3) Überstunden in der Vorweihnachtszeit;
(4) Umstellung der Heizanlage von Koks auf Öl;
(5) Umstellung der Beleuchtung in den Werkshallen von Glühbirnen auf Neonlicht;
(6) Herstellung von militärischem Kinderspielzeug und Produktionseinstellung bei Schlafpuppen;
(7) Modernisierung der Werkskantine;
(8) Einräumung einer 20% Beteiligung an einem ausländischen Spielwarenkonzern;
(9) Betriebsferien im Juli/August;
(10) Ablösung eines Großkredites durch Verkauf eines betrieblichen Vorratsgrundstücks.

Welche dieser Maßnahmen können ohne Einschaltung des Betriebsrates in die Wege geleitet werden?

Wöhe S. 63f.

Die Geschäftsleitung der SPIELWAREN GMBH kann folgende Entscheidungen ohne Einschaltung des Betriebsrates treffen: (4), (6), (8) und (10).

Aufgabe 6 Unternehmerische Mitbestimmung

Wem obliegt es, in einer der Montanmitbestimmung unterliegenden Aktiengesellschaft die Aufsichtsratsmitglieder zu wählen? Inwiefern kann in diesem Zusammenhang von paritätischer Mitbestimmung gesprochen werden?

Wöhe S. 64–67

Dem Aufsichtsrat einer Aktiengesellschaft gehören mindestens elf Mitglieder an. Alle elf Mitglieder werden von der Hauptversammlung gewählt. Die elf Aufsichtsratsmitglieder lassen sich grob unterteilen in fünf Vertreter der Anteilseigner, fünf Vertreter der Arbeitnehmer und Gewerkschaften sowie ein neutrales Mitglied. Einer der fünf Anteilseignervertreter [5] darf weder Vertreter einer Arbeitgeberorganisation sein noch eigene wirtschaftliche Interessen am Unternehmen haben (§ 4 Abs. 2 Montan-MitbestG). Einer der fünf Arbeitnehmervertreter [10] darf weder ein Gewerkschaftsrepräsentant noch ein Belegschaftsangehöriger dieses Unternehmens sein (§ 4 Abs. 2 Montan-MitbestG).

In den Fällen 1 bis 5 hat die Hauptversammlung gemäß § 5 Montan-MitbestG ein echtes Wahlrecht (durchgezogene Pfeile). In den Fällen 6 bis 10 ist sie nach § 6 Montan-MitbestG bei der Wahl an die Vorschläge des Betriebsrates 6 und 7 bzw. der Gewerkschaft 8 bis 10 gebunden, d.h. die Wahl der Vertreter 6 bis 10 durch die Hauptversammlung hat den Charakter einer formellen Bestätigung (unterbrochene Pfeile). Nr. 6 und Nr. 7 müssen Arbeitnehmer des Unternehmens sein. Der Vorschlag zur Wahl des elften (neutralen) Mitgliedes kommt aus den Reihen des Aufsichtsrates (§ 8 Abs. 1 Montan-MitbestG). Die Hauptversammlung ist zwar nicht verpflichtet, diesem Vorschlag zu folgen, wird es aber in der Regel tun (unterbrochener Pfeil).

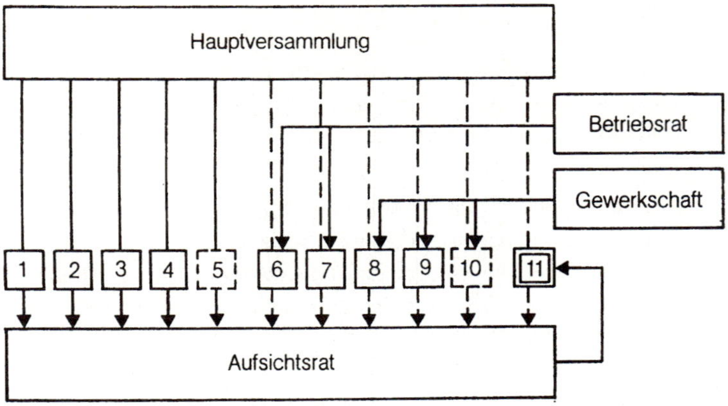

Von **paritätischer Mitbestimmung** spricht man beim Montanmodell deshalb, weil Anteilseigner und Arbeitnehmer bzw. Gewerkschaften jeweils die gleiche Anzahl von Mitgliedern in den Aufsichtsrat entsenden. Da bei Stimmengleichheit (Mehrheits-)entscheidungen nicht möglich sind, hat das Gesetz die Erweiterung des Aufsichtsrates um ein neutrales 11. Mitglied vorgesehen.

2. Planung und Entscheidung

Wiederholungsfragen:

	Wöhe Seite
In welche Phasen lässt sich der Planungs- und Entscheidungsprozess einteilen?	82 f.
Wie lauten die wesentlichen Charakteristika strategischer, taktischer und operativer Planung?	84 f.
Mit welchen Planungsgegenständen beschäftigt sich die Grundsatzplanung?	84
Mit welchen Gegenständen beschäftigt sich die strategische Planung?	84 f.
Mit welchen Planungsgegenständen beschäftigen sich taktische und operative Planung?	86 f.
Wie überwindet das Gegenstromverfahren die Kluft zwischen retrograder und progressiver Planung?	88
Was versteht man unter dem Ausgleichsgesetz der Planung?	89 f.
Wie ist das Marktwachstums-/Marktanteils-Portfolio konzipiert?	94 f.
Wie lassen sich die unterschiedlichen Informationsgrade vor dem Treffen einer Entscheidung charakterisieren?	98
Was versteht man unter einem Entscheidungsfeld, einem Aktionsraum, einem Zustandsraum und einem Ergebnisraum?	99
Wie ermittelt man den Erwartungswert μ?	100
Wie ist die Standardabweichung σ definiert?	101
Nach welchen Regeln lassen sich Entscheidungen unter Risiko treffen?	102 f.
Nach welchen Entscheidungsregeln lassen sich Entscheidungen bei unsicheren Erwartungen treffen?	103 f.
Welche Operations-Research-Verfahren sind Ihnen bekannt?	108

Aufgabe 7 Risiko und Chance

> Bevor die Produktion aufgenommen werden kann, muss der Betrieb Produktionsfaktoren beschaffen. Worin bestehen für den Unternehmer Chancen und Risiken des Bereitstellens von Produktionsfaktoren? Worin liegen die Ursachen für derartige Chancen und Risiken?

Die **Chance** der Faktorbeschaffung und -kombination besteht darin, durch optimale Faktorverwertung ein Produktionsergebnis (= Ertrag) herbeizuführen, welches den Faktoreinsatz (= Kosten) im Wert übersteigt. Das **Risiko** der Faktorkombination liegt in der Möglichkeit der geringen Einschätzung des Produktionsergebnisses durch den Markt. In diesem Falle werden dem Unternehmer die Faktorkosten nicht voll vergütet.

Die **Ursache** für eine derartige **Unternehmerchance** liegt in der Entdeckung von günstigen Faktorbeschaffungsmöglichkeiten (Bezugsquellen; vor allem im Handel), günstigen Faktorkombinationsmöglichkeiten (Produktionstechnik; Knowhow; Organisation) und günstigen Faktorverwertungsmöglichkeiten (Absatzstrategie, Kundenstamm).

Die **Ursache** für das **Unternehmerrisiko** liegt im Mangel an vollkommener Voraussicht. Die der Produktion vorangehende Faktorbeschaffung bedarf einer Entscheidung, welche Annahmen über den Eintritt zukünftiger (ungewisser) Ereignisse zugrunde zu legen sind. Sind diese Ereignisse (Absatzmöglichkeiten, Finanzierungsmöglichkeiten, Lebensdauer der Anlagen, Auftauchen technischer Schwierigkeiten usw.) ungünstiger als ursprünglich erwartet, kann sich das Unternehmerrisiko als Verlust zu Buche schlagen.

Aufgabe 8 Vollkommenes und unvollkommenes Informationssystem

> In der Entscheidungstheorie unterscheidet man zwischen vollkommenen und unvollkommenen Informationssystemen. Wie unterscheiden sich diese beiden Systeme? Entspricht die Zugrundelegung eines vollkommenen Informationssystems der Entscheidungswirklichkeit?

Wöhe S. 101 f.

Einem **vollkommenen Informationssystem** liegt die Annahme zugrunde, dass der Entscheidungsträger im Planungsstadium

1. alle **Umweltdaten** (rechtliche Rahmenbedingungen, Verhalten der Nachfrager, Verhalten der Anbieter usw.), die für seine Entscheidungen relevant sind, kennt, dass ihm
2. alle **Entscheidungsalternativen,** die ihm zur Verfolgung seines Zieles offenstehen, bekannt sind und dass
3. die **Ergebnisse** aller möglichen Handlungsalternativen (z.B. Einzahlungsüberschüsse) im voraus bekannt sind.

Ein **unvollkommenes Informationssystem** ist dadurch gekennzeichnet, dass Umweltdaten, Entscheidungsalternativen und Entscheidungsergebnisse nur teilweise bekannt bzw. unsicher sind. Ein vollkommenes Informationssystem kann es nur in der Theorie geben, weil in der Entscheidungspraxis niemals vollkommene Voraussicht herrscht.

Aufgabe 9 Information und Entscheidungsfeld

Der Aktionenraum, das Entscheidungsfeld eines Entscheidungsträgers ist eine gedankliche Konstruktion, in der alle Umweltzustände und alle denkbaren Handlungsalternativen zusammengefasst sind. Das Entscheidungsfeld selbst hat eine sachliche und eine zeitliche Dimension. Zeigen Sie an einem Beispiel, wie zur Lösung von Planungsaufgaben das Informationsproblem durch sachliche und zeitliche Eingrenzung des Entscheidungsfeldes gelöst wird! Gehen sie in Ihrem Beispiel von der Annahme aus, dass ein gewinnmaximierender Unternehmer, der von Beruf Gastwirt ist, 300.000 EUR gewinnbringend anlegen möchte!

Wöhe S. 82 f. und 99 f.

Dem Kapitalanleger steht für seine 300.000 EUR eine unübersehbare Zahl von Handlungsalternativen offen. Durch die praktisch unendliche Zahl von möglichen Handlungsalternativen hat das Entscheidungsfeld in sachlicher Hinsicht eine unbegrenzte Ausdehnung.

Auch in zeitlicher Hinsicht ist das Entscheidungsfeld ursprünglich unbegrenzt. Das Kapital von 300.000 EUR kann für 3 Monate, 3 Jahre, 30 Jahre oder – in manchen Anlageformen – auf unbegrenzte Zeit gebunden sein.

Die Informationsbeschaffung und Informationsauswertung wird um so schwieriger und kostspieliger, je größer die Anzahl der zu berücksichtigenden Handlungsalternativen ist und je weiter die im voraus abzuschätzenden Erfolge aus den Handlungsalternativen – hier sind das die Einzahlungsüberschüsse aus den verschiedenen Investitionsmöglichkeiten – in der Zukunft liegen. Für ein sachlich und zeitlich uneingeschränktes Entscheidungsfeld (Totalmodell) ist das Informationsproblem unlösbar. Anders gesagt: Die **Unvollkommenheit des Informationssystems** wächst mit der sachlichen und zeitlichen Ausdehnung des Entscheidungsfeldes.

Zur praktischen Lösung des Informationsproblems wird das Entscheidungsfeld in sachlicher und zeitlicher Hinsicht eingegrenzt; aus dem Totalmodell wird ein Partialmodell. Die sachliche Einengung des Modellbereichs vollzieht sich in der Weise, dass sich der Entscheidungsträger auf die Berücksichtigung bestimmter Handlungsalternativen beschränkt. In unserem Beispiel kann der Gastwirt alle im Privatbereich liegenden Kapitalanlagemöglichkeiten vernachlässigen und nur die betrieblichen Investitionsalternativen in seine Planung eingehen lassen. Er kann sein Entscheidungsfeld noch stärker eingrenzen, indem er sich bei seiner Investitionsplanung zum Beispiel auf die Wahl zwischen dem Bau einer Kegelbahn und einer Diskothek beschränkt.

Durch diese sachliche Abgrenzung des Entscheidungsfeldes wird das Problem der Informationsbeschaffung und -verarbeitung wesentlich vereinfacht. Gleiches gilt für die zeitliche Abgrenzung des Entscheidungsfeldes. Je enger der Planungshorizont ist, desto leichter lässt sich das Prognoseproblem lösen. Prognosen über zukünftige Einzahlungsüberschüsse werden um so unsicherer, je weiter sie sich in die Zukunft erstrecken. Durch die sachliche und zeitliche Abgrenzung des Entscheidungsfeldes gelangt man zwar nicht zu einem vollkommenen Informationssystem; wohl aber ist es möglich, den Faktor „Unsicherheit" in der betrieblichen Planung dadurch zu reduzieren, dass man den Informationsbedarf durch Beschränkung auf Partialmodelle verkleinert.

Aufgabe 10 Risiko, Chance und Eintrittswahrscheinlichkeit

Der Ausgang einer Handlungsalternative (Kursentwicklung zwischen Kauf- und Verkaufstag einer Aktie) liegt gewöhnlich in der Zukunft. Chance nennt man die Möglichkeit des günstigen (Kursgewinn), Risiko die Möglichkeit des ungünstigen Ausgangs (Kursverlust). Mit welcher Wahrscheinlichkeit der günstige, mit welcher Wahrscheinlichkeit der ungünstige Fall eintritt, lässt sich manchmal vorhersagen: in einem Tresor befinden sich 1.200 EUR, die dem gehören sollen, der den Tresor öffnet. Der dazu benötigte Schlüssel befindet sich neben vier anderen Schlüsseln, die ähnlich aussehen, aber nicht passen, in einem Kasten.

Teilaufgabe a)

Sie dürfen einen Schlüssel aus dem Kasten nehmen. Dafür müssen Sie 200 EUR bezahlen. Wie groß ist das Risiko, wie groß die Chance? Wie groß sind die zugehörigen Eintrittswahrscheinlichkeiten? Versuchen Sie Risiko, Chance und Eintrittswahrscheinlichkeiten in einer Graphik abzubilden!

Die Chance liegt mit einer Eintrittswahrscheinlichkeit von c = 1/5 bei 1.000 EUR (1.200 – 200). Das Risiko beziffert sich bei einer Eintrittswahrscheinlichkeit von r = 4/5 auf 200 EUR.

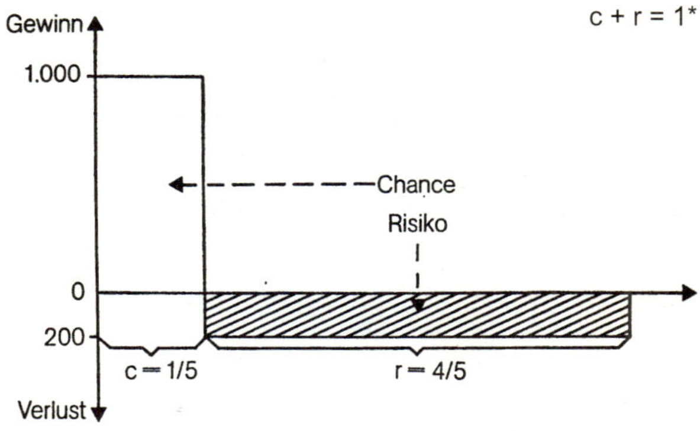

* Von der Besonderheit, dass eine Handlungsalternative mit gewisser Wahrscheinlichkeit weder Gewinn noch Verlust in Aussicht stellt, soll hier abgesehen werden.

Teilaufgabe b)

Wieviel würden Sie höchstens für die Möglichkeit bezahlen, einen Schlüssel aus dem Kasten zu nehmen? Welche Rolle spielt in diesem Zusammenhang der **mathematische Erwartungswert?**

Wöhe S. 100 und 102

Eine generelle Aussage über den Wert der Möglichkeit, einen Schlüssel aus dem Kasten zu nehmen, lässt sich nicht machen. Die Bewertung dieser Möglichkeit ist abhängig von der Einstellung der jeweiligen Person zu Risiko und Chance. Ist eine Person sehr risikofreudig, wird sie für diese Möglichkeit u. U. 500 EUR und mehr bezahlen; im Grenzfall 1.200 EUR. Eine andere Person, die man risikoscheu nennen mag, würde für diese Möglichkeit nicht einmal 50 EUR bezahlen.

Einen mathematischen Erwartungswert erhält man, indem man das mit einer bestimmten Wahrscheinlichkeit erwartete Ergebnis mit der zugehörigen Eintrittswahrscheinlichkeit gewichtet. Der mathematische Erwartungswert eines Schlüssels beträgt somit 1.200 · 0,20 = 240 EUR.

Man bedient sich häufig dieses mathematischen Erwartungswertes, um beim Fehlen vollkommener Voraussicht den Wert einer Handlungsalternative anzugeben. Unter Anwendung dieser Methode käme man im vorliegenden Falle zu dem Ergebnis, dass man höchstens 240 EUR für den Schlüssel bezahlen dürfe. Dieses Vorgehen scheint auch einleuchtend: um mit absoluter Sicherheit an die 1.200 EUR im Tresor zu gelangen, muss man alle fünf Schlüssel kaufen, d.h. fünfmal den mathematischen Erwartungswert, also 1.200 EUR bezahlen.

Aufgabe 11 Mathematischer Erwartungswert

Es gelten die Angaben der Aufgabe 10. Nehmen wir an, Sie hätten einen der fünf Schlüssel für 200 EUR erworben. Wie groß ist der mathematische Erwartungswert Ihres Gewinns (= Reinvermögenszuwachs)? Wie groß ist Ihr Gewinn in Wirklichkeit?

Der mathematische Erwartungswert des Gewinns beziffert sich auf 40 EUR:

erwarteter Gewinn	·	**c**	–	**erwarteter Verlust**	·	**r**
1.000	·	0,20	–	200	·	0,80

Graphisch lässt sich der mathematische Erwartungswert des Gewinns ermitteln, indem man von der über der Abszisse befindlichen Fläche die schraffierte Fläche unterhalb der Abszisse abzieht (vgl. Abbildung in Aufgabe 10). Mit 40 EUR entspricht der mathematische Erwartungswert des Gewinns gerade der Differenz zwischen dem mathematischen Erwartungswert des Schlüssels (240 EUR) und dem tatsächlich dafür gezahlten Preis.

In Wirklichkeit ist jedoch mit dem Schlüsselkauf ein Gewinn von 1.000 EUR oder ein Verlust von 200 EUR verbunden, je nachdem ob es der richtige Schlüssel war oder nicht.

Aufgabe 12 Änderung der Eintrittswahrscheinlichkeit

Es gelten die Angaben von Aufgabe 10. Vor Ihnen hat bereits jemand einen Schlüssel für 300 EUR gekauft.

Teilaufgabe a)

Sie beabsichtigen einen der vier verbleibenden Schlüssel nach Maßgabe des mathematischen Erwartungswertes zu kaufen. Welche drei Fälle müssen Sie unterscheiden?

Vor der Wertermittlung müssen drei Fälle unterschieden werden:

(1) Man weiß nicht, ob der Schlüssel des Vorgängers passte.

(2) Man weiß, dass der Schlüssel des Vorgängers passte.

(3) Man weiß, dass der Schlüssel des Vorgängers nicht passte.

Teilaufgabe b)

In welchem dieser Fälle ist der mathematische Erwartungswert am höchsten; wann ist er am niedrigsten? Berechnen Sie die Werte!

Am höchsten ist dieser Wert im Falle (3), am niedrigsten im Falle (2).

Im Falle (1) steht man vor der gleichen entscheidungstheoretischen Situation wie in Aufgabe 10. Ob sich nämlich **nach** Ihrer Wahl vier Schlüssel im Kasten oder drei im Kasten und einer in der Hand eines Dritten befindet, macht keinen Unterschied. Die Wahrscheinlichkeit, dass Sie den richtigen Schlüssel wählen, beträgt 1/5, sein mathematischer Erwartungswert 240 EUR.

Wenn Sie wissen, dass der Schlüssel des Vorgängers passte (Fall 2), ist die Wahrscheinlichkeit, den richtigen Schlüssel zu erhalten, gleich Null; der zugehörige mathematische Erwartungswert reduziert sich ebenfalls auf Null.

Im Falle (3) haben Sie die Gewissheit, dass einer von den vier verbliebenen Schlüsseln passt. Die Wahrscheinlichkeit, den richtigen Schlüssel zu ziehen, erhöht sich auf 0,25, der mathematische Erwartungswert auf 300 EUR.

Aufgabe 13 Mathematischer Erwartungswert einmaliger und wiederholbarer Handlungsalternativen

Ein Betrieb hat die Wahl zwischen den beiden Handlungsalternativen A und B. A bringt mit absoluter Sicherheit 50 EUR Gewinn. Der Erfolg der Handlungsalternative B dagegen ist ungewiss. Mit einer Eintrittswahrscheinlichkeit von $c = 0{,}20$ wird ein Gewinn in Höhe von 2.000 EUR erwartet. Mit größerer Wahrscheinlichkeit ($r = 0{,}80$) muss man dagegen mit einem Verlust in Höhe von 400 EUR rechnen.

Teilaufgabe a)

Wie groß ist der mathematische Erwartungswert des Erfolgs aus Handlungsalternative B?

Der mathematische Erwartungswert des Erfolgs aus Handlungsalternative B beziffert sich auf

$$2.000 \cdot 0{,}20 - 400 \cdot 0{,}80 = 80 \text{ EUR}$$

Teilaufgabe b)

Sollte sich der Betrieb für Alternative A oder für die Möglichkeit B entscheiden?

Wöhe S. 100 f.

Diese Frage wäre dann leicht zu beantworten, wenn der mathematische Erwartungswert aus B ebenso sicher wäre, wie der mit Sicherheit erwartete Gewinn der Alternative A. Da jedoch der mathematische Erwartungswert eine **fiktive Größe** ist, die mit dem sich tatsächlich einmal ergebenden Erfolg (hier: 2.000 EUR Gewinn oder 400 EUR Verlust) so gut wie niemals übereinstimmt, ist er als Entscheidungsgrundlage nur begrenzt brauchbar.

Die Entscheidung für A oder B kann im vorliegenden Falle nicht rational begründet werden; sie ist vielmehr abhängig von der subjektiven Einstellung des Entscheidungsträgers zu Risiko und Chance.

Teilaufgabe c)

Der Betrieb steht immer noch vor der Wahl, sich für A oder B zu entscheiden. Sein Handlungsspielraum hat sich aber dahingehend erweitert, dass er entweder die Aktion A oder die Aktion B zweihundertmal durchführen kann. Wie soll er sich entscheiden, wenn bei Möglichkeit B

(1) der Ausgang der zweihundert Möglichkeiten einheitlich ist, d. h. Alternative B geht zweihundertmal mit einem Gewinn von 2.000 EUR oder zweihundertmal mit einem Verlust von 400 EUR aus;

(2) der Ausgang der zweihundert Möglichkeiten voneinander unabhängig ist?

Ist der Ausgang der zweihundert Möglichkeiten **einheitlich** (1), bleibt der Entscheidungsnotstand der Teilaufgabe b) bestehen. Während sich der sichere Gewinn der Möglichkeit A auf 200 · 50 = 10.000 EUR beläuft, beträgt der mathematische Erwartungswert für B

$$200 \cdot (2.000 \cdot 0{,}20 - 400 \cdot 0{,}80) = 16.000 \text{ EUR}$$

Dieser Gewinn wird jedoch auf keinen Fall eintreffen. Vielmehr muss man mit 400.000 EUR Gewinn oder 80.000 EUR Verlust rechnen. Eine Handlungsempfehlung lässt sich also nicht aussprechen.

Das ändert sich, wenn der Ausgang der zweihundert Möglichkeiten voneinander **unabhängig** ist. Hier wird bereits das sogenannte **„Gesetz der großen Zahl"** wirksam, wonach sich bei sehr häufiger Wiederholung eines Vorgangs die Eintrittswahrscheinlichkeiten des Einzelfalles (c = 0,20; r = 0,80) im Ausgang der Gesamtheit aller (200) Fälle widerspiegeln. Entscheidet man sich also für Alternative B, dann darf man damit rechnen, dass 200 · 0,20 = 40mal der Gewinnfall und 200 · 0,80 = 160mal der Verlustfall eintritt. Der mathematische Erwartungswert des Gewinns beläuft sich zwar jetzt ebenfalls auf 16.000 EUR; im Gegensatz zum mathematischen Erwartungswert einer einmaligen Handlungsalternative (Teilaufgabe b) oder einer wiederholbaren Handlungsalternative mit einheitlichem Ausgang (Fall 1) hat diese Ziffer jetzt keinen fiktiven Charakter mehr. Es ist allenfalls möglich, dass sich aus den 200 Aktionen nicht 40, sondern 38 oder 43 Gewinnfälle ergeben. Solche geringfügigen Abweichungen können die Brauchbarkeit eines mathematischen Erwartungswertes als Entscheidungsziffer in so gelagerten Fällen nicht wesentlich beeinträchtigen. Man wird sich also auf der Grundlage dieser Ziffer für Möglichkeit B entscheiden.

Fazit: Mathematische Erwartungswerte liefern nur dann brauchbare Entscheidungsziffern, wenn sie auf einer größeren Anzahl von Fällen mit unabhängigem Ausgang basieren.

Aufgabe 14 Erwartungswertprinzip (Bayes-Prinzip)

Gegeben sei die folgende Gewinn- und Verlustgrößen enthaltende Entscheidungsmatrix

Zustandsraum / Aktionenraum	U_1	U_2	U_3	U_4
A_1	10	20	30	40
A_2	– 50	0	50	100
A_3	100	60	20	– 20
A_4	150	50	0	– 100
A_5	– 250	0	200	400

Welche Aktion wird der Entscheidende veranlassen, wenn er sich nach dem Erwartungsprinzip richtet? Die bekannten Eintrittswahrscheinlichkeiten seien für $w_1 = 0{,}4$, $w_2 = 0{,}3$, $w_3 = 0{,}2$ und für $w_4 = 0{,}1$. Beschreiben Sie zunächst dieses Prinzip und kritisieren Sie anschließend das Ergebnis im Hinblick auf seine Anwendung im betrieblichen Bereich!

Wöhe S. 100–103

Dieses Prinzip verlangt, dass diejenige Handlungsmöglichkeit gewählt wird, die den größtmöglichen Erwartungswert der Zielerreichungsgrade – im Beispiel also der Gewinne und Verluste – aufweist. Dabei ist der mathematische Erwartungswert als die über alle Umweltsituationen ($U_1 \dots U_4$) gebildete Summe der mit den Eintrittswahrscheinlichkeiten gewichteten Zielerreichungsgrade zu verstehen.

Demnach ergeben sich folgende Erwartungswerte:

Zustandsraum / Wahrscheinlichkeit / Aktionenraum	U_1	U_2	U_3	U_4	Summe
	0,4	0,3	0,2	0,1	
A_1	$10 \cdot 0{,}4 = 4$	$20 \cdot 0{,}3 = 6$	$30 \cdot 0{,}2 = 6$	$40 \cdot 0{,}1 = 4$	20
A_2	$-50 \cdot 0{,}4 = -20$	$0 \cdot 0{,}3 = 0$	$50 \cdot 0{,}2 = 10$	$100 \cdot 0{,}1 = 10$	0
A_3	$100 \cdot 0{,}4 = 40$	$60 \cdot 0{,}3 = 18$	$20 \cdot 0{,}2 = 4$	$-20 \cdot 0{,}1 = -2$	60
A_4	$150 \cdot 0{,}4 = 60$	$50 \cdot 0{,}3 = 15$	$0 \cdot 0{,}2 = 0$	$-100 \cdot 0{,}1 = -10$	65
A_5	$-250 \cdot 0{,}4 = -100$	$0 \cdot 0{,}3 = 0$	$200 \cdot 0{,}2 = 40$	$400 \cdot 0{,}1 = 40$	–20

Der Entscheidende wird demnach die Aktion A_4 wählen, da er durch sie den größten Erwartungswert erzielt.

Die Anwendung dieser Regel, die bekannte Eintrittswahrscheinlichkeiten voraussieht, führt aber nur dann zu einer optimalen Entscheidung, wenn die Aktion mit dem höchsten Erwartungswert **ausreichend häufig wiederholt** werden kann. Dies ist jedoch bei betriebswirtschaftlichen Entscheidungsproblemen eher die **Ausnahme.**

Aufgabe 15 Minimax-Regel (Wald-Regel)

Gehen Sie von der Entscheidungsmatrix in Aufgabe 14 aus!

Welche Handlungsmöglichkeit wird der Entscheidungsträger nach dieser Regel wählen? Beschreiben Sie zunächst dieses Prinzip und kritisieren Sie anschließend das Ergebnis!

Wöhe S. 103f.

Nach dieser Regel wählt der Entscheidungsträger die Handlung aus, die bei Eintreten des **ungünstigsten Falles** noch das beste Ergebnis bringt. Zu bestimmen sind demnach in der Matrix die Zeilenminima, und es ist dann die Aktion mit dem Maximum dieser Zeilenminima zu realisieren.

Aktionenraum	Zeilenminima
A_1	10
A_2	– 50
A_3	– 20
A_4	– 100
A_5	– 250

Diese Regel rechnet mit dem ungünstigsten Fall, d.h. sie unterstellt eine absolut **pessimistische Erwartung.** Bei Realisierung der Aktion A_1 ist dem Entscheidenden ein Mindestgewinn von 10 sicher, dagegen beträgt sein maximaler Gewinn nur 40. Bei einer neutralen Umwelt (Zustandsraum) ist diese Regel für einen Unternehmer, der generell nur dann große Gewinne macht, wenn er etwas riskiert, wenig hilfreich.

Sieht sich der Unternehmer jedoch einer Situation gegenüber, in der ein rational handelnder Gegenspieler seinen eigenen Gewinn im Verlust des Mitspielers sieht (Spieltheorie, vgl. Aufgabe 20), so führt die Maximin-Regel zu der optimalen Entscheidung.

Aufgabe 16 Maximax-Regel

Gehen Sie von der Entscheidungsmatrix in Aufgabe 14 aus!

Welche Handlungsmöglichkeit wird der Entscheidungsträger nach dieser Regel wählen? Beschreiben Sie zunächst dieses Prinzip und kritisieren Sie anschließend das Ergebnis!

Wöhe S. 103 f.

Der Entscheidungsträger wählt nach dieser Regel die Aktion aus, die bei Eintreffen des **günstigsten Falles** das beste Ergebnis bringt. Im Gegensatz zur Maximin-Regel ist demnach die Aktion mit dem Maximum der Zeilenmaxima zu realisieren.

Aktionenraum	Zeilenminima
A_1	40
A_2	100
A_3	100
A_4	150
A_5	400

Diese Regel rechnet mit dem günstigsten Fall, der bei Realisierung der Aktion A_4 einen Gewinn von 400 bringt. Nicht beachtet wird hierbei, dass diese Wahl das größtmögliche Verlustrisiko von – 250 mit umfasst. Während die Maximin-Regel auf das Verhalten eines Pessimisten abstellt, beschreibt die Maximax-Regel die Entscheidung eines **Optimisten.**

Aufgabe 17 Hurwicz-Regel (Pessimismus-Optimismus-Regel)

Gehen sie von den Entscheidungsmatrizen in Aufgabe 15 und 16 und einem Optimismusparameter von $\lambda = 0{,}4$ aus!

Welche Handlungsmöglichkeit wird der Entscheidungsträger nach dieser Regel wählen? Beschreiben Sie zunächst dieses Prinzip und kritisieren Sie anschließend das Ergebnis!

Wöhe S. 104

Während die Maximin-Regel vom ungünstigsten, d.h. pessimistischsten Fall und die Maximax-Regel vom günstigsten, d.h. optimistischsten Fall ausgeht, kombiniert die Hurwicz-Regel diese beiden Regeln durch Gewichtung ihrer Extremwerte. Dabei werden die Zeilenmaxima mit dem **Optimismusparameter (λ)** und die Zeilenminima mit dem **Pessimismusparameter ($1-\lambda$)** multipliziert und dann die Handlungsmöglichkeit realisiert, die das Maximum beider Summen aufweist.

Aktionenraum	Zeilenmaxima · λ	Zeilenminima · $(1-\lambda)$	Summe
A_1	40 · 0,4 = 16	10 · 0,6 = 6	22
A_2	100 · 0,4 = 40	– 50 · 0,6 = – 30	10
A_3	100 · 0,4 = 40	– 20 · 0,6 = – 12	28
A_4	150 · 0,4 = 60	– 100 · 0,6 = – 60	0
A_5	400 · 0,4 = 160	– 250 · 0,6 = – 150	10

Bei einem Optimismusparameter von 0,4 ist demnach die Handlungsmöglichkeit A_3 zu wählen. Die Problematik dieser Regel liegt in der Ermittlung des Optimismusparameters (λ).

Aufgabe 18 Savage-Niehans-Regel (Regel des kleinsten Bedauerns)

Gehen sie von der Entscheidungsmatrix in Aufgabe 14 aus!

Welche Handlungsmöglichkeit wird der Entscheidungsträger nach dieser Regel wählen? Beschreiben Sie zunächst dieses Prinzip und kritisieren Sie anschließend das Ergebnis!

Wöhe S. 104 f.

Bei der Anwendung dieser Regel will der Entscheidende sein Bedauern (Opportunitätsverlust) möglichst gering halten. Dieser Nachteil wird durch die Differenz zwischen dem erwarteten Nutzen und dem maximalen Nutzen (Spaltenmaxima) ausgedrückt.

Die Matrix enthält folgende Spaltenmaxima:

Zustandsraum	U_1	U_2	U_3	U_4
Spaltenmaxima	150	60	200	400

Es wird nun für jeden Nutzenwert der Entscheidungsmatrix das maximal mögliche Bedauern durch Differenzbildung des jeweiligen Spaltenmaximumwertes zum jeweiligen Nutzenwert ermittelt. Von diesen Werten wird für jede Handlungsmöglichkeit der maximale Betrag, also das maximale Bedauern ermittelt, ehe hieraus die Aktion, bei der das **maximale Bedauern am kleinsten** ist, gewählt wird.

Zustandsraum / Aktionenraum	U_1	U_2	U_3	U_4	Maximales Bedauern
A_1	140	40	170	360	360
A_2	200	60	150	300	300
A_3	50	0	180	420	420
A_4	0	10	200	500	500
A_5	400	60	0	0	400

Bei Anwendung dieser Entscheidungsregel erweist sich die Handlungsalternative A_2 als optimale Lösung, da bei ihrer Anwendung der höchstmögliche Nachteil mit 300 am geringsten ist. Kritisch ist anzumerken, dass diese Regel wie die Maximin-Regel nur auf das Verhalten eines **Pessimisten** abstellt.

Aufgabe 19 Laplace-Regel (Regel des unzureichenden Grundes)

In Aufgabe 14 wurde bei der Anwendung des Erwartungsprinzips (Bayes-Prinzip) für Risikoentscheidungen mit bekannten Erwartungswahrscheinlichkeiten gerechnet. Für Entscheidungen bei Unsicherheit sind derartige Wahrscheinlichkeiten nicht bekannt.

Welche Unterstellung macht die Laplace-Regel im Hinblick auf die Wahrscheinlichkeit des Eintretens bestimmter Umweltzustände? Welche Handlungsmöglichkeit ist nach dieser Regel zu wählen? Kritisieren Sie diese Entscheidungsregel!

Wöhe S. 104

Da dem Entscheidungsträger über die Umweltbedingungen keine Wahrscheinlichkeiten bekannt sind, schlägt Laplace vor, alle Zustände als **gleich wahrscheinlich** einzustufen. Bei den vier Umweltzuständen des vorliegenden Beispiels ist somit jeder Nutzenwert mit einer Wahrscheinlichkeit von 0,25 zu gewichten, sodann die Summe zu bilden und die Alternative mit der höchsten Summe auszuwählen.

Für die Alternative A_1 ergibt sich somit:

$$\begin{aligned}\text{Nutzenwert} &= 0{,}25 \cdot 10 + 0{,}25 \cdot 20 + 0{,}25 \cdot 30 + 0{,}25 \cdot 40 \\ &= 0{,}25 \cdot (10 + 20 + 30 + 40) \\ &= 0{,}25 \cdot 100 \\ &= 25\end{aligned}$$

Die benötigten Werte lassen sich somit vereinfacht durch die Multiplikation der Zeilensummen (aus Aufgabe 14) mit der Wahrscheinlichkeit von 0,25 bestimmen.

Aktionenraum	Zeilensumme	Zeilensumme · 0,25
A_1	100	25
A_2	100	25
A_3	160	40
A_4	100	25
A_5	350	87,5

Nach dieser Regel haben die Handlungsmöglichkeiten A_1, A_2 und A_4 mit 25 das gleiche Gewicht. Zu wählen ist die Handlungsmöglichkeit A_5 mit dem maximalen Nutzenwert von 87,5. Die Hauptkritik an dieser Regel richtet sich dagegen, dass die Sinnhaftigkeit einer **Unterstellung gleicher Wahrscheinlichkeiten nicht beweisbar** ist.

Aufgabe 20 Ermittlung des Sattelpunktes

Gegeben ist folgende Ergebnismatrix einer Spielsituation eines Zwei-Personen-Spiels.

Aktionenraum des Gegenspielers / Aktionenraum des Entscheidungsträgers	B_1	B_2	B_3	B_4
A_1	10	18	30	40
A_2	50	0	80	100
A_3	100	20	40	80
A_4	150	15	5	100
A_5	25	16	20	40

Ermitteln Sie, ob es sich hierbei um ein Spiel mit einer eindeutigen Lösung, d. h. einem Spiel mit Sattelpunkt oder um ein Spiel ohne Sattelpunkt handelt! Erläutern Sie zunächst verbal die Spielsituation und die zur Anwendung kommenden Entscheidungsregeln! Diskutieren Sie das Ergebnis!

Wöhe S. 105–107

Die Matrix, die den beiden Kontrahenten bekannt ist, zeigt den Nutzen (z. B. Gewinne, Einzahlungen) des Entscheidungsträgers (Spielers). Wegen der besseren Veranschaulichung soll im folgenden der Nutzen in Einzahlungen gemessen werden. Die Einzahlungen des Spielers entsprechen den Auszahlungen des Gegenspielers. In der vorliegenden Matrix beträgt die höchstmögliche Einzahlung des Spielers, die der höchstmöglichen Auszahlung des Gegenspielers entspricht, 150. Bei 0 erzielt der Gegenspieler das beste, der Spieler das schlechteste Ergebnis.

Die Spielregel verlangt, dass beide Spieler gleichzeitig ihre gewählte Aktion bekanntgeben. Dies bedeutet, dass jeder die Reaktion des anderen bei seiner Wahl mitberücksichtigen muss. Aus Gründen der Vereinfachung soll jedoch zunächst davon ausgegangen werden, dass zuerst der Spieler seine Aktion ($A_1 \ldots A_5$) bekannt gibt und dann der Gegenspieler seine eigene ($B_1 \ldots B_4$).

Wählt der Spieler A_1, so geht der Gegenspieler auf B_1, da hier mit 10 seine Auszahlung am geringsten ist, geht der Spieler auf A_4, wählt der Gegenspieler B_3 um seinen Verlust mit 5 zu minimieren. Der Spieler kann durch die Wahl von A_3 sein bestes Ergebnis mit 20 erzielen, da in diesem Falle der Gegenspieler, um seinen Verlust zu minimieren, B_2 wählen muss.

Die Strategie des Spielers besteht also darin, dass er die Zeile wählen muss, die das **Maximum der Zeilenminima** enthält, während der Gegenspieler die Spalte mit dem **Minimum der Spaltenmaxima** aussucht.

In diesem Beispiel stimmen das Maximum der Zeilenminima des Entscheidungsträgers (Spielers) mit dem Minimum der Spaltenmaxima des Gegners (Gegenspielers) überein. Da sich hier eine **eindeutige Lösung** ergibt, spricht man von einem **Spiel mit Sattelpunkt.**

Bis jetzt wurde davon ausgegangen, dass zunächst der Entscheidungsträger und dann der Gegner seine Wahl trifft. Müssen beide gleichzeitig wählen, wie dies die

Spieltheorie im Zwei-Personen-Spiel unterstellt, ändert sich nichts an der vorangegangenen Lösung. Denn nur durch diese Strategie kann sich der Entscheidungsträger einen maximalen Mindestgewinn von 20 sichern und der Gegner seinen maximalen Verlust möglichst gering halten.

Aktionenraum des Gegenspielers / Aktionenraum des Spielers	B_1	B_2	B_3	B_4	Zeilenminima
A_1	10	18	30	40	10
A_2	50	0	80	100	0
A_3	100	20	40	80	20 Max!
A_4	150	15	5	100	5
A_5	25	16	20	40	16
Spaltenmaxima	150	20 Min!	80	100	

Aufgabe 21 Spiel ohne Sattelpunkt

Gegeben ist folgende Ergebnismatrix einer Spielsituation eines Zwei-Personen-Spiels bei der, wie in Aufgabe 20 gezeigt, bereits das Maximum der Zeilenminima und das Minimum der Spaltenmaxima gekennzeichnet sind.

Führt die für das Spiel mit Sattelpunkt (s. Aufgabe 20) ermittelte Strategie zu einer optimalen Entscheidung für die zwei Spieler, wenn beide gleichzeitig ihre gewählte Aktion bekanntgeben müssen?

Aktionenraum des Gegenspielers / Aktionenraum des Entscheidungsträgers	B_1	B_2	B_3	B_4	Zeilenminima
A_1	10	18	30	40	10
A_2	50	0	80	100	0
A_3	100	20	40	80	20 Max!
A_4	150	90	5	15	5
A_5	25	16	20	40	16
Spaltenmaxima	150	90	80 Min!	100	

Wöhe S. 105–107

Wählt der Spieler die Zeile A_3 mit dem Maximum der Zeilenminima und der Gegenspieler die Spalte B_3 mit dem Minimum der Spaltenmaxima, so werden beide in ihren Erwartungen positiv enttäuscht, da der Entscheidungsträger statt eines erwarteten Gewinnes von 20 einen solchen von 40 erzielt und der Gegner statt eines erwarteten Verlustes von 80 nur einen solchen von 40 erleidet.

Rechnet jedoch der Spieler von vornherein damit, dass sein Gegenspieler die Spalte B_3 wählt, so wird er seinerseits die Strategie A_2 anwenden und einen Gewinn von 80 erzielen.

Rechnet der Gegenspieler damit, dass der Spieler A_3 wählt, wird er B_2 spielen, um seinen Verlust mit 20 zu minimieren. Durchschaut nun der Spieler diese Überlegung des Gegenspielers, B_2 zu spielen, so wird er seinerseits A_4 wählen, um so einen Gewinn von 90 zu machen. Durchschaut der Gegenspieler diese Überlegung, so wird er statt B_2 jetzt B_3 spielen, um so nur einen Verlust von 5 zu erleiden. Diese Überlegungen lassen sich solange fortsetzen, bis man wieder am Ausgangspunkt angelangt ist, d.h. die ganze strategische Konzeption dreht sich im Kreise.

Bei einem solchen **Spiel ohne eindeutige Lösung** handelt es sich um ein **Spiel ohne Sattelpunkt,** das sich dadurch auszeichnet, dass das Maximum der Zeilenminima des Entscheidungsträgers kleiner ist als das Minimum der Spaltenmaxima des Gegners.

Aufgabe 22 Zwei-Personen-Nullsummenspiel

Betrachten Sie die Matrix aus Aufgabe 14 als Gewinn- und Verlustmatrix des Entscheidungsträgers. Worin besteht der Unterschied zur Matrix in Aufgabe 20 und 21? Lässt sich für diese Spielsituation eine eindeutige Lösung angeben?

Lösungshinweis: Aufgabe 21

Die hier zu betrachtende Spielsituation enthält im Gegensatz zu Aufgabe 20 und 21 für den Entscheidungsträger **sowohl Gewinne als auch Verluste.** Da es sich um ein Zwei-Personen-Nullsummenspiel handelt, entsprechen die Gewinne des Entscheidungsträgers (Spielers) den Verlusten des Gegners (Gegenspielers) und die Verluste des Spielers den Gewinnen des Gegenspielers.

Eine eindeutige Lösung lässt sich dann angeben, wenn die Matrix einen Sattelpunkt hat.

Aktionenraum des Gegenspielers / Aktionenraum des Spielers	B_1	B_2	B_3	B_4	Zeilenminima
A_1	10	20	30	40	10 Max!
A_2	– 50	0	50	100	– 50
A_3	100	60	20	– 20	– 20
A_4	150	50	0	– 100	– 100
A_5	– 250	0	200	400	– 250
Spaltenmaxima	150	60 Min!	200	400	

Das Spiel hat keinen Sattelpunkt, somit lässt sich eine eindeutige Lösung nicht angeben.

Aufgabe 23 Determinanten des Unternehmerrisikos

In der Hoffnung auf ein Anhalten des Baubooms gründen die Gebrüder Meier die BAUBOOM KG. Ehe der Betrieb aufgenommen werden kann, müssen ein Büro und ein Lagerplatz gemietet werden. Außerdem müssen diverse Baumaschinen, Gerüste, Schalmaterial u. ä. angeschafft werden. Schließlich werden zwei Kolonnen zu je zwölf Mann eingestellt. Das Baumaterial kann kurzfristig – je nach Bedarf – beschafft werden. Wie beurteilen Sie – differenziert nach Faktorarten – das mit der Faktorbeschaffung eingegangene Unternehmerrisiko?

Lösungshinweis: Vgl. die in Aufgabe 7 skizzierten Ursachen des Unternehmerrisikos!

Das Ausmaß des **Unternehmerrisikos** der BAUBOOM KG richtet sich nach Höhe und Dauer der eingegangenen Verpflichtungen (= Zwang zur Einhaltung bestehender Verträge) bzw. nach Höhe und Dauer der vermögensmäßigen Bindung (= Investitionen).

Demnach entsteht bei der **Werkstoffbeschaffung** kein Risiko, denn die Werkstoffe werden nach Bedarf beschafft, so dass sich kein Lager bildet. Das mit der Bereitstellung des Faktors **Arbeit** verbundene Unternehmerrisiko ist vergleichsweise gering. Es verhält sich proportional zur Länge der einzuhaltenden Kündigungsfristen. Sollte der Bauboom die ursprünglichen Erwartungen nicht erfüllen, kann diese Verpflichtung relativ schnell abgebaut werden.

Bei der **Betriebsmittelbeschaffung** ist eine einheitliche Betrachtung nicht möglich; die mit der Bereitstellung von Büro und Lagerplatz eingegangenen Verpflichtungen dürften sich ähnlich schnell abbauen lassen wie beim Faktor Arbeit (Kündigungsfristen). Insofern ist also auch hier das Unternehmerrisiko stark begrenzt.

Anders verhält es sich mit den gekauften Betriebsmitteln. Je länger die **Nutzungsdauer** eines gekauften Betriebsmittels ist, desto höher ist das mit seiner Bereitstellung eingegangene Unternehmerrisiko zu veranschlagen. Das Unternehmerrisiko begegnet uns hier in der Gefahr, einem großen Nutzungspotential im Zeitverlauf nur unzureichende Nutzungsmöglichkeiten (Mangel an Bauaufträgen) zuführen zu können.

Aufgabe 24 Möglichkeiten der Risikobegrenzung

Es gelten die Annahmen der Aufgabe 23. Allerdings sind die Betriebsmittel noch nicht gekauft worden. Nach wie vor möchte aber die BAUBOOM KG eine hohe Baukapazität bereithalten. Sehen sie eine Möglichkeit, das mit der Betriebsmittelbereitstellung einzugehende Unternehmerrisiko zu reduzieren?

Lösungshinweis: Auch Büro und Lagerplatz sind Betriebsmittel.

Wöhe S. 615–619

Die BAUBOOM KG sollte versuchen, für besonders langlebige und teure Betriebsmittel **Leasingverträge** abzuschließen. Wenn die diesbezüglichen Kündigungsfristen kürzer sind als die Nutzungsdauer, reduziert sich das Unternehmerrisiko. Ein Kauf ist Leasingverträgen nur für solche Betriebsmittel vorzuziehen, die sich bei nicht erfüllten Erwartungen (Bauflaute) ohne große Schwierigkeiten, d.h. schnell und ohne große Verluste, verkaufen lassen.

3. Organisation

Wiederholungsfragen:

	Wöhe Seite
Welche Aufgabe hat die Organisation? Welche Rolle spielen in diesem Zusammenhang die Koordination und die Motivation?	112 f.
Welche Arbeitsschritte sind zur Schaffung einer Aufbauorganisation zu bewältigen?	116 f.
Welcher Zusammenhang besteht zwischen Aufgabenanalyse und Aufgabensynthese?	117
Worin unterscheidet sich eine funktionale Organisation von einer divisionalen Organisation?	118
Welcher Zusammenhang besteht zwischen Leitungsspanne und Leitungstiefe?	120 f.
Wie lassen sich die Unterschiede zwischen Linienstellen, Stabsstellen und Zentralstellen unterscheiden?	121
Warum bemüht sich die Organisation um die Delegation taktischer und operativer Entscheidungen?	121 f.
Was versteht man unter einem Organigramm?	122
Wo liegen die Vor- und Nachteile des Einlinien- bzw. Mehrliniensystems?	123 f.
Wie ist eine Spartenorganisation aufgebaut?	125 f.
Wie ist eine Matrixorganisation aufgebaut?	127
Welche Einzelanforderungen werden an die Ablauforganisation gestellt?	129
Welche Management-by-Konzepte kennen Sie?	130–133

Aufgabe 25 Aufbau- und Ablauforganisation

Welche der folgenden Fragestellungen sind der Aufbauorganisation, welche sind der Ablauforganisation zuzuordnen?

(1) Soll das Materialeingangslager im Produktionsgebäude oder im Verwaltungsgebäude untergebracht werden?

(2) Sollen die Sekretariatsarbeiten des Vertriebsleiters auf eine Ganztags- oder zwei Halbtagsstellen übertragen werden?

(3) Sollen in einer Montagehalle die vom Prüfingenieur zu prüfenden Aggregate zum Prüfer transportiert werden oder soll der Prüfer seine Verrichtung am Standort des Aggregats vornehmen?

(4) Ist zur Anleitung und Überwachung der Monteure eine zweite Meisterstelle erforderlich?

(5) Soll sich ein Unternehmen, das Militärtechnik, Frachtschiffe und Lokomotiven herstellt, eine funktionale oder eine divisionale Organisationsstruktur geben?

(6) Soll der Produktionsbereich in 5 Abteilungen mit jeweils 80 Stellen oder in 8 Abteilungen mit jeweils 50 Stellen untergliedert werden?

(7) Welche Aufgaben soll die Stabstelle des Direktionsassistenten wahrnehmen?

(8) Im Vertrieb ist die Stelle eines Außendienstmitarbeiters wiederzubesetzen. Vertriebsleiter und Personalleiter sind unterschiedlicher Meinung über die Eignung des Bewerbers B. Wer hat das letzte Wort bei der Einstellung von B?

(9) An einem Fließband werden zerbrechliche Einbauteile zusammengesetzt. Glasbruch ist unvermeidbar. Wie viele Ersatzstücke sollen am Arbeitsplatz des Monteurs M in Reserve vorgehalten werden?

(10) Welche organisatorischen Vorsichtsmaßnahmen sind zu ergreifen, damit bei unvorhergesehenen Betriebsstörungen die Stillstandzeit des Fertigungsbandes möglichst kurz gehalten werden kann?

Wöhe S. 115f.

Die anstehenden Probleme sind folgendermaßen zu lösen:

Aufbauorganisation (2), (4), (5), (6), (7) und (8)
Ablauforganisation (1), (3), (9) und (10)

Aufgabe 26 Ablauf- und Kapazitätsplanung

Die WOHLFAHRT AG beschäftigt 800 Mitarbeiter und plant den Bau einer Werkskantine. Man rechnet damit, dass 90 % der Beschäftigten von der neuen Kantine Gebrauch machen werden. Der Leiter der Personal- und Sozialabteilung möchte die Kantine mit 600 Stühlen bestücken lassen. Sein Assistent macht ihn darauf aufmerksam, dass diese Zahl zu gering sei; man benötige mindestens 720 Sitzplätze. Wem würden Sie recht geben, wenn Sie zusätzlich erfahren, dass

(a) die Kantine mit drei Ausgabeschaltern versehen werden soll,

(b) an jedem Schalter vier Essen/Minute ausgegeben werden,

(c) die Mittagspause eine Stunde dauert,

(d) Warteschlangen an den Schaltern nicht entstehen (d. h. die Mittagspause dauert für jeden 60 Minuten, beginnt und endet aber zu individuell verschiedenen Zeitpunkten) und

(e) die Beschäftigten maximal 30 Minuten Zeit auf das Mittagessen verwenden?

Welche Kapazität sollte die neue Kantine nach Ihrer Meinung haben?

Das Mittagessen in der Kantine lässt sich in drei Phasen einteilen:

Phase I: Zu Beginn dieser Phase sind alle Sitzplätze leer; die Kantine füllt sich allmählich. Beendet ist diese Phase erst zu dem Zeitpunkt, wo der erste Mitarbeiter die Kantine nach beendeter Mahlzeit verlässt (Abstrom = Null).

Phase II: Dieser Zeitabschnitt ist dadurch gekennzeichnet, dass jeder eintretende Mitarbeiter einen Platz einnimmt, den ein anderer soeben geräumt hat (Zustrom = Abstrom). Diese Phase ist dann beendet, wenn der letzte Mitarbeiter die Kantine betreten hat.

Phase III: Mit Beginn dieser Phase werden die Ausgabeschalter geschlossenen (Zustrom = Null). Von da an dauert es noch 30 Minuten, bis der letzte Mitarbeiter die Kantine verlassen hat. Zu diesem Zeitpunkt ist Phase III beendet.

Wenn Phase I durch den Abgang des ersten Mittagsgastes beendet wird, dann bedeutet das, dass diese Phase 30 Minuten dauert. Während dieser Zeit werden $30 \cdot 3 \cdot 4 = 360$ Personen an den Ausgabeschaltern bedient. Da während dieser Phase noch niemand die Kantine verlässt, müssen zunächst 360 Sitzgelegenheiten vorhanden sein.

Phase II ist beendet, wenn der letzte Mitarbeiter die Kantine betreten hat. In diesem Zeitabschnitt müssen also die restlichen 360 Mitarbeiter bedient werden. Für sie müssen zusätzliche Sitzplätze nicht zur Verfügung gestellt werden, da ja während dieses Zeitraums die ersten 360 Mitarbeiter nach und nach „abströmen".

Phase II dauert demnach ebenfalls 30 Minuten $\left(\frac{360}{4 \cdot 3}\right)$.

Da in Phase III niemand mehr die Kantine betritt, werden keine zusätzlichen Sitzplätze benötigt.

Aus diesen Überlegungen folgt: weder der Leiter der Personal- und Sozialabteilung noch sein Assistent haben die Anzahl der erforderlichen Sitzgelegenheiten richtig berechnet. Es werden nur so viele Plätze benötigt, wie Mitarbeiter in Phase I zuströmen, also 360 Stück. Jeder Sitzplatz wird während der Mittagspause zweimal belegt, einmal in Phase I, einmal in Phase II. Die Kapazität der Kantine ist auf 360 Sitzplätze oder 720 Essenausgaben/Mittagspause zu beziffern.

Aufgabe 27 Ablauf- und Kapazitätsplanung (Datenvariation I)

Es gelten alle Bedingungen der Aufgabe 26 bis auf Bedingung (d) und (e). Es soll jetzt angenommen werden, dass die Mittagspause für jedermann um 12 Uhr beginnt und um 13 Uhr endet. Außerdem ist davon auszugehen, dass jeder Mitarbeiter maximal nur noch 20 Minuten Zeit auf die Einnahme der Mahlzeit verwendet und anschließend die Kantine verlässt. Wie viele Sitzplätze sind unter diesen Bedingungen erforderlich? Wie groß ist die Kapazität der Kantine?

Lösungshinweis: Zerlegen Sie den Ablauf zunächst in die Zustrom-Phase (I), die Zustrom-Abstrom-Phase (II) und die Abstrom-Phase (III)!

Phase I: Beginn 12.00; Ende 12.20, wenn der erste Mitarbeiter die Kantine verlässt.

Phase II: Beginn 12.20; Ende 12.40. Da jeder Mitarbeiter um 13.00 zu seinem Arbeitsplatz zurückgekehrt sein muss, andererseits aber 20 Minuten Zeit zum Essen benötigt, muss er sein Essen spätestens um 12.40 am Schalter in Empfang genommen haben.

Phase III: Beginn 12.40; Ende 13.00. Mit Beginn dieser Phase werden die Ausgabeschalter geschlossen; am Ende dieses Zeitabschnitts hat der letzte Mitarbeiter die Kantine verlassen.

Während Phase I werden $20 \cdot 3 \cdot 4 = 240$ Personen an den drei Schaltern bedient. Es müssen zunächst 240 Sitzplätze vorhanden sein. Im Verlauf der Phase II findet auf den Sitzplätzen lediglich eine Umschichtung statt, da Zustrom und Abstrom (12 Personen/Minute) gleich stark sind. Im Verlauf der Phase III werden die Sitzplätze nach und nach geräumt.

Es werden nur noch 240 Sitzplätze benötigt; es können aber auch nur noch 480 Personen ihre Mahlzeiten einnehmen. Dementsprechend wäre die Kapazität der Kantine in diesem Falle auf 240 Sitzplätze bzw. 480 Essenausgaben/Mittagspause zu beziffern. Hieraus ergibt sich die Notwendigkeit zur Revision der Ablaufplanung.

Aufgabe 28 Ablauf- und Kapazitätsplanung (Datenvariation II)

Es gelten alle Angaben der Aufgabe 27. Um alle 720 Beschäftigten beköstigen zu können, beabsichtigt der Leiter der Personal- und Sozialabteilung, die Anzahl der Sitzplätze von 240 auf 480 zu erhöhen. Er rechnet Ihnen vor, dass die Bereitstellung von weiteren 240 Sitzplätzen genau der Anzahl der bisher nicht bedienten Beschäftigten (720 – 240) entspricht. Was halten Sie von seinem Vorhaben?

Nichts! Aus Aufgabe 27 geht hervor, dass die (zu geringe) Kapazität der Kantine nicht durch die Anzahl der Sitzplätze, sondern durch den Bedienungsablauf an den Ausgabeschaltern zustande kommt. Die Essen**ausgabe** ist auf Phase I und II beschränkt. Während dieser 40 Minuten können aber z.Zt. maximal $40 \cdot 3 \cdot 4 = 480$ Essen ausgegeben werden. Zur Behebung der Kapazitätsrestriktion ist folglich nicht die Anzahl der Sitzplätze zu erhöhen, sondern die Form der Essenausgabe zu modifizieren.

Aufgabe 29 Ablauf- und Kapazitätsplanung (Datenvariation III)

Es gelten alle Annahmen der Aufgabe 27. Durch welche beiden Maßnahmen kann die Essenausgabe so abgeändert werden, dass die gewünschte Kapazität von 720 Essenausgaben/Mittagspause erreicht wird? Wie viele Sitzplätze sind dann erforderlich?

Die **erste Möglichkeit,** die Kapazität auf 720 Essen/Mittagspause auszubauen, besteht darin, den Ausgaberhythmus (z. Zt. 4 Essen/Minute und Schalter) zu beschleunigen. Würde es gelingen, 6 Essen/Minute und Schalter auszugeben, könnten von 12.00 bis 12.20 (Phase I) $20 \cdot 3 \cdot 6 = 360$ Personen und in Phase II noch einmal die gleiche Personenzahl bedient werden. Es wären 360 Sitzplätze erforderlich. Die **zweite Möglichkeit** besteht darin, bei derzeitigem Ausgaberhythmus die Zahl der Schalter zu vergrößern.

Um in Phase I und II jeweils 360 Essen ausgeben zu können, müsste die Anzahl der Schalter s auf

$$s = \frac{360}{20 \cdot 4} = 4{,}5,$$

also auf fünf Schalter erhöht werden. Auch in diesem Falle müssten mindestens 360 Sitzplätze zur Verfügung stehen.

Eine Kombination zwischen der ersten und der zweiten Möglichkeit (4 Schalter; 4,5 Essen/Minute und Schalter) ist ebenfalls möglich.

4. Personalwirtschaft

Wiederholungsfragen:

	Wöhe Seite
Welche Teilgebiete der Personalplanung kennen Sie?	135 f.
An welchen Sachverhalten orientiert sich die Personalbedarfsplanung?	136 f.
Wo liegen die Vor- und Nachteile interner bzw. externer Personalbeschaffung?	140
Welche Möglichkeiten des Personalabbaus kennen Sie?	142 f.
Über welche Teilbereiche erstreckt sich die Personaleinsatzplanung?	144 f.
Welches Ziel verfolgt die Personalentwicklungsplanung?	148
Welche Instrumente der Mitarbeitermotivation kennen Sie?	151
Wie ist das Genfer Schema zur Arbeitsbewertung konzipiert?	153
Welche Methoden der Arbeitsbewertung kennen Sie?	154
Welche Lohnformen kennen Sie?	155
Wo liegen die Vor- und Nachteile des Zeitlohns?	156
Wo liegen die Vor- und Nachteile des Akkordlohns?	158
Wie kann ein Prämienlohn ausgestaltet werden?	158 f.
Welche Formen der Erfolgsbeteiligung kennen Sie?	160
Welche Führungsstile kennen Sie?	163 f.

Aufgabe 30 Beeinflussung der Arbeitsleistung

Die Arbeitsleistung ist von folgenden Größen beeinflussbar:

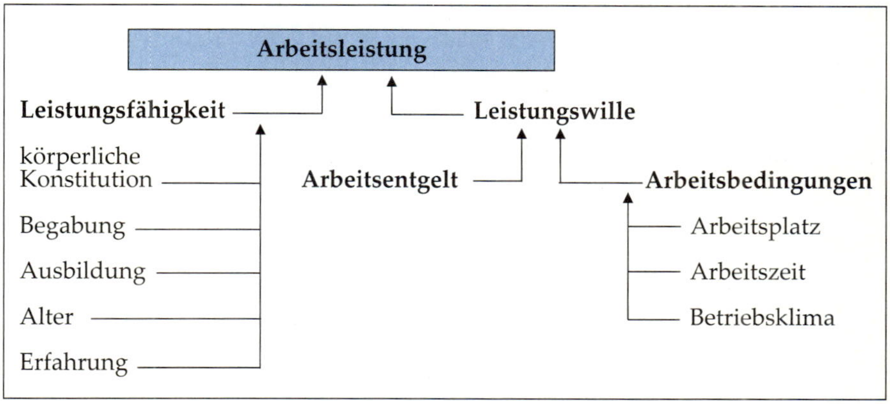

Welche der genannten Größen sind von Seiten der Betriebsführung beeinflussbar?

Wöhe S. 151

Am leichtesten sind jene Faktoren zu beeinflussen, die zusammengenommen die **Arbeitsbedingungen** ausmachen, also Arbeitsplatz, Arbeitszeit und Betriebsklima. Einer Beeinflussung der Arbeitsleistung durch Änderung des Arbeitsentgelts sind gewisse Grenzen gezogen. Wenn die Arbeitsleistung durch eine Lohnerhöhung überhaupt ansteigt, dann wird sie schon kurze Zeit nach der Lohnerhöhung auf ihr Normalmaß zurückfallen.

Jene Faktoren, die die **Leistungsfähigkeit** einer Arbeitskraft ausmachen, lassen sich nur schwer beeinflussen. Zur Verbesserung der körperlichen Konstitution kann der Betrieb wenig tun; er kann allenfalls Maßnahmen ergreifen, ihren Verfall zu bremsen. Hierzu gehört der werksärztliche Dienst, betriebliche Erholungsheime u. ä. Während eine Beeinflussung von Begabung und Alter ganz ausscheidet, lässt sich der Ausbildungsstand auch älterer Arbeitnehmer durch Lehrgänge und ständige Überwachung und Betreuung durch einen Meister verbessern. Die Erfahrung der Arbeitnehmer lässt sich von Seiten der Betriebsführung nur dadurch steigern, dass man bei der Einstellung neuer Mitarbeiter erfahrenen Bewerbern vor unerfahrenen den Vorzug gibt.

Aufgabe 31 Gleitende Arbeitszeit

Ein Automobilwerk beschäftigt 11.000 Arbeitnehmer und Angestellte. Im Produktionsbereich sind 9.000 Beschäftigte, im Verwaltungsbereich sind 2.000 Beschäftigte tätig.

Der Betriebsrat schlägt vor, für alle Arbeitnehmer die sog. gleitende Arbeitszeit einzuführen. Während die Arbeitszeit einschließlich Pausen gegenwärtig von 7.30 Uhr bis 16.15 Uhr dauert, soll die Arbeitszeit von 8 Std./Tag in folgender Zeitspanne erbracht werden können:

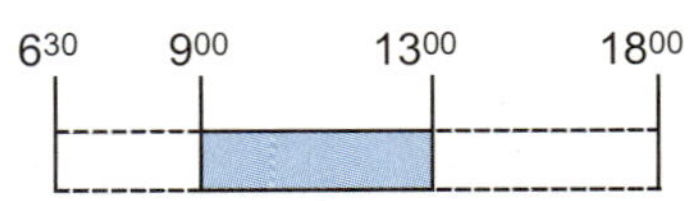

Kernzeit (Anwesenheitszwang für alle Arbeitnehmer)

Gleitzeit (Variationsbreite zur Auffüllung des 8-Stunden-Pensums)

Welche Argumente sprechen aus der Sicht der Unternehmensleitung für, welche sprechen gegen die generelle Einführung der gleitenden Arbeitszeit?

Wöhe S. 146–148

Die gleitende Arbeitszeit beruht auf der Idee, den Beschäftigten den Zeitpunkt des Beginns der Arbeitszeit freizustellen. Abgesehen von der Arbeitsdauer (und der unausweichlichen Kernzeit) wird also die Arbeit in zeitlicher Hinsicht nicht mehr reglementiert. Man verspricht sich durch diese Erweiterung des Freiheitsraumes der Beschäftigten eine Anhebung des Leistungswillens und möglicherweise auch der Leistungsfähigkeit. Insofern wird auch die Unternehmensleitung die Einführung der gleitenden Arbeitszeit befürworten.

Kämen allerdings alle Beschäftigten, also auch die des Produktionsbereichs, in den Genuss der gleitenden Arbeitszeit, könnte folgender Fall eintreten: Von den 9.000 Beschäftigten dieses Bereiches erscheinen 5.000 um 7.00 Uhr, die restlichen 4.000 finden sich um 9.00 Uhr zur Arbeit ein. Da in einem arbeitsteiligen Produktionsverfahren wie der Automobilherstellung die einzelnen Verrichtungen zeitlich aufeinander abgestimmt sind, können die 5.000 Beschäftigten ihre Arbeit erst dann aufnehmen, wenn die übrigen 4.000 erschienen sind. Da aber für diese 4.000 Beschäftigten die Arbeit zwei Stunden später endet, wird auch während dieser Zeit die Produktion ruhen.

Gleitende Arbeitszeit ist also überall dort unmöglich, wo die Verrichtungen der einzelnen Stellen zeitlich aufeinander abgestimmt sind. Die stärkste Ausprägung zeitlicher Abhängigkeit einer Stelle von einer anderen Stelle findet man an Fließbändern und Fertigungsstraßen.

Da die **zeitliche Unabhängigkeit** der einzelnen Stellen im allgemeinen nur im **Verwaltungsbereich** existiert, wird die Unternehmensleitung die Einführung der gleitenden Arbeitszeit auf die 2.000 Beschäftigten dieses Bereiches beschränken.

Aufgabe 32 Zeitakkord und Geldakkord

Versuchen Sie, die Zusammenhänge zwischen folgenden Begriffen in einer graphischen Darstellung offenzulegen:

ML	Mindestlohn (EUR/Std.)	IL	Istleistung (Stück/Std.)
AZ	Akkordzuschlag (%)	VM	Verrechnete Minuten (Min./Std.)
AR	Akkordrichtsatz (EUR/Std.)		
MF	Minutenfaktor (EUR/Min.)	GS	Geldsatz (EUR/Stück)
VZ	Vorgabezeit (Min./Stück)	NL	Normalleistung (Stück/Std.)
SV	Stundenverdienst (EUR/Std.)	LG	Leistungsgrad (%)

Lösungshinweis: Vgl. Beschreibung am Ende der Aufgabe 33.

Wöhe S. 156f.

Der Bereich A ist die **gemeinsame Grundlage** für Zeitakkord und Geldakkord. Der Bereich B umfasst die zusätzlich erforderlichen Schritte zur Ermittlung des **Zeitakkords.** Im Bereich C finden sich dagegen die zusätzlichen Schritte zur Ermittlung des **Geldakkords.**

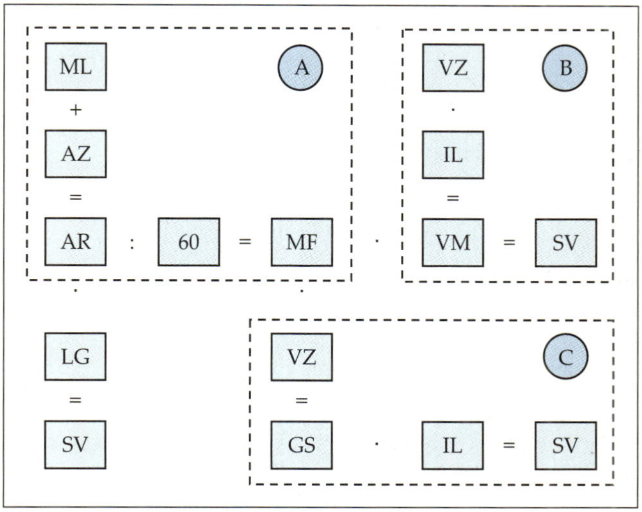

Der besseren Übersichtlichkeit halber soll der Zusammenhang zwischen Leistungsgrad LG, Istleistung IL, Normalleistung NL und Vorgabezeit VZ getrennt dargestellt werden:

$$\frac{IL}{NL} \cdot 100 = LG$$

$$60 : VZ = NL$$

Aufgabe 33 Ermittlung von Akkordlöhnen

Ermitteln sie für den Akkordarbeiter SCHNELL mit Hilfe der Schemata aus Aufgabe 32 die folgenden Größen: Normalleistung, Akkordrichtsatz, Minutenfaktor, Vorgabezeit, Geldsatz, Verrechnete Minuten und Stundenverdienst! Das Schema eröffnet drei Möglichkeiten zur Feststellung des Stundenverdienstes (SV_1 bis SV_3). Zur Ermittlung dieser Größen benötigen Sie folgende Angaben:

ML	Mindestlohn	= 12 EUR/Std.
AZ	Akkordzuschlag	= 20 %
LG	Leistungsgrad	= 125 %
IL	Istleistung	= 15 Stück/Std.

Die Normalleistung liegt für eine derartige Beschäftigung bei 12 Stück/Std.; das entspricht einer Vorgabezeit von 5 Minuten/Stück. Der **Akkordrichtsatz** ergibt sich aus Mindestlohn zuzüglich Akkordzuschlag und beträgt 14,40 EUR/Std. (= Stundenverdienst bei Normalleistung). Der **Minutenfaktor** von 24 Cent/Stück entspricht dem Minutenverdienst eines Arbeiters bei Normalleistung. Der **Geldsatz** in Höhe von 1,20 EUR ergibt sich aus dem Produkt von Minutenfaktor und Vorgabezeit; er entspricht den Lohnkosten/Stück.

$\frac{IL}{NL} \cdot 100 = LG;$	$\frac{15}{NL} \cdot 100 = 125;$	NL = 12
60 : VZ = NL:	60 : VZ = 12;	VZ = 5
ML + AZ = AR;	12,00 + 2,40 = AR;	AR = 14,40
AR : 60 = MF;	14,40 : 60 = MF:	MF = 0,24
VZ · IL = VM:	5 · 15 = VM	VM = 75
MF · VZ = GS;	0,24 · 5 = GS;	GS = 1,20
AR · LG = SV_1;	14.40 · 1,25 =SV_1;	SV_1 = 18,00
MF · VM = SV_2;	0,24 · 75 = SV_3	SV_2 = 18,00
GS · IL = SV_3;	1,20 · 15 = SV_3	SV_3 = 18,00

Im vorliegenden Fall werden dem Akkordarbeiter in einer Zeitstunde 75 Fertigungsminuten vergütet (VM = 75). Multipliziert man diese zu verrechnenden Minuten mit dem Minutenfaktor, so erhält man als Zeitakkord den Stundenverdienst in Höhe von 18 EUR. Den gleichen Stundenverdienst erhält man, wenn man den Geldsatz (= Lohnkosten/Stück) mit der Istleistung von 15 Stück/Std. multipliziert.

Aufgabe 34 Akkordlohn und Mindestlohn

Wie in Aufgabe 33 beträgt auch jetzt der Mindestlohn 12 EUR/Std. Der Akkordzuschlag beläuft sich ebenfalls auf 20%. Bei einer Vorgabezeit von 5 Minuten/Stück beläuft sich jetzt aber die Istleistung auf 9 Stück/Std. Der Leistungsgrad sinkt also auf 75%.

Teilaufgabe a)

Wie hoch ist der Stundenverdienst des Akkordarbeiters LAHM? Ermitteln Sie diesen Stundenverdienst auf dreifache Weise!

VM	= VZ	· IL	= 5	· 9	= 45
SV_1	= AR	· LG	= 14,40	· 0,75	= 10,80
SV_2	= MF	· VM	= 0,24	· 45	= 10,80
SV_3	= GS	· IL	= 1,20	· 9	= 10,80

Der Stundenverdienst des Akkordarbeiters LAHM beträgt 10,80 EUR.

Teilaufgabe b)

Warum ist LAHM mit seiner Lohnabrechnung nicht einverstanden?

Wöhe S. 156f.

Der Stundenverdienst von LAHM beliefe sich nur dann auf 10,80 EUR, wenn es keinen garantierten **Mindestlohn** in Höhe von 12,00 EUR/Std. gäbe.

Aufgabe 35 Akkordlohn und Prämienlohn

Mit welchem Hauptargument wird der Prämienlohn gegenüber dem Akkordlohn verteidigt? Wie wirken sich Prämienlohn und Akkordlohn auf die Höhe des Stundenverdienstes bei einem Leistungsgrad > 100% aus?

Wöhe S. 158f.

Abgesehen davon, dass der Akkordlohn nicht überall anwendbar ist, versuchen die Anhänger des Prämienlohns dieser Entlohnungsform mit folgendem Argument den Vorzug zu geben: das Akkordsystem schaffe einen zu starken Anreiz zur Unterschreitung der Vorgabezeiten, d.h. zur Beschleunigung des Arbeitstempos, wodurch zum einen die **Gesundheit** der Beschäftigten, zum anderen die **Qualität** der Produkte Schaden nehme und die Gefahr bestehe, dass die Betriebsmittel überbeansprucht werden.

Bei den Prämienlohnsystemen wird (im Vergleich zum Akkordlohn) der Anreiz zur Unterschreitung der Vorgabezeiten stark abgeschwächt. Eine Beschleunigung des Arbeitstempos ist nämlich für die Beschäftigten bei Prämienlohn weniger attraktiv als bei Akkordlohn: Liegt die Normalleistung zum Beispiel bei 100 Stück/Std., bringt es aber der Beschäftigte auf 130 Stück/Std. (Leistungsgrad = 130%), so liegt ein Stundenverdienst bei Akkordlohn um 30% über dem Grundlohn (= Akkordrichtsatz), während er beim Prämienlohn möglicherweise nur 15% mehr erhält. Überdurchschnittliche Leistungen (Leistungsgrad > 100%) kommen also beim Akkordlohn dem Arbeitnehmer voll zugute, während beim Prämienlohn der Verdienst dafür zwischen Arbeitnehmer und Unternehmer nach einem bestimmten Schlüssel aufgeteilt wird.

Aufgabe 36 Tarifliche Arbeitszeit und Haupttätigkeitszeit

Für die Arbeitnehmer eines Betriebes gelten folgende Angaben:

- Tarifliche Arbeitszeit/Woche (52 Wochen) — 40 Std.
- Feiertage/Jahr — 10
- Urlaubstage/Jahr — 27
- Durchschnittliche Ausfallzeit wegen Krankheit/Arbeitnehmer (Krankheitstage/Jahr) — 10
- Sonderurlaubstage/Jahr — 3
- Anteil der betrieblichen Wartezeiten an der betrieblichen Einsatzzeit — 8 %
- Anteil der betrieblichen Nebenarbeiten an der betrieblichen Einsatzzeit — 7 %

Wie hoch ist die Personalkapazität pro Arbeitnehmer? Wie viele Fertigungsstunden/Arbeitnehmer (Haupttätigkeitszeit) stehen für den eigentlichen Betriebszweck zur Verfügung?

		Stunden/Jahr
I. Tarifliche Arbeitszeit (52 Wochen · 40 Std.)		2.080
Feiertage (10 Tage · 8 Std.)	80	
Urlaub (27 Tage · 8 Std.)	216	
Krankheit (10 Tage · 8 Std.)	80	
Sonderurlaub (3 Tage · 8 Std.)	24	
	400	400
II. Betriebliche Einsatzzeit		1.680
Wartezeiten (8 % von II)	134	
Nebenarbeit (7 % von II)	118	
	252	252
III. Fertigungsstunden/Jahr		1.428

Die tarifliche Jahresarbeitszeit beträgt 2.080 Stunden. Für die betriebliche Leistungserstellung stehen dem Betrieb aber nur 1.428 Stunden/Jahr zur Verfügung. Die Haupttätigkeitszeit von 1.428 Stunden/Jahr entspricht einem Anteil von 68,65 % an der tariflichen Arbeitszeit.

Die Haupttätigkeitszeit von 1.428 Stunden/Jahr ist maßgebend für die Ermittlung der **Personalkapazität** und für die Feststellung der Lohnkosten für eine **produktive Arbeitsstunde.** Der Betrieb bezahlt zwar den Lohn für 2.080 Stunden, erhält hierfür aber nur 1.428 Stunden Arbeitsleistung.

Aufgabe 37 Tariflohn, Nettolohn und betriebliche Lohnkosten

Ein Arbeitnehmer erhält einen Tariflohn von 13 EUR/Stunde (Bruttoarbeitslohn). Wie hoch ist der Nettolohn des Arbeitnehmers und wie hoch sind die Lohnkosten (Bruttolohn + lohnabhängige Nebenkosten) für den Arbeitgeber unter Berücksichtigung folgender Angaben:

			Bezugsbasis: Bruttolohn
	Rentenversicherung	20 %	
	Krankenversicherung	14 %	
	Arbeitslosenversicherung	6 %	
I.	Gesetzliche Sozialversicherungsbeitrag	40 %	40 %
II.	Lohnsteuer		20 %
III.	Kirchensteuer	9 % v. II.	

Beachten Sie, dass der Beitrag zur gesetzlichen Sozialversicherung zur Hälfte vom Arbeitnehmer und zur Hälfte vom Arbeitgeber zu tragen ist!

Wöhe S. 155 f.

Unter Berücksichtigung der oben angegebenen Abzüge ergibt sich für den Arbeitnehmer folgender **Nettolohn** und für den Arbeitgeber folgende **Lohnkostenbelastung:**

I.	Gesetzliche Sozialversicherung	40 % von 13 EUR	5,20 EUR
	Arbeitnehmeranteil	2,60 EUR	
	Arbeitgeberanteil	2,60 EUR	
II.	Lohnsteuer	20 % von 13 EUR	2,60 EUR
III.	Kirchensteuer	9 % von 2,60 EUR	0,23 EUR

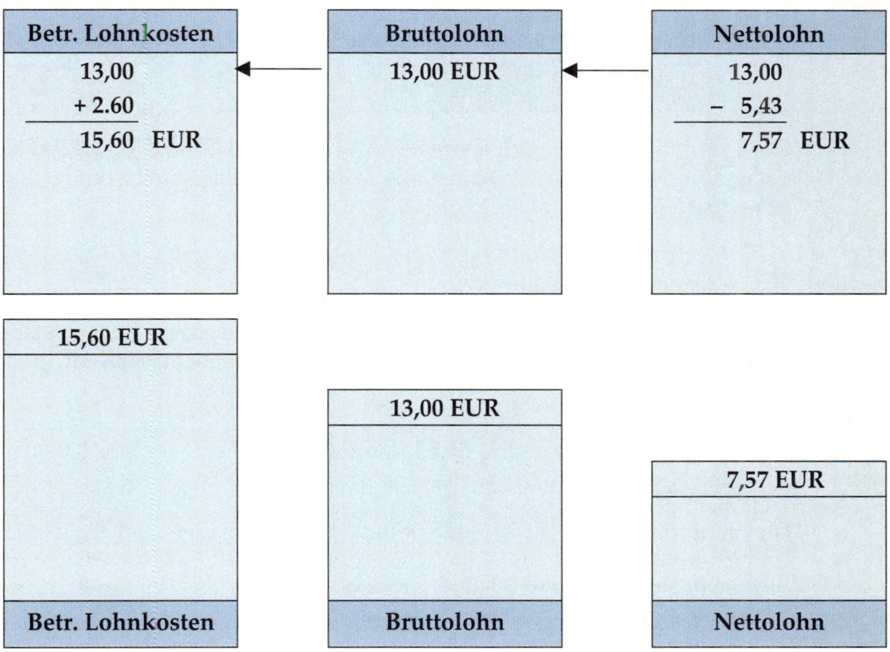

Aufgabe 38 Effektive Lohnkosten

Ein Betrieb bezahlt einem Arbeitnehmer 2.080 Arbeitsstunden/Jahr. Dafür stehen ihm 1.428 Fertigungsstunden/Jahr zur Verfügung (vgl. hierzu Aufgabe 36). Wie hoch sind die betrieblichen Lohnkosten/Jahr (einschließlich aller lohnabhängigen Nebenkosten) und die Lohnkosten für eine Fertigungsstunde, wenn folgende Angaben gelten:

Tarifliche Arbeitszeit (bezahlte Stunden/Jahr)	2.080 Std.
Fertigungsstunden/Jahr	1.428 Std.
Arbeitslohn/Std.	13 EUR
AG-Anteil zur ges. Sozialversicherung (% vom Bruttolohn)	20 %
Urlaubsgeld/Jahr (% vom Urlaubslohn bei 27 Urlaubstagen)	50 %
Weihnachtsgeld/Jahr (% vom Bruttomonatslohn)	60 %
Vermögenswirksame Leistung/Jahr 312 EUR, davon trägt der Betrieb	156 EUR

Wöhe S. 155 f.

Der Bruttoarbeitslohn/Jahr beträgt (2.080 Std. · 13 EUR/Std.), insgesamt 27.040 EUR. Der durchschnittliche Bruttomonatslohn beziffert sich somit auf 2.253 EUR. Für 27 Urlaubstage (= 216 Std.) wird ein Urlaubslohn von 2.808 EUR gezahlt.

Die gesamten Lohnkosten/Jahr lassen sich wie folgt berechnen:

	Bruttoarbeitslohn/Jahr		27.040 EUR
+	Weihnachtsgeld	(60 % von 2.253 EUR)	1.352 EUR
+	Urlaubsgeld	(50 % von 2.808 EUR)	1.404 EUR
+	Vermögenswirksame Leistungen		156 EUR
	Gesamtbezüge des Arbeitnehmers/Jahr		29.952 EUR
+	AG-Anteil zur gesetzlichen Sozialversicherung (20 % von 29.952 EUR)		5.990 EUR
	Gesamte Lohnkosten/Jahr		**35.942 EUR**

Die gesamten Lohnkosten betragen also 35.942 EUR/Jahr und 25,17 EUR/Fertigungsstunde. Damit übersteigen die Lohnkosten/Fertigungsstunde den tariflich vereinbarten Stundenlohn um gut 90 %.

Aufgabe 39 Personalbedarfsplanung

Die CERES AG ist ein wachsendes Unternehmen. Auch für die Planperiode 02 (1. 1. 02–31. 12. 02) ist mit einem zusätzlichen Personalbedarf im Produktionsbereich A zu rechnen. Hierzu liegen folgende Informationen vor:

Jahresleistung eines Monteurs (Stück)	3.000
Geplantes Produktionsvolumen (Stück)	3 Mio.
Personenbestand am 30. 6. 01	900

Zum Planungszeitpunkt 30. 6. 01 erwartet man, dass bis zum 31. 12. 01

- 20 Mitarbeiter wegen Erreichens der Altersgrenze und wegen Kündigung ausscheiden.
- 12 Auszubildende nach Ablegung der Gesellenprüfung in den Montagebetrieb aufgenommen werden.

Ermitteln Sie den zusätzlichen Personalbedarf bzw. den Personalüberhang zum Beginn der Planungsperiode (1. 1. 02).

Wöhe S. 137 f.

Der Sollpersonalbedarf im Produktionsbereich A zum 1. 1. 02 lässt sich folgendermaßen ermitteln:

$$\frac{\text{geplantes Produktionsvolumen (Stück)}}{\text{Leistung/Mitarbeiter (Stück)}} = \frac{3.000.000}{3.000} = 1.000 \text{ Mitarbeiter}$$

Personalplanung für Periode 02	Anzahl der Mitarbeiter
Sollpersonalbedarf ab 1. 1. 02	1.000
– Personalbestand am 30. 6. 01	– 900
+ Personalabgang (30. 6. 01 – 31. 12. 01)	+ 20
– Personalzugang (30. 6. 01 – 31. 12. 01)	– 12
Personalbedarf zum 1. 1. 02	**+ 108**

Für die Planperiode 02 ergibt sich im Produktionsbereich A ein zusätzlicher Personalbedarf von 108 Monteuren.

Aufgabe 40 Personalbedarfsdeckung

Die CERES AG hat für die Planperiode 02 im Produktionsbereich A einen zusätzlichen Personalbedarf von 108 Monteuren (vgl. Aufgabe 39). Welche Möglichkeiten hat die CERES AG zur Deckung dieses Personalbedarfs?

Wöhe S. 139–141

Die CERES AG muss zur Realisierung ihrer Planproduktion 02 eine Kapazitätslücke im Volumen von 108 Monteuren (Mannjahre) schließen. Zum Schließen dieser Kapazitätslücke gibt es folgende Möglichkeiten.

(1) Innerbetriebliche Personalumsetzung von anderen Produktionsbereichen in Produktionsbereich A

(2) Überstunden im Produktionsbereich A

(3) Temporäre Auslagerung von Produktionsaufgaben A

(4) Temporäre Einstellung von Leiharbeitskräften

(5) Neueinstellung von Mitarbeitern

Vorrangig ist die Deckungsalternative (1) zu prüfen. Rechnet man damit, dass das Produktionsvolumen auf mittelfristige Sicht wieder zurückgeht, prüft man die Alternativen (2) bis (4). Nur bei einer langfristig erwarteten Kapazitätslücke kommt es zu (5) Neueinstellungen.

5. Informationswirtschaft

Wiederholungsfragen:

	Wöhe Seite
In welche Teilgebiete lässt sich die Informationswirtschaft einteilen?	172
In welchen Arbeitsschritten gelangt man vom Informationsbedarf zur Informationsausgabe?	173
Welcher Zusammenhang besteht zwischen analytischen und operativen Informationssystemen?	177
Was versteht man unter Enterprise Ressource Planning (ERP)?	178
Wie lässt sich die Struktur eines Data-Warehouse abbilden?	181
Was versteht man unter Online Analytical Processing (OLAP)?	182
Wie lassen sich die Arbeitsgebiete des Electronic Commerce systematisieren?	190
Was versteht man unter Data Mining?	192

Aufgabe 41 Informationsquellen

Man unterscheidet einerseits zwischen internen und externen, andererseits zwischen personalen und sachlichen Informationsquellen. Systematisieren Sie die Informationsquellen und ordnen Sie die folgenden acht Informationsbeschaffungsfälle der betreffenden Informationsquelle zu!

(1) Im Zuge seiner langfristigen Expansionsplanung stützt sich ein Brillenfilialist auf die Angaben der amtlichen Statistik zur Altersstruktur der Bevölkerung.

(2) Die Revisionsabteilung sichtet im Rahmen einer Unterschlagungsprüfung die Zahlungsbelege des letzten Quartals.

(3) Der Leiter der Fertigungsabteilung fragt bei den Meistern den aktuellen Krankenstand ab.

(4) Zur Bewertung von Wertpapierbeständen im Rahmen der steuerlichen Vermögensaufstellung entnimmt man einer Börsenzeitung die amtlichen Jahresschlusskurse.

(5) Im Zuge der Jahresabschlusserstellung wird die Anlagenkartei zur Bestimmung der planmäßigen Abschreibung herangezogen.

(6) Im Zuge der kurzfristigen Fertigungsplanung erfragt der Leiter der Fertigungsabteilung von einem Sachbearbeiter der Vertriebsabteilung die vereinbarten Liefertermine des Auftragsbestands.

(7) Die Unternehmensleitung fragt den Leiter der Kreditabteilung der Hausbank nach den Zinskonditionen eines kurzfristigen Überbrückungskredits.

(8) Der Leiter der Verkaufsabteilung lässt sich in einem Gespräch mit einer Werbeagentur über Möglichkeiten zur Verbesserung des Produktionsimage unterrichten.

Die verschiedenen Informationsquellen lassen sich folgendermaßen systematisieren:

Informationsquellen	interne	externe
personale	A	B
sachliche	C	D

Die obigen acht Informationsfälle lassen sich wie folgt zuordnen: A (3) und (6); B (7) und (8); C (2) und (5); D (1) und (4).

Aufgabe 42 Informationsbedarf und Informationsangebot

Als Mitarbeiter des Planungsstabes XY-AG sind Sie im Dezember 01 an der Planung für die Periode 02 beteiligt. Folgende Planungsaufgaben sind zu bewältigen:

A Finanzplanung 02
Wie lässt sich die Zahlungsfähigkeit in Periode 02 sichern?

B Personalplanung 02
Wird in Periode 02 eine Personalbeschaffung oder ein Personalabbau erforderlich sein?

C Produktionsplanung 02
Entspricht die vorhandene Produktionskapazität dem geplanten Absatzvolumen?

D Investitionsplanung 02
Müssen Produktionskapazitäten aufgebaut (Investition) oder abgebaut (Desinvestition) werden?

Das betriebsinterne Informationssystem hält das folgende Informationsangebot bereit:

Informationsangebot für Planperiode 02
(1) Lagerbestände an Halb- und Fertigfabrikaten am 1. 1. 02
(2) Bestand an Betriebsmittelkapazität am 1. 1. 02
(3) Mitarbeiterbestand am 1. 1. 02
(4) Liquiditätsbestand am 1. 1. 02
(5) Planabsatzmenge Periode 02
(6) Plan-Cash-Flow Periode 02
(7) Plan-Produktionsmenge Periode 02
(8) Plan-Kreditaufnahme Periode 02
(9) Plan-Erlöse aus Anlageverkäufen Periode 02
(10) Plan-Produktionsleistung/Mitarbeiter Periode 02
(11) Plan-Produktionskapazität (Maximalmenge) Periode 02
(12) Ausmusterung von Produktionsanlagen in Periode 02
(13) Planbedarf an Betriebsmittelkapazität Periode 02
(14) Plan-Kredittilgung in Periode 02
(15) Plan-Investitionsvolumen in Periode 02

Wie lässt sich aus diesem Informationsangebot der Informationsbedarf für die vier Planungsbereiche A bis D decken?

Wöhe S. 173–176

Für die vier Planbereiche sind folgende Informationen abzurufen:

A. Finanzplanung: (6), (14), (8), (13), (15), (9) und (4)
B. Personalplanung: (7), (10) und (3)
C. Produktionsplanung: (5), (11) und (1)
D. Investitionsplanung: (12) und (2)

Aufgabe 43 Transformation von Informationen

Ein Börseninformationsdienst versorgt 500 Kunden (Banken und institutionelle Anleger) mit aktuellen Börseninformationen über die Kursentwicklung der 30 Dax-Titel. Das Geschäftsmodell ist folgendermaßen aufgebaut:

(1) Für jeden der 30 Dax-Titel werden an jedem Börsentag die laufenden Kursnotierungen und die Schlusskurse festgehalten.
(2) Einschlägige Anlageempfehlungen (Kaufen, Halten oder Verkaufen) von Aktienanalysten werden gesammelt und für sechs Monate gespeichert.
(3) Die Kursentwicklung eines jeden Titels wird in einem Kurzzeitchart (30 Tage) und in einem Langzeitchart (12 Monate) grafisch dargestellt.
(4) Bei der Speicherung der Börsenkurse sorgt ein separates Programm für die Ermittlung des Jahreshöchst- und Jahrestiefstkurses.
(5) Die Ergebnisprognosen der Dax-Unternehmen werden gesammelt. Aus den Ergebnisprognosen für das laufende und das kommende Jahr wird das erwartete Ergebnis pro Aktie ermittelt.
(6) Ein separates Programm ermittelt das Kurs-Gewinn-Verhältnis, indem der aktuelle Börsenkurs zum Ergebnis je Aktie in Beziehung gesetzt wird.
(7) Durch Eingabe seines Nutzernamens kann der Abonnent den aktuellen Kursstand, die grafische Darstellung der Kursentwicklung, die Analystenempfehlungen, die Jahreshöchst- und -tiefstkurse, die Ergebnisprognose und das Kurs-Gewinn-Verhältnis über das Internet abrufen.

Aus welchen Quellen deckt der Börseninformationsdienst seinen Informationsbedarf?

Wie lassen sich die oben genannten sieben Sachverhalte

a) zeitlicher
b) sachlicher
c) räumlicher

Informationstransformation zuordnen?

Wöhe S. 174 f.

Als Informationsanbieter fungieren:

- Deutsche Börse AG (Dax-Kurse)
- Analysten (Empfehlungen)
- Dax-Unternehmen (Ergebnisprognosen)
- Hauseigener Bilanzanalyst (Aufbereitung von Jahresabschlussinformationen).

Die sieben Sachverhalte lassen sich folgendermaßen zuordnen:

Sachverhalt	Prozessstufe	Transformation
(1), (2), (5)	Informationsspeicherung	zeitlich
(3), (4), (5), (6)	Informationsverarbeitung	sachlich
(7)	Informationsübermittlung	räumlich

Aufgabe 44 Operative und analytische Informationssysteme

In einem Unternehmen sind folgende Einzelaufgaben zu erledigen:

(1) Überwachung des Zahlungseingangs
(2) Bearbeitung von Reklamationen
(3) Beförderung des leistungsfähigsten Vertriebsmitarbeiters zum Bezirksleiter
(4) Zusammenstellung des Sortiments für das kommende Weihnachtsgeschäft
(5) Eliminierung von Verlustartikeln aus dem Sortiment
(6) Termingerechte Zahlung zwecks Skontoabzug
(7) Automatisierte Bestellung zwecks Lagerauffüllung
(8) Auftragsabhängige Produktionsprogrammzusammenstellung für die kommende Arbeitswoche
(9) Investitionsprogrammplanung für die kommenden drei Jahre
(10) Reihenfolgeplanung des täglichen Produktionsablaufs bei Kleinserien

Welche dieser Einzelaufgaben werden in operativen, welche in analytischen Informationssystemen abgewickelt?

Wöhe S. 177 f. und S. 180 f.

Aufgabenlösung in operativen Informationssystemen: (1), (2), (6), (7), (8) und (10).
Aufgabenlösung in analytischen Informationssystemen: (3), (4), (5) und (9).

Aufgabe 45 Berichterstattung durch das Data-Warehouse

Zur Lösung verschiedener Führungsaufgaben auf der obersten und der mittleren Hierarchieebene benötigt man Entscheidungsinformationen in folgenden Problemfeldern:

A. Welche Artikel sollen aus dem Sortiment genommen werden?
B. Wo liegen die technischen Schwachstellen unserer Produkte?
C. Welche Filialen sollten im kommenden Jahr geschlossen werden?
D. Welche Außendienstmitarbeiter sind für Führungspositionen zu qualifizieren?
E. Welche Unternehmensbeteiligungen sollten auf- bzw. abgebaut werden?
F. In welchen Unternehmensbereichen müssen Erweiterungsinvestitionen vorgenommen werden?
G. Auf welche Hauptzulieferer soll sich das Unternehmen in den kommenden drei Jahren stützen?
H. Wer sind unsere wichtigsten Kunden, die besonders intensiver Pflege bedürfen.

Zeigen Sie, welche Daten (Berichte) Sie zur Lösung dieser Probleme aus dem Data-Warehouse abrufen können!

Wöhe S. 181 f.

Das Data-Warehouse wird durch ERP-Systeme mit Daten versorgt, die zur Lösung der angesprochenen Probleme in Berichtform abgerufen werden können:

Bericht	Einzelinformation
A. Sortimentsbereinigung	• Deckungsbeiträge/Artikel • Umsatzmenge/Artikel in früheren Perioden

Bericht	Einzelinformation
B. Produktverbesserung	• Anzahl der Reklamationen/Produkt • Art der Reklamationen/Produkt
C. Bereinigung des Filialnetzes	• Umsatzentwicklung/Filiale • Kostenentwicklung/Filiale
D. Personalentwicklungsplan	• Umsatzentwicklung/Außendienstmitarbeiter • Beschwerden durch Kunden
E. Optimierung Beteiligungsportfolio	• Dividendenausschüttung/Beteiligung • Kursentwicklung/Beteiligung
F. Investitionsplanung	• Abgelehnte Aufträge (Kapazitätsengpässe) • Deckungsbeiträge im Engpassbereich • Produktionskosten im Engpassbereich
G. Lieferantenauswahl	• Beschaffungspreise/Stück • Reklamationen/Periode
H. Großkundenpflege	• Umsatzvolumen bzw. Deckungsbeitrag/ Periode • Anzahl der Reklamationen/Periode

Aufgabe 46 Informations- und Kommunikationstechnologie

Beschreiben Sie die Grundkomponenten der Informations- und Kommunikationstechnologie. Gehen Sie bei Ihren Ausführungen auch auf das Zusammenwirken der einzelnen Komponenten ein.

Wöhe S. 184–187

Die Informations- und Kommunikationstechnologie besteht aus den Komponenten

- Hardware,
- Software,
- Netzwerke.

Die Hardware ist dabei der materielle Teil der IuK-Technologie. Sie umfasst die Ein- und Ausgabegeräte sowie die Speichermedien und die Zentraleinheit. Die Software ist der immaterielle Teil der IuK-Technologie. Sie definiert Prozessanweisungen für virtuelle Abläufe. Diese virtuellen Abläufe (Programme), z.B. Rechenoperationen, laufen mit Unterstützung der Hardware. So definiert ein Programm beispielsweise, welche Rechenoperationen ausgeführt werden sollen und welche Informationen dafür notwendig sind. Die Verarbeitung der Informationen findet in der Zentraleinheit des Computers statt. Dazu werden sie in den Arbeitsspeicher der Zentraleinheit hochgeladen und dort mit Hilfe des Prozessors verarbeitet.

Ein Netzwerk stellt die (technische) Verbindung zwischen zwei oder mehr Computern her. Hierdurch können Informationen dezentral generiert werden, aber dennoch einer Vielzahl von Nutzern zugänglich sein. Auch Netzwerke setzen Hardwarekomponenten, z.B. einen Telefonanschluss, und Softwarekomponenten, z.B. die Zugangssoftware, voraus.

Aufgabe 47 Softwaresystematik

Systematisieren Sie die Begriffe: Betriebssystem, Anwendungssoftware, Protokolle, Hilfsprogramme, Individualsoftware, Software, Dienstprogramme, Systemsoftware, Treiber und Standardsoftware. Erläutern Sie anschließend knapp die Aufgaben von System- und Anwendungssoftware.

Wöhe S. 185 f.

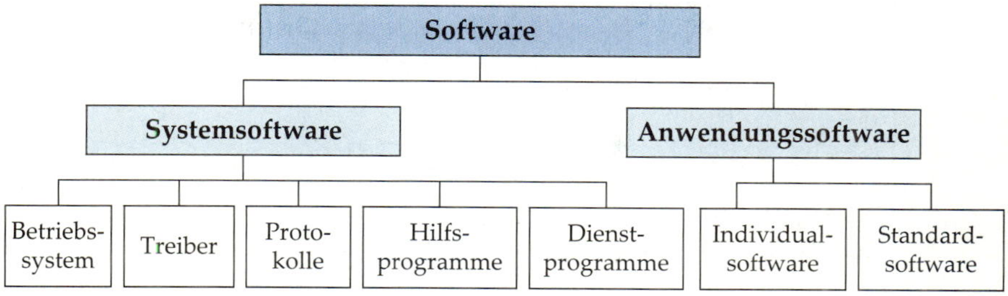

Systemsoftware enthält i.d.R. Basisprogramme, die noch keine konkreten betriebswirtschaftlichen Fragestellungen lösen. Vielmehr nimmt sie

- Servicefunktionen
- Koordinationsfunktionen

wahr. Im Rahmen der Servicefunktion bietet die Systemsoftware eine Anzahl von Programmen, die dem Nutzer die Bedienung, Wartung und Handhabung seines Computers und des Dateisystems erleichtern (z.B. Dienstprogramme). Im Rahmen der Koordinationsfunktion regelt die Systemsoftware

- das reibungslose Nebeneinander von verschiedenen (Anwendungs-)Programmen
- die Abstimmung von Soft- und Hardware
- die Abstimmung unterschiedlicher Hardwarekomponenten.

Programme, die diese Funktionen wahrnehmen sind z.B. im Kern das Betriebssystem und Protokolle.

Anwendungssoftware dient der Lösung konkreter (betriebswirtschaftlicher) Fragestellungen und bezieht sich damit auf den fachspezifischen Teil der Informations- und Kommunikationstechnologie.

Aufgabe 48 Betriebswirtschaftliche Nutzung des Internet

Die Fa. HAUSHALTS-FUCHS vertreibt Elektrokleingeräte verschiedener Markenartikelhersteller über ein Netz von 30 gemieteten Filialen in Einkaufszentren verschiedener Großstädte. Ein eigener Reparaturservice wird nicht unterhalten, da sich die Reparatur solcher Geräte erfahrungsgemäß nicht lohnt. HAUSHALTS-FUCHS verfügt außerdem über ein nicht vollausgelastetes Zentrallager (mit angegliederter Zentralverwaltung), von welchem die Filialen unter Einsatz eines eigenen Fuhrparks mit Ware versorgt werden.

Der Markt ist sehr wettbewerbsintensiv und der Druck auf die Absatzpreise ist folglich sehr stark. Trotzdem verfolgt die Geschäftsleitung das strategische Ziel, innerhalb eines Zeitraums von fünf Jahren eine Umsatzverdoppelung zu erreichen.

Hierzu stehen zwei Handlungsalternativen zur Verfügung:

F: Erweiterung des Filialnetzes
I: Einstieg in den Internethandel.

Welche Entscheidungsdeterminanten müssen berücksichtigt werden, um das Ziel langfristiger Gewinnmaximierung zu erreichen?

Lösungshinweis: Beschreiben Sie die Vor- und Nachteile der Vertriebsalternativen F und I durch Zugrundelegung des Konzepts dynamischer Investitionsrechnung, Wöhe S. (532–534).

Die Vertriebsalternativen F und I setzen eine langfristige Bindung finanzieller Mittel voraus. Zur exakten Lösung des anstehenden Entscheidungsproblems müssten die erwarteten Ein- und Auszahlungen beider Alternativen für den gesamten Planungszeitraum prognostiziert und auf den Beginn des Planungszeitraums abgezinst werden. Dabei ist zwischen der Anschaffungsauszahlung A_n und laufenden Ein- und Auszahlungen zu (E_t, A_t) zu unterscheiden.

Entscheidungsrelevant sind die durch die Geschäftserweiterung verursachten **zusätzlichen** Ein- und Auszahlungen:

	F: Filialnetz	**I: Internethandel**
A_0 Anschaffungsauszahlung	• Ladeneinrichtung • Fuhrpark	• Internetportal • Mitarbeiterschulung
A_t Laufende Auszahlungen	• Raummiete • Verkaufspersonal • Transport zur Filiale	• Zusatzpersonal Internet • Wartungskosten • Lizenzkosten Internet • Transport zum Kunden
E_t Laufende Einzahlungen	$m_F \cdot p_F$	$m_I \cdot p_I$

Für die **Alternative F** (Filialnetzerweiterung) ist die Prognose der Ein- und Auszahlungen relativ einfach, weil für A_0 und A_t Erfahrungswerte vorliegen. Schwieriger ist die Prognose der Einzahlungen E_t, weil die künftige Entwicklung der Absatzmenge m_F und der Absatzpreise p_F nur schwer prognostizierbar ist.

Eine Erfolgsprognose für die Alternative I ist noch schwieriger, weil keine innerbetrieblichen Erfahrungswerte vorliegen. Tendenziell wird man aber davon ausgehen können, dass der Internethandel sowohl bei den einmaligen wie auch bei den laufenden Auszahlungen der kostengünstigere Vertriebsweg ist.

Von entscheidender Bedeutung ist das Verhältnis von ($m_F \cdot p_F$) zu ($m_I \cdot p_I$). Hierbei ist die vertriebsformabhängige Mengenrelation m_F zu m_I sowie die entsprechende Absatzpreisrelation p_F zu p_I zu überprüfen. Geht man davon aus, dass $A_I < A_F$, kann der Kostenvorteil des Internethandels über niedrigere Absatzpreise $p_I < p_F$ an die Kunden weitergegeben werden.

Der Preisvorteil des Internethandels kann eine erhöhte Umsatzmenge ($m_I > m_F$) nach sich ziehen. Die Preispräferenz des Internethandels schlägt sich aber nur dann in höherer Umsatzmenge m_I nieder, wenn der Produktnutzen über den Internetvertriebsweg nicht eingeschränkt wird. Den (teureren) Vertriebsweg über den lokalen Fachhandel gehen Produkte, die

- vor Erwerb in Augenschein zu nehmen
- erklärungsbedürftig
- servicebedürftig

sind. Alle drei Einschränkungen treffen im vorliegenden Fall nicht zu. Deshalb spricht vieles dafür, dass ein Vertrieb über das Internet vorteilhafter ist als der Filialbetrieb.

6. Controlling

Wiederholungsfragen:

	Wöhe Seite
Ist es gerechtfertigt, Controlling als Querschnittfunktion der Unternehmensführung zu interpretieren?	193 f.
Was versteht man unter der Zielausrichtungsfunktion des Controlling?	194 f.
Wie lautet die Indifferenzbedingung zur Vorteilhaftigkeit unternehmerischer Tätigkeit?	196
Wie ist das Mehrperiodenmodell und das Einperiodenmodell wertorientierter Unternehmensführung konzipiert?	198
Aus welchen Komponenten setzt sich der Unternehmensgesamtwert zusammen?	198
Welche Werttreiber können zur Steigerung des Shareholder Value eingesetzt werden?	199
Was versteht man unter positiven Synergieeffekten?	200 f.
Wie gelangt man zum Economic Value Added (EVA)?	203
Wie lässt sich das EVA-Konzept zur Steuerung von Geschäftsbereichen einsetzen?	204 f.
Wie lässt sich die Koordination zwischen verschiedenen Führungsteilsystemen bewerkstelligen?	206 f.
Welche übergreifenden Koordinationsinstrumente des Controlling sind Ihnen bekannt?	209
Nach welchen Verfahren kann die Budgetierung erfolgen?	211 f.
Wo liegen die Gefahren der Budgetierung?	212 f.
Wie lauten die vier Perspektiven, auf die die Balanced Scorecard ausgerichtet ist?	217
Welchen Zweck verfolgt man mit dem Einsatz marktorientierter Verrechnungspreise im Rahmen des Controlling?	218 f.

Aufgabe 49 Koordinationsfunktion des Controlling

Ein Hersteller von Landmaschinen vertreibt Mähdrescher, Traktoren und Erntemaschinen über den Fachhandel. Ein hoher Absatzerfolg ist nur durch eine intensive Bearbeitung der einzelnen Absatzgebiete zu erreichen. Zu diesem Zweck werden 28 Außendienstmitarbeiter eingesetzt, die die Produkte beim Fachhandel absetzen und den Fachhandel unterstützen, um schwierige Einzelgeschäfte mit Endabnehmern zum Abschluss zu bringen.

Der Vertrieb ist folgendermaßen strukturiert:

(1) Der Inlandsmarkt ist in vier Absatzregionen eingeteilt. Jedem der vier Regionalleiter unterstehen sieben Bezirksleiter, in deren Aufgabenbereich der Verkauf, die Bearbeitung von Reklamationen und in Einzelfällen (sog. Kampfgeschäften) die Einräumung von Zahlungszielen fällt.

(2) Die Kompetenz zur Einräumung von Zahlungszielen ist folgendermaßen verteilt:

- Bezirksleiter: Bis zu 5.000 EUR pro Einzelgeschäft bei maximaler Laufzeit von 2 Monaten. Maximales Jahresbudget: 10 Prozent des Bezirksumsatzes.

- Regionalleiter: Bis zu 15.000 EUR pro Einzelgeschäft bei maximaler Laufzeit von 3 Monaten. Maximales Jahresbudget: 20 Prozent des Regionalumsatzes.
- Vertriebsleiter: Darüber hinausgehende Einzelfallentscheidung. Maximales Jahresbudget: 25 Prozent des Inlandumsatzes.

(3) Zum Ende der Periode 01 vereinbarte die Unternehmensleitung mit der Vertriebsleitung für die Planperiode 02 bei einer durchschnittlichen Preisanhebung von 1 Prozent eine Umsatzsteigerung von 5 Prozent. Dieser Vereinbarung ging ein Bezirksleitertreffen voraus, auf dem sich die Vertriebsleitung über die Geschäftserwartungen in den einzelnen Produktsparten unterrichten ließ.

(4) Aufbauend auf den Absatzplan aus (3) wurde für Planperiode 02 ein Produktionsplan erstellt, der mit der Personalführung abgestimmt wurde. Dabei ergab sich ein zusätzlicher Personalbedarf von 20 Mitarbeiterstellen bei der Erntemaschinenproduktion und ein Personalüberhang von 12 Mitarbeitern bei der Traktorenproduktion. Der Personalbeschaffungsplan für die Planperiode 02 sieht 8 Neueinstellungen vor.

(5) Die Bezirksleiter haben wöchentliche Arbeitsberichte zu erstellen, die jeweils am Montag den Regionalleitern vorliegen müssen. Darin ist über einzelne Händlerbesuche, abgeschlossenes Umsatzvolumen und das Volumen der Zielverkäufe zu berichten.

(6) Die Regionalleiter unterrichten die Vertriebsleitung laufend und routinemäßig über die Umsatzentwicklung. Weichen die monatlichen Istumsätze in einem Verkaufsbezirk um mehr als 10 Prozent vom Planumsatz ab, ist die Vertriebsleitung zu informieren.

(7) Neben ihrem (geringen) Grundgehalt erhalten die Bezirksleiter eine (normale) Verkaufsprovision in Höhe von 2 Prozent des Umsatzes.

(8) Wird der Planumsatz um 5 Prozent (10 Prozent) unterschritten, reduziert sich die Verkaufsprovision auf 1,8 Prozent (1,2 Prozent). Soweit der Planumsatz überschritten wird, erhöht sich die Verkaufsprovision für den Gebietsleiter auf 3 Prozent.

Erläutern Sie an diesem praktischen Beispiel die Koordinationsfunktion des Controlling und ordnen Sie dabei die acht Sachverhalte den Teilgebieten: Planung, Kontrolle, Personalführung, Informationswirtschaft und Organisation zu.

Wöhe S. 193 f.

Das Controlling hat die Aufgabe, Planung, Kontrolle, Organisation, Personalführung und Informationswirtschaft im Sinne der betrieblichen Zielsetzung zu koordinieren.

(1) **Organisation:** Aufgabenbeschreibung einer Bezirksleiterstelle; Aufbauorganisation des Geschäftsbereichs „Vertrieb".

(2) **Organisation:** Kompetenzverteilung zwischen Organisationsmitgliedern.

(3) **Information:** Informationsbeschaffung im Bottom-up-Verfahren.
Planung: Absatzplanung durch Zielvereinbarung.

(4) **Planung:** Abstimmung von Absatz-, Produktions- und Personalplan.

(5) **Information:** Von Bezirksleitern an Regionalleiter.
Kontrolle: Von Bezirksleitern durch Regionalleiter.

(6) **Information:** Von Regionalleitern an Vertriebsleitung.
Kontrolle: Von Bezirks- und Regionalleitern durch Vertriebsleitung.

(7) **Personalführung:** Motivation durch leistungsabhängige Entlohnung.

(8) **Kontrolle:** Soll-Ist-Vergleich der Bezirksleiterumsätze.
Personalführung: Sanktion schlechter, Belohnung guter Leistung.

Aufgabe 50 EVA-Konzept

Ein Unternehmen gelangt für die Periode 01 zu folgendem Erfolgsausweis:

	GuV-Rechnung für Periode 01		
	Umsatzerlöse		3.000
+	sonstige betriebliche Erträge	+	800
–	Materialaufwand	–	200
–	Personalaufwand	–	900
–	Abschreibungsaufwand	–	700
–	sonstiger betrieblicher Aufwand	–	400
–	Zinsaufwand	–	300
	Gewinn	+	**1.300**

Zusatzangaben:

(1) Hinter den sonst. betrieblichen Erträgen (800) stehen Mieterlöse aus der Vermietung von Werkswohnungen.

(2) Im Abschreibungsaufwand (700) ist eine Gebäudeabschreibung auf die Werkswohnungen in Höhe von 100 enthalten.

(3) Im sonst. betrieblichen Aufwand ist Reparaturaufwand zur Instandhaltung der Werkswohnungen in Höhe von 100 enthalten.

(4) Das Betriebsvermögen hat einen Wert von 18.000. Darin ist der Wert der Werkswohnungen in Höhe von 8.000 enthalten.

(5) Die gewünschte Mindestverzinsung der Gesellschafter (Kapitalkostensatz i) beziffert sich auf 8 Prozent.

Teilaufgabe a)

Wie hoch ist das betriebsnotwendige Vermögen? Wie hoch ist das operative Ergebnis, also das betriebsbedingte Ergebnis vor dem Abzug von Fremdkapitalzinsen?

Wöhe S. 202–204

Ermittlung des betriebsnotwendigen Vermögens:

	Betriebsvermögen	18.000
–	nicht betriebsnotwendiges Vermögen	8.000
	Betriebsnotwendiges Vermögen	**10.000**

Ermittlung des operativen Ergebnisses vor Zinsen:

	Umsatzerlöse	3.000
–	Materialaufwand	200
–	Personalaufwand	900
–	Abschreibungsaufwand (betriebsbedingt)	600
–	sonstiger betrieblicher Aufwand (betriebsbedingt)	300
	Operatives Ergebnis vor Zinsen	**+ 1.000**

Das operative Ergebnis vor Zinsen ist um nichtbetriebsbedingte Sachverhalte zur korrigieren. Damit gelangt man zu einem betriebsbedingten Ergebnis vor Abzug von Zinsaufwand. Bezieht man diese Ergebnisgröße auf das betriebsnotwendige Vermögen, erhält man die betriebsinterne Verzinsung des betriebsnotwendigen Vermögens.

Teilaufgabe b)

Wie hoch ist der Economic Value Added (EVA)? Wie beurteilen Sie die Ertragslage des Unternehmens?

Der Economic Value Added ist folgendermaßen zu ermitteln:

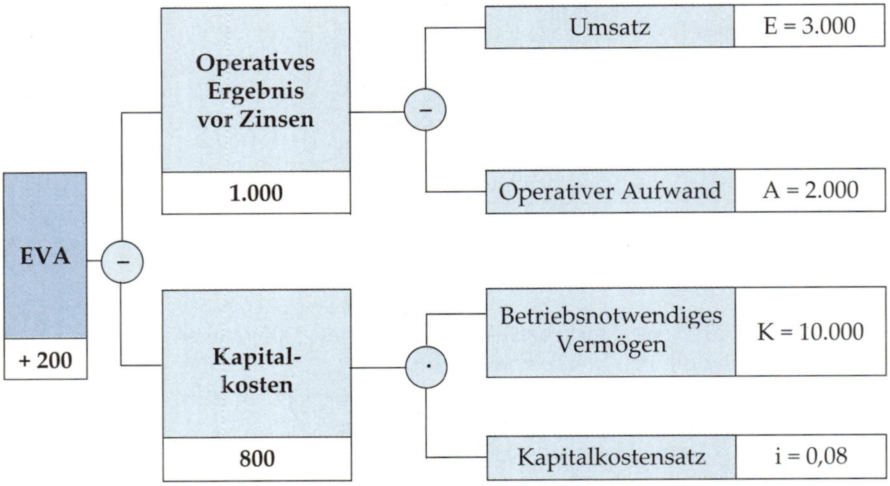

Die Kapitalgeber finanzieren ein betriebsnotwendiges Vermögen in Höhe von 10.000. Hieraus erwarten sie eine Verzinsung von 8 Prozent. Zur Befriedigung dieser Verzinsungswünsche muss der Betrieb mindestens 800 Geldeinheiten erwirtschaften. Ein EVA von + 200 zeigt, dass der Betrieb ein Ergebnis erwirtschaftet hat, das die Kapitalkosten um 200 übersteigt.

Aufgabe 51 Unternehmensgesamtwert, Substanzwert und Goodwill

Es gelten die Grundannahmen der Aufgabe 50:

- Umsatzerlöse/Jahr E — 3.000
- Operativer Aufwand (vor Zinsen) A — 2.000
- Betriebsnotwendiges Vermögen — 10.000
- Verzinsungswunsch der Kapitalgeber (Durchschnittssatz) — 8 Prozent

Das betriebsnotwendige Vermögen von 10.000 wurde im Wege der **Einzelbewertung** (als bilanziertes Vermögen bewertet mit Verkehrswerten) ermittelt. Der Kapitalkostensatz von 8 Prozent ist der gewogene Durchschnitt (WACC) aus den Verzinsungswünschen der Eigenkapitalgeber (i_E) und der Fremdkapitalgeber (i_F).
Weiterhin ist davon auszugehen, dass

- operative Erträge und Aufwendungen (E und A) identisch sind mit den Ein- und Auszahlungen der jeweiligen Periode.
- das operative Ergebnis (E – A = + 1.000) in gleichbleibender Höhe auf unbegrenzte Zeit (= Ewige Rente) zu erwirtschaften ist.

Wie hoch ist der erfolgsabhängige Zukunftserfolgswert (ohne Werkswohnungen)? Wie ist die Diskrepanz zum betriebsnotwendigen Vermögen (10.000) zu erklären?

Wöhe S. 568–570 und S. 577 f.

Im vorliegenden (einfachen) Fall lässt sich der erfolgsabhängige Wert des betriebsnotwendigen Vermögens (= Zukunftserfolgswert) als Barwert einer ewigen Rente ermitteln:

$$\mathbf{UW} = \frac{E - A}{i} = \frac{(3.000 - 2.000)}{0{,}08} = \mathbf{12.500}$$

Der Verkehrswert des bilanzierten betriebsnotwenigen Vermögens, also der Teilreproduktionsaltwert oder Substanzwert des betriebsnotwendigen Vermögens, beträgt dagegen nur 10.000.

	Substanzwert* (Einzelbewertung zum Verkehrswert)	**10.000**
+	**Goodwill** (Originärer Firmenwert)	**2.500**
	Zukunftserfolgswert** (Gesamtbewertung)	**12.500**

* Substanzwert ohne Werkswohnungen
** ZEW ohne Werkswohnungen

Der Goodwill ist ein immaterieller Vermögenswert. Im vorliegenden Fall lässt sich der Goodwill als Barwert des Economic Added Value

$$\mathbf{Goodwill} = \frac{EVA}{i} = \frac{200}{0{,}08} = \mathbf{2.500}$$

ermitteln.

Aufgabe 52 Aktienoptionsprogramm für Führungskräfte

Ob eine Aktiengesellschaft erfolgreich war, lässt sich an der Höhe der Dividende und der Aktienkursentwicklung messen. Ob aber die Gesellschaft erfolgreich ist, hängt im wesentlichen von der Geschäftsführung durch den Vorstand ab. Der Erfolg der Geschäftsführung lässt sich auf funktionierenden Kapitalmärkten am Shareholder Value, zu deutsch: an der Aktienkurssteigerung messen. Um den Vorstand für eine aktienkurssteigernde Geschäftspolitik zu gewinnen, setzen die Aktionäre das Motivationsinstrument der Aktienkaufoptionen ein.

Die XY-AG hat ihren Vorstandsmitgliedern für Periode 01 folgende Aktienkaufoption eingeräumt:

– Aktienkurs (Durchschnittskurs Januar 01)	60 EUR
– Basispreis/Aktie	63 EUR
– Optionstermin	Januar 03
– Optionsvolumen	max. 100.000 Stück

Wie verhält sich ein optionsberechtigtes Vorstandsmitglied, wenn der Börsenkurs im Januar 03 bei

a) 62 EUR
b) 75 EUR

steht?

Wöhe S. 204–206

Bei Ausübung der Kaufoption muss das Vorstandsmitglied den Basispreis von 63 EUR pro Aktie bezahlen. Bei einem Börsenkurs von 62 EUR wird die Kaufoption nicht ausgeübt. Die Entlohnung des Vorstands beschränkt sich auf das vertraglich fixierte Grundgehalt.

Bei einem Börsenkurs von 75 EUR gelangt das Vorstandsmitglied bei Ausübung der Kaufoption zu einem geldwerten Vorteil von (100.000 · 12) 1,2 Mio. EUR. Die Kurssteigerung von 60 auf 75 EUR ist Indiz für eine erfolgreiche Unternehmensführung. Hierfür erhält das einzelne Vorstandsmitglied eine leistungsabhängig Entlohnung in Höhe von 1,2 Mio. EUR.

7. Testfragen zu Abschnitt I: Die Unternehmensführung

Den folgenden Fragen sind Antworten beigegeben, die teils richtig, teils falsch sind. Ihre Aufgabe besteht darin, die richtigen Antworten herauszufinden und zu begründen, warum sie richtig und die anderen falsch sind. Die Lösungen finden Sie im Anschluss an die letzte Frage. Gelingt Ihnen die Begründung nicht, so ist es empfehlenswert, die erfragten Zusammenhänge und Definitionen im „Wöhe" noch einmal durchzuarbeiten. Das Stichwortverzeichnis des „Wöhe" wird Ihnen helfen, sich schnell zurechtzufinden.

(1) Welche der folgenden Aufgaben gehört nicht zu den Funktionen des dispositiven Faktors?
   (a) Planung
   (b) Kapitalbeschaffung
   (c) Organisation
   (d) Jahresabschlussprüfung

(2) Nach dem Stakeholder-Ansatz
   (a) liegt die unternehmerische Entscheidungsgewalt allein bei den Eigenkapitalgebern;
   (b) sollen die divergierenden Ziele der Anspruchsgruppen konsensual zu einem einheitlichen Unternehmensziel zusammengefasst werden;
   (c) sollen vorrangig die Ziele der Öffentlichkeit respektiert werden;
   (d) soll der Interessenausgleich zwischen den Anspruchsgruppen durch vertragliche Vereinbarungen mit den Shareholdern erreicht werden.

(3) In eigentümergeführten Unternehmen
   (a) wird immer das Ziel der langjährigen Gewinnmaximierung verfolgt;
   (b) gibt es keinen Aufsichtsrat;
   (c) stellen die Eigentümer die Mehrheit in der Hauptversammlung;
   (d) gilt die arbeitsrechtliche Mitbestimmung.

(4) Das Mitbestimmungsgesetz von 1976
   (a) gilt für alle deutschen Kapitalgesellschaften mit mehr als 2000 Beschäftigten;
   (b) sichert u.a. die Mitspracherechte der Arbeitnehmer im Aufsichtsrat;
   (c) sichert die Mitsprache aller Stakeholder bei wichtigen Unternehmensentscheidungen;
   (d) sichert die Wahrung der Arbeitnehmerinteressen bei der Unternehmensführung durch die Entsendung eines Arbeitsdirektors in den Vorstand;
   (e) räumt den Arbeitnehmern weitergehende Rechte ein als das Drittelbeteiligungsgesetz von 2004.

(5) Welche der folgenden Behauptungen ist richtig?
   (a) Betriebe im marktwirtschaftlichen Wettbewerb verfolgen vorrangig ökonomische Ziele.
   (b) „Langfristige Gewinnmaximierung" und „Maximierung des Shareholder Value" sind deckungsgleiche Ziele.
   (c) Zwischen ökonomischen und sozialen Zielen kann es zu Zielkonflikten kommen.
   (d) Zwischen sozialen und ökologischen Zielen kann es keine konfliktären Beziehungen geben.

(6) Welches der folgenden Gesetze sieht eine paritätische Mitbestimmung vor?
   (a) Montan-Mitbestimmungsgesetz
   (b) Betriebsverfassungsgesetz

(c) Aktiengesetz
(d) Arbeitsrecht

(7) Was versteht man unter unternehmerischer Mitbestimmung?
(a) Die Arbeitnehmer sind im Vorstand vertreten und entscheiden mit.
(b) Die Arbeitnehmer werden durch den Betriebsrat in ihren Angelegenheiten vertreten.
(c) Die Arbeitnehmer sind so stark im Aufsichtsrat vertreten, dass sie Einfluss auf die unternehmerischen Entscheidungen nehmen können.
(d) Der Betriebsrat kann Einfluss auf die Führungsentscheidungen nehmen.

(8) Welche der folgenden Behauptungen ist richtig?
(a) Alle Planungsaufgaben sind von der Unternehmensleitung zu erledigen.
(b) Langfristige Planungsaufgaben werden von der obersten, mittel- und kurzfristige Planungsaufgaben werden von der mittleren bzw. unteren Führungsebene wahrgenommen.
(c) Strategische Planung ist Aufgabe der Unternehmensleitung.
(d) Die Delegation nachrangiger Entscheidungen auf nachgeordnete Hierarchieebenen ist ein wichtiges organisatorisches Prinzip zur Entlastung der Unternehmensleitung.

(9) Ein Betrieb gibt einer sehr großen Anzahl leitender Angestellter Pensionszusagen und bildet dafür Pensionsrückstellungen nach versicherungsmathematischen Grundsätzen. Handelt es sich hierbei um eine Entscheidung unter
(a) Unsicherheit
(b) Risiko
(c) Sicherheit?

(10) Welche der folgenden Behauptungen ist richtig?
(a) Entscheidungen bei sicheren Erwartungen richten sich nach der Höhe des mathematischen Erwartungswertes.
(b) Das Entscheidungsfeld besteht aus den Elementen Handlungsalternativen, Entscheidungsinstanzen und Entscheidungsergebnissen.
(c) Kostenminimierungsmodelle führen dann zu gewinnmaximalen Entscheidungen, wenn die zu beurteilenden Alternativen gleich hohe Erlöse erwarten lassen.
(d) In Entscheidungssituationen unter Risiko ist die Minimax-Regel zu bevorzugen.

(11) Ein Betrieb stellt drei verschiedene Produkte her, die zwei verschiedene maschinelle Anlagen unterschiedlich beanspruchen. Die Produktionskapazität beider Anlagen reicht nicht aus, um eine Nachfrage nach den drei Produkten zu befriedigen. Mit Hilfe welches mathematischen Planungsverfahrens lässt sich dieses Entscheidungsproblem lösen, wenn das Ziel die Maximierung des Gewinns ist?
(a) Spieltheorie
(b) Simplex-Methode
(c) Netzplantechnik
(d) Lineare Programmierung

(12) Welche der folgenden Behauptungen ist richtig?
(a) Die Organisationsstruktur eines Unternehmens wird von der Belegschaftsversammlung mit Mehrheit beschlossen.
(b) Die Festlegung der Organisationsstruktur ist eine nichtdelegierbare Aufgabe der Unternehmensleitung.
(c) Das Delegationsprinzip der Organisation gebietet, die Aufgabe der Festlegung der Organisationsstruktur auf nachgeordnete Stellen zu übertragen.

(d) Die Festlegung der Aufbauorganisation obliegt der Unternehmensleitung, Regelungen zur Ablauforganisation fallen in den Zuständigkeitsbereich der mittleren und unteren Führungsebene.

(13) In einem Betrieb wird bei der Weitergabe von Anweisungen der „Dienstweg“ strikt eingehalten. Um welches Leitungssystem handelt es sich?
(a) Funktionssystem
(b) Liniensystem
(c) Stabliniensystem
(d) Spartenorganisation

(14) Welche der folgenden Behauptungen ist richtig?
(a) Nach dem ökonomischen Prinzip sind organisatorische Regelungen nur dann zu treffen, wenn der geldwerte Vorteil dieser Maßnahmen größer ist als die mit ihrer Einführung und Aufrechterhaltung verbundenen Kosten.
(b) Je größer ein Unternehmen, desto stärker wird der Druck, Disposition durch Organisation zu ersetzen.
(c) Eine divisionale Organisation ist verrichtungsorientiert.
(d) Taktische und operative Entscheidungen lassen sich nur bei einer funktionalen Organisationsstruktur delegieren.

(15) Welche der folgenden Behauptungen ist richtig?
(a) Im Gegensatz zu Linienstellen haben Stabstellen keine Weisungskompetenz.
(b) Stabsstellen gibt es nur im Mehrliniensystem.
(c) In der Spartenorganisation können Unternehmensbereiche als Profit Center fungieren.
(d) Im Gegensatz zur Aufbauorganisation ist die Projektorganisation eine Organisation auf Zeit.

(16) Die Personalwirtschaft
(a) ist im Führungssystem der Unternehmung der Teilfunktion „Kontrolle“ zuzuordnen;
(b) hat die Personalplanung, die Personalführung und die Personalmotivation zum Gegenstand;
(c) verfolgt soziale, die Unternehmensleitung verfolgt ökonomische Ziele;
(d) verfolgt das Ziel, den Personaleinsatz und die Mitarbeitermotivation so zu gestalten, dass das langfristige Gewinnmaximum erreicht werden kann.

(17) Welche der folgenden Lohnformen ist nicht unmittelbar leistungsbezogen?
(a) Akkordlohn
(b) Umsatzprovision
(c) Stundenlohn
(d) Prämienlohn
(e) Monatsgehalt

(18) Die Lohnkosten pro Leistungseinheit sind konstant. Um welche Lohnform handelt es sich?
(a) Akkordlohn
(b) Monatsgehalt
(c) Prämienlohn
(d) Stundenlohn

(19) Das Risiko der Minderleistung eines Arbeitnehmers geht allein zu Lasten des Betriebes. Um welche Lohnform handelt es sich?
(a) Stundenlohn
(b) Zeitakkord

(c) Umsatzprovision
(d) Prämienlohn

(20) Welche der folgenden Behauptungen ist richtig?

(a) Der Akkordlohn eignet sich nicht für Arbeitsverrichtungen, bei denen es auf hohe Präzision ankommt.
(b) Der Prämienlohn ist ein Instrument, qualitative Mehrleistungen zu vergüten.
(c) Beim Akkordlohn kann übersteigertes Arbeitstempo zu Qualitätsminderungen führen.
(d) Der Zeitlohn ist für Arbeitsverrichtungen ungeeignet, bei denen die Unfallgefahr besonders hoch ist.

(21) Ein Arbeitnehmer kann keinen Einfluss auf die Menge der erbrachten Leistungen nehmen (z. B. Nachtportier). Welche Form der Entlohnung ist zweckmäßig?

(a) Zeitlohn
(b) Zeitakkord
(c) Prämienlohn
(d) Gruppenakkord

(22) Bei welcher Lohnform profitieren sowohl Arbeitnehmer als auch Betrieb von einer Mehrleistung des Arbeitnehmers?

(a) Stundenlohn
(b) Prämienlohn
(c) Umsatzprovision
(d) Monatsgehalt

(23) Welche der folgenden Behauptungen ist falsch?

(a) Durch die Gewinnbeteiligung erhalten die Arbeitnehmer einen vertraglich festgesetzten Teil des Jahresgewinns.
(b) Die Gewinnbeteiligung löst das Problem der Zurechnung des Gesamtertrages auf die Produktionsfaktoren.
(c) Die Gewinnbeteiligung kann das Betriebsklima verbessern.
(d) Die Gewinnbeteiligung kann die Arbeitnehmer zu Partnern der Anteilseigner machen.

(24) Welche der folgenden Behauptungen ist richtig?

(a) Je größer ein Unternehmen, desto eher bedarf es der Kontrolle, damit das Unternehmensziel erreicht werden kann.
(b) Kontrollergebnisse können im Wege der Rückkopplung die künftige Zielbildung, Planung und Ausführung beeinflussen.
(c) Zur Vermeidung von Misstrauen sollten alle Kontrollmaßnahmen zwischen Unternehmensleitung und Mitarbeitern abgesprochen werden.
(d) Kontrolle mündet in jedem Fall in einen Soll-Ist-Vergleich.

(25) Die Informationswirtschaft hat die Aufgabe,

(a) die im Unternehmensprozess benötigten Informationen unter Beachtung des ökonomischen Prinzips bereitzustellen.
(b) im Sinne des Transparenzgebotes der Corporate Governance alle betrieblichen Vorgänge an die Öffentlichkeit zu bringen.
(c) die Informationsbedürfnisse der externen Bilanzadressaten zu befriedigen.
(d) originär verfügbare Informationen durch zeitliche, sachliche und räumliche Transformation bedarfsgerecht verfügbar zu machen.

(26) Auf welche Teilaufgaben erstreckt sich die Organisation des Informationsprozesses?
- (a) Feststellung des Informationsbedarfs
- (b) Informationsbeschaffung und -eingabe
- (c) Informationsspeicherung (zeitliche Transformation)
- (d) Informationsverarbeitung (sachliche Transformation)
- (e) Informationsübermittlung (örtliche Transformation)
- (f) Informationsausgabe

(27) Welche Vorteile hat die Elektronische Datenverarbeitung?
- (a) Sie ist ohne menschliche Mitwirkung möglich.
- (b) Sie zeichnet sich durch hohe Verarbeitungsgeschwindigkeit und hohe Speicherkapazität aus.
- (c) Sie bietet geringe Fehleranfälligkeit und hohe Kostenvorteile.
- (d) Sie erlaubt eine Planung unter Sicherheit.
- (e) Sie entlastet die Unternehmensleitung von Routinetätigkeiten.

(28) Das Betriebssystem
- (a) stellt das konstruktive Kernstück der Hardware dar;
- (b) ist eine Anleitung zur Bedienung der EDVA durch den Anwender;
- (c) bedarf regelmäßiger Wartung durch einen Techniker;
- (d) ist wichtigster Bestandteil der Systemprogramme und regelt den Arbeitsablauf innerhalb der Zentraleinheit;
- (e) sorgt für eine effiziente Auslastung der Hardware-Komponenten.

(29) Das Controlling
- (a) beschränkt sich auf eine lückenlose Kontrolle aller Unternehmensprozesse;
- (b) soll die Führungsteilsysteme Planung, Kontrolle, Organisation, Personalführung und Information koordinieren;
- (c) hat die Hauptaufgabe, Unterschlagungen aufzudecken;
- (d) soll die Unternehmensleitung bei ihren Führungsentscheidungen unterstützen;
- (e) verfolgt das Ziel der Kostenminimierung.

(30) Wertorientierte Unternehmensführung hat die Aufgabe,
- (a) das Ergebnis unternehmerischer Tätigkeit mit dem Vorjahresergebnis zu vergleichen;
- (b) den Shareholder Value zu steigern;
- (c) das Ergebnis unternehmerischer Tätigkeit mit dem Ergebnis aus alternativer Kapitalanlage zu vergleichen;
- (d) die externen Bilanzadressaten über den Wert des Anlage- und Umlaufvermögens zu informieren.

(31) Welche der folgenden Behauptungen ist richtig?
- (a) Durch eine Steigerung der Verzinsungswünsche der Kapitalgeber kann der Shareholder Value gesteigert werden.
- (b) Der Shareholder Value entspricht dem Marktwert des Eigenkapitals eines Unternehmens.
- (c) Durch die Senkung der Fremdkapitalkosten steigt c. p. der Shareholder Value.
- (d) Je höher das betrieblich gebundene Vermögen, desto höher ist c.p. der Economic Value Added.

Lösungen: Richtig sind folgende Antworten: 1 d; 2 b; 3 b; 4 a, b, e; 5 a, b, c; 6 a; 7 c; 8 b, c, d; 9 b; 10 c; 11 c; 12 b, d; 13 b, c; 14 a, b; 15 a, c, d; 16 b, d; 17 c, e; 18 a; 19 a; 20 a, b, c; 21 a; 22 b, c; 23 b; 24 a, b; 25 a, d; 26 a, b, c, d, e, f; 27 b, c, e; 28 d, e; 29 b, d; 30 b, c; 31 b, c.

II. Die Wahl der Rechtsform als Entscheidungsproblem

Wiederholungsfragen:

	Wöhe Seite
Nennen Sie die wichtigsten Rechtsformen privater und öffentlicher Betriebe!	224 f.
Von welchen Entscheidungskriterien hängt die Wahl der Rechtform privater Betriebe ab?	222–224
Wer haftet in welchem Umfang für die Verbindlichkeiten einer Gesellschaft bürgerlichen Rechts?	229
Welchen Vorschlag macht das HGB zur Gewinn- bzw. Verlustverteilung einer OHG?	230 f.
Worin unterscheiden sich Kommanditisten und Komplementäre bezüglich ihrer Rechte und Pflichten?	232
Wie sind der typische und der atypische Gesellschafter an Gewinnen, Verlusten und Wertänderungen des Vermögens beteiligt?	233
Welche Rechte gewährt die Aktie ihrem Inhaber?	235
Welche Kompetenzen haben Vorstand, Aufsichtsrat und Hauptversammlung einer AG?	236
Welche größenabhängigen Prüfungs- und Offenlegungsvorschriften gelten für Kapitalgesellschaften?	237
In welchen wesentlichen Punkten unterscheidet sich eine Europäische Gesellschaft von einer AG?	239
Worauf beruht die starke Stellung des Komplementärs einer KGaA?	239 f.
Wie hoch ist das Mindeststammkapital einer GmbH?	240
Wie beeinflusst die Nachschusspflicht der Genossen die Finanzierungsmöglichkeiten der Genossenschaft?	242
Wie gelangt man vom Gewerbeertrag zur Gewerbesteuer?	243
Welche Regelungen gelten bei der Einkommensteuer für das Steuersubjekt und die Steuerbemessungsgrundlage?	244
Welche Unternehmen unterliegen der Körperschaftsteuer?	245
Welche Ertragsteuern sind in einen rechtsformabhängigen Steuerbelastungsvergleich einzubeziehen?	246 f.
Wie ist eine GmbH & Co KG aufgebaut?	249
Welche Aufgaben werden in einer Doppelgesellschaft der Besitzpersonen- bzw. der Betriebskapitalgesellschaft zugewiesen?	250
Welche internen bzw. externen Gründe können für einen Wechsel der Rechtsform sprechen?	252

1. Gewinnverteilung

Aufgabe 53 Gewinnverteilung der OHG

An einer OHG sind die Gesellschafter A, B und C mit Kapitalanteilen von 50.000 EUR, 150.000 EUR und 800.000 EUR beteiligt. Der Gewinn des Jahres beläuft sich auf 490.000 EUR.

Welchen Anteil am Gewinn erhält jeder Gesellschafter, wenn der Gesellschaftsvertrag keine Bestimmungen über die Gewinnverteilung enthält? Unter welcher Voraussetzung halten Sie diese Gewinnverteilung für angemessen?

Wöhe S. 230 f.

Die Gewinnverteilung erfolgt nach § 121 HGB wie folgt:

Gesellschafter	Kapitalanteil	Gewinnverteilung		
		4% Verzinsung	Rest nach Köpfen	zusammen
A	50.000	2.000	150.000	152.000
B	150.000	6.000	150.000	156.000
C	800.000	32.000	150.000	182.000
zusammen	**1.000.000**	**40.000**	**450.000**	**490.000**

Eine derartige Gewinnverteilung ist angemessen, wenn erstens die Verzinsung in Höhe von 4% marktüblich ist, zweitens alle vollhaftenden Gesellschafter das gleiche Risiko tragen und drittens jeder im gleichen Umfange im Unternehmen arbeitet.

Aufgabe 54 Berücksichtigung des Unternehmerlohnes bei der Gewinnverteilung der OHG

Es gelten die Angaben von Aufgabe 53. Jedoch soll im Gesellschaftsvertrag zusätzlich vereinbart sein, dass vor einer Gewinnverteilung zunächst die Arbeitsentgelte (Unternehmerlohn) der im Betrieb arbeitenden Gesellschafter abgezogen werden sollen. A bezieht als kaufmännischer Leiter ein Arbeitsentgelt von 80.000 EUR und B als technischer Leiter ein solches von 70.000 EUR, C arbeitet nicht im Betrieb mit.

Welche Anteile am Gewinn einschließlich des Unternehmerlohnes entfallen auf die drei Gesellschafter, wenn ansonsten über die Gewinnverteilung im Gesellschaftsvertrag nichts vereinbart ist? Unter welcher Voraussetzung halten Sie diese Gewinnverteilung für angemessen?

Es ergibt sich folgende Gewinnverteilung:

Gesellschafter	Kapitalanteil	Gewinnverteilung			
		Unternehmerlohn	4% Verzinsung	Rest nach Köpfen	zusammen
A	50.000	80.000	2.000	100.000	182.000
B	150.000	70.000	6.000	100.000	176.000
C	800.000	–	32.000	100.000	132.000
zusammen	**1.000.000**	**150.000**	**40.000**	**300.000**	**490.000**

Eine derartige Gewinnverteilung ist angemessen, wenn die Verzinsung von 4% marktüblich ist und alle Gesellschafter das gleiche Risiko tragen.

Aufgabe 55 Berücksichtigung von Unternehmerlohn, Eigenkapitalverzinsung und Risikoprämie bei der Gewinnverteilung der OHG

Es gelten die Angaben der Aufgaben 53 und 54. Im Gesellschaftsvertrag soll zusätzlich vereinbart sein: „Aus dem Gewinn ist zunächst der Unternehmerlohn zu zahlen, sodann ist eine Eigenkapitalverzinsung in Höhe des durchschnittlichen Diskontsatzes des jeweiligen Jahres vorzunehmen; ein verbleibender Rest ist als Risikoprämie (zur Abdeckung des unterschiedlichen Risikos im Verlustfall) im Verhältnis des Gesamtvermögens (Eigenkapital + sonstiges Privatvermögen) zu verteilen."

Welcher Gewinnanteil einschließlich des Unternehmerlohnes entfällt auf jeden Gesellschafter, wenn der durchschnittliche Diskontsatz 10% beträgt und sich das sonstige Privatvermögen von A auf 100.000 EUR, von B auf 1.650.000 EUR und von C auf 250.000 EUR beläuft?

Für die Ermittlung der Risikoprämie gilt folgende Überlegung:

Risikoprämie	=	Gewinn	–	Unternehmerlohn	–	Eigenkapitalverzinsung
Risikoprämie	=	490.000	–	150.000	–	100.000
Risikoprämie	=	240.000				

Die Verteilung der Risikoprämie in Höhe von 240.000 EUR erfolgt nach dem gesamten haftenden Vermögen.

Gesellschafter	Betriebsvermögen (Kapitalanteil)	Sonstiges Privatvermögen	Gesamtvermögen		Risikoprämie
			EUR	%	
A	50.000	100.000	150.000	5	12.000
B	150.000	1.650.000	1.800.000	60	144.000
C	800.000	250.000	1.050.000	35	84.000
zusammen	**1.000.000**	**2.000.000**	**3.000.000**	**100**	**240.000**

Es ergibt sich folgende Gewinnverteilung:

Gesellschafter	Kapitalanteil	Gewinnverteilung			
		Unternehmerlohn	10% Verzinsung	Risikoprämie	zusammen
A	50.000	80.000	5.000	12.000	97.000
B	150.000	70.000	15.000	144.000	229.000
C	800.000	–	80.000	84.000	164.000
zusammen	**1.000.000**	**150.000**	**100.000**	**240.000**	**490.000**

Aufgabe 56 Gewinnverteilung bei der KG

Welche Gewinnverteilung ergibt sich bei einer KG, wenn A Komplementär und B und C Kommanditisten sind und

(a) der Gesellschaftsvertrag keine Regelung über die Gewinnverteilung enthält,
(b) die analoge Regelung aus Aufgabe 55 zu Grunde gelegt wird?

Wöhe S. 231 f.

(a) Nach § 168 HGB ist das Eigenkapital mit 4% zu verzinsen und der Rest angemessen zu verteilen. Eindeutig ist hierbei lediglich die Verzinsung. Zur Angemessenheit dürfte auch die Berücksichtigung der Mitarbeit im Betrieb sowie die Berücksichtigung des unterschiedlichen Risikos gehören. Enthält der Gesellschaftsvertrag keine Regelungen und kommt es zu keiner Einigung, muss die Entscheidung gerichtlich herbeigeführt werden.

(b) Wird die Regelung von Aufgabe 55 analog angewendet, so ergibt sich zu diesem Fall keine Änderung im Hinblick auf den Unternehmerlohn und die Eigenkapitalverzinsung. Bei der Risikoprämie tritt jedoch eine abweichende Verteilung ein, weil das Privatvermögen von B und C nicht haftet. Für die Verteilung der Risikoprämie gilt folgende Rechnung:

Gesellschafter	Betriebsvermögen (Kapitalanteil)	haftendes Privatvermögen	haftendes Gesamtvermögen		Risikoprämie
			EUR	%	
A	50.000	100.000	150.000	13,64	32.736
B	150.000	–	150.000	13,64	32.736
C	800.000	–	800.000	72,72	174.528
zusammen	**1.000.000**	**100.000**	**1.100.000**	**100.00**	**240.000**

Aufgabe 57 Gewinnverteilung bei der AG

Eine Aktiengesellschaft hat in den Perioden 1 bis 3 folgende Ergebnisse (in Mio. EUR) zu erwarten:

Periode	Jahresüberschuss	Jahresfehlbetrag
1	100	
2		20
3	–	–

Zu Beginn der Periode 1 liegt der Bestand der „Anderen Gewinnrücklagen" bei 30 Mio. EUR. Die „Gesetzlichen Rücklagen" können unbeachtet bleiben, weil ihre Höhe den gesetzlichen Vorgaben entspricht.

In Periode 1 und 2 möchte der Vorstand eine möglichst geringe Dividende, in Periode 3 möchte er eine Dividende von 50 Mio. EUR ausschütten. Wie ist dieses Ziel zu erreichen?

Wöhe S. 236 f. und 785–787

Durch Bildung bzw. Auflösung von „Anderen Gewinnrücklagen" lässt sich das Ziel des Vorstands erreichen:

Periode 1

	Jahresüberschuss	100
–	Einstellung in „Andere Gewinnrücklagen"	– 50
	Bilanzgewinn	50

„Andere Gewinnrücklagen"	
AB	30
→	+ 50
EB	80

Periode 2

	Jahresfehlbetrag	– 20
+	Auflösung „Andere Gewinnrücklagen"	+ 20
	Bilanzgewinn	0

„Andere Gewinnrücklagen"	
AB	80
←	– 20
EB	60

Periode 3

	Jahresergebnis	– 0
+	Auflösungen „Andere Gewinnrücklagen"	+ 50
	Bilanzgewinn	+ 50

„Andere Gewinnrücklagen"	
AB	+ 60
←	– 50
EB	10

Nach § 58 AktG darf der Vorstand im vorliegenden Fall ohne Zustimmung der Hauptversammlung bis max. 50 Prozent des Jahresüberschusses in die „Anderen Gewinnrücklagen" einstellen. Darüber hinaus hat er das Recht, „Andere Gewinnrücklagen" zwecks Dividendenzahlung aufzulösen.

Aufgabe 58 Gewinnverteilung einer Immobilienfonds-KG

Der Projektentwickler P gründet zu Ende der Periode 01 die IMMOBILIENFONDS-KG. Der Finanzierungsplan hat folgendes Aussehen:

- Eigenkapital
  - Komplementäreinlage — 3 Mio. EUR
  - Kommanditeinlage 50.000 Anteile á 20.000 EUR — 100 Mio. EUR
- Fremdkapital
  Bankdarlehen zu 6 % Jahreszins — 97 Mio. EUR

Das Gesamtkapital wird zum Erwerb einer City-Immobilie im Wert von 200 Mio. eingesetzt.

- Mietertrag 02 — 15 Mio. EUR
- sonstiger betrieblicher Aufwand — 850.000 EUR
- Gewinnverteilung
  - Kommanditisten: vorab 8 % auf die Kapitaleinlage
  - Komplementär: Restgewinn

Erstellen Sie für die IMMOBILIENFONDS-KG

- die Eröffnungsbilanz zum 1. 1. 02
- GuV-Rechnung 02 mit Gewinnverteilung auf Komplementär und Kommanditisten.

Wöhe S. 232

Die Eröffnungsbilanz der IMMOBILIENFONDS-KG hat folgendes Aussehen:

Aktiva	**Bilanz zum 1. 1. 02** (Mio. EUR)			**Passiva**
Grundstücke und Gebäude	200	Eigenkapital		103
		Einl. Komplementär	3	
		Einl. Kommanditisten	100	
		Darlehensverbindlichkeiten		97
	200			200

GuV-Rechnung 02	
	EUR
Mieterträge	15.000.000
– sonstiger betrieblicher Aufwand	850.000
– Zinsaufwand	5.820.000
Gewinn	**8.330.000**
• Anteil Kommanditisten (8 % auf 100 Mio.)	8.000.000
• Anteil Komplementär	330.000

Der Komplementär erreicht eine Eigenkapitalverzinsung in Höhe von 11 %, die Kommanditisten erhalten (nur) 8 % auf ihre Kapitaleinlage. Die Besserstellung des Komplementärs lässt sich ökonomisch folgendermaßen begründen: Erstens trägt er als Vollhafter ein höheres Risiko als die Kommanditisten. Zweitens werden die Kommanditisten aus dem Gewinnpool vorrangig, der Komplementär dagegen nachrangig bedient.

2. Haftung

Aufgabe 59 Haftung der AG

Womit haftet eine Aktiengesellschaft ihren Gläubigern im Insolvenzfall

(a) mit den Aktien
(b) mit dem Grundkapital
(c) mit dem Reinvermögen
(d) mit dem Bruttovermögen?

Im Falle der Insolvenz können sich die Gläubiger nur aus dem Bruttovermögen (d), d.h. den liquidisierbaren Vermögenswerten befriedigen. Das Reinvermögen (c) ist lediglich eine rechnerische Differenz zwischen dem Bruttovermögen und den Schulden. Das Grundkapital (b) kommt als Haftungssubstanz ebenfalls nicht in Betracht. Diese Bilanzposition stellt keinen Vermögenswert, sondern nur einen buchhalterischen Merkposten dar. Auch die Aktien (a) bilden für die Gläubiger keine Haftungssubstanz, denn sie befinden sich in den Händen der Aktionäre, während sich die Forderungen der Gläubiger nur gegen die Gesellschaft richten können, die aufgrund ihrer eigenen Rechtspersönlichkeit ein von den Aktionären verselbständigtes Rechtssubjekt ist.

Aufgabe 60 Haftung der Aktionäre einer AG

Teilaufgabe a)

Bis zu welchem Betrag haften die Aktionäre den Gläubigern der Gesellschaft:
(a) bis zum Nennbetrag der Aktien
(b) bis zum Tageskurs
(c) bis zum Anschaffungskurs
(d) bis zum Kurs im Liquidationszeitpunkt?

Ist die Aktie voll eingezahlt, so haften die Aktionäre den Gläubigern der Gesellschaft überhaupt nicht. Ist die Aktie noch nicht voll eingezahlt, haften sie mit dem ausstehenden Betrag.

Teilaufgabe b)

Wie hoch ist der maximale Vermögensverlust, den ein Aktionär aus seiner Beteiligung an der AG erleiden kann?
(a) bis zum Nennbetrag seiner Aktien
(b) bis zum Tageskurs
(c) bis zum Anschaffungskurs
(d) bis zum Kurs im Liquidationszeitpunkt?

Der Aktionär kann maximal soviel verlieren, wie er einmal für die Aktie bezahlt hat. (c) ist demnach richtig.

Aufgabe 61 Haftung einer GmbH und ihrer Gesellschafter

Die DEBET-GmbH hat zum 31. 12. 01 folgende Bilanz vorgelegt

Aktiva	Bilanz der DEBET-GmbH zum 31. 12. 01		Passiva
Sachanlagen	65.000	Stammeinlage A	20.000
Vorräte	60.000	Stammeinlage B	10.000
Forderungen aus Lieferungen und Leistungen	150.000	Darlehensverbindlichkeiten	200.000
Bank	5.000	Lieferantenverbindlichkeiten	50.000
	280.000		280.000

Zu Beginn der Periode 02 geht bei der DEBET-GmbH die Nachricht ein, dass die Forderung aus Lieferungen und Leistungen in Höhe von 150.000 EUR in voller Höhe ausfällt. Der Bilanzansatz der übrigen Vermögensposten entspricht dem aktuellen Verkehrswert.

Die beiden Gesellschafter A und B verfügen neben ihrer (voll eingezahlten) Stammeinlage über ein Privatvermögen in Höhe von 100.000 bzw. 200.000 EUR.

Teilaufgabe a)

Wie beurteilen Sie die wirtschaftliche Lage der DEBET-GmbH? Wie beurteilen Sie die Chancen der Gläubiger, ihre Zahlungsansprüche zu realisieren?

Wöhe S. 240 f. und 709

Nach dem Ausfall der Forderung aus Lieferungen und Leistungen in Höhe von 150.000 EUR ergibt sich aus der Gegenüberstellung von Vermögen und Schulden (Status) folgendes Bild:

Status DEBET-GmbH	
Vermögen	130.000
– Verbindlichkeiten	250.000
Überschuldung	120.000

Mit dem Eintreten der Überschuldung ist die DEBET-GmbH verpflichtet, beim zuständigen Amtsgericht einen Insolvenzantrag zu stellen.

Die Zahlungsansprüche der Gläubiger richten sich allein an die Schuldnerin, die DEBET-GmbH. Zur Schuldendeckung steht der Gesellschaft ein Vermögen in Höhe von 130.000 EUR zur Verfügung. Im Falle der Unternehmensliquidation können die Gläubiger mit einer Insolvenzquote (= Schuldendeckungsquote) in Höhe von 52 Prozent rechnen.

Teilaufgabe b)

Haben die Gesellschafter A und B die Möglichkeit, die DEBET-GmbH vor der Insolvenz zu retten?

Eine Rettung vor der Insolvenz setzt einen (mindestens) ausgeglichenen Status voraus. Zur Beseitigung der Überschuldung müssten A bzw. B zusätzliches Stammkapital in Höhe von (mindestens) 120.000 EUR in die DEBET-GmbH einbringen.

3. Steuerbelastung

Aufgabe 62 Einfluss der Besteuerung auf die Rechtsformwahl bei Gewinnthesaurierung

Im Zuge ihrer Unternehmensgründung stehen die Brüder A und B vor der Frage der Rechtsformwahl. Zur Wahl steht die Rechtsformalternative **OHG oder GmbH**. Zur Beurteilung des steuerlichen Einflusses auf die Wahl der Rechtsform sind folgende Eckwerte zu berücksichtigen.

Erwarteter Gewinn (EUR/Jahr)	100.000
Gewerbesteuerhebesatz (Prozent)	400
Gewinnanteil A (Prozent)	60
Gewinnanteil B (Prozent)	40
Einkommensteuersatz A (Prozent)	40
Einkommensteuersatz B (Prozent)	30

A und B haben die Absicht, die Gewinne kommender Jahre in voller Höhe zu thesaurieren. Sollen Sie sich für die Rechtsform der OHG oder der GmbH entscheiden?

Wöhe S. 242–249

Die Höhe der Gewerbesteuerbelastung ist unabhängig von der gewählten Rechtsform. Bei einem Gewinn von 100.000 EUR und einer Messzahl von 3,5 Prozent liegt der Gewerbesteuermessbetrag bei 3.500 EUR. Bei einem Hebesatz von 400 Prozent gelangt man zu einer jährlichen **Gewerbesteuerbelastung von 14.000 EUR**.

Einzelfirmen und Personengesellschaften können bei der Berechnung der Einkommensteuer die gezahlte Gewerbesteuer bis zum Höchstbetrag des 3,8-fachen Messbetrags (hier 3.500 EUR), im vorliegenden Fall also 13.300 EUR in Abzug bringen.

Neben der Körperschaftsteuer KSt (15 Prozent) und der individuellen Einkommensteuer ESt (hier 30 bzw. 40 Prozent) ist der Solidaritätszuschlag SolZ in Höhe von 5,5 Prozent auf die berechnete KSt bzw. ESt zu berücksichtigen.

Als Gesellschafter einer Personengesellschaft haben A und B die Wahl, die thesaurierten Gewinne entweder

(a) mit dem individuellen ESt-Satz oder

(b) mit dem ermäßigten ESt-Satz von 28,25 Prozent (= Thesaurierungsbegünstigung)

besteuern zu lassen.

	(a) Belastungsvergleich ohne Thesaurierungsbegünstigungen			
	Steuerbelastung GmbH			
(1)	Gewinn vor Steuern			100.000
(2)	Gewerbesteuer (14 % von 1)			14.000
(3)	KSt (15 % von 1)			15.000
(4)	SolZ (5,5 % von 3)			825
	Gesamtbelastung bei Thesaurierung			**29.825**
	Steuerbelastung OHG			
		A	B	Insgesamt
(1)	Gewinn vor Steuern	60.000	40.000	100.000
(2)	GewSt (14 % von 1)			14.000
(3)	ESt (40 bzw. 30 % von 1)	24.000	12.000	
	– GewSt-Abzug	– 7.980	– 5.320	
		16.020	6.680	22.700
(4)	SolZ (5,5 % von 3)	881	367	1.248
	Gesamtbelastung bei Thesaurierung			**37.948**

	(b) Belastungsvergleich mit Thesaurierungsbegünstigungen			
	Steuerbelastung GmbH (wie a)			**29.825**
	Steuerbelastung OHG			
		A	B	Insgesamt
(1)	Gewinn vor Steuern	60.000	40.000	100.000
(2)	GewSt (14 % von 1)			14.000
(3)	Pauschal-ESt (28,250 % von 1)	28.250		
	– GewSt-Abzug	13.300		
		14.950		14.950
(4)	SolZ (5,5 % von 3)			822
	Gesamtbelastung bei Thesaurierung			**29.772**

Optieren die Gesellschafter der OHG für die Thesaurierungsbegünstigung, hat die Besteuerung im Thesaurierungsfall keinen nennenswerten Einfluss auf die Rechtsformwahl.

Aufgabe 63 Einfluss der Besteuerung auf die Rechtsformwahl bei Gewinnausschüttung

Es gelten alle Angaben zur Aufgabe 62 mit einer Ausnahme: A und B haben die Absicht, in Zukunft alle Jahresgewinne in voller Höhe auszuschütten. Für welche Rechtsform sollen sie sich entscheiden? Ermitteln Sie die theoretische Steuerbelastung!

Wöhe S. 242–249

Die ausgeschütteten Gewinne einer GmbH unterliegen bei den Gesellschaftern ab 2009 der Belastung mit Abgeltungssteuer von 25 Prozent und dem SolZ von 5,5 Prozent. Werden die erwarteten Gewinne Jahr für Jahr restlos ausgeschüttet, ist für die GmbH bzw. die OHG mit folgender Steuerbelastung zu rechnen:

Belastungsvergleich bei vollständiger Gewinnausschüttung

	Steuerbelastung der GmbH	A	B	Insgesamt
(1)	Gewinn vor Steuern	(60.000)	(40.000)	100.000
(2)	GewSt (14 % von 1)			14.000
(3)	KSt (15 % von 1)			15.000
(4)	SolZ (5,5 % von 3)			825
(5)	Belastung auf Gesellschaftsebene (2) + (3) + (4)			29.825
(6)	Gewinnausschüttung (1) – (5)	(42.105)	(28.070)	70.175
(7)	Abgeltungssteuer (25 % von 6)	(10.526)	(7.018)	17.544
(8)	SolZ (5,5 % von 7)	(579)	(386)	965
	Gesamtbelastung bei Ausschüttung (5) + (7) + (8)			**48.334**

Wenn eine Personengesellschaft ihre Gewinne immer in vollem **Umfang ausschüttet**, macht sie von der **Option zur Thesaurierungsbegünstigung keinen Gebrauch**. Unter diesen Bedingungen lässt sich die Steuerbelastung der OHG-Gesellschafter folgendermaßen berechnen:

Belastungsvergleich bei vollständiger Gewinnausschüttung

	Steuerbelastung der GmbH	A	B	Insgesamt
(1)	Gewinn vor Steuern	60.000	40.000	100.000
(2)	GewSt (14 % von 1)			14.000
(3)	ESt (30 bzw. 40 % von 1)	24.000	12.000	
	– GewSt-Abzug	– 7.980	– 5.320	
		16.020	6.680	22.700
(4)	SolZ (5,5 % von 3)			1.248
	Gesamtbelastung bei Ausschüttung			**37.948**

Unter der Annahme vollständiger Gewinnausschüttung ist die OHG der GmbH unter steuerlichen Gesichtspunkten vorzuziehen.

Aufgabe 64 Thesaurierungsbegünstigung und Nachholsteuer

Es gelten die Grundannahmen der Aufgabe 62. A und B hatten sich für die **Rechtsform der OHG entschieden**. Den Gewinn der Periode 01 in Höhe von 100.000 EUR hat man in voller Höhe thesauriert und bei der Besteuerung von der Thesaurierungsbegünstigung (Pauschalsteuersatz 28,25 %) Gebrauch gemacht. Der Thesaurierungsbetrag nach Steuern ist folgendermaßen zu ermitteln:

	Gewinn vor Steuern	100.000
–	Gesamtbelastung bei Thesaurierung (vgl. Aufgabe 62)	29.772
	Thesaurierungsbetrag nach Steuern	**70.228**

Teilaufgabe a)

Mit welcher Steuerbelastung müssen A und B rechnen, wenn
- der in Periode 01 thesaurierte Gewinn in Periode 02 ausgeschüttet werden soll, wobei
- in Periode 02 ein Periodengewinn von Null zu erwarten ist?

Wöhe S. 242–249

Hat eine Personengesellschaft in der Gewinnentstehungsphase (hier: Periode 01) von ihrem Recht zur Thesaurierungsbegünstigung Gebrauch gemacht, muss sie in einer späteren Ausschüttungsperiode (hier: Periode 02) eine pauschale Nachholsteuer in Höhe von 25 Prozent auf den ausgeschütteten Gewinnbetrag (hier: 70.228 EUR) entrichten. Auf diese Nachholsteuer wird zusätzlich der SolZ von 5,5 Prozent erhoben.

Steuerbelastung bei späterer Gewinnausschüttung	
(1) Gewinn vor Steuern in Periode 01	100.000
(2) Gewinnsteuerbelastung in Periode 01	29.772
(3) Ausschüttung in Periode 02 (1) – (2)	70.228
(4) Nachholsteuer (25 % von 3)	17.557
(5) SolZ (5,5 % von (4))	966
(6) Steuerbelastung in Periode 02 (4) + (5)	18.523
(7) **Gesamtsteuerbelastung Periode 1 und 2**	**48.295**

Die Steuerbelastung in der Ausschüttungsperiode 02 liegt bei 18.523 EUR, die Gesamtsteuerbelastung in der Gewinnerzielungsperiode 01 und der Ausschüttungsperiode 02 liegt bei 48.295 EUR.

Teilaufgabe b)

Personenunternehmen können zwischen einer
- Normalbesteuerung thesaurierter Gewinne
- Thesaurierungsbegünstigung

wählen. Wie beurteilen Sie die Vorteilhaftigkeit der sog. Thesaurierungsbegünstigung?

Richtet man das Augenmerk allein auf die Thesaurierungsperiode, erscheint nach den Ergebnissen der Aufgabe 62 die Thesaurierungsbegünstigung steuerlich vorteilhaft.

	Normal-besteuerung	Thesaurierungs-begünstigung
Steuerbelastung bei Thesaurierung (in Periode 01)	**37.948**	**29.772**

Bedenkt man aber, dass auf lange Sicht alle thesaurierten Gewinne später an die Gesellschafter auszuschütten sind, muss man im Entscheidungskalkül die Nachholsteuer der Ausschüttungsperiode (vgl. Teilfrage a) berücksichtigen:

	Normal-besteuerung	Thesaurierungs-begünstigung
Steuerbelastung bei Thesaurierung (in Periode 01)	**37.948**	**29.772**
Nachholsteuer bei Ausschüttung (in Periode 02)	–	18.523
Gesamtsteuerbelastung	**37.948**	**48.295**

Unter den gegebenen Bedingungen erweist sich die sog. Thesaurierungsbegünstigung als unvorteilhaft. Der Steuernachteil der Thesaurierungsbegünstigung wird abgemildert, wenn die Ausschüttung und damit die Pflicht zur Zahlung der Nachholsteuer weit in der Zukunft liegt.

4. Umwandlung

Aufgabe 65 Rechtsformwechsel ohne Übertragung stiller Rücklagen (Umgründung)

Die Gesellschafter A und B wollen ihre GmbH in eine Aktiengesellschaft umwandeln. Dabei sollen Vermögen und Schulden der GmbH im Wege der **Einzelübertragung** auf die neu zu gründende Aktiengesellschaft übertragen werden. Bei dieser Vermögenstransaktion vom bisherigen auf den neuen Rechtsträger sind die stillen Rücklagen aufzulösen und der Ertragsbesteuerung auf **Gesellschaftsebene** zu unterwerfen.

Auf **Gesellschafterebene** erwerben A und B Aktien gegen die Hingabe von GmbH-Anteilen. Auch bei dieser Transaktion sind stille Rücklagen aufzulösen und der Einkommensteuer zu unterwerfen.

Die (vereinfachte) Bilanz der GmbH weist zum 31. 12. 01 folgende Werte aus:

Aktiva	**Bilanz der DEBET-GmbH zum 31. 12. 01**		**Passiva**
Anlagevermögen	300	Stammkapital	150
Umlaufvermögen	200	Verbindlichkeiten	350
	500		500

Zusätzlich erhalten Sie folgende **Informationen**:

- Aktueller Wert des Anlagevermögens 420
- Aktueller Wert des Umlaufvermögens 200
-

Beteiligung Gesellschafter	Nominal-Betrag	Anschaffungs-kosten	Aktueller Wert
A	100	120	180
B	50	50	90

- Ertragsteuersatz GmbH (KSt + GewSt) 30 Prozent
- Einkommensteuersatz der Gesellschafter 40 Prozent

Aufgaben:

a) Wie hoch ist die Steuerbelastung auf Gesellschaftsebene?
b) Wie hoch ist die Steuerbelastung auf Gesellschafterebene?
c) Welches Aussehen haben die Schlussbilanz der GmbH und die Eröffnungsbilanz der AG?

Wöhe S. 253 f.

a) Steuerbelastung auf Gesellschaftsebene

	Aktueller Wert der Vermögensgegenstände (AV 420 + UV 200)	620
–	Buchwert der Vermögensgegenstände	– 500
	(1) Übertragungsgewinn	120
	(2) Ertragsteuer auf Übertragungsgewinn (30 %)	36
	(3) Steuerrückstellung aus (2) in GmbH-Bilanz	36

b) Steuerbelastung auf Gesellschafterebene

	Anteile	A	B
	Aktueller Wert	180	90
–	Anschaffungskosten	– 120	– 50
	(1) Übertragungsgewinn	60	40
	(2) Einkommensteuer auf Übertragungsgewinn (40 %)	24	16
	(3) Anschaffungskosten der Beteiligung an AG	180	90

c) Schlussbilanz GmbH; Eröffnungsbilanz AG

Aktiva	Schlussbilanz GmbH		Passiva
AV	420	Stammkapital	150
UV	200	Rücklagen	84
		Steuerrückstellungen	36
		Verbindlichkeiten	350
	620		620

Aktiva	Eröffnungsbilanz AG		Passiva
AV	420	Grundkapital	150
UV	200	Rücklagen	84
		Steuerrückstellungen	36
		Verbindlichkeiten	350
	620		620

Der Übertragungsgewinn der GmbH beträgt 120. Davon werden 36 als zu erwartende Steuerbelastung in die Steuerrückstellungen und die verbleibenden 84 als Gewinn nach Steuern in die Rücklagen eingestellt.

Aufgabe 66 Rechtsformwechsel mit Übertragung stiller Rücklagen (Umwandlung)

Es gelten die Ausgangsdaten der Aufgabe 65. Im Rahmen einer formwechselnden Umwandlung sollen die Vermögensgegenstände und Schulden im Rahmen der **Gesamtrechtsnachfolge** von der GmbH auf die AG übertragen werden.

Aufgaben:

a) Was versteht man unter Buchwertfortführung?
b) Wie hoch ist die Steuerbelastung auf der Gesellschaftsebene und auf der Gesellschafterebene?
c) Welches Aussehen hat die Eröffnungsbilanz der AG?
d) Bedeutet die Buchwertfortführung einen endgültigen Verzicht auf die Besteuerung stiller Rücklagen?

Wöhe S. 253 f.

a) Buchwertfortführung

Buchwertfortführung bedeutet, dass die übertragende Gesellschaft die bisherigen Buchwerte in ihre Übertragungsbilanz einstellt und dass die übernehmende Gesellschaft diese Buchwerte weiterführt.

b) Steuerbelastung

Bei Buchwertfortführung werden die stillen Rücklagen übertragen. Folglich gibt es keinen Anknüpfungspunkt zur Ertragsbesteuerung auf Gesellschafts- und auf Gesellschafterebene.

c) Eröffnungsbilanz der AG

Aktiva	**Eröffnungsbilanz AG**		**Passiva**
Anlagevermögen	300	Grundkapital	150
Umlaufvermögen	200	Verbindlichkeiten	350
	500		500

d) Endgültiger Steuerverzicht

Die Buchwertfortführung nach dem Umwandlungssteuergesetz erlaubt zum Umwandlungszeitpunkt eine steuerneutrale Übertragung stiller Rücklagen auf die übernehmende AG. Wird die AG zu einem späteren Zeitpunkt aufgelöst, werden die stillen Rücklagen als Gewinn ausgewiesen und der Besteuerung unterworfen.

III. Der Zusammenschluss von Unternehmen als Entscheidungsproblem

Wiederholungsfragen:

	Wöhe Seite
Welche Kooperations- und Konzentrationsformen kennen Sie?	254
Welche Ziele werden mit horizontalen, vertikalen und konglomeraten Unternehmensverbindungen verfolgt?	255 f.
Was versteht man im Zusammenhang mit vertikalen Unternehmensverbindungen unter Rückwärtsintegration und Vorwärtsintegration?	256
Welche Ziele verfolgt man mit Unternehmensverbindungen im Beschaffungsbereich, Produktionsbereich, Finanzierungsbereich und Absatzbereich?	258 f.
Wie funktionieren echte und unechte Arbeitsgemeinschaften?	261
Welche Formen von Interessengemeinschaften kennen Sie?	262
Welche Arten von Kartellen kennen Sie?	263
Warum sind Kartelle generell verboten?	263 f.
Was versteht man unter einem Joint Venture?	264
Welche abgestuften Möglichkeiten der Einflussnahme eröffnen unterschiedliche Beteiligungsquoten?	265
Welche Rolle spielt die einheitliche wirtschaftliche Leitung bei der Konzernbildung?	266 f.
Wo liegt der Unterschied zwischen einer Konzernbildung und einer Fusion?	267
Welche Formen des Unterordnungskonzerns kennen Sie?	267 f.
Welche Unterschiede bestehen zwischen einem Stammhauskonzern und einer Holding?	269
Was versteht man unter einer Finanzholding?	269
Welche Formen der Fusion kennen Sie?	270
Welche Aufgabe hat die Fusionskontrolle?	272

1. Ziele und Arten von Unternehmenszusammenschlüssen

Aufgabe 67 Gewinnmaximierung durch Unternehmenszusammenschlüsse

Als Oberziel für den Zusammenschluss von Unternehmen kann die Erhöhung des Gewinns aller teilnehmenden Unternehmungen angesehen werden. Dieses Ziel der Gewinnerhöhung lässt sich auf drei Arten erreichen: entweder durch Steigerung der **Wirtschaftlichkeit** im technischen und organisatorischen Bereich der betrieblichen Leistungserstellung oder durch eine verstärkte Stellung der zusammengeschlossenen Unternehmen am Beschaffungsmarkt und/oder am Absatzmarkt. In den beiden letzten Fällen handelt es sich also um gesteigerte **Marktmacht** am Beschaffungs- und Absatzmarkt.

Teilaufgabe a)

Durch welche Maßnahmen in den einzelnen Funktionsbereichen (Beschaffung, Produktion, Absatz und Investition und Finanzierung) können die zusammengeschlossenen Unternehmen ihre Wirtschaftlichkeit und ihre Marktmacht erhöhen? Stellen Sie die Zusammenhänge in einer Übersicht dar, bei der Sie in der Kopfzeile die Wirtschaftlichkeit und die beiden Varianten der Marktmacht eintragen und bei der Sie vertikal die verschiedenen Funktionsbereiche abtragen! Verwenden Sie das nachfolgend abgedruckte Schema erst dann als Lösungshilfe, wenn Sie versucht haben, die Aufgabe selbständig zu bearbeiten!

Wöhe S. 256–258

Funktion	Wirtschaftlichkeit	Marktmacht	
		Beschaffungsmarkt	Absatzmarkt
Beschaffung	Sicherung der Rohstoffversorgung durch Zusammenschluss mit Rohstoffgewinnungsbetrieben	Erzielung von Preisnachlässen, Mengenrabatten und günstigen Zahlungs- und Lieferbedingungen	
Produktion	Schaffung optimaler Betriebsgröße; Risikominderung durch Erweiterung des Produktionsprogramms; Rationalisierung durch Normung und Typung; Zusammenlegung von Forschung und Entwicklung		
Absatz	Straffung und Vereinheitlichung der Vertriebsorganisationen; Risikominderung durch Erweiterung des Angebots		Vergrößerung des Marktanteils; Einschränkung des Wettbewerbs; Erringung der Marktführerschaft oder monopolähnlicher Stellung
Investition und Finanzierung	Bessere Auslastung gemeinsamer Investitionsvorhaben; Verringerung der Forschungsinvestitionen	Verbesserte Möglichkeiten zur Befriedigung hohen Kapitalbedarfs (Aktien; Industrieobligationen); Reduzierung der Kapitalkosten als Großnachfrager von Fremdkapital	

Aufgabe 68 Arten von Unternehmenszusammenschlüssen

Man unterscheidet drei Arten von Unternehmenszusammenschlüssen:

a) Zusammenschlüsse auf **horizontaler Ebene**
b) Zusammenschlüsse auf **vertikaler Ebene**
c) Zusammenschlüsse **anorganischer** Art (branchenfremde Zusammenschlüsse)

Welche Art des Zusammenschlusses ist jeweils zu wählen, wenn folgende Ziele erreicht werden sollen:

(1) Sicherung der Rohstoffversorgung;
(2) Rationalisierung durch Betriebserweiterung;
(3) Reduzierung der Forschungs- und Entwicklungskosten;
(4) Risikominderung durch Erweiterung des Angebotsspektrums um völlig andersartige Produkte;
(5) Straffung und Vereinheitlichung der Vertriebsorganisation;
(6) Reduzierung der Kapitalkosten als Großnachfrager von Fremdkapital;
(7) Sicherung der Absatzmöglichkeiten durch Zusammenschluss mit nachgelagerten Produktionsstufen;
(8) Erhöhung der Absatzpreise durch Einschränkung des Wettbewerbs;
(9) Erzwingen von Mengenrabatten;
(10) Erhöhung der Kreditwürdigkeit durch breitere Eigenkapitalbasis.

Lösung: 1b, 2a, 3a, 4c, 5a, 6a, b, c, 7b, 8a, 9a, 10a, b, c.

2. Fusion

Aufgabe 69 Fusion ohne wechselseitige Beteiligung und ohne eigene Anteile

Die Aktiengesellschaft A (aufnehmende Gesellschaft) will die Aktiengesellschaft B (übertragende Gesellschaft) im Zuge einer Fusion aufnehmen. Beide Gesellschaften haben folgende Bilanzen:

Aktiva	Bilanz A		Passiva
Kasse	9.000.000	Gezeichnetes Kapital	2.000.000
		Rücklagen	4.000.000
		Schulden	3.000.000
	9.000.000		9.000.000

Aktiva	Bilanz B		Passiva
Kasse	2.300.000	Gezeichnetes Kapital	1.000.000
		Rücklagen	500.000
		Schulden	800.000
	2.300.000		2.300.000

Der Einfachheit halber soll keine der beiden Gesellschaften einen Firmenwert haben. Da in beiden Gesellschaften nur Kassenbestände vorhanden sind, brauchen auch etwaige im Vermögen steckende stille Rücklagen nicht beachtet zu werden. Die Schulden sollen keine versteckten Rücklagen enthalten.

Es wird unterstellt, dass das Umtauschverhältnis von B- gegen A-Aktien auf Basis der Bilanzkurse ermittelt wird.

Um welchen Betrag muss das Gezeichnete Kapital von A erhöht werden, um mit den so geschaffenen neuen A-Aktien die Aktionäre von B zu entschädigen, deren Aktien nach der Fusion vernichtet werden? Ermitteln Sie zunächst den Bilanzkurs und das Umtauschverhältnis. Welche Bilanz von A ergibt sich nach der Fusion und welcher Bilanzkurs lässt sich aus der Bilanz errechnen?

Wöhe S. 631–638

Der Bilanzkurs errechnet sich wie folgt:

$$\textbf{Bilanzkurs} = \frac{\text{Bilanziertes Eigenkapital}}{\text{Gezeichnetes Kapital}} \cdot 100$$

$$\textbf{Bilanzkurs A} = \frac{6.000.000}{2.000.000} \cdot 100 = 300\,\% \quad \textbf{Bilanzkurs A} = \frac{1.500.000}{1.000.000} \cdot 100 = 150\,\%$$

Das Umtauschverhältnis ergibt sich unmittelbar aus dem Verhältnis der Bilanzkurse

$$\textbf{Umtauschverhältnis} = \frac{300\,\%}{150\,\%} = \frac{2}{1}$$

Zur Entschädigung von zwei B-Aktien ist somit eine A-Aktie erforderlich, zur Entschädigung des gesamten Kapitals von B in Höhe von 1.000.000 EUR nominell demnach 500.000 EUR nominell A-Aktien. Denn es gilt die Beziehung:

Innerer Wert der untergehenden B-Aktien	=	Innerer Wert der zur Entschädigung gegebenen A-Aktien
1.000.000 EUR nominell B-Aktien · 150 %	=	500.000 EUR nominell A-Aktien · 300 %
1.500.000 EUR	=	1.500.000 EUR

Das Gezeichnete Kapital von A muss demnach um 500.000 EUR erhöht werden. Da das gesamte bilanzierte untergehende Eigenkapital von B sich auf 1.500.000 EUR beläuft, erhöht die Differenz zwischen diesem Betrag und dem zusätzlichen Gezeichneten Kapital von 500.000 EUR in Höhe von 1.000.000 EUR die Rücklagen von A.

Es ergibt sich nach der Fusion folgende Bilanz von A:

Aktiva	**Bilanz A**		**Passiva**
Kasse	11.300.000	Gezeichnetes Kapital	2.500.000
		Rücklagen	5.000.000
		Schulden	3.800.000
	11.300.000		11.300.000

$$\textbf{Bilanzkurs} = \frac{7.500.000}{2.500.000} \cdot 100 = 300\,\%$$

Der Bilanzkurs der Gesellschaft A darf sich nach der Fusion nicht verändert haben. Andernfalls wären entweder die Anteilseigner von A benachteiligt und die von B bevorzugt worden bzw. umgekehrt.

Aufgabe 70 Kaufofferte bei Unternehmenszusammenschluss

Die X-AG plant die Übernahme der Y-AG. Der Großaktionär A hält 30 % der Anteile der Y-AG. Die restlichen Aktien befinden sich im Streubesitz. Beide Gesellschaften sind **vollständig eigenfinanziert**. Im Übrigen ist von folgenden Daten auszugehen:

Gesellschaft	Börsenkurs pro Aktie (GE)	Aktienanzahl Stück	Kapitalisierter Börsenwert in Mio. GE
X-AG	600 GE	2 Mio.	1.200 Mio. GE
Y-AG	420 GE	1 Mio.	420 Mio. GE

Die X-AG möchte mit dem Großaktionär A in direkte Verkaufsverhandlungen treten. Den Publikumsaktionären soll ein öffentliches Aufkaufangebot gemacht werden. In beiden Fällen will die X-AG die Y-Aktien gegen Barzahlung übernehmen. Welche Informationen benötigt die X-AG vor Beginn der Übernahmeverhandlungen?

Wöhe S. 270 f.

Vor Beginn der Übernahmeverhandlungen muss die X-AG folgende Fragen beantworten: Wieviel müssen die Anteilseigner der Y-AG für eine Y-Aktie mindestens erhalten, damit der Verkauf gerade noch vorteilhaft ist? Wieviel darf die X-AG für eine Y-Aktie höchstens bezahlen, damit der Erwerb sich lohnt?

Zur Beantwortung beider Fragen benötigt man folgende Informationen:

(1) Gegenwärtiger Marktwert des Eigenkapitals der Y-AG;

(2) Gegenwärtiger Marktwert des Eigenkapitals der X-AG;

(3) Marktwert des Eigenkapitals der X-AG nach Übernahme der Y-AG.

Im Falle der Übernahme aller Y-Aktien erlangen die X-Aktionäre einen Vermögenszuwachs in Höhe des Differenzbetrags zwischen dem Marktwert des zusammengeschlossenen Unternehmens (3) und dem Marktwert ihres Einzelunternehmens (2).

Aufgabe 71 Synergieeffekt und Unternehmenszusammenschluss

Es gelten die Ausgangsdaten der Aufgabe 70. Zusätzlich verfügt die X-AG über folgende Informationen:

Unternehmen	Zukunftsgewinn GE (in Mio.)	Laufzeit in Jahren	Gewünschte Mindestverzinsung des Eigenkapitals (in Prozent)
Einzelunternehmen X-AG	120 GE	unendlich	8
Einzelunternehmen Y-AG	40 GE	unendlich	8
Zusammenschluss X-Y	187,5 GE	unendlich	7,5

Im Falle eines Unternehmenszusammenschlusses könnten Rationalisierungspotentiale im Forschungs-, Produktions- und Absatzbereich mobilisiert werden, wodurch sich der erwartete Gesamtgewinn von 160 Mio. GE auf 187,5 Mio. GE erhöhen würde. Außerdem käme es beim Unternehmenszusammenschluss zu einer Risikodiversifikation. Die Eigenkapitalgeber würden dies mit einer Reduktion der gewünschten Mindestverzinsung auf 7,5 Prozent honorieren.

Ermitteln Sie die Kursspanne für die Übernahme der Y-Aktien durch die X-AG. Der untere Kurswert markiert den Geldbetrag, den ein Y-Aktionär mindestens erhalten muss, der obere Kurswert bezeichnet den Geldbetrag, den die X-AG höchstens bezahlen darf.

Wöhe S. 196–198

Der Marktwert des Eigenkapitals UW vor und nach Unternehmenszusammenschluss lässt sich folgendermaßen ermitteln:

Unternehmen	$UW = \frac{G}{i}$ = **Marktwert des Eigenkapitals**
Einzelunternehmen X-AG	$\frac{120 \text{ Mio.}}{0{,}08}$ = **1.500 Mio.**
Einzelunternehmen Y-AG	$\frac{40 \text{ Mio.}}{0{,}08}$ = **500 Mio.**
Zusammenschluss X-Y	$\frac{187{,}5 \text{ Mio.}}{0{,}075}$ = **2.500 Mio.**

Die Kursspanne für die Übernahme der Y-Aktien liegt zwischen 500 und 1.000 GE/Aktie. Begründung: Der Marktwert des Eigenkapitals der Y-AG liegt bei 500 Mio. GE. Bei einem Volumen von 1 Mio. Y-Aktien entspricht das einem Marktwert/Aktie von 500 GE. Ein Verkauf unterhalb dieser kritischen Grenzmarke wäre für die Y-Aktionäre unvorteilhaft.

Durch die Übernahme der Y-AG würde der Marktwert des Eigenkapitals der X-AG von 1.500 Mio. auf 2.500 Mio. steigen. Damit würde die X-AG einen Mehrwert von 1.000 Mio. realisieren, so dass sie für jede der 1 Mio. Y-Aktien maximal 1.000 GE bezahlen darf.

IV. Die Wahl des Standortes als Entscheidungsproblem

Wiederholungsfragen:

	Wöhe Seite
Warum gehört die Standortwahl zu den konstitutiven Führungsentscheidungen?	273
Welche räumliche Dimension steht hinter der internationalen, interlokalen bzw. lokalen Standortwahl?	273
Welche auf den Gütereinsatz bzw. auf den Güterabsatz bezogenen Standortfaktoren beeinflussen die Wahlentscheidung?	274
Welchen Einfluss haben Arbeitskostenunterschiede auf die internationale Standortwahl?	274 f.
Welchen Einfluss haben Besteuerungsunterschiede auf die internationale Standortwahl?	277 f.
Was versteht man unter qualitativen und quantitativen Standortfaktoren?	278 f.

Aufgabe 72 Internationale Standortwahl und Arbeitskosten

Die MOBIL-AG fertigt Schneefräsen, die vorwiegend im süddeutschen Raum verkauft werden. Die gestiegene Nachfrage erfordert den Bau eines Zweigwerks mit einer Jahreskapazität von 10.000 Stück. Für Produktion und Absatz gelten folgende Planwerte:

Produktionsmenge/Jahr	10.000 Stück
Arbeitseinsatz/Stück	100 Std.
sonstiger Aufwand/Stück	2.000 EUR
Verkaufspreis/Stück	5.000 EUR

Als Standorte für das neue Zweigwerk kommen Deutschland (West), Italien oder Irland in Betracht. Die Arbeitsproduktivität ist an allen Standorten gleich hoch. Bei einer Produktionsverlagerung ins Ausland entsteht ein zusätzlicher Verwaltungsaufwand von 2,5 Mio. EUR/Jahr.

Außerdem sind Transportkosten zu berücksichtigen:

	Deutschland	Italien	Irland
Zusätzlicher Verwaltungsaufwand EUR/Jahr	–	2,50 Mio.	2,50 Mio.
Zusätzliche Transportkosten EUR/Stück	–	100	250
Arbeitskosten EUR/Std.	27,09	16,69	18,11

An welchem Standort sollte die MOBIL AG das Zweigwerk errichten?

Wöhe S. 274 f.

Die MOBIL-AG sollte unter den gegebenen Bedingungen das Zweigwerk in Italien errichten.

in Mio. EUR	Deutschland	Italien	Irland
Umsatzerlöse	50,00	50,00	50,00
– Arbeitskosten	27,09	16,69	18,11
– zusätzlicher Verwaltungsaufwand	–	2,50	2,50
– zusätzliche Transportkosten	–	1,00	2,50
– Sonstiger Aufwand	20,00	20,00	20,00
= Gewinn vor Steuern	**2,91**	**9,81**	**6,89**

Der in Italien erzielbare Gewinn vor Steuern ist etwa dreimal so hoch wie am deutschen Standort.

Aufgabe 73 Internationale Standortwahl und Gewinnsteuern

Es gelten die Angaben der Aufgabe 72. Für welchen Standort sollte sich die MOBIL-AG entscheiden, wenn Unternehmenssteuern zu berücksichtigen sind.
Die effektiven Steuerbelastungssätze betragen für

Deutschland	30 Prozent
Italien	32 Prozent
Irland	14 Prozent

Ausgangspunkt der Planung ist der in Aufgabe 72 ermittelte Gewinn vor Steuern:

in Mio. EUR	Deutschland	Italien	Irland
Gewinn vor Steuern	2,91	9,81	6,89
– Effektive Steuerbelastung			
30 %	0,87		
32 %		3,14	
14 %			0,96
= Gewinn nach Steuern	**2,04**	**6,67**	**5,93**

Nach Berücksichtigung von Gewinnsteuern bleibt Italien der günstigste Investitionsstandort.

V. Testfragen zu den Abschnitten II bis IV: Rechtsformen, Unternehmenszusammenschlüsse, Standort

Den folgenden Fragen sind Antworten beigegeben, die teils richtig, teils falsch sind. Ihre Aufgabe besteht darin, die richtigen Antworten herauszufinden und zu begründen, warum sie richtig und die anderen falsch sind. Die Lösungen finden Sie im Anschluss an die letzte Frage. Gelingt Ihnen die Begründung nicht, so ist es empfehlenswert, die erfragten Zusammenhänge und Definitionen im „Wöhe" noch einmal durchzuarbeiten. Das Stichwortverzeichnis des „Wöhe" wird Ihnen helfen, sich schnell zurechtzufinden.

(1) Welche der folgenden Rechtsformen zählen zu den Kapitalgesellschaften?
- (a) Kommanditgesellschaft
- (b) GmbH & Co.
- (c) Aktiengesellschaft
- (d) Genossenschaft
- (e) Kommanditgesellschaft auf Aktien

(2) In welchen Rechtsformen steht die Leitungsbefugnis allen Gesellschaftern zu?
- (a) Kommanditgesellschaft
- (b) Genossenschaft
- (c) Aktiengesellschaft
- (d) Offene Handelsgesellschaft
- (e) Stille Gesellschaft

(3) Die Geschäftsführung einer AG erfolgt durch
- (a) den Aufsichtsrat
- (b) die Hauptversammlung
- (c) den Vorstand
- (d) die Mehrheitsaktionäre

(4) Bei welchen Rechtsformen schreibt der Gesetzgeber ein Mindestnennkapital vor?
- (a) Stille Gesellschaft
- (b) Aktiengesellschaft
- (c) Genossenschaft
- (d) Kommanditgesellschaft
- (e) Offene Handelsgesellschaft

(5) Bei welchen der folgenden Rechtsformen unterliegt der Gewinn der Körperschaftsteuer?
- (a) GmbH
- (b) Offene Handelsgesellschaft
- (c) Genossenschaft
- (d) Aktiengesellschaft
- (e) Kommanditgesellschaft

(6) Bei welchen der folgenden Rechtsformen unterliegt der Jahresabschluss auch ohne Anwendung des Publizitätsgesetzes einer Pflichtprüfung?
- (a) GmbH
- (b) Aktiengesellschaft
- (c) Stille Gesellschaft
- (d) Genossenschaft
- (e) GmbH & Co.

(7) Bei welchen Unternehmenszusammenschlüssen verlieren die Unternehmen ihre rechtliche Selbständigkeit?
(a) Konzern
(b) Kartell
(c) Fusion
(d) Interessengemeinschaft
(e) Konsortium

(8) Wie nennt man einen Zusammenschluss, bei dem sich mehrere Betriebe desselben Wirtschaftszweiges unter Beibehaltung ihrer rechtlichen Selbständigkeit verbinden?
(a) Vertikaler Zusammenschluss
(b) Fusion
(c) Horizontaler Zusammenschluss
(d) Kartell

(9) Welche Konzerne müssen nach dem HGB keinen Konzernabschluss aufstellen?
(a) Horizontale Konzerne
(b) Gleichordnungskonzerne
(c) Unterordnungskonzerne
(d) Vertikale Konzerne

(10) Für welche Art von Unternehmenszusammenschlüssen ist das Merkmal „einheitliche Leitung" Voraussetzung?
(a) Interessengemeinschaft
(b) Konsortium
(c) Konzern
(d) Kartell

(11) Welcher Standort ist optimal?
(a) Ort der niedrigsten Lohnkosten
(b) Ort der geringsten Steuerbelastung
(c) Ort des größten Umsatzes
(d) Ort des maximalen Gewinns
(e) Ort der niedrigsten Transportkosten

(12) Welche Steuern können die nationale Standortwahl beeinflussen?
(a) Körperschaftsteuer
(b) Gewerbesteuer
(c) Lohnsteuer
(d) Grundsteuer
(e) Kfz-Steuer

(13) Welche Arten von Gütern bieten Einzelhandelsbetriebe an, die „konkurrenzmeidend" sind?
(a) Güter des periodischen Bedarfs
(b) Güter des aperiodischen Bedarfs
(c) Güter des täglichen Bedarfs
(d) Güter des einmaligen Bedarfs

Lösungen: Richtig sind folgende Antworten: 1 c, e; 2 d; 3 c; 4 b; 5 a, c, d; 6 a, b, d; 7 c; 8 c, d; 9 b; 10 c; 11 d; 12 a, b, d; 13 c.

Dritter Abschnitt
Die Produktion

I. Produktions- und Kostentheorie

1. Grundlagen der Produktionstheorie

Wiederholungsfragen:

	Wöhe Seite
Auf welche Fragestellungen geben die Produktions- und Kostentheorie jeweils Antworten?	295 f.
Welche Voraussetzungen müssen erfüllt sein, damit eine Produktion als technisch effizient bezeichnet werden kann?	297 f.
Was versteht man im Zusammenhang mit dem Begriff der Produktionsfunktion unter beliebiger Teilbarkeit und unter Homogenität?	297 f.
Worin unterscheidet sich ein einstufiges Einproduktmodell vom mehrstufigen Mehrproduktmodell?	298 f.
Was versteht man unter einer Isoquante?	299 f.
Worin unterscheiden sich substitutionale von limitationalen Produktionsfunktionen?	300 f.
Was ist bei limitationalen Produktionsfunktionen eine Prozessgerade?	301
Wodurch unterscheidet sich die partielle von der totalen Faktorvariation?	302 f.
Wie lassen sich Isoquanten aus einem Ertragsgebirge ableiten?	299 f.

Aufgabe 1 Effiziente Produktion

Ein Produkt M kann durch verschiedene Kombinationen von zwei Produktionsfaktoren R_1 und R_2 in den Mengen r_1 und r_2 produziert werden. Die nachfolgende Tabelle gibt alle denkbaren r_1-r_2-Kombinationen zur Produktion unterschiedlicher Mengen m des Produktes M wieder.

Punkt	r_1	r_2	m
A	2	4	4
B	5	3	5
C	3	4	5
D	3	1	3
E	2	5	4
F	1	3	3
G	2	2	3
H	3	4	4
I	4	2	4
J	5	2	5
K	3	3	4
L	4	1	3

Zeichnen Sie nur die effizienten Faktorkombinationen in ein r_1-r_2-Diagramm ein, und verbinden Sie die Faktoreinsatzkombinationen, die zur selben Ausbringungsmenge gehören, durch eine Linie miteinander! Begründen Sie bei den nicht eingezeichneten Faktoreinsatzkombinationen, warum diese nicht effizient sind.

Wöhe S. 296 f.

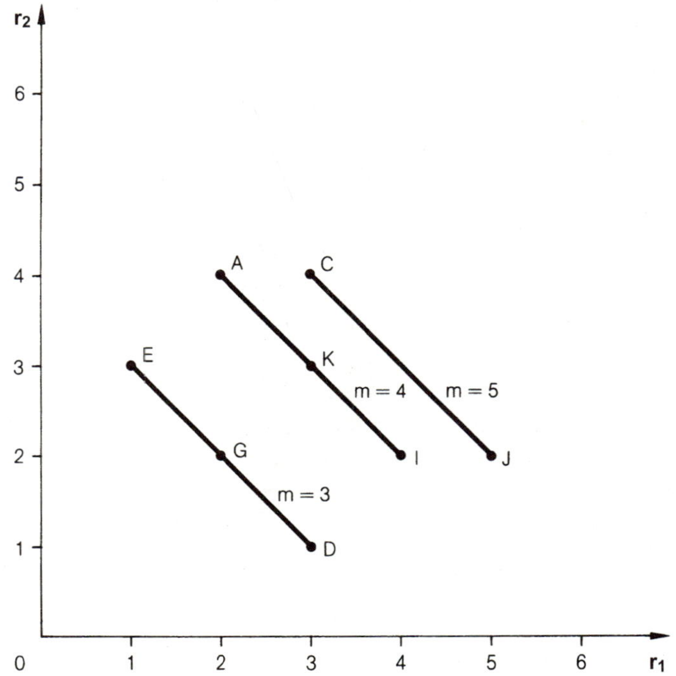

Bei einer Ausbringungsmenge von m = 3 ist der Punkt L nicht effizient, weil bei Verzicht auf eine Einheit r_1 ($r_1 = 3$ statt $r_1 = 4$ bei $r_2 = 1$) dieselbe Produktionsmenge hergestellt werden kann (Punkt D). Entsprechendes gilt für die Ausbringungsmenge m = 4 für den Punkt E, da bei Verzicht auf eine Einheit r_2 ($r_2 = 4$ statt $r_2 = 5$ bei $r_1 = 2$, Punkt A) und für den Punkt H, da im Punkt H entweder auf eine Einheit r_1 (Punkt A) oder auf eine Einheit r_2 (Punkt K) verzichtet werden kann. Für m = 5 schließlich ist der Punkt B ineffizient (bei Verzicht auf eine Einheit r_2 wird Punkt J realisiert).

Die Verbindungslinien zwischen den Punkten gleicher Ausbringungsmenge würden für den Fall, dass die Produktionsfaktoren unendlich teilbar wären, die Produktionsmöglichkeitenkurven oder **Isoquanten** für alternative Ausbringungsmengen anzeigen.

Aufgabe 2 Produktionsfunktion als Input-Output-Relation

Welcher Zusammenhang wird durch eine Produktionsfunktion wiedergegeben?

Wöhe S. 297 f.

In einer Produktionsfunktion wird die Beziehung zwischen Produktionsergebnis (Ertrag; Ausbringung) und Faktoreinsatz (Rohstoffe, Energie, Arbeitsleistung usw.) offengelegt. Ist die Produktionsfunktion bekannt, so erlaubt jede beliebige Faktoreinsatzmenge Rückschlüsse auf die Höhe des Produktionsergebnisses.

Aufgabe 3 Produktionsmodelle

Gliedern Sie unter Verwendung der Ordnungsmerkmale „Sicherheit", „Unsicherheit", „Berücksichtigung der Zeit" und „keine Berücksichtigung der Zeit" die existierenden Produktionsmodelle. Erläutern Sie, wodurch sich diese Produktionsmodelle jeweils voneinander unterscheiden!

Wöhe S. 298 f.

Berücksichtigung der Zeit / Sicherheit	nein	ja
sicher	statisch-deterministische Produktionsmodelle	dynamisch-deterministische Produktionsmodelle
unsicher	statisch-stochastische Produktionsmodelle	dynamisch-stochastische Produktionsmodelle

Während deterministische Produktionsmodelle Sicherheit hinsichtlich der zu berücksichtigenden Daten unterstellen, erfolgt bei stochastischen Produktionsmodellen die Berücksichtigung der Unsicherheit auf der Grundlage wahrscheinlichkeitstheoretischer Überlegungen. Statische Produktionsmodelle beziehen sich auf eine fest vorgegebene Bezugsperiode (z.B. einen Arbeitstag), während dynamische Produktionsmodelle die zeitliche Gestaltung des Produktionsablaufs mitberücksichtigen.

Aufgabe 4 Analyse des Ertragsgebirges

Ein Ertragsgebirge setzt die Einsatzmenge eines Produktionsfaktors r_1, die Einsatzmenge eines Produktionsfaktors r_2 und die Ausbringungsmenge m zueinander in Beziehung. Erläutern Sie, welche drei Arten der Betrachtung bei der Analyse eines Ertragsgebirges unterschieden werden können, welche Komponenten dabei jeweils als konstant unterstellt werden und wie der Schnitt durch das Ertragsgebirge verläuft!

Wöhe S. 301–303

Unterschieden werden kann zwischen der Analyse der Isoquanten, der partiellen Faktorvariation und der totalen Faktorvariation.

Bei der **Analyse der Isoquanten** wird die Ausbringungsmenge m als konstant unterstellt, so dass sich mit Hilfe dieser Analyse die Frage beantworten lässt, welche technisch effizienten Kombinationen (r_1, r_2) der Produktionsfaktoren R_1 und R_2 die Produktion einer vorgegebenen Ausbringungsmenge m erlauben. Der Schnitt durch das Ertragsgebirge verläuft also horizontal.

Im Rahmen der **partiellen Faktorvariation** wird untersucht, wie sich die Ausbringungsmenge m verändert, wenn die Einsatzmenge eines Produktionsfaktors variiert wird, während die des anderen Produktionsfaktors konstant bleibt. Dabei wird folglich das Ertragsgebirge vertikal und parallel zur r_1- oder zur r_2-Achse durchschnitten.

Bei der **totalen Faktorvariation** schließlich wird danach gefragt, wie sich die Ausbringungsmenge m ändert, wenn die Einsatzmengen beider Produktionsfaktoren im gleichen Maße geändert werden. Konstant bleibt hier also das Faktoreinsatzverhältnis $r_1 : r_2$, der Schnitt durch das Ertragsgebirge verläuft vom Nullpunkt ausgehend vertikal entlang der Prozessgeraden.

Aufgabe 5 Faktorbedarf

Otto Wurm ist Komplementär der HOLZ-WURM-KG. Die Firma bringt drei Produkte auf den Markt: Bretter, Kanthölzer und Rohmaterial für Spanplatten. Wurm kauft von verschiedenen Forstbetrieben Kiefernstämme, aus deren unterem (dickerem) Teil Bretter geschnitten werden, während der obere (schlankere) Teil nur noch zur Herstellung von Kanthölzern verwendet werden kann. Die Abfälle werden zu Span zerkleinert. In welcher Relation die drei Produktarten anfallen, hängt von der Beschaffenheit der Stämme ab. (Dünnere Stämme bringen wenig Bretter, relativ viel Kantholz und besonders viel Span.) Wurm hat für das kommende Jahr mit seinen Kunden insgesamt 4.200 m^3 Bretterholz, 2.800 m^3 Kantholz und 1.000 m^3 Span* kontraktiert. Da er nur noch über geringfügige Mengen an Rohmaterial (Stammholz) verfügt, will er sein Lager mit dem Periodenbedarf auffüllen.

Als Lieferanten kommen nur die beiden Forstbetriebe I und II in Frage. Forstbetrieb I kann nur sehr große, dicke Stämme liefern. Wir nennen sie Sorte I; die Liefermenge bezeichnen wir als m_1. Lieferant II bietet dagegen nur relativ dünne Stämme an. Die Liefermenge dieser Sorte II bezeichnen wir mit m_2. Sorte I ist so beschaffen, dass die drei Produktarten Bretter, Kanthölzer und Span in der Relation 60 % : 32 % : 8 % anfallen. Aus Sorte II werden die gleichen Produkte in der Relation 45 % : 35 % : 20 % gewonnen.

Lieferant I bietet 2.000 m^3 an, Lieferant II offeriert 5.000 m^3. Reichen diese Mengen zusammengenommen aus, den gewünschten Lagerbestand zu realisieren?

2.000 m^3 Stammholz der Sorte I (m_1) reichen aus für:

$2.000 \cdot 0{,}60 = 1.200$ m^3 Bretter (B)
$2.000 \cdot 0{,}32 = 640$ m^3 Kantholz (K)
$2.000 \cdot 0{,}08 = 160$ m^3 Span (S)

5.000 m^3 Stammholz der Sorte II (m_2) reichen aus für:

$5.000 \cdot 0{,}45 = 2.250$ m^3 Bretter (B)
$5.000 \cdot 0{,}35 = 1.750$ m^3 Kantholz (K)
$5.000 \cdot 0{,}20 = 1.000$ m^3 Span (S)

Realisierbare Mengen:	Benötigte Mengen:
B = 3.450 m^3	**B** = 4.200 m^3
K = 2.390 m^3	**K** = 2.800 m^3
S = 1.160 m^3	**S** = 1.000 m^3

Gelingt es Wurm nicht, größere Mengen an Stammholz zu beschaffen, kann er seinen Lieferverpflichtungen nur bei Span in vollem Umfang nachkommen.

Aufgabe 6 Ermittlung der Fehlmenge

Es gelten die Angaben aus Aufgabe 5. Wie groß müsste bei m_1 = 2.000 m^3 die von Lieferant II angebotene Menge m_2 sein, damit Wurm seine Verträge erfüllen kann?

* In Wirklichkeit wird Span nach Gewicht verkauft. Zur Vereinfachung wurde die gewichtmäßig kontraktierte Menge in den volumenmäßigen Stammholzbedarf (1.000 m^3) umgerechnet.

Produktart	(1) Produktions-soll	(2) Produktion aus m_1	(3) Produktions-bedarf aus m_2 (1) – (2)	(4) Ausbeute-koeffizient	(5) Benötigte Menge m_2 (3) : (4)
B	4.200	1.200	3.000	0,45	6.666,7
K	2.800	640	2.160	0,35	6.171,4
S	1.000	160	840	0,20	4.200

Wenn aus einem m^3 der Sorte II 45% Bretter gewonnen werden, dann benötigt man für 3.000 m^3 Bretter 6.666,7 m^3 Stammholz der Sorte II usw.

Zur Erfüllung aller Lieferverpflichtungen benötigt Wurm mindestens 6.666,7 m^3 der Sorte II. In diesem Fall ergeben sich jedoch erhebliche Überschüsse bei Kantholz und Span.

Aufgabe 7 Faktormengenkombinationen (rechnerische Ermittlung)

Es gelten weiterhin sämtliche Daten aus dem Vorspann der Aufgabe 5. Die Annahme, es gäbe Lieferbeschränkungen bei den Lieferanten I und II, wird also aufgegeben. Ermitteln Sie in einem rechnerischen Ansatz die Gesamtheit aller Faktorkombinationen m_1, m_2 zur Realisierung der benötigten Ausbringungsmengenkombination B, K, S!

Lösungshinweis: Betrachten Sie zunächst jede Produktart für sich allein und fragen Sie sich, wie groß m_1 sein muss, wenn $m_2 = 0$ und umgekehrt. Suchen Sie dann für jede Produktart nach einem Lösungsansatz, der alle Kombinationen m_1, m_2 abdeckt.

Beispiel: Wenn die Liefermenge $m_2 = 0$ beträgt, benötigt man zur Herstellung von 4.200 m^3 Brettern mindestens $m_1 = 4.200 : 0{,}60 = 7.000$ m^3 Stammholz usw.

Produktart	m_1 für $m_2 = 0$	m_2 für $m_1 = 0$
B	7.000	9.333
K	8.750	8.000
S	12.500	5.000

Zur Herstellung von 4.200 m^3 Brettern benötigt man also entweder 7.000 m^3 der Sorte I oder 9.333 m^3 der Sorte II oder eine Kombination zwischen beiden Sorten. Für Bretter lassen sich die möglichen m_1-, m_2-Kombinationen auf folgende Formel bringen:

Faktoreinsatz	$\geq$ gewünschte Ausbringungsmenge
B $0{,}60\, m_1 + 0{,}45\, m_2$	$\geq$ 4.200
Für Kantholz und Span gilt analog:	
K $0{,}32\, m_1 + 0{,}35\, m_2$	$\geq$ 2.800
S $0{,}08\, m_1 + 0{,}20\, m_2$	$\geq$ 1.000

Die Ausbringungsmenge in Höhe von 4.200 m^3 Bretter ist jetzt als gegebene Größe zu betrachten. Diese konstante Größe lässt sich durch **verschiedene Faktorkombinationen** m_1, m_2 realisieren. Welche Menge m_2 benötigt wird, hängt also davon ab, welche Menge m_1 eingesetzt wird. Bei konstanter Ausbringungsmenge ist also m_2 abhängig von m_1.

Man löst deshalb diese drei Ungleichungen nach m_2 auf und erhält:

B	$m_2 \geq 9.333{,}3 - \frac{4}{3} m_1$
K	$m_2 \geq 8.000 - \frac{32}{35} m_1$
S	$m_2 \geq 5.000 - \frac{2}{5} m_1$

Mit Hilfe dieser drei Ungleichungen kann man für jede beliebige Liefermenge m_1 (m_2) die zusätzlich benötigte Liefermenge m_2 (m_1) bestimmen. (Hinweis für mathematisch geschulte Leser: es gilt die sog. **Nichtnegativitätsbedingung,** d. h. m_1, m_2 darf keinen negativen Wert annehmen.)

Aufgabe 8 Faktormengenkombinationen (graphische Ermittlung)

Versuchen Sie, die in Aufgabe 7 für **Bretter** ermittelte Faktoreinsatzrelation in einer graphischen Darstellung abzubilden! Zeigen Sie also in einem Diagramm, bei dem Sie auf der Abszisse m_1 und auf der Ordinate m_2 abbilden, die Abhängigkeit der Faktoreinsatzmenge m_2 von der Höhe des Faktoreinsatzes m_1.

Lösungshinweis: Ermitteln Sie zuvor in einem Wertekreuz diejenigen Mengen m_2, wenn m_1 die Werte 0, 2.000, 5.000 und 7.000 annimmt und übertragen Sie die zusammengehörenden Wertepaare als Punkte in das Diagramm! Verbinden Sie die Punkte miteinander und kommentieren Sie das Ergebnis!

$$m_2 \geq 9.333 - \frac{4}{3} m_1$$

Setzt man für m_1 die oben vorgegebenen Werte ein, so erhält man für m_2 folgende korrespondierende Werte:

m_1	0	2.000	4.000	7.000
m_2	9.333	6.667	4.000	0

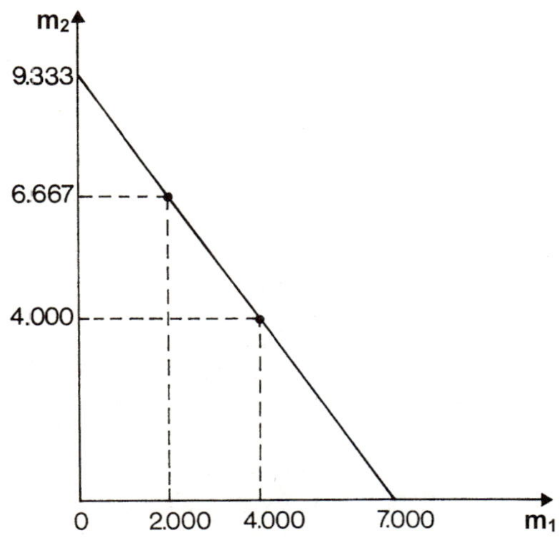

Diese Graphik lässt sich folgendermaßen interpretieren: Stehen z.B. 2.000 m^3 des Faktors I zur Verfügung, dann benötigt man mindestens 6.667 m^3 des Faktors II, um die gewünschte Menge (4.200 m^3) **Bretter** herstellen zu können. Alle unterhalb der Geraden liegenden Faktorkombinationen reichen zur Herstellung der gewünschten Menge nicht aus. Alle oberhalb der Geraden liegenden Faktorkombinationen m_1, m_2 führen zu einem Produktionsüberschuss bei Brettern.

Aufgabe 9 Faktormengenkombinationen für mehrere Produkte

> Versuchen Sie, die Faktormengenkombinationen m_1, m_2 für die beiden übrigen Produkte aus Aufgabe 7 in das Diagramm der Aufgabe 8 zu übertragen und kommentieren Sie das Ergebnis? (**Hinweis:** Wurm will die vorgegebenen Ausbeutekoeffizienten unbedingt einhalten. Er verzichtet also auf die Möglichkeit, Kantholz und Bretterholz zu Span zu verarbeiten.)

Zur Herstellung der Bretter benötigt man Faktormengenkombinationen (m_1, m_2), welche auf oder über der Geraden BB liegen. Entsprechendes gilt für Kantholz und Span und die Geraden KK und SS. Wählt die HOLZ-WURM-KG z.B. die Faktormengenkombination P, dann lassen sich daraus zwar in ausreichendem Maße Bretter und Span, nicht jedoch genügend Kanthölzer herstellen, denn die Faktormengenkombination P liegt unterhalb der Geraden KK. Aus dieser Überlegung folgt, dass zur vollständigen Herstellung aller drei Produkte nur Faktormengenkombinationen herangezogen werden können, welche auf oder **oberhalb** der Kurve LMNO liegen.

Dabei muss allerdings berücksichtigt werden, dass diese Faktormengenkombinationen zwar nicht unterschritten werden dürfen, dass sich aber für ein oder zwei Produkte **Überschussmengen** ergeben. Wählt die HOLZ-WURM-KG beispielsweise die Kombination N, dann reichen die zugehörigen Faktormengen zwar gerade zur Produktion von Span und Kantholz aus, bei der Bretterproduktion ergibt sich dann aber ein Überschuss.

Die drei Funktionen B, K und S lassen sich folgendermaßen zusammenfassen:

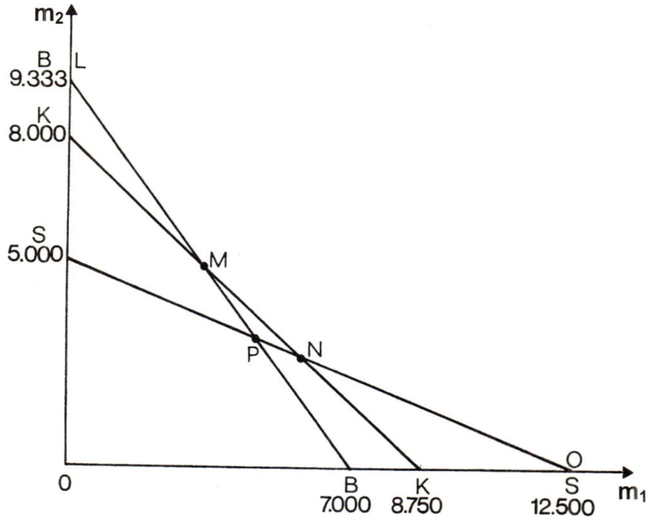

Aufgabe 10 Produktionstheoretische Grundbegriffe

Welche der folgenden Behauptungen sind richtig:

(1) Der wertmäßige Output kann nicht kleiner sein als der wertmäßige Input.

(2) Eine Produktionsfunktion zeigt den funktionalen Zusammenhang zwischen Input und Output.

(3) Eine Faktoreinsatzkombination ist effizient, wenn der Wert des Outputs den Wert des Inputs übersteigt.

(4) Eine Faktoreinsatzkombination ist effizient, wenn beim Faktoreinsatz das ökonomische Prinzip eingehalten wird.

(5) Eine Isoquante zeigt, wie eine vorgegebene Produktionsmenge durch den Einsatz alternativer Faktoreinsatzverhältnisse zweier substitutionaler Produktionsfaktoren realisiert werden kann.

(6) Eine limitationale Produktionsfunktion basiert auf begrenztem Faktoreinsatz.

Richtig sind die Behauptungen (2), (4) und (5).

2. Grundlagen der Kostentheorie

Wiederholungsfragen:

	Wöhe Seite
Wie wird dem Wirtschaftlichkeitsprinzip auf der Ebene der Kostentheorie gefolgt?	304 f.
Wie definieren Sie den Begriff „Kosten"?	305
Welche Beziehung wird durch eine Kostenfunktion abgebildet?	305
Was versteht man unter einer Kostenisoquante?	305 f.
Welchen Einfluss hat eine Faktorpreisänderung auf die Höhe der Faktormengenzusammensetzung innerhalb eines Kostenbudgets?	307
An welcher Stelle wird das Kostenminimum bei substitutionalen Produktionsfunktionen erreicht (Graphik)?	308
Wodurch entsteht der Fixkostensockel?	309 f.
Wie lassen sich Grenzkosten algebraisch und graphisch ermitteln?	313
In welchem Verhältnis stehen bei einer proportionalen Gesamtkostenfunktion Grenzkosten und variable Stückkosten?	313
Was sind Kostendeterminanten?	314
Nennen Sie Beispiele für verschiedene Kostendeterminanten!	314
Worin unterscheidet sich die multiple von der mutativen Betriebsgrößenvariation?	314 f.

Aufgabe 11 Kostenisoquanten

Die Produktion eines Gutes M erfolgt mit Hilfe zweier Produktionsfaktoren R_1 (Marktpreis q_1 = 4 EUR/Einheit) und R_2 (Marktpreis q_2 = 8 EUR/Einheit). Es steht ein Kostenbudget K_0 von 120 EUR zur Verfügung. Stellen Sie die für diesen Fall geltende Kostenisoquante algebraisch und graphisch dar!

Wöhe S. 305 f.

Die Kostenisoquante K_0 lässt sich algebraisch und graphisch folgendermaßen ermitteln:

$$\mathbf{K_0} = q_1 \cdot r_1 + q_2 \cdot r_2$$
$$\mathbf{120} = 4r_1 + 8r_2$$
$$\mathbf{r_2} = \frac{120}{8} - \frac{4}{8} \cdot r_1 = 15 - 0{,}5r_1$$

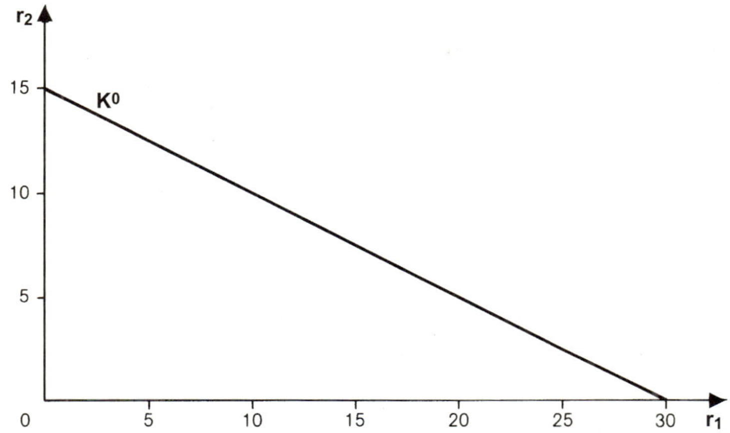

Aufgabe 12 Kostenminimierung

Einem Betrieb stehen zur Herstellung eines Gutes die beiden Produktionsfaktoren r_1 und r_2 zur Verfügung. Beide Faktoren sind gegenseitig substituierbar. Man kann also eine gewünschte Ausbringungsmenge mit großem Faktoreinsatz von r_1 bei gleichzeitig kleinem Faktoreinsatz von r_2 oder mit kleinen Mengen von r_1 bei gleichzeitig großen Mengen von r_2 erzielen. Die gewünschte Ausbringungsmenge m_1 lässt sich also durch eine Vielzahl von Faktorkombinationsmöglichkeiten erwirtschaften:

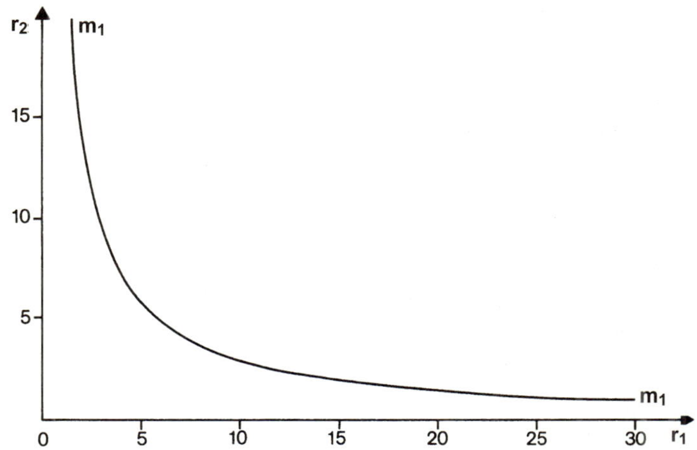

Die Faktorpreise beziffern sich auf p_{r1} = 4 EUR und p_{r2} = 6 EUR/Einheit. Muss der Betrieb zur Erreichung des gewünschten Ausbringungsniveaus m_1 Gesamtkosten K von 72 EUR oder von 108 EUR aufwenden?

Wöhe S. 307 f.

Bei einem Kostenbudget K_I von 72 EUR können maximal 18 Einheiten r_1 oder maximal 12 Einheiten r_2 beschafft werden. Dazwischen gibt es auch andere Faktorkombinationsmöglichkeiten (z.B.: $r_1 = 3$ und $r_2 = 10$), die alle auf der **Kostenisoquante** $K_I = 72$ EUR abgebildet sind.

Entsprechendes gilt für ein Kostenbudget K_{II} von 108 EUR. Für diesen Betrag können maximal 27 Einheiten r_1 oder 18 Einheiten r_2 eingesetzt werden.

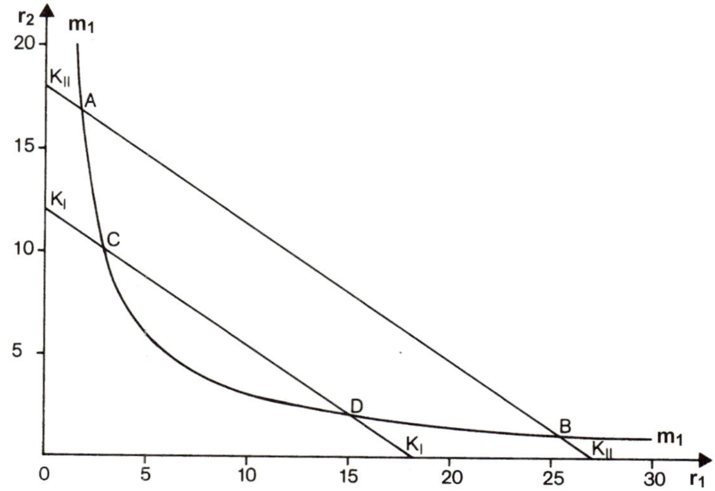

Die Abbildung zeigt, dass sich die gewünschte Ausbringung m sowohl mit 108 EUR als auch mit 72 EUR Gesamtkosten erwirtschaften lässt. Nach dem **Wirtschaftlichkeitsprinzip** sind die Kosten zu minimieren, so dass das Ausbringungsniveau m_1 sowohl durch die Faktorkombination C ($r_1 = 3$; $r_2 = 10$) als auch durch die Kombination D ($r_1 = 15$; $r_2 = 2$) erreicht werden kann. Die Faktorkombinationen A und B erwirtschaften die gleiche Ausbringungsmenge mit höherem Kosteneinsatz und scheiden somit aus.

Die obige Abbildung zeigt aber auch, dass weder die Faktorkombination C noch die Faktorkombination D dem Wirtschaftlichkeitsprinzip entspricht. Die Ausbringung m_1 lässt sich auch mit geringerem Kosteneinsatz als K_1 erwirtschaften. Oder: Mit dem Kostenbudget K_I lässt sich ein höheres Ausbringungsniveau erreichen.

Aufgabe 13 Minimalkostenkombination (formal)

Es gelten die Angaben aus Aufgabe 12. Allerdings wird das Kostenbudget K_{II} gestrichen. Der Betrieb möchte mit einem Kostenbudget K_I von 72 EUR eine möglichst große Ausbringungsmenge erwirtschaften. Die Produktionsfunktion lautet $m = r_1 \cdot r_2$. In welchem Verhältnis soll er die beiden Faktoren r_1 und r_2 einsetzen, damit die größtmögliche Ausbringungsmenge erzielt wird?

Wöhe S. 307 f.

Mit einem Kosteneinsatz von 72 EUR lässt sich ein höheres Ausbringungsniveau, nennen wir es m_2 erreichen, wenn man – vom Kombinationspunkt C ausgehend (siehe Aufgabe 12) weniger von r_2 und dafür mehr von r_1 einsetzt. Das optimale Einsatzverhältnis von r_1 und r_2, die sogenannte **Minimalkostenkombination,** lässt sich folgendermaßen ermitteln:

$$K = r_1 \cdot p_{r1} + r_2 \cdot p_{r2}$$
$$72 = 4r_1 + 6r_2$$
$$r_2 = 12 - \frac{2}{3} r_1$$
$$m = r_1 \cdot r_2$$
$$m = r_1 (12 - \frac{2}{3} r_1)$$
$$m = 12r_1 - \frac{2}{3} r_1^2$$

Mit dem gegebenen Kosteneinsatz von 72 EUR ist die maximale Ausbringung zu erzielen, so dass für m der Extremwert zu ermitteln ist. Dabei ist die 1. Ableitung m′ gleich Null zu setzen:

$$\frac{dm}{dr_1} = m' = 12 - \frac{4}{3} r_1 = 0$$

$$\boxed{r_1 = 9}$$

$$r_2 = 12 - \frac{2}{3} \cdot 9$$

$$\boxed{r_2 = 6}$$

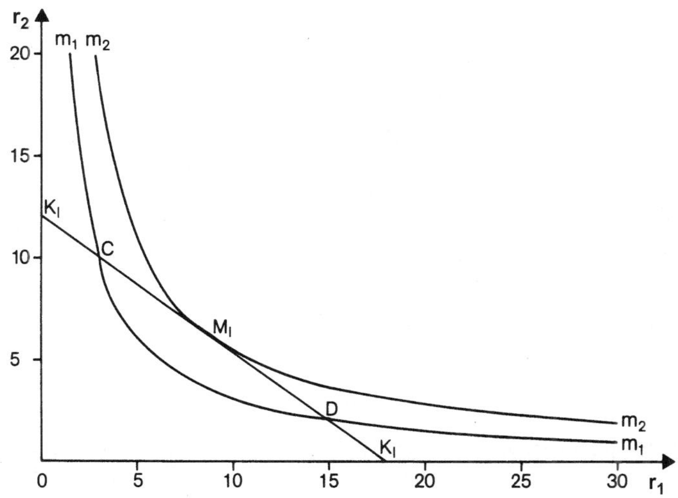

Bei einem Kostenniveau $K_I = 72$ liegt die Minimalkostenkombination im Punkt M_I ($r_1 = 9$; $r_2 = 6$). Bei gegebener Produktionsfunktion wird die Minimalkostenkombination durch das Verhältnis der Faktorpreise p_{r1} und p_{r2} bestimmt. Der optimale Faktoreinsatz (9 Einheiten : 6 Einheiten) entspricht dem umgekehrten Verhältnis der Faktorpreise (4 EUR : 6 EUR).

Aufgabe 14 Faktorpreisänderung

Es gelten die Angaben aus Aufgabe 12 und 13 mit einer Ausnahme: Der Beschaffungspreis des Produktionsfaktors r_1 verringert sich von 4 EUR/Einheit auf 3 EUR/Einheit. Der Beschaffungspreis des Faktors r_2 bleibt mit 6 EUR/Einheit unverändert. Das Kostenbudget soll weiterhin 72 EUR betragen.

Ändert die Kostenisoquante ihren Verlauf? Ändert sich die Minimalkostenkombination? Ändert die Prozessgerade ihren Verlauf?

Wöhe S. 307 f.

Bei einem Kostenbudget von 72 EUR können nach der Verbilligung des Faktors r_1 auf 3 EUR 24 Einheiten beschafft werden. Die Kostenisoquante hat jetzt einen veränderten Verlauf:

$$K_N = 3r_1 + 6r_2 = 72$$

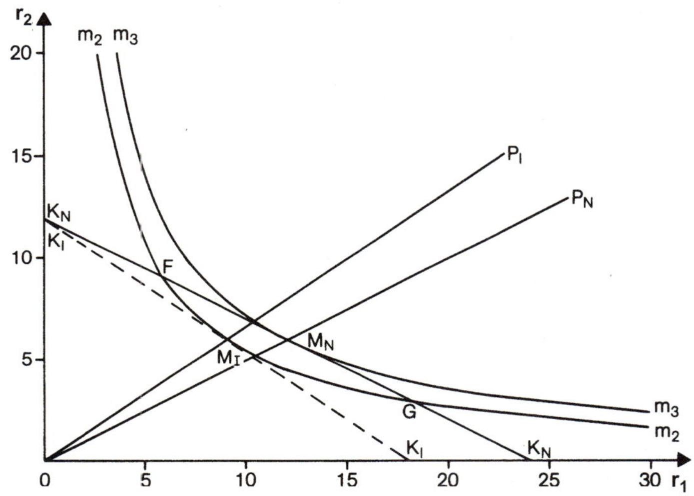

Die Isoquante mit dem bisherigen Niveau m_2 wird von der neuen Kostenisoquante K_N in den Punkten F und G geschnitten. Substituiert man – von F ausgehend – den Faktor r_2 schrittweise durch den Faktor r_1, kann man ein höheres Ausbringungsniveau erreichen. Das höchstmögliche Niveau liegt dort, wo eine Isoquante die Kostenisoquante K_N berührt. Dieser Punkt ist in M_N erreicht. Nach der Preisänderung für r_1 hat also die Minimalkostenkombination M_N die Koordinaten $r_1 = 12$ und $r_2 = 6$. (Zur rechnerischen Ermittlung vgl. das Vorgehen in Aufgabe 13). In diesem Punkt wird die Kostenisoquante K_N von einer höherwertigen Isoquante tangiert, die in der obigen Abbildung mit m_3 bezeichnet wird.

Bei einem Kostenniveau $K_N = 72$ liegt die Minimalkostenkombination im Punkt M_N ($r_1 = 12$; $r_2 = 6$). Bei gegebener Produktionsfunktion wird die Minimalkostenkombination durch das Verhältnis der Faktorpreise p_{r1} und p_{r2} bestimmt. Der optimale Faktoreinsatz (12 Einheiten: 6 Einheiten) entspricht dem umgekehrten Verhältnis der Faktorpreise (3 EUR : 6 EUR).

Aufgabe 15 Minimalkostenkombination (praktisch)

Es gelten die Daten der Aufgaben 5 bis 9. Welche Faktormengenkombination ist für die HOLZ-WURM-KG die günstigste, wenn dickes Stammholz (Sorte I) 250 EUR/m^3 und dünneres Stammholz (Sorte II) 200 EUR/m^3 kostet? Wie hoch sind die Kosten dieser optimalen Mengenkombination?

Lösungshinweis: Nehmen Sie zunächst an, zur Beschaffung beider Sorten stünden der HOLZ-WURM-AG 800.000 EUR zur Verfügung; ziehen Sie also zur Lösung die **Kostenisoquante** heran!

Wöhe S. 307 f.

Die Kostenfunktion lautet:

$$\mathbf{K} = 250 \cdot m_1 + 200 \cdot m_2$$

Beliefen sich die Kosten beispielsweise auf 800.000 EUR, dann könnte man schreiben

$$\mathbf{800.000} = 250\, m_1 + 200\, m_2$$

$$\mathbf{m_2} = 4.000 - \frac{5}{4}\, m_1$$

Diese als **Kostenisoquante** bezeichnete Gerade ist in die Zeichnung aus Aufgabe 9 einzufügen:

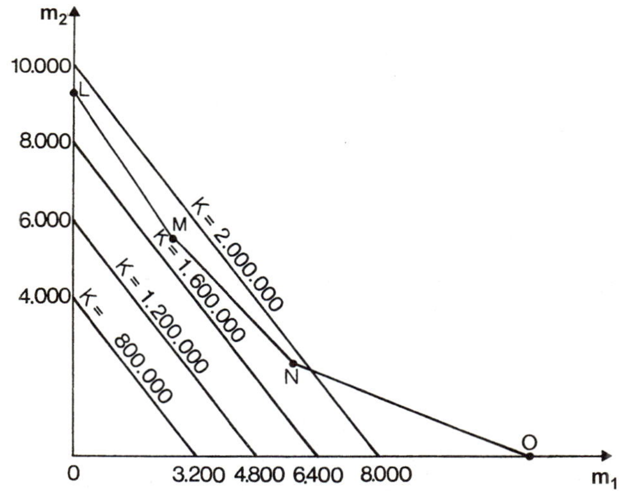

Diese Schar von Kostenisoquanten zeigt, dass Aufwendungen von 1,6 Mio. noch nicht zur Beschaffung der benötigten Faktormengen ausreichen. Mit einem Kostenbetrag von 2 Mio. lässt sich zwar in etwa die Kombination N verwirklichen, jedoch lassen sich bei vermehrtem Einsatz von m_2 mit diesem Betrag auch größere Faktormengen beschaffen. Man sieht deutlich, dass die maßgebliche Kostenisoquante die Isoquante im Punkt M berühren muss **(Minimalkostenkombination).** Die Minimalkosten lassen sich für die gewünschte Ausbringungsmenge folgendermaßen ermitteln: Zunächst sind die Faktormengen des Punktes M zu bestimmen; M liegt (vgl. Aufgabe 9) im Schnittpunkt der Funktionen für Bretter und Kantholz:

B	$m_2 \geq 9.333,\overline{3} - \frac{4}{3} m_1$
K	$m_2 \geq 8.000 - \frac{32}{35} m_1$

Für den Schnittpunkt beider Funktionen gilt somit:

$$9.333,\overline{3} - \frac{4}{3} m_1 = 8.000 - \frac{32}{35} m_1$$

$$\frac{44}{105} m_1 = 1.333,\overline{3}$$

$$\mathbf{m_1} = 3.181,8$$

$$\mathbf{m_2} = 8.000 - \frac{32}{35} \cdot 3.181,8$$

$$\mathbf{m_2} = 5.090,9$$

$$\mathbf{K} = 250\, m_1 + 200\, m_2$$
$$\mathbf{K} = 250 \cdot 3.181,8 + 200 \cdot 5.090,9$$

$$\mathbf{K} = 1.813.630 \text{ EUR}$$

Für die HOLZ-WURM-KG ist es am günstigsten, 3.181,8 m^3 Stammholz Sorte I und 5.090,9 m^3 Stammholz Sorte II zu bestellen. Die Kosten werden sich auf 1.813.630 EUR belaufen.

Aufgabe 16 Minimalkostenkombination bei Preisverschiebung

Es gelten die Angaben der Aufgabe 15. Wider Erwarten gelingt es der HOLZ-WURM-KG, den Preis für die Sorte I von 250 EUR/m^3 auf 175 EUR/m^3 herunterzuhandeln. Ändert diese Tatsache etwas an der Höhe der zu bestellenden Mengen m_1, m_2 und der Höhe der Bezugskosten? Bringen Sie zunächst die neuen **Kostenisoquanten** in eine graphische Verbindung mit der Kurve LMNO und ermitteln Sie dann die rechnerische Lösung!

Wöhe S. 307 f.

Würde man die zunächst geplanten Bestellmengen von m_1 = 3.181,8 m^3 und m_2 = 5.090,9 m^3 realisieren, entstünden nunmehr Kosten in Höhe von 1.574.995 EUR:

$$\mathbf{K} = 175 \cdot 3.181,8 + 200 \cdot 5.090,9$$
$$\mathbf{K} = 1.574.995 \text{ EUR}$$

Es ist zu prüfen, ob eine von M abweichende Faktormengenkombination geringere Kosten verursacht. Zu diesem Zweck sind die veränderten Kostenisoquanten mit der Kurve LMNO in Verbindung zu bringen. Sollte sich zeigen, dass eine Kostenisoquante diese Kurve in einem von M abweichenden Punkt berührt, so gäbe dieser Punkt die der neuen Preisrelation entsprechende **optimale** Faktormengenrelation an.

$$\mathbf{K} = 175\, m_1 + 200\, m_2$$

Für K = 1,6 Mio. EUR gilt:

$$\mathbf{m_2} = 8.000 - \frac{7}{8}\, m_1$$

Die folgende Abbildung macht deutlich, dass die gewünschten Faktormengen für weniger als 1,6 Mio. EUR zu haben sind. Es wird weiterhin sichtbar, dass die maßgebende Kostenisoquante die Kurve LMNO im Punkt N berühren muss. Diesen Punkt N erhält man als Schnittpunkt der Funktionen für Kantholz und Span (vgl. Aufgabe 9):

K	$m_2 \geq 8.000 - \frac{32}{35}\, m_1$
S	$m_2 \geq 5.000 - \frac{2}{5}\, m_1$

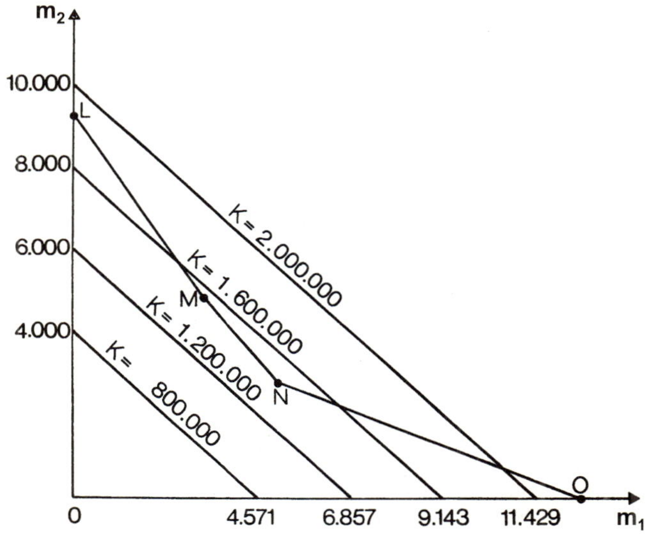

Für den Schnittpunkt beider Funktionen gilt somit:

$$8.000 - \frac{32}{35}\, m_1 = 5.000 - \frac{2}{5}\, m_1$$

$$\frac{18}{35}\, m_1 = 3.000$$

$$\mathbf{m_1} = 5.833,\overline{3}$$

$$\mathbf{m_2} = 5.000 - \frac{2}{5} \cdot 5.833,\overline{3}$$

$$\mathbf{M_2} = 2.666,\overline{6}$$

$$\mathbf{K} = 175 \cdot 5833,\overline{3} + 200 \cdot 2.666,\overline{6}$$

$$\mathbf{K} = 1.554.167 \text{ EUR}$$

Die optimale Faktormengenkombination liegt jetzt im Punkt N. Die Preissenkung für Sorte I führte zu einer **Substitution** von m_2 nach m_1. Auf der ermäßigten Preisbasis der Aufgabe 16 liegt der Substitutionseffekt in einer Kosteneinsparung in Höhe von 1.574.995 – 1.554.167 = 20.828 EUR.

Aufgabe 17 Gesamtkostenfunktion

Welcher Zusammenhang wird durch eine Kostenfunktion wiedergegeben, und wie lässt sich eine lineare Kostenfunktion in allgemeiner Form schreiben?

Wöhe S. 309–314

Mit Hilfe einer Kostenfunktion lassen sich die Kosten in Abhängigkeit von der Ausbringungsmenge darstellen. Jeder Ausbringungsmenge werden durch diese Funktion die zugehörigen Kosten zugeordnet. Die allgemeine Schreibweise für die lineare Kostenfunktion lautet:

$$\mathbf{K} = K_f + K_v \quad \text{oder}$$
$$\mathbf{K} = K_f + k_v \cdot m$$

Beziffert sich eine Kostenfunktion beispielsweise auf K = 10.000 + 4 m, so bedeutet das, dass ein Produktionsprozess Fixkosten in Höhe von 10.000 EUR und variable Kosten in Höhe von 4 EUR/Stück verursacht. Für eine Ausbringungsmenge von 2.000 Stück erhalten die Kosten somit einen Wert von 18.000 EUR.

Aufgabe 18 Formale Kostenfunktion

Gegeben ist die Kostenfunktion $K = 0{,}01\ m^3 - m^2 + 100\ m + 720$. Stellen Sie diese Kostenfunktion so um, dass Sie die übliche Schreibweise $K = K_f + K_v$ erhalten.

Wöhe S. 309–314

Bei der oben angegebenen Kostenfunktion handelt es sich um eine Funktion 3. Grades. Wir haben es mit einem nichtlinearen Gesamtkostenverlauf mit Fixkostenblock zu tun. Die Funktion hat einen Wendepunkt und verläuft S-förmig ansteigend.

Bei einer Umformung der Kostenfunktion in die übliche Schreibweise ergibt sich:

$$\mathbf{K} = \underbrace{720}_{\text{fixe Kosten}} + \underbrace{100\ m - m^2 + 0{,}01\ m^3}_{\text{variable Kosten}}$$

Aufgabe 19 Rechnerische Ermittlung S-förmiger Gesamtkosten

Gegeben ist weiterhin die Kostenfunktion $K = 720 + 100\ m - m^2 + 0{,}01\ m^3$. Ermitteln Sie rechnerisch die Fixkosten K_f, die variablen Gesamtkosten K_v und die Gesamtkosten K für folgende Ausbringungsmengen: 0, 10, 20, … 100 Stück. Tragen Sie die Ergebnisse in eine Wertetabelle ein und übertragen Sie die Wertepaare in ein Koordinatenkreuz!

Wöhe S. 309–314

m	0	10	20	30	40	50	60	70	80	90	100
K_f	720	720	720	720	720	720	720	720	720	720	720
K_v	0	910	1.680	2.370	3.040	3.750	4.560	5.530	6.720	8.190	10.000
K	720	1.630	2.400	3.090	3.760	4.470	5.280	6.250	7.440	8.910	10.720

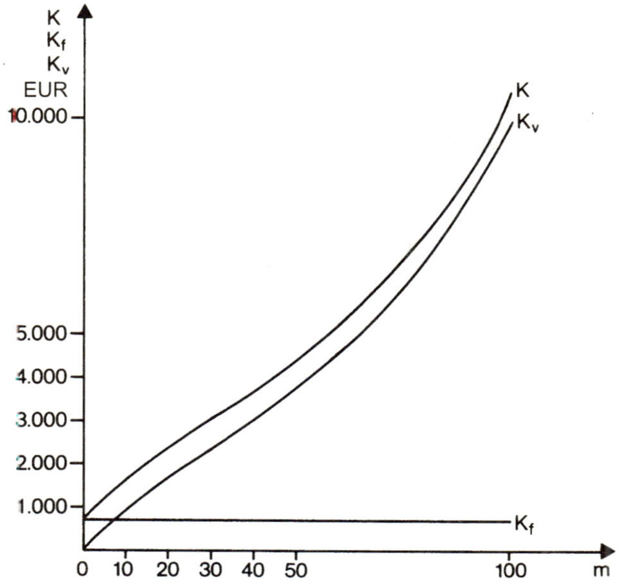

Aufgabe 20 Nutz- und Leerkosten

Die Speditionsfirma BLITZ & SCHNELL bedient wöchentlich zweimal die Strecke Frankfurt/Main – Hamburg – Frankfurt/Main. Die Ladekapazität beträgt 20 t und ist im allgemeinen voll ausgelastet. Für den kommenden Mittwoch ist die Ladekapazität auf der Hinfahrt (Ffm – HH) jedoch nur zu 60 %, auf der Rückfahrt nur zu 80% ausgebucht. Mit weiteren Aufträgen ist nicht zu rechnen. Zwei Nachfrager warten jedoch auf einen möglichst billigen Gelegenheitstransport: A möchte 6 t von Frankfurt nach Hamburg, B möchte dagegen 6 t in umgekehrter Richtung transportieren lassen. In beiden Fällen kann das Frachtgut nicht auf zwei oder mehr Ladungen verteilt werden.

Die Kosten für Fahrer und Beifahrer, Treibstoff, Öl und Wagenabnutzung, alle **variablen** Kosten also, belaufen sich für Hin- und Rückfahrt zusammengenommen auf 1.000 EUR. Variabel sind diese Kosten insofern, als ihre Höhe durch die Entscheidung Fahren oder nicht Fahren beeinflussbar ist. Die Kosten für das Ein- und Ausladen des Frachtgutes werden auf 12 EUR/t veranschlagt.

Wieviel müsste BLITZ & SCHNELL von A bzw. B mindestens erhalten, damit die Annahme des zusätzlichen Auftrages kein Verlustgeschäft wird? Worauf führen Sie das unterschiedliche Ergebnis zurück?

Wöhe S. 310 f.

Da der LKW auf der Hinfahrt nur zu 60 % ausgelastet ist, können noch maximal 8 t zugeladen werden, ohne dass zusätzliche Transportkosten entstehen. Erhält man von A für den Transport mehr als 12 EUR/t · 6 t = 72 EUR, dann ist die Annahme dieses Auftrags für BLITZ & SCHNELL bereits ein Geschäft.

Auf der Rückfahrt könnten wegen der höheren Auslastung (80 %) nur noch 4 t zugeladen werden. Da das Ladegut des Auftraggebers B nicht geteilt werden kann, müsste im Falle einer Annahme des Auftrags der Transport auf einer der nächsten Touren erfolgen. Bei den nächsten Touren wird aber auch ohne den Auftrag B schon mit einer vollen Auslastung der Ladekapazität gerechnet. Mit 6 t Ladegewicht würde B 30% knapper Ladekapazität für sich beanspruchen. Da eine Fahrt Hamburg – Frankfurt/Main 500 EUR kostet, müsste er auch 30% von 500 EUR = 150 EUR Transportkosten + 72 EUR Verladekosten tragen, damit die Annahme des Auftrags für BLITZ & SCHNELL kein Verlustgeschäft wird.

Das unterschiedliche Ergebnis für A und für B ist folgendermaßen zu erklären: Im Falle A stand **ungenutzte Kapazität** in reichlichem Ausmaß zur Verfügung. Im Falle B dagegen war die Ladekapazität knapp. In beiden Fällen verursacht das Bereithalten von Kapazitäten gleich hohe Anzahlungen (Löhne, Treibstoff usw.). Die Kosten frei verfügbarer, ungenutzter Kapazitäten (Fall A) muss jedoch der Betrieb tragen, da er diese Kosten durch seine Entscheidung (mittwochs nach Hamburg zu fahren) verursacht hat. Die Kosten knapper Kapazitäten (Fall B) muss dagegen derjenige tragen, der die Kapazitätsbeanspruchung verursacht hat, und das ist der Kunde.

Soweit die Kapazität knapp, d.h. ausgelastet ist, spricht man von **Nutzkosten,** die vom Kunden zu tragen sind. Soweit Kapazitäten ungenutzt sind, spricht man von **Leerkosten,** die der Betrieb zu tragen hat. Beide, Leerkosten und Nutzkosten, haben Auszahlungen verursacht. Im Gegensatz zu den Nutzkosten dürfen jedoch die Leerkosten die betrieblichen Entscheidungen nicht beeinflussen, denn ihre Berücksichtigung führte zu Fehlentscheidungen: Würde z.B. der Kunde A abgesehen von den Verladekosten für den Transport 60 EUR bieten, dann müsste diese vorteilhafte Offerte abgelehnt werden, wenn die Leerkosten den Kalkül von BLITZ & SCHNELL beeinflussten.

Aufgabe 21 Gesamtkosten, Grenzkosten und Durchschnittskosten

Gegeben ist eine **progressiv** ansteigende Gesamtkostenfunktion. Ermitteln Sie zunächst an Hand einer graphischen Darstellung die Grenzkosten K'_1 bis K'_7, und stellen Sie ihnen die zu einer Ausbringungsmenge m = 7 gehörenden Durchschnittskosten k_7 gegenüber. Stellen Sie diesen Durchschnittskosten in einer zweiten Graphik die zu einer Ausbringungsmenge m = 5 gehörenden Durchschnittskosten k_5 gegenüber, und kommentieren Sie kurz das Ergebnis!

Wöhe S. 310–314

Die Durchschnittskosten sind das arithmetische Mittel der kontinuierlich steigenden Grenzkosten. Für eine Ausbringungsmenge m = 7 ergeben sich die Gesamtkosten

$$(1)\ K_7 = \sum_{i=1}^{7} K'_i$$

$$(2)\ K_7 = k_7 \cdot 7$$

entweder (1) aus der Summe der Grenzkosten K'_1 bis K'_7 oder (2) aus dem Siebenfachen der Durchschnittskosten k_7.

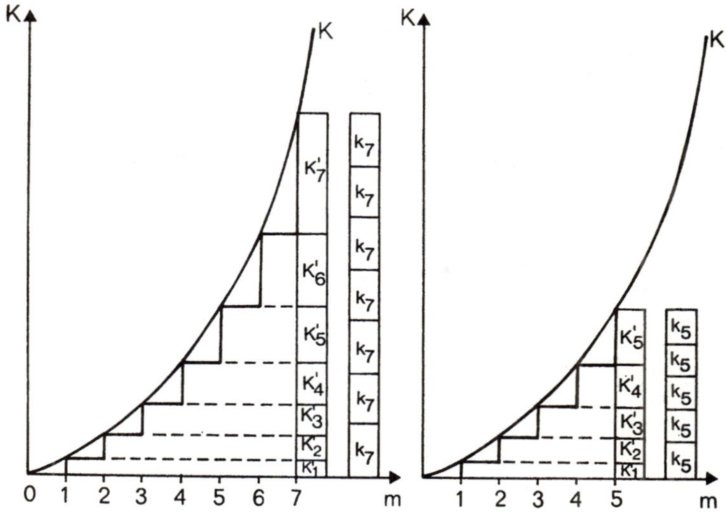

Je geringer die Ausbringungsmenge ist, desto niedriger sind bei progressivem Gesamtkostenverlauf die Durchschnittskosten (vgl. k_7 und k_5).

Aufgabe 22 Gesamtkosten, Grenzkosten und Durchschnittskosten

Gegeben ist eine progressiv ansteigende Gesamtkostenfunktion. Die Grenzkosten der ersten Ausbringungseinheit werden mit K'_1 die der zweiten mit K'_2 usw. bezeichnet. Entsprechend werden die Durchschnittskosten der ersten beiden Ausbringungsmengeneinheiten k_2, die der ersten drei Einheiten k_3 usw. genannt.

Welche der folgenden Behauptungen sind richtig?

(1) Mit zunehmender Ausbringungsmenge steigen die Grenzkosten.
(2) Die Grenzkosten steigen an, die Durchschnittskosten bleiben konstant.
(3) Die Durchschnittskosten steigen an, jedoch weniger schnell als die Grenzkosten.
(4) Für die Ausbringungsmenge m = 4 gilt: $K'_1 + K'_2 + K'_3 + K'_4 = 4\ k_4 = K$.
(5) Für die Ausbringungsmenge m = 1 gilt: $K' = k = K$.

Wöhe S. 310–314

Antwort: Die Behauptungen (1), (3), (4) und (5) sind richtig. Die Behauptung (2) ist falsch.

Aufgabe 23 Fixe Durchschnittskosten, variable Durchschnittskosten, Durchschnittskosten und Grenzkosten bei S-förmigem Gesamtkostenverlauf

Leiten Sie aus der Gesamtkostenfunktion $K = 720 + 100\ m - m^2 + 0{,}01\ m^3$ die Funktion der fixen Durchschnittskosten, die Funktion der variablen Durchschnittskosten, die Funktion der Durchschnittskosten und die Grenzkostenfunktion ab! Setzen Sie in jede der drei Funktionen folgende Werte für m ein: 10, 20, 30 ... 100 Stück und fassen Sie das Ergebnis in einer Wertetabelle zusammen!

Wöhe S. 310–314

Die **fixen Durchschnittskosten** k_f erhält man, wenn man die Fixkosten K_f durch m dividiert:

$$\mathbf{K_f} = 720$$

$$\mathbf{k_f} = \frac{720}{m}$$

Die **variablen Durchschnittskosten** k_v erhält man, indem man die variablen Kosten K_v durch m dividiert:

$$\mathbf{K_v} = 100\,m - m^2 + 0{,}01\,m^3$$

$$\mathbf{k_v} = 100 - m + 0{,}01\,m^2$$

Entsprechend lässt sich die Funktion der **Durchschnittskosten** k so ermitteln, dass man die Gesamtkosten K durch m dividiert:

$$\mathbf{K} = 720 + 100\,m - m^2 + 0{,}01\,m^3$$

$$\mathbf{k} = \underbrace{\frac{720}{m}}_{k_f} + \underbrace{100 - m + 0{,}01\,m^2}_{k_v}$$

$$\mathbf{k} = k_f + k_v$$

Die **Grenzkosten** K′ entsprechen dem Zuwachs der Gesamtkosten, der sich bei einer Steigerung der Ausbringungsmenge um ein Stück ergibt. Die Höhe des Kostenzuwachses (Grenzkosten) richtet sich nach dem Steigerungsmaß der Gesamtkostenfunktion.

Analytisch entspricht die Grenzkostenfunktion der ersten Ableitung $\frac{dK}{dm}$ der Gesamtkostenfunktion:

$$\mathbf{K'} = \frac{dK}{dm} = 100 - 2\,m + 0{,}03\,m^2$$

Setzt man die gewünschten Werte m = 10, 20 … 100 in jede der drei Funktionen ein, dann erhält man:

m	10	20	30	40	50	60	70	80	90	100
$\mathbf{k_f}$	72	36	24	18	14,40	12	10,29	9	8	7,20
$\mathbf{+ k_v}$	91	84	79	76	75	76	79	84	91	100
k	163	120	103	94	89,40	88	89,29	93	99	107,20
K′	83	72	67	68	75	88	107	132	163	200

Aufgabe 24 Minimalwerte für K', k_v und k

Es gilt weiterhin die Gesamtkostenfunktion K = 720 + 100 m – m^2 + 0,01 m^3. Aufgabe 23 hat gezeigt, dass die Grenzkosten K', die variablen Durchschnittskosten k_v und die Durchschnittskosten k mit zunehmender Ausbringungsmenge zunächst abnehmen und von einer bestimmten Menge an wieder ansteigen. Ermitteln Sie **analytisch** diejenige Ausbringungsmenge, bei der die Grenzkosten, die variablen Durchschnittskosten und die Durchschnittskosten den geringstmöglichen Wert annehmen! Welche Höhe haben Grenzkosten, variable Durchschnittskosten und Durchschnittskosten in den einzelnen Fällen?

Wöhe S. 310–314

Grenzkosten, variable Durchschnittskosten und Durchschnittskosten haben einen etwa U-förmigen Verlauf. Das Minimum liegt im Tiefpunkt der jeweiligen Funktion. Die Ausbringungsmenge, bei welcher das Grenzkostenminimum, das Minimum der variablen Durchschnittskosten und das Minimum der Durchschnittskosten erreicht wird, erhält man, wenn man

- die 1. Ableitung der Grenzkostenfunktion (= 2. Ableitung der Gesamtkostenfunktion),
- die 1. Ableitung der Funktion der variablen Durchschnittskosten und
- die 1. Ableitung der Funktion der Durchschnittskosten

gleich Null setzt.

Grenzkostenminimum:

$$K' = 100 - 2\,m + 0{,}03\,m^2$$

$$K'' = \frac{dK'}{dm} = -2 + 0{,}06\,m = 0$$

$$m = 33{,}\overline{3}$$

Setzt man diesen Wert für m in die Grenzkostenfunktion ein, dann erhält man das Grenzkostenminimum $K'_{min} = 66{,}\overline{6}$.

m	= $33{,}\overline{3}$ Stück
$\mathbf{K'_{min}}$	= $66{,}\overline{6}$ EUR

Im Gegensatz zu dieser mathematischen setzt die wirtschaftliche Lösung Ganzzahligkeit für m voraus. Danach verursacht die Produktion des 34. Stücks zusätzliche Kosten von 66,67 EUR. Diesen Wert erhält man auch, wenn man in die Gesamtkostenfunktion für m 33 bzw. 34 einsetzt und die Differenz zwischen beiden Gesamtkostenwerten (3.357,04 EUR – 3.290,37 EUR) ermittelt.

Minimum der variablen Durchschnittskosten:

$$k_v = 100 - m + 0{,}01\,m^2$$

$$\frac{dk_v}{dm} = -1 + 0{,}02\,m = 0$$

$$m = 50$$

Setzt man diesen Wert für m in die Funktion der variablen Durchschnittskosten ein, erhält man als Minimum der variablen Durchschnittskosten $k_{v\,min} = 75$.

m	= 50 Stück
$\mathbf{k_{v\,min}}$	= 75 EUR

Minimum der Durchschnittskosten:

$$k = \frac{720}{m} + 100 - m + 0{,}01\,m^2$$

$$\frac{dk}{dm} = -\frac{720}{60} - 1 + 0{,}02\,m = 0$$

Setzt man diesen Wert für m in die Durchschnittsfunktion ein, erhält man als Minimum der Durchschnittskosten $k_{min} = 88$.

$$\mathbf{m} = 60 \text{ Stück}$$
$$\mathbf{k_{v\,min}} = 88 \text{ EUR}$$

Aufgabe 25 Produktionsverfahren und Kostenfunktion

Zur Überwindung eines Produktionsengpasses beabsichtigt die Firma GESUNDBRUNNEN OHG eine neue, vollautomatische Mineralwasserabfüllanlage zu beschaffen. Die Geschäftsleitung hat die Wahl zwischen zwei verschiedenen Anlagen. Für den Automaten I werden die Fixkosten pro Jahr auf 16.000 EUR, für Automat II auf 36.000 EUR veranschlagt. Der (variable) Maschinenkostensatz/Stunde wird für I bei 8 EUR, für II bei 4,50 EUR liegen. Dabei ist zu beachten, dass die Abfüllleistung pro Stunde für I mit 20 Kästen, die für II mit 30 Kästen (à 20 Flaschen) angegeben wird.

Für welches Verfahren sollte sich die Geschäftsleitung entscheiden, wenn auf Grund der Absatzerwartungen mit einem Ausstoß von 100.000 Kästen pro Jahr gerechnet werden kann?

Wöhe S. 310–314

Die variablen Kosten/Kasten (k_v) betragen für Verfahren I bzw. II:

$$\textbf{I}\ \ 8{,}00 : 20 \text{ Kästen} = 0{,}40 \text{ EUR}$$
$$\textbf{II}\ \ 4{,}50 : 30 \text{ Kästen} = 0{,}15 \text{ EUR}$$

Bei einem Jahresausstoß von 100.000 Kästen belaufen sich die Gesamtkosten der Flaschenabfüllung auf:

$$\mathbf{K} = K_f + k_v \cdot m$$
$$\mathbf{K_I} = 16.000 + 0{,}40 \cdot 100.000 = 56.000 \text{ EUR}$$
$$\mathbf{K_{II}} = 36.000 + 0{,}15 \cdot 100.000 = 51.000 \text{ EUR}$$

Die durchschnittlichen Abfüllkosten belaufen sich somit für Verfahren I auf $k_I = 0{,}56$ EUR, für Verfahren II auf $k_{II} = 0{,}51$ EUR. Die Geschäftsleitung sollte sich für Verfahren II entscheiden.

Aufgabe 26 Alternative Produktionsverfahren

Bei gleichen Ausgangsdaten wie in Aufgabe 25 liegen noch keine Informationen über erwartete Absatzmengen vor. Man möchte deshalb von Ihnen wissen, bei welcher Beschäftigungshöhe welches Verfahren günstiger ist. Wie gehen Sie vor? Wie sieht die graphische Lösung aus?

Wöhe S. 310–314

Bei einer Ausbringungsmenge von 100.000 Kästen pro Jahr ist Verfahren II günstiger als Verfahren I (vgl. Aufgabe 25). Bei einem Jahresausstoß von einem einzigen Kasten ist I (K = 16.000,40 EUR) günstiger als II (K = 36.000,15 EUR). Es muss also zwischen einem und 100.000 Kästen eine Jahresleistung geben, wo sich beide Verfahren kostenmäßig die Waage halten.

Bei dieser gesuchten Ausbringungsmenge (m) ist $K_I = K_{II}$. Es gilt also

$$\underbrace{16.000 + 0{,}40\ m}_{K_I} = \underbrace{36.000 + 0{,}15\ m}_{K_{II}}$$

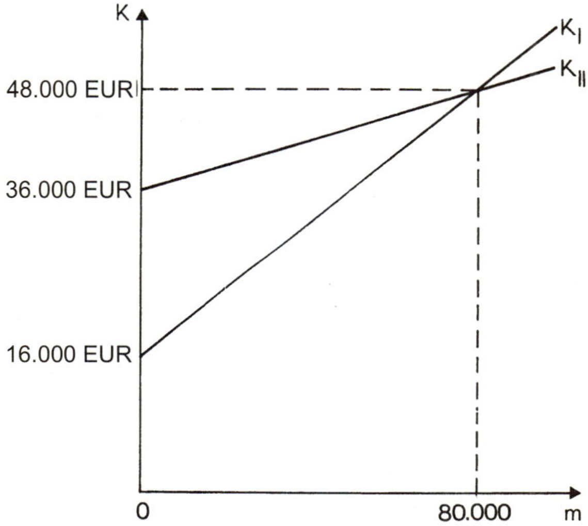

Löst man diese Gleichung nach m auf, so erhält man m = 80.000. Daraus folgt für die GESUNDBRUNNEN OHG: Rechnet man für längere Zeit mit einem Jahresausstoß von 1 bis 80.000 Kästen, dann sollte man sich für Verfahren I entscheiden. Erwartet man dagegen eine Jahresausbringung von mehr als 80.000 Kästen, liegt der Kostenvorteil bei Verfahren II.

Aufgabe 27 Rentabilität und Wirtschaftlichkeit

Es gelten alle Angaben der Aufgaben 25 und 26. Allerdings liegt die Kapazitätsgrenze für Verfahren I bei 32.000 und für Verfahren II bei 100.000 Kästen pro Jahr. Die GESUNDBRUNNEN OHG rechnet damit, in den kommenden Jahren jeweils 45.000 Kästen verkaufen zu können.

Teilaufgabe a)

Werden Sie der GESUNDBRUNNEN OHG die Anschaffung der Anlage I oder den Kauf der Anlage II empfehlen? Welche zusätzlichen Informationen benötigen Sie zur Beantwortung dieser Frage, wenn Sie davon ausgehen, dass diese Unternehmung nach dem maximalen Gewinn strebt?

Wöhe S. 310–314

Werden mit der Anlage I 32.000 Stück produziert, dann betragen die Durchschnittskosten

$$k_I = \frac{16.000}{32.000} + 0{,}40 = 0{,}90 \text{ EUR.}$$

Werden mit der Anlage II 32.000 Stück produziert, dann betragen die Durchschnittskosten

$$k_{II} = \frac{36.000}{32.000} + 0{,}15 = 1{,}28 \text{ EUR.}$$

Werden aber mit Anlage II die maximal absetzbaren 45.000 Kästen abgefüllt, dann betragen die Durchschnittskosten

$$k_{II} = \frac{36.000}{45.000} + 0{,}15 = 0{,}95 \text{ EUR.}$$

In dieser Situation ist Verfahren I am wirtschaftlichsten, denn hier entstehen die niedrigsten Stückkosten. Trotzdem ist es denkbar, dass man der GESUNDBRUNNEN OHG zur Einrichtung des Verfahrens II raten sollte. Die Entscheidungssituation lautet nämlich hier: Soll bei einem möglichen Absatz von 45.000 Stück pro Jahr aus Gründen der Stückkostenminimierung auf die Produktion und den Absatz von 13.000 Stück verzichtet werden? Ist – so könnte man fragen – das Verfahren II für die GESUNDBRUNNEN OHG nicht doch rentabler, d.h. gewinnträchtiger, als Verfahren I? Um diese Frage beantworten zu können, muss man in Erfahrung bringen, wie hoch die Stückgewinne für einen Kasten Mineralwasser sind, in welchem Verhältnis also Stückerlös und Stückkosten zueinander stehen.

Teilaufgabe b)

Der Verkaufspreis für einen Kasten Mineralwasser liegt bei 9 EUR. Ohne Berücksichtigung der Abfüllkosten liegen die Durchschnittskosten bei 6,50 EUR/Kasten. Können Sie der GESUNDBRUNNEN OHG die Einführung des Verfahrens II empfehlen, obwohl das Verfahren I wirtschaftlicher, d. h. kostengünstiger ist?

Gewinn (G)	= Stückgewinn (g)	· Ausbringungsmenge (m)
Stückgewinn (g)	= Stückerlös (p)	– Stückkosten (k)
Stückkosten (k)	= Produktionskosten (k_p)	+ Abfüllkosten (k_a)

Verfahren I:

$$\begin{aligned} k_I &= k_p + k_a = 6{,}50 + 0{,}90 = 7{,}40 \text{ EUR} \\ g_I &= p - k_I = 9{,}00 - 7{,}40 = 1{,}60 \text{ EUR} \\ G_I &= g_I \cdot m_I = 1{,}60 \cdot 32.000 = 51.200 \text{ EUR} \end{aligned}$$

Verfahren II:

$$\begin{aligned} k_{II} &= k_p + k_a = 6{,}50 + 0{,}95 = 7{,}45 \text{ EUR} \\ g_{II} &= p - k_{II} = 9{,}00 - 7{,}45 = 1{,}55 \text{ EUR} \\ G_{II} &= g_{II} \cdot m_{II} = 1{,}65 \cdot 45.000 = 69.750 \text{ EUR} \end{aligned}$$

Mit einem voraussichtlichen Gewinn von 69.750 EUR ist das Verfahren II **rentabler** als Verfahren I. Man sollte deshalb der GESUNDBRUNNEN OHG die Anschaffung der Anlage II empfehlen, obwohl die Anlage I **wirtschaftlicher** arbeitet.

Aufgabe 28 Auswahl von Produktionsverfahren

Wie hoch müssten die Stückkosten (k_p) vor Berücksichtigung der Abfüllkosten sein, damit Verfahren I gewinnträchtiger ist als Verfahren II? Im Übrigen gelten die Daten der Aufgabe 27.

Wöhe S. 310–314

Gesucht:	**Stückkosten vor Abfüllkosten**		$= k_p$
Gegeben:	**Stückerlös**	p	$= 9{,}00$
	Abfüllkosten I:	k_a	$= 0{,}90$
	Abfüllkosten II:	k_a	$= 0{,}95$
	Produktionsmenge	m_I	$= 32.000$
		m_{II}	$= 45.000$

Bedingung

$$
\begin{aligned}
G_I &\geq G_{II} \\
G_I &= g_I \cdot 32.000 \\
G_{II} &= g_{II} \cdot 45.000 \\
g &= p - (k_p + k_a) \\
g_I &= 9 - (k_p + 0{,}90) \\
g_{II} &= 9 - (k_p + 0{,}95) \\
g_I &= 8{,}10 - k_p \\
g_{II} &= 8{,}05 - k_p \\
G_I &= (8{,}10 - k_p) \cdot 32.000 \\
G_{II} &= (8{,}05 - k_p) \cdot 45.000
\end{aligned}
$$

$$(8{,}10 - k_p) \cdot 32.000 \geq (8{,}05 - k_p) \cdot 45.000$$

$$k_p \geq 7{,}9269$$

Liegen die Stückkosten k_p vor Berücksichtigung der Abfüllkosten bei 7,9269 EUR und mehr, dann ist Verfahren I nicht nur kostengünstiger sondern auch gewinnträchtiger (verlustärmer) als Verfahren II.

3. Ausgewählte Produktions- und Kostenfunktionen

Wiederholungsfragen:

	Wöhe Seite
Beschreiben Sie den Verlauf der Gesamtertrags- und der Grenzertragsfunktion einer ertragsgesetzlichen Produktionsfunktion!	317 f.
An welcher Stelle werden Grenzertrag und Durchschnittsertrag bei der ertragsgesetzlichen Produktionsfunktion gleich?	317 f.
Stellen Sie das Vierphasenschema der Produktionsfunktion vom Typ A dar!	317 f.
Welchen Verlauf weist die Gesamtkostenfunktion einer ertragsgesetzlichen Produktionsfunktion auf?	319
Wie lassen sich Grenz- und Durchschnittskostenfunktion ermitteln?	319

	Wöhe Seite
Welchen Verlauf weist die Durchschnittskostenfunktion einer ertragsgesetzlichen Produktionsfunktion auf, und wodurch wird dieser Verlauf bestimmt?	319
Beschreiben Sie die wichtigsten Annahmen, auf der die Gutenberg-Produktionsfunktion (Produktionsfunktion vom Typ B) aufbaut!	321
Was ist eine Verbrauchsfunktion?	321 f.
Wie lassen sich aus Verbrauchsfunktionen Produktionsfunktionen ableiten?	322
Welche Anpassungsarten an unterschiedliche Beschäftigungslagen lassen sich unterscheiden?	323 f.
Was versteht man unter optimalem Leistungsgrad?	324
Warum führt die zeitliche Anpassung nicht immer zu einem linearen Gesamtkostenverlauf?	324 f.

Aufgabe 29 Ertragsgesetz

Die Anzahl der produzierten Mengeneinheiten ist bei gegebener Produktionstechnik abhängig von der Höhe des Faktoreinsatzes. Wir wollen unterstellen, dass für einen bestimmten Produktionsvorgang mehrere Produktionsfaktoren eingesetzt werden. Für alle Faktoren wird die Faktoreinsatzmenge r_e konstant gehalten. Nur für einen einzigen Faktor R_V lässt sich die Faktoreinsatzmenge r_v variieren.

Eine Steigerung bzw. Verringerung der produzierten Mengeneinheiten m ist also nur auf eine Änderung von r_v zurückzuführen. Hierfür gelten folgende Daten:

Faktoreinsatzmenge r_v	1	2	3	4	5	6	7	8	9	10	11	12	13
Ertrag E = Anzahl der Produktionseinheiten m	10	30	60	100	150	190	220	240	250	255	250	240	220

Ermitteln Sie aus diesen Zahlenangaben den Grenzertrag E' und den Durchschnittsertrag e für die Faktoreinsatzmengen r_v : 1, 2, ... 13! Worin liegt die Besonderheit dieses Ertragsverlaufs?

Wöhe S. 316–318

Aus dem obigen Ertragsverlauf lässt sich folgender Grenzertrag E' und Durchschnittsertrag e ermitteln:

r_v	1	2	3	4	5	6	7	8	9	10	11	12	13
E'	10	20	30	40	50	40	30	20	10	5	– 5	– 10	– 20
e	10	15	20	25	30	31,7	31,4	30	27,8	25,5	22,7	20	16,9

Bei diesem Ertragsverlauf hat man zunächst steigende Ertragszuwächse E' zu verzeichnen. Der Grenzertrag erreicht beim Einsatz der fünften Faktoreinheit mit einem Ertragszuwachs von 50 Einheiten sein Maximum. Erhöht man den Faktoreinsatz von 5 auf 6 Einheiten, steigt der Gesamtertrag zwar von 150 auf 190 Produktionseinheiten an, der Ertragszuwachs ist jedoch mit 40 Produktionseinheiten nicht mehr so groß wie beim Einsatz des 5. Stücks (50 Produktionseinheiten).

Bis zum Einsatz der 10 Faktoreinheiten lässt sich der Gesamtertrag mit abnehmenden Zuwachsraten (Grenzerträgen) steigern. Bei einem Faktoreinsatz von 10 Einheiten wird das Ertragsmaximum (E_{max} = 255) erreicht. Wird der Faktoreinsatz auf 11, 12 oder 13 Einheiten erhöht, nimmt der Gesamtertrag ab. Dies kommt auch durch die Grenzerträge mit negativem Vorzeichen zum Ausdruck. Der vorliegende Ertragsverlauf ist also durch zunächst **zunehmende,** dann **abnehmende** und schließlich **negative** Grenzerträge gekennzeichnet; er entspricht damit dem Ertragsgesetz.

Aufgabe 30 Gesamtertrag, Grenzertrag, Durchschnittsertrag

Es gelten die Angaben der Aufgabe 29. Zeigen Sie den Verlauf des Gesamtertrages E, des Grenzertrages E' und des Durchschnittsertrages e in Abhängigkeit von der Höhe des Faktoreinsatzes in einer graphischen Darstellung! Verbinden Sie die einzelnen Punkte miteinander und versuchen Sie, bei der dabei entstandenen Gesamtertragsfunktion den Grenzertrag sichtbar zu machen! Übertragen Sie danach die Werte für den Grenzertrag und den Durchschnittsertrag in eine zweite Graphik!

Wöhe S. 316–318

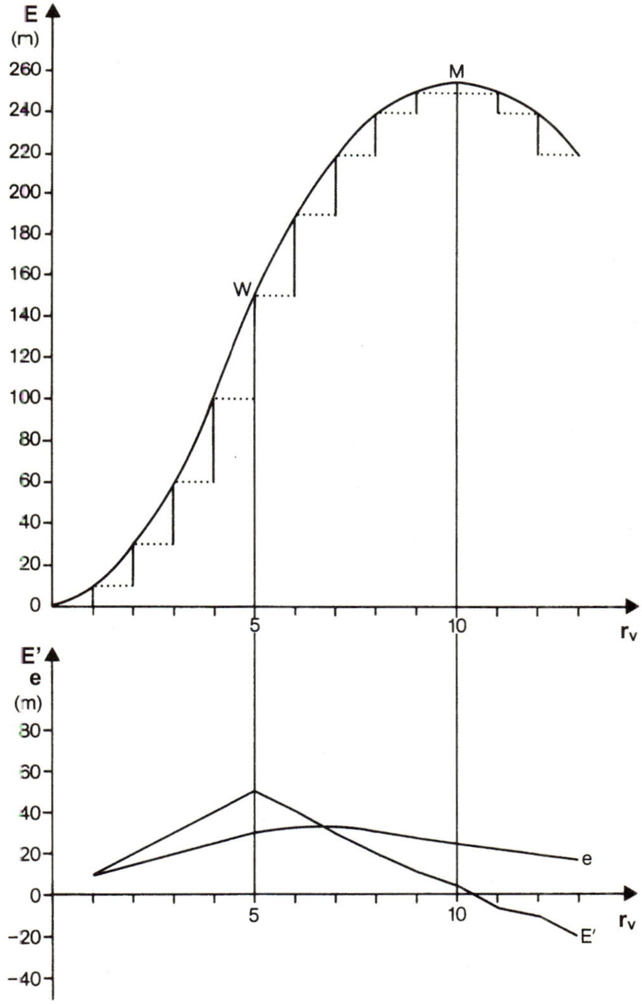

Die Gesamtertragsfunktion steigt bis zum Wendepunkt W mit steigenden Zuwachsraten an. Mit dem Einsatz der fünften Faktoreinheit erreicht der Grenzertrag E′ sein Maximum (W). Der Gesamtertrag E steigt mit zunehmendem Faktoreinsatz weiter an. Mit dem Einsatz der 10. Faktoreinheit erreicht er sein Maximum (M). Von da an nimmt der Gesamtertrag ab; der Grenzertrag E′ wird negativ.

Aufgabe 31 Analyse der Produktionsfunktion vom Typ A

Die aus dem Ertragsgesetz abgeleitete Produktionsfunktion lässt sich in vier Phasen einteilen:

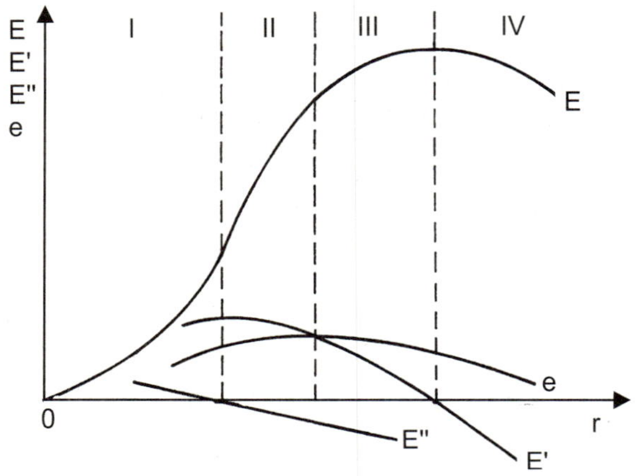

E = Gesamtertrag
E′ = Grenzertrag = Ertragszuwachs = 1. Ableitung von E
E′′ = Grenzertragszuwachs = 2. Ableitung von E
e = Durchschnittsertrag
r = Faktoreinsatzmenge

Wie beurteilen Sie die Richtigkeit folgender Behauptungen?

Lösungshinweis: Versuchen Sie zunächst, sich den Zusammenhang der oben abgebildeten Funktionen klarzumachen. Diese Zusammenhänge sind Ihnen erst dann geläufig, wenn Sie die folgenden Behauptungen überprüfen können, ohne dabei die graphische Darstellung anzuschauen.

Wöhe S. 316–318

Behauptungen:

(1) Der Gesamtertrag steigt von der ersten bis zum Ende der dritten Phase mit kontinuierlich abnehmenden Zuwachsraten an.
(2) In der vierten Phase nimmt der Gesamtertrag ab, wodurch der Durchschnittsertrag negativ wird.
(3) Da der Grenzertrag in der zweiten Phase zurückgeht, sinkt auch der Durchschnittsertrag.
(4) Da der Grenzertrag in der dritten Phase den Durchschnittsertrag unterschreitet, sinkt auch der Durchschnittsertrag.
(5) Der Durchschnittsertrag steigt in der ersten Phase schneller an als der Grenzertrag.
(6) Am Ende der dritten Phase ist der Anstieg des Grenzertrages gleich Null.
(7) Sobald der Grenzertrag geringer wird als der Durchschnittsertrag, nimmt der Durchschnittsertrag ab.

(8) Im Wendepunkt der Gesamtertragskurve ist der Grenzertrag ebenso groß wie der Durchschnittsertrag.
(9) In der zweiten Phase liegt der Grenzertrag über, in der dritten Phase liegt er unter dem Durchschnittsertrag.
(10) Sobald die Gesamtertragskurve ihren Scheitelpunkt erreicht, beginnt der Grenzertrag abzunehmen.

Antwort:

Folgende Behauptungen sind richtig: (4), (7) und (9). Alle übrigen Behauptungen sind falsch.

Aufgabe 32 Kostenfunktionen einer ertragsgesetzlichen Produktionsfunktion

Stellen Sie den Verlauf der Gesamtkostenfunktion, der Grenzkostenfunktion, der Durchschnittskostenfunktion und der variablen Durchschnittskostenfunktion einer ertragsgesetzlichen Produktionsfunktion graphisch dar! Erläutern Sie anhand dieser Darstellung das Vierphasenschema der Kostenfunktionen!

Wöhe S. 318–320

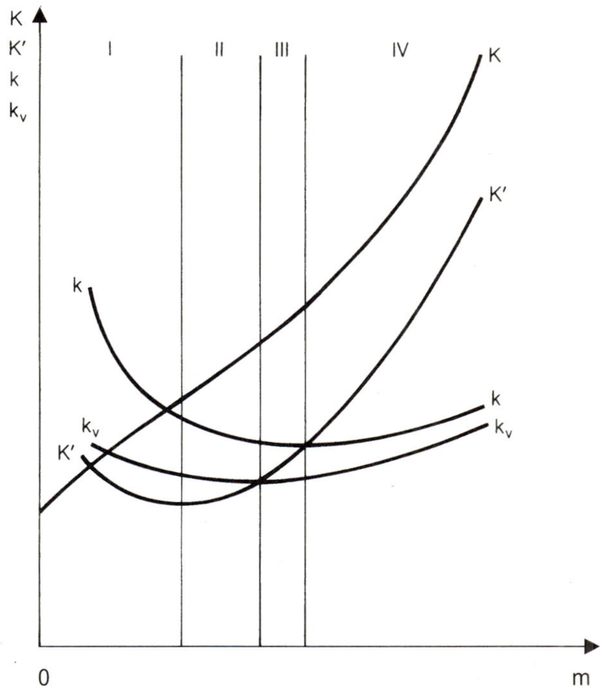

Phase I

Die Gesamtkosten K steigen mit abnehmendem Steigungsmaß an, die Grenzkosten K′ sind also abnehmend. Am Ende der Phase I hat die Gesamtkostenfunktion ihren Wendepunkt (Grenzkostenminimum). Auch die Durchschnittskosten k und die variablen Durchschnittskosten verringern sich.

Phase II

Die Gesamtkosten wachsen mit zunehmendem Steigungsmaß an, die Grenzkosten nehmen also zu. Am Ende der Phase II erreichen die fallenden variablen Durchschnittskosten ihr Minimum. Sie haben an dieser Stelle die gleiche Höhe wie die Grenzkosten. Die Durchschnittskosten nehmen immer noch ab.

Phase III

Gesamtkosten, variable Durchschnittskosten und Grenzkosten steigen an. Die Durchschnittskosten fallen weiter und erreichen am Ende der Phase III ihr Minimum. Sie sind an dieser Stelle mit den Grenzkosten identisch.

Phase IV

Gesamtkosten, variable Durchschnittskosten, Grenzkosten und Durchschnittskosten steigen an.

Aufgabe 33 Produktionsfunktion vom Typ A und vom Typ B

Welcher Unterschied besteht zwischen einer Produktionsfunktion vom Typ A und einer Produktionsfunktion vom Typ B?

Wöhe S. 316–318 und 321–325

Die Produktionsfunktion vom Typ A bezeichnet den Ertragsverlauf, welcher aus dem sogenannten **Ertragsgesetz** abgeleitet wird. Diesem „Gesetz" zufolge nimmt die Ausbringungsmenge bei kontinuierlich vermehrtem Faktoreinsatz zunächst mit steigenden Zuwachsraten (= Grenzerträgen) zu, während sie von einem bestimmten Punkt (= Wendepunkt) nur noch mit abnehmenden Zuwachsraten ansteigt. Bei weiter steigendem Faktoreinsatz wird eine Stelle (= Scheitelpunkt) erreicht, von der an die Hinzufügung weiterer Faktoreinheiten zu einem Rückgang der Ausbringungsmenge führt.

Diese konstruierte Gesetzmäßigkeit ist auf den industriellen Bereich nicht anwendbar. Zwar ist auch hier die Höhe des Ertrages abhängig von den Faktoreinsatzmengen, nur wird diese Abhängigkeit nicht mehr aus einem „Gesetz", sondern aus **Verbrauchsfunktionen** abgeleitet. Jede Verbrauchsfunktion wird auf technischer Grundlage ermittelt und gibt für jede einzelne Faktorart die Beziehungen zwischen Faktorverbrauch und Leistungsabgabe wieder. Aus solchen Verbrauchsfunktionen hat Gutenberg die **Produktionsfunktion vom Typ B** abgeleitet.

Aufgabe 34 Mengenmäßige Verbrauchsfunktion

Ein Pkw hat bei jeweils einer Stunde Betriebsdauer bei einer gleichbleibenden Geschwindigkeit (gemessen in Kilometer pro Stunde [km/h]) den folgenden Treibstoffverbrauch (gemessen in Litern pro Stunde [l/h]):

Geschwindigkeit km/h	Verbrauch l/h	Geschwindigkeit km/h	Verbrauch l/h
3,5	1,400	90	7,200
5	1,410	100	8,578
10	1,440	110	10,022
20	1,640	120	12,000
30	1,980	130	14,156
40	2,578	140	16,800
50	3,335	150	20,334
60	4,133	160	24,533
70	4,978	170	29,466
80	5,974	180	37,800

Ermitteln Sie jeweils für eine Fahrstrecke von 100 km (Ausbringung, Leistung) bei den gegebenen Geschwindigkeiten (Intensitäten) den Treibstoffverbrauch! Zeigen Sie in einer graphischen Darstellung, wo die Minimalintensität (d_{min}), die Maximalintensität (d_{max}) und die Optimalintensität (d_{opt}) liegen!

Wöhe S. 321–325

Die Ermittlung des Treibstoffverbrauchs erfolgt in zwei Schritten: Zunächst wird die für eine Fahrstrecke von 100 km benötigte Zeit berechnet. So sind bei einer Geschwindigkeit von z. B. 20 km/h hierfür 5 Stunden notwendig. Sodann wird diese Zeit mit dem Verbrauch pro Stunde bei der jeweiligen Geschwindigkeit multipliziert. Bei einer Geschwindigkeit von 20 km/h also 5 · 1,640 l = 8,2 l.

Fasst man beide Schritte zusammen so folgt:

$$\textbf{Verbrauch} = 100\text{ km} : 20\text{ km/h} \cdot 1{,}640\text{ l/h}$$

$$\textbf{Verbrauch} = \frac{100\text{ km} \cdot 1\text{ h}}{20\text{ km}} \cdot \frac{1{,}640\text{ l}}{1\text{ h}}$$

$$\textbf{Verbrauch} = 5 \cdot 1{,}640\text{ l} = 8{,}2\text{ l}$$

oder in allgemeiner Form:

$$\textbf{Verbrauch/100 km} = \text{h/100 km} \cdot \text{l/h}$$

Es folgt somit:

km/h	h/100 km	l/100 km
3,5	28,571	40,000
5	20,000	28,200
10	10,000	14,400
20	5,000	8,200
30	3,333	6,600
40	2,500	6,445
50	2,000	6,670
60	1,667	6,888
70	1,429	7,111
80	1,250	7,468

km/h	h/100 km	l/100 km
90	1,111	8,000
100	1,000	8,578
110	0,909	9,111
120	0,833	10,000
130	0,769	10,888
140	0,714	12,000
150	0,667	13,556
160	0,625	15,333
170	0,588	17,333
180	0,555	21,000

Die Maximalintensität liegt mit einem Treibstoffverbrauch von 21 l/100 km bei der Höchstgeschwindigkeit von 180 km/h. Die Minimalintensität liegt bei Schritttempo 3,5 km/h. Bei dieser Geschwindigkeit verbraucht das Fahrzeug 40 l/100 km. Die Optimalintensität liegt bei 40 km/h mit einem Treibstoffverbrauch von 6,445 l/100 km.

Überträgt man den Verbrauch in l/100 km bei den entsprechenden Geschwindigkeiten in eine Graphik, so ergibt sich folgendes Bild:

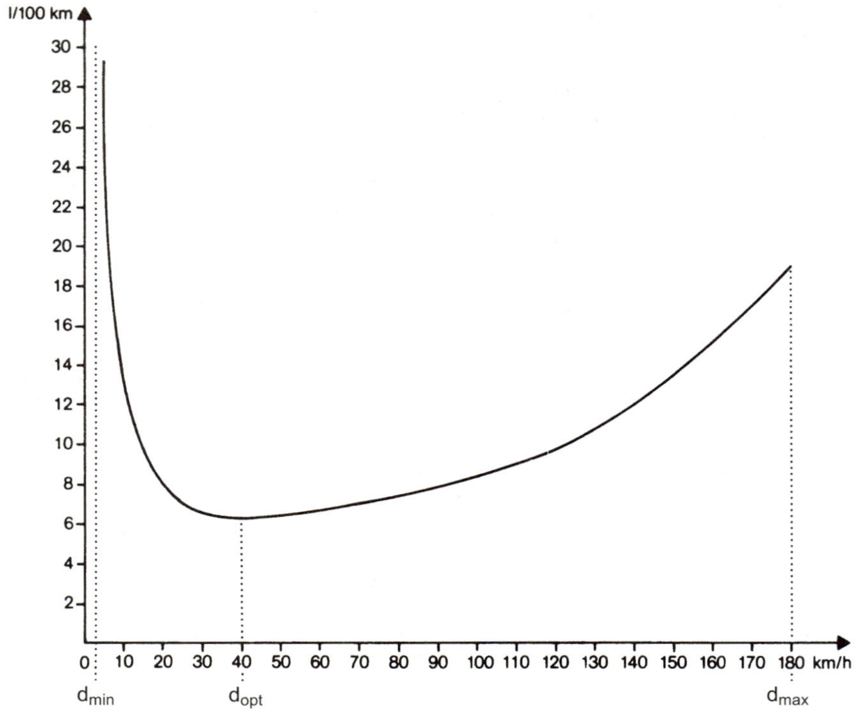

Aufgabe 35 Anpassungsformen

Wann werden im Bereich der Produktion Anpassungsprozesse erforderlich, und welche drei Grundformen der Anpassung lassen sich nach Gutenberg unterscheiden?

Wöhe S. 323–325

Im Bereich der Produktion werden Anpassungsprozesse durch **Beschäftigungsschwankungen** ausgelöst. Wurden z. B. bisher 4.000 Einheiten/Periode hergestellt und könnten jetzt aufgrund veränderter Nachfrage 6.000 (3.000) Einheiten abgesetzt werden, dann wird der Betrieb in der Regel versuchen, sich mit seiner Produktion der veränderten Nachfrage anzupassen.

Einem höheren (niedrigeren) **Beschäftigungsniveau** kann sich der Betrieb

a) zeitlich
b) intensitätsmäßig
c) quantitativ

anpassen. Von **zeitlicher** Anpassung spricht man dann, wenn die wöchentliche Arbeitszeit erhöht (gesenkt) wird, ohne dass sich die Intensität und der Bestand an Potentialfaktoren (Maschinen) ändern. **Intensitätsmäßige** Anpassung liegt dann vor, wenn bei gleichem Maschinenbestand und gleicher Arbeitszeit die Leistungsabgabe (und somit auch der Energieverbrauch) einer Anlage erhöht (gesenkt) wird. Von **quantitativer** Anpassung spricht man dann, wenn bei konstanter Intensität und Arbeitszeit der Maschinenbestand vergrößert (verkleinert) wird.

Aufgabe 36 Monetäre Verbrauchsfunktion

In einer Trocknungsanlage wird ein Rohstoff durch Zufuhr von Heißluft getrocknet. Der Trocknungsprozess dauert (incl. Rüstzeit) 8 Stunden und entspricht der Dauer der täglichen Arbeitszeit.

Der Betrieb hat die Möglichkeit, die Temperatur der Heißluftzufuhr zu variieren. Durch eine Erhöhung der Trockentemperatur lässt sich die Prozessdauer zwar nicht abkürzen; wohl aber lässt sich die Charge vergrößern, d. h. etwa, dass bei einer Temperatursteigerung von 40 auf 80 Grad die mengenmäßige Auslastung der Anlage von 20 dz auf beispielsweise 45 dz erhöht werden kann. Ein Trocknungsvorgang dauert in beiden Fällen 8 Stunden. Die zur Trocknung benötigte Heißluft wird durch Einsatz von Heizöl erzeugt. Bei der niedrigsten Temperaturstufe kann die Anlage mit 20 dz/Arbeitsgang trocknen; bei der höchstmöglichen Trockentemperatur kann die Trockenanlage so beschickt werden, dass sie 100 dz/Arbeitsgang ausbringt.

Mit steigender Trockentemperatur (Intensität) erhöht sich der Ölverbrauch/Arbeitsgang; dem steht eine Erhöhung der Ausbringungsmenge (von 20 auf max. 100 dz/Arbeitsgang) gegenüber. Somit besteht ein funktionaler Zusammenhang zwischen Leistungsmenge (Anzahl der dz/Arbeitsgang) und dem Faktorverbrauch. Den bewerteten Ölverbrauch pro Leistungseinheit (dz) wollen wir als k_1 bezeichnen. Auf der Grundlage des derzeit geltenden Ölpreises lassen sich die Energiekosten/dz nach folgender Formel berechnen:

$$k_1 = 30 - m + 0{,}01\ m^2 \quad [20 \leq m \leq 100]$$

Mit m bezeichnen wir die Anzahl der getrockneten dz/Arbeitsgang. Die eckige Klammer zeigt an, dass diese Funktion nur für den Leistungsbereich von 20 bis 100 dz/Arbeitsgang gilt. Wie hoch sind die Kosten des Ölverbrauchs/dz, wenn die Anlage 20, 30, ... 100 dz/Arbeitsgang ausbringen soll? Zeigen Sie in einer graphischen Darstellung, wo die Minimalintensität (d_{min}), die Maximalintensität (d_{max}) und die Optimalintensität (d_{opt}) der Anlage liegt.

Wöhe S. 321–325

Setzt man für m die Werte 20, 30 ... 100 in die obige Funktion ein, erhält man für k_1 folgende Werte:

m	20	30	40	50	60	70	80	90	100
k_1	14	9	6	5	6	9	14	21	30

Bei der niedrigsten Temperaturstufe betragen also die Trockenkosten/dz 14 EUR, bei der höchsten Temperaturstufe betragen sie wegen des verringerten Wirkungsgrades der Anlage 30 EUR/dz. Der günstigste (kostenminimale) Wirkungsgrad der Anlage liegt bei einer Trockentemperatur, die eine Ausbringung von 50 dz/Arbeitsgang ermöglicht. Hier betragen die Energiekosten/dz nur 5 EUR. Bei diesem Leistungsgrad liegt folglich die **Optimalintensität.** Minimal- bzw. Maximalintensität liegen bei der Niedrigsttemperatur mit einer Ausbringungsmenge von 20 dz bzw. bei der Höchsttemperatur mit einer Ausbringungsmenge von 100 dz/Arbeitsgang.

Überträgt man die Wertepaare der obigen Tabelle in eine Graphik, ergibt sich folgendes Bild:

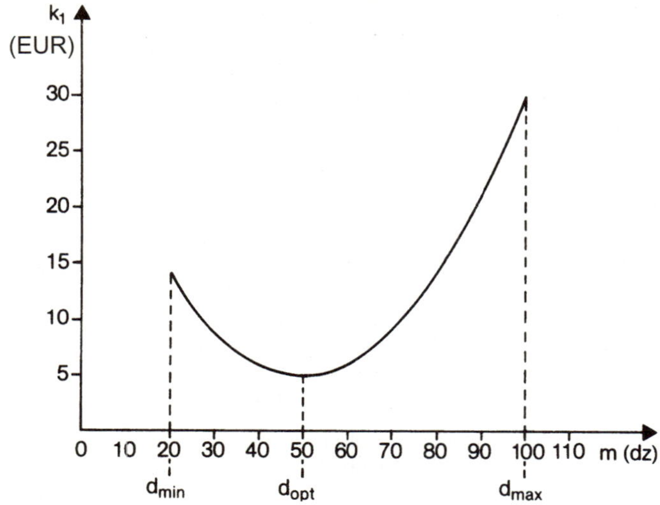

Aufgabe 37 Monetäre Verbrauchsfunktion (Fortsetzung)

Für den in Aufgabe 36 beschriebenen Produktionsprozess wird nicht nur Energie, sondern auch Maschinenleistung und Rohstoff benötigt. Die Trocknungsanlage wurde von einem Spezialhersteller im Leasingverfahren übernommen. Der Leasingnehmer hat die Möglichkeit, den Leasingvertrag bei fehlendem Bedarf kurzfristig zu kündigen. Die monatliche Leasinggebühr beträgt 10.000 EUR; dabei werden die Kosten für Reparaturen und Wartung vom Vermieter getragen. Die Trocknungsanlage wird voraussichtlich an 250 Arbeitstagen im Jahr in Betrieb sein.

Der zu trocknende Rohstoff kostet 10 EUR/dz. Durch den Trocknungsprozess kommt es zu einem geringfügigen Materialschwund. Die prozentuale Höhe des Materialschwundes ist von der Temperatur der zugeführten Heißluft abhängig. Da die Trockentemperatur ihrerseits von der gewünschten Produktionsmenge abhängig ist, besteht zwischen der gewünschten Produktionsmenge und den Materialkosten/dz ein funktionaler Zusammenhang über folgende Ursachenkette:

höhere Ausbringungsmenge → höhere Heißlufttemperatur → höherer Schwund/Leistungseinheit → höhere Materialkosten/Leistungseinheit

Zum Ausgleich des Materialschwundes sind auf der niedrigsten Temperaturstufe, wo die Anlage mit 20 dz beschickt wird, 2% mehr an Rohstoff einzusetzen; auf der höchsten Temperaturstufe (m = 100 dz/Arbeitsgang) sind zum Ausgleich des Materialschwundes 10% mehr an Rohstoff einzusetzen. Zwischen beiden Eckwerten steigt der Rohstoffschwund proportional zum Anstieg des Rohstoffeinsatzes/Arbeitsgang.

Bringen Sie die funktionale Abhängigkeit der Maschinenkosten/Leistungseinheit (k_2) und der Materialkosten/Leistungseinheit (k_3) von der Leistungshöhe (m) in einer Formel zum Ausdruck, die ähnlich aufgebaut ist wie die Funktion k_1 in Aufgabe 36! Ermitteln Sie die Optimalintensität der Trocknungsanlage in Bezug auf die Maschinenkosten (d_{opt2}) und die Materialkosten (d_{opt3}), indem Sie in die Gleichungen k_2 und k_3 für m alternative Werte von 10, 20 … 100 einsetzen! Übertragen Sie die gefundenen Werte in eine graphische Darstellung!

Wöhe S. 321–325

Für die Ermittlung der Maschinenkosten/Leistungseinheit (dz) gilt folgendes: Die jährliche Leasinggebühr beträgt 120.000 EUR. Bei 250 Arbeitstagen belaufen sich die Maschinenkosten/Tag auf 480 EUR; bei 480 EUR Maschinenkosten lässt sich also eine Schichtleistung von 20 bis maximal 100 dz Trockengut erstellen. Für die **Maschinenkosten/dz** (k_2) gilt somit:

$$\mathbf{k_2} = \frac{480}{m} \quad [20 \leq m \leq 100]$$

Analog lässt sich die Kostenfunktion k_3 für den Materialverbrauch/Leistungseinheit ermitteln. Ein Doppelzentner des Rohmaterials kostet 10 EUR. Mit zunehmender Leistungsmenge steigen die **Materialkosten/dz** (k_3) durch zunehmenden Schwund (infolge höherer Trockentemperatur) an:

$$k_3 = 10 + 0{,}01\ m\ [20 \leq m \leq 100]$$

Für die alternativen Leistungsmengen (m = 20, 30 … 100) gelten folgende Kostenwerte:

m (dz)	20	30	40	50	60	70	80	90	100
k_2 (Maschinenkosten/dz)	24,00	16,00	12,00	9,60	8,00	6,86	6,00	5,33	4,80
k_3 (Materialkosten/dz)	10,20	10,30	10,40	10,50	10,60	10,70	10,80	10,90	11,00

In Bezug auf die Maschinenkosten (Leasinggebühr) liegt die Optimalintensität der Trocknungsanlage bei einer Trockentemperatur, die eine Ausbringung von 100 dz/Arbeitsgang erlaubt; bei dieser Intensität betragen die Maschinenkosten/Leistungseinheit 4,80 EUR.

Die Materialkosten/Leistungseinheit sind dagegen bei der niedrigstmöglichen Trockentemperatur, d.h. bei einer Leistungsmenge von 20 dz/Arbeitsgang optimal; sie betragen in diesem Fall 10,20 EUR/dz.

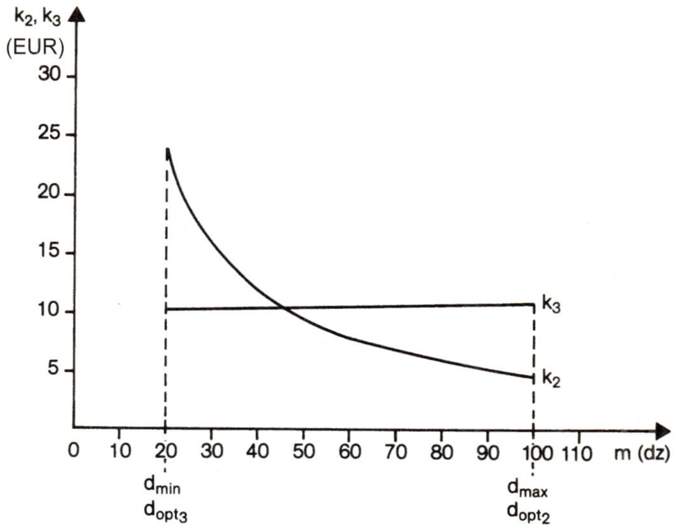

Aufgabe 38 Aggregierte monetäre Verbrauchsfunktion

Es gelten die Angaben der Aufgaben 36 und 37. Wo liegt der kostenminimale Leistungsgrad der Trockenanlage, wenn Sie alle drei Kostenarten (k_1, k_2, k_3) berücksichtigen? Liefern Sie eine rechnerische und zeichnerische Lösung und erläutern Sie das Ergebnis!

Wöhe S. 323–325

Der kostenminimale Leistungsgrad der Trockenanlage liegt dort, wo die variablen Kosten/Leistungseinheit (k_v = EUR/dz) am geringsten sind. Die variablen Durchschnittskosten k_v setzen sich aus den Energiekosten k_1, den Maschinenkosten k_2 und den Rohstoffkosten k_3 zusammen. Aggregiert man diese drei Kostenarten, dann erhält man:

m	20	30	40	50	60	70	80	90	100
k_1	14,00	9,00	6,00	5,00	6,00	9,00	14,00	21,00	30,00
k_2	24,00	16,00	12,00	9,60	8,00	6,86	6,00	5,33	4,80
k_3	10,20	10,30	10,40	10,50	10,60	10,70	10,80	10,90	11,00
k_v	48,20	35,30	28,40	25,10	24,60	26,56	30,80	37,23	45,80

Bezogen auf die variablen Stückkosten k_v liegt die Optimalintensität der Trockenanlage bei einer Trockentemperatur, die einen Ausstoß von 60 dz/Arbeitsgang erlaubt. Die variablen Durchschnittskosten betragen in diesem Falle 24,60 EUR/dz.

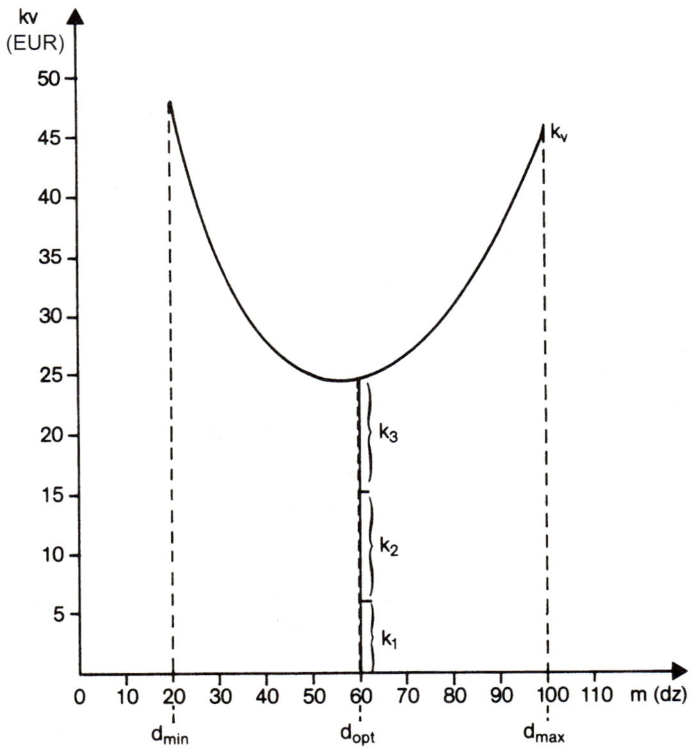

Für die aggregierte monetäre Verbrauchsfunktion k_v gilt:

$$\mathbf{k_v} = k_1 + k_2 + k_3$$

$$\mathbf{k_v} = 30 - m + 0{,}01\ m^2 + \frac{480}{m} + 10 + 0{,}01\ m$$

$$\mathbf{k_v} = 40 + \frac{480}{m} - 0{,}99\ m + 0{,}01\ m^2\ [20 \le m \le 100]$$

(Unterstellt man die Möglichkeit einer stufenlosen Temperaturregelung, dann ergibt sich das Minimum für k_v bei m = 57 dz. Die variablen Kosten/dz betragen bei dieser Intensität 24,48 EUR.)

Die bei m = 60 dz (genau genommen m = 57 dz) liegende Optimalintensität, die alle drei variablen Kostenarten berücksichtigt, ist ein Kompromiss zwischen der Optimalintensität für die Kostenart „Energie" (m = 50 dz), die Kostenart „Maschinenleistung" (m = 100 dz) und die Kostenart „Material" (m = 20 dz). Unter den gegebenen Bedingungen ist es am günstigsten, die Trockenanlage mit einer „mittleren" Heißlufttemperatur zu betreiben, die einen Ausstoß von 60 dz/Arbeitsgang ermöglicht.

Aufgabe 39 Faktorpreisänderung und Optimalintensität

Es gelten die Angaben der Aufgaben 36 und 37. Der Kostenfunktion $k_1 = 30 - m + 0{,}01\ m^2$ lag ein Ölpreis von 0,30 EUR/Liter zugrunde. Wegen drastischer Verknappung des Angebots ist für das kommende Jahr mit einem Ölpreis von 0,75 EUR/Liter zu rechnen. Die kostenminimale Ausbringungsmenge betrug beim bisherigen Ölpreis 60 dz/Schicht; die zugehörigen Produktionskosten bezifferten sich auf 24,60 EUR/dz (vgl. Aufgabe 38). Hat die erwartete Ölpreiserhöhung einer Änderung der bisherigen Optimalintensität zur Folge?

Wöhe S. 321–325

Die erwartete Ölpreisanhebung entspricht einer Preissteigerung von 150 %. Die neue Kostenfunktion k_{n1} für die Kostenart „Heizöl" ist somit mit dem Faktor 2,5 zu multiplizieren. Dabei ergibt sich:

$$\mathbf{k_{n1}} = 75 - 2{,}5\ m + 0{,}025\ m^2$$

Durch Einsetzen der alternativen Werte für m ergeben sich für k_{n1}, die neuen Energiekosten/Leistungseinheit, folgende Zahlen:

m	20	30	40	50	60	70	80	90	100
$\mathbf{k_{n1}}$	35,00	22,50	15,00	12,50	15,00	22,50	35,00	52,50	75,00

Entsprechend erhält man unter Berücksichtigung der gestiegenen Energiekosten für die aggregierte monetäre Verbrauchsfunktion k_{nv}:

$$\mathbf{k_{nv}} = k_{n1} + k_2 + k_3$$

m	20	30	40	50	60	70	80	90	100
$\mathbf{k_{n1}}$	35,00	22,50	15,00	12,50	15,00	22,50	35,00	52,50	75,00
$\mathbf{k_2}$	24,00	16,00	12,00	9,60	8,00	6,86	6,00	5,33	4,80
$\mathbf{k_3}$	10,20	10,30	10,40	10,50	10,60	10,70	10,80	10,90	11,00
$\mathbf{k_{nv}}$	69,20	48,80	37,40	32,60	33,60	40,06	51,80	68,73	90,80

Die Verteuerung des Heizöls hat nicht nur eine Erhöhung des Kostenniveaus, sondern auch eine Verschiebung der Optimalintensität zur Folge. Das Minimum der aggregierten monetären Verbrauchsfunktion k_{nv} liegt jetzt bei einer Leistung von 50 dz/Schicht. Nach der Ölpreiserhöhung erhalten die Energiekosten gegenüber den anderen beiden Kostenarten (Maschinen- und Materialkosten) ein so starkes Gewicht, dass die kostengünstigste Ausbringungsmenge/Schicht von 60 auf 50 dz/Schicht gedrückt wird.

Das Minimum der Energiekosten/Leistungseinheit liegt vor und nach der Ölpreiserhöhung bei einer Ausbringungsmenge von 50 dz/Schicht. Durch die Ölpreiserhöhung erhalten die Energiekosten ein so großes Übergewicht, dass sie den (auf der Basis aller drei Kostenarten ermittelten) optimalen Leistungsgrad auf dieses Niveau „herunterziehen".

Aufgabe 40 Optimalintensität

Optimale Intensität ist der Leistungsgrad (km/h; U/min.) einer Anlage, bei welcher

a) die variablen Stückkosten am niedrigsten,
b) die Ausbringung am höchsten,
c) die Gesamtkosten am geringsten,
d) der auf die Leistungseinheit bezogene Verschleiß und Energieverbrauch am niedrigsten

sind. Kreuzen Sie die richtigen Antworten an!

Wöhe S. 321–325

Richtige Antworten: a) und d).

Aufgabe 41 Zeitliche Anpassung

Die BAU-BOOM-AG versucht, sich zeitlich (mit Hilfe von Überstunden) an die gestiegene Nachfrage anzupassen. Die Gesamtkosten stiegen bisher proportional an.

Teilaufgabe a)

Was können Sie über den weiteren Verlauf der Gesamtkostenfunktion aussagen?

Wöhe S. 321–325

Die Zahlung von Überstundenzuschlägen wirkt auf die Gesamtkostenfunktion wie jede Erhöhung der Faktorpreise: die Kostenfunktion zeigt über der Ausbringungsmenge, von der an die Überstunden gefahren werden, einen Knick, steigt weiterhin proportional, aber mit erhöhtem Steigungsmaß an.

Teilaufgabe b)

Ist es möglich, dass sich bei zeitlicher Anpassung das Steigungsmaß der Gesamtkostenkurve weniger stark erhöht, als es den Überstundenzuschlägen entspricht?

Lösungshinweis: Ein Anstieg der Beschäftigung zieht im allgemeinen eine Erhöhung der Bestellmengen nach sich.

Das ist dann möglich, wenn bei ansteigender Beschäftigung andere Faktorpreise, z.B. aufgrund von Mengenrabatten, sinken.

Aufgabe 42 Optimale Anpassung

Ein Heizwerk versorgt ein Neubauviertel mit Fernwärme. Die Anlage ist Tag und Nacht in Betrieb. Die Kosten pro Wärmeeinheit k sind abhängig von der Intensität, mit welcher die Anlage betrieben wird:

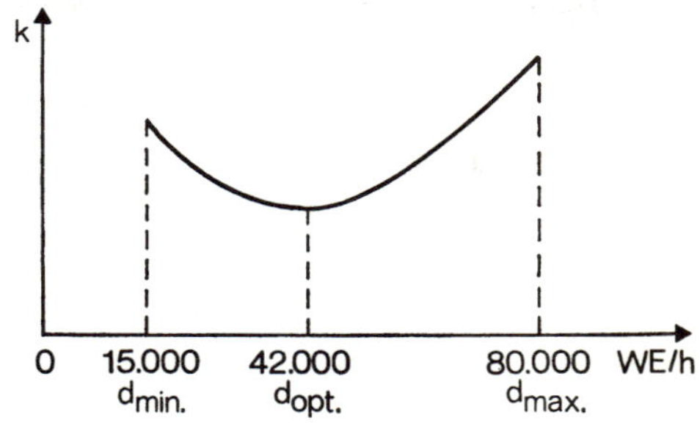

Zwischen 6 Uhr und 22 Uhr liefert die Anlage ununterbrochen 42.000 WE/h. Nach 22 Uhr bis 6 Uhr ist der Bedarf an Fernwärme um zwei Drittel niedriger. (Eine Wärmeeinheit WE entspreche 1.000 kcal.)

Teilaufgabe a)

Wie und in welchem Ausmaß soll man dem verringerten Nachtwärmebedarf Rechnung tragen?

Wöhe S. 321–325

Dem verringerten Nachtwärmebedarf soll durch zeitliche Anpassung begegnet werden, indem sich die Anlage bei Optimalintensität stündlich für 20 Minuten anschaltet.

Teilaufgabe b)

Wegen eines großen Kälteeinbruchs steigt der Bedarf an Tagwärme (6 Uhr bis 22 Uhr) bei gleichbleibendem Nachtwärmebedarf auf 50.000 WE/h. Die Möglichkeit, Nachtwärme zu speichern, ist gegeben. Schlagen Sie angesichts des erhöhten Wärmebedarfs zeitliche oder intensitätsmäßige Anpassung vor?

Bei **zeitlicher** Anpassung (d.h. bei Verlängerung der nächtlichen Betriebszeit von bisher 20 Minuten/Stunde) steigen die Produktionskosten um die Kosten der Wärmespeicherung zuzüglich der Kosten des Wärmeverlusts. Bei **intensitätsmäßiger** Anpassung steigen dagegen die Betriebskosten/Stunde um 50.000 WE · (k^t – k_{opt}), wobei k_{opt} die Kosten/WE bei einer Intensität von 42.000 WE/h, k^t die (höheren) Kosten/WE bei einer Intensität von 50.000 WE/h angibt. Ob man sich für zeitliche oder intensitätsmäßige Anpassung entscheidet, hängt davon ab, welcher der beiden Mehrkostenbeträge niedriger ist.

Teilaufgabe c)

Es wird unterstellt, dass die zeitliche Anpassung, d.h. die Verlängerung der nächtlichen Anschaltphasen, kostengünstiger sei als die intensitätsmäßige Anpassung. Der Wärmeverlust sei gleich Null, der Bedarf an Nachtwärme nach wie vor 14.000 WE/h. Um wieviel darf der stündliche Bedarf an Tageswärme zunehmen (zur Zeit 42.000 WE/h), um allein im Rahmen **zeitlicher** Anpassung erbracht werden zu können?

Die Nachtheizdauer beträgt acht Stunden. Unter Beibehaltung der **Optimalintensität** von 42.000 WE/h liegt die Wärmeleistung bei maximaler zeitlicher Anpassung, d.h. im Falle ununterbrochenen Betriebs bei Optimalintensität, bei 42.000 WE/h · 8 h/Nacht = 336.000 WE/Nacht.

	Nachtleistung	42.000 · 8	= 336.000 WE/Nacht
–	**Nachtbedarf**	14.000 · 8	= 112.000 WE/Nacht
=	**Nachtüberschuss**		= 224.000 WE : 16 h = 14.000 WE/h

Der Bedarf an Tageswärme darf höchstens um 14.000 WE/h zunehmen; anderenfalls muss man auf eine kostenungünstigere Intensität übergehen.

Aufgabe 43 Dauer der Beschäftigungsänderung

Ein Taxiunternehmen, welches bisher voll ausgelastet war, verfügt über drei Fahrzeuge und sieht sich einer gestiegenen Nachfrage gegenüber. Welche Anpassungsmöglichkeiten würden Sie empfehlen, wenn die Nachfragesteigerung

a) auf die Abhaltung einer Verkaufsmesse
b) auf die Einstellung einer Buslinie

zurückzuführen ist?

Wöhe S. 321–325

Zeitliche Anpassung, d.h. eine Verlängerung der Betriebszeit, kommt in beiden Fällen nicht in Frage, da man Fahrgäste, die mittags bedient werden wollen, nicht auf den Abend vertrösten kann.

Da die Nachfragesteigerung im Fall a) sehr kurzlebig ist, scheidet eine **quantitative** Anpassung, d.h. die Beschaffung eines oder mehrerer neuer Fahrzeuge, aus. Hier besteht nur die Möglichkeit **intensitätsmäßiger** Anpassung durch Erhöhung der Fahrgeschwindigkeit, die allerdings nicht sehr ergiebig sein dürfte. Da im Falle b) die Nachfragesteigerung von Dauer ist, empfiehlt sich die **quantitative** Anpassung durch Beschaffung eines neuen Fahrzeugs.

Aufgabe 44 Optimalintensität

Die BUTTERBERG AG sieht sich einer steigenden Nachfrage nach Butter gegenüber. Im Mittelpunkt der Butterherstellung stehen die sogenannten Butterfertiger, trommelartige, elektrisch betriebene Anlagen, in denen die Sahne zu Butter geschlagen wird. Die BUTTERBERG AG verfügt derzeit über vier solcher Anlagen, die mit unterschiedlicher Intensität betrieben werden können. Jede Anlage wird zu Beginn eines Arbeitsganges mit einer Sahnemenge beschickt, die zu 800 kg Butter führt. Die Dauer eines Arbeitsganges ist abhängig von der Schaltstufe (I, II, III oder IV). Mit zunehmender Schaltstufe erhöht sich natürlich auch der Stromverbrauch/Stunde. Für die einzelnen Schaltstufen gelten (bei konstanter Beschickung pro Arbeitsgang) folgende Angaben:

Schaltstufe	Stromverbrauch (kWh)	Bearbeitungszeit (Min.)
I	20	75
II	24	60
III	28	55
IV	32	50

Bei Schaltstufe I dauert also die Herstellung von 800 kg Butter 75 Minuten; der dabei eintretende Stromverbrauch liegt bei 20 kWh, beträgt also für einen Arbeitsgang

$$20 \cdot \frac{75}{60} = 25 \text{ kW.}$$

Die Arbeitszeit liegt bei 8 Stunden/Tag. Reinigung und Beschickung der Butterfertiger dauern 1 Stunde/Tag und Anlage. (Diese ablaufbedingte Unterbrechung soll unabhängig von der Zahl der täglichen Beschickungen sein).

Teilaufgabe a)

> Alle vier Anlagen arbeiteten bisher in Schaltstufe I. Wie groß ist unter diesen Bedingungen die maximale Ausbringungsmenge/Arbeitstag?

Wöhe S. 321–325

Ausbringungsmenge/ Tag	=	Ausbringungsmenge/ Std. und Anlagen	·	Anzahl der Betriebsstunden

Die Anzahl der Betriebsstunden für alle vier Anlagen beläuft sich auf (8 – 1) · 4 = 28 Stunden. Die auf 60 Minuten umgelegte Ausbringungsmenge/Anlage beträgt

$$80 \text{ kg} \cdot \frac{60}{75} = 640 \text{ kg/Std.}$$

Ausbringungsmenge/Tag = 640 kg/Std. · 28 Std./Tag = 17.920 kg/Tag

Bei Schaltstufe I kann die BUTTERBERG AG täglich maximal 17.920 kg Butter erzeugen.

Teilaufgabe b)

> Bisher wurden im Tagesdurchschnitt 17.000 kg Butter produziert und verkauft. Wie beurteilen Sie die Anordnung der Produktionsleitung, die Butterfertiger in Schaltstufe I zu betreiben?

Das Ergebnis aus Teilaufgabe a) zeigt, dass Schaltstufe I ausreichte, um die gewünschte Menge (17.000 kg/Tag) herzustellen. Insofern ist der Übergang auf eine höhere Schaltstufe nicht erforderlich. Im Hinblick auf die größtmögliche **Wirtschaftlichkeit** ist aber eine Intensitätssteigerung, d.h. eine Erhöhung der Schaltstufe zu empfehlen, wie die folgende Berechnung zeigt:

Schaltstufe	Stromverbrauch/Charge
I	$\frac{20 \cdot 75}{60} = 25{,}0$ kW
II	$\frac{24 \cdot 60}{60} = 24{,}0$ kW
III	$\frac{28 \cdot 55}{60} = 25{,}6$ kW
IV	$\frac{32 \cdot 50}{60} = 26{,}6$ kW

Die **optimale** Intensität liegt bei Schaltstufe II, da dort der Stromverbrauch/Charge am niedrigsten ist. Während nämlich zur Herstellung von 800 kg Butter in Schaltstufe I 25 kW benötigt werden, sinkt der Energieverbrauch in Schaltstufe II mit 24 kW auf das Minimum. Es wäre also zweckmäßiger gewesen, die Aggregate in Schaltstufe II zu betreiben und dafür zeitweise stillstehen zu lassen.

Aufgabe 45 Zeitlich-intensitätsmäßige Anpassung

Es gelten alle Angaben aus Aufgabe 44 – Vorspann –. Die Aggregate werden zur Zeit in Schaltstufe I betrieben. Die Nachfrage steigt auf

a) 20.000 kg/Tag
b) 24.000 kg/Tag.

Bei der BUTTERBERG AG erwägt man, die Mittagspause (60 Minuten) in zwei Schichten abzuhalten. Außerdem trägt man sich mit dem Gedanken, gleitende Arbeitszeit mit 90 Minuten Gleitzeit einzuführen. Beide Regelungen fänden die Zustimmung des Betriebsrates.

Soll sich die BUTTERBERG AG der veränderten Nachfrage zeitlich (Mittagspause, gleitende Arbeitszeit) oder intensitätsmäßig (Änderung der Schaltstufe) anpassen?

Wöhe S. 321–325

Die Intensität sollte auch bei unveränderter Nachfrage gewechselt werden. (Vgl. Aufgabe 44b). Ohne Veränderung der Arbeitszeit beläuft sich die maximale Tagesproduktion bei Optimalintensität, also in Schaltstufe II, auf 800 kg · 28 Std. = 22.400 kg. Für die Nachfragesituation a) ist also eine **intensitätsmäßige** Anpassung in Form des Übergangs auf Schaltstufe II ausreichend.

Die Nachfragesituation b) dagegen macht zusätzlich eine **zeitliche** Anpassung erforderlich. Die Fehlmenge von 24.000 – 22.400 = 1.600 kg muss durch Verlängerung der Laufzeit ausgeglichen werden. Bei einer stündlichen Ausbringungsmenge von 4 Anlagen · 800 kg/Anlage = 3.200 kg genügte es bereits, wenn die tägliche Laufzeit der Anlagen von 7 auf 7,5 Stunden erhöht würde. Für eine derartige zeitliche Anpassung genügte sowohl die Einführung der schichtweisen Mittagspause als auch der Übergang zur gleitenden Arbeitszeit.

Aufgabe 46 Zeitlich-intensitätsmäßige Anpassung

Es gelten die Angaben der Aufgaben 44 (Vorspann) und 45. Nach einem weiteren Monat steigt die Tagesnachfrage auf 31.000 kg. Wie soll sich die BUTTERBERG AG der veränderten Situation anpassen?

Lösungshinweis: Beachten Sie die in Aufgabe 45 angedeuteten Möglichkeiten zur Verlängerung der Betriebszeit!

Wöhe S. 321–325

Bei einer Laufzeit von 7 Stunden/Tag lassen sich bei Optimalintensität maximal 22.400 kg Butter gewinnen (vgl. Aufgabe 45). Ohne dass sich die Lohnsätze durch Überstundenzuschläge erhöhen, ist eine Ausweitung der täglichen Laufzeit um 2,5 Stunden (Überbrückung der Mittagspause + gleitende Arbeitszeit) möglich. Durch **zeitliche** Anpassung lässt sich also die Ausbringungsmenge um 800 kg · 2,5 Std. · 4 = 8.000 kg erhöhen. Zeitliche Anpassung ohne Änderung der Faktorpreise erlaubte somit bei Optimalintensität eine maximale Tagesproduktion von 22.400 + 8.000 = 30.400 kg. Zeitliche Anpassung bei Optimalintensität reicht also nicht ganz aus, um der gestiegenen Nachfrage Rechnung zu tragen.

In dieser Situation hat die BUTTERBERG AG folgende drei Aktionsmöglichkeiten:

(1) Schaltstufe II (Optimalintensität); 9,5 Stunden Laufzeit (Normallohn); 30.400 kg Tagesproduktion;
Nachteil: 600 kg Nachfrageverlust.

(2) Schaltstufe II (Optimalintensität); Laufzeit > 9,5 Stunden (Überstundenzuschlag); 31.000 kg Tagesproduktion;
Nachteil: Überstundenzuschlag.

(3) Teilweise Schaltstufe II, teilweise Schaltstufe III; maximal 9,5 Stunden Laufzeit (Normallohn); 31.000 kg Tagesproduktion;
Nachteil: Erhöhte Stromkosten/kg bei Schaltstufe III.

Ob sich die BUTTERBERG AG für (1), (2) oder (3) entscheidet, hängt von der Höhe des jeweiligen Nachteils ab, der nur unter Berücksichtigung des Bruttogewinns für ein kg Butter und der Faktorpreise (Stromkosten, Überstundenzuschlag) ermittelt werden kann.

Aufgabe 47 Intensitätsmäßige Anpassung

Es gelten die Angaben aus Aufgabe 46. Die BUTTERBERG AG hat errechnet, dass Nachteil (3) am geringsten ist und entscheidet sich somit nach intensitätsmäßiger und zeitlicher Anpassung erneut zu einer Intensitätsänderung. Genügt es, dass ein einziger Butterfertiger auf Schaltstufe III gestellt wird, während die restlichen drei in Schaltstufe II (Optimalintensität) verbleiben?

Wöhe S. 321–325

Um die fehlenden 600 kg (31.000 kg – 30.400 kg) herstellen zu können, muss man mindestens an einem Aggregat auf Schaltstufe III übergehen. Verbleiben drei Aggregate auf Schaltstufe II, so lassen sich damit

$$30.400 \cdot \frac{3}{4} = 22.800 \text{ kg herstellen.}$$

Arbeitet die vierte Anlage in Schaltstufe III, erbringt sie zusätzlich

$$800 \text{ kg} \cdot \frac{60}{55} = 873 \text{ kg/Std.}$$

Somit erzielt die vierte Anlage eine Tagesproduktion in Höhe von 873 · 9,5 = 8.294 kg. Damit liegt die Gesamttagesproduktion bei 22.800 + 8.294 = 31.094 kg und reicht aus, die gestiegene Nachfrage zu befriedigen. Es ist also ausreichend, sich mit einem einzigen Aggregat **intensitätsmäßig** (Übergang auf Schaltstufe III) anzupassen.

Aufgabe 48 Quantitative Anpassung

Es gelten die Angaben aus Aufgabe 46 und 47. Im Falle eines weiteren Anstiegs der Nachfrage bestehen immer noch zeitliche (Überstunden) und intensitätsmäßige (Schaltstufe IV für alle vier Aggregate) Anpassungsmöglichkeiten. Halten Sie es für denkbar, dass bei dauerhaft hohem Nachfrageniveau eine quantitative Anpassung (Kauf einer fünften Anlage) schon in Erwägung gezogen wird, obwohl noch nicht sämtliche Möglichkeiten zeitlicher und intensitätsmäßiger Anpassung ausgeschöpft sind? Welche Faktoren müssen Sie hierbei berücksichtigen?

Wöhe S. 321–325

Nehmen wir an, sämtliche Möglichkeiten intensitätsmäßiger und zeitlicher Anpassung reichten bis zur Steigerung der Tagesproduktion auf 40.000 kg. Rechnet man für die Zukunft mit einer nachhaltigen Nachfragemenge von 40.000 kg/Tag, so kann es durchaus zweckmäßig sein, sich dieser erwarteten Nachfragemenge (Ausgangsbasis: 32.000 kg/Tag) nicht mehr zeitlich oder intensitätsmäßig, sondern quantitativ, d.h. durch den Kauf eines fünften Aggregates anzupassen. Dieser Wirtschaftlichkeitsvergleich der Anpassungsmöglichkeiten wird durch die Relation folgender Werte entschieden:

	quantitative Anpassung	nichtquantitative Anpassung (zeitlich und intensitätsmäßig)
Nachteil	Fixkosten der zusätzlichen Anlage	zusätzliche Stromkosten + Überstundenzuschläge (ggf. + erhöhter Verschleiß)

Bezeichnet man mit ΔkW den auf 1 kg bezogenen Mehrverbrauch auf Grund des Intensitätswechsels (Abgehen von der Optimalintensität), mit x die gewünschte Ausbringungsmengenerhöhung (40.000 kg – 32.000 kg), wobei x gleichzeitig der Tageskapazität der fünften Anlage bei Optimalintensität entspricht, und mit p den Preis/kW, dann ergeben sich die zusätzlichen Stromkosten aus

$$\Delta kW \cdot x \cdot p.$$

Dabei ist zu beachten, dass in den Vergleich nicht die durch die fünfte Anlage verursachten **Jahres**fixkosten K_f eingehen, sondern dass die Fixkosten auf einen Produktions**tag** zu beziehen sind. Hat das Jahr 250 Produktionstage und belaufen sich die maschinenabhängigen Jahresfixkosten auf 5.000 EUR, dann geht in den Vergleich ein Betrag von 20 EUR als Nachteil der quantitativen Anpassung ein.

Die Umrechung der Jahresfixkosten auf Tagesfixkosten kann man sich dadurch ersparen, dass man die Mehrkosten für Strom sowie die Überstundenzuschläge nicht für einen Tag, sondern für ein Jahr ermittelt.

II. Produktionsplanung

1. Kurzfristige Produktionsprogrammplanung

Wiederholungsfragen:

	Wöhe Seite
Mit welchen Teilproblemen beschäftigt sich die langfristige Produktionsprogrammplanung?	326 f.
Welcher Zusammenhang besteht zwischen der kurzfristigen Produktionsprogrammplanung und einem Produktionsengpass?	328 f.
Wie berechnet man den Deckungsbeitrag/Stück (Bruttogewinn/Stück)?	329
Welchen Einfluss hat die Anzahl der Produkte und die Anzahl der Produktionsengpässe auf die Ausgestaltung der kurzfristigen Produktionsprogrammplanung?	330
Was versteht man unter einem Deckungsbeitrag pro Engpassbelastungseinheit?	330
Wie lässt sich der zulässige Lösungsbereich bei zwei Produkten und zwei Engpässen graphisch darstellen?	331
Unter welchen Bedingungen ist die lineare Programmierung für die kurzfristige Produktionsprogrammplanung unabdingbar?	332

Aufgabe 49 Engpassermittlung

Die Firma HANS WURST OHG betreibt eine Fleischwarenfabrik. Neben Fleischkonserven wird Räucherware hergestellt, bei der sich ein Produktionsengpass anbahnt. Der Engpass droht bei der Räucheranlage zu entstehen, die bei einer täglichen Arbeitszeit von acht Stunden im Monatsdurchschnitt an 22 Arbeitstagen in Betrieb ist. Die Anlage wird von sechs Produkten beansprucht, wobei in einem Arbeitsgang immer nur eine einzige Produktart geräuchert werden kann. Die in kg ausgedrückte Kapazität (= räumliche Auslastung) der Anlage ist für alle Produktarten verschieden. Die Produktarten unterscheiden sich auch im Hinblick auf die Zeitdauer des Räuchervorgangs. Folgende Tabelle fasst diese Unterschiede zusammen:

Produktart	Charge* kg/Beschickung	Belastungskoeffizient Stunden/Charge
Hinterschinken	2.400	10**
Vorderschinken	1.800	8
Speck	2.000	8
Salami	1.600	6
Leberwurst	1.500	5
Blutwurst	1.200	4

* Unter Charge versteht man den Umfang der Ladung oder Beschickung einer technischen Anlage.

** Die tägliche Arbeitszeit ist geringer als die Bearbeitungszeit. Man darf davon ausgehen, dass der Räuchervorgang über Nacht unterbrochen und am nächsten Tag fortgesetzt werden kann.

Das Räuchern von Speck dauert also beispielsweise 8 Stunden, wobei die Anlage mit maximal 2.000 kg ausgelastet werden kann.

Für die kommende Zeit hat die HANS WURST OHG bei entsprechenden Preisen und Kosten folgende Absatzerwartungen (im Monatsdurchschnitt):

Produktart	Absatzmenge kg/Monat	Absatzpreis EUR/kg	Materialeinzelkosten EUR/kg	Fertigungseinzelkosten EUR/kg	Gemeinkosten EUR/kg
Hinterschinken	14.400	17,00	8,00	2,00	3,80
Vorderschinken	5.400	12,00	6,20	1,80	1,60
Speck	4.000	3,70	1,50	0,10	1,00
Salami	9.600	14,00	6,80	1,20	2,70
Leberwurst	12.000	6,00	3,20	1,00	0,80
Blutwurst	10.800	6,00	2,60	1,20	1,70

Lassen sich mit der gegebenen Räucherkapazität die geplanten Absatzmengen realisieren oder gibt es in diesem Produktionsbereich einen Engpass?

Produktart	(1) Sollmenge kg/Monat	(2) Charge kg/ Beschickung	(3) Chargenzahl (1) : (2)	(4) Belastungskoeffizient Std./Charge	(5) Solllaufzeit (3) · (4)
Hinterschinken	14.400	2.400	6	10	60
Vorderschinken	5.400	1.800	3	8	24
Speck	4.000	2.000	2	8	16
Salami	9.600	1.600	6	6	36
Leberwurst	12.000	1.500	8	5	40
Blutwurst	10.800	1.200	9	4	36
Summe					**212**

Um die geplanten Absatzmengen realisieren zu können, benötigte die HANS WURST OHG eine monatliche Betriebszeit von 212 Stunden. Da nur 176 Maschinenstunden zur Verfügung stehen, wird die Räucheranlage zum **Produktionsengpass.**

Aufgabe 50 Engpassbeseitigung

Die HANS WURST OHG kann wegen der Existenz eines Produktionsengpasses nicht die volle Nachfrage befriedigen (vgl. Aufgabe 49). Was halten Sie von dem Vorhaben, die Produktionsmengen aller sechs Produktarten gemessen an den geplanten Absatzmengen um 16,98% zu kürzen? Ein derart gekürztes Produktionsvolumen ließe sich gerade mit 176 Betriebsstunden bewältigen.

Diese schematische Produktionskürzung wäre deshalb sehr unvorteilhaft, weil Produkte mit hohem Erfolgsanteil ebenso stark von der Rationierung betroffen würden wie Produkte mit niedrigerem (oder gar negativem) Erfolgsbeitrag. Beim Auftreten unvermeidbarer Produktionsengpässe ist vielmehr eine **Prioritätenskala** aufzustellen, in der diejenigen Produktarten, an denen man am besten verdient, ganz oben rangieren.

Aufgabe 51 Ermittlung der optimalen Engpassbelastung

Erstellen Sie eine solche Prioritätenskala gemäß Aufgabe 50 nach Maßgabe der Stückgewinne!

Wie hoch ist der danach zu erwartende Gesamterfolg?

Lösungshinweis: Zur Ermittlung der Stückkosten vgl. Aufgabe 49.

Produktart	Absatzpreis EUR/kg	Stückkosten EUR/kg	Stückgewinn EUR/kg	Prioritätenskala	Produktions-menge kg/Monat	Engpass-belastung
Hinterschinken	17,00	13,80	3,20	(2)	14.400	60
Vorderschinken	12,00	9,60	2,40	(3)	5.400	24
Speck	3,70	2,60	1,10	(4)	4.000	16
Salami	14,00	10,70	3,30	(1)	9.600	36
Leberwurst	6,00	5,00	1,00	(5)	12.000	40
Blutwurst	6,00	5,50	0,50	(6)	–	–
Summe						**176**

Unter Beachtung der hier nach Maßgabe der **Stückgewinne** ermittelten Prioritätenskala fallen die Produktion und der Absatz von Blutwurst dem Engpass zum Opfer. Der Erfolg dieses Produktionsprogramms lässt sich folgendermaßen bestimmen:

Produktart	Stückgewinn EUR/kg	Menge kg/Monat	Erfolgsanteil EUR/Monat
Hinterschinken	3,20	14.400	46.080
Vorderschinken	2,40	5.400	12.960
Speck	1,10	4.000	4.400
Salami	3,30	9.600	31.680
Leberwurst	1,00	12.000	12.000
Blutwurst	– 1,70	10.800	– 18.360
Summe			**88.760**

Der mit diesem Produktionsprogramm erzielbare monatliche Gesamtgewinn beläuft sich auf 88.760 EUR. Da auch bei Produktionseinstellung für Blutwurst die auf diese Produktart umgelegten Fixkostenanteile (Gemeinkosten/kg = 1,70 EUR) weiterhin anfallen, müssen sie als negative Erfolgskomponente in Ansatz gebracht werden.

Aufgabe 52 Ermittlung der optimalen Engpassbelastung

Ändert sich die Prioritätenskala aus Aufgabe 51, wenn man sie an der Höhe der Deckungsbeiträge ausrichtet? Wie hoch ist dann der Gesamterfolg?

Wöhe S. 329–332

Produktart	Absatzpreis EUR/kg	Stückkosten EUR/kg	Stückgewinn EUR/kg	Prioritätenskala	Produktions-menge kg/Monat	Engpass-belastung
Hinterschinken	17,00	10,00	7,00	(1)	14.400	60
Vorderschinken	12,00	8,00	4,00	(3)	5.400	24
Speck	3,70	1,60	2,10	(5)	4.000	16
Salami	14,00	8,00	6,00	(2)	9.600	36
Leberwurst	6,00	4,20	1,80	(6)	–	–
Blutwurst	6,00	3,80	2,20	(4)	10.800	36
Summe						**172***

* Bei diesem Produktionsprogramm verbleibt eine nicht genutzte Restkapazität von 4 Stunden.

Bei dieser nach Deckungsbeiträgen eingerichteten Prioritätenskala fällt die Leberwurstproduktion dem Engpass zum Opfer. Der Monatserfolg ist für dieses Produktionsprogramm folgendermaßen zu ermitteln:

Produktart	Gemeinkosten EUR/kg	Menge kg/Monat	Gemeinkosten EUR/Monat
Hinterschinken	3,80	14.400	54.720
Vorderschinken	1,60	5.400	8.640
Speck	1,00	4.000	4.000
Salami	2,70	9.600	25.920
Leberwurst	0,80	12.000	9.600
Blutwurst	1,70	10.800	18.360
Summe			**121.240**

Die Summe der monatlichen Gemeinkosten (= Fixkosten) beläuft sich auf 121.240 EUR.

Produktart	Deckungsbeitrag EUR/kg	Menge kg/Monat	Bruttogewinn EUR/Monat
Hinterschinken	7,00	14.400	100.800
Vorderschinken	4,00	5.400	21.600
Speck	2,10	4.000	8.400
Salami	6,00	9.600	57.600
Leberwurst	1,80	–	–
Blutwurst	2,20	10.800	23.760
Summe			**212.160**

Der Bruttogewinn beträgt 212.160 EUR. Der Nettogewinn ist demnach auf 90.920 EUR zu beziffern:

Bruttogewinn	–	Fixkosten	=	Nettogewinn
212.160 EUR	–	121.240 EUR	=	90.920 EUR

Aufgabe 53 Lenkziffer zur Produktionssteuerung

Wie erklären Sie sich die Unterschiede in den Ergebnissen der Aufgaben 51 und 52?

Wöhe S. 329–332

Ordnet man die Produkte nach Maßgabe ihrer Stückgewinne (Aufgabe 51), gelangt man zu einer anderen Prioritätenskala als bei einer Anordnung nach **Deckungsbeiträgen** (Aufgabe 52). Folglich unterscheidet sich in beiden Fällen auch der Gesamterfolg. Die Prioritätenskala nach Deckungsbeiträgen ist derjenigen nach Stückgewinnen überlegen, denn sie führt zu einem um 2.160 EUR höheren Gesamterfolg.

Diese Überlegenheit lässt sich folgendermaßen erklären: beide Verfahren unterscheiden sich dadurch, dass die Lenkziffer, jene Zahl also, welche die Prioritätenskala bestimmt, im zweiten Falle nicht nur den Stückgewinn (g), sondern auch die auf die Produktionseinheit umgelegten Fixkosten (db = g + k_f) enthält. Die Lenkziffer hat die Aufgabe anzugeben, wie vorteilhaft es ist, einer Produktionseinheit den Engpass zu öffnen.

falsch:

Stückerlös	
Stückkosten (k)	g
Nachteil	Lenkziffer

richtig:

Stückerlös	
variable Stückkosten (k_v)	db =g + k_f
Nachteil	Lenkziffer

Diese Vorteilhaftigkeit richtet sich aber nicht nach der Differenz (g) zwischen Stückerlös und Stückkosten, sondern nach der Differenz (db) zwischen Stückerlös und variablen Stückkosten, denn die fixen Stückkosten müssen auch im Falle der Nichtproduktion getragen werden.

Aufgabe 54 Prioritätenskala und Belastungsdauer

Nehmen Sie an, Sie seien der Inhaber eines gut gehenden Speiselokals, vor dessen Tür sich eine größere Zahl von Gästen befindet, die bereit sind, notfalls den ganzen Abend auf einen freiwerdenden Tisch zu warten. Sie haben für den Rest des Abends nur noch einen einzigen Tisch frei, den Sie einmal oder gegebenenfalls mehrmals hintereinander mit wartenden Gästen besetzen können. Diese wartenden Gäste lassen sich je nach beabsichtigter Speiseauswahl und beabsichtigter „Verweildauer“ am Tisch in drei verschiedene Kategorien einteilen:

Kategorie	Preis EUR/Mahlzeit	variable Kosten EUR/Mahlzeit	Deckungsbetrag EUR/Mahlzeit	Verweildauer Std./Gast bzw. Mahlzeit
I	50	30	20	1
II	40	14	26	2
III	32	18	14	0,5

Wie würden Sie Ihre Gäste auswählen, damit der Tisch für den Rest des Abends (4 Stunden) möglichst viel „abwirft“?

Im vorliegenden Falle wird man die Gäste weder nach Maßgabe des Preises noch nach Maßgabe des Deckungsbeitrages der Mahlzeit auswählen. Man muss vielmehr darauf achten, dass der Tisch mit Gästen der Kategorie I, II oder III besetzt wird. Es lassen sich pro Stunde erwirtschaften:

$$\textbf{Bruttoerfolg pro Stunde} = \frac{p - k_v}{\text{Verweildauer}}$$

I = 20 EUR/Stunde, II = 13 EUR/Stunde und III = 28 EUR/Stunde.

Der Tisch ist hier ein Engpass, so wie es die Räucheranlage in den vorangegangenen Aufgaben war. Die den Engpass „Tisch" beanspruchenden Gäste sind zu vergleichen mit Schinken, Speck und Leberwurst, die den Engpass „Räucheranlage" beanspruchen wollen.

Das vorliegende Beispiel zeigt, dass man die vor dem Engpass wartenden Einheiten nicht nach der absoluten Höhe des Deckungsbeitrages auswählen darf, sondern dass man die Prioritätenskala nach Maßgabe des **Deckungsbeitrags/Beanspruchungsdauer** (= Deckungsbeitrag/Engpassbelastungseinheit = db/E) bilden muss. Ein Deckungsbeitrag I in Höhe von 20 EUR ist unvorteilhafter als ein Deckungsbeitrag III in Höhe von 14 EUR, wenn sich dieser in 30 Minuten, jener in 60 Minuten erwirtschaften lässt.

Aufgabe 55 Ermittlung der optimalen Engpassbelastung

Es gelten die Angaben der Aufgaben 49 bis 53. Wie ändert sich die Prioritätenskala der HANS WURST OHG, wenn man sie an der Höhe des Deckungsbeitrages/Engpassbelastungseinheit (db/E) ausrichtet? Wie hoch ist der Gesamterfolg?

Lösungshinweis: Beachten Sie bei der Bildung der Lenkziffern, dass die gewichtmäßige Auslastung der Räucheranlage bei den einzelnen Produkten unterschiedlich ist (vgl. Aufgabe 49). Die Lenkziffer db/E ergibt sich deshalb aus db pro Charge/Belastungskoeffizient.

Produktart	(1) db EUR/kg	(2) kg(Charge	(3) db EUR/ Charge (1) · (2)	(4) Belastungs-koeffizient Std./Charge	(5) db/E EUR/Std. (3) : (4)	(6) Prioritätenskala	(7) Produktions-menge kg/Monat	(8) Engpass-belastung Std./Monat
Hinterschinken	7,00	2.400	16.800	10	1.680	(1)	14.400	60
Vorderschinken	4,00	1.800	7.200	8	900	(3)	5.400	24
Speck	2,10	2.000	4.200	8	525	(6)	–	–
Salami	6,00	1.600	9.600	6	1.600	(2)	9.600	36
Leberwurst	1,80	1.500	2.700	5	540	(5)	6.000	20
Blutwurst	2,20	1.200	2.640	4	660	(4)	10.800	36
Summe								**176**

Die Prioritätenskala hat sich geändert. Da die Betriebszeit von 176 Stunden nicht überschritten werden darf, verzichtet man nach diesem Auswahlprinzip am ehesten auf die Produktion von Speck und teilweise auch auf die Produktion von Leberwurst. Will man die Vorteilhaftigkeit dieses Produktionsprogramms ermitteln, muss man seinen Gesamterfolg bestimmen und mit dem Gesamterfolg der Aufgabe 52 vergleichen:

Produktart	(1) db EUR/kg	(2) Engpass-belastung Std./Monat	(3) Bruttogewinn EUR/Monat (1) · (2)	(1) db EUR/kg	(2) Produktions-menge kg/Monat	(3) Bruttogewinn EUR/Monat
Hinterschinken	1.680	60	100.800	7,00	14.400	100.800
Vorderschinken	900	24	21.600	4,00	5.400	21.600
Speck	525	–	–	2,10	–	–
Salami	1.600	36	57.600	6,00	9.600	57.600
Blutwurst	540	20	10.800	1,80	6.000	10.800
Leberwurst	660	36	23.760	2,20	10.800	23.760
Summe			**214.560**			**214.560**

	Bruttogewinn	214.560 EUR
–	**Fixkosten**	121.240 EUR
=	**Nettogewinn**	93.320 EUR

Bestimmt man das Produktionsprogramm nicht mehr nach Maßgabe der Deckungsbeiträge, sondern nach Maßgabe der Deckungsbeiträge pro Engpassbelastungseinheit, dann erhöht sich der Nettogewinn von 90.920 EUR auf 93.320 EUR, also um 2.400 EUR. Daraus wird erneut deutlich, dass die Größe db/E der Größe db als Auswahlprinzip zur **Bestimmung des optimalen Produktionsprogramms** (bei Existenz eines Engpasses) überlegen ist.

2. Materialwirtschaft

Wiederholungsfragen:

	Wöhe Seite
Welche Aufgabe hat die Materialwirtschaft?	332 f.
Welche Vor- und Nachteile hat die fallweise Einzelbeschaffung gegenüber dem Just-in-Time-Konzept?	333
Wie unterscheiden sich programmgebundene und verbrauchsgebundene Materialbedarfsermittlung?	334
Wie gelangt man von Strukturstücklisten zu Baukastenstücklisten?	335 f
Welcher Zusammenhang besteht zwischen dem Bruttobedarf, dem Mehrverbrauchszuschlag, dem vorhandenen Lagerbestand und dem Nettobedarf?	336 f.
Wo liegt das strukturelle Grundproblem der verbrauchsgebundenen Materialbedarfsermittlung?	337
Auf welcher Einteilungskonvention basiert die ABC-Analyse?	338
Welche Rolle spielen Scoringmodelle bei der Lieferantenauswahl?	340 f.
Welcher grundlegende Zusammenhang besteht zwischen der Höhe der Bestellmenge auf der einen Seite und der Lagerkapazität und den Lagerkosten auf der anderen Seite?	341
Welche Fragen sind im Rahmen der langfristigen Lagerkapazitätsplanung zu beantworten?	342

	Wöhe Seite
Welcher Zusammenhang besteht bei gegebenem Periodenbedarf zwischen der Bestellmenge, der Bestellhäufigkeit und den bestellfixen Kosten?	343 f.
Wie lautet die Grundformel zur Ermittlung der optimalen Bestellmenge?	345
Welche Rolle spielt der Meldebestand im Bestellpunktsystem?	346
Geht das Bestellrhythmussystem von festen oder flexiblen Bestellungen aus?	346

Aufgabe 56 Determinanten der Lagerhaltung

Welche beiden Voraussetzungen müssen erfüllt sein, damit man von einem optimalen Lagerbestand sprechen kann?

Wöhe S. 341 f.

Der Lagerbestand darf einerseits nicht zu klein sein, damit Störungen des Produktionsprozesses soweit wie möglich reduziert werden. Der Lagerbestand darf andererseits nicht zu groß sein, damit vermeidbare Kosten (vermehrte Lagerkosten, überflüssige kalkulatorische Zinsen, vermehrte Versicherungsprämien usw.) ausgeschlossen sind.

Aufgabe 57 Determinanten der Lagerhaltung (Schema)

Lagerhaltung ist eine kostspielige Angelegenheit. Trotzdem disponieren fast alle Betriebe ihre Zu- und Abgänge so, dass Lagerbestände entstehen. Worin sehen sie die Ursachen für ein derartiges Disponieren? Erfassen Sie die Bestimmungsgründe der Lagerhaltung gesondert für Werkstoff-, Halbfabrikate- und Fertigfabrikatelager!

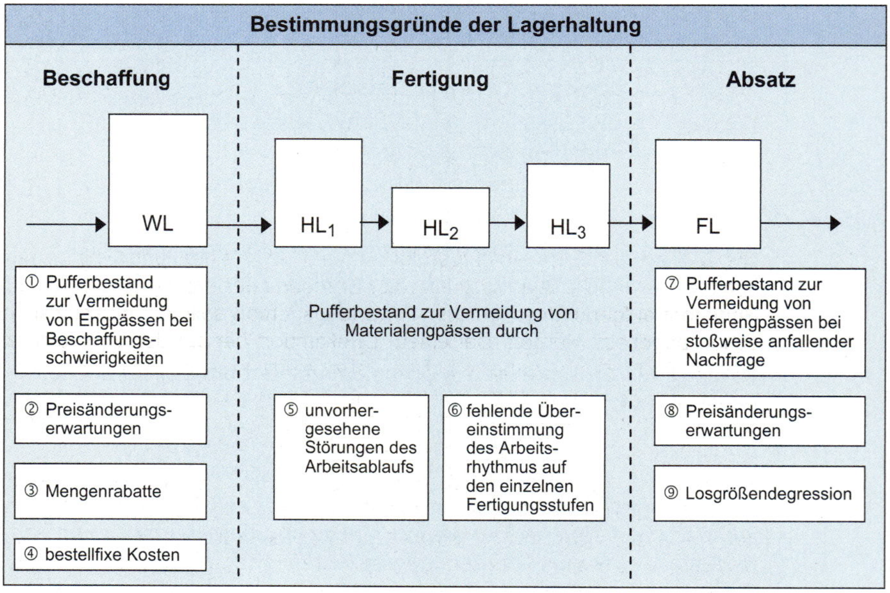

WL Werkstofflager
HL Halbfabrikatelager der Fertigungsstufe 1 bis 3
FL Fertigfabrikatelager

Aufgabe 58 Determinanten der Lagerhaltung (Beispiele)

Versuchen Sie, jeden der folgenden Lagerhaltungsfälle einem der in Aufgabe 57 aufgeführten neun Bestimmungsgründe zuzuordnen:

(a) Eine Großgärtnerei hat einen monatlichen Bedarf von 3 m^3 Muttererde, die mit dem eigenen LKW, dessen Fassungsvermögen 8 m^3 beträgt, antransportiert wird. Es wird jeweils eine volle LKW-Ladung beschafft.

(b) Wegen eines drohenden Ölembargos der Förderstaaten rechnet ein Mineralölkonzern mit Versorgungsschwierigkeiten. Man deckt sich bis an die Grenze der Lagerkapazität ein.

(c) Wegen des inzwischen verhängten Ölembargos rechnet ein Tankstellenbesitzer schon für die nächsten Tage mit sprunghaft steigenden Benzinpreisen. Er „schont" seine Lagerbestände, indem er die Abgabemengen rationiert.

(d) In der Porzellanmanufaktur werden die Geschirrteile zuerst geformt, dann gebrannt, dann dekoriert. Während die Bearbeitung eines Werkstücks im ersten und dritten Arbeitsgang nur wenige Minuten dauert, werden bei einem einzigen Brennvorgang, der 50 Stunden dauert, 12.000 Geschirrteile gebrannt. In dieser Manufaktur gibt es große Bestände an geformten, aber noch nicht gebrannten, sowie an gebrannten, aber noch nicht dekorierten Geschirrteilen.

(e) Die Fertigung von Teakholzbrettern vollzieht sich in drei Arbeitsgängen: Leimen, Schleifen, Imprägnieren. Den Transport der Werkstücke von Fertigungsstufe zu Fertigungsstufe besorgt ein Fließband, welches manchmal für kurze Zeit stehenbleibt, ehe der Defekt behoben ist. Aus diesem Grunde sind an der Schleifanlage verleimte Bretter und an der Imprägnieranlage geschliffene Bretter gestapelt.

(f) Eine Großgärtnerei benötigt täglich 250 Liter Heizöl zur Beheizung der Gewächshäuser. Der vorhandene Tank hat eine Kapazität von 30.000 Litern. Die jeweilige Bestellmenge beträgt knapp 30.000 Liter.

(g) Eine Schokoladenfabrik beginnt im Januar mit der Herstellung von Osterhasen. Bis Mitte März ist der Lagerbestand auf 300.000 Stück angewachsen.

(h) Ein Schmuckwarenhersteller rechnet damit, dass der Goldpreis in den nächsten Wochen und Monaten ansteigen wird und deckt sich entsprechend ein.

(i) Infolge eines Konjunktureinbruchs geht die Nachfrage nach einem Automodell um die Jahreswende von monatlich 50.000 auf 20.000 Stück zurück. In Erwartung einer Normalisierung der Absatzlage für das Frühjahr produziert man monatlich 40.000 Stück, um den Kostenvorteil großer Serien (Losgrößendegression) nutzen zu können.

Lösung: a 4, b 1, c 8, d 6, e 5, f 3, g 7, h 2, i 9.

Aufgabe 59 Grundmodell der Lagerplanung

Die KRÜMEL KG ist ein führender Anbieter in Weinen und Spirituosen. Für das kommende Geschäftsjahr soll ein roter Bordeaux der unteren Preisklasse neu in das Sortiment aufgenommen werden. Erwartungsgemäß sollen in dieser Zeit 18.000 Flaschen abgesetzt werden. Bei einem Direktimport beträgt der Einkaufspreis/Flasche 5 EUR. Zusätzlich verlangt der französische Erzeuger für jede Sendung eine pauschale Auslagenvergütung von 500 EUR. Die Zins- und Lagerkosten bei der KRÜMEL KG belaufen sich – auf 12 Monate gerechnet – auf 10 % des Wertes der durchschnittlich eingelagerten Ware.

Soll die KRÜMEL KG ihren Gesamtbedarf von 18.000 Flaschen in Bestellmengen von 18 · 1.000, 9 · 2.000, 6 · 3.000, 3 · 6.000, 2 · 9.000 oder 1 · 18.000 Flaschen decken? Bei welcher Bestellmenge sind die Gesamtkosten für 18.000 Flaschen am geringsten, wenn alle Voraussetzungen für das Grundmodell zur Ermittlung der optimalen Bestellmenge erfüllt sind?

Wöhe S. 343–346

Die Gesamtkosten/Jahr setzen sich im vorliegenden Fall aus drei Bestandteilen zusammen:

$\mathbf{K_u}$ = unmittelbare Beschaffungskosten/Jahr $(B \cdot p)$

$\mathbf{K_m}$ = mittelbare Beschaffungskosten/Jahr $\left(\frac{K_f}{m} \cdot B\right)$

$\mathbf{K_l}$ = Lagerkosten/Jahr $\left(\frac{m \cdot p}{2} \cdot q\right)$

B = Jahresbedarf = 18.000 Flaschen
p = Einstandspreis/Flasche = 5 EUR
$\mathbf{K_f}$ = fixe Kosten/Bestellung = 500 EUR
q = Zins- und Lagerkostensatz (%) = 10%
m = Bestellmenge eines Bestellvorgangs

Bestellmenge m	1.000	2.000	3.000	6.000	9.000	18.000
$K_u = B \cdot p$	90.000	90.000	90.000	90.000	90.000	90.000
$K_m = \frac{K_f}{m} \cdot B$	9.000	4.500	3.000	1.500	1.000	500
$K_l = \frac{m \cdot p}{2} \cdot p$	250	500	7500	1.500	2.250	4.500
$K_l = K_u + K_m + K$	99.250	95.000	93.750	93.000	93.250	95.000

Mit 93.000 EUR erreichen die Gesamtkosten ihren niedrigsten Wert, wenn der Gesamtbedarf in drei Beschaffungsvorgängen mit einer Bestellmenge von jeweils 6.000 Flaschen gedeckt wird. Die optimale Bestellmenge m_{opt} beträgt somit 6.000 Flaschen.

Aufgabe 60 Einflussgrößen der optimalen Bestellmenge

Es gelten die Angaben der Aufgabe 59. Welchen Einfluss hat – bei isolierter Betrachtung – eine Erhöhung des Gesamtbedarfs B, des Einstandspreises p, der bestellfixen Kosten K_f und des Lagerkostensatzes q auf die optimale Bestellmenge?

Wöhe S. 343 f.

Auf die optimale Bestellmenge haben nur die mittelbaren Beschaffungskosten K_m und die Lagerkosten K_l Einfluss. Die unmittelbaren Beschaffungskosten K_u spielen keine Rolle, weil sie von der Bestellmenge unabhängig sind. In Aufgabe 59 haben sie stets 90.000 EUR betragen. Im einzelnen beeinflussen die verschiedenen Komponenten die optimale Bestellmenge wie folgt:

Gesamtbedarf B

Eine Erhöhung (Verringerung) des Gesamtbedarfs bewirkt eine Vergrößerung (Verringerung) der optimalen Bestellmenge, weil die mittelbaren Beschaffungskosten K_m, die für eine möglichst große Bestellmenge sprechen, durch eine Erhöhung des Gesamtbedarfs ein stärkeres Gewicht erhalten.

Einstandspreis p

Durch Erhöhung (Verringerung) des Einstandspreises p steigen (fallen) die Lagerkosten K_l, weil der Wert des durchschnittlichen Lagerbestandes zunimmt (abnimmt). Durch einen höheren Einstandspreis erhalten die Lagerkosten, die für eine möglichst geringe Bestellmenge sprechen, ein stärkeres Gewicht. Bei Erhöhung (Verringerung) des Einstandspreises p fällt (steigt) die optimale Bestellmenge.

Bestellfixe Kosten K

Durch einen Anstieg der bestellfixen Kosten K_f erhöhen sich die mittelbaren Beschaffungskosten K_m. Da die mittelbaren Beschaffungskosten für möglichst große Bestellmengen sprechen, erhöht (verringert) sich die optimale Bestellmenge infolge gestiegener (gefallener) bestellfixer Kosten.

Lagerkostensatz q

Größere Bestellmengen sind mit höheren Lagerkosten K_l verbunden. Wenn sich der Lagerkostensatz erhöht, ist es vorteilhaft, den stärker ins Gewicht fallenden Lagerkosten durch Verringerung der Bestellmenge auszuweichen.

Aufgabe 61 Optimale Bestellmenge (graphische Ermittlung)

Es gelten die Angaben der Aufgabe 59. Übertragen Sie die Werte für K_u, K_m und K_l aus Aufgabe 59 in ein Koordinatensystem und verbinden Sie die einzelnen Punkte miteinander! Aggregieren Sie danach alle drei Funktionen zur Gesamtkostenfunktion K, die die Gesamtkosten in Abhängigkeit von der Bestellmenge m anzeigt! Ermitteln Sie die optimale Bestellmenge m_{opt} graphisch und erläutern Sie ihr Zustandekommen!

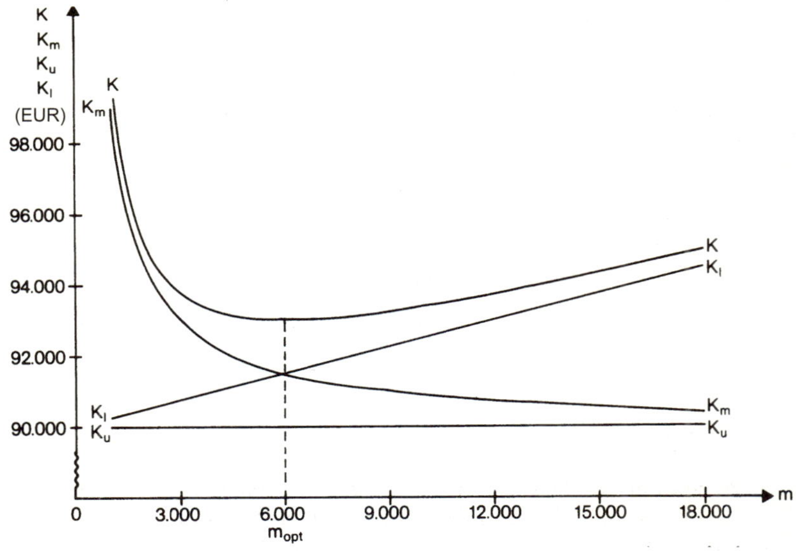

Die optimale Bestellmenge m_{opt} liegt im Minimum der Gesamtkostenfunktion K. Dabei gilt:

$$K = K_u + K_m + K_l$$

$$K = B \cdot p + \frac{K_f}{m} \cdot B + \frac{m \cdot p}{2} \cdot q$$

Das Minimum für K erhält man, wenn man die 1. Ableitung $\left(\frac{dK}{dm}\right)$ gleich Null setzt:

$$\frac{dK}{dm} = -\frac{K_f \cdot B}{m^2} + \frac{p \cdot q}{2} = 0$$

$$\frac{K_f \cdot B}{m^2} = \frac{p \cdot q}{2} \text{ oder}$$

$$\frac{K_f \cdot B}{m} = \frac{p \cdot q \cdot m}{2}$$

mittelbare Beschaffungskosten	=	Lagerkosten

Das Gesamtkostenminimum liegt also dort, wo die mittelbaren Beschaffungskosten genauso groß sind wie die Lagerkosten. Graphisch ist dieser Punkt durch den Schnittpunkt von K_l und K_m gekennzeichnet.

Geht man von einer Bestellmenge von beispielsweise 3.000 Flaschen aus, dann ist es vorteilhaft, die Bestellmenge bis auf 6.000 Flaschen zu vergrößern, weil in diesem Bereich K_m bei einer Vergrößerung von m stärker fällt als K_l ansteigt. Überschreitet die Bestellmenge 6.000 Flaschen, steigen die Lagerkosten schneller als die mittelbaren Beschaffungskosten fallen.

Aufgabe 62 Bestellmengenplanung

Firma IMMERGRÜN unterhält eine gut gehende Baumschule, welche ihre Erzeugnisse teilweise selbst zieht, teilweise aber auch von einem Großhändler in größeren Partien bezieht, vorübergehend einpflanzt und je nach Bedarf ausgräbt und verkauft.

Aufgrund bisheriger Erfahrungen darf man damit rechnen, im kommenden Jahr 01 etwa 36.000 Blautannen verkaufen zu können. Die Blautannen bezieht man vom Großhändler; der Vorrat soll bei IMMERGRÜN sowohl am Anfang als auch am Ende des Jahres 01 gleich Null sein. Während des ganzen Jahres 01 belaufe sich der Einstandspreis (k_v) für Blautannen auf 20 EUR/Stück. Der Einfachheit halber wird angenommen, dass die Nachfrage nach Blautannen keinen Saisonschwankungen unterliege; somit ist der Lagerabgang kontinuierlich. Jede einzelne Bestellung verursacht – unabhängig von der Höhe der Bestellmenge – bestellfixe Kosten (K_f) in Höhe von 4.000 EUR. Der Großhändler verlangt von IMMERGRÜN Barzahlung; die Lagerhaltung führt also zu einer Kapitalbindung, die mit dem Tag des Warenzugangs beginnt und die sich mit dem durch Verkäufe abnehmenden Lagerbestand schrittweise reduziert. Das durch die Lagerhaltung gebundene Kapital verursacht Zinskosten in Höhe von 9 % pro Jahr zuzüglich 1 % sonstige Lagerkosten.

Teilaufgabe a)

> Bei der **Bestellmengenplanung** ergibt sich für Firma IMMERGRÜN das Problem, den Jahresbedarf von 36.000 Stück durch wenige große oder viele kleine Bestellungen zu decken. Welche Kostenfaktoren sind bei der Lösung dieses Problems zu berücksichtigen?

Wöhe S. 343–346

Wenige große Bestellungen haben den Vorteil, dass die bestellfixen Kosten K_f in Höhe von 4.000 EUR nur selten anfallen; dafür ergibt sich aber der Nachteil, dass der mit jeder Bestellung verbundene Lagerzugang und folglich auch die mit der

Lagerhaltung einhergehende Kapitalbindung sehr hoch ist, was zu hohen Zins- und Lagerkosten führt.

Wird der Jahresbedarf dagegen durch viele kleine Bestellungen gedeckt, fallen die bestellfixen Kosten sehr häufig an. Dafür sind aber die Kapital- und sonstigen Lagerungskosten wegen der niedrigen Lagerbestände sehr gering.

Die einzelnen Bestellmengen müssen deshalb so bemessen werden, dass die Summe aus diesen beiden Kostenfaktoren das Minimum erreicht.

Teilaufgabe b)

Firma IMMERGRÜN hat bei der Bestellmengenplanung folgende Möglichkeiten:

Fall	Anzahl der Bestellungen	Bestellmenge	Jahresbedarf
A	1	36.000	36.000
B	2	18.000	36.000
C	6	6.000	36.000
D	12	3.000	36.000

Wie groß ist in den einzelnen Fällen der durchschnittliche mengenmäßige Lagerbestand für Periode 01? Zeigen Sie in einer graphischen Darstellung die Lagerbestandsveränderungen sowie den durchschnittlichen Lagerbestand für die Fälle B und C!

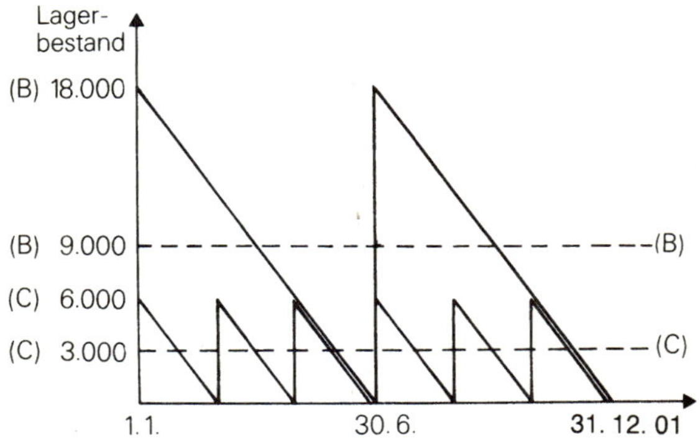

Die durchgezogenen Linien zeigen die Lagerbestandsveränderungen, die gestrichelten Linien zeigen den durchschnittlichen Lagerbestand. Für die vier Fälle ergibt sich folgender durchschnittlicher (mengenmäßiger) Lagerbestand: A = 18.000 Stück, B = 9.000 Stück, C = 3.000 Stück und D = 1.500 Stück.

Teilaufgabe c)

Die mit Beschaffung und Lagerhaltung verbundenen Kosten für Blautannen setzen sich aus folgenden Bestandteilen zusammen:

	Einstandskosten ($k_v \cdot m$)
+	bestellfixe Kosten (K_f)
=	Anschaffungskosten
+	Zins- und Lagerkosten
=	Gesamtkosten

Welcher der oben genannten Fälle A, B, C und D führt zu den geringsten Gesamtkosten für den Gesamtbedarf des Jahres 01? Auf welche Größe müssen die Zins- und Lagerkosten in Höhe von 10 % bezogen werden?

Die Zins- und Lagerkosten/Jahr richten sich nach der Höhe des durchschnittlichen **wertmäßigen** Lagerbestandes. Sie betragen zusammen 10% der durchschnittlich gebundenen Anschaffungskosten einer Bestellung, also

$$\frac{k_v \cdot m + K_f}{2} \cdot 0{,}10$$

Fall	**A**	**B**	**C**	**D**
(1) Anzahl der Bestellungen	1	2	6	12
(2) m = Bezugsmenge/Bestellung	36.000	18.000	6.000	3.000
(3) k_v = Einstandspreis EUR/Stück	20	20	20	20
(4) Einstandskosten EUR/Lieferung (2) · (3)	720.000	360.000	120.000	60.000
(5) K_f = fixe Kosten EUR/Bestellung	4.000	4.000	4.000	4.000
(6) Anschaffungskosten EUR/Bestellung (4) + (5)	724.000	364.000	124.000	64.000
(7) Anschaffungskosten EUR/Jahr (6) · (1)	724.000	728.000	744.000	768.000
(8) i = Zins + Lagerkosten	10%	10%	10%	10%
(9) ∅ Kapitalbindung = 50% von (6)	362.000	182.000	62.000	32.000
(10) Zins- und Lagerkosten/Jahr (9) · (8)	36.200	18.200	6.200	3.200
(11) Gesamtkosten/Jahr (7) + (10)	760.200	746.200	750.200	771.200

Die Berechnung zeigt, dass die Gesamtkosten/Jahr im Falle B, also bei einer Bestellhäufigkeit von 2 und einer Einzelbestellmenge von 18.000 Stück/Bestellung am geringsten sind.

Aufgabe 63 Optimale Bestellmenge

Es gelten alle Angaben der Aufgabe 62. Firma IMMERGRÜN ist jedoch bei der Bestellmengenplanung nicht mehr auf die oben genannten vier Fälle beschränkt, sondern sie kann jede beliebige Teilmenge bestellen.

Teilaufgabe a)

Werden die Gesamtkosten des Jahresbedarfs bei Einhaltung der optimalen (= kostengünstigsten) Bestellmenge höher sein als

(a) 720.000 EUR
(b) 723.000 EUR
(c) 740.000 EUR
(d) 746.200 EUR
(e) 750.000 EUR?

Die richtige Antwort lautet: (a) ja, (b) ja, (c) vielleicht, (d) nein, (e) nein.

Erläuterungen: Die Einstandskosten der Blautannen betragen für Periode 01 36.000 Stück · 20 EUR/Stück = 720.000 EUR; dazu kommen mindestens 4.000 EUR bestellfixe Kosten für mindestens eine Bestellung. Da die Gesamtkosten bei zweimaliger Bestellung (vgl. Aufgabe 62c) 746.200 EUR betragen, können die Gesamtkosten bei Einhaltung der optimalen Bestellmenge nicht höher sein. Die Gesamtkosten der optimalen Bestellmenge werden also zwischen 724.000 EUR und 746.200 EUR liegen.

Teilaufgabe b)

Wie groß ist die optimale Bestellmenge? Wie hoch sind in diesem Fall die Gesamtkosten des Jahresbedarfs?

Lösungshinweis: Bedienen Sie sich der Formel auf S. 345 im Wöhe!

Die Formel zur Ermittlung der optimalen Bestellmenge lautet:

$$\sqrt{\frac{2 \cdot \text{Jahresbedarf} \cdot \text{bestellfixe Kosten}}{\text{Einstandspreis} \cdot (\text{Zins-} + \text{Lagerkostensatz})}}$$

$$\sqrt{\frac{2 \cdot 36.000 \cdot 4.000}{20 \cdot 0{,}10}} = \sqrt{144.000.000} = 12.000 \text{ Stück}$$

Die optimale Bestellmenge beläuft sich auf 12.000 Stück. Für Periode 01 muss also Firma IMMERGRÜN drei Bestellungen aufgeben. Die Gesamtkosten des Jahresbedarfs betragen 744.200 EUR.

Einstandskosten EUR/Bestellung = 20 EUR/Stück · 12.000 Stück + bestellfixe Kosten EUR/Bestellung	240.000 EUR 4.000 EUR
= Anschaffungskosten EUR/Bestellung	244.000 EUR
Anschaffungskosten EUR/Jahr = 244.000 EUR/ Bestellung · 3 Bestellungen + Zins- und Lagerkosten EUR/Jahr = ½ · 244.000 EUR · 0,10	732.000 EUR 12.200 EUR
= Gesamtkosten EUR/Jahr	744.200 EUR

Bezieht man den Gesamtbedarf in drei Bestellungen zu jeweils 12.000 Stück, also in Höhe der optimalen Bestellmenge, so erreichen die Gesamtkosten mit 744.200 EUR das Minimum. Sie liegen deutlich unter den Gesamtkosten der Fälle A, B, C und D aus Aufgabe 62.

Aufgabe 64 Vorratsplanung

Firma IMMERGRÜN verkauft durchschnittlich 150 Stück Blautannen/Tag. Es dauert drei Tage, bis eine Bestellung den Großhändler erreicht. Zwei Tage dauert die Ausführung des Auftrages beim Großhändler, und weitere zwei Tage dauert der Transport vom Großhändler zu IMMERGRÜN. Aus Vorsichtsgründen will IMMERGRÜN stets einen Vorrat halten, der drei Tage ausreicht. Handelt es sich bei der Menge von 1.500 Stück um die optimale Bestellmenge, den Bestellbestand, den eisernen Bestand, den Meldebestand oder den Mindestbestand?

Bei der Menge von 1.500 Stück handelt es sich um den Melde- bzw. Bestellbestand.

Aufgabe 65 Preisänderungserwartungen

Welchen Einfluss haben Preisänderungserwartungen (bei den zu lagernden Gütern) auf die Höhe des Lagerbestandes? Zeigen Sie, dass ein Lagerdisponent bei Preisänderungserwartungen ebenso reagiert wie ein Devisen- oder Aktienspekulant!

Rechnet ein Devisenspekulant für die nächsten Tage mit dem Absinken des Kurses einer ausländischen Währung (= Preisrückgang im Vergleich zum EUR), wird er sich von seinen Devisenbeständen trennen; rechnet er dagegen mit einem Kursanstieg (= Preiserhöhung im Vergleich zum EUR), wird er sich mit Devisenbeständen eindecken.

Genauso verhält sich ein guter Lagerdisponent in einem Betrieb: Rechnet er mit Preissteigerungen, wird er sich stärker eindecken, als er es bei konstanten Preisen tun würde. Hält er dagegen Preissenkungen für wahrscheinlich, wird er die nächste Bestellung soweit wie möglich hinauszögern.

Erwartete Preisänderung	Devisenspekulant	Lagerdisponent
Preissteigerung	Maximierung des Bestandes (durch verstärkte Einkäufe und/oder verminderte Verkäufe)	Maximierung des Lagerbestandes (durch vorgezogene Bestellungen)
Preissenkung	Minimierung des Bestandes (durch verminderte Einkäufe und/oder verstärkte Verkäufe)	Minimierung des Lagerbestandes (durch hinausgeschobene Bestellungen)

Aufgabe 66 Ableitung von Stücklisten aus einer Erzeugnisstruktur

Die Erzeugnisstruktur für ein Endprodukt P hat folgendes Aussehen:

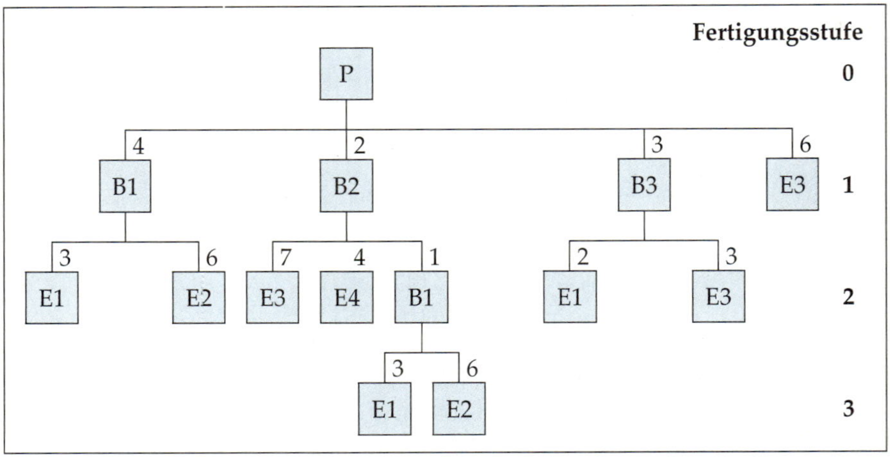

Baugruppen sind mit B und Einzelteile mit E gekennzeichnet.

Wöhe S. 334–339

Teilaufgabe a)

Geben Sie zunächst die nach Dispositionsstufen gegliederte Erzeugnisstruktur an, und erläutern Sie für welche Stücklistenform diese Gliederung von Bedeutung ist.

Als Dispositionsstufe bezeichnet man die tiefste Fertigungsstufe, in der eine Baugruppe oder ein Einzelteil Verwendung findet.

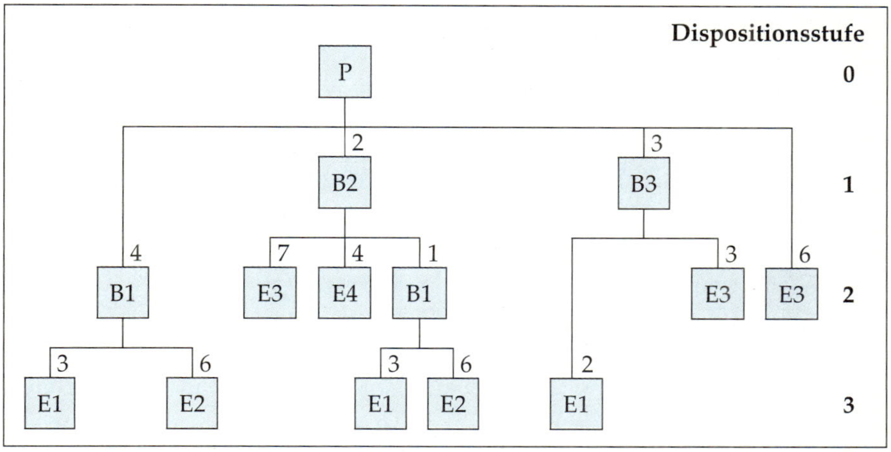

Erzeugnisstruktur gegliedert nach Dispositionsstufen

Angaben über die Dispositionsstufe benötigt man für die Erstellung einer Mengenübersichtsstückliste.

Teilaufgabe b)

Erstellen Sie anhand der gegebenen Erzeugnisstruktur die Mengenübersichtsstückliste und die Strukturstückliste für das Endprodukt P sowie die Baukastenstücklisten für B1, B2 und P.

Dispositionsstufe	Teilebezeichnung	Menge
1	B2	2
1	B3	3
2	B1	6
2	E3	29
2	E4	8
3	E1	24
3	E2	36

Mengenübersichtsstückliste für Endprodukt P

Fertigungsstufe	Teilebezeichnung	Menge
.1	B1	4
..2	E1	3
..2	E2	6
.1	B2	2
..2	E3	7
..2	E4	4
..2	B1	1
...3	E1	3
...3	E2	6
.1	B3	3
..2	E1	2
..2	E2	3
.1	E3	6

Strukturstückliste für Endprodukt P

Teilebezeichnung	Menge
B1	4
B2	2
B3	3
E3	6

Baukastenstückliste für Endprodukt P

Teilebezeichnung	Menge
E1	3
E2	6

Baukastenstückliste für Baugruppe B1

Teilebezeichnung	Menge
B1	1
E3	7
E4	4

Baukastenstückliste für Baugruppe B2

Aufgabe 67 Materialklassifizierung mit Hilfe der ABC-Analyse

Die DURCHBLICK GmbH ist ein ständig expandierendes Unternehmen auf dem Gebiet des Fensterbaus.

Gert GLAS, Geschäftsführer der DURCHBLICK GmbH, hat Sie zur Bewältigung betriebswirtschaftlicher Fragen als Assistenten eingestellt. Sie werden zunächst beauftragt, eine ABC-Analyse zur Klassifizierung der im Produktionsprozess des Unternehmens verwendeten Materialien durchzuführen.

Wöhe S. 337–339

Teilaufgabe a)

Welche Informationen benötigen Sie, um Ihren Auftrag auszuführen?

Sie benötigen für jede im Produktionsprozess eingesetzte Materialart Angaben über den mengenmäßigen Verbrauch pro Periode und den Preis pro Mengeneinheit.

Teilaufgabe b)

Nachdem Sie wissen, welche Informationen Sie einholen müssen, wenden Sie sich an den Angestellten Kurt KLAR, der in der DURCHBLICK GmbH für den kaufmännischen Bereich zuständig ist, und fordern von ihm eine Liste mit den unter a) genannten Informationen, um eine ABC-Analyse durchführen zu können.

KLAR, wissensdurstig und misstrauisch Ihnen gegenüber, stellt zunächst folgende Fragen:

Aus welchen Gründen führt man mittels einer ABC-Analyse eine Materialklassifizierung durch, und wie geht man bei der Durchführung einer ABC-Analyse vor?

Um die Bedarfsdeckung zu gewährleisten, ist eine umfassende Bedarfsplanung erforderlich. Diese verursacht aber schnell erhebliche Kosten. Aus Gründen der Wirtschaftlichkeit ist es daher nicht möglich, für die Vielzahl der in einem Unternehmen eingesetzten Materialien den gleichen Dispositionsaufwand zu betreiben. Mittels der ABC-Analyse werden jene Materialien selektiert, die für das Unternehmen einen hohen Grad an Bedeutung besitzen und aus diesem Grund einer umfassenden und detaillierten Planung bedürfen.

Teilaufgabe c)

In welchen Teilschritten gehen Sie bei der Durchführung einer ABC-Analyse vor?

Bei der Durchführung einer ABC-Analyse wählt man eine zweigeteilte Vorgehensweise, die man in folgende Teilschritte zerlegen kann:

I. (1) Ermittlung des Periodenverbrauchs in Geldeinheiten für jede Materialart.
   (2) Vergabe einer Rangziffer an jede Materialart entsprechend ihrem in Geldeinheiten gemessenen Periodenverbrauchs.
   (3) Berechnung des prozentualen Anteils jeder Materialart am Gesamtverbrauch in Mengeneinheiten aller Materialarten.
   (4) Berechnung des prozentualen Anteils jeder Materialart am Gesamtverbrauchswert aller Materialarten.

II. (1) Ordnen der Materialarten entsprechend ihrer Rangziffer.
   (2) Kumulieren der prozentualen Anteile am Gesamtverbrauch in Mengeneinheiten aller Materialarten.
   (3) Kumulieren der prozentualen Anteile am Gesamtverbrauchswert aller Materialarten.

Die Klassifizierung als A-, B- oder C-Teil hängt jetzt nur noch von der Festlegung der Grenzwerte ab.

Zufriedengestellt durch ihre Antworten händigt KLAR Ihnen folgende Liste aus, anhand derer Sie die Analyse nachfolgend durchführen:

Materialart Nr.	Materialverbrauch pro Periode in ME	Preis pro ME in EUR
1	156	96
2	728	5
3	104	375
4	208	21,75
5	156	62,50
6	312	3,75
7	130	200
8	520	0,20
9	260	15
10	26	3.500

Durchführung der ABC-Analyse:

In Tabelle I sind die oben bereits verbal erläuterten Schritte I, 1–4, in Tabelle II entsprechend die Schritte II, 1–3 durchgeführt.

Tabelle I:

Materialart Nr.	Materialverbrauch pro Periode		Preis pro ME	Wert des Gesamtverbrauchs		Rang
	in ME	in %		in GE	in %	
1	156	6	96	14.976	7,7	4
2	728	28	5	3.640	1,9	8
3	104	4	375	39.000	20	2
4	208	8	21,75	4.524	2,3	6
5	156	6	62,5	9.750	5	5
6	312	12	3,75	1.170	0,6	9
7	130	5	200	26.000	13,3	3
8	520	20	0,20	1.040	0,5	10
9	260	10	15	3.900	2	7
10	26	1	3.500	91.000	46,7	1
	2600	**100**		**195.000**	**100**	

Tabelle II:

Rang	Materialart Nr.	Mengenverbrauch in %	kumulierter Mengenverbrauch in %	Wertverbrauch in %	kumulierter Wertverbrauch in %
1	10	1	1	46,7	46,7
2	3	4	5	20	67,7
3	7	5	10	13,3	80
4	1	6	16	7,7	87,7
5	5	6	22	5	92,7
6	4	8	30	2,3	95
7	9	10	40	2	97
8	2	28	68	1,9	98,9
9	6	12	80	0,6	99,5
10	8	20	100	0,5	100

Nach Festlegung der Grenzwerte erhält man folgende Klassifizierung in A-, B- und C-Teile:

Teileart	Materialart Nr.	Wertanteil (%)	Mengenanteil (%)
A-Teile	10, 3, 7	80 %	10 %
B-Teile	1, 5, 4	15 %	20 %
C-Teile	9, 2, 6, 8	5 %	70 %

Teilaufgabe d)

Nach Abschluss der Analyse werden Sie von GLAS aufgefordert, ihm die Ergebnisse zu präsentieren. Welche Möglichkeiten der graphischen Veranschaulichung gibt es, und wie sehen sie hier in unserem Fall aus?

Die Ergebnisse der ABC-Analyse kann man in Form einer Konzentrationskurve (Lorenzkurve) oder eines Balkendiagramms graphisch darstellen.

Für unser Beispiel erhält man folgende Graphiken:

I. Konzentrationskurve **II. Balkendiagramm**

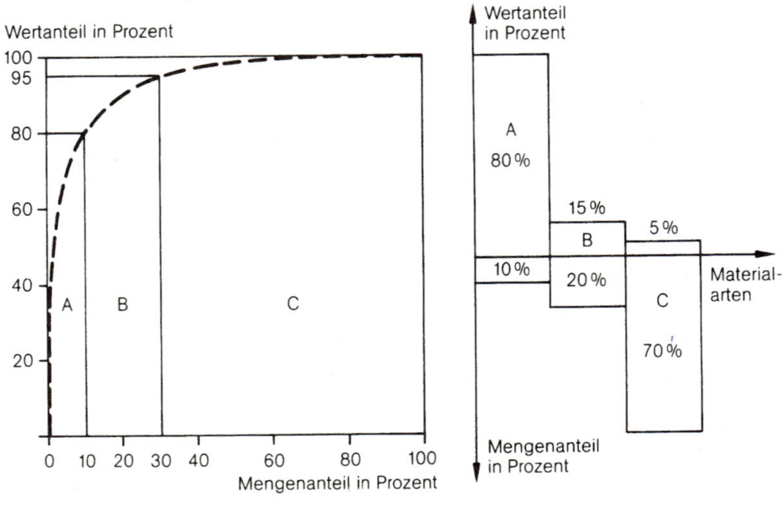

3. Fertigungsplanung

Wiederholungsfragen:

	Wöhe Seite
Was versteht man unter Fließfertigung?	347 f.
Was bedeutet der Begriff „Werkstattfertigung"?	347
Nennen Sie Beispiele für eine Baustellenfertigung!	348
Wodurch ist die Gruppenfertigung gekennzeichnet?	348
Nennen Sie typische Beispiele für eine Einzelfertigung!	347
Was versteht man unter optimaler Losgröße?	350 f.
Welcher Zusammenhang besteht zwischen auflagefixen Kosten und Auflagendegression (Losgrößendegression)?	350 f.
Welche Aufgabe hat die Durchlaufterminierung?	352
Welche Vorteile liegen in der Verkürzung der Durchlaufzeiten?	352
Woraus setzt sich die vorgangsbezogene Durchlaufzeit zusammen?	352f.
Erläutern Sie die Begriffe „auftragsbezogene Durchlaufzeit", „kritischer Pfad" und „Pufferzeit"!	354
Worin besteht der Unterschied zwischen Vorwärts- und Rückwärtsterminierung?	354
Welchem Zweck dienen Netzpläne?	354
Nennen Sie einige kurzfristige Maßnahmen der Kapazitätsabstimmung!	355 f.
Nennen Sie langfristige Maßnahmen der Kapazitätsabstimmung!	356
Welche Aufgabe hat die Terminfeinplanung?	356 f.
Was ist ein GANTT-Diagramm?	358
Erklären Sie das Dilemma der Ablaufplanung!	358
Welchen Vorzug weisen Prioritätsregeln gegenüber mathematisch exakten Verfahren der Terminfeinplanung auf?	359
Was besagt die SZ- und was die KOZ-Regel?	359
Welches Problem wird mit Hilfe des optimalen Fließbandabgleichs gelöst?	359 f.
Wie wird der optimale Fließbandabgleich vorgenommen?	360

Aufgabe 68 Fertigungstypen

Es lassen sich folgende Fertigungstypen unterscheiden:

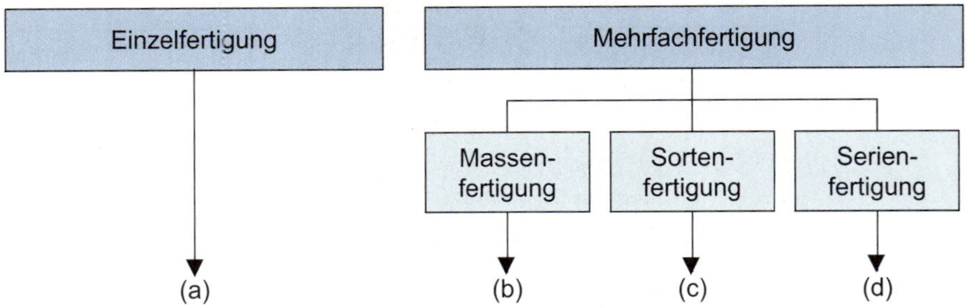

Welchen dieser vier Fertigungstypen würden Sie folgende Produkte zuordnen: (1) Fertigbeton mit unterschiedlichem Zementgehalt, (2) Einfamilienhäuser, (3) Elektrizität, (4) Münzen, (5) Bücher, (6) Teppiche, (7) Teppichauslegware, (8) Großtanker, (9) Benzin, (10) Stahlblech unterschiedlicher Stärke, (11) Brücken und (12) Autos?

Wöhe S. 347–349

Die richtige Lösung lautet: 1c, 2a, 3b, 4d, 5d, 6c, 7b, 8a, 9b, 10c, 11a und 12d.

Aufgabe 69 Werkstatt- und Fließfertigung

Von welchen Faktoren hängen die Produktionskosten bei der Werkstattfertigung einerseits und bei der Fließfertigung andererseits ab? Unter welchen Bedingungen sollte man sich für das eine oder das andere Fertigungsverfahren entscheiden?

Wöhe S. 347 f.

Üblicherweise ist die Erlösseite unabhängig von der Wahl des Fertigungsverfahrens. Langfristige Gewinnmaximierung erreicht man somit über die Kostenminimierung. Die Fließfertigung zeichnet sich durch vergleichsweise hohe Kapitalkosten (als Folge des großen Investitionsvolumens), die Werkstattfertigung durch vergleichsweise hohe Lohnstückkosten und hohe Kosten für Transport und Stillstandzeiten der Betriebsmittel (= Leerkosten) aus.

Die hohe Kapitalintensität der Fließfertigung führt zu einem hohen Anteil fixer Kosten an den Gesamtkosten K_{FF}. Dafür sind die variablen Stückkosten vergleichsweise niedrig.

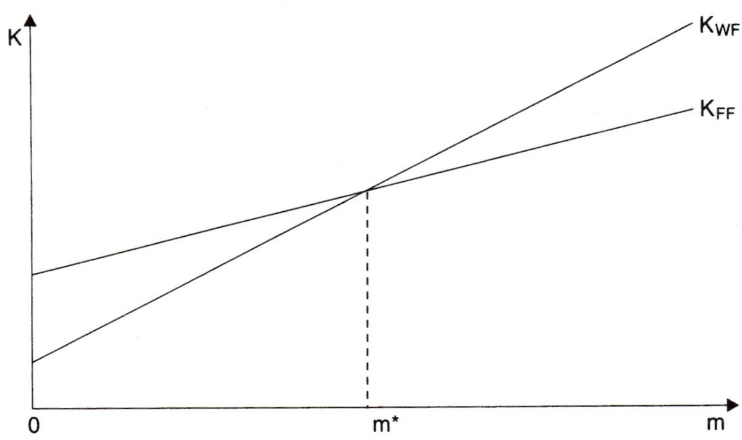

Dagegen sind in den Kosten der Werkstattfertigung K_{WF} hohe variable und vergleichsweise niedrige Fixkosten enthalten. Fließfertigung lohnt sich im allgemeinen nur bei hohen Stückzahlen, also bei Serien- oder Massenfertigung. Unter formalen Gesichtspunkten ist Fließfertigung nur vorteilhaft, wenn die Produktionsmenge den kritischen Wert m* übersteigt.

Aufgabe 70 Organisationstypen der Fertigung

Welche Vorteile hat die Fließfertigung gegenüber der Werkstattfertigung? Welche der folgenden Antworten sind richtig?

(a) geringere Transportkosten
(b) geringere Stückkosten
(c) höhere Produktqualität
(d) bessere Arbeitsplatzbedingungen
(e) geringere Lagerkosten
(f) bessere Anpassungsmöglichkeiten bei Beschäftigungsschwankungen
(g) höhere Arbeitsproduktivität

Wöhe S. 348 f.

Richtig sind folgende Antworten: (a), (e) und (g).

Aufgabe 71 Optimale Losgröße

Die BESTSELLER AG vertreibt ein Fachbuch, von dem sich in den nächsten Jahren 8.000 Stück/Jahr absetzen lassen. Die auflagefixen Kosten belaufen sich auf 36.000 EUR/Auflage. Das in den gedruckten, aber noch nicht verkauften Büchern gebundene Kapital muss mit 10% p. a. verzinst werden. Der Absatz vollzieht sich kontinuierlich, also ohne zeitliche Schwankungen. Wie groß soll die Auflage (= optimale Losgröße) gewählt werden, wobei die Zins- und Herstellungskosten pro Buch möglichst gering gehalten werden sollen, wenn die proportionalen Herstellungskosten (Papier, Einband, Druckerschwärze usw.)

a) 10 EUR/Stück
b) 40 EUR/Stück

betragen? In welchem der beiden Fälle wird die Auflage niedriger sein? Beantworten Sie bitte zunächst diese letzte Frage und begründen Sie Ihre Antwort.

Wöhe S. 350 f.

Auflagefixe Kosten bewirken tendenziell eine Vergrößerung, Zinskosten der Lagerung dagegen eine Verkleinerung der Auflage. Da die Zinskosten u. a. von der Höhe der Herstellungskosten abhängen, führen höhere Herstellungskosten/Stück zu höheren Zinskosten und somit auch zu einer Verringerung der Auflage. Im Fall b) wird also die Auflage niedriger sein als im Fall a).

$$\sqrt{\frac{2 \cdot \text{Jahresbedarf} \cdot \text{auflagefixe Kosten}}{\text{auflageproportionale Kosten} \cdot \text{Zinssatz}}} = \text{optimale Losgröße}$$

Fall a):
$$\sqrt{\frac{2 \cdot 8.000 \text{ Stück} \cdot 36.000 \text{ EUR}}{10 \text{ EUR} \cdot 0{,}10}} = \sqrt{576.000.000 \text{ Stück}} = \mathbf{24.000\ Stück}$$

Fall b):
$$\sqrt{\frac{2 \cdot 8.000 \text{ Stück} \cdot 36.000 \text{ EUR}}{40 \text{ EUR} \cdot 0{,}10}} = \sqrt{144.000.000 \text{ Stück}} = \mathbf{12.000\ Stück}$$

Im Falle a) liegt die kostengünstigste Auflage bei 24.000 Stück, im Falle b) bei 12.000 Stück.

Aufgabe 72 Kapazitätsterminierung

Die SCHNEIDER-WIBBEL KG produziert Herrenkonfektion. Ein fester Auftrag zur Herstellung von 1.000 Anzügen liegt vor. Zum Nähen der Hosen H ist der 6. bis 9., zum Nähen der Jacken J ist der 6. bis 11. Arbeitstag des Monats Mai vorgesehen:

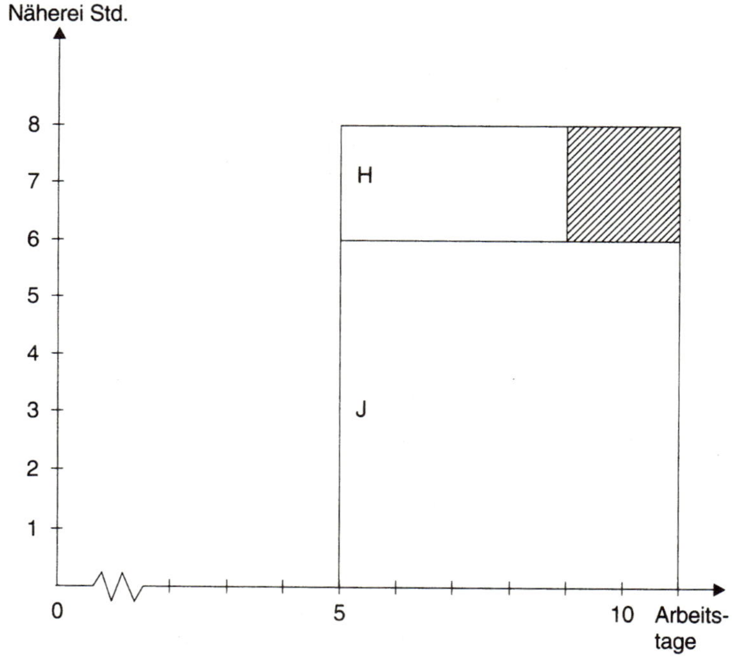

Spätestens am 11. Arbeitstag müssen die Anzüge die Näherei durchlaufen haben.

Die schraffierte Fläche markiert eine Pufferzeit, zu der die Näherei, deren Normalarbeitszeit acht Stunden/Tag beträgt, nur zu drei Viertel ausgelastet ist. Zwischen dem 6. und 9. Arbeitstag ist die Näherei dagegen zu 100 Prozent ausgelastet.

Zu Beginn des Monats Mai ist über die Annahme eines lukrativen Zusatzauftrags Z zu entscheiden, für den folgende Daten gelten:

- Kapazitätsbeanspruchung Näherei: 8 Stunden
- frühestmöglicher Arbeitsbeginn: 6. Arbeitstag
- spätestmöglicher Fertigstellungstermin: 9. Arbeitstag.

Der Zusatzauftrag Z soll auf jeden Fall angenommen werden. Maximal können drei Überstunden/Arbeitstag gefahren werden, wobei die SCHNEIDER-WIBBEL KG mit folgenden Zuschlägen rechnen muss:

9. Arbeitsstunde	10 %
10. Arbeitsstunde	20 %
11. Arbeitsstunde	30 %

An welchen Arbeitstagen sollte der Zusatzauftrag Z abgewickelt werden?

Wöhe S. 355 f.

Der Zusatzauftrag Z ist zwischen dem 6. und dem 9. Arbeitstag durchführbar. Diese Zeitspanne sollte voll genutzt werden, damit die notwendigen Überstunden im Interesse der Kostenminimierung möglichst „flach" auf einen maximalen Zeitraum verteilt werden.

Zur Abwicklung des Basisauftrags (1.000 Anzüge) ist es ausreichend, wenn die Hosen bis zum 11. Arbeitstag fertiggestellt sind. Verlagert man einen Teil der Hosenproduktion in die ursprünglich geplante Pufferzeit (10. und 11. Arbeitstag), schafft man zwischen dem 6. und 9. Arbeitstag einen Kapazitätsfreiraum von jeweils einer Arbeitsstunde.

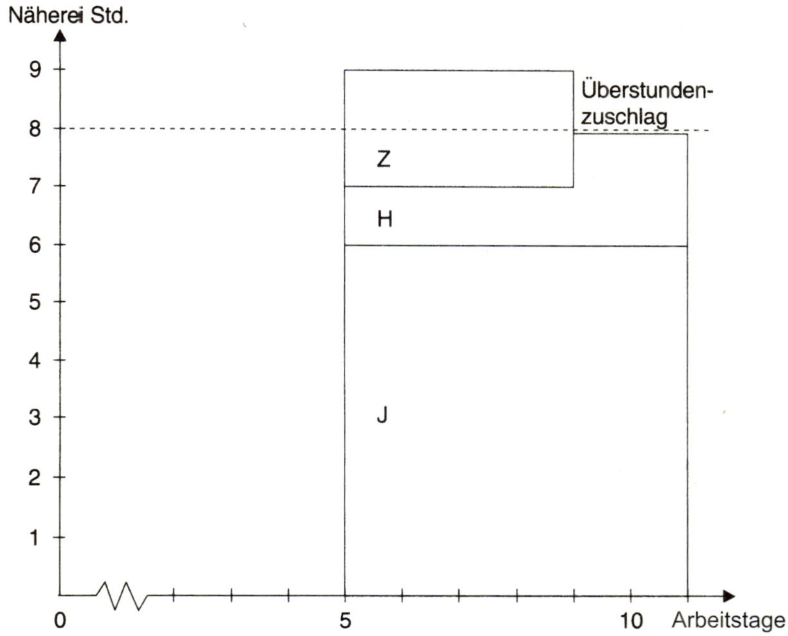

Aufgabe 73 Retrograde Terminierung

Der STAHLBAU AG liegen drei Aufträge vor:

(1) Erstellung einer Stahlbrücke bis zum 167. Arbeitstag.
(2) Bau einer Stahlhalle bis zum 195. Arbeitstag.
(3) Aufbau einer Stahlkonstruktion als Lagersystem bis zum 207. Arbeitstag.

Alle Aufträge müssen drei Produktionsstufen (Zuschnitt, Schweißerei und Montage) durchlaufen. Im einzelnen geht der Zeitbedarf aus der folgenden Tabelle hervor:

Auftrag	Zeitbedarf in Tagen		
	Zuschnitt	Schweißerei	Montage
Brücke	10	30	40
Halle	20	55	30
Lagersystem	35	35	10

Teilaufgabe a)

Ermitteln Sie die „Wunschtermine“ und die Termine, wie sie sich unter Verwendung der SLT-Regel als Prioritätsregel ergeben! (Anmerkung: SLT = spätester Liefertermin als Auswahlkriterium für die Auftragsbearbeitung.)

Wöhe S. 355 f.

Auftrag	Zeitraum der Belegung der Produktionsstufen		
	Zuschnitt	Schweißerei	Montage
Priorität			
Brücke	(87–97)	(97–127)	(127–167)
3	[67–77]	[77–107]	[125–165]
Halle	(90–110)	(110–165)	(165–195)
2	[87–107]	[107–162]	[165–195]
Lagersystem	(127–162)	(162–197)	(197–207)
1	[127–162]	[162–197]	[197–207]

( ) = Wunschtermin
[ ] = Termin unter Beachtung der SLT-Regel

Teilaufgabe b)

Welche Konsequenz ergibt sich aus der retrograden Terminierung, wenn die Planung am 70. Arbeitstag erfolgt ist?

Alle Termine müssen um 3 Tage in die Zukunft verschoben werden, sofern zwischen den Bearbeitungsterminen keine Puffer vorhanden sind. Da zwischen Schweißerei und Montage der Brücke ein Puffer von 18 Tagen und bei der Halle ein Puffer von 3 Tagen vorhanden ist, verspätet sich lediglich die Fertigung des Lagersystems um 3 Tage.

Aufgabe 74 Warteschlange und Wartezeit

Sie werden beauftragt, den Ablauf der Essenausgabe in der Werkskantine neu zu regeln. Bisher existieren fünf nebeneinander liegende Schalter, an denen jeweils drei Frauen das Zusammenstellen eines Tellergerichtes besorgen. Von den 800 Beschäftigten machen 90 % von der Werkskantine Gebrauch. Allerdings wurde die Mittagspause in zwei Schichten à 30 Minuten abgehalten. Bei der bisherigen Organisation der Essenausgabe konnten an jedem Schalter 4 Essen/Minute ausgegeben werden.

Wie lang ist nach dem bisherigen Ausgabeverfahren die Wartezeit für den einzelnen im ungünstigsten Fall, wenn man unterstellt, dass jede Schicht fast gleichzeitig eintrifft und sich gleichmäßig auf die fünf Schalter verteilt?

Jede Schicht umfasst 360 Personen, so dass auf jeden Schalter 72 Personen entfallen. Im ungünstigsten Fall hat man also 71 Personen vor sich. Somit muss man maximal 72 · 0,25 Min. = 18 Minuten warten, ehe man sein Essen in Empfang nehmen kann.

Aufgabe 75 Festlegung der Taktzeit

Ein Tellergericht besteht normalerweise aus Fleisch (F), Soße (S), Gemüse (G) und Kartoffeln (K). Die Zusammenstellung eines solchen Tellergerichtes lässt sich in vier entsprechende Arbeitsgänge gleicher Zeitdauer einteilen. Als erster bzw. letzter Arbeitsgang (von ebenfalls gleicher Zeitdauer) kommen noch das Bereitstellen des leeren Tellers (T) bzw. die Entgegennahme der Essenmarke (M) hinzu. Nach dem neuen Ausgabeverfahren sollen diese sechs Verrichtungen an einem Fließband vollzogen werden.

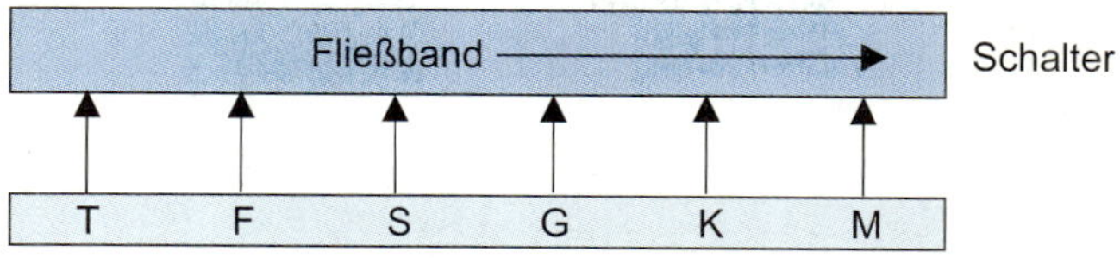

Teilaufgabe a)

> Wie lautet die **Taktzeit,** wenn das Band 10 m lang ist und eine Laufgeschwindigkeit von 0,40 m/Sek. hat?

Wöhe S. 359 f.

Aus diesen beiden Angaben lässt sich lediglich ableiten, dass die Transportzeit vom Bandanfang bis zum Bandende 25 Sekunden beträgt. Die Transportzeit ist aber zunächst unabhängig von den Zeitintervallen, in denen jeweils ein neuer Teller auf das Band gelegt wird. Es ist denkbar, dass dies nur alle zwei Minuten geschieht; dann wird alle zwei Minuten ein Teller mit Fleisch versehen, mit Soße begossen usw. In diesem Fall betrüge die Taktzeit zwei Minuten.

Teilaufgabe b)

> Sie haben schon einmal ein solches Band in Betrieb gesehen und dabei festgestellt, dass alle sechs Verrichtungen, ausgeführt an sechs verschiedenen Tellern, gleichzeitig vollzogen werden. Lassen sich aus dieser Tatsache Rückschlüsse auf die Taktzeit ziehen?

Aus der obigen Abbildung lässt sich erkennen, dass die Gleichzeitigkeit der Verrichtungen nur folgendermaßen zu erreichen ist: in T wird ein Teller ① aufgelegt; gelangt dieser zu F, wird in T ein zweiter Teller ② aufgelegt. Zu dem Zeitpunkt, zu dem man in T den vierten Teller ④ auflegt, befindet sich der dritte in F, der zweite in S und der erste in G:

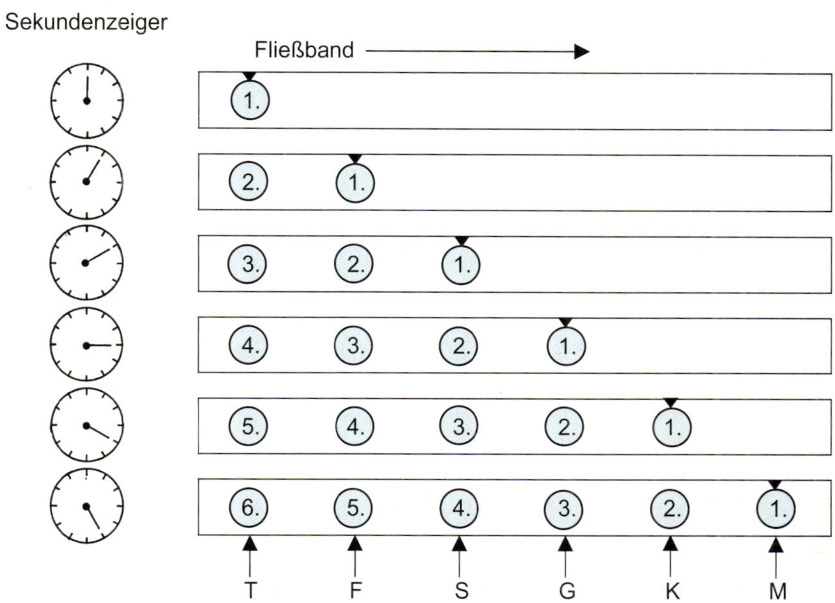

Zwischen dem Auflegen des ersten Tellers in T und der Ankunft dieses Tellers in M vergehen 25 Sekunden. Während dieser 25 Sekunden wurde der zweite Teller, der sich jetzt in K befindet, der dritte, der sich jetzt in G befindet, der vierte, der bei S und der fünfte, der bei F angelangt ist, aufgelegt. (Der sechste Teller soll gerade erst aufgelegt werden.) Innerhalb von 25 Sekunden wurden also fünf Teller aufgelegt oder: die Teller werden in Zeitintervallen von fünf Sekunden aufgelegt, in Intervallen von fünf Sekunden mit Fleisch versehen usw. Die **Taktzeit** beträgt also fünf Sekunden.

Aufgabe 76 Warteschlange und Wartezeit

Es gelten alle Angaben der vorangegangenen Aufgabe. Wie viele Schalter neuer Art müssen installiert werden, wenn die Wartezeit im ungünstigsten Fall (bisher 18 Minuten) zehn Minuten nicht übersteigen soll? Dabei soll die Zwei-Schichten-Regelung beibehalten werden.

Die in Zeitintervallen von 5 Sekunden aufgelegten Teller kommen mit einer Phasenverschiebung von 25 Sekunden am Schalter an. Somit können an einem Schalter 12 Essen/Minute ausgegeben werden. Soll die Wartezeit im ungünstigsten Fall zehn Minuten nicht übersteigen, darf auch im ungünstigsten Fall die Warteschlange nicht größer als 120 Personen (= 10 Minuten · 12 Personen/Minute) sein. Da eine Mittagsschicht aus 360 Personen besteht, sind drei Schalter neuer Art einzurichten.

Aufgabe 77 Arbeitsgeschwindigkeit und Taktgeber

Es gelten die Angaben zu Aufgabe 74 bis 76. Die Bänder sind seit einiger Zeit in Betrieb, die maximalen Wartezeiten überschreiten in der Regel nicht die Zehn-Minuten-Grenze. An manchen Tagen wechselt das Bedienungspersonal die Stellen (T tauscht mit K usw.). An manchen Tagen beträgt auch die Wartezeit bis zu 12 Minuten. Worauf kann das zurückzuführen sein, wenn es keine Unterbrechung des Arbeitsablaufs gibt? Wie lässt sich Abhilfe schaffen?

Lösungshinweis: Wer bestimmt die Taktzeit?

Die Taktzeit, jenen Rhythmus also, in dem die Teller an den Schalter gelangen, bestimmt der Taktgeber. In unserem Beispiel ist das die Arbeitskraft am Anfang des Bandes, also die Person, welche die Teller auflegt. Geschieht dies in Zeitintervallen von sechs statt fünf Sekunden, können an jedem Schalter nur noch zehn Essen/Minute ausgegeben werden. In einem solchen Falle erhöhte sich auch für die übrigen Stellen das zur „Bearbeitung" zur Verfügung stehende Zeitintervall (= Zeitspanne bis zum Eintreffen des nächsten Tellers) um eine Sekunde. Die Verzögerungen bei der Essensausgabe haben ihre Ursachen in der Person, welche die Teller auflegt.

Es empfiehlt sich, als **Taktgeber** (bei konstanter Bandgeschwindigkeit) nicht eine Person, sondern einen Automaten einzusetzen. Der Arbeitsplatz T müsste also von einem Apparat, der alle fünf Sekunden einen Teller auf das Band gleiten lässt, ersetzt werden. Verzögerungen können jetzt nur noch dadurch eintreten, dass ein Teller von der einen oder anderen Stelle übersehen, im Endergebnis also unvollständig „bearbeitet" wird.

Aufgabe 78 Stellenanordnung am Fließband

Es gelten die Angaben zu Aufgabe 74 bis 77. Aus räumlichen Gründen lassen sich die einzelnen Stellen nicht in regelmäßigen Abständen am Fließband anordnen:

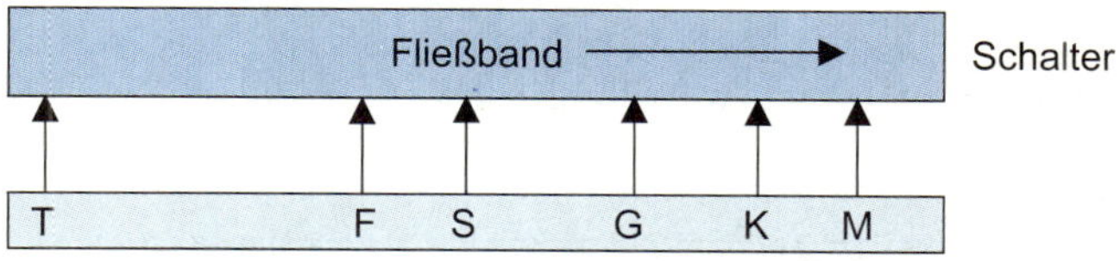

Welche Konsequenzen ergeben sich hieraus auf die für jede Verrichtung zur Verfügung stehenden Zeitintervalle, wenn Taktzeit und Bandgeschwindigkeit unverändert bleiben?

Das Band hat eine Laufgeschwindigkeit von 0,40 m/Sek. Wenn alle fünf Sekunden ein Teller auf das Band gelegt wird, beträgt der Abstand zwischen den einzelnen Tellern 2 m. Laufen aber alle Teller im Zwei-Meter-Abstand an einer Stelle vorbei, sind die Bearbeitungsintervalle (von Teller zu Teller) für jede Stelle nicht nur konstant, sondern sie betragen nach wie vor fünf Sekunden.

Der Stelleninhaber (zum Beispiel G) kann eine leichte Verlängerung der Bearbeitungszeiten allerdings dadurch erreichen, dass er (wenn das Band von links nach rechts läuft) den Teller Nr. 48 sehr weit links, den Teller Nr. 49 sehr weit rechts bedient. Dadurch kann er die Zeit, die zwischen der „Bearbeitung" des 48. und des 49. Tellers verstreicht, im Extremfall auf zwei Arbeitstakte (10 Sek.) ausdehnen.

Aufgabe 79 Taktzeit, Bandgeschwindigkeit und Wartezeit

Es gelten die Angaben zu Aufgabe 74 bis 78. Der Automat mit einer festen Taktzeit von fünf Sekunden wurde installiert. Der Betriebsrat macht Ihnen den Vorschlag, zur Verkürzung der Wartezeiten der Kantinenbenutzer die Bandgeschwindigkeit von 0,40 m/Sek. auf 0,50 m/Sek. zu erhöhen. Was halten Sie von diesem Vorschlag?

Solange die Taktzeit unverändert bleibt, passiert ein Teller den Arbeitsplatz im Zeitabstand von fünf Sekunden. Wird nur alle fünf Sekunden ein Teller auf das Band gelegt, kann auch – unabhängig von der Bandgeschwindigkeit – nur alle fünf Sekunden ein Teller den Schalter erreichen. Die Wartezeit lässt sich also durch Erhöhung der Bandgeschwindigkeit nicht verkürzen; dies wäre nur durch Änderung der Taktzeit möglich.

Aufgabe 80 Abstimmung der Taktzeit

Es gelten alle Angaben zu Aufgabe 74 bis 79. Die Bandgeschwindigkeit liegt nach wie vor bei 0,4 m/Sek. Das Aufgießen der Soße dauert jetzt aber nicht mehr fünf, sondern neun Sekunden. Was müssen Sie unternehmen, um die Wartezeiten nicht zu verlängern, wenn kein zusätzliches Band installiert werden soll?

Am Arbeitsplatz S liegt eine Durchbrechung der Taktzeit vor. Die Teller können nicht mehr in Zeitintervallen von fünf Sekunden passieren, wenn das Auftun der Soße neun Sekunden dauert.

Dieses Problem lässt sich nur dadurch lösen, dass für diesen Arbeitsgang eine zweite Stelle geschaffen wird. Durch die Möglichkeit, jeweils einen Teller zu überspringen, wird die zur Verfügung stehende Bearbeitungszeit für S_1 und S_2 von fünf auf zehn Sekunden verlängert.

III. Integration der Produktionsplanung und -steuerung

Wiederholungsfragen:

	Wöhe Seite
Warum kann die schrittweise Durchführung der Produktionsplanung im Rahmen einzelner Partialmodelle zur Verfehlung des betriebswirtschaftlichen Oberzieles führen?	361
Wie arbeitet das Programm MRP?	362
Welchem Oberziel folgt üblicherweise ein PPS-System?	363
Mit welchem Schritt beginnt die Planung der Produktion?	364 f.
Welchen Aufgaben dient die Betriebsdatenerfassung (BDE)?	366
Was versteht man unter dem Durchlaufzeit-Syndrom?	367
Welche Schwächen hat das System MRP I?	367
Was ist ein Belastungskonto im Rahmen der BORA, und wie wird mit diesem Konto gearbeitet?	369 f.
Welchem Zweck dient eine Laufkarte (Kanban)?	370 f.
Was versteht man unter Lean Production?	371
Was versteht man unter einer Fortschrittszahl?	371
Welchem Zweck dient das CIM-Konzept?	372
Wozu dient eine flexible Fertigungszelle?	375
Wie kann die Simulationstechnik zur Verbesserung der Produktionsplanung genutzt werden?	376
Welche Vorteile weist eine integrierte Umweltschutzplanung gegenüber additiven Ansätzen auf?	376 f.
Nennen Sie einige mögliche Maßnahmen des integrierten Umweltschutzes!	378

Aufgabe 81 Integration der Produktionsplanung

Erläutern Sie, welche grundsätzlichen Möglichkeiten im Hinblick auf die Integration der Produktionsplanung und -steuerung bestehen und wie sich diese Ansätze bezüglich Datenverwaltung, verfolgtem Planungsansatz und Zielerreichungsgrad unterscheiden!

Wöhe S. 361–363

System	Datenverwaltung	Planungsansatz	Zielerreichung
dezentrale Planung	unabhängig je Teilbereich	sukzessiv	gering
simultane PPS-Systeme	integriert	simultan	theoretisch maximal, praktisch gering
traditionelle PPS-Systeme	integriert	sukzessiv	gering bis mittel
neuere PPS-Systeme	integriert	sukzessiv mit Rückkopplungen	mittel bis hoch

Bei der **dezentralen Planung** im Rahmen einzelner Partialmodelle werden die einzelnen Teilbereiche (kurzfristige Produktionsprogrammplanung, Bereitstellungsplanung usw.) unabhängig voneinander und sukzessive (schrittweise) geplant. Die Datenverwaltung erfolgt ebenfalls dezentral je Teilbereich; der Zielerreichungsgrad ist relativ gering.

Simultane PPS-Systeme dagegen, die unter Rückgriff auf eine gemeinsame Datenbasis alle Teilbereiche simultan (gleichzeitig) planen, führen theoretisch zur maximalen Zielerreichung. In der Praxis allerdings bewirken Datenbeschaffungsprobleme, rechentechnische Schwierigkeiten und die fehlende Flexibilität derartiger Systeme starke Abweichungen vom Optimum.

Dieses Problem tritt bei den überwiegend in der Praxis eingesetzten **traditionellen PPS-Systemen** nicht auf. Diese greifen zwar auf eine gemeinsame Datenbasis zurück, behalten jedoch den sukzessiven Planungsgedanken bei, so dass die Zielerreichung als gering bis mittel einzustufen ist. Erst die zusätzliche Berücksichtigung planerischer Interdependenzen im Rahmen neuerer PPS-Systeme verbessert den Grad der Zielerreichung.

Aufgabe 82 Mengenplanung in PPS-Systemen

Das Mengenplanungsmodul eines PPS-Systems dient der Materialbedarfsermittlung, der Bestellmengenplanung und der Losgrößenplanung. Erklären Sie die Begriffe „Stückliste", „Bruttobedarf", „Nettobedarf" und „optimale Bestellmenge" im Zusammenhang mit einem PPS-System!

Wöhe S. 364 f.

Stücklisten dienen der programmgebundenen Materialbedarfsermittlung für die im Produktionsverfahren eingesetzten Rohstoffe und Vorprodukte. Zu diesem Zweck wird aus der in der Planperiode zu produzierenden Menge (Primärbedarf) mit Hilfe der Stücklistenauflösung, die auf den Konstruktionsunterlagen oder Rezepturen beruht, der für die Produktion benötigte Bedarf an Rohstoffen und Vorprodukten (Sekundärbedarf), manchmal auch an Hilfs- und Betriebsstoffen (Tertiärbedarf), berechnet. Dieser **Bruttobedarf** für die einzelnen Materialarten wird in der Regel noch um eine Sicherheitsmarge, den Mehrverbrauchszuschlag, erhöht. Zieht man davon den noch vorhandenen Lagerbestand ab, so erhält man den **Nettobedarf** der jeweiligen Materialart für die betreffende Planungsperiode.

Unter Berücksichtigung des als notwendig erachteten Sicherheitsbestandes im Lager lässt sich nunmehr die Materialmenge, die vom jeweiligen Lieferanten bestellt werden muss, ermitteln. Unter der optimalen Bestellmenge versteht man die Menge, bei der die Materialkosten je Materialeinheit einschließlich der anfallenden Transport-, Bestell- und Lagerkosten (mit Finanzierungskosten) am geringsten sind. Je größer dabei die Bestellmenge, desto geringer sind in der Regel Transport- und Bestellkosten (und in der Regel auch die Nettopreise) je Materialeinheit, desto höher sind jedoch die entsprechenden Lagerkosten.

Aufgabe 83 Optimized Production Technology

Beschreiben Sie das Planungskonzept eines OPT-Systems!

Wöhe S. 368 f.

Nr.	Arbeitsschritt
(1)	Identifikation der Engpässe
(2)	Festlegung der effizienten Ausnutzung der Engpässe
(3)	Unterordnung der übrigen Ressourcen unter die Engpassplanung aus (2)
(4)	Soweit möglich, Beseitigung oder Lockerung von Systemengpässen
(5)	soweit (4) erfolgreich war, Neuplanung ab (1)

Im ersten Planungsschritt eines OPT-Systems werden die Systemengpässe mit Hilfe von OPT-Netzwerken ermittelt und dargestellt. Die weitere Planung richtet sich – dem Ausgleichsgesetz der Planung folgend – an diesen Engpässen aus. Das bedeutet, dass zunächst eine Festlegung der effizienten Ausnutzung der Systemengpässe erfolgt. Anschließend wird für die vorgelagerten Arbeiten ein Verfahren der Rückwärtsterminierung, für die nachgelagerten Arbeiten dagegen ein Verfahren der Vorwärtsterminierung unter Berücksichtigung von Kapazitätsschranken verwendet. Unabhängig davon wird versucht, die bestehenden Systemengpässe zu beseitigen oder zu lockern. Soweit diese Versuche erfolgreich sind, beginnt der Planungsprozess auf Basis der veränderten Daten wieder von vorne.

Aufgabe 84 CIM-Konzept

Erklären Sie, was man unter dem CIM-Konzept versteht und welche Teilaufgaben die einzelnen Komponenten eines solchen Systems haben!

Wöhe S. 372–376

Der Ansatzpunkt des CIM-Konzeptes liegt primär in der computergestützten Integration aller im Rahmen der Produktionsplanung und -steuerung anfallenden Daten (Datenintegration). Dabei bezieht sich die Integration nicht nur – wie in klassischen PPS-Systemen – auf betriebswirtschaftliche, sondern auch auf technische Daten. Die Nutzung dieser gemeinsamen Datenbasis führt nicht nur zu Kostenersparnissen und zur Vermeidung von Planungsfehlern durch mangelnde Abstimmung, sondern ermöglicht auch die Erstellung übergreifender Programme, wie sie z.B. zur vollautomatisierten Werkzeugmaschinensteuerung benötigt werden (Vorgangsintegration).

Mit Hilfe der computergestützten Konstruktion **(CAD)** werden zunächst die Konstruktionszeichnungen direkt am Bildschirm erstellt. Aus diesen Konstruktionszeichnungen werden mit Hilfe der computergestützten Planung **(CAP)** Arbeits- und Mengenplätze (z.B. Stücklisten) und Programme zur Steuerung der NC-Maschinen abgeleitet. Gleichzeitig werden vom Produktionsplanungssystem (PPS-System) u.a. auf Basis der Stücklisten die Daten zur Produktionsprogrammplanung, zur Mengen- und Kapazitätsplanung sowie zur Werkstattsteuerung erstellt. Diese Daten und die vom CAP-System zur Verfügung gestellten Informationen werden von den Programmen zur computergestützten Fertigung **(CAM)** zur Steuerung der Maschinen eingesetzt. Die computergestützte Qualitätssicherung **(CAQ)** schließlich unterstützt die Qualitätskontrolle durch Prüfungsprogramme (ermittelt auf Basis der CAP-Daten) und durch die Unterstützung von Messsystemen zur Ausschlusserfassung.

IV. Testfragen zum Dritten Abschnitt

Den folgenden Fragen sind Antworten beigegeben, die teils richtig, teils falsch sind. Ihre Aufgabe besteht darin, die richtigen Antworten herauszufinden und zu begründen, warum sie richtig und die anderen falsch sind. Die Lösungen finden Sie im Anschluss an die letzte Frage. Gelingt Ihnen die Begründung nicht, so ist es empfehlenswert, die erfragten Zusammenhänge und Definitionen im „Wöhe" noch einmal durchzuarbeiten. Das Stichwortverzeichnis des „Wöhe" wird Ihnen helfen, sich schnell zurechtzufinden.

(1) Ein Automobilwerk stellt 5 verschiedene Wagentypen her. Um welches Fertigungsprinzip handelt es sich?

- (a) Massenfertigung
- (b) Serienfertigung
- (c) Sortenfertigung
- (d) Einzelfertigung

(2) Welche der folgenden Begriffe zählt man nicht zu den Organisationstypen der Fertigung?

- (a) Einzelfertigung
- (b) Gruppenfertigung
- (c) Werkstattfertigung
- (d) Mehrfachfertigung
- (e) Fließfertigung

(3) Welche der folgenden Tatbestände zählen nicht zu den Bestimmungsgründen für die Bildung von Lagern?

- (a) Pufferbestand zur Vermeidung von Engpässen bei Beschaffungsschwierigkeiten,
- (b) Preissenkungserwartungen auf der Beschaffungsseite,
- (c) Preissteigerungserwartungen auf der Absatzseite,
- (d) Mengenrabatte auf der Absatzseite,
- (e) unvorhergesehene Störungen bei der Fertigung,
- (f) Pufferbestand zur Vermeidung von Lieferengpässen bei stoßweise auftretender Nachfrage.

(4) Welche der folgenden Feststellungen sind zutreffend? Bei Kapazitätsengpässen richtet sich das optimale Produktionsprogramm

- (a) nach den Stückgewinnen der verschiedenen Produkte,
- (b) nach den Deckungsbeiträgen der verschiedenen Produkte,
- (c) nach dem Absatzpreis der verschiedenen Produkte,
- (d) nach dem Deckungsbeitrag je Engpassbelastungseinheit.

(5) Welche der folgenden Behauptungen ist falsch? Die optimale Losgröße liegt

- (a) im Minimum der auflagefixen Kosten,
- (b) im Minimum der auflageproportionalen Kosten,
- (c) im Minimum der Summe aus auflagefixen und auflageproportionalen Kosten.

(6) Wie bezeichnet man den funktionalen Zusammenhang zwischen Ausbringungsmenge und mengenmäßigem Einsatz der Produktionsfaktoren?

- (a) Produktionsfunktion
- (b) Minimalkostenkombination
- (c) Kostenfunktion
- (d) monetäre Produktionsfunktion

(7) Welche der folgenden Aussagen über Substitutionalität und Limitationalität sind richtig?

(a) Bei alternativer Substitution kann auf den Einsatz eines Produktionsfaktors völlig verzichtet werden.
(b) Begrenzte Substitution bedeutet, dass zum Ersatz einer bestimmten Menge eines Produktionsfaktors nur eine begrenzte Menge eines anderen Produktionsfaktors benötigt wird.
(c) Gibt es unendlich viele Prozessgeraden, so wird eine substitutionale Produktionsfunktion zu einer limitationalen Produktionsfunktion.
(d) Bei einer Prozessvariation erfolgt ein Wechsel des Produktionsprozesses.

(8) Bei einem Ertragsgebirge

(a) kann die Analyse der partiellen Faktorvariation durch einen vertikalen Schnitt entlang der Prozessgeraden graphisch vorgenommen werden,
(b) lassen sich durch horizontale Schnitte Isoquanten ableiten,
(c) wird zur partiellen Faktorvariation stets der Produktionsfaktor R_1 als konstant unterstellt,
(d) liegt totale Faktorvariation vor, wenn die Einsatzmenge aller Produktionsfaktoren variiert.

(9) Die kurzfristige Produktionsprogammplanung

(a) legt fest, wie Überkapazitäten kurzfristig abgebaut werden können;
(b) legt fest, wie Produktionsengpässe durch Erweiterungsinvestitionen kurzfristig beseitigt werden können;
(c) betrachtet vorhandene Produktionsengpässe als Datum;
(d) lässt sich in jedem Fall nur im Wege linearer Programmierung lösen.

(10) Die Gesamtkosten bleiben bei Zunahme der Ausbringung konstant. Um welche Art von Kosten handelt es sich?

(a) Fixe Kosten
(b) degressive Kosten
(c) proportionale Kosten
(d) progressive Kosten.

(11) Welche der folgenden Behauptungen sind richtig? Ein steigender Gesamtkostenverlauf kann je nach Höhe des Steigungsmaßes führen:

(a) zu steigenden Grenzkosten
(b) zu konstanten Grenzkosten
(c) zu fallenden Grenzkosten

(12) Welche der folgenden Behauptungen ist falsch? Ein linearer Gesamtkostenverlauf mit Fixkostenblock führt

(a) zu steigenden Grenzkosten
(b) zu gleichbleibenden Grenzkosten
(c) zu fallenden Grenzkosten
(d) zu steigenden Stückkosten
(e) zu konstanten Stückkosten
(f) zu fallenden Stückkosten

(13) Die Gesamtkostenkurve verläuft linear. Wie verläuft die Kurve der variablen Stückkosten?

(a) Parallel zur Abszisse, deckungsgleich mit der Grenzkostenkurve
(b) parallel zur Abszisse, oberhalb der Grenzkostenkurve
(c) steigend bis zur Kapazitätsgrenze
(d) fallend bis zur Kapazitätsgrenze

(14) Welche der folgenden Behauptungen ist falsch?
- (a) Fixe Kosten sind Kosten, die überhaupt nicht zu verändern sind.
- (b) Fixe Kosten sind Kosten, die bei einer Beschäftigungsänderung konstant bleiben.
- (c) Fixe Kosten sind Kosten, die keinen Einfluss auf eine anstehende Entscheidung haben.
- (d) Fixe Kosten sind Kosten, die innerhalb eines Jahres nicht zu verändern sind.
- (e) Fixe Kosten sind Kosten, die kurzfristig nicht zu verändern sind.

(15) Welche der folgenden Voraussetzungen für die aus dem Ertragsgesetz abgeleiteten Produktionsfunktionen sind falsch?
- (a) Zwei variable Produktionsfaktoren werden in der Weise miteinander kombiniert, dass steigende Mengen des einen auf steigende Mengeneinheiten des anderen variablen Faktors aufgewendet werden.
- (b) Beide Produktionsfaktoren sind beliebig teilbar.
- (c) Die Produktionstechnik ist unverändert.
- (d) Es wird nur eine Produktart erzeugt.

(16) Welche der folgenden Behauptungen über ertragsgesetzliche Produktionsfunktionen sind richtig?
- (a) Vom Wendepunkt der Gesamtertragsfunktion an sinken die Gesamterträge.
- (b) Vom Wendepunkt der Gesamtertragsfunktion an sinken die Grenzerträge.
- (c) Vom Maximum der Gesamtertragsfunktion an sinken die Gesamterträge.
- (d) Vom Maximum der Gesamtertragsfunktion an sinken die Grenzerträge.
- (e) Die Durchschnittsertragsfunktion schneidet die Grenzertragsfunktion im Maximum der Grenzertragsfunktion.
- (f) Vom Maximum der Grenzertragsfunktion an werden die Durchschnittserträge negativ.

(17) Welche der folgenden Aussagen ist falsch? Bei ertragsgesetzlichem Verlauf der Kostenfunktion führt
- (a) eine Erhöhung der Faktorpreise zu einer mengenmäßigen Erhöhung des Gesamtertrages,
- (b) eine Erhöhung der Faktorpreise zu einer mengenmäßigen Verminderung des Gesamtertrages,
- (c) eine Verminderung des Preises für den fixen Faktor zu einer Verminderung des Steigungsmaßes der Gesamtkostenkurve,
- (d) eine Erhöhung des Preises des fixen Faktors zu einer Parallelverschiebung der Gesamtkostenkurve nach oben,
- (e) eine Erhöhung des Preises des variablen Faktors zu einer Parallelverschiebung der Gesamtkostenkurve nach oben.

(18) Welche der folgenden kritischen Kostenpunkte entstehen durch Schnittpunkte zwischen der Grenzkostenkurve und der Stückkostenkurve?
- (a) Gewinnmaximum
- (b) Kostenminimum
- (c) Nutzenschwelle
- (d) Nutzengrenze

(19) Welche der folgenden Aussagen sind richtig?
- (a) Mit zunehmender Ausbringungsmenge sinken die fixen Stückkosten.
- (b) Wegen ihres Fixkostencharakters sind die fixen Stückkosten fix, d.h. unabhängig von der Ausbringungsmenge.

(c) Die aus dem Ertragsgesetz abgeleitete Gesamtkostenfunktion kennt keine Fixkosten.
(d) Der Verlust einer Produktionsperiode kann maximal die Höhe der Fixkosten erreichen.

(20) Welche Aussagen über Anpassungsformen bei Gutenberg-Produktionsfunktionen sind zutreffend?
(a) Bei der qualitativen Anpassung wird die Intensität der genutzten Aggregate verändert.
(b) Bei der selektiven Anpassung wird unter Aggregaten mit unterschiedlichen Kostenniveaus ausgewählt.
(c) Bei der zeitlichen Anpassung wird die Ausbringungsmenge durch Veränderung der Intensität bei konstanter Anzahl der eingesetzten Aggregate variiert.
(d) Die zeitliche Anpassung führt stets zu einem linearen Gesamtkostenverlauf.

(21) Die Materialwirtschaft
(a) konzentriert sich ausschließlich auf die Minimierung des Einkaufspreises/Stück;
(b) berücksichtigt beim Kostenminimierungsstreben die unmittelbaren und mittelbaren Beschaffungskosten sowie die Lagerkosten;
(c) beschäftigt sich ausschließlich mit der kurzfristigen Bestellmengenplanung;
(d) orientiert sich bei der Lieferantenauswahl ausschließlich an Kostengesichtspunkten.

(22) Welche der folgenden Behauptungen ist richtig?
(a) Je höher die Zinsen, desto höher ist c. p. die optimale Bestellmenge!
(b) Je weiter die Entfernung zum Lieferanten, desto höher ist c. p. die optimale Bestellmenge!
(c) Die bestellfixen Kosten sind bei der Ermittlung der optimalen Bestellmenge entscheidungsirrelevant!
(d) Im Grundmodell zur optimalen Bestellmenge können Mengenrabatte nicht berücksichtigt werden!

(23) Welche der folgenden Behauptungen ist richtig?
(a) Fließfertigung eignet sich besonders gut zur auftragsweisen Einzelfertigung!
(b) Fließfertigung führt im allgemeinen zu höheren Lohnstückkosten als Einzelfertigung!
(c) Werkstattfertigung hat gegenüber der Fließfertigung den Vorteil, auf einen Beschäftigungsrückgang flexibler reagieren zu können!
(d) Hinsichtlich möglicher Beschäftigungsänderungen sind Risiken und Chancen der Fließfertigung größer als die der Werkstattfertigung!

(24) Welche Aufgaben werden normalerweise im Rahmen EDV-gestützter PPS-Systeme gelöst?
(a) Bestellmengenplanung
(b) Lieferantenauswahl
(c) Lagerkapazitätsplanung
(d) Losgrößenplanung
(e) Materialbedarfsermittlung
(f) Kapazitätsterminierung

(25) Welche der folgenden Daten werden im Rahmen der Grunddatenverwaltung eines traditionellen PPS-Systems gespeichert?
(a) Kalkulatorische Zinssätze
(b) Arbeitszeiten der Mitarbeiter im Produktionsbereich
(c) Fertigungszeiten
(d) Lieferantenstammdaten
(e) Werbeausgaben je Produktart
(f) Rüstzeiten der einzelnen Betriebsmittel

(26) Für welche Teilziele wird mit Hilfe des Kanban-Verfahrens ein besonders hoher Zielerreichungsgrad realisiert?
(a) Minimierung der Durchlaufzeiten
(b) Minimierung der Lagerbestände
(c) Maximierung der Lieferbereitschaft
(d) Maximierung der Kapazitätsauslastung
(e) Minimierung der Störanfälligkeit

(27) Welche der folgenden Abkürzungserklärungen sind richtig?
(a) CAD: Computer Animated Development
(b) CAM: Computer Aided Modelling
(c) CAP: Computer Aided Planning
(d) CAQ: Computer Aided Quality Assurance

Lösungen: Richtig sind folgende Antworten: 1 b; 2 a, d; 3 b, d; 4 d; 5 a, b; 6 a; 7 a, d; 8 b, d; 9 c; 10 a; 11 a, b, c; 12 a, c, d, e; 13 a; 14 a, d; 15 a, b; 16 b, c; 17 a, b, c, e; 18 b; 19 a; 20 b; 21 b; 22 b, d; 23 c, d; 24 a, d, e, f; 25 c, d, f; 26 a, b; 27 c, d.

Vierter Abschnitt
Der Absatz

I. Grundlagen

Wiederholungsfragen:

	Wöhe Seite
Welcher Zusammenhang besteht zwischen absatzpolitischen Zielen, Daten und Instrumenten?	380 f.
Wie unterscheiden sich Käufer- und Verkäufermärkte?	381
Was versteht die Literatur unter dem Primat des Marketing?	382
In welchen Punkten unterscheidet sich der Marketingansatz von der traditionellen Lehre vom Absatz?	384 f.
Wie gelangt man vom Unternehmensziel zu operationalen absatzpolitischen Unterzielen?	387 f.

Aufgabe 1 Absatzpolitik auf Verkäufermärkten

Die FUNDUS GMBH verfügt im Einzugsgebiet von Stuttgart über eine Baulandreserve von 550.000 m^2. Hiervon sollen in den kommenden fünf Jahren jeweils 110.000 m^2 an Einzelinteressenten abgegeben werden. Man kann fest davon ausgehen, dass die Baulandnachfrage im Ballungsraum Stuttgart auch in den kommenden Jahren deutlich größer sein wird als das Angebot.

Die FUNDUS GMBH möchte ihren Gewinn maximieren, wobei im kommenden Jahr eine Bruttofläche von 110.000 m^2 vermarktet werden soll. Zieht man davon die benötigten Verkehrsflächen (Straßen, Bürgersteige) ab, erhält man die verwertbare Baulandnettofläche.

Teilaufgabe a)

Die Baulandnettofläche kann in drei Varianten vermarktet werden:

A Parzellen à 1.000 m^2 für Einfamilienhäuser
B Parzellen à 400 m^2 für Doppelhaushälften
C Parzellen à 250 m^2 für Reihenhäuser

Für welche Produktvariante soll sich die FUNDUS GMBH entscheiden, wenn folgende Daten zur Verfügung stehen:

Variante	Verkehrsflächenbedarf m^2	Nettofläche m^2/Parzelle	Erschließungskosten EUR/Parzelle	Verkaufspreis* EUR/m^2 Nettofläche
A	10.000	1.000	10.000	400
B	14.000	400	7.500	500
C	22.500	250	6.000	600

* Im Verkaufspreis sind die von der FUNDUS GMBH zu tragenden Erschließungskosten enthalten.

Den maximalen Gewinn erwirtschaftet die FUNDUS GMBH dann, wenn sie das Gelände nach der Variante C (Reihenhäuser) parzelliert:

Variante	Nettofläche m^2	Parzelle m^2	Anzahl Parzellen	Erschließungskosten EUR/Parzelle	Erschließungskosten Mio. EUR
A	100.000	1.000	100	10.000	1,0
B	96.000	400	240	7.500	1,8
C	87.500	250	350	6.000	2,1

Variante	Nettofläche m^2	Verkaufspreis EUR/m^2	Verkaufserlös Mio. EUR	Erschließungskosten Mio. EUR	Gewinn Mio. EUR
A	100.000	400	40,0	1,0	39,0
B	96.000	500	48,0	1,8	46,2
C	87.500	600	52,5	2,1	50,4

Teilaufgabe b)

Welche absatzpolitischen Instrumente setzt die FUNDUS GMBH zur Verkaufsförderung ein?

Wöhe S. 381 f., 417 f.

Die FUNDUS GMBH agiert auf einem Verkäufermarkt. Im Extremfall müssen sich die Käufer auf Wartelisten platzieren lassen. Besonderer absatzpolitischer Anstrengungen auf der Verkäuferseite bedarf es nicht. Im vorliegenden Fall betreibt der Verkäufer Produktpolitik, wobei die Einzelabgabemenge (Parzellengröße) optimiert wird.

Aufgabe 2 Absatzpolitik auf Käufermärkten

Die Firma SLEEPYHEAD produziert PC für den heimischen Markt. Bei voller Kapazitätsauslastung können 10.000 Stück des Typs 0815 produziert werden. Die Kostenfunktion lautet K = 8.000.000 + 800 m. Bislang war die Produktionskapazität zu 80 Prozent ausgelastet. Die Geräte werden zu 2.400 EUR/Stück an den Fachhandel abgegeben. Der Endverkaufspreis liegt bei 3.000 EUR/ Stück.

Teilaufgabe a)

Welches Jahresergebnis konnte die Firma SLEEPYHEAD bislang ausweisen?

Bei einer Kapazitätsauslastung von 80 Prozent wurden bislang 8.000 Stück pro Jahr produziert und abgesetzt.

	Mio. EUR/Jahr
Erlös (E = 2.400 m)	19,20
– Kosten (K = 8.000.000 + 800 m)	14,40
Gewinn	**4,80**

Teilaufgabe b)

Ein Konkurrent aus Fernost überschwemmt den heimischen Markt mit einem vergleichbaren Gerät, das für 1.980 EUR/Stück in Kaufhäusern angeboten wird. Obwohl die Firma SLEEPYHEAD den Händlerabgabepreis auf 2.000 EUR/Stück gesenkt hat, ist die Kapazitätsauslastung infolge des Wettbewerbsdrucks auf 50 Prozent zurückgegangen. Befindet sich SLEEPYHEAD noch in der Gewinnzone?

Bei einer Absatzmenge von 5.000 Stück entsteht ein Verlust in Höhe von 2 Mio. EUR/Jahr:

	Mio. EUR/Jahr
Erlös (E = 2.000 m)	10,00
– Kosten (K = 8.000.000 + 800 m)	12,00
Verlust	**2,00**

Teilaufgabe c)

Welche absatzpolitischen Aktionen kann SLEEPYHEAD zur Verbesserung seiner Wettbewerbsposition einsetzen?

Wöhe S. 417–419

Im Rahmen der **Produktpolitik** könnte SLEEPYHEAD versuchen,

- den Typ 0815 durch ein leistungsfähigeres Nachfolgemodell zu ersetzen und/oder
- durch zusätzliche Serviceleistungen (Software) die eigene Wettbewerbsposition zu verbessern.

Im Rahmen der **Kommunikationspolitik** scheidet die (Massen-)Werbung bei derart geringer Kapazität aus. Eine Absatzbelebung ist eher durch gezielte verkaufsfördernde Maßnahmen am Ort des Verkaufs möglich.

Zu prüfen ist schließlich eine **Kombination** aus produkt-, preis- und distributionspolitischen Maßnahmen. SLEEPYHEAD muss versuchen,

- den Absatzkanal über die Kaufhäuser zu öffnen,
- dabei einen Abgabepreis zu erzielen, der über den eigenen Selbstkosten, aber unter dem Kaufhaus-Einstandspreis des Konkurrenzproduktes liegt,
- die eigene Kapazität zwecks Senkung der Stückkosten auszudehnen und
- das Garantie- und Serviceargument als heimischer Hersteller in den Vordergrund zu rücken.

II. Absatzplanung

Wiederholungsfragen:

	Wöhe Seite
Welches Ziel hat die Absatzplanung?	386 f.
Welcher Zusammenhang besteht zwischen dem Einsatz der absatzpolitischen Instrumente und der Absatzplanung?	386 f.
Unter welcher Bedingung ist der Absatzplan Ausgangspunkt zur Erstellung weiterer betrieblicher Teilpläne?	387
In welche Phasen lässt sich die Absatzplanung gliedern?	388

Aufgabe 3 Lieferzeit und Absatzmenge

Die SPORTARTIKEL KG produziert unter anderem Luftmatratzen in drei verschiedenen Ausführungen x_1, x_2 und x_3. Alle drei Ausführungen müssen an den beiden Aggregaten A_1 und A_2 bearbeitet werden. Die Bearbeitungszeiten sind verschieden und betragen in Minuten/Stück:

	x_1	x_2	x_3
A_1	8	4	2
A_2	4	2	6

Jede Einheit der Ausführung x_1 muss also 8 Minuten an Anlage A_1 und 4 Minuten an Anlage A_2 bearbeitet werden usw. Die Maschinenlaufzeit liegt für beide Anlagen ebenso wie die wöchentliche Arbeitszeit bei 40 Stunden. Die Erlös- und Kostensituation sieht für die drei Ausführungen folgendermaßen aus:

	x_1	x_2	x_3
p	28,00	18,00	23,00
k_v	22,00	15,00	19,00

Die Saison ist in vollem Gange; das Lager ist geräumt. Bestellungen, die in der Saisonspitze kurz terminiert sind, können nur aus der laufenden Produktion erledigt werden. Welchen **Liefertermin** können Sie für folgende Bestellung zusagen: $x_1 = 90$ Stück, $x_2 = 110$ Stück und $x_3 = 140$ Stück?

Die drei Artikel beanspruchen die beiden Produktionsanlagen folgendermaßen:

	$x_1 = 90$	$x_2 = 110$	$x_3 = 140$	Σ
A_1	720	440	280	1.440
A_2	360	220	840	1.420

Um die Bestellung ausführen zu können, muss A_1 1.440 Minuten, A_2 1.420 Minuten in Betrieb sein. Bei acht Stunden Arbeitszeit/Tag (= 480 Minuten) kann ein Liefertermin zugesagt werden, der einer Produktionszeit von drei Arbeitstagen Rechnung trägt.

Aufgabe 4 Optimales Produktionsprogramm

Bis auf den Auftrag gelten alle Angaben der Aufgabe 3. Es liegt jetzt folgende Nachfrage vor: x_1 = 180 Stück, x_2 = 130 Stück und x_3 = 200 Stück.

Teilaufgabe a)

Kann dieser Auftrag mit einer Lieferzeit von fünf Arbeitstagen angenommen werden?

	$x_1 = 180$	$x_2 = 130$	$x_3 = 200$	$\sum$
A_1	1.440	520	400	2.360
A_2	720	260	1.200	2.180

Da in fünf Arbeitstagen 2.400 Maschinenminuten zur Verfügung stehen, kann der Auftrag angenommen werden.

Teilaufgabe b)

Kurz vor Ausführung dieses Auftrages wird eine Reparatur bei Anlage A_1 fällig, die zwei Arbeitstage in Anspruch nimmt. Welche Sorte(n) wird (werden) von der Produktionseinschränkung betroffen, wenn bei jeder Sorte auch die Lieferung von Teilmengen möglich ist?

Die SPORTARTIKEL KG kann bei Anlage A_1 nur noch über drei Arbeitstage = 1.440 Maschinenminuten verfügen. Es müssen folglich 920 Maschinenminuten „eingespart" werden. Die Kürzung der Produktionsmengen muss diejenige Sorte treffen, an der am wenigsten verdient wird oder genauer gesagt: an welcher der Verdienst pro Bearbeitungsminute am geringsten ist.

	x_1	x_2	x_3
p	28,00	18,00	23,00
k_v	22,00	15,00	19,00
db	6,00	3,00	4,00
BK	8	4	2
db/EPE	0,75	0,75	2,00

db = Deckungsbeitrag
BK = Belastungskoeffizient für A_1 = Bearbeitungszeit Minuten/Stück
db/EPE = Deckungsbeitrag/Engpassbelastungseinheit EUR/Minute = db : BK

Eine Produktionskürzung wäre bei Ausführung x_3 am unvorteilhaftesten, da dort der Verdienst pro Bearbeitungsminute (db/EPE) mit 2 EUR am höchsten ist. Ob die Auftragskürzung bei x_1 oder x_2 vorgenommen wird, ist gleichgültig. Entscheidet man sich für x_1, dann gilt: 920 Minuten : 8 Minuten/Stück = 115 Stück, d.h. die Liefermenge wird bei x_1 auf 180 – 115 = 65 Stück reduziert. Die übrigen Liefermengen bleiben unverändert.

Teilaufgabe c)

Es gelten alle Angaben der Aufgabe 4 b. Wie hoch müsste der Preis für Ausführung x_3 sein, damit diese dem Produktionsengpass zum Opfer fällt?

Diese Bedingung ist dann erfüllt, wenn für x_3 der db/EPE auf 0,74 EUR absinkt; dann betrüge der Deckungsbeitrag 0,74 EUR/Minute · 2 Minuten/Stück = 1,48 EUR/Stück. Der Preis für x_3 müsste sich auf 19,00 + 1,48 = 20,48 EUR belaufen.

Aufgabe 5 Optimales Produktionsprogramm (graphische Lösung)

Es gelten alle Angaben der Aufgabe 3. Die Ausführung x_2 wird jedoch aus dem Sortiment gestrichen. Für Ausführung x_1 und x_3 liegen mehr Bestellungen vor als die SPORTARTIKEL KG ausführen kann. An eine Preiserhöhung, die vermutlich zu einem Nachfragerückgang führte, ist nicht zu denken, da man während der Saison an die Katalogpreise gebunden ist. Um über Annahme oder Ablehnung der Bestellungen befinden zu können, muss zuvor das optimale Produktionsprogramm ermittelt werden. Bedienen Sie sich zu diesem Zweck einer graphischen Darstellung, auf deren Achsen die beiden Variablen x_1 und x_3 abgetragen werden. Erstellen Sie zu diesem Zweck zuerst für jede Anlage eine Wertetabelle, aus der hervorgeht, wie viele Einheiten der Sorte x_1 innerhalb von fünf Arbeitstagen (= 2.400 Minuten) auf Anlage A_1 produziert werden können, wenn $x_3 = 0$, $x_3 = 200$, $x_3 = 400$, $x_3 = 600$ usw. ist. Wiederholen Sie diesen Vorgang für Anlage A_2, wenn $x_3 = 0$, $x_3 = 100$, $x_3 = 200$ usw. ist!

Wöhe S. 332–334

	x_1	x_3	**Kapazität**
A_1	8	2	2.400
A_2	4	6	2.400

$$A_1 : 8x_1 + 2x_3 = 2.400$$
$$A_2 : 4x_1 + 6x_3 = 2.400$$

Für A_1 gilt:

x_1	300	250	200	150	100	50	0
x_3	0	200	400	600	800	1.000	1.200

Für A_2 gilt:

x_1	600	450	300	150	0
x_3	0	100	200	300	400

Überträgt man die Zahlenpaare x_1, x_3 in ein Koordinatensystem, dann erhält man:

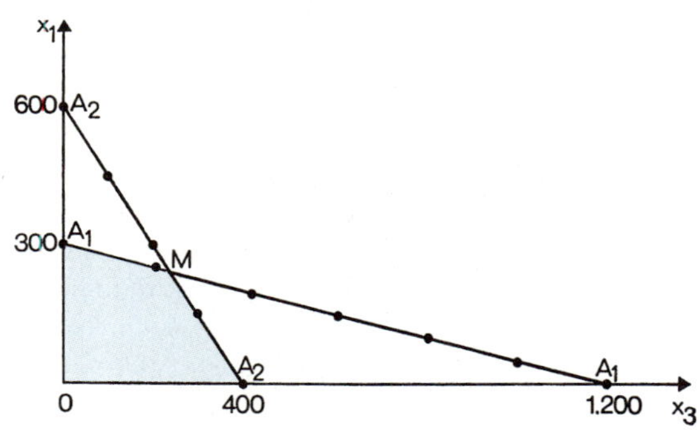

Der **Lösungsbereich,** d.h. die Anzahl aller Ausbringungsmengenkombinationen, die unter Berücksichtigung der Kapazitätsrestriktionen möglich ist, liegt innerhalb des Vierecks $0A_2MA_1$. Je mehr sich aber die Mengenkombination der Begrenzungslinie A_2MA_1 nähert, desto größer ist die Ausbringungsmenge und desto höher ist der Gewinn. Das optimale, d.h. das gewinnträchtigste Produktionsprogramm wird deshalb durch einen auf dieser Begrenzungslinie liegenden Punkt markiert. Wo dieser Punkt genau liegt, wird sich erst durch Heranziehung der **Isogewinnlinie** bestimmen lassen.

Der **Deckungsbeitrag** DB (= Summe aller Deckungsbeiträge) lässt sich mit Hilfe folgender Gleichung bestimmen:

$$\mathbf{DB} = db_1 \cdot x_1 + db_3 \cdot x_3$$
$$\mathbf{DB} = 6x_1 + 4x_3$$

Setzt man für DB = 1.200 EUR, kann man schreiben

$$1.200 = 6x_1 + 4x_3$$
$$6x_1 + 4x_3 - 1.200 = 0$$
$$x_1 = -\frac{2}{3}x_3 + 200$$

Die zuletzt genannte Gleichung ist die Isogewinnlinie für DB = 1.200 EUR. Analog lassen sich die Isogewinnlinien für DB = 1.800, DB = 2.400 und DB = 3.000 ermitteln:

$$\textbf{(DB = 1.800)}\ \mathbf{x_1} = -\frac{2}{3}x_3 + 300$$
$$\textbf{(DB = 2.400)}\ \mathbf{x_1} = -\frac{2}{3}x_3 + 400$$
$$\textbf{(DB = 3.000)}\ \mathbf{x_1} = -\frac{2}{3}x_3 + 500$$

Für DB = 1.200 gilt:

x_1	200	100	0
x_3	0	150	300

Überträgt man diese Wertepaare in den durch die **Restriktionslinie** A_1, A_2 begrenzten Lösungsbereich, so erhält man:

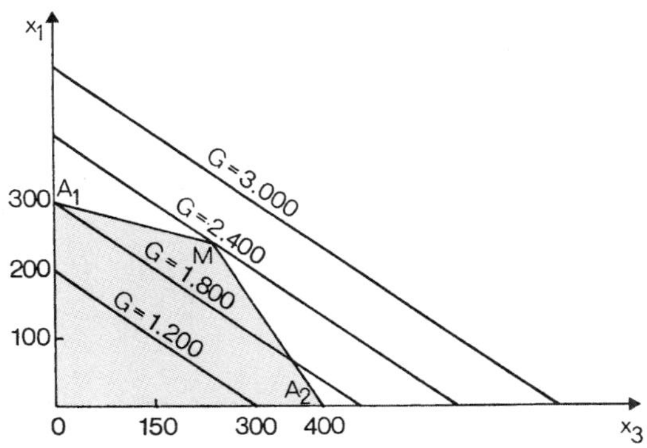

Deckungsbeiträge von 1.200 EUR bzw. 1.800 EUR liegen innerhalb des Lösungsbereichs, sind aber nicht optimal. Der höchstmögliche Deckungsbeitrag, welchen die Kapazitätsrestriktionen gerade noch zulassen, liegt in der Ausbringungsmengenkombination des Punktes M. Diese Mengenkombination liegt im Schnittpunkt von A_1 und A_2, also dort, wo $A_1 = A_2$.

$$\text{Für } A_1 \text{ steht: } 8x_1 + 2x_3 = 2.400 \mid :8 \qquad x_1 + \frac{1}{4} x_3 = 300$$

$$\text{Für } A_2 \text{ steht: } 4x_1 + 6x_3 = 2.400 \mid :4 \qquad x_1 + \frac{3}{2} x_3 = 600$$

$$-\frac{1}{4} x_3 + 300 = -\frac{3}{2} x_3 + 600$$

$$\frac{5}{4} x_3 + 300$$

$$\mathbf{x_3 = 240}$$

$$x_1 + \frac{1}{4} 240 = 300$$

$$\mathbf{x_1 = 240}$$

Den höchstmöglichen Deckungsbeitrag in Höhe von 2.400 EUR erzielt man dann, wenn man bezogen auf fünf Arbeitstage für Ausführung x_1 und x_3 Bestellungen in Höhe von jeweils 240 Stück akzeptiert.

Aufgabe 6 LP-Ansatz (zwei Variablen, zwei Restriktionen)

Es gelten alle Angaben der Aufgabe 5. Die dort erarbeitete graphische Lösung soll jetzt mit Hilfe der Linearen Programmierung (LP-Ansatz) nachvollzogen werden. Bei dieser Gelegenheit soll der Lösungsweg der Simplex-Methode näher erläutert werden.

Wöhe S. 985–987

Teilaufgabe a)

Wie lautet der LP-Ansatz zur Lösung dieses Problems?

Der LP-Ansatz besteht aus drei Bestandteilen: der Zielfunktion, den Kapazitätsrestriktionen und den Nichtnegativitätsbedingungen. Das Ziel der Gewinnmaximierung erreicht man über die Maximierung des Deckungsbeitrags DB.

Zielfunktionen:

$$\textbf{Maximiere DB} = db_1 \cdot x_1 + db_3 \cdot x_3\,!$$
$$\textbf{Maximiere DB} = 6x_1 + 4x_3\,!$$

Kapazitätsrestriktionen:

A1	$8x_1 + 2x_3 \leq 2.400$
A2	$4x_1 + 6x_3 \leq 2.400$

Nichtnegativitätsbedingungen:

$$x_1 \geq 0 \quad x_3 \geq 0$$

Teilaufgabe b)

Welche Funktion haben die Nichtnegativitätsbedingungen?

Die Einführung der Nichtnegativitätsbedingungen, d.h. des Verbotes, dass beispielsweise die Ausbringungsmenge der Ausführung x_1 einen negativen Wert annehmen kann, bewahrt den Entscheidungsträger vor Lösungen, die zwar mathematisch richtig, wirtschaftlich aber unsinnig sind.

Teilaufgabe c)

Welche Funktion haben die Schlupfvariablen?

Bei der Simplex-Methode lassen sich nur Gleichungen, nicht aber Ungleichungen in Ansatz bringen. Die Schlupfvariablen (s_1, s_2) haben die Aufgabe, die die Kapazitätsrestriktionen ausdrückenden Ungleichungen in Gleichungen zu verwandeln. Danach lässt sich schreiben:

A_1	$8x_1 + 2x_3 + s_1 = 2.400$
A_2	$4x_1 + 6x_3 + s_2 = 2.400$

Nimmt s_1 beispielsweise später den Wert 17 an, so besagt das, dass die verfügbare Kapazität von 2.400 Minuten mit 2.383 Minuten zur Bearbeitung von x_1 und x_3 genutzt wurde und 17 Minuten Leerlauf gegeben waren.

Teilaufgabe d)

Wie hoch ist bei den gegebenen Produktionsengpässen A_1, A_2 die gewinnmaximale Ausbringungsmengenkombination x_1, x_3? Wie hoch ist der maximale Deckungsbeitrag DB? Verwenden Sie die Simplex-Methode!

Hinweis: Sollten Sie mit diesem Rechenverfahren bisher nicht vertraut sein, dann lassen Sie sich bitte durch die folgende Sechs-Punkte-Arbeitsanweisung, die auf den ersten Blick sehr kompliziert aussieht, nicht abschrecken. Die Lösung ist bestimmt einfacher als es zunächst den Anschein hat.

Die ersten drei Punkte der Arbeitsanweisung werden bereits im 1. Simplextableau berücksichtigt. Die Punkte 4 und 5 der Arbeitsanweisung lassen sich am einfachsten verstehen, wenn man sie unter Heranziehung des konkreten Zahlenmaterials „Umformung des 1. Simplextableaus" (siehe unten) interpretiert.

1. Simplextableau

	$\boxed{x_1}$	x_3	s_1	s_2	DB	E
$\boxed{Z_1}$	**(8)**	**2**	**1**			**2.400**
Z_2	**4**	**6**		**1**		**2.400**
Z_3	**– 6**	**– 4**			**1**	**0**

Z_1 bedeutet: $8x_1 + 2\,x_3 + s_1 = 2.400$. Der senkrechte Strich zwischen der DB-Spalte und der E(Ergebnis)-Spalte hat also die Funktion eines Gleichheitszeichens. Die letzte Zeile Z_3 ergibt sich aus der Umformung der Zielfunktion:

$$\mathbf{DB} = 6x_1 + 4x_3$$
$$-6x_1 - 4x_3 + DB = 0$$

Wichtig ist vor allem, dass die ersten Zeilen die **Kapazitätsrestriktionen** und dass die **letzte** Zeile die **Zielfunktion** aufnimmt.

Der Arbeitsgang zur Umformung dieses Simplextableaus lässt sich in folgende Schritte zerlegen:

(1) Man sucht in der Zielfunktionszeile Z_3 nach dem kleinsten negativen Koeffizienten, wobei $-6 < -4$. Gibt es zwei kleinste Koeffizienten, sind beide gleichberechtigt, die Wahl zwischen beiden ist willkürlich. Die durch diesen kleinsten Koeffizienten ausgezeichnete Spalte versieht man mit dem Symbol ⊓ und bezeichnet sie als **Pivotspalte.**

(2) Man dividiert die in der E-Spalte enthaltenen Zahlen durch den zugehörigen positiven Belastungskoeffizienten der Pivotspalte, also 2.400 : 8 = 300 und 2.400 : 4 = 600. Diejenige Zeile, in welcher das Ergebnis aus E : Belastungskoeffizienten am kleinsten ist, versieht man mit dem Symbol ⌈ und bezeichnet sie als **Pivotzeile** (PZ). Erhält man zwei kleinste Ergebnisse, sind beide gleichberechtigt; die Auswahl erfolgt willkürlich.

(3) Diejenige Zahl, welche im Schnittpunkt zwischen Pivotspalte und Pivotzeile steht, versieht man mit dem Symbol ○ und bezeichnet sie als **Pivotelement.**

(4) Die Pivotzeile ist so umzuformen, dass an die Stelle des Pivotelements eine 1 tritt. Steht dort bereits eine 1, gilt die Umformung als bereits vollzogen. Steht dort – wie im 1. Simplextableau – eine 8, ist die Pivotzeile mit dem Faktor 1/8 – dem **reziproken Wert** also – zu multiplizieren (vgl. die folgenden Umformungen).

(5) Alle übrigen Zahlen der **Pivotspalte** (4–6) dürfen nur Nullen sein. Diese Umformung wird erreicht, indem man zu jeder dieser Zeilen das geeignete Vielfache der (neuen) Pivotzeile addiert. Da in der neuen Pivotzeile immer eine 1 steht, ist für Z_2 die Pivotzeile mit – 4, für Z_3 mit + 6 zu multiplizieren und das Ergebnis dieser P'-Zeile zu Z_2 bzw. Z_3 zu addieren (vgl. die folgenden Umformungen).

(6) Die umgeformten Zeilen fasst man zu einem neuen Simplextableau zusammen und wiederholt den Vorgang (1) bis (5) solange, bis in der Zielfunktionszeile keine negativen Koeffizienten mehr stehen.

Umformung des 1. Simpextableaus

	x_1	x_3	s_1	s_2	DB	E	
PZ alt	**8**	**2**	**1**			**2.400**	$\cdot \frac{1}{8}$ Vgl. Erl. (4)
PZ neu	1	$\frac{1}{4}$	$\frac{1}{8}$			300	
Z_2 alt	4	6		1		2.400	
+ PZ · (– **4**)	**– 4**	**– 6**	$-\frac{1}{2}$			**– 1.200**	Vgl. Erl. (5)
Z_2 neu		5	$-\frac{1}{2}$	1		1.200	
Z_3 alt	– 6	– 4			1		
+ PZ · (**6**)	– 6	$\frac{3}{2}$	$\frac{3}{4}$			1.800	Vgl. Erl. (5)
Z_3 neu		$-\frac{5}{2}$	$\frac{3}{4}$		1	1.800	

2. Simplextableau (vgl. Erl. (6))

	x_1	$\boxed{x_3}$	s_1	s_2	DB	E
Z_1	1	$\frac{1}{4}$	$\frac{1}{8}$			300
$\boxed{Z_2}$		(5)	$-\frac{1}{2}$	1		1.200
Z_3		$-\frac{5}{2}$	$\frac{3}{4}$		1	1.800

Umformung des 2. Simpextableaus

	$\boxed{x_1}$	x_3	s_1	s_2	DB	E	
PZ alt		5	$-\frac{1}{2}$	1		1.200	$\cdot\frac{1}{5}$ Vgl. Erl. (4)
PZ neu		1	$-\frac{1}{10}$	$\frac{1}{5}$		240	
Z_1 alt	1	$\frac{1}{4}$	$\frac{1}{8}$			300	
$+ PZ \cdot (-\frac{1}{4})$		$-\frac{1}{4}$	$\frac{1}{40}$	$-\frac{1}{20}$		– 60	Vgl. Erl. (5)
Z_1 neu	1		$\frac{3}{20}$	$-\frac{1}{20}$		240	
Z_3 alt		$-\frac{5}{2}$	$\frac{3}{4}$		1	1.800	
$+ PZ \cdot (6)$		$\frac{5}{2}$	$\frac{1}{4}$	$\frac{1}{2}$		600	Vgl. Erl. (5)
Z_3 neu			$\frac{1}{2}$	$\frac{1}{2}$	1	2.400	

3. Simplextableau

	x_1	x_3	s_1	s_2	DB	E
Z_1	1		$\frac{3}{20}$	$-\frac{1}{20}$		240
Z_2		1	$-\frac{1}{10}$	$\frac{1}{5}$		240
Z_3			$\frac{1}{2}$	$\frac{1}{2}$	1	2.400

Ergebnis:

x_1 = 240 Stück
x_3 = 240 Stück
DB = 2.400 EUR

Aufgabe 7 LP-Ansatz (drei Variablen, zwei Restriktionen)

Die SPORTARTIKEL-KG stellt drei Produkte mit den Produktionsmengen x_1, x_2 und x_3 her. Alle drei Produkte beanspruchen die beiden Produktionsanlagen A_1 und A_2, deren wöchentliche Kapazität auf jeweils 2.400 Fertigungsminuten beschränkt ist. Gegenwärtig übersteigt die Nachfrage nach allen drei Produkten die wöchentliche Produktionskapazität. Ermitteln Sie das optimale Produktionsprogramm (x_1, x_2, x_3) sowie den maximal erzielbaren Deckungsbeitrag DB für die Planungswoche auf der Basis folgender Daten:

Zielfunktionen:

Maximiere DB = $db_1 \cdot x_1 + db_2 \cdot x_2 + db_3 \cdot x_3$!
Maximiere DB = $6x_1 + 3x_2 + 4x_3$!

Kapazitätsrestriktionen:

A_1 $8x_1 + 4x_2 + 2x_3 \leq 2.400$
A_2 $4x_1 + 2x_2 + 6x_3 \leq 2.400$

Nichtnegativitätsbedingungen:

$x_1 \geq 0 \quad x_2 \geq 0 \quad x_3 \geq 0$

Lösungshinweis: Beachten Sie die Erläuterungen zur Anwendung der Simplex-Methode in Aufgabe 6!

1. Simplextableau

	[x_1]	x_2	x_3	s_1	s_2	DB	E
[Z_1]	(8)	4	2	1			2.400
Z_2	4	2	6		1		2.400
Z_3	– 6	– 3	– 4			1	0

Umformung des 1. Simpextableaus

	[x_1]	x_2	x_3	s_1	s_2	DB	E	
PZ alt	8	4	2	1			2.400	$\cdot \frac{1}{8}$ Vgl. Erl. (4)
PZ neu	1	$\frac{1}{2}$	$\frac{1}{4}$	$\frac{1}{8}$			300	
Z_2 alt	4	2	6		1		2.400	
+ PZ · (– 4)	– 4	– 2	– 1	$-\frac{1}{2}$			– 1.200	Vgl. Erl. (5)
Z_2 neu			5	$-\frac{1}{2}$	1		1.200	
Z_3 alt	– 6	– 3	– 4			1		
+ PZ · (6)	6	3	$\frac{2}{3}$	$\frac{3}{4}$			1.800	Vgl. Erl. (5)
Z_3 neu			$-\frac{5}{2}$	$\frac{3}{4}$		1	1.800	

2. Simplextableau (vgl. Erl. (6))

	x_1	x_2	$\boxed{x_3}$	s_1	s_2	DB	E
Z_1	**1**	$\frac{1}{2}$	$\frac{1}{4}$	$\frac{1}{8}$			**300**
$\boxed{Z_2}$			$\textcircled{5}$	$-\frac{1}{2}$	**1**		**1.200**
Z_3			$-\frac{5}{2}$	$\frac{3}{4}$		**1**	**1.800**

Umformung des 2. Simpextableaus

	x_1	x_2	$\boxed{x_3}$	s_1	s_2	DB	E	
PZ alt			5	$-\frac{1}{2}$	1		1.200	$\cdot \frac{1}{5}$ Vgl. Erl. (4)
PZ neu			1	$-\frac{1}{10}$	$\frac{1}{5}$		240	
Z_2 alt	1	$\frac{1}{2}$	$\frac{1}{4}$	$\frac{1}{8}$			300	
$+ PZ \cdot (-4)$			$-\frac{1}{4}$	$-\frac{1}{40}$	$-\frac{1}{20}$		– 60	Vgl. Erl. (5)
Z_2 neu	1	$\frac{1}{2}$		$\frac{3}{20}$	$-\frac{1}{20}$		240	
Z_3 alt			$-\frac{5}{2}$	$\frac{3}{4}$		1	1.800	
$+ PZ \cdot \frac{5}{2}$			$\frac{5}{2}$	$-\frac{1}{4}$	$\frac{1}{2}$		600	Vgl. Erl. (5)
Z_3 neu				$\frac{1}{2}$	$\frac{1}{2}$	1	2.400	

3. Simplextableau (vgl. Erl. (6)):

	x_1	x_2	x_3	s_1	s_2	DB	E
Z_1	**1**	$\frac{1}{2}$		$\frac{3}{20}$	$-\frac{1}{20}$		**240**
Z_2			**1**	$\frac{1}{10}$	$\frac{1}{5}$		**240**
Z_3				$\frac{1}{2}$	$\frac{1}{2}$	**1**	**2.400**

In der Zielfunktionszeile Z_3 sind keine negativen Koeffizienten mehr enthalten. Der Rechengang ist beendet. Aus der Ergebnisspalte lassen sich die gewünschten Informationen ablesen. Für DB ergibt sich der Zahlenwert 2.400 (DB = 2.400). Für x_3 ergibt sich der Zahlenwert 240 Stück. Nur in Z_1 ist das Ergebnis mehrdeutig. Der Zahlenwert 240 (Stück) lässt sich entweder x_1 **oder** x_2 zuordnen. Entweder ist $x_1 = 240$ oder $x_2 = 480$. Die SPORTARTIKEL KG hat bei der Annahme von Bestellungen folgende beiden (extremen) Möglichkeiten:

1. Möglichkeit	2. Möglichkeit
X_1 = 240 X_3 = 240	X_2 = 480 X_3 = 240
DB = 2.400	DB = 2.400

Die Produktionskapazitäten werden in beiden Fällen folgendermaßen genutzt (Minuten/Woche):

1. Möglichkeit:	
A_1	$8 \cdot 240 + 2 \cdot 240 = 2.400$
A_2	$4 \cdot 240 + 6 \cdot 240 = 2.400$
2. Möglichkeit:	
A_1	$4 \cdot 480 + 2 \cdot 240 = 2.400$
A_2	$2 \cdot 480 + 6 \cdot 240 = 2.400$

Bei voller Kapazitätsauslastung ergibt sich in beiden Fällen ein Deckungsbeitrag von 2.400 EUR pro Woche.

Aufgabe 8 LP-Ansatz (drei Variablen, fünf Restriktionen)

Es gelten weiterhin alle Angaben der Aufgabe 7. Die Nachfrage nach den Ausführungen x_1, x_2, x_3 ist jetzt allerdings begrenzt. Für die Produktion der kommenden fünf Arbeitstage liegen bei der SPORTARTIKEL KG folgende Bestellungen vor:

x_1 = 120 Stück
x_2 = 180 Stück
x_3 = 360 Stück.

Welche Aufträge können akzeptiert werden? Wie hoch ist der zugehörige Deckungsbeitrag/Woche? Wie lautet der LP-Ansatz? Ermitteln Sie die Lösung mit Hilfe der Simplex-Methode!

Wöhe S. 985–987

Dieses Entscheidungsproblem unterscheidet sich von dem der Aufgabe 7 dadurch, dass nunmehr neben die beiden Produktionsrestriktionen (A_1, A_2) drei **Absatzrestriktionen** (V_1, V_2, V_3) treten. Der Programmansatz ist folgendermaßen zu formulieren:

Zielfunktionen:

Maximiere DB $= 6x_1 + 3x_2 + 4x_3$

Kapazitätsrestriktionen:

A_1	$8x_1 + 4x_2 + 2x_3 \leq 2.400$
A_2	$4x_1 + 2x_2 + 6x_3 \leq 2.400$

Absatzrestriktionen:

V_1	$x_1 \leq 120$
V_2	$x_2 \leq 180$
V_3	$x_3 \leq 360$

Nichtnegativitätsbedingungen:

$$x_1 \geq 0 \quad x_2 \geq 0 \quad x_3 \geq 0$$

Die in die Produktionsrestriktionen einzufügenden Schlupfvariablen seien mit s_1 und s_2, die in den Absatzrestriktionen zu berücksichtigenden Schlupfvariablen seien mit r_1, r_2, r_3 bezeichnet. Werden die Ungleichungen mit Hilfe der Schlupfvariablen in Gleichungen umgewandelt, erhält man folgendes Gleichungssystem:

A_1	$8x_1$	$+4x_2$	$+2x_3$	$+1s_1$						$= 2.400$
A_2	$4x_1$	$+2x_2$	$+6x_3$		$+1s_2$					$= 2.400$
V_1	$1x_1$					$+1r_1$				$= 120$
V_2		$1x_2$					$+1r_2$			$= 180$
V_3			$1x_3$					$+1r_3$		$= 360$
Zielfunktion	$-6x_1$	$-3x_2$	$-4x_3$						$+1$ DB	$= 0$

Schreibt man dieses Gleichungssystem in etwas veränderter Form, erhält man das erste Simplextableau:

1. Simplextableau

	x_1	x_2	x_3	s_1	s_2	r_1	r_2	r_3	DB	E
Z_1	**8**	**4**	**2**	**1**						**2.400**
Z_2	**4**	**2**	**6**		**1**					**2.400**
Z_3	**(1)**					**1**				**120**
Z_4		**1**					**1**			**180**
Z_5			**1**					**1**		**360**
Z_6	**– 6**	**– 3**	**– 4**						**1**	**0**

Umformung des 1. Simplextableaus:

Da das Pivotelement = 1 ist, gilt die Pivotzeile als bereits umgeformt.

	x_1	x_2	x_3	s_1	s_2	r_1	r_2	r_3	DB	E
PZ neu	**1**					**1**				**120**
Z_1 alt	**8**	**4**	**2**	**1**						**2.400**
+ PZ · – 8	**– 8**					**– 8**				**– 960**
Z_1 neu		**4**	**2**	**1**		**– 8**				**1.440**
Z_2 alt	**4**	**2**	**6**		**1**					**2.400**
+ PZ · – 4	**– 4**					**– 4**				**– 480**
Z_2 neu		**2**	**6**		**1**	**– 4**				**1.920**
Z_6 alt	**– 6**	**– 3**	**– 4**						**1**	
+ PZ · 6	**6**					**6**				**720**
Z_6 neu		**– 3**	**– 4**			**6**			**1**	**720**

Eine Umformung von Z_4 und Z_5 ist nicht erforderlich, da die Koeffizienten in der Pivotspalte bereits gleich Null sind. Die Zeilen Z_4 und Z_5 können also unverändert in das 2. Simplextableau übernommen werden.

2. Simplextableau

	x_1	x_2	$\boxed{x_3}$	s_1	s_2	r_1	r_2	r_3	DB	E
Z_1		4	2	1		– 8				1.440
Z_2		2	(6)		1	– 4				1.920
Z_3	1					1				120
Z_4		1					1			180
Z_5			1					1		360
Z_6		– 3	– 4				6		1	720

Umformung des 2. Simplextableaus:

	x_1	x_2	$\boxed{x_3}$	s_1	s_2	r_1	r_2	r_3	DB	E	
PZ alt		2	6		1	– 4				1.920	$\cdot \frac{1}{6}$
PZ neu		$\frac{1}{3}$	1		$\frac{1}{6}$	$-\frac{2}{3}$				320	
Z_1 alt		4	2	1		– 8				1.440	
+ PZ · – **2**		$-\frac{2}{3}$	– 2		$-\frac{1}{3}$	$\frac{4}{3}$				– 640	
Z_1 neu		$\frac{10}{3}$		1	$-\frac{1}{3}$	$-\frac{20}{3}$				800	
Z_5 alt			1					1		360	
+ PZ · – **1**		$-\frac{1}{3}$	– 1		$-\frac{1}{6}$	$\frac{2}{3}$				– 320	
Z_5 neu		$-\frac{1}{3}$			$-\frac{1}{6}$	$\frac{2}{3}$		1		40	
Z_6 alt		– 3	– 4			6		1		720	
+ PZ · **4**		$\frac{4}{3}$	4		$\frac{2}{3}$	$-\frac{8}{3}$				1.280	
Z_6 neu		$-\frac{5}{3}$			$\frac{2}{3}$	$\frac{10}{3}$			1	2.000	

Die Zeilen Z_3 und Z_4 werden unverändert in das 3. Simplextableau übernommen, da ihr Koeffizient in der Pivotspalte gleich Null ist.

3. Simplextableau

	x_1	$\boxed{x_2}$	x_3	s_1	s_2	r_1	r_2	r_3	DB	E
Z_1		$\frac{10}{3}$		1	$-\frac{1}{3}$	$-\frac{20}{3}$				800
Z_2		$\frac{1}{3}$	1		$\frac{1}{6}$	$-\frac{2}{3}$				320
Z_3	1					1				120
$\boxed{Z_4}$		(1)					1			180
Z_5		$-\frac{1}{3}$			$-\frac{1}{6}$	$\frac{2}{3}$		1		40
Z_6		$-\frac{5}{3}$			$\frac{2}{3}$	$\frac{10}{3}$			1	2.000

Umformung des 3. Simplextableaus:

Da das Pivotelement = 1 ist, gilt die Pivotzeile als bereits umgeformt.

	x_1	x_2	x_3	s_1	s_2	r_1	r_2	r_3	DB	E
PZ alt		**1**					**1**			**180**
Z_1 alt		$\frac{10}{3}$		**1**	$-\frac{1}{3}$	$-\frac{20}{3}$				**800**
$+ PZ \cdot -\frac{10}{3}$		$-\frac{10}{3}$				$-\frac{10}{3}$				**– 600**
Z_1 neu				**1**	$-\frac{1}{3}$	$-\frac{20}{3}$	$-\frac{10}{3}$			**200**
Z_2 alt		$-\frac{1}{3}$	**1**		$\frac{1}{6}$	$-\frac{2}{3}$				**320**
$+ PZ \cdot -\frac{1}{3}$		$-\frac{1}{3}$					$-\frac{1}{3}$			**– 60**
Z_2 neu			**1**		$\frac{1}{6}$	$-\frac{2}{3}$	$-\frac{1}{3}$			**260**
Z_5 alt		$-\frac{1}{3}$			$-\frac{1}{6}$	$\frac{2}{3}$		**1**		**40**
$+ PZ \cdot \frac{1}{3}$		$\frac{1}{3}$					$\frac{1}{3}$			**60**
Z_5 neu					$-\frac{1}{6}$	$\frac{2}{3}$	$\frac{1}{3}$			**100**
Z_6 alt		$-\frac{5}{3}$			$\frac{2}{3}$	$\frac{10}{3}$			**1**	**2.000**
$+ PZ \cdot \frac{5}{3}$		$\frac{5}{3}$					$\frac{5}{3}$			**300**
Z_6 neu					$\frac{2}{3}$	$\frac{10}{3}$	$\frac{5}{3}$		**1**	**2.300**

4. Simplextableau

	x_1	x_2	x_3	s_1	s_2	r_1	r_2	r_3	DB	E
Z_1				**1**	$-\frac{1}{3}$	$-\frac{20}{3}$	$-\frac{10}{3}$			**200**
Z_2			**1**		$\frac{1}{6}$	$-\frac{2}{3}$	$-\frac{1}{3}$			**260**
Z_3	**1**					**1**				**120**
Z_4		**1**					**1**			**180**
Z_5					$-\frac{1}{6}$	$\frac{2}{3}$	$\frac{1}{3}$	**1**		**100**
Z_6					$\frac{2}{3}$	$\frac{10}{3}$	$\frac{5}{3}$		**1**	**2.300**

Mit dem 4. Simplextableau ist der Rechengang beendet, da sich in der Zielfunktionszeile keine negativen Werte mehr finden. Das Ergebnis besagt, dass die SPORTARTIKEL KG für die kommenden fünf Arbeitstage folgende Bestellungen akzeptieren sollte: 120 Stück der Ausführung x_1, 180 Stück der Ausführung x_2 und 260 Stück der Ausführung x_3. Bei der letztgenannten Ausführung können Bestellwünsche in Höhe von 100 Einheiten nicht erfüllt werden ($r_3 = 100$). Dies ist allein auf die Produktionsrestriktion A_2 ($4 \cdot 120 + 2 \cdot 180 + 6 \cdot 260 = 2.400$) zurückzuführen, während bei A_1 noch Kapazitäten ($8 \cdot 120 + 4 \cdot 180 + 2 \cdot 260 = 2.200$) frei sind. Diese Tatsache wird auch aus dem 4. Simplextableau ersichtlich, wo $s_1 = 200$ ist. Das Zusammenwirken der fünf Restriktionen erlaubt einen Deckungsbeitrag in Höhe von DB = 2.300 EUR ($6 \cdot 120 + 3 \cdot 180 + 4 \cdot 260 = 2.300$).

III. Informationsbeschaffung im Absatzbereich

Wiederholungsfragen:

	Wöhe Seite
Welche Informationen werden im Rahmen der Situationsanalyse benötigt?	391
Welche Aufgabe hat die Marktforschung?	393 f.
In welche vier Arbeitsschritte gliedert sich das Ablaufschema der Marktforschung?	395
Wie eignen sich Labor- und Feldexperiment zur kausalanalytischen Marktforschung?	398 f.
Welcher Informationsquellen bedient sich die Primär- bzw. Sekundärforschung?	400
Welche Ziele verfolgt die Verhaltensforschung im Rahmen des Marketing?	405
Welche Strukturelemente bestimmen das Kaufverhalten?	408 f.
Was versteht man unter differenziertem, undifferenziertem und konzentriertem Marketing?	411 f.

Aufgabe 9 Explorative und kausalanalytische Marktforschung

Die explorative Marktforschung bemüht sich um die Sammlung von Basisinformationen. Die kausalanalytische Forschung will dagegen Ursache-Wirkungs-Zusammenhänge aufdecken. Welche der folgenden acht Fragestellungen ist Gegenstand explorativer bzw. kausalanalytischer Marktforschung?

(1) Warum kaufen junge Leute lieber das Produkt der Marke A, während das Konkurrenzprodukt der Marke B vorzugsweise von Senioren erworben wird?

(2) Ein Kaffeeröster möchte eine Kaffeesorte speziell für ältere Menschen entwickeln. Welche Produkteigenschaften sollte dieser Kaffee aufweisen?

(3) Ein Markenartikelanbieter hat durch die zunehmende Konkurrenz von Billiganbietern erhebliche Marktanteile verloren. Durch welche absatzpolitischen Maßnahmen kann der Markenartikler seine Wettbewerbsposition verbessern?

(4) Der Marktanteil eines Waschmittels hat sich um zwei Prozentpunkte erhöht. In welchem Maße ist dieser Absatzerfolg auf den eigenen Werbefeldzug bzw. auf die Preiserhöhung bei zwei Konkurrenzprodukten zurückzuführen?

(5) Ist der Nachfragerückgang bei Kalbsleberpastete der Marke C auf die veränderte Einstellung zum Fleischkonsum oder auf die kürzliche Preiserhöhung zurückzuführen?

(6) Ist die veränderte Packungsgestaltung beim Produkt der Marke D Grund für den gestiegenen Marktanteil?

(7) Ist die differenzierte Absatzentwicklung beim Produkt der Marke E auf die unterschiedliche Regalplatzierung im Discounthandel bzw. in Kaufhäusern zurückzuführen?

(8) Ein Hersteller von Dauergebäck möchte mit einer Werbekampagne im Fernsehen das Image seiner Produkte „verjüngen“. Wie sollten die Werbespots grundsätzlich konzipiert sein?

Wöhe S. 395–399

In den Bereich explorativer Forschung gehören die Fragen (2), (3) und (8). Die Fragen (1), (4), (5), (6) und (7) sind Gegenstand kausalanalytischer Forschung.

Aufgabe 10 Minimarkttest

Beschreiben Sie knapp den Ablauf eines Minimarkttests! Welche Rolle spielen in diesem Zusammenhang folgende Begriffe: Unabhängige Variable, abhängige Variable, Testelemente, kontrollierte Variablen, Störvariablen, Experimentiergruppe und Kontrollgruppe?

Wöhe S. 399

Bei einem Minimarkttest werden verschiedene Haushalte **(= Testelemente)** an das Kabelnetz angeschlossen. Diese Haushalte tätigen ihre Einkäufe des täglichen Bedarfs (zum überwiegenden Teil) beim örtlichen Einzelhandel. Der Einzelhandel verfügt über Scanner-Kassen, die es erlauben, dem identifizierten Kunden A die Wareneinkäufe exakt, d.h. nach Menge, Marke und Einkaufszeitpunkt, zuzuordnen.

Mit Hilfe des Minimarkttests versucht ein Marktforschungsunternehmen, die Wirkung einzelner absatzpolitischer Instrumente (z.B. Packungsänderung, Preisänderung, vor allem aber Werbung) auf die Zielgröße (Umsatz) festzustellen. In unserem Beispiel soll die Wirkung einer Werbemaßnahme **(= unabhängige Variable)** auf den Umsatz **(= abhängige Variable)** untersucht werden. Will man die Umsatzänderung ausschließlich auf die Werbemaßnahme zurückführen, müssen die anderen absatzpolitischen Instrumente, also Preis, Verpackung und Regalplatzierung des Experimentierproduktes **(= kontrollierte Variable)** konstant gehalten werden.

Solange die Werbewirkungen beobachtet werden, müssen störende Einflussfaktoren wie etwa eine Zeitungswerbung für die Konkurrenzmarke **(= Störvariable)** eliminiert werden. Zur Kontrolle von Störvariablen teilt man die Testelemente (beobachtete Haushalte) in zwei Gruppen. In das Fernsehprogramm der Haushalte A bis M (N bis Z) wird die Werbung für das Experimentierprodukt (nicht) eingeschaltet. Man unterstellt, dass eine Störvariable wie die Zeitungswerbung für die Konkurrenzmarke auf alle Testelemente A bis Z gleichermaßen wirkt. Fragen die Haushalte der **Experimentiergruppe** A bis M das beworbene Experimentierprodukt stärker (genauso stark) nach wie die nichtumworbenen Haushalte der **Kontrollgruppe** N bis Z, war die Werbung erfolgreich (erfolglos).

Aufgabe 11 Testmärkte

Was ist ein Testmarkt und welche Bedeutung hat er in Bezug auf die Auswahl der absatzpolitischen Instrumente? Worauf ist bei der Fixierung von Testmärkten zu achten?

Wöhe S. 399

Ein Testmarkt ist ein regional und zeitlich begrenzter **Ausschnitt des Gesamtmarktes.** Da die Einführung neuer Produkte mit erheblichen Absatzrisiken verbunden ist, offeriert man einen neuen Artikel zunächst auf einem Testmarkt, um die Marktgängigkeit dieses Produktes zu überprüfen. Nur wenn das Erzeugnis auf dem Testmarkt Erfolg hat, wird man sich zu einer Auflegung größerer Serien entschließen.

Der Testmarkt bietet darüber hinaus die Möglichkeit, die **Wirksamkeit einzelner absatzpolitischer Instrumente** fast modellmäßig zu überprüfen. Die Wirkung von Preisänderungen, Werbung und Produktgestaltung auf die Absatzmenge und den

Gewinn lässt sich durch zeitliche Isolierung der jeweiligen Maßnahme besonders gut überprüfen. Ein Testmarkt kann seine Aufgaben nur dann erfüllen, wenn er für den Gesamtmarkt **repräsentativ** ist.

Aufgabe 12 Typen von Kaufentscheidungen

Die Verhaltensforschung unterscheidet zwischen impulsiven, habitualisierten, extensiven und limitierten Kaufentscheidungen. Wie lassen sich die folgenden Beispiele den einzelnen Typen zuordnen?

(1) Nachdem Herr Nikolaus auf einem ausgedehnten Weihnachtsmarkt drei Bäume der mittleren Preisklasse und Größe in Augenschein genommen hat, entscheidet er sich mangels nennenswerter Qualitätsunterschiede für den ersten.

(2) Überwältigt vom Gipfelerlebnis erwirbt Herr Waterkant an der Bergstation der Zugspitzbahn einen Trachtenhut.

(3) Sonniges Winterwetter und ein günstiges Sonderangebot im Kaufhaus beflügeln Frau Sponti, die eigentlich einen Tennisschläger erstehen wollte, zum Kauf von Langlaufskiern.

(4) Im achten Juweliergeschäft findet ein Brautpaar endlich die Trauringe, die es schon immer gesucht hatte.

(5) Unbeirrt von Sonderangeboten kauft Frau Stetig immer nur die streichfähige Teewurst mit der roten Plombe.

(6) Nach langer Prüfung und abschließender Lektüre einer Verbraucherzeitschrift entschließt sich Herr Gründlich zum Abschluss einer Lebensversicherung bei der Securitas AG.

(7) Liebling will seiner Freundin zum Geburtstag eine Handtasche schenken. Glücklicherweise wird er schon im zweiten Geschäft fündig, denn seine Mittagspause ist sehr kurz.

(8) Beim Discounter um die Ecke kauft ein Stadtstreicher die Rotweinmarke, an die er sich so gewöhnt hat.

Wöhe S. 404–409

Impulsive Kaufentscheidung (2) und (3); habitualisierte Kaufentscheidung (5) und (8); extensive Kaufentscheidung (4) und (6); limitierte Kaufentscheidung (1) und (7).

IV. Absatzpolitik

1. Grundlagen

Wiederholungsfragen:

	Wöhe Seite
Nach welchen Abgrenzungskriterien lässt sich ein Markt definieren?	414 f.
Was versteht man unter homogenen bzw. heterogenen Gütern?	415
Was versteht man unter Substitutions- bzw. Komplementärgütern?	415
Unter welchen Bedingungen spricht man von einem vollkommenen Markt?	415
Welches Ziel verfolgt ein Anbieter mit der Schaffung eines akquisitorischen Potentials?	416
Unter welchen Bedingungen spricht man von vollkommener Konkurrenz?	416
Welches Aussehen hat das Marktformenschema?	417
In welche Teilfunktionen lassen sich die vier absatzpolitischen Instrumente unterteilen?	418
Was versteht man unter Marketing-Mix?	419

Aufgabe 13 Vollkommener Markt

Welche Voraussetzungen liegen dem Modell des vollkommenen Marktes zugrunde? Welchen Erklärungswert hat dieses Modell für die betriebliche Preispolitik?

Wöhe S. 415

Dem Modell des vollkommenen Marktes liegen folgende Prämissen zu Grunde:

(1) **Maximumbedingung** (Streben nach dem Gewinnmaximum für alle Anbieter; Streben nach dem Nutzenmaximum für alle Nachfrager);

(2) **Vollkommene Markttransparenz;**

(3) **Homogenitätsbedingung** (Fehlen persönlicher, sachlicher, räumlicher und zeitlicher Präferenzen);

(4) **Unendlich große Anpassungsgeschwindigkeit** an veränderte Marktdaten.

Sind diese vier Bedingungen erfüllt, so hat jedes Gut einen einheitlichen Marktpreis. Liegt die Preisforderung eines Anbieters **über** dem Einheitspreis, so haben diese vier Bedingungen den Verlust der gesamten Nachfrage zur Folge. Fordert nämlich der Anbieter A für ein Wirtschaftsgut einen höheren Preis als der Anbieter B, dann werden alle Nachfrager, die nach dem Nutzenmaximum streben (Maximumbedingung) und die Kenntnis davon haben, dass A teurer ist als B (vollkommene Markttransparenz), sofort von A zu B überwechseln (unendlich große Anpassungsgeschwindigkeit), vorausgesetzt, dass zu A keine persönlichen Bindungen bestehen und die von B angebotene Ware mit der von A angebotenen vollkommen identisch ist (Homogenitätsbedingung).

Ein **Unterschreiten** des Angebotspreises dagegen entfernt den Anbieter vom angestrebten Gewinnmaximum und verletzt somit die Maximumbedingung. Der preispolitische Spielraum eines Anbieters auf dem vollkommenen Markt ist unter der Bedingung, dass mindestens ein weiterer Anbieter vorhanden ist, somit gleich Null. Das heißt aber: Erst die **Unvollkommenheit des Marktes** eröffnet dem Betrieb die Möglichkeit zur Preispolitik. Die Voraussetzung für eine aktive Preispolitik ist also das Aufspüren von Unvollkommenheiten des Marktes. Diese vier Prämissen haben somit die Aufgabe, deutlich zu machen, welche verschiedenen Faktoren der Betrieb in der Realität überprüfen muss, um beispielsweise Preiserhöhungsspielräume ausfindig zu machen.

Weiß ein Anbieter zum Beispiel, dass die **Markttransparenz** auf Seiten der Abnehmer sehr gering, auf Seiten seiner Konkurrenten aber sehr groß ist, wird er sich zur Erreichung seines Gewinnmaximums u. U. zu einer Preiserhöhung entschließen. Rechnet dieser Anbieter aber mit einem guten Marktüberblick auf Seiten der Kunden und mit geringem Marktüberblick auf Seiten der Konkurrenz, wird er sich u. U. für eine Preissenkung entscheiden, da auf diese Weise ein großer Nachfragezuwachs zu erwarten ist, ohne dass die Konkurrenz von der Preissenkung Kenntnis nimmt und somit auch nicht mit einer eigenen Preissenkung reagiert.

Der Erklärungswert dieser Modellkonstruktion lässt sich auch an einem anderen Beispiel erkennen: Stellt ein Anbieter nach einer Preissenkung fest, dass der Nachfragezuwachs so bescheiden ist, dass sein Gesamtgewinn zunächst zurückgeht (Gewinnminderung durch Preissenkung > Gewinnerhöhung durch Nachfragezuwachs), so wird er dennoch bei der Preissenkung bleiben, wenn er weiß, dass zwar die **Reaktionsgeschwindigkeit** der Nachfrager gering, ihr Marktüberblick aber recht gut ist, so dass erst nach geraumer Zeit mit einer stetigen Nachfragesteigerung zu rechnen ist.

Schon aus diesen beiden Beispielen wird ersichtlich: In Wirklichkeit existieren keine vollkommenen Märkte. Gleichwohl ist die Beschäftigung mit dieser gedanklichen Konstruktion sinnvoll, da im Wege isolierender Abstraktion (= schrittweises Aufheben der einzelnen Prämissen) die Möglichkeiten und Grenzen preispolitischer Spielräume aufgedeckt werden können.

Aufgabe 14 Marktabgrenzung und Angebotsstruktur

In der Bundesrepublik Deutschland gibt es einige tausend Metzgereien. Wie würden Sie diesen Tatbestand im Marktformenschema klassifizieren?

Wöhe S. 417

Der großen Zahl von Anbietern nach scheint es sich um eine atomistische Angebotsstruktur zu handeln. Bei dieser Klassifizierung würde jedoch die Notwendigkeit einer räumlichen Einengung des Marktes übersehen. Man kann die Metzgerei in Kiel und die in Konstanz nicht als Konkurrenten auf ein und demselben Markt betrachten. Die Tatsache, dass der Kunde den Anbieter aufsuchen muss, um seinen Bedarf zu decken, sorgt für eine starke Einengung der Märkte. Die lokale Begrenzung des Marktes hat somit eine **oligopolartige Angebotsstruktur** zur Folge, denn für die Nachfrager kommen im allgemeinen höchstens fünf bis sechs Anbieter in die engere Wahl.

Aufgabe 15 Unvollkommener Markt und Angebotsstruktur

In einer Stadt gibt es vier Fischgeschäfte, von denen sich jedes durch ein besonderes Merkmal auszeichnet. Auf Firma Frisch entfallen 30 % der Gesamtnachfrage, auf Firma Billig 20 %, auf Firma Freundlich 15 % und auf Firma Zentrum 35 %. Die Preise sind bei allen Anbietern verschieden. Wie würden Sie den Markt charakterisieren? Worauf sind die Preisunterschiede zurückzuführen?

Wöhe S. 454–456 und 460–462

Es handelt sich hier um eine **oligopolistische Angebotsstruktur** auf einem unvollkommenen Markt. Für das eine spricht die Anzahl der Anbieter, für das andere die Uneinheitlichkeit des Preises.

Die Preisunterschiede lassen sich auf das Bestehen von Präferenzen für den einen oder anderen Anbieter zurückführen. Zur Überwindung von Absatzwiderständen steht bei jedem der vier Anbieter ein anderes absatzpolitisches Mittel im Vordergrund:

Firma Frisch	:	Produktqualität
Firma Billig	:	Preis
Firma Freundlich	:	Service und persönlicher Kontakt
Firma Zentrum	:	verkehrsmäßige Lage

Jeder dieser Faktoren schafft Präferenzen für den jeweiligen Anbieter. Diese Bindungen sorgen für die Unvollkommenheit des Marktes und gewähren dem Anbieter mehr oder weniger stark begrenzte Preisspielräume. Bei Firma Frisch kommt es nicht darauf an, dass die dort angebotene Ware wirklich besser ist als anderwärts; entscheidend ist vielmehr, dass durch die Sauberkeit des Geschäftes der Eindruck erweckt wird, die Ware sei besser als anderswo.

Aufgabe 16 Angebotsstruktur und Wettbewerb

Gibt es eine Erklärung dafür, dass die an den Bundesautobahnen gelegenen Tankstellen Benzin im allgemeinen etwas teurer verkaufen als die übrigen Tankstellen? Welchen Zusammenhang sehen Sie zwischen Angebotsstruktur und Wettbewerb? Nennen Sie weitere Beispiele, wo je nach Art der Angebotsstruktur für identische Wirtschaftsgüter unterschiedliche Preise gezahlt werden!

Viele Autofahrer, welche die Bundesautobahnen über weite Strecken benutzen, sind gezwungen, innerhalb eines bestimmten Streckenabschnitts zu tanken. Da ein Verlassen der Autobahn im allgemeinen recht zeitraubend ist, sind die betroffenen Kraftfahrer quasi gezwungen, eine bestimmte Tankstelle anzufahren. Für diesen speziellen Kreis von Autofahrern hat die betreffende Tankstelle eine **monopolähnliche Stellung.** In Städten, wo 3, 5 oder 10 Tankstellen miteinander in Konkurrenzbeziehungen stehen, kann sich kaum ein Anbieter erlauben, einen über dem ortsüblichen Benzinpreis liegenden Preis zu verlangen, da er in diesem Falle wohl den größten Teil seiner Kunden verlieren würde. Bei einer derartigen oligopolistischen Angebotsstruktur gestattet der Wettbewerb keine oder so gut wie keine „überdurchschnittlichen“ Preise. In der monopolähnlichen Situation an der Autobahn dagegen ist der Wettbewerb ausgeschaltet, wenn man von der Möglichkeit des Verlassens der Autobahn absieht.

In dem eben beschriebenen Fall handelte es sich um eine **räumlich** bedingte Ausschaltung des Wettbewerbs. Andere Beispiele für eine räumlich bedingte Beschränkung des Wettbewerbs, die zu monopolähnlicher Angebotsstruktur führt, sind der Verkauf von Nahrungsmitteln und Erfrischungsgetränken in D-Zügen. Ein Beispiel für eine **zeitlich** bedingte Beschränkung des Wettbewerbs, die ebenfalls die Möglichkeit eröffnet, höhere Preisforderungen als sonst üblich durchzusetzen, ist der Verkauf von Blumen und Lebensmitteln in der Nähe großer Bahnhöfe außerhalb der üblichen Geschäftszeiten.

2. Produktpolitik

Wiederholungsfragen:

	Wöhe Seite
Welche Gestaltungselemente sind Gegenstand der Produktpolitik?	419 f.
Welche Ziele verfolgt die Produktpolitik?	420
Wo liegen die Triebfedern für Produktinnovation, Produktvariation und -eliminierung?	421 f.
Welche Merkmale kennzeichnen Massenmärkte, Schrumpfmärkte, Zukunftsmärkte und Nischenmärkte?	423
Welcher Unterschied besteht zwischen einer Produktlücke und einer Marktnische?	424 f.
Welche Produkteigenschaften lassen sich im Wege der Produktvariation ändern?	429
Was versteht man unter einer Produktlinie?	432
Was versteht man unter Absatzverbund?	434
Welche unterschiedlichen Funktionen hat die Verpackung?	435 f.
Wie entsteht ein Markenartikel?	438
Warum zahlen Käufer für Markenartikel einen höheren Preis?	439
Welche Vorteile haben Markenartikel für Nachfrager, Hersteller und Handel?	439
Welche Arten von Kundendienstleistungen kennen Sie?	440
Welche Ziele verfolgt die Kundendienstpolitik?	441
Wie lässt sich die optimale Kundendienstintensität ermitteln?	441 f.

Aufgabe 17 Grundnutzen – Zusatznutzen

Welchen Grundnutzen bzw. Zusatznutzen erwartet ein(e) Nachfrager(in) vom Erwerb
- eines Rasenmähers,
- eines Wintermantels,
- eines Badezusatzes oder
- einer Sitzgarnitur?

Wöhe S. 419

Objekt	Grundnutzen	Zusatznutzen
Rasenmäher	sauberer Rasenschnitt	Sicherheit, Bedienungsfreundlichkeit, Umweltfreundlichkeit, Sparsamkeit
Wintermantel	Körperschutz, Strapazierfähigkeit, Bequemlichkeit	Chic, Unterstreichen der Individualität
Badezusatz	Sauberkeit, Frische	anregender Duft, erotische Ausstrahlungskraft
Sitzgarnitur	Sitzgelegenheit, Bequemlichkeit	Repräsentation, ästhetisches Empfinden

Aufgabe 18 Produktinnovation und Produktvariation

Produktdifferenzierung und Produktdiversifikation (horizontal, vertikal, lateral) sind Teilbereiche der Produktinnovation. Wie lassen sich die folgenden Fälle der Produktinnovation bzw. -variation zuordnen?

(1) Aufgeschreckt durch zunehmende Antiraucher-Kampagnen schafft sich ein Zigarettenhersteller als Kaugummiproduzent ein zweites Standbein.

(2) Ein LKW-Hersteller entschließt sich, einen Hersteller von Liftanlagen mit Dieselmotoren zu beliefern.

(3) Ein Spanplattenhersteller entwickelt einen Leim, der die Tragfähigkeit seiner Produkte erheblich erhöht.

(4) Eine Brauerei ergänzt ihr Produktionsprogramm um ein Starkbier.

(5) Eine Brauerei erweitert ihr Produktionsprogramm um eine Produktlinie von vier Erfrischungsgetränken.

Wöhe S. 421 f.

In den obigen Fällen handelt es sich um: (1) laterale Produktdiversifikation, (2) vertikale Produktdiversifikation, (3) Produktvariation, (4) Produktdifferenzierung und (5) horizontale Produktdiversifikation.

Aufgabe 19 Produktlebenszyklus und absatzpolitische Instrumente

Welche absatzpolitischen Instrumente werden in den einzelnen Phasen des Produktlebenszyklus vorzugsweise eingesetzt?

Wöhe S. 428

Folgende absatzpolitische Instrumente werden eingesetzt, wobei es leichte Überschneidungen zwischen den Phasen geben kann:

Phase	Instrumente
Einführung	Einführungswerbung, Aufbau eines Vertriebssystems für das neue Produkt
Wachstum	Massenwerbung, Erweiterung des Vertriebsnetzes
Reife	Schaffung von Präferenzen zur Abwehr von Konkurrenten durch verpackungs-, preis- und werbepolitische Maßnahmen
Sättigung	Leichte Produktvariation, Sonderverkaufsaktionen
Degeneration	Abschöpfung von Deckungsbeiträgen ohne absatzpolitische Maßnahmen **oder** grundlegende Produktvariation (Relaunch)

Aufgabe 20 Produkteliminierung

Die QUARTA KG vertreibt vier Produkte, für die folgende Stückerlöse (p), Stückkosten (k) und Absatzmengen (m) gelten:

Produkt	m	p	k
A	1 Mio.	10,00	12,00
B	1 Mio.	20,00	25,00
C	1 Mio.	8,00	5,00
D	1 Mio.	24,00	17,00

Nach einem drastischen Preisverfall sind die Verkaufspreise bei den Produkten A und B nicht mehr kostendeckend. Die Fixkosten der QUARTA KG beziffern sich auf 12 Mio. EUR pro Periode. Bei der Berechnung der Stückkosten k wurden die Fixkosten gleichmäßig auf die gesamte Absatzmenge von 4 Mio. Stück verteilt.

Teilaufgabe a)

Wie hoch ist der Deckungsbeitrag (DB) pro Sorte, der Gewinnbeitrag (G) pro Sorte und der gesamte Periodenerfolg?

Wöhe S. 433 f.

Bei jährlichen Fixkosten von 12 Mio. EUR wurde jeder Verkaufseinheit ein Fixkostenanteil (k_f) in Höhe von 3 EUR/Stück zugerechnet. Zur Ermittlung der variablen Stückkosten (k_v) sind also die Stückkosten k um jeweils 3 EUR zu kürzen.

Produkt	(1) m	(2) p	(3) k	(4) k_v	(5) DB [(2) – (4)] · (1)	(6) G [(2) – (3)] · (1)
A	1 Mio.	10,00	12,00	9,00	+ 1 Mio.	– 2 Mio.
B	1 Mio.	20,00	25,00	22,00	– 2 Mio.	– 5 Mio.
C	1 Mio.	8,00	5,00	2,00	+ 6 Mio.	+ 3 Mio.
D	1 Mio.	24,00	17,00	14,00	+ 10 Mio.	+ 7 Mio.

	+ 15 Mio.	+ 3 Mio.
– Fixkosten K_f	– 12 Mio.	–
Periodenerfolg	+ 3 Mio.	+ 3 Mio.

Teilaufgabe b)

Sollten die Verlustprodukte A und B aus dem Sortiment entfernt werden? Gehen Sie bei Beantwortung dieser Frage davon aus, dass

- zwischen den vier Produkten kein Sortimentszusammenhang besteht und dass
- auch nach einer Produkteliminierung jährliche Fixkosten in Höhe von 12 Mio. EUR anfallen würden.

Wöhe S. 433 f.

Eine Vollkostenrechnung erweckt vordergründig den Eindruck, dass bei einer Eliminierung der Verlustprodukte A und B der Periodenerfolg von 3 Mio. EUR auf 10 Mio. EUR gesteigert werden könnte, wobei Produkt C einen Gewinnbeitrag von 3 Mio. EUR und Produkt D von 7 Mio. EUR leistet. Eine Produkteliminierung auf der Basis der Vollkostenrechnung führt aber zu falschen Ergebnissen.

Verzichtet die QUARTA KG auf den Verkauf einer Einheit des Produktes A, verliert sie auf der einen Seite den Verkaufserlös von 10 EUR/Stück. Andererseits beziffert sich die Kosteneinsparung/Stück nicht auf 12 EUR (Stückkosten k), sondern nur auf 9 EUR (variable Stückkosten k_v). Die Fixkosten von 12 Mio. EUR/Jahr fallen unabhängig davon an, ob die Produkte A und B produziert werden oder nicht. Die Fixkosteneinsparung ist also bei Produkteliminierung gleich null. Die **Fixkosten** sind **entscheidungsirrelevant.** Die Produktion sollte unter den gegebenen Bedingungen solange fortgesetzt werden, wie die Stückerlöse p die variablen Stückkosten k_v übersteigen. Eliminierungskriterium ist somit der Deckungsbeitrag $db = p - k_v$.

Produkt	p	k_v	db	m	DB
A	10,00	9,00	+ 1,00	1 Mio.	+ 1 Mio.
B	20,00	22,00	– 2,00	1 Mio.	– 2 Mio.
C	8,00	2,00	+ 6,00	1 Mio.	+ 6 Mio.
D	24,00	14,00	+ 10,00	1 Mio.	+ 10 Mio.
					+ 15 Mio.
				– Fixkosten K_f	– 12 Mio.
				Periodenerfolg	+ 3 Mio.

Durch Eliminierung des Produktes B würde der Periodenerfolg von 3 Mio. EUR auf 5 Mio. EUR ansteigen. Würde auch das Produkt A eliminiert, würde der Periodengewinn nur 4 Mio. EUR betragen.

Aufgabe 21 Produkteliminierung mit Sortimentszusammenhang

Bei ihrer Entscheidung über die Produkteliminierung muss die QUARTA KG folgenden Sortimentszusammenhang berücksichtigen:

- Würde die Produktion von A eingestellt, würden vom Substitutionsgut C 250.000 Stück mehr verkauft.
- Würde die Produktion von B eingestellt, würden vom Komplementärgut D 300.000 Stück weniger verkauft.

Im übrigen gelten die Angaben der Aufgabe 20. Insbesondere ist davon auszugehen, dass die Fixkosten unabhängig von der Zusammensetzung und Höhe des Produktionsprogramms sind. Welches Aussehen hat unter diesen Bedingungen das optimale Produktionsprogramm?

Hinsichtlich des gewinnmaximalen Produktions- und Absatzprogramms muss die QUARTA KG folgende vier Alternativen mit den zugehörigen Absatzmengen prüfen:

Produkt	A	B	C	D
Alternative				
(1)	1 Mio.	1 Mio.	1 Mio.	1 Mio.
(2)	–	1 Mio.	1,25 Mio.	1 Mio.
(3)	1 Mio.	–	1 Mio.	0,7 Mio.
(4)	–	–	1,25 Mio.	0,7 Mio.

Alternative (1)

Produkt	m	db	DB
A	1 Mio.	+ 1,00	+ 1 Mio.
B	1 Mio.	– 2,00	– 2 Mio.
C	1 Mio.	+ 6,00	+ 6 Mio.
D	1 Mio.	+ 10,00	+ 10 Mio.

	+ 15 Mio.
– Fixkosten K_f	– 12 Mio.
Periodengewinn	+ 3 Mio.

Alternative (2)

Produkt	m	db	DB
B	1,00 Mio.	– 2,00	– 2,0 Mio.
C	1,25 Mio.	+ 6,00	+ 7,5 Mio.
D	1,00 Mio.	+ 10,00	+ 10,0 Mio.

	+ 15,5 Mio.
– Fixkosten K_f	– 12,0 Mio.
Periodengewinn	+ 3,5 Mio.

Alternative (3)

Produkt	m	db	DB
A	1,0 Mio.	+ 1,00	+ 1 Mio.
C	1,0 Mio.	+ 6,00	+ 6 Mio.
D	0,7 Mio.	+ 10,00	+ 7 Mio.

	+ 14 Mio.
– Fixkosten K_f	– 12 Mio.
Periodengewinn	+ 2 Mio.

Alternative (4)

Produkt	m	db	DB
C	1,25 Mio.	+ 6,00	+ 7,5 Mio.
D	0,70 Mio.	+ 10,00	+ 7,0 Mio.

	+ 14,5 Mio.
– Fixkosten K_f	– 12,0 Mio.
Periodengewinn	+ 2,5 Mio.

Unter Berücksichtigung des Sortimentszusammenhangs ist es am vorteilhaftesten, das Produkt A zu eliminieren (Alternative 2).

Aufgabe 22 Produktionsprogramm und Sortiment

Die Bestimmung des Produktionsprogramms (Industrie) bzw. des Sortiments (Handel) gehört zu den konstitutiven Entscheidungen eines Unternehmens. Literatur und Praxis des Marketing kennen folgende Entscheidungskriterien:

Industrie	Handel
Produktionsprogramm	Sortiment
(1) Materialorientierung (2) Verfahrensorientierung (3) Bedarfsorientierung	(4) Materialorientierung (5) Preislagenorientierung (6) Bedarfsorientierung (7) Bedienungsorientierung

Nennen Sie jeweils ein konkretes Beispiel!

Wöhe S. 432

(1) Eine Gießerei hat früher gusseiserne Abflussrohre produziert, die inzwischen durch Kunststoffrohre verdrängt wurden. Heute produziert man für den Freizeitbereich Grillgeräte aus Guss und Kopien alter Gusslaternen.

(2) Ein Mühlenbauer fertigte früher Getreidemühlen; inzwischen stellt er Mahlwerke zur Zerkleinerung von Plastikabfällen her.

(3) Seitdem Holzfenster nicht mehr gefragt sind, fertigt ein Schreinereibetrieb Kunststofffenster für seine angestammte Kundschaft.

(4) Wollladen, Tabakladen, Blumenladen usw.

(5) Niedrigpreissegment: Lebensmitteldiscount; Drogeriemarkt.
Hochpreissegment: Feinkostgeschäft; Parfümerie.

(6) Reitsportgeschäft, Baumarkt, Herrenausstatter.

(7) Anbieter bedienungsintensiver Waren: Kameras, Antiquitäten; Anbieter von Selbstbedienungswaren: Lebensmittel, Billigkleidung.

Aufgabe 23 Sortimentstypen und Kundenwünsche

Kunden suchen beim Einkauf Bequemlichkeit, Artenvielfalt in Form von großer Sortimentstiefe, emotionales Einkaufserlebnis, exklusive Produktqualität, gute Beratung und einen niedrigen Preis. In welchem Maße tragen die einzelnen Sortimentstypen diesen Kundenwünschen Rechnung?

Sortiment breit/flach (Warenhaus)

Breites Sortiment, geringe Artenvielfalt, große Bequemlichkeit (alles unter einem Dach), kaum Niedrigpreisangebote.

Sortiment schmal/tief (Fachhandel)

Große Artenvielfalt, exklusive Produktqualität, emotionales Einkaufserlebnis, gute Fachberatung, Hochpreissegment.

Sortiment schmal/flach (Discounter)

Begrenzte Auswahl bei Gütern des täglichen Bedarfs, sterile Einkaufsatmosphäre, keine Exklusivprodukte, keine Beratung, Niedrigpreissegment.

Aufgabe 24 Homogene und heterogene Güter

Was versteht man unter homogenen, was unter heterogenen Gütern? Welche Bedeutung hat diese Unterscheidung für die betriebliche Preispolitik?

Lösungshinweis: Beachten Sie die Homogenitätsbedingung (3) aus Aufgabe 13!

Homogene Güter sind solche, bei denen eine Gütereinheit der anderen vollkommen gleicht. Beispiele hierfür sind etwa Metalle, Heizöl, Zement, Glas und mit geringfügigen Einschränkungen Getreide, Baumwolle, Milch usw.

Heterogene Güter sind dagegen solche, bei denen eine Gütereinheit von der anderen mehr oder weniger stark abweicht. Beispiele hierfür sind Wein, Leberwurst, Autos und im Extremfall Gemälde, Skulpturen, alte Orientteppiche usw.

Während die Nachfrager im Falle homogener Güter keine sachlichen Präferenzen für die vom einen oder die vom anderen Anbieter offerierten Güter haben, spielt die jeweilige Ausprägung der jeweiligen Einheit eines heterogenen Gutes für die Kaufentscheidung und damit auch für die Wahl des Anbieters eine mehr oder weniger große Rolle. Ist die von der Heterogenität der jeweiligen Gütereinheit ausgehende Kaufmotivation bei Leberwurst oder Landschinken noch relativ gering, so drängt sie bei Gemälden und anderen Sammlerstücken alle anderen Nebenbedingungen (vor allem die Preisrelation zu annähernd vergleichbaren Stücken anderer Anbieter) weit in den Hintergrund.

Für die betriebliche Preispolitik folgt daraus: Mit zunehmender Heterogenität eines Gutes wächst die Möglichkeit zu **aktiver Preispolitik.** Könnten zum Beispiel in einer Gemeinde Wasser oder Elektrizität von zwei oder mehr Anbietern bezogen werden, dann wäre die Preisautonomie eines jeden Anbieters insofern eingeschränkt, als er bei der eigenen Preisfestsetzung kaum von den Preisen der Konkurrenten abweichen kann. Existieren dagegen in der gleichen Gemeinde mehrere Boutiquen, die modische Damenkleider (verschiedener Hersteller) anbieten, so brauchen diese als Anbieter derart heterogener Güter bei der Preisfestsetzung nur begrenzt die Angebote der Konkurrenten zu beachten.

Aufgabe 25 Homogenität, Produktgestaltung und Werbung

> Welcher Zusammenhang besteht zwischen der Homogenität und Heterogenität der Güter einerseits und den Möglichkeiten der Werbung und Produktgestaltung andererseits?

Wöhe S. 414–419

Unterstellt man, dass jeder Anbieter nach dem Gewinnmaximum strebt, dann darf man annehmen, dass er darauf bedacht ist, seinen preispolitischen Spielraum möglichst weit auszudehnen, d.h. sich von der Preisfestsetzung der Mitanbieter möglichst unabhängig zu machen. In der vorangegangenen Aufgabe wurde gezeigt, dass die Unabhängigkeit von der Preispolitik der Konkurrenten mit zunehmender Heterogenität der angebotenen Güter wächst. Jeder Anbieter wird deshalb bestrebt sein, seine Waren so zu präsentieren, dass sie den Nachfragern trotz eines geringen Heterogenitätsgrades als Güter eigener Art erscheinen. Typische Beispiele für den Versuch, nahezu homogene Güter zu heterogenisieren (d.h. zu Markenartikeln zu machen), sind Zigaretten, Seife, Waschmittel, Kaffee usw.

Werbung und Produktgestaltung sind die beiden wichtigsten Instrumente zur Schaffung **sachlicher** Präferenzen für Güter, die von Natur aus fast homogen sind. Während durch die Produktgestaltung das Gut tatsächlich, wenn auch meist nur äußerlich, verändert wird, hat die Werbung den Zweck, dem Konsumenten die Vorstellung von einem Gut eigener Art zu suggerieren.

Aufgabe 26 Präferenzen und Betriebsgröße

> Nicht nur sachliche Präferenzen für die angebotene Ware, sondern auch persönliche Präferenzen für den Anbieter und sein Personal sorgen für Unabhängigkeit von den Preisen der Konkurrenz. Welchen Einfluss hat die Betriebsgröße auf die Wahl dieser beiden Möglichkeiten, sich von den Mitanbietern abzuheben?

Generell wird man sagen dürfen: Je kleiner und überschaubarer der Betrieb ist, desto eher hat der Anbieter die Möglichkeit, persönliche Präferenzen für sich und sein Personal zu wecken. Dagegen wird es ihm nur in begrenztem Umfang möglich sein, durch Schaffung sachlicher Präferenzen Abstand von den Konkurrenten zu gewinnen. Mit zunehmender Betriebsgröße verliert ein Anbieter die Fähigkeit zur Schaffung persönlicher Präferenzen. In dem Maße, in dem persönliche Präferenzen abgebaut werden, kann aber ein Firmen- oder Markenname aufgebaut werden, was in erster Linie durch Werbung und/oder Produktgestaltung zu erreichen ist.

Aufgabe 27 Rechtliche Produktgestaltung (Leasing)

Mit Hilfe einer gelungenen Produktgestaltung lassen sich Absatzmenge und Absatzpreis in positiver Weise beeinflussen, da auf diesem Wege Präferenzen für das Produkt erzeugt werden. Im allgemeinen versteht man unter Produktgestaltung die technische Produktvariation durch Veränderung der Qualität, der Form, der Aufmachung, der Menge/Produkteinheit usw. Die „Qualität" eines Produktes lässt sich aber auch in der Weise modifizieren, dass man rechtliche Gestaltungsmöglichkeiten ausnutzt, um den besonderen Bedürfnissen vieler Nachfrager entgegenzukommen. So hat das Leasing vielen Anbietern Marktlücken eröffnet, indem es ihnen die Möglichkeit bot, ihre Erzeugnisse nicht zu verkaufen, sondern zu vermieten.

Welche Voraussetzungen hinsichtlich der Produkteigenschaften, der finanziellen Situation der Anbieter und Nachfrager und des Bedarfs der Nachfrager müssen erfüllt sein, damit ein Anbieter mit Hilfe des Leasing Absatzchancen nutzen kann, die ihm als Verkäufer verschlossen bleiben?

Produkteigenschaften:

Es muss sich um Investitionsgüter oder langlebige Konsumgüter handeln. Das Produkt muss so beschaffen sein, dass es nach Gebrauch durch den ersten Abnehmer auch für folgende Abnehmer noch uneingeschränkt nutzungsfähig ist. (So sind Schuhe zwar relativ langlebige Konsumgüter, für Leasingzwecke jedoch aus letztgenanntem Grund unbrauchbar.) Es darf sich nicht um Gegenstände handeln, deren Ausgestaltung zu stark am individuellen Geschmack ausgerichtet ist. Zur Vermietung eignen sich nämlich Fernsehgeräte und Waschmaschinen, nicht aber Möbel und Kleidung.

Finanzkraft der Nachfrager:

Die Chancen des vermietenden Anbieters liegen dort, wo der Kaufpreis die Finanzkraft der Nachfrager übersteigt. Beispiele sind Fernsehgeräte und Wohnungen.

Finanzkraft der Anbieter:

Im Gegensatz zur Finanzkraft der Nachfrager muss die der Anbieter groß sein, da die Anschaffungs- oder Herstellungskosten der Erzeugnisse durch Leasinggebühren langsamer amortisiert werden als durch Verkaufserlöse.

Bedarfsstruktur:

Der Anbieter, der seine Erzeugnisse vermietet statt verkauft, hat um so größere Marktchancen, je weiter das in den Erzeugnissen steckende Nutzenpotential den Bedarf der Nachfrager übersteigt. Beispiele hierfür sind Ferienwohnungen, Großrechenanlagen, große Baumaschinen und Autos.

Aufgabe 28 Innovationsquellen

Einproduktunternehmen sind in der Regel krisenanfälliger als Mehrproduktbetriebe, bei denen sich das Absatzrisiko im Falle konjunktureller Rückschläge, vor allem aber im Falle struktureller Schwierigkeiten auf mehrere Produkte verteilt. Die Ursachen, von denen die Impulse zur Schaffung neuer Produkte ausgehen, bezeichnet man als Innovationsquellen. Solche Innovationsquellen sind:

(a) Abfall,

(b) Know-how (hochentwickelte Produktionstechnik),

(c) freie Saisonkapazitäten,

(d) Vertriebsmöglichkeiten durch gesicherten Kundenstamm und

(e) Änderung der Verbrauchergewohnheiten.

Wie würden Sie die folgenden Beispiele der Einführung neuer Produkte den einzelnen Innovationsquellen zuordnen:

(1) Ein Hersteller von Backzutaten entschließt sich zur Produktion von Fertigpackungen für Rührkuchen.

(2) Ein Hersteller von Porzellangeschirr hält einen Stab hervorragender, allgemein anerkannter Designer und entschließt sich, die Produktion von Kristallgläsern aufzunehmen.

(3) Ein Hersteller von Kunststofferdtanks verfügt über modernste Fertigungsverfahren zur Verarbeitung von Polyester und entschließt sich zur Herstellung von Bootskörpern.

(4) Ein Hersteller von Sitzrasenmähern nimmt die Produktion von Kleinschneeräumern auf.

(5) Ein Hersteller von Fertigtüren verschrotet die Holzabfälle und fertigt daraus Spanplatten.

(6) Ein Molkereibetrieb beliefert das Hotelgewerbe mit Butter in Kleinpackungen à 20 g.

(7) Eine Autoreparaturwerkstatt gliedert sich einer Autolackiererei an.

(8) Ein Skihersteller nimmt die Produktion von Wasserski auf.

(9) Eine Brauerei mit großem Gaststättennetz nimmt die Produktion von Apfelsaft auf.

(10) Ein Hersteller von Schaumgummimatratzen zerkleinert die Abfälle und verwendet sie als Kissenfüllungen.

Diese Beispiele sind den Innovationsquellen folgendermaßen zuzuordnen:
1d und e, 2b und d, 3b, 4c, 5a, 6e, 7d, 8c, 9d und 10a.

Aufgabe 29 Produktgestaltung – Werbung

Ein Anbieter verkauft bei Stückkosten von 1,60 EUR pro Jahr 100.000 Stück zum Preis von 2 EUR. Ein Werbefeldzug, der bei unverändertem Absatzpreis in diesem Jahr eine Absatzmengensteigerung um 20%, im nächsten Jahr gegenüber dem jetzigen Stand eine Absatzmengenerhöhung um 10.000 Stück erwarten ließe, würde 30.000 EUR kosten. Eine Erhöhung der Absatzmenge um 20 % ließe sich auch durch eine Verbesserung der Produktqualität und eine Modernisierung der Verpackung erreichen. In diesem Falle würden bei unverändertem Absatzpreis die Stückkosten auf 1,80 EUR ansteigen. Sollte der Anbieter Werbung oder Produktgestaltung oder beides unterlassen?

Bisheriger Zustand	$G = (2 - 1{,}60) \cdot 100.000$ $G = 40.000$ EUR/Jahr
Werbung	$G_1 = (2 - 1{,}60) \cdot 120.000 - 30.000$ $G_1 = 18.000$ EUR im 1. Jahr $G_2 = (2 - 1{,}60) \cdot 110.000$ $G_2 = 44.000$ EUR im 2. Jahr
Produktgestaltung	$G = (2 - 1{,}80) \cdot 120.000$ $G = 24.000$ EUR/Jahr

Der Anbieter sollte sowohl den Werbefeldzug als auch die Produktgestaltung unterlassen. Während in der bisherigen Situation der Gewinn der beiden kommenden Jahre auf insgesamt 80.000 EUR veranschlagt werden kann, sind im Falle der Werbung zusammen 62.000 EUR und im Falle der Produktgestaltung zusammen 48.000 EUR Gewinn zu erwarten.

3. Preispolitik

Wiederholungsfragen:

	Wöhe Seite
Welche Fragestellung dominiert die klassische Preistheorie?	442
Welche Instrumente werden in der praktischen Preispolitik eingesetzt?	443 f.
Welche Daten bestimmen den Verlauf von Kosten- bzw. Nachfragefunktionen?	445
Worin liegt der wichtigste Vor- bzw. Nachteil der Preispolitik?	446
Welche modellmäßigen Vereinfachungen liegen der klassischen Preistheorie zugrunde?	446
Was besagt die Elastizität der Nachfrage?	447 f.
Welcher Zusammenhang besteht zwischen einer Preis-Absatz-Funktion und der Elastizität der Nachfrage?	448
Unter welchen Bedingungen zieht eine Preissteigerung eine Erhöhung der Absatzmenge nach sich?	450
Was versteht man unter Substitutionskonkurrenz?	451
Wie sind Cournot'sche Menge und Cournot'scher Preis definiert?	453
Welche Informationen benötigt ein Oligopolist zur Bestimmung des gewinnmaximalen Angebotspreises?	454
Wie reagieren die Nachfrager auf einem vollkommenen Markt auf die Erhöhung des Angebotspreises durch einen Oligopolisten?	455 f.
Unter welchen Voraussetzungen spricht man von vollkommener (atomistischer) Konkurrenz?	457
Mit welcher Angebotsmenge erreicht der Anbieter bei vollkommener Konkurrenz das Gewinnmaximum?	458
Was versteht man unter der Nutzschwelle bzw. Nutzgrenze?	459
Wann spricht man von unvollkommener Konkurrenz?	460
Welches Phänomen charakterisiert den monopolistischen Bereich der Preisabsatzfunktion des Polypolisten?	461

	Wöhe Seite
Wo liegt die gewinnmaximale Angebotsmenge des Polypolisten?	463
Kann es vorkommen, dass sich ein Anbieter aus dem Markt herauskalkuliert?	465
Wo liegen die Probleme teilkostenorientierter Preisfestsetzung?	466
Was besagen die langfristige bzw. kurzfristige Preisuntergrenze?	467
Wo liegt der wesentliche Unterschied zwischen kosten- und nachfrageorientierter Preisbildung?	468
Was versteht man unter konkurrenzorientierter Preisbildung?	470
Wodurch unterscheiden sich Prämien- und Promotionspreise?	471
Welche Teilbereiche gehören zur Konditionenpolitik?	474

Aufgabe 30 Preisabsatzfunktion

Die Preisabsatzfunktion (= Gesamtnachfragekurve) nach Schweinekotelett zeigte in der Bundesrepublik Deutschland folgenden Verlauf:

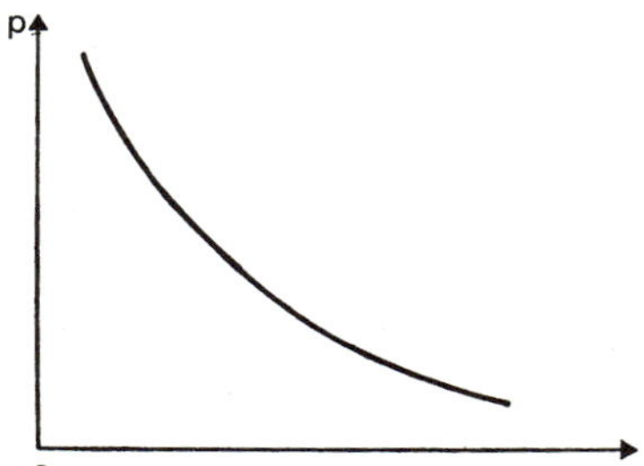

In welchen der folgenden Fälle verschiebt sich die Preisabsatzfunktion nach (a) rechts oben oder (b) links unten?

(1) Im Rahmen einer groß angelegten Aufklärungsaktion wird nachgewiesen, dass Rindfleisch gesünder sei als Schweinefleisch.

(2) Durch verringerte Auslandsimporte steigt der Preis für Brathähnchen.

(3) Der inländische „Schweineberg" wird durch Importe noch vergrößert.

(4) Der inländische „Schweineberg" wird durch Exporte verringert.

(5) Durch Abschlachtprämien für Kühe erhöht sich das Rindfleischangebot.

(6) Gegenüber dem Vorjahr steigt das Volkseinkommen um 5 %.

Wöhe S. 447–450 und 456 f.

Die richtige Antwort lautet: 1b, 2a, 5b, 6a. In den Fällen (3) und (4) bleibt die Nachfragekurve unberührt. Es kommt durch Veränderung der **Angebotskurve** zu einer Ermäßigung (3) bzw. zu einer Erhöhung (4) des Marktpreises.

Aufgabe 31 Typische und atypische Preisabsatzfunktion

Mit der Redewendung „Die Hausse nährt die Hausse" will man die Tatsache umschreiben, dass Kurssteigerungen an der Börse weitere Kurssteigerungen nach sich ziehen. Welche Rückschlüsse lassen sich aus dieser Beobachtung auf das Kaufverhalten der Nachfrager ziehen?

Der obigen Redewendung liegt folgende Erfahrung zugrunde: kommt es auf organisierten Märkten (für Wertpapiere, Devisen, Edelmetalle usw.) zu Kurs-, d.h. Preissteigerungen, dann sind diese Preissteigerungen sehr oft die Ursache für ein weiteres Anziehen der Preise. Eine Erklärung für diese Beobachtung findet man wohl in der Vermutung, dass sowohl die Käufer- als auch die Verkäuferseite mit weiteren Preissteigerungen rechnen, wodurch die Verkäuferseite das Angebot knapp hält, die Käuferseite aber die Nachfrage in Erwartung kurzfristig realisierbarer Gewinne verstärkt.

Diese Erscheinung, welche den Namen **Spekulationseffekt** trägt, lässt sich auch mit dem normalen Kaufverhalten der Nachfrager nicht in Einklang bringen. Während die typische Nachfragefunktion durch die Beobachtung gekennzeichnet ist, dass bei Preissenkungen mehr, bei Preissteigerungen weniger gekauft wird, sorgt der Spekulationseffekt genau für die gegenteilige Wirkung: es wird mehr gekauft, weil die Preise steigen. Und weil mehr gekauft wird, steigen die Preise.

Fragt man sich, wie sich diese beiden konträren Vorgänge auf einen Nenner bringen lassen, gelangt man zu folgender Erklärung: der Spekulationseffekt ist eine stets nur **kurzfristige** Erscheinung; längerfristig wird sich immer der Normalverlauf der Nachfragefunktion durchsetzen. Außerdem ist der Spekulationseffekt auf einen recht engen Kreis von Gütern beschränkt; er ist nur bei Investitionsgütern und langlebigen Konsumgütern anzutreffen, dort also, wo zwischen Beschaffung und Bedarf (Verbrauch) ein Güterbestand tritt. In den Fällen, in denen Beschaffung und Bedarf zeitlich zusammenfallen (Lebensmittel, Wohnungsmieten, Kinobesuche usw.) ist für den Spekulationseffekt kein Raum.

Aufgabe 32 Elastizität der Nachfrage

Bei normalem Verlauf der Preisabsatzfunktion führt eine Preissteigerung zu einem Rückgang, eine Preissenkung zu einer Steigerung der Nachfragemenge. Das Verhältnis aus prozentualer Mengenänderung und prozentualer Preisänderung bezeichnet man als Elastizität der Nachfrage, welche im Elastizitätskoeffizienten

$$\eta = \frac{\text{prozentuale Mengenänderung}}{\text{prozentuale Preisänderung}}$$

zum Ausdruck kommt. Zeigen Sie in einem Schaubild die Wirkung einer Preiserhöhung (-senkung) auf die Höhe des geldmäßigen Umsatzes (= Gesamterlös), wenn $\eta > 1$, $\eta = 1$ und $\eta < 1$ ist!

Wöhe S. 447

Nachfrage	Preissenkung	Preiserhöhung
elastisch $\eta > 1$	(1) Umsatz steigt	(2) Umsatz sinkt
$\eta = 1$	(3) Umsatz konstant	(4) Umsatz konstant
unelastisch $\eta < 1$	(5) Umsatz sinkt	(6) Umsatz steigt

Aufgabe 33 Elastizität der Nachfrage (Beispiele)

Stellen Sie fest, ob es sich bei folgenden Preisänderungen um Fall (1), (2), (5) oder (6) der obigen Darstellung handelt:

(a) Die Bundespost ermäßigt eine Woche lang die Preise für 50-Cent-Marken auf 30 Cent.

(b) Gegenüber dem Vorjahr sind Weihnachtsbäume um 20 % im Preis gestiegen.

(c) Die Parkgebühr vor dem Hauptbahnhof einer Großstadt wird um 10 Cent/Stunde gesenkt.
(d) Die Stadtwerke berechnen um 10 % höhere Wasser- und Kanalgebühren.
(e) Die städtischen Omnibusbetriebe entschließen sich zu einer Gebührensenkung.
(f) Schuhsohlen aus Leder werden um 50 % teurer.
(g) Im Rahmen eines Sonderangebots sind Schweineschnitzel um 4 EUR/kg billiger zu haben.
(h) Tonrohre und Kunststoffrohre, die am Bau für Kanalisationszwecke gleichermaßen geeignet sind, hatten bisher den gleichen Preis; Tonrohre werden jetzt um 20% teurer angeboten.

Diese acht Fälle lassen sich folgendermaßen einordnen: a 1, b 6, c 5, d 6, e 5, f 2, g 1, h 2.

Aufgabe 34 Preiserhöhung und Elastizität der Nachfrage

Durch Erhöhung des Absatzpreises um 5 % erreicht ein Anbieter einen Gewinnzuwachs von 20 %.

Wie groß war bisher seine Gewinnspanne $\frac{G}{E} \cdot 100$?

Welche Prämisse haben Sie gemacht?

Bei einer Preiserhöhung bleibt die Kostenseite unberührt.

$$0{,}20\ G = 0{,}05\ E$$
$$G = \frac{0{,}05}{0{,}20}\ E = 0{,}25\ E$$
$$\frac{G}{E} = 0{,}25$$
$$\frac{G}{E} \cdot 100 = 25\,\%$$

Die Gewinnspanne lag bisher bei 25%. Diese Berechnung geht von der Prämisse aus, dass die Absatzmenge nicht zurückgeht. Führt die Preiserhöhung um 5% zu einem Rückgang der Absatzmenge und wird trotzdem ein Gesamtgewinnzuwachs von 20% erzielt, dann muss (bei linearem Gesamtkostenverlauf) die Gewinnspanne vor der Preiserhöhung < 25% gewesen sein.

Aufgabe 35 Unabhängigkeit des Monopolisten

Zuweilen wird behauptet, ein Monopolist sei bei der Festsetzung seiner Preise völlig unabhängig, da er der einzige ist, der das betreffende Gut anbietet. Wie beurteilen Sie diese These?

Wöhe S. 446 und 451–453

Diese Behauptung ist falsch. Der Monopolist ist bei seiner Preisgestaltung sehr wohl von verschiedenen Größen abhängig. Dabei handelt es sich um

(1) die Dringlichkeit der Nachfrage,
(2) das Einkommen der Nachfrager,
(3) die Preise aller übrigen Güter,
(4) die Möglichkeit des Ausweichens auf Substitutionsgüter (z.B. von Kohle auf Heizöl),

(5) die Möglichkeit des Aufkommens von Konkurrenzbetrieben wegen attraktiver Preishöhe und

(6) kartellrechtliche Bestimmungen (Ausnutzung einer marktbeherrschenden Stellung).

Aufgabe 36 Erlösfunktion des Monopolisten

Ein Monopolist sieht sich folgender Nachfragesituation gegenüber: der Prohibitivpreis, jener Preis also, der so hoch ist, dass alle Kunden die Nachfrage einstellen, beträgt 6 EUR, die Sättigungsmenge liegt bei 12 Stück. Um ein Stück mehr verkaufen zu können, muss der Preis für sämtliche Einheiten um jeweils 0,50 EUR zurückgenommen werden. Der Preis ist nicht nur für die jeweils letzte, sondern für sämtliche Einheiten der zu verkaufenden Güter zu reduzieren, da der Verkaufspreis für alle Nachfrager einheitlich sein soll. Berechnen und zeichnen Sie die Preisabsatzfunktion (PAF), die Erlösfunktion (E) und die Grenzerlösfunktion (E')!

Wöhe S. 451–453

Der **Prohibitivpreis** ist jener Preis, bei welchem die Nachfrage nach dem betreffenden Gut völlig zum Erliegen kommt. Die **Sättigungsmenge** ist jene Menge, die gerade noch aufgenommen wird, wenn der Preis Null ist, die Waren also verschenkt werden.

Bezeichnet man die absetzbare Menge mit m, den Preis mit p und den Erlös mit E, dann ergibt sich:

p	m	E = p · m	E'
6,00	0	0	
5,50	1	5,50	5,50
5,00	2	10,00	4,50
4,50	3	13,50	3,50
4,00	4	16,00	2,50
3,50	5	17,50	1,50
3,00	6	18,00	0,50
2,50	7	17,50	– 0,50
2,00	8	16,00	– 1,50
1,50	9	13,50	– 2,50
1,00	10	10,00	– 3,50
0,50	11	5,50	– 4,50
0	12	0	– 5,50

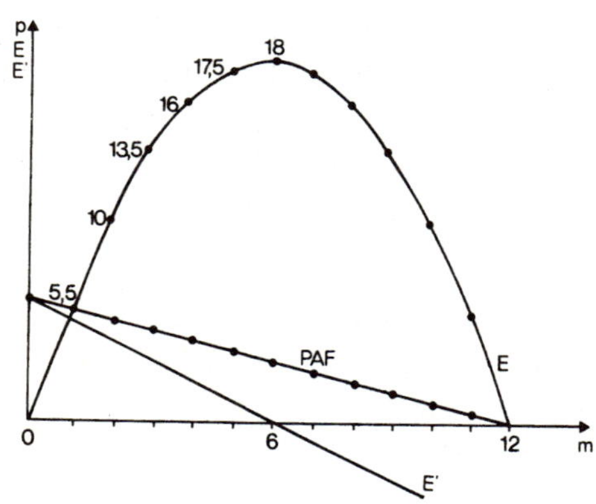

Aufgabe 37 Erlösmaximum des Monopolisten

Es gelten alle Angaben der Aufgabe 36. Bei welcher Ausbringungsmenge erreicht dieser Monopolist sein Erlösmaximum, bei welcher Ausbringungsmenge sein Gewinnmaximum?

Wöhe S. 452–454

Mit 18 EUR liegt das Erlösmaximum bei einer Ausbringungsmenge von 6 Stück. Bei einer höheren Ausbringungsmenge geht der Erlös absolut zurück, da sich der Preisrückgang stärker auswirkt als die Mengenzunahme.

Der Gewinn ist die Differenz zwischen Erlös und Kosten. Solange die Höhe der Kosten nicht bekannt ist, kann man auch keine Aussagen über die Gewinnhöhe oder das Gewinnmaximum machen.

Aufgabe 38 Gewinn- und Erlösmaximum

Es gelten alle Angaben der Aufgabe 36. Unter welcher Bedingung deckt sich die gewinnmaximale Ausbringungsmenge mit der erlösmaximalen Verkaufsmenge?

Lösungshinweis: Ziehen Sie zur Beantwortung dieser Frage die Zeichnung aus Aufgabe 36 heran!

Das Gewinnmaximum läge bei einer Ausbringungsmenge von 6 Stück, wenn entweder gar keine oder nur fixe Kosten entstünden.

Aufgabe 39 Cournot'scher Punkt

Es gelten alle Angaben der Aufgabe 36. Die Kostenfunktion lautet

(a) K = 2 m (b) K = 6 + m.

Ermitteln Sie das Gewinnmaximum des Monopolisten, die zugehörige Ausbringungsmenge (Cournot'sche Menge) und den zugehörigen Preis (Cournot'schen Preis)!

Wöhe S. 452–454

p	m	E = p · m	Für K = 2 m		Für K = 6 + m	
			K = 2 m	G = E – K	K = 6 + m	G = E – K
6,00	0	0	0	0	6,00	– 6,00
5,50	1	5,50	2,00	3,50	7,00	– 1,50
5,00	2	10,00	4,00	6,00	8,00	2
4,50	3	13,50	6,00	7,50	9,00	4,50
4,00	4	16,00	8,00	8,00	10,00	6,00
3,50	5	17,50	10,00	7,50	11,00	6,50
3,00	6	18,00	12,00	6,00	12,00	6
2,50	7	17,50	14,00	3,50	13,00	4,50
2,00	8	16,00	16,00	0	14,00	2
1,50	9	13,50	18,00	– 4,50	15,00	– 1,50
1,00	10	10,00	20,00	– 10,00	16,00	– 6,00
0,50	11	5,50	22,00	– 16,50	17,00	– 11,50
0	12	0	24,00	– 24,00	18,00	– 18,00

Für (a) K = 2 m liegt das **Gewinnmaximum** bei 8 EUR, die zugehörige Menge bei 4 Stück und der zugehörige Preis bei 4 EUR. Für (b) K = 6 + m beträgt der Höchstgewinn 6,50 EUR, die zugehörige Menge 5 Stück und der betreffende Preis 3,50 EUR.

Das gleiche Ergebnis lässt sich auf analytischem Wege erzielen. Die Preisabsatzfunktion lautet:

$$\mathbf{p = 6 - \frac{1}{2}\,m}$$

$$E = p \cdot m = (6 - \frac{1}{2}\,m) \cdot m = 6\,m - \frac{1}{2}\,m^2$$

$$\frac{\Delta E}{\Delta m} = E' = 6 - m$$

$$K = 2\,m$$

$$\frac{\Delta K}{\Delta m} = K' = 2$$

Für G_{max} gilt:

$$E' = K'$$

$$6 - m = 2$$

$$\boxed{m = 4}$$

$$p = 6 - \frac{1}{2}\,m \qquad G = E - K$$

$$p = 6 - \frac{1}{2} \cdot 4 \qquad G = p \cdot m - 2\,m$$

$$G = 4 \cdot 4 - 2 \cdot 4$$

$$\boxed{p = 4} \qquad \boxed{G = 8}$$

Aufgabe 40 Erläuterung des Gewinnmaximums

Wie ist es zu erklären, dass der Monopolist sein Gewinnmaximum, dort erreicht, wo Grenzerlös und Grenzkosten gleich groß sind, wo also E' = K'?

Übersteigt die Angebotsmenge die Menge m_c (gewinnmaximale Ausbringungsmenge), so liegt der Grenzerlös jedes zusätzlich angebotenen Stückes **unter** seinen Grenzkosten. Jedes zusätzlich verkaufte Stück führt also zu einer Gewinnschmälerung. Demnach ist dieser Mengenbereich für den Monopolisten (ebenso wie für jeden anderen Anbieter) uninteressant.

Im Ausbringungsmengenbereich zwischen Null und m_c liegt der Grenzerlös für jede Ausbringungsmengeneinheit **über** den Grenzkosten. Da in diesem Bereich für jedes zusätzliche Stück ein Grenzerlös (E') erzielt wird, der höher ist als die durch dieses zusätzliche Stück verursachten Kosten (K'), ist eine Steigerung der Absatzmenge zweckmäßig. Bei einer Ausbringungsmenge von m_c ist die durch den Absatz des letzten Stückes erzielte Gewinnsteigerung gleich Null, da der Grenzerlös genauso hoch ist wie die Grenzkosten. Da erst bei einem Gewinnzuwachs von Null (E' = K') alle weiteren Gewinnmöglichkeiten ausgeschöpft sind, wird der Monopolist seine Angebotsmenge bis zu diesem Punkt ausweiten.

Aufgabe 41 Kostenanstieg im Monopol

Es gilt weiterhin die Preisabsatzfunktion aus Aufgabe 36. Die variablen Stückkosten (= Grenzkosten) betragen 3 EUR. Wie hoch ist die Cournot'sche Menge? Wie hoch ist bestenfalls der Gewinn? Unter welchen Umständen wird bei gleicher Cournot'scher Menge kein einziges Stück angeboten?

Wöhe S. 453–454

p	m	$E = p \cdot m$	$K_v = 3\,m$	$G^* = E - K_v$
6,00	0	0	0	0
5,50	1	5,50	3,00	2,50
5,00	2	10,00	6,00	4,00
4,50	3	13,50	9,00	4,50
4,00	4	16,00	12,00	4,00
3,50	5	17,50	15,00	2,50
3,00	6	18,00	18,00	0
.	.	.	.	.
.	.	.	.	.
.	.	.	.	.

Die gewinnmaximale Ausbringungsmenge beträgt 3 Stück. Das Gewinnmaximum liegt bei 4,50 EUR. Dieser Gewinn wird jedoch nur erzielt, wenn keine fixen Kosten anfallen. G* bedeutet somit: Gewinn vor Abzug der Fixkosten. Übersteigen die Fixkosten den Betrag von 4,50 EUR, wird die Produktion eingestellt.

Aufgabe 42 Veränderte Kostenstruktur im Monopol

Welchen Einfluss hat eine Änderung der fixen Kosten bzw. der variablen Kosten auf

(a) den Monopolgewinn,

(b) den Cournot'schen Preis bzw.

(c) die Cournot'sche Menge?

Wöhe S. 452–454

Die Einflüsse einer veränderten Kostenstruktur lassen sich folgendermaßen systematisieren:

	Fixe Kosten K_f		Variable Kosten K_v	
	Senkung	Anstieg	Senkung	Anstieg
Monopolgewinn	steigt	fällt	steigt	fällt
Cournot'scher Preis	gleich	gleich	fällt	steigt
Cournot'sche Menge	gleich	gleich[1]	steigt	fällt

[1] Ist der Anstieg der fixen Kosten größer als der ursprüngliche Monopolgewinn, sinkt die Angebotsmenge auf Null.

Aufgabe 43 Preisabsatzfunktion des Oligopolisten

Auf einem vollkommenen Markt hält der Oligopolist Z einen Marktanteil von 10 Prozent. Für das homogene Gut liegt der gegenwärtige Marktpreis p* bei 60 EUR/Stück. Für Z gilt – unter der Annahme vorgegebener Reaktionen der Konkurrenz – folgende Preisabsatzfunktion p bzw. Kostenfunktion K:

$$p = 100 - 0{,}01\ m$$
$$K = 10.000 + 50\ m$$

Zeichnen Sie zunächst die Preisabsatzfunktion (PAF). Wie hoch ist der Prohibitivpreis und die Sättigungsmenge? Wie hoch ist bei geltendem Marktpreis p* der von Z erzielbare Gewinn?

Wöhe S. 448 und 455

Der Prohibitivpreis beträgt 100 EUR. Für die Sättigungsmenge gilt p = 0, also 0 = 100 – 0,01 m. Die Sättigungsmenge liegt also bei 10.000 Stück.

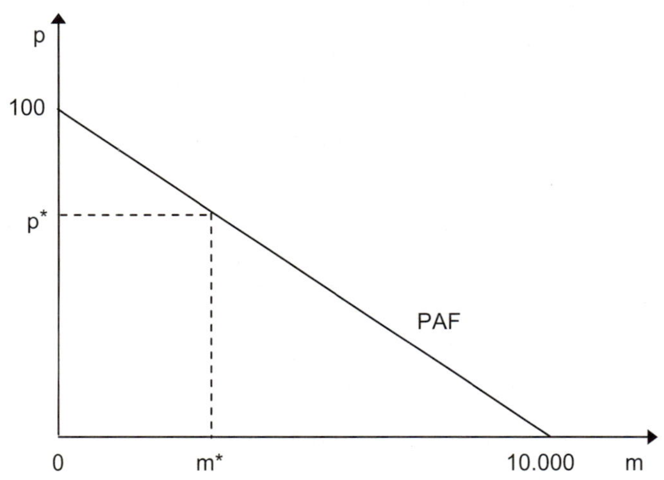

Zunächst muss festgestellt werden, welche Menge m* von Z bei p* = 60 abgesetzt werden kann:

$$\begin{aligned} p &= 100 - 0{,}01\ m \\ p^* &= 60 \\ 60 &= 100 - 0{,}01\ m^* \\ m^* &= 4.000 \text{ Stück} \end{aligned}$$

Zur Gewinnermittlung sind die Erlöse E* den Kosten K* gegenüberzustellen:

$G^* = E^* - K^*$	
$E^* = m^* \cdot p^* = 4.000 \cdot 60$	= 240.000 EUR
$K^* = 10.000 + 50\ m^* = 10.000 + 200.000$	= 210.000 EUR
$G^* =$	30.000 EUR

Gegenwärtig erzielt Z einen Periodengewinn von 30.000 EUR.

Aufgabe 44 Gewinnmaximum des Oligopolisten

Für den Oligopolisten Z gelten weiterhin die Ausgangsdaten der Aufgabe 43. Wie müsste der Oligopolist Z seinen Angebotspreis zur Erreichung des Gewinnmaximums ändern? Wie muss sich die Konkurrenz annahmegemäß verhalten, damit Z das angestrebte Gewinnmaximum tatsächlich erreicht?

Wöhe S. 454–456

Für das Gewinnmaximum des Oligopolisten Z gilt die Bedingungsgleichung Grenzerlös = Grenzkosten (E′ = K′).

$$p = 100 - 0{,}01\,m$$
$$E = p \cdot m$$
$$E = 100\,m - 0{,}01\,m^2$$
$$E' = \frac{dE}{dm}$$
$$E' = 100 - 0{,}02\,m$$
$$K = 10.000 + 50\,m$$
$$K' = \frac{dK}{dm}$$
$$K' = 50$$
$$E' = K'$$
$$50 = 100 - 0{,}02\,\overline{m}$$

$$\boxed{\overline{m} = 2.500 \text{ Stück}}$$

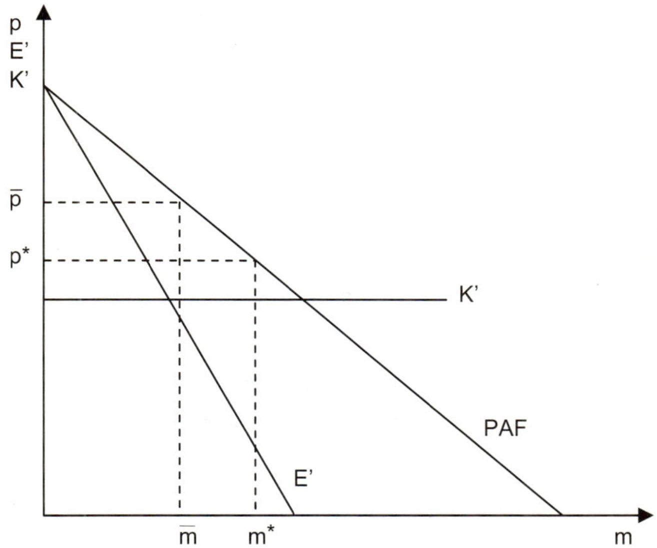

Beträgt die gewinnmaximale Angebotsmenge $\overline{m}$ = 2.500 Stück, lässt sich der gewinnmaximale Angebotspreis $\overline{p}$ wie folgt ermitteln:

$$\overline{p} = 100 - 0{,}01\,\overline{m}$$
$$\overline{p} = 100 - 0{,}01 \cdot 2.500$$

$$\boxed{\overline{p} = 75 \text{ EUR}}$$

Bietet Z 2.500 Stück zu 75 EUR/Stück an, ist der maximale Gewinn $\overline{G}$ wie folgt zu ermitteln:

$$\overline{E} = \overline{m} \cdot \overline{p} = 2.500 \cdot 75 \qquad = 187.500 \text{ EUR}$$
$$\overline{K} = 10.000 + 50\,\overline{m} = 10.000 + 125.000 \qquad = 135.000 \text{ EUR}$$
$$G = \qquad 52.500 \text{ EUR}$$

Z agiert annahmegemäß auf einem vollkommenen Markt. Erhöht er den Angebotspreis im Alleingang von 60 EUR auf 75 EUR pro Stück, verliert er die gesamte Nachfrage. Die Erhöhung des Angebotspreises $\overline{p}$ auf 75 EUR lässt sich am Markt nur durchsetzen, wenn die **Konkurrenten** ihren **Angebotspreis** ebenfalls auf 75 EUR pro Stück **anheben.**

Ersatzweise kann Z versuchen, sich einen autonomen Preiserhöhungsspielraum von 15 EUR pro Stück zu schaffen. Zu diesem Zweck müsste er sein **akquisitorisches Potential** durch Schaffung persönlicher und sachlicher Präferenzen stärken.

Aufgabe 45 Marktverhalten des Oligopolisten

Welche Grundformen wirtschaftlichen Verhaltens gibt es für Oligopolisten auf unvollkommenen Märkten?

Wöhe S. 456

Es gibt drei Grundformen wirtschaftlichen Verhaltens gegenüber den Konkurrenten:

(1) wirtschaftsfriedliches Verhalten (in Bezug auf Preise und Marktanteile akzeptiert jeder den status quo);

(2) kooperatives Verhalten (Preisabsprachen und Kartellvereinbarungen);

(3) ruinöser Wettbewerb (Preissenkungen mit dem Ziel, einen oder mehrere Anbieter vom Markt zu verdrängen).

Aufgabe 46 Gewinnmaximum bei vollkommener Konkurrenz

Die UNIPRIX-KG vertreibt Eierbriketts, die für 16 EUR/dz eingekauft und für 24 EUR/dz verkauft werden. Die fixen Kosten betragen 40.000 EUR/Periode. Wie hoch ist die gewinnmaximale Angebotsmenge und wie hoch ist der zugehörige Gewinn?

Wöhe S. 457–460

p	m	E = 24 m	K = 40.000 + 16 m	G = E – K
24,00	1.000	24.000,00	56.000,00	– 32.000,00
24,00	2.000	48.000,00	72.000,00	– 24.000,00
24,00	10.000	240.000,00	200.000,00	40.000,00
24,00	20.000	480.000,00	360.000,00	120.000,00
24,00	30.000	720.000,00	520.000,00	200.000,00
.	.	.	.	.
.	.	.	.	.
.	.	.	.	.

Der Gewinn steigt mit zunehmender Angebotsmenge; der Abstand zwischen Erlösfunktion und Kostenfunktion (= Gewinn) wird von einer bestimmten Ausbringungsmenge an immer größer. Die Gewinnerzielungsmöglichkeiten werden also nicht durch die Lage der Kostenkurve, sondern allein durch die **Kapazitätsgrenze** beschränkt. Liegt die Kapazitätsgrenze beispielsweise bei einer Verkaufsmenge von 25.000 dz/Periode, dann beträgt der zu dieser gewinnmaximalen Verkaufsmenge gehörende Gesamtgewinn 160.000 EUR.

Aufgabe 47 Gewinnschwelle bei vollkommener Konkurrenz

Es gelten alle Angaben der Aufgabe 46. Bei welcher Angebotsmenge liegt die Gewinnschwelle (Nutzschwelle) der UNIPRIX-KG?

Wöhe S. 457–460

Die Gewinnschwelle liegt bei der Angebotsmenge, wo E = K, wo also 24 m = 40.000 + 16 m ist.

$$\begin{aligned}\mathbf{24\ m} &= 40.000 + 16\ m\\ \mathbf{m} &= 5.000\end{aligned}$$

Die UNIPRIX-KG muss mindestens 5.000 dz/Periode verkaufen, um nicht mit Verlust abzuschließen.

Aufgabe 48 Lang- und kurzfristige Preisuntergrenze

Es gelten alle Angaben der Aufgabe 46. Wegen Verbilligung der Heizölpreise (Substitutionsgut) ist bei gleichbleibender Kostenstruktur (K = 40.000 + 16 m) mit einem Preisrückgang für Eierbriketts zu rechnen. Wie hoch ist die kurzfristige und wie hoch ist die langfristige Preisuntergrenze für die UNIPRIX-KG?

Wöhe S. 467

Die **kurzfristige** Preisuntergrenze entspricht den variablen Durchschnittskosten k_v, beträgt hier also 16 EUR/dz. Die **langfristige** Preisuntergrenze entspricht den Durchschnittskosten k. Da infolge der Fixkostendegression die Höhe der Durchschnittskosten von der Angebotsmenge abhängt, ist die langfristige Preisuntergrenze dann erreicht, wenn der Preis bis auf die Durchschnittskosten der maximalen Ausbringungsmenge (25.000 dz) abgesunken ist. Für m = 25.000 gilt

$$\begin{aligned}\mathbf{K} &= 40.000 + 16 \cdot 25.000\\ \mathbf{k} &= \frac{440.000}{25.000}\\ \mathbf{k} &= 17{,}60\end{aligned}$$

Die langfristige Preisuntergrenze liegt bei 17,60 EUR.

Aufgabe 49 Kurzfristige Preisuntergrenze bei vollkommener Konkurrenz

Es gelten die Angaben der Aufgabe 46. Verkäufe zu einem Preis, der selbst die kurzfristige Preisuntergrenze unterschreitet, müssen unterbleiben, also m = 0 für $p < k_v$. Können Sie sich trotzdem vorstellen, dass die UNIPRIX-KG Eierbriketts für 15 EUR/dz verkauft, obwohl diese für 16 EUR/dz eingekauft wurden?

Lösungshinweis: Wiederbeschaffung.

Es kann durchaus sinnvoll sein, Waren auch dann noch anzubieten, wenn der erzielbare Preis die Einstandskosten k_v unterschreitet. Dies ist erstens möglich, wenn der Betrieb eingestellt werden soll, eine Wiederbeschaffung der Waren also nicht beabsichtigt ist. In diesem Falle liegt die Preisuntergrenze streng genommen bei 0 EUR.

Die Preisuntergrenze kann aber auch dann unterhalb der (historischen) Einstandskosten liegen, wenn die Wiederbeschaffungskosten zwischenzeitlich gesunken sind. Liegt der Einstandspreis für 1 dz Eierbriketts inzwischen bei 11 EUR, ist es durchaus vorteilhaft, auch zu einem Preis von 15 EUR/dz noch anzubieten.

Daraus folgt: Bei der Ermittlung der kurzfristigen Preisuntergrenze sind die variablen Durchschnittskosten nicht auf der Basis historischer Einstandspreise, sondern auf der Basis von **Wiederbeschaffungskosten** zu ermitteln.

Aufgabe 50 Preisuntergrenze und gestiegene Wiederbeschaffungskosten

Für die UNIPRIX-KG gelten folgende Angaben: Einstandspreis 16 EUR/dz; Fixkosten/Periode 40.000 EUR; Kapazitätsgrenze 25.000 dz/Periode. Worauf ist es zurückzuführen, dass die kurzfristige Preisuntergrenze mit 19 EUR/dz, die langfristige mit 20,60 EUR/dz angegeben wird?

Lösungshinweis: Vgl. Aufgabe 49!

Die Wiederbeschaffungskosten sind auf 19 EUR/dz gestiegen. Die langfristige Preisuntergrenze ergibt sich aus:

$$\mathbf{K} = \frac{K_f}{m} + k_v$$

$$\mathbf{k} = \frac{40.000}{25.000} + 19$$

$$\mathbf{k = 20{,}60\ EUR}$$

Aufgabe 51 Mengenabhängige Preisdifferenzierung

Bei vollkommener Konkurrenz bietet der Betrieb zu einem konstanten Preis (Marktpreis) jede beliebige Menge an (Preisgerade). Zeigen Sie, dass diese modellmäßige Betrachtung selbst dann unrealistisch ist, wenn vollkommene Konkurrenz existiert.

Lösungshinweis: Unterschiedliche Abnahmemengen der einzelnen Nachfrager.

Selbst unter den Bedingungen vollkommener Konkurrenz wird ein Anbieter bei größeren Abnahmemengen über den Preis mit sich reden lassen **(Mengennachlass).** Ein gutes Beispiel hierfür ist der Heizölmarkt, der nur geringfügige Unvollkommenheiten (im Sinne des Modells) aufweist, und wo trotzdem große Preisunterschiede festzustellen sind. Zwar gibt es zwischen den örtlichen Anbietern kaum nennenswerte Unterschiede im 100-Liter-Preis; sehr groß ist aber bei jedem Anbieter die Differenz zwischen dem 100-Liter-Preis und dem 10.000-Liter-Preis. In der bis zur Kapazitätsgrenze reichenden Preisgeraden steckt also die stillschweigende Prämisse konstanter Losgrößen (= unveränderte Abgabemenge von Verkauf zu Verkauf).

Auch unter den Bedingungen vollkommener Konkurrenz kann die „Preisgerade“ für den Heizölhändler etwa folgendes Aussehen haben:

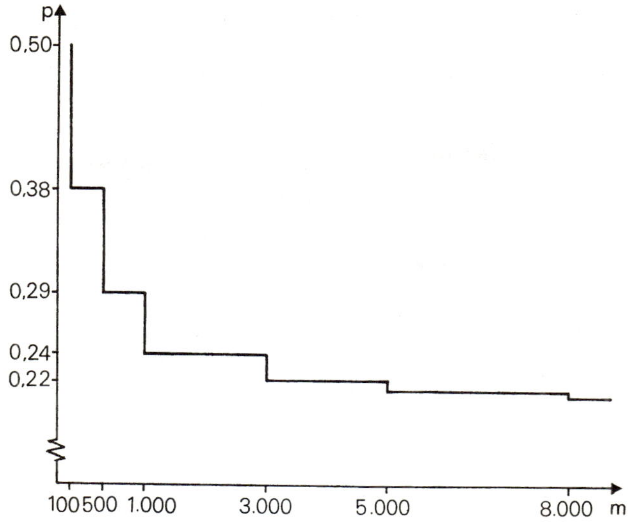

Beträgt z. B. die Einzelabnahmemenge 400 Liter, liegt der Preis bei 0,38 EUR/Liter. Liegt die Einzelabnahmemenge dagegen bei 4.000 Liter, beträgt der Preis 0,22 EUR/ Liter.

Aufgabe 52 Ursachen mengenabhängiger Preisdifferenzierung

Welchen Zusammenhang sehen Sie zwischen der Gewährung von Mengenrabatten und dem stufenweisen Abfall der Preisgeraden aus Aufgabe 51? Worauf lassen sich beide Formen des Preisnachlasses zurückführen?

Jede Auftragsabwicklung, wozu natürlich auch der Verkauf von Waren gehört, verursacht Kosten, die teilweise von der Auftragshöhe (Liefermenge) unabhängig sind. Die Kosten der Annahme des Auftrages, der Auslieferung der Ware, der Rechnungserstellung und -verbuchung sind weitgehend unabhängig von der Höhe des Auftrages bzw. der Bestellmenge. Je größer die Bestellmenge des Nachfragers ist, desto stärker verteilen sich diese auftragsfixen Kosten. Da die Stückkosten mit zunehmender Auftragshöhe sinken, ist der Anbieter um so eher zu Preisnachlässen bereit, je höher die Bestellmenge ist. Derartige Preisnachlässe können entweder in einer Preisstaffel, wie bei Heizöl, Schrauben in einer Eisenwarenhandlung, verbilligten Mehrfachfahrkarten bei Verkehrsbetrieben und Skiliftanlagen u. ä., oder in der Gewährung von Mengenrabatten z. B. auf handelsübliche Abnahmemengen im Großhandel zum Ausdruck kommen.

Aufgabe 53 Unvollkommener Markt

Was versteht man nach Gutenberg unter dem akquisitorischen Potential eines Anbieters? Welcher Zusammenhang besteht zwischen dem Vorhandensein des akquisitorischen Potentials eines Anbieters und der Vollkommenheit des Marktes?

Wöhe S. 460–462

Unter dem **akquisitorischen Potential** versteht man die Fähigkeit eines Anbieters, Präferenzen für sich und die von ihm feilgebotene Ware zu wecken. Je stärker das akquisitorische Potential eines Anbieters ist, desto größer ist seine Möglichkeit, auch für nahezu homogene Güter Preissteigerungen (im Vergleich zu Konkurrenzbetrieben) durchzusetzen.

Die Existenz des akquisitorischen Potentials, d.h. die Annahme des Vorhandenseins persönlicher und sachlicher Präferenzen, stellt eine Durchbrechung der Homogenitätsbedingung dar. Sobald persönliche und sachliche Präferenzen in Form eines akquisitorischen Potentials vorhanden sind, ist kein vollkommener Markt und somit auch keine vollkommene Konkurrenz (vollkommene Konkurrenz = vollkommener Markt + atomistische Angebotsstruktur) mehr möglich.

Aufgabe 54 Polypolistische Konkurrenz

Die Tatsache, dass eine Vielzahl von Anbietern auf einem unvollkommenen Markt agiert, bezeichnet man als polypolistische Konkurrenz auf unvollkommenen Märkten. Die von Gutenberg entwickelte Nachfragekurve eines Anbieters bei derart polypolistischer Konkurrenz hat folgendes Aussehen:

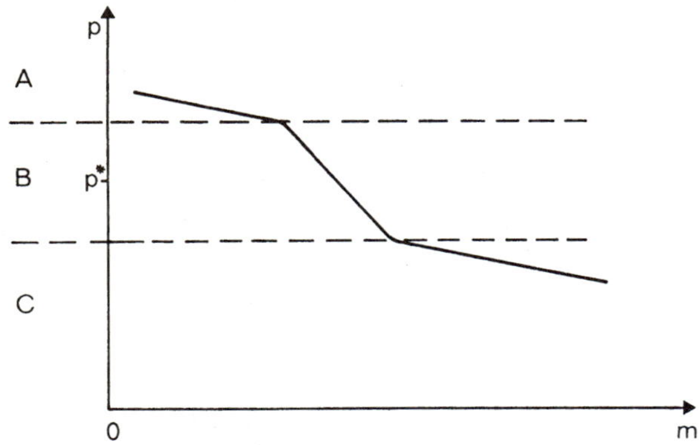

Beschreiben Sie zunächst den Einfluss des akquisitorischen Potentials auf den Verlauf dieser Preisabsatzfunktion und skizzieren Sie dann den Zusammenhang zwischen Preisänderungen (Preiserhöhungen und -senkungen) und akquisitorischem Potential für die drei Preisbereiche A, B und C! Wählen Sie dabei den Preis p* als Ausgangspreis!

Wöhe S. 460–462

	Preiserhöhung	Preissenkung
A **Oberer atomistischer Bereich**	Schon bei geringfügiger Preiserhöhung geht die Nachfrage stark zurück. Der Nachfragerückgang setzt sich aus drei Komponenten zusammen: (1) Kunden verringern die Nachfrage; (2) andere Kunden stellen die Nachfrage ein; (3) wieder andere Kunden wechseln zu einem anderen Anbieter über. Das Schwergewicht des Nachfrageverlustes liegt bei diesem dritten Kundenkreis, auf den das akquisitorische Potential angesichts des hohen Preises nicht mehr einwirkt.	Schon bei geringfügiger Preissenkung steigt die Nachfrage stark an. Die Nachfragesteigerung setzt sich aus drei Komponenten zusammen: (1) Kunden vermehren ihre Nachfrage; (2) andere Personen treten erstmals als Nachfrager auf; (3) wieder andere Kunden wechseln von einem anderen Anbieter über. Das Schwergewicht der Nachfragesteigerung liegt bei diesem dritten Kundenkreis. Es handelt sich hierbei um Nachfrager, die wegen des ursprünglich hohen Preises zu anderen

	Preiserhöhung	Preissenkung
		Anbietern übergelaufen waren und die jetzt zurückkehren. Die Ursache für diese Rückwanderung liegt im abnehmenden Preisnachteil dieses Anbieters und im erneuten Wirksamwerden seines akquisitorischen Potentials.
B **Monopolistischer Bereich**	Eine Preiserhöhung innerhalb des monopolistischen Bereichs führt zu einem vergleichsweise schwachen Nachfrageverlust. Der Anbieter büßt nur die Kundenkreise (1) und (2) ein. Kein Nachfrager läuft zur Konkurrenz über. Der Kundenkreis (3) bleibt also dem Anbieter kraft seines akquisitorischen Potentials erhalten. Zwischen den Anbietern findet kein Nachfrageraustausch statt.	Eine Preissenkung innerhalb des monopolistischen Bereichs führt zu einer vergleichsweise schwachen Nachfragesteigerung. Der Anbieter gewinnt nur die Kundenkreise (1) und (2) hinzu. Die Preissenkung weicht nämlich so wenig vom Leitpreis p* ab, dass das akquisitorische Potential der Konkurrenzbetriebe ausreicht, um deren Nachfrager von einer Abwanderung zu diesem Anbieter abzuhalten. Zwischen den Anbietern findet kein Nachfrageraustausch statt.
C **Unterer atomistischer Bereich**	Schon bei geringfügiger Preiserhöhung geht die Nachfrage stark zurück. Alle drei Kundenkreise sorgen für den Nachfragerückgang. Das Schwergewicht liegt beim Kundenkreis (3). Bei diesem Personenkreis handelt es sich um Nachfrager, die zu ihren früheren Anbietern zurückkehren. Die Ursache dieser Rückwanderung liegt im abnehmenden Preisvorteil dieses Anbieters und im akquisitorischen Potential der übrigen Anbieter.	Schon bei geringfügiger Preissenkung steigt die Nachfrage stark an. Alle drei Kundenkreise sorgen für die Nachfragesteigerung. Das Schwergewicht liegt beim Kundenkreis (3). Die Preisabweichung vom Leitpreis p* ist jetzt so groß, dass das akquisitorische Potential der Konkurrenten nicht mehr ausreicht, um die Nachfrager von einer Abwanderung zu diesem Anbieter abzuhalten.

Bei atomistischer Angebotsstruktur auf vollkommenen Märkten verläuft die Preisabsatzfunktion als Parallele zur Abszisse (Preisgerade). Verfügen dagegen die Anbieter auf einem unvollkommenen Markt über ein akquisitorisches Potential (persönliche und sachliche Präferenzen), dann kann ein einzelner Anbieter den Preis in gewissem Umfang (bis zur oberen Grenze des Bereiches B) erhöhen, ohne dadurch die gesamte Nachfrage zu verlieren. Da aber auch seine Konkurrenten über ein akquisitorisches Potential verfügen, kann er nicht damit rechnen, dass schon bei einer geringfügigen eigenen Preissenkung alle Nachfrager von den Konkurrenten zu ihm überwechseln, wie es bei atomistischer Konkurrenz auf vollkommenen Märkten (= vollkommene Konkurrenz) der Fall wäre. Erst wenn die eigene Preissenkung die untere Grenze des Bereiches B unterschreitet, kommt es zu einer schlagartigen Nachfragesteigerung durch Kundenabwanderung von Konkurrenzbetrieben.

Das akquisitorische Potential schafft somit jedem Anbieter einen **preispolitischen Spielraum** (B), innerhalb dessen man bei Preisänderungen weder Kunden von Konkurrenzbetrieben abzieht noch Kunden an Konkurrenzbetriebe abgeben muss. Diesen reaktionsfreien Bereich B bezeichnet man deshalb auch als **monopolistischen Bereich.**

Dass es in diesem monopolistischen Bereich bei Preiserhöhungen zu einer Verringerung der Nachfragemenge kommt, ist darauf zurückzuführen, dass durch das verteuerte Angebot etliche Kunden vom Kauf Abstand nehmen oder zumindest ihre Nachfrage einschränken, ohne sich der Konkurrenz zuzuwenden **(Randnachfrager).** Dass dagegen Preissenkungen zu einer Steigerung der Absatzmenge im Bereich B führen, lässt sich damit begründen, dass zusätzlicher Bedarf geweckt wird **(latente Nachfrage),** sei es bei Personen, die bisher noch gar nicht gekauft haben, sei es bei Kunden, die ihren Verbrauch aufgrund des günstigeren Preises erhöhen.

Aufgabe 55 Akquisitorisches Potential und Preisabsatzfunktion

Der Leitpreis ist die Preisvorstellung, die sich bei den Nachfragern als üblich durchgesetzt hat. So beträgt z. B. der Leitpreis für fünf Zitronen 0,60 EUR, für 250 gr. Butter 1,00 EUR, für einen Liter Benzin 1,40 EUR usw. Regionale und saisonale Unterschiede tun der Existenz derartiger Leitpreise keinen Abbruch. Der Leitpreis für 1.000 gr. Roggenbrot liege bei 3,60 EUR. Welches Aussehen hat die Preisabsatzfunktion für Bäckerei B, wenn

(1) weder B noch seine Konkurrenten über ein akquisitorisches Potential verfügen;

(2) die Konkurrenz über ein starkes, B über ein geringes akquisitorisches Potential verfügt;

(3) die Konkurrenz über ein geringes, B über ein starkes akquisitorisches Potential verfügt;

(4) sowohl B als auch seine Konkurrenten über ein starkes akquisitorisches Potential verfügen.

und im Übrigen die Prämissen des vollkommenen Marktes erfüllt sind?

Wöhe S. 460–462

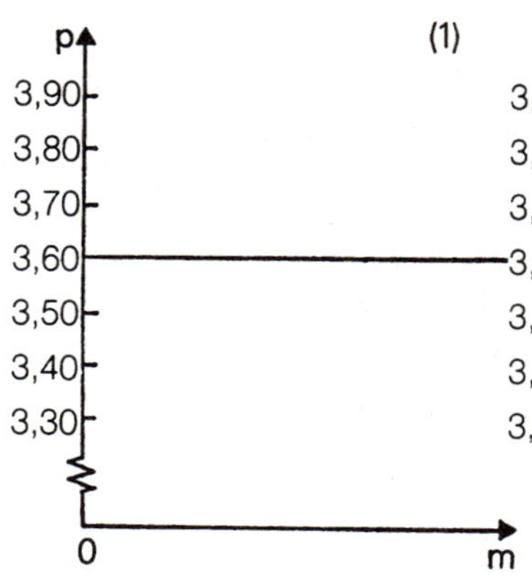

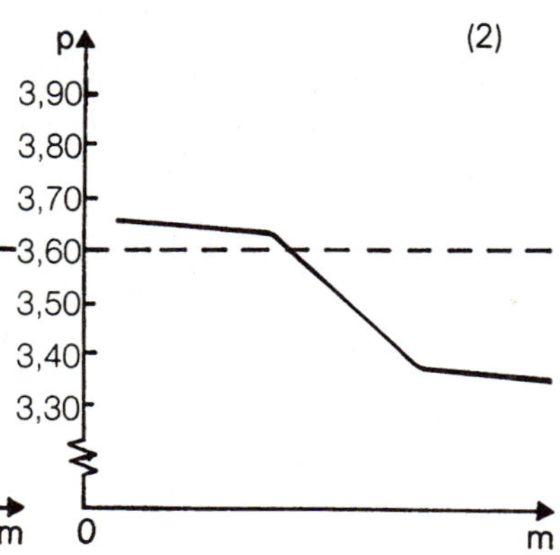

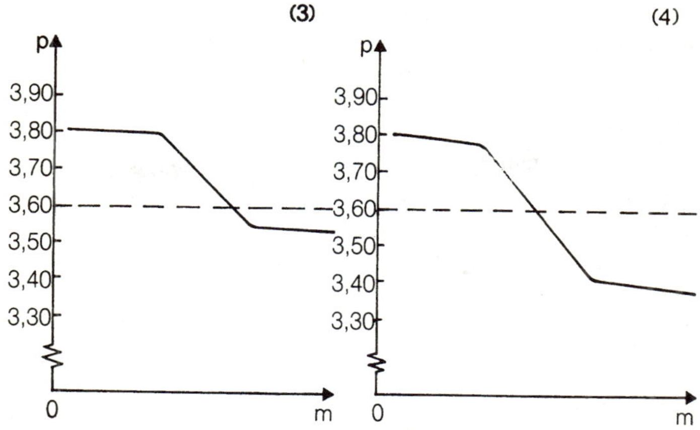

Zu (1): Die Preisabsatzfunktion der Bäckerei B entspricht der Preisgeraden bei vollkommener Konkurrenz.

Zu (2): Da die Kundschaft keine engen Bindungen an Bäckerei B verspürt, wird sie schon bei geringfügigem Übersteigen des Leitpreises der Bäckerei B den Rücken kehren. Ermäßigt Bäckerei B dagegen den Brotpreis, so werden die Nachfrager wegen der starken Bindung an die Konkurrenz zunächst nur langsam von dort abgezogen.

Zu (3): Das eigene akquisitorische Potential erlaubt Preiserhöhungen, ohne zum Verlust der gesamten Nachfrage zu führen. Liegt die Preisforderung unter dem Leitpreis, wandern schon bald Nachfrager in erheblichem Umfang von der Konkurrenz ab.

Zu (4): Bewegt sich die Preisforderung oberhalb des Leitpreises, wird eine „Massenabwanderung" zunächst durch das eigene Potential verhindert, das erst bei einer Preisforderung von 3,80 EUR seine Wirkung verliert. Bewegt sich die Preisforderung dagegen unterhalb des Leitpreises, verhindert das Potential der Konkurrenz eine „Massenzuwanderung". Erst wenn die eigene Preisforderung 3,40 EUR unterschreitet, verliert das Potential der Konkurrenz seine Wirksamkeit.

Aufgabe 56 Kritische Angebotsmengen im Polypol

Gegeben ist die im Wöhe S. 463 abgebildete Kosten- und Erlössituation (Abb. 69 und 70). Charakterisieren Sie die kritischen Angebotsmengen m_1 bis m_5!

Die kritischen Angebotsmengen lassen sich folgendermaßen charakterisieren:

m_1 Gewinnmaximale Angebotsmenge; $E' = K'$; bei weiterer Ausdehnung der Angebotsmenge würden negative Erfolgsbeiträge (schraffierte Fläche II) erwirtschaftet.

m_2 Erlösmaximale Angebotsmenge; zwischen m_1 und m_2 gilt: $E' > 0$, aber $E' < K'$; Gewinnschmälerung durch negative Grenzgewinne zwischen m_1 und m_2.

m_3 Zwischentief für Erlös und Gewinn; zwischen m_2 und m_3 sind die Grenzerlöse negativ.

m_4 Relatives Gewinnmaximum; der Gewinneinbruch zwischen m_1 und m_3 (Fläche II) wird durch positive Gewinnbeiträge zwischen m_3 und m_4 (Fläche III) teilweise kompensiert.

m_5 Relatives Erlösmaximum; Grenzerlöse zwischen m_4 und m_5 noch positiv; Grenzgewinne bereits negativ.

Aufgabe 57 Kostenorientierte Preisbildung

Der Kernsatz des marktwirtschaftlichen Wirtschaftssystems lautet: „Angebot und Nachfrage bestimmen den Preis“. Je stärker die Nachfrage, desto größer ist die Chance der Anbieter, hohe Preise durchzusetzen. Ein krasses Beispiel hierfür ist die Preisentwicklung bei Baustahl während eines Baubooms. Ist dagegen das Angebot sehr groß (Schweineberg, Butterberg), können die Nachfrager zu relativ niedrigen Preisen einkaufen.

Ist dieser marktwirtschaftliche Preisbildungsmechanismus auch auf die Bauwirtschaft anwendbar, wo der Auftragserteilung eine Ausschreibung mit Submission vorangeht und der Geringstfordernde den Auftrag erhält? Darf man behaupten, in derartigen Fällen bildeten sich die Preise nicht am Markt, sondern sie ergäben sich aus der Kalkulation? Ist es angebracht, in diesen Fällen nicht von Marktpreisen, die sich aus Angebot und Nachfrage ergeben, sondern von Kostenpreisen zu sprechen?

Marktpreise orientieren sich an der Dringlichkeit der Nachfrage und an den Preisforderungen der Konkurrenz. Im marktwirtschaftlichen System werden also die Preisforderungen nicht allein aus den Kosten abgeleitet (eine Ausnahme bilden bei der Vergabe öffentlicher Aufträge die „Leitsätze für die Preismitteilung auf Grund von Selbstkosten" (LSP). Mit Hilfe der Kosten stellt der Betrieb lediglich fest, ob es für ihn angesichts des erzielbaren Marktpreises noch vorteilhaft ist, als Anbieter am Markt aufzutreten.

Werden die Angebotspreise dagegen nur aus den Kosten ermittelt (Kostenpreise), bleiben die Gegebenheiten des Marktes unberücksichtigt. Ist der Kostenpreis niedriger als der Marktpreis, verfehlt der Anbieter das Gewinnmaximum; ist er höher, hat er nur geringe Absatzchancen. In beiden Fällen führen also Kostenpreise zu **falschen Absatzentscheidungen.**

Die Behauptung, die Bauwirtschaft biete ihre Leistungen zu Kostenpreisen an, wäre nur dann richtig, wenn man dort die Angebotspreise entweder aus den Kosten ableitete, ohne einen Gewinnzuschlag zu verwenden, oder wenn man immer den gleichen, von der Marktsituation völlig unabhängigen Gewinnzuschlag anwendete. Beides ist in Wirklichkeit nicht der Fall. Während eines Baubooms, bei besonders starker Nachfrage also, werden die Anbieter die Gewinnzuschläge großzügiger bemessen als während eines konjunkturellen Abschwungs, wo man unter Umständen zu einem Preis anbietet, der zwar die variablen, nicht aber die vollen Kosten deckt (kurzfristige Preisuntergrenze). Durch derart variable Gewinnzuschläge passt sich die Bauwirtschaft den Gegebenheiten des Marktes an. Das Ergebnis dieser Preisermittlung sind nicht Kostenpreise, sondern marktabhängige Preise.

Aufgabe 58 Vollkostenorientierte Preisbildung

Die Firma INFORTUNE kalkuliert ihre Angebotspreise auf Vollkostenbasis mit einem Gewinnzuschlag von 25 Prozent auf die Stückkosten k. Die Kostenfunktion lautet

$$K = 12.000 + 10\,m.$$

Für die erste Periode kalkuliert man die Angebotspreise auf der Basis einer erwarteten Absatzmenge von 1.200 Stück. Für die folgenden Perioden wird die erwartete Absatzmenge an der tatsächlichen Absatzmenge der Vorperiode orientiert.

Die Preisabsatzfunktion ist zunächst nicht bekannt. Erst im nachhinein stellt sich folgende Preis-Mengen-Relation heraus:

Angebotspreis (EUR)	25,00	27,50	31,25	42,50
Absatzmenge (Stück)	1.000	800	500	300

Zeigen Sie, wie sich die Firma INFORTUNE aus dem Markt herauskalkuliert!

Wöhe S. 475 f.

Periode	Erwartete Absatzmenge	k_v	k_f	k	g*	Angebotspreis	Tatsächliche Absatzmenge
1	1.200	10	10	20	5,00	25,00	1.000
2	1.000	10	12	22	5,50	27,50	2.800
3	800	10	15	25	6,25	31,25	500
4	500	10	24	34	8,50	42,50	300

* g = 0,25 k

Aufgabe 59 Arten der Preisdifferenzierung

Nennen Sie jeweils ein Beispiel für

(1) mengenbezogene,
(2) personelle,
(3) räumliche,
(4) verwendungsbezogene und
(5) zeitliche

Preisdifferenzierung!

Wöhe S. 469 f.

(1) Der Listenpreis für Teppichboden liegt bei 80 EUR/m². Bei Abnahme ganzer Rollen (22 bis 26 m lang) erhält der Kunde einen Rollenrabatt von 12 Prozent.

(2) Schüler und Studenten erhalten beim Museumsbesuch, Rentner erhalten bei Benutzung des Skilifts eine Preisermäßigung von 50 Prozent.

(3) Ein inländischer Pharmahersteller beliefert den deutschen (italienischen) Pharmagroßhandel mit seinem Präparat Z zum Preis von 18 EUR/Stück (13 EUR/Stück).

(4) Ein Alkoholhersteller beliefert den Pharmagroßhandel mit trinkbarem (vergälltem) Alkohol für 20 EUR (15 EUR) pro Liter.

(5) Auf Sylt kostet ein bestimmtes Hotelzimmer in der Hochsaison (Nachsaison) 300 EUR (160 EUR) pro Nacht.

Aufgabe 60 Räumliche und zeitliche Präferenzen

Sämtliche Varianten der Absatzpolitik sind gekennzeichnet von dem Versuch Absatzwiderstände zu überwinden, d.h. Waren in möglichst großen Mengen bzw. zu möglichst hohen Preisen abzusetzen. Zeigen Sie, wie die Bäckerei B, die mit der Bäckerei A in Konkurrenz steht, durch Schaffung zeitlicher und räumlicher Präferenzen beim Verkauf frischer Brötchen aktive Absatzpolitik betreiben kann, indem sie Kunden von A abzieht und trotzdem einen höheren Preis verlangen kann als A!

Nimmt man an, dass Bäckerei A erst um 8 Uhr öffnet, dann kann B schon um 6.30 Uhr öffnen und alle Nachfrager an sich ziehen, die schon so früh ihren Bedarf an frischen Brötchen decken wollen oder müssen. Für diese **zeitliche** Präferenz werden viele Nachfrager vermutlich einen höheren Preis akzeptieren.

Räumliche Präferenzen kann die Bäckerei B mit ihrem Brötchenangebot dadurch schaffen, dass sie die Ware am Morgen frei Haus liefert. Für diesen besonderen Kundendienst werden die Nachfrager vermutlich einen höheren Preis zu zahlen bereit sein.

Aufgabe 61 Marktaufspaltung

Nehmen Sie an, die Brötchen zweier Bäckereien seien von gleicher Qualität. A und B hatten zunächst 38 Cent/Stück verlangt. Nachdem B räumliche und zeitliche Präferenzen aus Aufgabe 60 für sich geschaffen hatte, habe man den Preis auf 41 Cent/Stück erhöht. Welche Auswirkungen hätte diese Preiserhöhung bei B auf die Zusammensetzung des Kundenkreises von A und B, wenn die übrigen Bedingungen des vollkommenen Marktes erfüllt wären?

Alle „frühen" Nachfrager werden, sofern ihnen die zeitliche Präferenz 3 Cent pro Brötchen wert ist, von A zu B überwechseln. Die „bequemen" Nachfrager werden vermutlich das Gleiche tun. Nach der Preiserhöhung wird B jedoch alle oder fast alle „normalen" Nachfrager, das sind jene, die weder zeitliche noch räumliche Präferenzen haben, an A verlieren, da A die gleiche Ware zu einem niedrigeren Preis verkauft.

Aufgabe 62 Preisdifferenzierung

Nach Schaffung der räumlichen und zeitlichen Präferenzen aus Aufgabe 60 hat Bäckerei B die Absicht, den Preis von 38 auf 41 Cent/Brötchen zu erhöhen. Welche preispolitische Möglichkeit bietet sich für B theoretisch an, um den Verlust der Normalnachfrager zu verhindern? Wie nennt man eine derartige preispolitische Maßnahme?

Wöhe S. 469 f.

Da sowohl die „frühen" als auch die „bequemen" Nachfrager bereit zu sein scheinen, den höheren Preis zu zahlen, könnte Bäckerei B daran denken, sich des absatzpolitischen Mittels der Preisdifferenzierung zu bedienen. Man verlangt von den Normalnachfragern weiterhin den Normalpreis von 38 Cent/Stück. Bei den übrigen Nachfragern betreibt man räumliche und zeitliche Preisdifferenzierung und verlangt 41 Cent/Stück.

In Wirklichkeit wird sich aber die räumliche und vor allem die zeitliche Preisdifferenzierung nur schwer durchführen lassen. Im Gegensatz zum Einheitspreis von 41 Cent/Stück bringt nämlich die Preisdifferenzierung den „frühen" und „bequemen" Nachfragern zum Bewusstsein, dass sie für eine zusätzliche Leistung auch einen zusätzlichen Preis bezahlen müssen. Es ist durchaus denkbar, dass man den höheren Preis widerspruchslos hinnimmt, wenn ihn alle bezahlen müssen, dass man ihm aber auszuweichen versucht, wenn offen zutage tritt, dass die besondere Leistung auch ihren besonderen Preis hat.

Aufgabe 63 Abschöpfungspreise und Penetrationspreise

Nennen Sie jeweils ein Beispiel für eine Abschöpfungspreisstrategie und eine Penetrationspreisstrategie!

Wöhe S. 472 f.

Im Rahmen einer **Abschöpfungspreisstrategie** publiziert der Erfolgsautor X seinen neuesten Roman zuerst in einem exklusiven Herrenmagazin mit niedriger Auflage, dann in einer angesehenen Tageszeitung, danach erscheint der Roman in einer aufwendigen Leinenausgabe und schließlich als wohlfeiles Taschenbuch.

Ein Ölbrennerhersteller entwickelt einen neuen Brenner, dessen Herstellungskosten um 20 Prozent und dessen Ölverbrauchswerte bei gleicher Leistung um 30 Prozent gesenkt werden. Da das neue Produkt nicht patentiert ist und somit leicht kopiert werden kann, entschließt er sich, den Markt im Wege einer **Penetrationspreisstrategie** zu überschwemmen.

Mit dem Aufbau großer Produktionskapazitäten gelangt man über große Serien zu geringen Stückkosten. Da der Angebotspreis des neuen Brenners um 25% unter dem Preis herkömmlicher Konkurrenzprodukte liegt, erwartet man schon für das zweite Jahr einen Marktanteil von 60 Prozent.

Aufgabe 64 Rabattpolitik und Elastizität

Die DISCONTO OHG ist ein mittelständischer Hersteller von Toaströstern. Gegenwärtig werden zum Preis von 100 EUR/Stück pro Periode 40.000 Stück abgesetzt. Das Produkt wird zur Hälfte an wenige Großabnehmer N_G und zur anderen Hälfte an viele Kleinabnehmer N_K abgesetzt. Die Kostenfunktion lautet K = 1.000.000 + 50 m.

Teilaufgabe a)

Wie hoch ist gegenwärtig der Deckungsbeitrag/Stück (db) und der Jahreserfolg (G)?

Für den Deckungsbeitrag db gilt:

$$db = p - k_v = 100 - 50 = \underline{\underline{50 \text{ EUR}}}$$

Der Jahreserfolg G lässt sich folgendermaßen ermitteln:

$$G = db \cdot m - K_f$$
$$G = 50 \cdot 40.000 - 1.000.000 = \underline{\underline{1.000.000 \text{ EUR}}}$$

Teilaufgabe b)

Angesichts freier Produktionskapazitäten zieht die DISCONTO OHG in Erwägung, den Abnehmern zur Belebung des Absatzes einen differenzierten Wiederverkäuferrabatt einzuräumen.

Dabei reagieren die Großabnehmer erwartungsgemäß viel elastischer auf die Rabattgewährung als die Kleinabnehmer:

Ist die Rabattgewährung für die DISCONTO OHG vorteilhaft?

Abnehmer	Rabatthöhe Prozent	Elastizität η
N_G	20	4,0
N_K	10	2,0

Wöhe S. 447 f. und 474 f.

Großabnehmer N_G:

Im Falle der Rabattgewährung sinkt der Nettopreis p* auf 80 EUR/Stück. Damit reduziert sich der Deckungsbeitrag db* auf 30 EUR/Stück.

Eine Preiselastizität η = 4,0 besagt, dass eine Preissenkung um 20 Prozent eine Absatzmengenerhöhung um 80 Prozent nach sich zieht. Somit beziffert sich m* auf 36.000 Stück.

Kein Rabatt			Rabatt 20 Prozent		
db	m	DB	db*	m*	DB*
50	20.000	1 Mio.	30	36.000	1,08 Mio.

Im Falle der Rabattgewährung an Großabnehmer steigt der Deckungsbeitrag (Gewinn) um 80.000 EUR pro Jahr.

Kleinabnehmer N_K
Im Falle der Rabattgewährung sinkt der Deckungsbeitrag db* auf 40 EUR/ Stück, während sich die Absatzmenge m* um 20 Prozent auf 24.000 Stück erhöht.

Kein Rabatt			Rabatt 20 Prozent		
db	m	DB	db*	m*	DB*
50	20.000	1 Mio.	40	24.000	0,96 Mio.

Den Kleinabnehmern sollte der Rabatt nicht eingeräumt werden, weil der Deckungsbeitrag (Gewinn) in diesem Falle um 40.000 EUR pro Jahr zurückgehen würde.

4. Kommunikationspolitik

Wiederholungsfragen:

	Wöhe Seite
Welches Ziel verfolgt die Kommunikationspolitik?	477
Welche Teilbereiche gehören zur Kommunikationspolitik?	477
Wo liegt der Unterschied zwischen Werbemitteln und Werbeträgern?	480
Wie unterscheiden sich ökonomische von außerökonomischen Werbezielen?	481 f.
In welchen Stufen vollzieht sich die Informationsverarbeitung beim Werbesubjekt?	483
Welche Praktikerverfahren zur Optimierung des Werbebudgets sind Ihnen bekannt?	485 f.
Was versteht man unter Mediaselektion?	487 f.
Auf welchen Elementen basiert die Wirksamkeit einer Werbebotschaft?	490
Wodurch unterscheiden sich emotionale und informative Werbung?	491
Warum bevorzugt die Marketing-Praxis die außerökonomische Werbeerfolgskontrolle?	492 f.
Warum eignet sich das Testmarktverfahren besonders gut zur Werbeerfolgskontrolle?	493
Wie lassen sich die kognitiven und emotionalen Werbewirkungen erfassen?	494
Wodurch unterscheiden sich Werbung und Verkaufsförderung?	495
Welches Ziel verfolgt die Öffentlichkeitsarbeit?	496

Aufgabe 65 Grundbegriffe der Werbung

Die STADTWERKE AG in Gasheim soll am 1. Juli 01 an das Erdgasverbundnetz angeschlossen werden. Bisher wurden die privaten Haushalte in Gasheim mit Koksgas versorgt. Die STADTWERKE AG möchte zweierlei erreichen: erstens möchte man die bisherigen Abnehmer von Koksgas dazu bewegen, die durch die Einführung von Erdgas erforderliche technische Umrüstung an Gasherden und -heizungen vornehmen zu lassen. Man möchte also auf jeden Fall ein Ausweichen der Haushalte auf andere Energieträger (Elektrizität, Heizöl) vermeiden. Andererseits möchte man die Haushalte davon überzeugen, dass eine Gasheizung vorteilhafter sei als andere Heizungsanlagen. Auf diese Weise will man eine Erweiterung des Gasumsatzes zu Lasten anderer Energieträger bewirken.

Um diese Ziele zu erreichen, will man im ersten Halbjahr 01 eine Reihe von Zeitschrifteninseraten in der Lokalpresse veröffentlichen, die städtischen Omnibusse mit großen Werbeaufschriften versehen, eine Broschüre als Postwurfsendung allen örtlichen Haushalten zustellen lassen und mehrere Informationskurzfilme im Werbeteil der örtlichen Kinoprogramme platzieren. Man rechnet damit, dass diese Werbekampagne 180.000 EUR kosten wird.

Systematisieren Sie das Werbevorhaben der STADTWERKE AG nach dem

(a) Umfang des Werbeziels
(b) Werbesubjekt
(c) Werbeobjekt
(d) Werbemittel
(e) Werbeträger
(f) Werbezeitpunkt und -dauer
(g) Werbebudget.

Wöhe S. 481–490

(a) Werbeziele: Erhaltungswerbung einerseits; Erweiterungswerbung andererseits;
(b) Werbesubjekt: Private Haushalte in Gasheim;
(c) Werbeobjekt: Erdgas;
(d) Werbemittel: Werbeanzeigen, Werbeanschläge, Werbedrucke, Werbefilme;
(e) Werbeträger: Lokalpresse, städt. Verkehrsbetriebe, Post, Kinos;
(f) Werbedauer: 1. 1. 01 bis 30. 6. 01;
(g) Werbebudget: 180.000 EUR.

Aufgabe 66 Zielgruppen der Werbung

Die Werbesubjekte, die Personen also, an welche die Werbebotschaft adressiert ist, lassen sich hinsichtlich ihrer wichtigsten Merkmale unterscheiden nach:

(1) ihrem Standort,
(2) ihrem Alter,
(3) ihrem Geschlecht,
(4) ihrer sozialen Stellung und
(5) ihrem Familienstand.

Welches Merkmal steht bei der Auswahl der Werbesubjekte im Vordergrund, wenn Sie für eine Motorradzeitschrift, ein Speiserestaurant, Urlaub auf einem bayerischen Bauernhof, Kleinkrafträder, eine Linienfluggesellschaft, Kinderspielzeug, gebrauchte Kleidung, Babywäsche oder Kaffeefahrten per Omnibus werben wollen?

Wöhe S. 482–484

Speiserestaurant (1)
Kaffeefahrten per Omnibus (1) und (2)
Kleinkrafträder (2)
Motorradzeitschrift (3)
Babywäsche (3)
Linienfluggesellschaft (4)
gebrauchte Kleidung (4)
Urlaub auf Bauernhof (5)
Kinderspielzeug (5)

Aufgabe 67 Produktgruppenwerbung

Sie sind Hersteller zweier oder mehrerer Produkte und müssen sich bei der Auswahl der Werbeobjekte fragen, ob Sie zusammen oder getrennt für Ihre Erzeugnisse werben wollen. Welche diesbezüglichen Überlegungen könnten Sie anstellen als Anbieter von

(1) Haarwaschmitteln für trockenes, normales und fettiges Haar;
(2) Autos der Typen A, B, C;
(3) Fertighäusern der Typen I, II, III;
(4) Orient- und Industrieteppichen;
(5) Hunde- und Katzenfutter;
(6) Röcken und Pullovern aus Jersey?

Zu (1):

Eine **Produktgruppenwerbung** erscheint vorteilhaft, da es sich um eine homogene Zielgruppe handelt und der Werbeerfolg des einen Produktes trotzdem nicht auf Kosten des anderen geht. Außerdem wird die Wirksamkeit des Haarwaschmittels für einen besonderen Haartyp durch die Tatsache unterstrichen, dass es für andere Haartypen „völlig andere" Mittel gibt.

Zu (2):

Es empfiehlt sich eine **separate Werbung** für jeden einzelnen Wagentyp. Handelte es sich nämlich um Typen aus ein und derselben Wagenklasse (Substitutionsgüter), würde der Werbeerfolg für das eine Objekt immer auf Kosten des anderen gehen. Eine gemeinsame Werbung würde dem Ziel widersprechen, die Produkte in der Vorstellung der Nachfrager voneinander abzuheben. Handelte es sich dagegen um Fahrzeuge verschiedener Wagenklassen, wäre eine gemeinsame Werbung noch stärker abzulehnen; der Kleinwageninteressent würde durch den Vergleich mit dem komfortablen Fahrzeug auf die Unzulänglichkeit „seines" Wagens aufmerksam gemacht; andererseits würde dem Geltungsbedürfnis und Standesbewusstsein des Komfortwageninteressenten Abbruch getan, wenn ihm durch die gemeinsame Werbung unmittelbar vor Augen geführt würde, dass „seine" Herstellermarke gar nicht so exklusiv ist, wie er glaubte.

Zu (3):

Obwohl dieser Fall mit dem vorangegangenen identisch zu sein scheint, dürfte hier eine **Produktgruppenwerbung** vorteilhafter sein. Der Grund dafür liegt einerseits in der Tatsache, dass das Eigenheim bei breiten Käuferschichten weniger als Statussymbol, weniger als Gegenstand zur Befriedigung des Prestigebedürfnisses, weniger als Mittel zur Unterstreichung der eigenen Persönlichkeit angesehen wird als das Auto. Hinzu kommt ein weiterer Grund: während die Autotypen auch vor der Werbemaßnahme bereits einem breiten Publikum bekannt sind, hat die Werbung für Fertighäuser in erster Linie die Aufgabe zu informieren. Zu diesem Zweck aber ist die Produktgruppenwerbung wesentlich besser geeignet als die separate Werbung für ein Produkt.

Zu (4):

Ein Werbeerfolg bei Industrieteppichen würde kaum auf Kosten des Orientteppichabsatzes gehen. Insofern wäre eine Produktgruppenwerbung unschädlich. Trotzdem sollte man für jedes der beiden Produkte **getrennt werben:** für beide Produkte dürften zwei getrennte Zielgruppen existieren, so dass für jedes Werbeobjekt ein die Zielgruppe treffender Werbeträger und ein der Zielgruppe entsprechendes Werbemittel gewählt werden sollte.

Zu (5):

Obwohl es sich um sehr ähnliche Produkte handelt, sollte eine Produktgruppenwerbung unterbleiben: erstens sind auch hier die Zielgruppen fast völlig **verschieden** (Wer einen Hund hat, hat im allgemeinen keine Katze); außerdem könnte es bei gemeinsamer Werbung Katzenfreunde (Hundefreunde) verstimmen, dass der Anbieter auch Kontakte „zum anderen Lager" unterhält.

Zu (6):

Bei Röcken und Pullovern handelt es sich um komplementäre Güter. Es ist möglich, dass sich jemand zum Kauf des Pullovers nur deshalb entschließt, weil er darauf aufmerksam gemacht wurde, dass es den passenden Rock dazu gibt. Ein Werbeerfolg bei einem Produkt kommt dem anderen Produkt in hohem Maße zugute. **Produktgruppenwerbung** ist vorteilhaft.

Aufgabe 68 Werbebudget

Welche Möglichkeiten zur Bestimmung des Werbebudgets lassen sich unterscheiden?

Wöhe S. 485–490

(1) Werbebudget auf der Grundlage (Prozentsatz) des erzielten oder erwarteten Umsatzes;

(2) Werbebudget auf der Grundlage (Prozentsatz) des erzielten oder erwarteten Gewinns;

(3) das Werbebudget orientiert sich an den Werbezielen (Erhaltungs- oder Erweiterungswerbung);

(4) das Werbebudget orientiert sich an der vergangenen oder künftigen Ausbringungsmenge;

(5) das Werbebudget orientiert sich am Werbebudget der Konkurrenz;

(6) das Werbebudget ist ebenso wie das geplante Investitionsvolumen von der Vorteilhaftigkeit abhängig; die Werbung wird als Investition betrachtet.

Aufgabe 69 Werbeträger

Sie haben die Wahl zwischen folgenden Werbeträgern: Herrenmagazin, Bausparerzeitschrift, Modezeitschrift, Regenbogenpresse, Tageszeitung und Autozeitschrift. Welchen dieser Werbeträger wählen Sie, wenn Sie Sicherheitsgurte, exklusives Rasierwasser, Rasendünger, Gebrauchtwagen, Kosmetika, Teppichfußboden, heizbare Decken, Whisky, Küchengeräte, Sommersprossentinktur, Eigentumswohnungen, Funksprechgeräte oder Ostasienflüge anpreisen?

Wöhe S. 490 f.

Herrenmagazin:	Rasierwasser, Whisky, Ostasienflüge
Bausparerzeitschrift:	Rasendünger, Teppichfußboden

Modezeitschrift:	Kosmetika, Küchengeräte
Regenbogenpresse:	heizbare Decken, Sommersprossentinktur
Tageszeitung:	Gebrauchtwagen, Eigentumswohnungen
Autozeitschrift:	Sicherheitsgurte, Funksprechgeräte

Aufgabe 70 Zielgruppe und Kaufmotiv

Die PHÖBUS-GmbH, ein eingeführtes Touristik-Unternehmen, hat das Reiseprogramm für die kommende Saison zusammengestellt. Es werden insgesamt sechs Reisen angeboten:

(1) Seereise in die Karibik (Dezember bis Februar) 14 Tage ab Lissabon auf einem Luxusschiff zum Preis von 20.800 EUR.

(2) Flugreise nach Rhodos (Mai bis Oktober) 14 Tage, Halbpension, zum Preis von 1.995 EUR.

(3) Flugreise nach Mallorca (November bis März) 1 Monat Vollpension 1.990 EUR, jeder Verlängerungsmonat 1.280 EUR.

(4) Kreuzfahrt von der italienischen zur kaukasischen Riviera (Mai bis Juni) 18 Tage, auf einem Schiff mit „familiärer Atmosphäre" zum Schlagerpreis von 4.520 EUR.

(5) „Club Poseidon", Feriendorf an der Côte d'Azur (Reiten, Fechten, Segeln, Sporttauchen, Fliegen) 14 Tage zum Preis von 2.280 EUR.

(6) Kombinierte Flug-Schiffsreise nach Athen, Mykenä und Troja mit wissenschaftlicher Begleitung, Vorbereitungsseminaren und Diavorträgen an Bord, 14 Tage zum Preis von 6.120 EUR.

Als Mitarbeiter der Werbeabteilung der PHÖBUS-GmbH erhalten Sie den Auftrag,

(a) die Zielgruppe (Werbesubjekte) jeder dieser Veranstaltungen zu charakterisieren;

(b) einzelne Reisemotive jeder dieser Zielgruppen stichwortartig zu umschreiben;

(c) unter Berücksichtigung von Zielgruppe und Reisemotive für jede Veranstaltung einen Werbeslogan zu entwerfen.

Veranstaltung	(a) Zielgruppe	(b) Reisemotiv	(c) Werbeslogan
(1) Karibik	Soziale Oberschicht (Anwälte, Ärzte, Unternehmer) Alter: ca. 35–65 Jahre	Exklusivität, Snobismus, Prestige, auf Außergewöhnlichkeit bedacht.	Karibik – das Traumziel aller, das Reiseziel weniger
(2) Rhodos	Junge, meist unverheiratete Leute Alter: ca. 17–30 Jahre	Erlebnis, Abwechslung, Bräune, Reisebekanntschaften, Erholung	Treffpunkt 90 – Rhodos –
(3) Mallorca	Rentner und Pensionäre Alter: über 65 Jahre	Erholung, Gesundheit, Abwechslung, Kontaktmöglichkeit mit Gleichaltrigen, geringe Reisekosten	Nehmen Sie Urlaub vom Winter! – Mallorca erwartet Sie.

Veranstaltung	(a) Zielgruppe	(b) Reisemotiv	(c) Werbeslogan
(4) Kreuzfahrt	Mittelstand (Gewerbetreibende, mittlere und höhere Angestellte) Alter: ca. 40–65 Jahre	Abwechslung, Erholung, klangvolle Reiseziele zu erschwinglichem Preis, gehobener Massentourismus	Kreuz und quer durch's Mittelmeer. – Verbinden Sie die italienische mit der kaukasischen Riviera!
(5) Club	Jüngere, reiseerfahrene, aufgeschlossene Leute mit mittlerem Einkommen und höherem Informations- und Bildungsstand Alter: ca. 25–40 Jahre	Entspannung, Abwechslung, Sport, Erholung, Unterhaltung, starke Abneigung gegen Massentourismus, Bekanntschaften	Man trifft sich wieder im „Club Poseidon".
(6) Antike	Meist Akademiker mit klassischem Bildungsideal (hohe Beamte, Ärzte und Anwälte) Alter: ca. 35–70 Jahre	Bildung; das Angebot muss absolut seriös wirken	Auf den Spuren Homers

Aufgabe 71 Produktimage

Jedes Produkt hat eine Reihe von Eigenschaften. In der Werbung beschränkt man sich auf die Hervorhebung einer oder weniger Eigenschaften, von denen man glaubt, dass sie die Zielgruppen am ehesten ansprechen. Wirbt man für Champagner, wird man dieses Gut nicht als absolut durststillend anpreisen, sondern man wird das „unvergleichliche Prickeln, den verschwenderischen Genuss eines erlesenen Getränks" verheißen. Bei der Hervorhebung solcher Eigenschaften für Zwecke der Werbung spricht man auch von der Festlegung des Produktimage. Als neuer Mitarbeiter einer Werbefirma erhalten Sie den Auftrag, das Produktimage einiger Erzeugnisse herauszuarbeiten. Ihr fristlos entlassener Vorgänger hat folgende Aufstellung hinterlassen:

(1) Nerzmantel: erlesen, warm, praktisch, strapazierfähig, elegant, wertvoll.

(2) Autoreifen: sicher, rund, preiswert, formschön, langlebig.

(3) Brot: sättigend, herzhaftkräftig, durchgebacken, vitaminreich, bekömmlich.

(4) Damenuhr: wertvoll, preiswert, präzise, staubgeschützt, zeitlos-schlicht, extravagant-aufwendig, strapazierfähig.

(5) Auto: schnell, bequem, wasserdicht, sicher, sparsam, sportlich, solide verarbeitet, elegant, gefedert.

(6) Porzellangeschirr: kostbar, praktisch, formschön, spülmaschinenfest, prächtig, säurefest, zeitlos-schlicht, hygienisch.

Welche der hier aufgeführten Attribute sind dem Produktimage abträglich und dürfen keinesfalls in Werbebotschaften genannt werden?

Folgende Attribute sind dem Produktimage abträglich:

(1) Nerzmantel: warm, praktisch, strapazierfähig. – In diesen Eigenschaften ist ein weitaus billigerer Wollmantel dem Nerzmantel überlegen.

(2) Autoreifen: rund, formschön. – Diese Eigenschaften sind selbstverständlich bzw. nicht gefragt.

(3) Brot: sättigend, durchgebacken. – Ein Produkt wird dadurch abgewertet, dass man Selbstverständlichkeiten als seine Besonderheiten hervorhebt.

(4) Damenuhr: staubgeschützt, strapazierfähig. – Damenuhren werden nur in Ausnahmefällen nach solchen Gesichtspunkten ausgewählt.

(5) Auto: wasserdicht, gefedert. – Auch hier handelt es sich um Selbstverständlichkeiten.

(6) Porzellangeschirr: säurefest, hygienisch. – Auch hier handelt es sich um Selbstverständlichkeiten. Im übrigen ist die Säurebeständigkeit bei Geschirr von untergeordneter Bedeutung.

Aufgabe 72 Festlegung des Produktimage

Welches der in Aufgabe 71 genannten Attribute kann bei der Festlegung des Produktimage im Vordergrund stehen? Durch welchen Umstand wird die Auswahl im Falle (4), (5) und (6) erschwert?

(1) Nerzmantel: elegant

(2) Autoreifen: langlebig

(3) Brot: herzhaft-kräftig

Bei diesen Produkten handelt es sich – mit etlichen Einschränkungen – um homogene Güter. In solchen Fällen gibt es bei den Nachfragern nur geringfügige Abweichungen hinsichtlich der Bewertung einzelner Produkteigenschaften. Bei Autoreifen, Batterien und Glühbirnen wird die Langlebigkeit in der Wertschätzung der Nachfrager immer vor der Formschönheit rangieren. Bei heterogeneren Gütern wie Damenuhren, Autos und Porzellangeschirr wird es nahezu unmöglich, jeweils **ein** Attribut als für **alle** Nachfrager bedeutsamste Eigenschaft herauszuheben.

Während bei homogenen Gütern **alle** Nachfrager zur Zielgruppe gehören (oder gehören können), ist die Gesamtheit der Nachfrager bei heterogenen Gütern, wie z.B. Autos, nach der jeweils bevorzugten Produkteigenschaft in verschiedene Zielgruppen aufzuspalten. Für Werbezwecke lässt sich das Produktimage bei solchen Gütern nur dann festlegen, wenn man weiß, welche Zielgruppe (die Sportlichen, die Sparsamen, die Sicherheitsbewussten) bei der Produktgestaltung im Vordergrund stand.

Aufgabe 73 Konsumentenbeeinflussung durch Werbung

Nennen Sie die wichtigsten Schritte der Konsumentenbeeinflussung durch Werbung!

(1) Die Zielgruppe muss festgelegt werden.

(2) Die Werbebotschaft muss auf die Zielgruppe zugeschnitten sein.

(3) Die Information (Werbebotschaft) muss zur Zielgruppe gelangen.

(4) Die Information muss von den Zielpersonen aufgenommen und akzeptiert werden.

(5) Zum Zwecke der Verhaltensänderung (= Steigerung der Kaufbereitschaft) muss die Zielperson über eine geraume Zeit hin der Suggestion des Werbenden ausgesetzt sein, d.h. die Werbebotschaft muss wiederholt an den umworbenen Käufer herangetragen werden.

Aufgabe 74 Werbehintergrund

Die Fernsehwerbung für ein Erfrischungsgetränk zeigt junge Menschen beiderlei Geschlechts in lebhafter ausgelassener Unterhaltung, eine lebensfrohe, zu jedem Spaß aufgelegte Gruppe. Was soll dieser Werbehintergrund dem Umworbenen suggerieren?

Das Unterbewusstsein der Zielperson soll die Nachricht erhalten, dass besonders **dieses** Erfrischungsgetränk von jungen, ausgelassenen Leuten geschätzt wird, dass dieses Erfrischungsgetränk zu Frohsinn und Ausgelassenheit beiträgt und den Zugang zu jungen herumtollenden Menschen erlaubt. Man will die unterschwellige Abneigung gegen Kontaktarmut und Einsamkeit für dieses Produkt mobilisieren, indem man die Vorstellung vermittelt, dieses Erfrischungsgetränk sorge für Abhilfe.

Aufgabe 75 Werbewirkung

In einer Tageszeitung werben Sie für ein vergleichbares Erfrischungsgetränk mit dem Slogan

(1) „Perla sorgt für Munterkeit".
(2) „Frohe Menschen trinken Perla".
(3) „Perla beseitigt Ihre Kontaktarmut".

Der Inhalt dieser Werbebotschaften ist etwa der gleiche wie in Aufgabe 74. Halten Sie es trotzdem für möglich, dass die Werbewirkung verschieden ist?

Während der Werbehintergrund aus Aufgabe 74 im Unterbewusstsein ein Kaufbereitschaftspotential ansammelt, das bei öfterer Wiederholung so groß werden kann, dass es zur Veranlassung des Kaufs ausreicht, erreichen diese vordergründigen Werbesprüche nur das durch Rationalität geprägte Bewusstsein. Da man sich sagen muss, dass „Perla" außer Kohlensäure und Orangengeschmack keine nennenswerten Wirkstoffe enthält, erscheint es völlig abwegig, dass dadurch Munterkeit erzeugt werden könnte. Die Werbebotschaft wird also den Empfänger unberührt lassen und somit wirkungslos bleiben. Im Falle (3) wird man sogar eine Negativeinstellung zu „Perla" hervorrufen, da zwar sehr viele Leute an Kontaktarmut leiden, aber nicht bereit sind, sich selbst oder gar Dritten diese Tatsache einzugestehen.

Aufgabe 76 Kontrolle des ökonomischen Werbeerfolgs

Die PUBLICITAS AG hat für das Produkt X eine Werbekampagne durchgeführt. Nachträglich liegen folgende Daten vor:

Periode	1	2	3	4	5	6	7
Werbeaufwand (Mio. EUR)	1	2	–	–	–	–	–
Absatzmengenanstieg (Tsd. Stück)	20	80	70	60	50	40	30

Der Absatzmengenanstieg ist allein auf den Werbefeldzug zurückzuführen. Von der achten Periode an sind keine Werbewirkungen mehr zu verzeichnen. Der Deckungsbeitrag/Stück beziffert sich auf 10 EUR. Ein- und Auszahlungen seien jeweils zum Periodenende angefallen. Der Kalkulationszinsfuß der PUBLICITAS AG liegt bei 8 Prozent. War die Werbemaßnahme vorteilhaft?

Lösungshinweis: Zinstabelle am Ende des Buches.

Wöhe S. 492 f., 537 f.

Werbebedingt hat sich die Absatzmenge um insgesamt 350.000 Stück erhöht. Dem Werbeaufwand von 3 Mio. EUR steht somit ein Anstieg des Deckungsbeitrags von 3,5 Mio. EUR gegenüber. Unter Vernachlässigung des Zeitaspektes war der Werbefeldzug erfolgreich.

Da werbebedingte Auszahlungen (AZ) und werbebedingte Mehreinzahlungen bzw. Deckungsbeiträge (EZ) zeitlich auseinanderfallen, muss der Zeitaspekt zur Erfassung von Zinswirkungen berücksichtigt werden:

Periode	(1) Abzinsungs-faktor	(2) EZ (TEUR)	(3) AZ (TEUR)	(4) EZÜ (2) – (3)	(5) Barwert EZÜ (4) · (1)
1	0,9259	200	1.000	– 800	– 740.720
2	0,8573	800	2.000	– 1.200	– 1.028.760
3	0,7938	700	–	+ 700	+ 555.660
4	0,7350	600	–	+ 600	+ 441.000
5	0,6806	500	–	+ 500	+ 340.300
6	0,6302	400	–	+ 400	+ 252.080
7	0,5835	300	–	+ 300	+ 175.050
					– 5.390

Der **Kapitalwert** des Werbefeldzugs ist **negativ.** Unter Berücksichtigung der Zinswirkungen erweist sich die Werbemaßnahme also als unvorteilhaft.

5. Distributionspolitik

Wiederholungsfragen:

	Wöhe Seite
Welche Transformationsleistungen gehören in den Bereich der Distributionspolitik?	498
Welche Fragen stellen sich bei der Optimierung des Absatzweges?	498 f.
Welche Determinanten bestimmen die Distributionswünsche der Nachfrager?	499
Welche Vorteile haben Bedienung bzw. Selbstbedienung?	501
Wie wird ein Standort im Rahmen des Stufenwertzahlverfahrens bewertet?	503
Welche Anbieter agieren bei der Standortwahl konkurrenzgebunden, welche agieren konkurrenzscheu?	504
Was versteht man unter einem Marktkanal?	505
Welche Distributionsziele kennen Sie?	506
Welche Vorteile haben direkter bzw. indirekter Absatz?	506
Welchen Einfluss hat die Marktmacht der Beteiligten auf die distributionspolitischen Maßnahmen der Hersteller?	507
Was versteht man unter Franchising?	510
Welche Instrumentalvariablen sind im Rahmen physischer Distribution zu optimieren?	511

Aufgabe 77 Distribution und Preissegment

Die SALMO GmbH ist eine traditionsreiche Lachsräucherei, die einen beschränkten Kreis von Feinkostgeschäften mit frisch geräuchertem Ostsee-Wildlachs beliefert. Die zunehmende Verbreitung von preiswertem Zuchtlachs hat die Absatzmenge der SALMO GmbH stark zurückgehen lassen. Die Kapazität von 2.500 to/Jahr ist nur noch zu 40 Prozent ausgelastet. Der Deckungsbeitrag von 30.000 EUR/to ist nach wie vor zufriedenstellend.

Ein Lebensmittelfilialist des Niedrigpreissegments macht der SALMO GmbH im Hinblick auf die nicht ausgelasteten Kapazitäten folgende Offerte:

Produkt:	Zuchtlachs geräuchert
Abnahmepreis:	28.000 EUR/to
Abnahmemenge:	2.500 to/Jahr
Abnahmegarantie:	3 Jahre

Beim Räuchern von Zuchtlachs beziffern sich die variablen Kosten auf 16.000 EUR/to. Die Fixkosten sind bei beiden Distributionsalternativen gleich hoch.

Sollte die SALMO GmbH die Offerte annehmen und künftig den Lebensmitteldiscounter statt der Feinkostgeschäfte beliefern?

Wöhe S. 497 f.

Distributionsalternative: Wildlachs/Fachhandel

Deckungsbeitrag/to	30.000 EUR
Absatzmenge	1.000 to
Deckungsbeitrag/Jahr	**30 Mio. EUR**

Distributionsalternative: Zuchtlachs/Discounthandel

Abnahmepreis/to	28.000 EUR
Variable Kosten/to	16.000 EUR
Deckungsbeitrag/to	12.000 EUR
Absatzmenge	2.500 to
Deckungsbeitrag/Jahr	**30 Mio. EUR**

Beide Alternativen sind – formal – gleichwertig. Gleichwohl sollte die SALMO GmbH bei der bisherigen Distributionsalternative bleiben, weil die Abhängigkeit von vielen Feinkostgeschäften weniger riskant ist als die Abhängigkeit von einem einzigen Lebensmittelfilialisten.

Aufgabe 78 Zweispurige Distribution

Es gelten die Angaben der Aufgabe 77. Wie könnte die SALMO GmbH ihre Marktposition verbessern?

Die SALMO GmbH sollte ihren bisherigen Distributionsweg (Fachhandel) auf jeden Fall beibehalten. Gleichzeitig sollte sie versuchen, die freien Kapazitäten von 1.500 to/Jahr durch Zuchtlachsräucherei zu belegen. Dabei ist jede Preisofferte des Lebensmittelfilialisten vorteilhaft, die einen positiven Deckungsbeitrag bringt, die also über 16.000 EUR/to liegt. Um das Qualitätsimage gegenüber dem Fachhandel nicht zu beeinträchtigen, sollte der Zuchtlachs über den Discounthandel unter einer anderen Firmenbezeichnung und mit anderer Verpackung vertrieben werden.

Aufgabe 79 Handelsspanne

Bei welchem der folgenden Produkte sind auf der Einzelhandelsstufe relativ niedrige, bei welchem sind relativ hohe Handelsspannen üblich: (1) Zucker, (2) Barrengold, (3) Goldschmuck, (4) Blumen, (5) Zigaretten, (6) Orientteppiche, (7) Benzin, (8) Autos, (9) Arzneimittel und (10) Antiquitäten?

Relativ niedrige Handelsspannen sind üblich für (1), (2), (5), (7) und (8), relativ hohen Handelsspannen begegnet man bei (3), (4), (6), (9) und (10).

Aufgabe 80 Determinanten der Handelsspanne

Nennen Sie ausgehend von den Beispielen in Aufgabe 79 einige Faktoren, von denen die Höhe der Handelsspanne abhängig ist!

Zwei große Ursachenkomplexe bestimmen die Höhe der Handelsspanne:

(1) die Marktverfassung,
(2) die Handelskosten.

(1) **Die Marktverfassung**

Je unvollkommener die Märkte, desto höher ist in der Regel die Handelsspanne. Die Heterogenität der Güter, u. U. gepaart mit mangelnder Warenkenntnis und unzureichendem Marktüberblick (Beispiel: Orientteppiche, Antiquitäten), zieht in der Regel höhere Handelsspannen nach sich. Bei solchen Gütern, deren Heterogenität soweit gehen kann, dass sie zum Liebhaberstück werden, steht die Kaufentscheidung in weniger starker Abhängigkeit vom Endverkaufspreis als bei nahezu homogenen Gütern wie Zucker, Benzin oder Zigaretten.

(2) **Handelskosten**

Die Handelskosten werden von verschiedenen Faktoren beeinflusst. Diese Faktoren wirken als Einzelursachen auf die Höhe der Handelsspanne.

(a) **Personalkosten**

Um 1.000 EUR Umsatz zu erzielen, muss ein Apotheker oder Gemüsehändler wesentlich mehr Dienstleistungen erbringen als ein Edelmetallkontor oder eine Bank, welche Barrengold verkauft.

(b) **Kapitalkosten**

Je geringer die Umschlaggeschwindigkeit eines Warenbestandes, desto höher muss die Handelsspanne sein. Beispiele für hohe (geringe) Umschlaggeschwindigkeit bieten Tankstellen, Heizölgroßhandel (Antiquitätenhandel).

(c) **Sortiment**

Je breiter und tiefer das Sortiment eines Handelsbetriebes ist, desto höher wird in der Regel auch die Handelsspanne sein. Da eine Apotheke z. B. auch Medikamente führen muss, die nur sehr selten verlangt werden, sinkt die durchschnittliche Umschlaghäufigkeit und steigen die Kapitalkosten. Außerdem sind die Lagerverwaltungskosten bei einem so großen Sortiment viel höher als bei einem kleinen (Tankstelle).

(d) **Verderb**

Wegen der erhöhten Gefahr des Warenverderbs erfordert der Handel mit Blumen oder Gemüse wesentlich höhere Handelsspannen als der mit Kartoffeln oder Getreide.

(e) **Heterogenität**

Mit zunehmender Heterogenität der Produkte wird es schwieriger, die Waren auf Anhieb „an den Mann zu bringen". Während ein Pfund Zucker oder eine Schachtel Zigaretten fast ohne ein Verkaufsgespräch den Besitzer wechseln, während ein PKW beim dritten oder vierten Verkaufskontakt umgesetzt wird, schlagen bei einem goldenen Armband oder einem Orientteppich sehr viele Verkaufsgespräche fehl, ehe sich endlich ein Kunde zum Kauf entschließt. Dies hat hohe Personal- und Kapitalkosten und somit auch hohe Handelsspannen zur Folge.

Aufgabe 81 Fachhandel – Discounter

Worauf ist in der Regel zurückzuführen, dass ein Elektrofachgeschäft bei großen Elektrogeräten (Fernseher, Waschmaschine, Herd, Spülmaschine usw.) immer noch konkurrenzfähig ist, obwohl andere Anbieter diese Artikel zu teilweise erheblich niedrigeren sogenannten Großhandelspreisen anbieten?

Wöhe S. 500 f.

Für die Konkurrenzfähigkeit des Elektrofachgeschäftes sind in der Regel weniger die persönlichen Beziehungen oder die Beratung vor dem Kaufabschluss als vielmehr die Gewissheit über einen reibungslosen, notfalls auch nach Geschäftsschluss (Fernsehgeräte) arbeitenden **Kundendienst** maßgebend. Hinzu kommt, dass solche Anbieter auch Teilzahlungsgeschäfte abschließen, die bei Cash & Carry in der Regel nicht üblich sind.

Aufgabe 82 Großhandel – Einzelhandel

Ein Anbieter produziert jährlich 100.000 Stück mit Stückkosten von 16 EUR. Bisher wurden die Produkte an den Großhandel zu einem Preis ab Werk von 19 EUR/Stück abgesetzt. Die gesamte Produktion könnte aber auch zu einem Preis von 21,50 EUR/Stück an den Einzelhandel verkauft werden. In diesem Falle betrügen die Transportkosten/Stück 2 EUR und die Kosten für zwei Reisende mit Auto 85.000 EUR/Jahr.

Teilaufgabe a)

Welchen Absatzweg sollte der Hersteller wählen?

Wird – wie bisher – der Großhandel eingeschaltet, beträgt der Gewinn G_G:

$$G_G = (19\text{ EUR} - 16\text{ EUR}) \cdot 100.000\text{ Stück} = 300.000\text{ EUR}$$

Liefert man dagegen unmittelbar an den Einzelhandel, beträgt der Gewinn G_E:

$$G_E = (21{,}50\text{ EUR} - 16\text{ EUR} - 2\text{ EUR}) \cdot 100.000\text{ Stück} - 85.000\text{ EUR} = 265.000\text{ EUR}$$

Die Einschaltung des Großhandels ist bei einer Absatzmenge von 100.000 Stück pro Jahr vorteilhafter.

Teilaufgabe b)

Wie groß müsste bei linearer Gesamtkostenfunktion die Ausbringungsmenge sein, damit die Belieferung des Einzelhandels vorteilhafter ist als die Einschaltung des Großhandels?

Je nach Absatzweg (Großhandel oder Einzelhandel) lautet die Gewinnfunktion des Anbieters:

$$G_G = 3\ m$$
$$G_E = 3{,}50\ m - 85.000$$

Die Belieferung des Einzelhandels ist somit günstiger als der Absatz über den Großhandel, wenn

$$G_E \geq G_G$$
$$3{,}50\ m - 85.000 \geq 3\ m$$
$$0{,}5\ m \geq 85.000$$
$$m \geq 170.000$$

Sobald die Angebotsmenge 170.000 Stück pro Jahr übersteigt, ist der Absatz über den Einzelhandel vorteilhafter als über den Großhandel.

Aufgabe 83 Handelsvertreter – Reisende

Die Firma AMBULANT vertreibt Kompressoren auf dem direkten Absatzweg. Zur Wahl steht der Vertrieb über unabhängige Handelsvertreter bzw. firmeneigene Reisende.

Handelsvertreter:
Die Entlohnung erfolgt ausschließlich über eine verkaufsmengenabhängige Vergütung von 300 EUR/Stück. An den Fahrtkosten eines Handelsvertreters beteiligt sich Firma AMBULANT mit 30.000 EUR/Periode. Darüber hinaus entstehen 10.000 EUR Fixkosten/Jahr und Handelsvertreter (Telefonkosten etc.).

Reisende:
Jeder Reisende erhält von der Firma AMBULANT ein Jahresbruttogehalt von 90.000 EUR. Die Personalnebenkosten beziffern sich auf 30.000 EUR pro Reisenden und Jahr. Die von AMBULANT zu tragenden Fahrzeugkosten betragen pro Reisenden und Jahr 40.000 EUR. Verkauft ein Reisender mehr als 500 Kompressoren pro Jahr, erhält er vom 501. Stück an eine Verkaufsprämie von 100 EUR/Stück.

Wie hoch ist die Jahresabsatzmenge m*, bei der für AMBULANT die jährlichen Kosten für beide Distributionsalternativen gleich hoch sind?

Wöhe S. 509

Kosten des Handelsvertreters K^H:

$K^H = 40.000 + 300\ m$

Kosten des Reisenden K^R:

$K^R = 160.000$ (für $0 < m < 501$)
$K^R = 160.000 + 100\ m$ (für $m > 500$)

Für m* gilt:

$$K^R = K^H$$
$$160.000 = 40.000 + 300\ m^*$$
$$m^* = 400$$

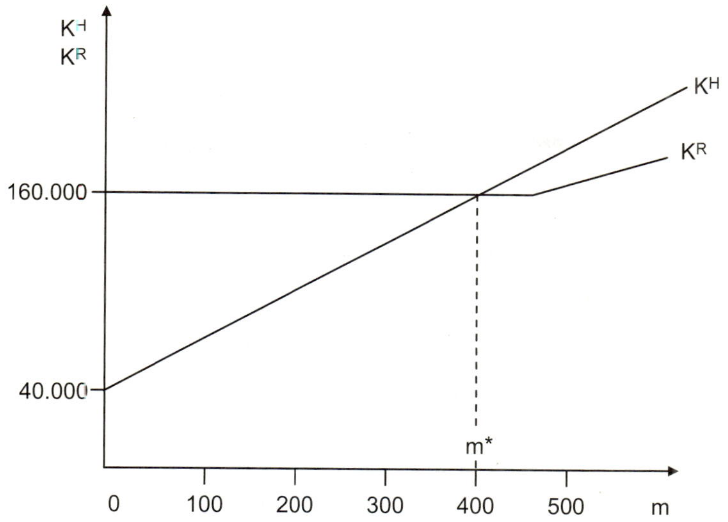

Verkauft der Reisende weniger (mehr) als 400 Kompressoren/Jahr, ist sein Einsatz für AMBULANT teurer (billiger) als der des Handelsvertreters.

Aufgabe 84 Sortiment und Vertriebsweg

Warum hat ein Hersteller von Polstermöbeln oder Teppichen eher die Möglichkeit des direkten Absatzes (= Verzicht auf Einschaltung von Handelsbetrieben) über Auslieferungslager als ein Hersteller von Seifenpulver oder Käse?

Wöhe S. 506f.

Beim direkten Absatz über Auslieferungslager wird die Ware meist nicht so nahe an den Verbraucher herangetragen wie durch den Einzelhandel oder das Kaufhaus. Für den direkten Absatz über Auslieferungslager kommen nur größere Objekte in Frage, da sich die Beschaffung kleiner Artikel wegen der geringeren Einkaufsbequemlichkeit der Auslieferungslager meistens nicht lohnt. Um die Einkaufszeit und die Einkaufswege zu minimieren, zieht es der Verbraucher vor, einen Gegenstand des täglichen Bedarfs, wie z.B. Käse oder Seifenpulver, nicht einzeln, sondern zusammen mit völlig anders gearteten Gegenständen des täglichen Bedarfs einzukaufen. Hier wird die Handelsfunktion des qualitativen Ausgleichs, d.h. die Schaffung eines kundengerechten Sortimentes, erkennbar. Verfügt dagegen der Hersteller von Polstermöbeln oder Teppichen über ein breites Fertigungsprogramm, so kann ihm dieses die Möglichkeit des direkten Absatzes dann schaffen, wenn es von den Nachfragern als ausreichendes Sortiment betrachtet wird.

V. Testfragen zum Vierten Abschnitt

Den folgenden Fragen sind Antworten beigegeben, die teils richtig, teils falsch sind. Ihre Aufgabe besteht darin, die richtigen Antworten herauszufinden und zu begründen, warum sie richtig und die anderen falsch sind. Die Lösungen finden Sie im Anschluss an die letzte Frage. Gelingt Ihnen die Begründung nicht, so ist es empfehlenswert, die erfragten Zusammenhänge und Definitionen im „Wöhe" noch einmal durchzuarbeiten. Das Stichwortverzeichnis des „Wöhe" wird Ihnen helfen, sich schnell zurechtzufinden.

(1) Welche der folgenden Behauptungen ist richtig?
Absatzziele
- (a) richten sich auf die optimale Versorgung des Marktes,
- (b) sind Unterziele, die aus dem unternehmerischen Gesamtziel abzuleiten sind,
- (c) können mit Teilzielen aus anderen Funktionsbereichen kollidieren,
- (d) beeinflussen die Auswahl der absatzpolitischen Instrumente.

(2) Welche der folgenden Behauptungen ist richtig?
- (a) Explorative Forschung dient der Ermittlung von Preis-Absatz-Funktionen.
- (b) Die explorative Forschung bedient sich sowohl der Quer- wie der Längsschnittanalyse.
- (c) Wer die Marktanteile der Marken A bis E ermittelt, betreibt eine Querschnittanalyse, wer die Entwicklung des Marktanteils für Marke A in den vergangenen 5 Jahren feststellt, betreibt eine Längsschnittanalyse.
- (d) Labor- bzw. Feldexperimente sind Gegenstand deskriptiver Forschung.

(3) Die Verhaltensforschung
- (a) ist als Forschungsgegenstand der Psychologie bzw. Soziologie zuzuordnen,
- (b) hat ausschließlich das Käuferverhalten zum Gegenstand,
- (c) ist unabdingbare Voraussetzung für den Einsatz des absatzpolitischen Instrumentariums,
- (d) unterscheidet zwischen impulsiven, habitualisierten und extensiven Kaufentscheidungen.

(4) Marktsegmentierung
- (a) erlaubt dem Anbieter die Entwicklung spezieller Absatzstrategien, die sich an homogenen Nachfragerbedürfnissen orientieren,
- (b) erlaubt eine Marktabschottung bei Ausgrenzung missliebiger Konkurrenten,
- (c) liegt vor, wenn viele kleine Anbieter den Markt versorgen,
- (d) ist eine wichtige Voraussetzung für den zielgerichteten und differenzierten Einsatz der absatzpolitischen Instrumente,
- (e) orientiert sich an geographischen, demographischen, psychographischen und verhaltensbezogenen Kriterien.

(5) Produktpolitik
- (a) umfasst im Kernbereich Programm- und Sortimentspolitik, Verpackungs- und Marktpolitik sowie Kundendienstpolitik,
- (b) spielt als Marketinginstrument in einer Knappheitsgesellschaft eine größere Rolle als in einer Überflussgesellschaft,
- (c) verfolgt u.a. das Ziel, homogene Güter durch Markenbildung zu heterogenisieren,

(d) ist ein kurzfristig wirkendes absatzpolitisches Instrument,
(e) hat ihren Ursprung im technischen Fortschritt auf der Anbieter- und in Bedarfsverschiebungen auf der Nachfragerseite.

(6) Produktvariation
(a) führt im Falle des Gelingens zur sog. Zwei-Höcker-Funktion,
(b) verlängert den Lebenszyklus des modifizierten Produkts,
(c) ist mit höheren Risiken und Kosten verbunden als Produktinnovation,
(d) verzögert den Zeitpunkt der Produkteliminierung,
(e) ist dem Relaunch aus Kostengründen vorzuziehen.

(7) Ein Automobilhersteller versucht, den Absatz eines Wagens durch Ausstattung mit Chromzierleisten u. ä. zu vergrößern. Um welches absatzpolitische Instrument handelt es sich?
(a) Kommunikationspolitik
(b) Produktpolitik
(c) Distributionspolitik
(d) Preispolitik

(8) Welche der folgenden Bedingungen verhindert das Entstehen eines vollkommenen Marktes?
(a) Die Anbieter streben nach dem Gewinnmaximum.
(b) Die Nachfrager streben nach den Nutzenmaximum.
(c) Die Nachfrager haben sachliche und persönliche Präferenzen.
(d) Es besteht völlige Markttransparenz.
(e) Die Nachfrager reagieren nicht sofort auf Preisänderungen.

(9) Wann erreicht der Angebotsmonopolist sein Gewinnmaximum?
(a) Im Maximum der Gesamterlöskurve,
(b) wenn die Grenzkosten gleich dem Preis sind,
(c) wenn die Grenzkosten gleich dem Grenzerlös sind,
(d) an der Kapazitätsgrenze.

(10) Ein Oligopolist
(a) erreicht sein Gewinnmaximum dort, wo die Grenzerlöse höher sind als die Grenzkosten,
(b) erreicht sein Gewinnmaximum dort, wo die Durchschnittskosten minimal sind,
(c) muss bei eigenen Preisänderungen Konkurrenzreaktionen in Rechnung stellen,
(d) neigt aus Angst vor ruinösem Wettbewerb zu wirtschaftsfriedlichem Verhalten,
(e) kann den eigenen Angebotspreis auf einem vollkommenen Markt nur in den Grenzen seines akquisitorischen Potentials über den Konkurrenzpreis anheben.

(11) Welche der folgenden Behauptungen ist richtig? Das Gewinnmaximum bei vollkommener Konkurrenz (linearer Gesamtkostenverlauf) ist erreicht,
(a) wenn der Preis die Stückkosten deckt,
(b) wenn die Grenzkosten gleich dem Preis sind,
(c) wenn die variablen Durchschnittskosten gleich dem Preis sind,
(d) wenn der Betrieb an der Kapazitätsgrenze produziert und der Preis über den Stückkosten liegt.

(12) Welche der folgenden Behauptungen ist falsch?
(a) Bei linearem Gesamtkostenverlauf fällt die Stückkostenkurve, weil die fixen Stückkosten pro Stück mit steigender Ausbringung sinken.

(b) Die Grenzerlöskurve des Monopolisten deckt sich mit seiner Nachfragekurve.
(c) Bei vollkommener Konkurrenz ist der Grenzerlös gleich dem Preis.
(d) Bei vollkommener Konkurrenz kann der einzelne Anbieter den Marktpreis nicht beeinflussen.

(13) Welche der folgenden Behauptungen ist richtig? Bei vollkommener Konkurrenz kann ein Betrieb
(a) jede Menge zu jedem Preis absetzen,
(b) jede Menge zum gegebenen Marktpreis absetzen,
(c) durch eigene Preissenkung eine größere Menge absetzen,
(d) bei einem über dem Marktpreis liegenden Preis nichts absetzen.

(14) Welche der folgenden Behauptungen ist richtig? Bei einem Angebotsmonopol kann ein Betrieb
(a) jede Menge zu jedem Preis absetzen,
(b) jede Menge zu einem bestimmten Preis absetzen,
(c) eine bestimmte Menge zu einem bestimmten Preis absetzen,
(d) eine steigende Menge bei fallendem Preis absetzen,
(e) eine fallende Menge bei einem steigenden Preis absetzen,
(f) ab einem bestimmten Preis überhaupt nichts absetzen.

(15) Welche Folgen hat die Erhöhung der fixen Kosten des Monopolbetriebes?
(a) Der Monopolgewinn nimmt ab.
(b) Die abgesetzte Menge sinkt.
(c) Der Angebotspreis wird erhöht.
(d) Angebotspreis und Absatzmenge bleiben konstant.

(16) Welche Folgen hat die Erhöhung der variablen Kosten des Monopolbetriebes?
(a) Der Monopolgewinn nimmt ab.
(b) Die Angebotsmenge bleibt konstant.
(c) Der Angebotspreis steigt.
(d) Die Angebotsmenge wird verringert.

(17) Die Gesamtkostenkurve verläuft S-förmig. Wo liegt die kurzfristige Preisuntergrenze bei vollkommener Konkurrenz?
(a) Im Schnittpunkt von Grenzkosten- und Preiskurve,
(b) im Schnittpunkt von Grenzkosten-, Stückkosten- und Preiskurve,
(c) im Schnittpunkt von Grenzkosten-, variabler Stückkosten- und Preiskurve,
(d) an der Kapazitätsgrenze.

(18) Die Gesamtkostenkurve verläuft S-förmig. Wann erreicht der Betrieb bei vollkommener Konkurrenz sein Gewinnmaximum?
(a) Im Schnittpunkt von Grenzkosten- und Stückkostenkurve,
(b) im Schnittpunkt von Grenzkosten- und Preiskurve,
(c) an der Kapazitätsgrenze,
(d) im Schnittpunkt von Grenzkosten- und Grenzerlöskurve.

(19) Um welche kritischen Kostenpunkte handelt es sich, wenn bei S-förmigem Gesamtkostenverlauf und vollkommener Konkurrenz die Preisgerade die Stückkostenkurve schneidet?
(a) Gewinnmaximum
(b) langfristige Preisuntergrenze
(c) Nutzenschwelle
(d) Kostenminimum
(e) Nutzengrenze

(20) Welche der folgenden Voraussetzungen gelten für eine von links nach rechts fallende Gesamtnachfragekurve?

(a) Gegebene Einkommen der Nachfrager,
(b) gegebene Preise aller anderen Güter,
(c) gegebene Kostenstruktur der Betriebe,
(d) gegebene Produktionstechnik.

(21) Mit welchen anderen Kurven deckt sich die Preisgerade bei vollkommener Konkurrenz?

(a) Mit der Grenzerlöskurve,
(b) mit der individuellen Angebotskurve,
(c) mit der individuellen Nachfragekurve,
(d) mit der Gesamtumsatzkurve,
(e) mit der Gesamtnachfragekurve.

(22) Bei welchen Absatzwegen handelt es sich um direkten Absatz?

(a) Verkauf an den Großhandel
(b) Verkauf an den Einzelhandel
(c) Verkauf durch Reisende
(d) Verkauf an ein Versandgeschäft

Lösungen: Richtig sind folgende Antworten: 1 b, c, d; 2 c; 3 a, c, d; 4 a, d, e; 5 c, e; 6 a, b, d; 7 b; 8 c, e; 9 c; 10 c, d; 11 d; 12 b; 13 b, d; 14 c, d, e, f; 15 a, d; 16 a, c, d; 17 c; 18 b, d; 19 c, e; 20 a, b; 21 a, c; 22 c.

Fünfter Abschnitt
Investition und Finanzierung

I. Die Investition

1. Statische Verfahren der Investitionsrechnung (Praktikermethoden)

Wiederholungsfragen:

	Wöhe Seite
Nach welcher Faustformel ermittelt die Kostenvergleichsrechnung kalkulatorische Abschreibungen und kalkulatorische Zinsen?	528
Wo liegt der Unterschied zwischen Kostenvergleichsrechnung und Gewinnvergleichsrechnung?	528
Wie gelangt man vom originären Gewinn der Gewinnvergleichsrechnung zum korrigierten (pagatorischen) Gewinn der Rentabilitätsvergleichsrechnung?	529
Welchen Zusammenhang stellt die Rentabilitätsvergleichsrechnung zwischen der projektindividuellen Rentabilität r und der gewünschten Mindestverzinsung i her?	529
Welchen Zusammenhang stellt die Amortisationsrechnung zwischen der Anschaffungsauszahlung A_0 und dem repräsentativen Periodeneinzahlungsüberschuss her?	529 f.
Was versteht man unter einer Sollamortisationsdauer?	530
Welcher Kritik sind die statischen Verfahren der Investitionsrechnung ausgesetzt?	531

Aufgabe 1 Kostenvergleichsrechnung

Die Firma HUCKEPACK verleiht kleine Lastkraftwagen an Selbstfahrer. Man steht vor der Entscheidung, einen neuen Kleintransporter anzuschaffen. Drei Fahrzeugtypen M, O, P stehen zur Wahl, die unterschiedliche Anschaffungskosten A_0 aufzuweisen haben.

Beim Kostenvergleich hat man zwischen

- zeitabhängigen **(fixen) Kosten** wie
  - Kfz-Steuer
  - Kfz-Versicherung
  - kalkulatorische Abschreibungen und
  - kalkulatorische Zinsen

einerseits und

- leistungsabhängige **(variablen) Kosten** wie
  - Ölverbrauch
  - Wartung + Reparatur und
  - Reifenabnutzung

andererseits zu unterscheiden.

Für die drei Fahrzeugtypen gelten folgende Daten:

Fahrzeugtyp	**M**	**O**	**P**
Nutzlast in Tonnen (t) Anschaffungskosten A_0 Nutzungsdauer n (Jahre) Zinskosten/Jahr i	3 60.000 6 0,08	4 50.000 4 0,08	5 80.000 4 0,08
Fixe Kosten/Jahr:			
Kfz-Steuer Kfz-Versicherung Kalkulatorische Abschreibung (linear) Kalkulatorische Zinsen	1.900 1.700 $\frac{A_0}{n}$ $\frac{A_0}{2} \cdot i$	1.800 1.700 $\frac{A_0}{n}$ $\frac{A_0}{2} \cdot i$	2.100 1.700 $\frac{A_0}{n}$ $\frac{A_0}{2} \cdot i$
Variable Kosten/1.000 km:			
Öl Reparatur + Wartung Reifen	10 270 20	10 170 20	10 70 20

Teilaufgabe a)

Ermitteln Sie für alle drei Fahrzeugtypen die Gesamtkostenfunktion K! Welcher Fahrzeugtyp verursacht die minimalen Gesamtkosten K?

Wöhe S. 526–528

Fahrzeugtyp	**M**	**O**	**P**
Kfz-Steuer Kfz-Versicherung Kalkulatorische Abschreibung Kalkulatorische Zinsen	1.900 1.700 10.000 2.400	1.800 1.700 12.500 2.000	2.100 1.700 20.000 3.200
Fixe Kosten K_f	16.000	18.000	27.000
Öl Reparatur + Wartung Reifen	10 270 20	10 170 20	10 70 20
Variable Kosten/1.000 km	300	200	100
Variable Kosten/km k_v	0,30	0,20	0,10

Setzt man eine Ausbringungsmengeneinheit m mit einem gefahrenen Kilometer gleich und wählt man für die Gesamtkostenfunktion die Schreibweise $K = K_f + k_v \cdot m$, gelangt man für die drei Fahrzeugtypen zu folgenden Kostenfunktionen:

$$\mathbf{K_M} = 16.000 + 0{,}30\ m$$
$$\mathbf{K_0} = 18.000 + 0{,}20\ m$$
$$\mathbf{K_P} = 27.000 + 0{,}10\ m$$

Typ M verursacht hohe variable Kosten k_v und geringe Fixkosten K_f. Typ M kann nur bei geringer Jahreskilometerleistung vorteilhaft sein. Dagegen ist Typ P bei sehr hoher Laufleistung am kostengünstigsten, weil bei diesem Typ die variablen Kosten k_v am geringsten sind.

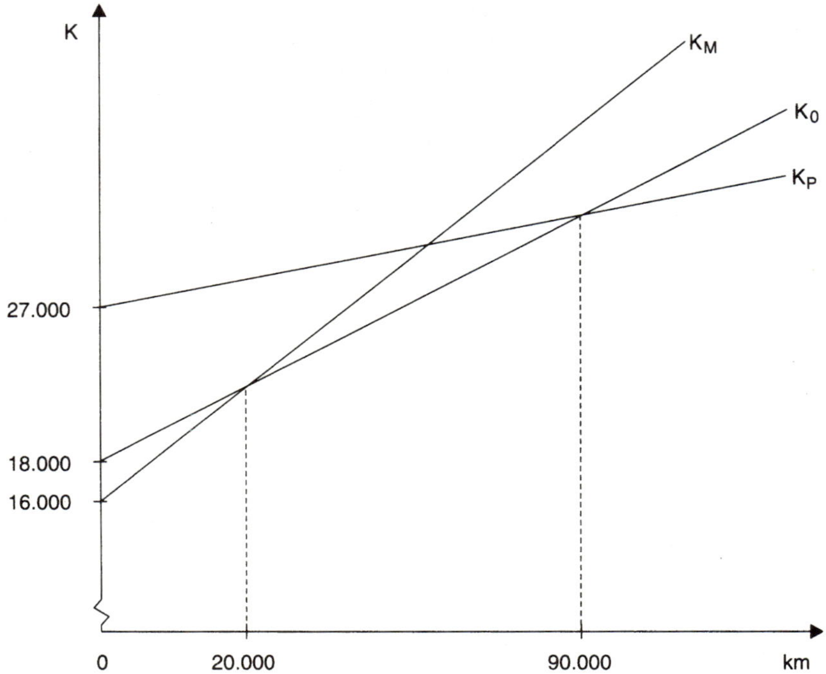

Bei einer Jahresleistung von 20.000 km ist HUCKEPACK zwischen M und O indifferent:

$$\begin{aligned} \mathbf{K_M} &= \mathbf{K_0} \\ 16.000 + 0{,}30\ m &= 18.000 + 0{,}20\ m \\ m &= 20.000\ \text{km/Jahr} \end{aligned}$$

Bei einer Jahresleistung von 90.000 km ist HUCKEPACK zwischen O und P indifferent:

$$\begin{aligned} \mathbf{K_0} &= \mathbf{K_P} \\ 18.000 + 0{,}20\ m &= 27.000 + 0{,}10\ m \\ m &= 90.000\ \text{km/Jahr} \end{aligned}$$

Je nach erwarteter Jahreskilometerleistung entscheidet sich HUCKEPACK für folgenden Fahrzeugtyp:

Kilometerleistung/Jahr			Fahrzeugtyp
0	bis	20.000 km	M
20.000	bis	90.000 km	O
	über	90.000 km	P

Teilaufgabe b)

HUCKEPACK rechnet mit einer Jahreskilometerleistung von 60.000 km. Wie hoch sind die Durchschnittskosten/km (k) bei den einzelnen Fahrzeugtypen?

Für eine Jahresleistung von 60.000 km gilt:

Typ	Gesamtkosten K $K_f + k_v \cdot 60.000 = K$	Durchschnitts-kosten k
M	16.000 + 0,30 · 60.000 = 34.000	0,5$\overline{6}$
O	18.000 + 0,20 · 60.000 = 30.000	0,50
P	27.000 + 0,10 · 60.000 = 33.000	0,55

HUCKEPACK sollte sich für Typ O entscheiden, weil hier mit 0,50 EUR/km die minimalen Durchschnittskosten erreicht werden.

Aufgabe 2 Gewinnvergleichsrechnung

Es gelten weiterhin die Ausgangsdaten der Aufgabe 1. Bei einer erwarteten Gesamtleistung von 60.000 km/Jahr hat sich Firma HUCKEPACK für den Fahrzeugtyp O zu entscheiden, weil hier die Durchschnittskosten k mit 0,50 EUR/km am geringsten sind.

In Anbetracht der unterschiedlichen Nutzlast lassen sich die Fahrzeuge zu unterschiedlichen Preisen/km vermieten:

Fahrzeugtyp	M	O	P
Nutzlast t	3	4	5
Erlös p (EUR/km)	0,80	0,90	1,00

Für welchen Fahrzeugtyp sollte sich HUCKEPACK nach der Gewinnvergleichsrechnung entscheiden?

Wöhe S. 528

Bei einer erwarteten Gesamtlaufleistung von 60.000 km/Jahr lässt sich der Stückgewinn/km g und der Gesamtgewinn/Jahr G wie folgt ermitteln:

Fahrzeugtyp	M	O	P
Erlös p (EUR/km)	0,80	0,90	1,00
./. Stückkosten k (EUR/km)	0,5$\overline{6}$	0,50	0,55
Stückgewinn g (EUR/km)	0,2$\overline{3}$	0,40	0,45
Gesamtgewinn G (EUR/Jahr)	14.000	24.000	27.000

Nach der Gewinnvergleichsrechnung sollte sich Firma HUCKEPACK für den Fahrzeugtyp P entscheiden.

Aufgabe 3 Rentabilitätsvergleichsrechnung

Es gelten weiterhin die Ausgangsdaten der Aufgaben 1 und 2. Nach der Gewinnvergleichsrechnung lassen die Investitionsalternativen folgende Jahresgewinne erwarten:

Fahrzeugtyp	M	O	P
Jahresgewinn G	14.000	24.000	27.000

Für welchen Fahrzeugtyp sollte sich Firma HUCKEPACK nach der Rentabilitätsvergleichsrechnung entscheiden?

Wöhe S. 528 f.

Im vorliegenden Fall lässt sich unter Rückgriff auf die kalkulatorischen Zinsen und den durchschnittlichen Kapitaleinsatz $A_0 : 2$ aus Aufgabe 1a folgende Rentabilitätsvergleichsrechnung aufstellen:

Fahrzeugtyp	M	O	P
Originärer Gewinn G	14.000	24.000	27.000
+ Kalkulatorische Zinsen	2.400	2.000	3.200
Korrigierter Gewinn G_P	16.400	26.000	30.200
∅ Kapitaleinsatz $\frac{A_0}{2}$	30.000	25.000	40.000
Rentabilität r in Prozent	54,7%	104%	75,5%

Nach der Rentabilitätsvergleichsrechnung ist die Investition O mit einer Verzinsung des durchschnittlich gebundenen Kapitals von 104 Prozent am vorteilhaftesten.

Aufgabe 4 Gewinn, Rentabilität und Differenzinvestition

Nach der Gewinnvergleichsrechnung (Aufgabe 2) sollte der Fahrzeugtyp P, nach der Rentabilitätsvergleichsrechnung (Aufgabe 3) sollte der Fahrzeugtyp O angeschafft werden. Grundlage dieser Handlungsempfehlung sind folgende Ausgangsdaten:

Fahrzeugtyp	O	P
Anschaffungskosten A_0	50.000	80.000
∅ Kapitalbindung	25.000	40.000
Kalkulatorische Zinsen 8 %	2.000	3.200
Gewinn G	24.000	27.000
Korrigierter Gewinn G_P	26.000	30.200
Rentabilität r in Prozent	104	75,5

Wie ist die widersprüchliche Handlungsempfehlung der Gewinn- bzw. Rentabilitätsvergleichsrechnung zu erklären?

Der Investitionsentscheidung ist ein kalkulatorischer Zinssatz von 8 Prozent zugrunde gelegt. Man hat also davon auszugehen, dass Eigenkapital zu 8 Prozent am Kapitalmarkt angelegt und Fremdkapital zum gleichen Satz aufgenommen werden kann.

Die durchschnittliche Kapitalbindung von P liegt bei 40.000 EUR. Wir wollen annehmen, dass HUCKEPACK über Eigenkapital in dieser Höhe verfügt. HUCKEPACK kann also sein gesamtes Eigenkapital in P investieren. Statt dessen kann er 25.000 EUR in O investieren, wobei 15.000 EUR für eine sog. **Differenzinvestition** verbleiben. Geht man davon aus, dass die Differenzinvestition in einer Geldanlage am Kapitalmarkt zu 8 Prozent vollzogen wird, kann HUCKEPACK folgende Vergleichsrechnung aufstellen:

Investition	O	P
Basisinvestition (Kfz) Differenzinvestition	25.000 15.000	40.000 –
Investitionserträge Basisinvestition Differenzinvestition 8%	 26.000 1.200	 30.200 –
Gesamtergebnis	27.200	30.200

Im vorliegenden Fall führt die Gewinnvergleichsrechnung zur richtigen Handlungsempfehlung. Die Rentabilitätsvergleichsrechnung (Aufgabe 3) führt zu falschen Ergebnissen; eine Rentabilität von 104 Prozent auf den Eigenkapitaleinsatz von 40.000 EUR ist nicht realisierbar, weil eine Verwendung des Restkapitals von 15.000 EUR zum Erwerb eines weiteren Fahrzeugs vom Typ O nicht zur Disposition steht.

Aufgabe 5 Amortisationsdauer und Risiko

Der Lottospieler HANS GLÜCK hat 1 Mio. EUR gewonnen. Drei Kapitalanlagemöglichkeiten stehen zur Disposition:

A Erwerb einer Bundesanleihe mit 30 Jahren Laufzeit und 8 Prozent Jahreszins.

B Erwerb von Automobilaktien, die im Falle guter Autokonjunktur 10 Prozent Dividende versprechen.

C Beteiligung an einer Goldminen AG, die mit einem Kapitaleinsatz von 100 Mio. EUR ein neues Feld erschließen will; wird man fündig, kann mit Kapitalrückflüssen von 25 Mio. EUR pro Jahr gerechnet werden.

HANS GLÜCK ist risikoscheu. Können Sie ihm empfehlen, sich für die Anlage mit der kürzesten Amortisationsdauer zu entscheiden?

Wöhe S. 529 f.

Für die drei Anlageformen gelten folgende Amortisationsdauern:

A	12,5 Jahre
B	10 Jahre
C	4 Jahre

Bei der Investition C ist die Amortisationsdauer am kürzesten, weil diese Anlage – bei günstigen Umweltbedingungen – die rentabelste ist. Der Kapitalmarkt honoriert ein Engagement in C mit einer besonders hohen Risikoprämie. Ein risikoscheuer Anleger muss sich also darüber im klaren sein, dass Investitionen mit kurzer Amortisationsdauer meist mit hohem Risiko verbunden sind.

2. Grundlagen der Finanzmathematik

Aufgabe 6 Kapitalendwert (Aufzinsung)

Am 1. 1. 01 werden 1.000 EUR zu 10 % Zinseszinsen bei einer Bank angelegt. Der Investor hat somit zu diesem Zeitpunkt t_0 ein Anfangskapital (K_0) von 1.000 EUR. Über welches Endkapital verfügt er nach 2 Jahren, also zum Zeitpunkt t_2, einschließlich 10% Zinsen?

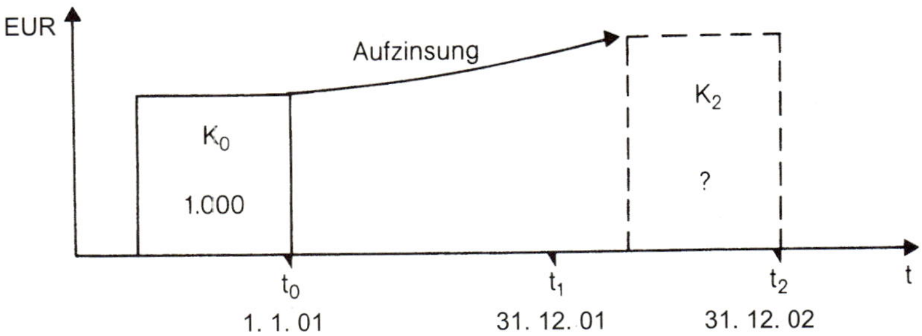

t_0 p_1	1. 1. 01 01	Anfangskapital (K_0) Zinsen 01 zum 31. 12. 01 10 % von 1.000 =	1.000 EUR 100 EUR
t_1 p_2	31. 12. 01 02	Kapital Zeitpunkt 1 (K_1) Zinsen 02 zum 31. 12. 02 10 % vom 1.100 =	1.100 EUR 110 EUR
t_2	31. 12. 02	Kapital Zeitpunkt 2 (K_2)	1.210 EUR

Er verfügt somit über ein Endkapital von 1.210 EUR.

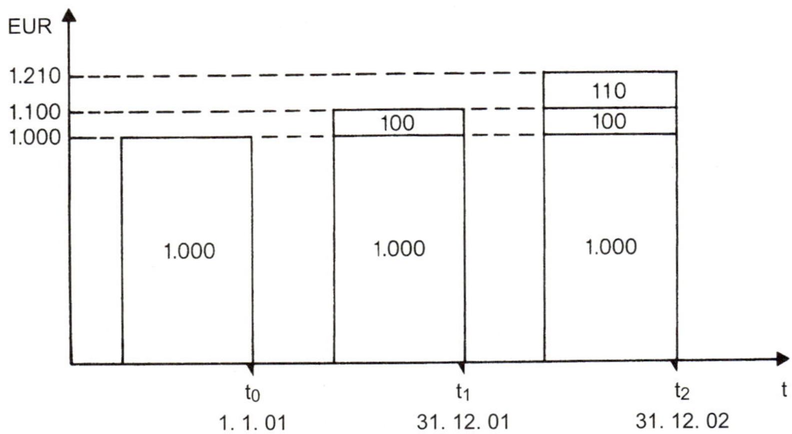

Die finanzmathematische Formel zur Bestimmung des Endkapitals lautet:

$$K_n = (1 + i)^n \cdot K_0$$

Es bedeuten:

K_0 = Kapital im Zeitpunkt t_0; i = Zinssatz;
K_n = Kapital im Zeitpunkt t_n; n = Anzahl der Jahre (Perioden).

In unserem Beispiel lautet bei $K_0 = 1.000$, $i = 0{,}1$ ($10\,\% = \frac{10}{100} = 0{,}1$) und $n = 2$ die Formel:

$$K_2 = (1 + 0{,}1)^2 \cdot 1.000.$$

Für den Faktor $(1 + i)^n$ sind im Anhang für die Zinssätze 6%, 8% und 10% **Zinseszinstabellen** beigefügt. Da in unserem Fall i = 10% beträgt, nehmen Sie diese Tabelle zur Hand und lesen Sie in Spalte 2: $(1 + i)^n$, in Zeile n = 2 den Wert ab. Er beträgt 1,210. Setzt man diesen Wert in die obige Formel ein, so folgt:

$$K_2 = 1{,}210 \cdot 1.000 = \underline{\underline{\mathbf{1.210}}}$$

Aufgabe 7 Ermittlung von Kapitalendwerten

Welches Endkapital (K_n) ergibt sich für folgende Aufgaben (a) bis (c). Benutzen Sie zur Lösung die entsprechenden Zinstabellen Spalte 2.

Aufgabe	K_0	i	n
(a)	7.000 EUR	6 %	15 Jahre
(b)	100 EUR	8 %	20 Jahre
(c)	1 EUR	10 %	50 Jahre

Lösung:

(a) K_{15}	=	2,397	·	7.000	=	16.779,00 EUR
(b) K_{20}	=	4,661	·	100	=	466,10 EUR
(c) K_{50}	=	117,391	·	1	=	117,39 EUR

Aufgabe 8 Barwert oder Kapitalanfangswert (Abzinsung)

Welchen Betrag müssen Sie am 1. 1. 01 bei der Bank einzahlen, wenn Sie am 31. 12. 02 1.210 EUR abheben wollen und die Bank Ihnen 10% Zinsen pro Jahr zahlt?

(**Lösungshinweis:** s. Aufgabe 6)

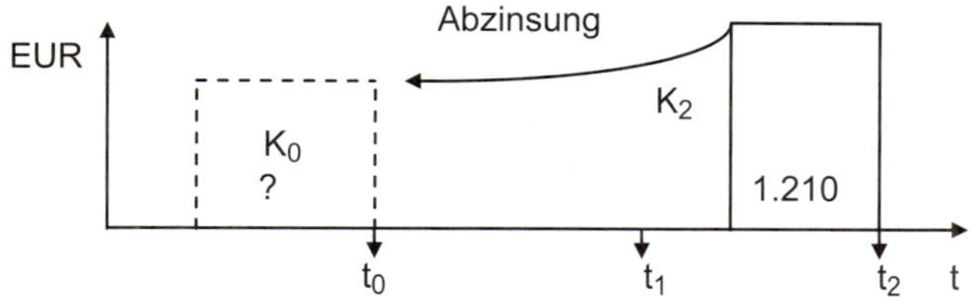

Wie Sie aus Aufgabe 6 entnehmen können, müssen Sie zu diesem Zweck am 1. 1. 01 1.000 EUR einzahlen. Somit haben im Zeitpunkt t_2 für Sie 1.210 EUR bei 10% Zinsen den gleichen Wert wie 1.000 EUR im Zeitpunkt t_0.

Die Endwertformel aus Aufgabe 6

$$\mathbf{K_n} = (1 + i)^n \cdot K_0$$

ist nach dem gesuchten Barwert (Anfangskapital) aufzulösen:

$$\mathbf{K_0} = \frac{1}{(1+i)^n} \cdot K_n$$

Wie wir bereits in Aufgabe 6 gesehen haben, ist für n = 2 und i = 10% der Faktor $(1 + i)^n = 1{,}210$. Für K_0 folgt somit für diese Aufgabe

$$K_0 = \frac{1}{1{,}210} \cdot 1.210 \text{ EUR} = \underline{\underline{\mathbf{1.000\ EUR}}}$$

Mathematisch lässt sich $\frac{1}{(1+i)^n}$ schreiben als $(1 + i)^{-n}$, so dass die Formel für den Barwert (Kapitalanfangswert) auch dargestellt werden kann als

$$\boxed{K_0 = (1 + i)^{-n} \cdot K_n}$$

Aus Vereinfachungsgründen wird, um eine Division durch eine Multiplikation zu ersetzen, der Faktor

$$\frac{1}{(1+i)^n} = (1+i)^{-n}$$

in Spalte 3 der Zinstabelle angegeben. Ausgerechnet ergibt $\frac{1}{1{,}210} = 0{,}8264$ oder

$$K_0 = 0{,}8264 \cdot 1.210 \text{ EUR} = \underline{\underline{\mathbf{999{,}94\ EUR}}}$$

oder rund 1.000 EUR (Rundungsfehler 0,06 EUR).

Aufgabe 9 Ermittlung von Barwerten

Welchen Wert hat in den folgenden Aufgaben (a) bis (c) der Barwert (Anfangskapital) (K_0)? Benutzen Sie zur Lösung die entsprechenden Zinstabellen Spalte 3.

Aufgabe	K_n	i	n
(a)	10.000 EUR	10%	2 Jahre
(b)	37.000 EUR	8%	17 Jahre
(c)	7.000 EUR	6%	6 Jahre

Lösung:

$$\begin{aligned}
\textbf{(a) } K_0 &= 0{,}8264 \cdot 10.000 \text{ EUR} = 8.264{,}00 \text{ EUR}\\
\textbf{(b) } K_0 &= 0{,}2703 \cdot 37.000 \text{ EUR} = 10.001{,}10 \text{ EUR}\\
\textbf{(c) } K_0 &= 0{,}7050 \cdot 7.000 \text{ EUR} = 4.935{,}00 \text{ EUR}
\end{aligned}$$

Aufgabe 10 Barwert mehrerer Abhebungen von einem Sparbuch

In Aufgabe 8 und 9 wurde danach gefragt, welchen Barwert eine einmalige Abhebung von einem Sparkonto am Ende der Laufzeit bei einer bestimmten Verzinsung und einer bestimmten Laufzeit hat. In dieser Aufgabe soll danach gefragt werden, welchen Barwert mehrere Abhebungen von einem Sparbuch haben müssen oder umgekehrt ausgedrückt: Welchen Betrag muss ich bei einer gegebenen Verzinsung auf das Sparkonto zahlen, wenn ich zu bestimmten Zeitpunkten bestimmte Beträge abheben will, wobei nach Abhebung des letzten Betrages das Sparkonto auf Null stehen soll.

Welchen Betrag (K_0) müssen Sie in t_0 auf das Sparkonto einzahlen, wenn Sie in t_1 = 1.000 EUR (K_1) und in t_3 = 1.500 EUR (K_3) entnehmen wollen und die Bank 8 % Zinsen zahlt?

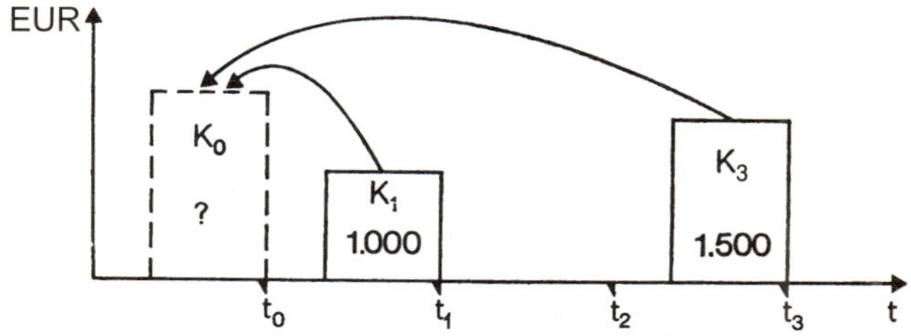

Barwert K_0 = Barwert K_1 + Barwert K_3

Nach Aufgabe 8 lautet hierfür die mathematische Formel:

$$K_0 = \frac{K_1}{(1+i)^1} + \frac{K_3}{(1+i)^3}$$

$$K_0 = \frac{1.000\ \text{EUR}}{1{,}08^1} + \frac{1.500\ \text{EUR}}{1{,}08^3}$$

Nach der Zinstabelle 8 % Spalte 3 folgt für n = 1 und n = 3

$$K_0 = 0{,}9259 \cdot 1.000\ \text{EUR} + 0{,}7938 \cdot 1.500\ \text{EUR}$$
$$K_0 = 925{,}90\ \text{EUR} + 1.190{,}70\ \text{EUR}$$
$$K_0 = \underline{\underline{2.116{,}60\ \text{EUR}}}$$

Um die beiden gewünschten Abhebungen tätigen zu können, sind also zum Zeitpunkt t_0 = 2.116,60 EUR einzuzahlen.

Probe:

Jahr	Kapital Anfang des Jahres	Zinsen 8 %	Kapital + Zinsen	Abhebung (Tilgung)	Kapital Ende des Jahres
1	2.116,60	169,33	2.285,93	1.000	1.285,93
2	1.285,93	102,87	1.388,80	0	1.388,80
3	1.388,80	111,10	1.499,90	1.500	(– 0,10)[1]

[1] Rundungsdifferenz

Aufgabe 11 Ermittlung von Barwerten mehrerer Abhebungen

Wie hoch ist in den folgenden Aufgaben (a) bis (c) der Barwert – das Anfangskapital (K_0)? Benutzen Sie zur Lösung die entsprechenden Zinstabellen Spalte 3.

Aufgabe	Abhebung	i
(a)	K_3 = 7.000 EUR, K_{17} = 50.000 EUR, K_{12} = 10.000 EUR	10 %
(b)	K_{10} = 20.000 EUR, K_{20} = 20.000 EUR	8 %
(c)	K_{30} = 17.000 EUR, K_{50} = 100.000 EUR	6 %

Lösung:

(a) $\mathbf{K_0}$	= 0,7513 · 7.000 EUR	+ 0,3186 · 10.000 EUR	+ 0,1978 · 50.000 EUR	
				= 18.335,10 EUR
(b) $\mathbf{K_0}$	= 0,4632 · 20.000 EUR	+ 0,2145 · 20.000 EUR		= 13.554,00 EUR
(c) $\mathbf{K_0}$	= 0,1741 · 17.000 EUR	+ 0,0543 · 100.000 EUR		= 8.389,70 EUR

Aufgabe 12 Rentenbarwert (Barwert Annuität)

Welches Kapital muss am 1. 1. 01 eingelegt werden, wenn bei einem Zinssatz von 10 % am 31. 12. 01, 31. 12. 02 und am 31. 12. 03 jeweils 1.000 EUR entnommen werden sollen?

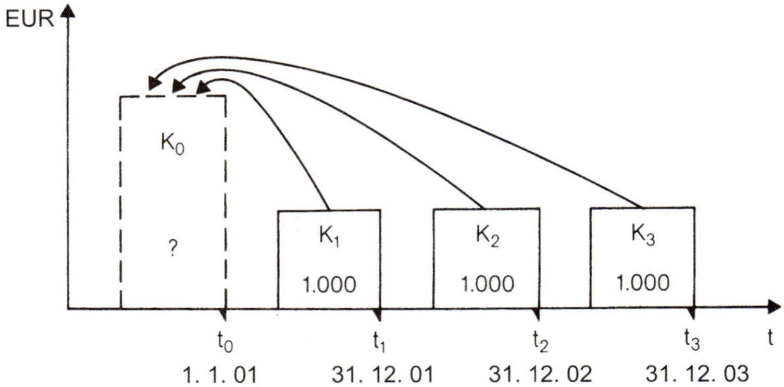

Diese Aufgabe unterscheidet sich von der vorangegangenen Aufgabe in zwei Punkten: Einmal findet eine **gleich hohe Entnahme** (1.000 EUR) statt und zum anderen erfolgt diese Entnahme in **ununterbrochener Folge** am Ende eines jeden Jahres. Man spricht deshalb auch von einer nachschüssigen (am Ende des Jahres) Entnahme oder **nachschüssigen Rente** oder **Annuität.**

Nach der Lösung von Aufgabe 10 gilt:

Barwert $\mathbf{K_0}$ =	Barwert K_1	+	Barwert K_2	+	Barwert K_3
$\mathbf{K_0}$ =	$\frac{K_1}{(1+i)^1}$	+	$\frac{K_2}{(1+i)^2}$	+	$\frac{K_3}{(1+i)^3}$

Unter Verwendung der Zinstabelle für 10 % Spalte 3 folgt:

$$\mathbf{K_0} - 0{,}9091 \cdot 1.000\text{ EUR} + 0{,}8264 \cdot 1.000\text{ EUR} + 0{,}7513 \cdot 1.000\text{ EUR}$$

oder nach Ausklammerung von 1.000

$$\mathbf{K_0} = (0{,}9091 + 0{,}8264 + 0{,}7513) \cdot 1.000\text{ EUR}$$

$$\mathbf{K_0} = 2{,}4868 \cdot 1.000\text{ EUR} = \underline{\underline{\mathbf{2.486{,}80\ EUR}}}$$

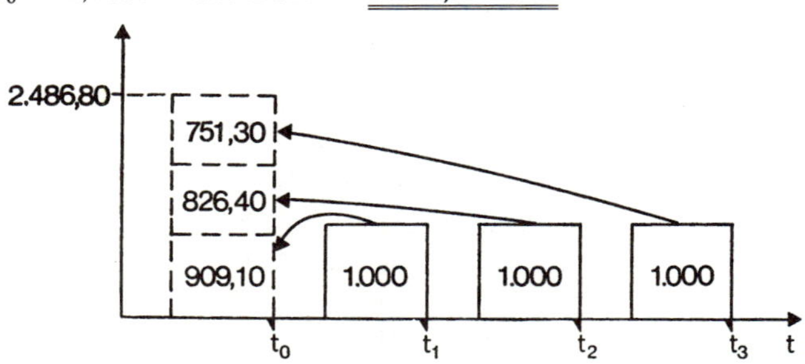

In unserer Zinstabelle sind für den Barwert einer Annuität (Rentenbarwert) in Spalte 4 hierfür die entsprechenden **Rentenbarwertfaktoren** bereits ausgerechnet, so dass die Lösung dieser Aufgabe einfacher durchzuführen ist. In Spalte 4 der Zinstabelle für 10 % ist für n = 3 der Faktor 2,487 angegeben. Hieraus ergibt sich für eine nachschüssige Annuität von 1.000 EUR über 3 Jahre:

$$K_0 = \text{Rentenbarwertfaktor} \cdot \text{Annuität}$$

$$K_0 = 2{,}487 \cdot 1.000 \text{ EUR} = \underline{\underline{\mathbf{2.487\ EUR}}}$$

Man muss also heute 2.487 EUR einzahlen, um bei 10%iger Verzinsung eine dreimalige nachschüssige Jahresrente in Höhe von 1.000 EUR zu erhalten.

Aufgabe 13 Ermittlung von Rentenbarwerten (Annuitätenbarwerten)

Wie hoch ist der Barwert (Anfangskapital K_0) folgender Renten (a) bis (e)? Benutzen Sie zur Lösung die entsprechenden Zinstabellen Spalte 4.

Aufgabe	Annuität	i	n
(a)	500 EUR	6 %	40 Jahre
(b)	1.000 EUR	8 %	20 Jahre
(c)	10.000 EUR	10 %	5 Jahre
(d)	2.000 EUR	8 %	10 Jahre
(e)	4.711 EUR	6 %	17 Jahre

Lösung:

(a) K_0 =	15,046 ·	500 EUR	=	7.523 EUR
(b) K_0 =	9,818 ·	1.000 EUR	=	9.818 EUR
(c) K_0 =	3,791 ·	10.000 EUR	=	37.910 EUR
(d) K_0 =	6,710 ·	2.000 EUR	=	13.420 EUR
(e) K_0 =	10,477 ·	4.711 EUR	=	49.357 EUR

Aufgabe 14 Annuität (Rente)

In den Aufgaben 12 und 13 wurde bei einer gegebenen Rente (Annuität) der Barwert (Anfangskapital) gesucht. In dieser Aufgabe soll umgekehrt danach gefragt werden, welche Rente einer bestimmten Laufzeit sich bei einer bestimmten Verzinsung aus einem gegebenen Anfangskapital (K_0) ergibt.

Welche dreimal am Ende jeden Jahres zahlbare Rente (Annuität) ergibt sich bei einer Verzinsung von 6 % und einem Anfangskapital von 10.000 EUR?

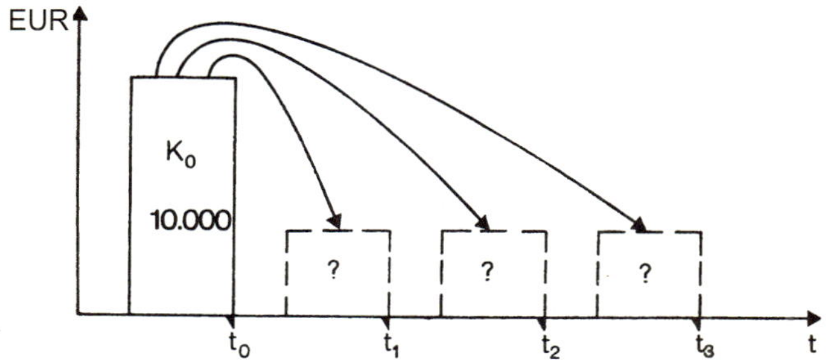

Wird wie in Aufgabe 12 der Barwert (Anfangskapital) einer Annuität (Rente) gesucht, so lautet die Formel:

$$\textbf{Barwert } (K_0) = \text{Rentenbarwertfaktor} \cdot \text{Annuität}$$

Wird dagegen bei gegebenem Anfangskapital die Annuität gesucht, so folgt durch Auflösung nach dem gesuchten Wert:

$$\textbf{Annuität (Rente)} = \frac{1}{\text{Rentenbarwertfaktor}} \cdot \text{Barwert } (K_0)$$

Für den Faktor $\frac{1}{\text{Rentenbarwertfaktor}}$,

der als **Annuitätenfaktor** oder auch als **Rentenfaktor** bezeichnet wird, sind in Spalte 5 der Zinstabelle die Werte bereits ausgerechnet.

Wird für die Lösung der Aufgabe der Rentenbarwertfaktor (Zinstabelle 6 %, Spalte 4, n = 3) verwandt, so ergibt sich folgende Lösung:

$$\text{Annuität} = \frac{1}{2{,}673} \cdot 10.000 \text{ EUR} = 0{,}37411 \cdot 10.000 \text{ EUR} = \underline{\underline{\textbf{3.741,10 EUR}}}$$

Wird der Annuitätenfaktor der Spalte 5 verwandt, so folgt:

$$\text{Annuität} = 0{,}37411 \cdot 10.000 \text{ EUR} = \underline{\underline{\textbf{3.741,10 EUR}}}$$

Probe:

Jahr	Kapital Anfang des Jahres	Zinsen 6 %	Kapital + Zinsen	Abhebung (Tilgung)	Kapital Ende des Jahres
1	10.000,00	600,00	10.600,00	3.741,10	6.858,90
2	6.858,90	411,53	7.270,43	3.741,10	3.529,33
3	3.529,33	211,76	3.741,09	3.741,10	0,01[1]

[1] Rundungsdifferenz

Aufgabe 15 Ermittlung von Annuitäten

Welche jährlichen Tilgungsraten gleicher Höhe (Annuitäten) sind zu zahlen, wenn zu folgenden Konditionen Darlehen (= Anfangskapital) aufgenommen werden (verwenden Sie die entsprechenden Zinstabellen Spalte 5)?

Aufgabe	Darlehen	Zinssatz	Laufzeit
(a)	10.000 EUR	10 %	5 Jahre
(b)	50.000 EUR	8 %	10 Jahre
(c)	100.000 EUR	6 %	25 Jahre

Lösung:

(a) Tilgungsrate (Annuität)	= 0,26380 ·	10.000 EUR	=	2.638,00 EUR
(b) Tilgungsrate (Annuität)	= 0,14903 ·	50.000 EUR	=	7.451,50 EUR
(c) Tilgungsrate (Annuität)	= 0,07823 ·	100.000 EUR	=	7.823,00 EUR

Aufgabe 16 Interne Verzinsung

Bis jetzt wurde das Anfangskapital, das Endkapital bzw. Raten (Annuitäten) gesucht. In dieser Aufgabe soll bei gegebenem Anfangs- und Endkapital sowie einer vorgeschriebenen Laufzeit die notwendige Verzinsung bestimmt werden.

Welche Verzinsung ist notwendig, wenn ein Anfangskapital von 4.664 EUR in 8 Jahren auf 10.000 EUR anwachsen soll?

Es gilt nach Aufgabe 6 die Beziehung

$$\mathbf{K_n} = (1 + i)^n \cdot K_0$$

Gesucht ist in unserem Fall der Zinssatz i.

Eine mathematische Lösung der gesamten Formel nach i ist relativ schwierig (Wurzelrechnen). Jedoch kann mit Hilfe von Zinstabellen, in denen der Wert $(1 + i)^n$ enthalten ist, der Zinssatz annähernd bestimmt werden. Aus einer Auflösung des obigen Ausdruckes folgt:

$$(1 + i)^n = \frac{K_n}{K_0}$$

Da $K_n = 10.000$ EUR, $K_0 = 4.664$ EUR und $n = 8$, folgt:

$$(1 + i)^8 = \frac{10.000 \text{ EUR}}{4.664 \text{ EUR}} = \underline{\underline{\mathbf{2.144}}}$$

Man muss nun in den einzelnen nach Zinssätzen (6%, 8%, 10%) geordneten Zinstabellen in der Zeile n und der Spalte $(1 + i)^n$ so lange suchen, bis man den Wert

$$\frac{K_n}{K_0}$$

findet. In unserem Beispiel findet man den Wert 2,144 bei n = 8 in der Spalte 2 der Zinstabelle für 10%. Die Lösung lautet demnach:

Wenn ein Anfangskapital von 4.664 EUR in 8 Jahren auf 10.000 EUR anwachsen soll, ist eine Verzinsung von 10% notwendig. In diesem Falle wurde ein Beispiel gewählt, das sich mit unseren Zinstabellen (6%, 8%, 10%) exakt lösen lässt. Für eine **generelle Lösung** derartiger Probleme durch **systematisches Suchen** sind demnach umfangreiche Zinstabellen über einen großen Zinsbereich notwendig.

Aufgabe 17 Ermittlung von Zinsfüßen

Welche Zinsfüße ergeben sich in den folgenden Aufgaben (a) bis (c) bei gegebenem Anfangs- und Endkapital und gegebener Laufzeit?

Aufgabe	K_0	K_n	n
(a)	10.000 EUR	321.590	10
(b)	23.736 EUR	63.921	17
(c)	10.000 EUR	100.000	28

Lösung:

(a) $\frac{K_n}{K_0} = \frac{21.590}{10.000} = 2{,}159$ i = 8% bei n = 10

(b) $\frac{K_n}{K_0} = \frac{63.921}{23.736} = 2{,}693$ i = 6% bei n = 17

(c) $\frac{K_n}{K_0} = \frac{100.000}{10.000} = 10$ i liegt zwischen 8% und 10% bei n = 28

Aufgabe 18 Anzahl der Perioden (Laufzeit)

Wie lange muss ein Anfangskapital von 5.000 EUR bei 8 % Zinsen angelegt werden, damit es auf 20.000 EUR anwächst?

Die Formel $K_n = (1 + i)^n \cdot K_0$ ist nach n aufzulösen. Dies ist mathematisch exakt nur über Logarithmenrechnen möglich. Jedoch lässt sich mit Hilfe der Zinstabellen auch hier eine **Näherungslösung** finden:

$$(1 + i)^n = \frac{K_n}{K_0}$$

Da K_0 = 5.000 EUR, K_n = 20.000 EUR und i = 8 %, folgt:

$$(1 + 0{,}08)^n = \frac{20.000 \text{ EUR}}{5.000 \text{ EUR}} = \underline{\underline{\mathbf{4.000}}}$$

In Spalte 2 der Tabelle für 8 % muss nun der Wert gesucht werden, der dem errechneten Faktor 4,000 am nächsten kommt. Die **Anlagezeit** liegt zwischen n = 18 Jahren (Faktor 3,996) und n = 19 Jahren (Faktor 4,316). Es ist demnach n größer (>) 18 und kleiner (<) 19.

Aufgabe 19 Ermittlung der Anzahl der Perioden

In welcher Zeit wachsen in den folgenden Aufgaben (a) bis (c) bei gegebener Verzinsung die angegebenen Anfangskapitalbeträge auf die angegebenen Endkapitalbeträge an?

Aufgabe	Anfangskapital	Endkapital	Zinssatz
(a)	10 EUR	281,02 EUR	10 %
(b)	375 EUR	1.000,00 EUR	8 %
(c)	1.000 EUR	7.000,00 EUR	6 %

Lösung:

Aufgabe	Faktor	Zinstabelle	Jahre
(a)	28,102	10 %	35
(b)	2,667	8 %	12 > 13
(c)	7,000	6 %	33 > 34

3. Dynamische Verfahren der Investitionsrechnung (Finanzmathematische Methoden)

Wiederholungsfragen:

	Wöhe Seite
Mit welchen Rechengrößen arbeiten die dynamischen Verfahren der Investitionsrechnung?	532
Auf welchen vereinfachenden Annahmen basiert das Grundmodell der Investitionsrechnung?	533
Welcher Zusammenhang besteht zwischen dem Zukunftserfolgswert und dem Kapitalwert?	538
Was sagt ein positiver (negativer) Kapitalwert über die Vorteilhaftigkeit einer Investition?	538 f.
Wann ist eine Investition nach der Annuitätenmethode vorteilhaft?	542
Wann ist eine Investition nach der Methode des internen Zinsfußes vorteilhaft?	543
Von welcher Wiederanlageprämisse geht die Methode des internen Zinsfußes aus?	544
Wie unterscheidet sich die technische von der wirtschaftlichen Nutzungsdauer?	545
Wie ermittelt man die wirtschaftliche Nutzungsdauer einer Investition, die Glied einer unendlichen Investitionskette ist?	548 f.
Welcher Zusammenhang besteht zwischen dem Kalkulationszinsfuß vor und nach Steuern?	551
Nach welcher Formel ermittelt das Standardmodell den Kapitalwert nach Steuern?	551 f.
Auf welche Punkte konzentriert sich die Kritik am Grundmodell der Investitionsrechnung?	553
Wie berücksichtigt das Dean-Modell die Interdependenz zwischen Investitions- und Finanzierungsentscheidungen?	553 f.
Was leistet die lineare Programmierung zur simultanen Investitions- und Finanzplanung?	555 f.
Warum haben sich die Modelle zur simultanen Investitionsprogrammplanung bislang nicht in der Planungspraxis durchsetzen können?	556
Welcher Zusammenhang besteht zwischen Umweltzuständen, Inputgrößen und Ergebnisgrößen der Investitionsrechnung bei Unsicherheit?	557
Wie begegnen Korrekturverfahren und Sensitivitätsanalysen dem Unsicherheitsproblem?	558 f.
Was leistet die (μ, σ)-Regel bei Investitionsentscheidungen unter Unsicherheit?	562
Wie ist ein Entscheidungsbaum aufgebaut?	563
Wie lässt sich im Rahmen eines portfoliotheoretischen Ansatzes das Investitionsrisiko durch Diversifikation verringern?	565

Aufgabe 20 Ein- und Auszahlungen im Investitionskalkül

Der Unternehmer U kann in t_0 eine Sachinvestition tätigen. Die Anschaffungsauszahlung A_0 beläuft sich auf 1.000. Nach zweijähriger Investitionsdauer, also in t_2, soll die Anlage zu einem Liquidationserlös L_n von 600 veräußert werden.

Mit der maschinellen Anlage werden Produkte erstellt. Hierbei werden am Absatzmarkt – jeweils zum Ende der 1. und 2. Periode – folgende laufende Einzahlungen erwirtschaftet:

laufende Einzahlungen E_t: $E_{t_1} = 500$, $E_{t_2} = 900$

Zur Herstellung der Produkte werden Produktionsfaktoren (Arbeit, Werkstoffe) beschafft. Dabei werden – jeweils zum Periodenende – folgende Auszahlungen an den Beschaffungsmarkt getätigt:

laufende Auszahlungen A_t: $A_{t_1} = 400$, $A_{t_2} = 200$

Erstellen Sie eine tabellarische Übersicht aller Einzahlungen (+) und Auszahlungen (–)!

Wöhe S. 524–526

Ein- und Auszahlungen lassen sich folgendermaßen darstellen:

Zeitpunkt	t_0	t_1	t_2
Anschaffungsauszahlung A_0	– 1.000		
lfd. Einzahlungen E_t		+ 500	+ 900
lfd. Auszahlungen A_t		– 400	– 200
Liquidationserlös L_n			+ 600

Im Lehrbuch ist dieser Zahlungsstrom auf S. 533 auf einem Zeitstrahl graphisch dargestellt.

Aufgabe 21 Zahlungstableau bei Eigenkapitaleinsatz

Der Unternehmer U verfügt über ein Eigenkapital von 1.000 TEUR. Diesen Betrag könnte er zu 10 Prozent Jahreszins am Kapitalmarkt anlegen. Statt dessen kann er eine Sachinvestition mit folgenden Ausgangsdaten tätigen.

Zeitpunkt	t_0	t_1	t_2
Anschaffungsauszahlung A_0	– 1.000		
Einzahlungen E_t		+ 500	+ 900
Auszahlungen A_t		– 400	– 200
Liquidationserlös L_n			+ 600

Teilaufgabe a)

Über welches Endvermögen kann U in t_2 verfügen, wenn er sein Eigenkapital von 1.000 TEUR zu 10 Prozent Jahreszinsen am Kapitalmarkt anlegt? Erstellen Sie ein Zahlungstableau!

Das Endvermögen K_2 lässt sich durch Aufzinsung von K_0 errechnen:

$$\mathbf{K_2} = K_0 \cdot (1 + i)^2$$
$$\mathbf{K_2} = 1.000 \cdot 1{,}10^2$$
$$\mathbf{K_2} = 1.000 \cdot 1{,}21 = 1.210$$

Bei Anlage des Eigenkapitals am Kapitalmarkt kann U in t_2 über ein Endvermögen von 1.210 TEUR verfügen.

Zeitpunkt	Zahlungsvorgang	Betrag TEUR
t_0	Anfangsvermögen	+ 1.000
t_1	Zinsgutschrift (1)	+ 100
t_1	Bestand Schulden (–) Guthaben (+)	+ 1.100
t_2	Zinsgutschrift (2)	+ 110
t_2	Bestand Schulden (–) Guthaben (+)	+ 1.210

Teilaufgabe b)

Über welches Endvermögen kann U in t_2 verfügen, wenn er die Sachinvestition tätigt? Erstellen Sie das Zahlungstableau! Wie vorteilhaft ist die Sachinvestition gemessen an der Alternativanlage des Eigenkapitals am Kapitalmarkt?

Wöhe S. 524–526

Der mit der Sachinvestition verbundene Zahlungsstrom lässt sich zu folgendem Zahlungstableau zusammenfassen:

Zeitpunkt	Zahlungsvorgang	Betrag TEUR
t_0	Anfangsvermögen	+ 1.000
t_0	Anschaffungsauszahlung A_0	– 1.000
t_1	E_1	+ 500
t_1	A_1	– 400
t_1	Bestand Schulden (–) Guthaben (+)	+ 100
t_2	Zinsgutschrift	+ 10
t_2	E_2	+ 900
t_2	A_2	– 200
t_2	Liquidationserlös L_n	+ 600
t_2	Bestand Schulden (–) Guthaben (+)	+ 1.410

Bei der Sachinvestition I wächst das Reinvermögen von U stärker als bei der Alternativanlage am Kapitalmarkt:

Endvermögen t_2 bei Sachinvestition I	1.410
Endvermögen t_2 bei Kapitalmarktanlage	1.210
Vorteil der Sachinvestition Δ_I	+ 200

Im zugehörigen Lehrbuch wurde für die gleiche Sachinvestition I bei Fremdfinanzierung ein Vermögenszuwachs Δ_I von = 200 errechnet. Dies entspricht exakt dem relativen Vermögenszuwachs bei Eigenfinanzierung. Daraus folgt: Wenn Fremdkapital zu 10 Prozent beschafft und Eigenkapital zum gleichen Satz von 10 Prozent angelegt werden kann, hat die Finanzierung keinen Einfluss auf die Vorteilhaftigkeit einer Investition.

Aufgabe 22 Zukunftserfolgswert und Kapitalwert

Ein Unternehmen kann eine Sachinvestition tätigen, die durch folgenden Zahlungsstrom gekennzeichnet ist:

Zeitpunkt	t_0	t_1	t_2	t_3	t_4
Anschaffungsauszahlung A_0	– 6.000	–	–	–	–
lfd. Einzahlungen E_t	–	+ 3.000	+ 2.000	+ 2.000	+ 1.000
ldf. Auszahlungen A_t	–	– 1.000	– 500	– 300	– 1.000
Liquidationserlös L_n	–	–	–	–	+ 2.000
Nettoeinzahlungen	– 6.000	+ 2.000	+ 1.500	+ 1.700	+ 2.000

Teilaufgabe a)

Es gilt ein Kalkulationszinsfuß von 8 Prozent. Wie hoch ist der Zukunftserfolgswert und der Kapitalwert? Ist die Investition vorteilhaft?

Wöhe S. 537–539

Zwischen dem Zukunftserfolgswert und dem Kapitalwert besteht folgender Zusammenhang:

	Zukunftserfolgswert (= Barwert aller Nettoeinzahlungen zwischen t_1 und t_n)
–	**Anschaffungsauszahlung** A_0
	Kapitalwert

Zeitpunkt	t_1	t_2	t_3	t_4
(1) Nettoeinzahlungen	+ 2.000	+ 1.500	+ 1.700	+ 2.000
(2) Abzinsungsfaktor	$1{,}08^{-1}$	$1{,}08^{-2}$	$1{,}08^{-3}$	$1{,}08^{-4}$
oder*	0,9259	0,8573	0,7938	0,7350
(3) Barwert der Nettoeinzahlungen (1) · (2)	+ 1.852	+ 1.286	+ 1.349	+ 1.470
Zukunftserfolgswert	+ 5.957			

* Vgl. die Zinstabelle im Anhang dieses Buches.

Im vorliegenden Fall ist der Zukunftserfolgswert (Gegenwartswert) des Investitionsobjektes kleiner als die Anschaffungsauszahlung A_0

	Zukunftserfolgswert	+ 5.957
–	Anschaffungsauszahlung A_0	– 6.000
	Kapitalwert	**– 43**

Der Kapitalwert ist negativ; die Investition sollte unterbleiben.

Teilaufgabe b)

Es gilt jetzt einen Kalkulationszinsfuß von 6 Prozent. Wie hoch ist jetzt der Zukunftserfolgswert und der Kapitalwert?

Zeitpunkt	t_1	t_2	t_3	t_4
(1) Nettoeinzahlungen	+ 2.000	+ 1.500	+ 1.700	+ 2.000
(2) Abzinsungsfaktor	$1{,}06^{-1}$	$1{,}06^{-2}$	$1{,}06^{-3}$	$1{,}06^{-4}$
oder	0,9434	0,8900	0,8396	0,7921
(3) Barwert der Nettoeinzahlungen (1) · (2)	+ 1.887	+ 1.335	+ 1.427	+ 1.584
Zukunftserfolgswert	+ 6.233			

Der Zukunftserfolgswert ist im vorliegenden Fall höher als die Anschaffungsauszahlung A_0

	Zukunftserfolgswert	+ 6.233
–	Anschaffungsauszahlung A_0	– 6.000
	Kapitalwert	+ **233**

Bei einem Kalkulationszinsfuß von 6 Prozent ist die Investition vorteilhaft. Gemessen an den Vorgaben der Teilaufgabe a) ist der Kalkulationszinsfuß von 8 auf 6 Prozent gesunken. Je niedriger der Kalkulationszinsfuß (= Kapitalkosten), desto schwächer ist der Abwertungseffekt bei der Ermittlung des Barwerts künftiger Zahlungen. Je niedriger die Kapitalkosten, desto höher ist also der Gegenwartswert künftiger Einzahlungsüberschüsse. In unserem Beispiel hat das Sinken des Kalkulationszinsfußes von 8 auf 6 Prozent zur Folge, dass die Investition vorteilhaft wird.

Aufgabe 23 Rangfolgeentscheidung nach dem Kapitalwert

Die Firma HUCKEPACK vermietet Kleinlastwagen an Selbstfahrer. Zur Überwindung eines Kapazitätsengpasses soll ein weiterer LKW angeschafft werden. Zur Wahl stehen die beiden Fahrzeugtypen O und P, für die folgende Planungsdaten gelten:

Fahrzeugtyp	O	P
Anschaffungsauszahlung A_0	– 50.000	– 80.000
Investitionsdauer n	4 Jahre	4 Jahre
Liquidationserlös L_n	0	0
lfd. Einzahlungen E_t	+ 54.000/Jahr	+ 60.000/Jahr
lfd. Auszahlungen A_t	– 15.500/Jahr	– 9.800/Jahr
Kalkulationszinsfuß i	8 Prozent	8 Prozent

Ermitteln Sie den Kapitalwert für beide Investitionsobjekte O und P!

Wöhe S. 537–539

Fahrzeugtyp	O	P
Anschaffungsauszahlung A_0	– 50.000	– 80.000
Jährlicher Einzahlungsüberschuss $E_t - A_t$	+ 38.500	+ 50.200

Zwischen t_1 und t_4 fließen Einzahlungsüberschüsse in gleichbleibender Höhe (= Rente). Multipliziert man den jährlichen Einzahlungsüberschuss mit dem Rentenbarwertfaktor (RBF) 8 %/4 Jahre aus der Zinstabelle im Anhang dieses Buches, gelangt man zu folgendem Ergebnis:

Fahrzeugtyp	O	P
(1) $E_t - A_t$	+ 38.500	+ 50.200
(2) RBF 8 %/4 Jahre	3,312	3,312
(3) Zukunftserfolgswert (1) · (2)	+ 127.512	+ 166.262
(4) Anschaffungsauszahlung A_0	50.000	80.000
(5) **Kapitalwert** (3) – (4)	**+ 77.512**	**+ 86.262**

Beide Investitionen sind im Prinzip vorteilhaft. Im Rahmen der Rangfolgeentscheidung sollte aber Fahrzeugtyp P mit dem höheren Kapitalwert angeschafft werden.

Aufgabe 24 Kapitalwert, Abschreibungen und Zinsen

Die Vorteilhaftigkeit der Fahrzeugtypen O und P wurde in

- Aufgabe 2 nach der Gewinnvergleichsrechnung und in
- Aufgabe 23 nach der Kapitalwertmethode

beurteilt. Beide Rechnungen gehen von identischen Ausgangsdaten aus. Sie unterscheiden sich aber in folgendem Punkt: In der Gewinnvergleichsrechnung werden folgende Kostenkomponenten berücksichtigt:

Fahrzeugtyp	O	P
Kalkulatorische Abschreibung $\frac{A_0}{n}$	12.500	20.000
Kalkulatorische Zinsen $\frac{A_0}{2} \cdot i$	2.000	3.200

Kann die Kapitalwertmethode zu richtigen Ergebnissen führen, wenn sie diese beiden Kostenkomponenten vernachlässigt?

Die Gewinnvergleichsrechnung arbeitet mit Erlösen und Kosten, die Kapitalwertmethode mit Einzahlungen und Auszahlungen. Die Gewinnvergleichsrechnung berücksichtigt die Kapitalkosten explizit, d.h. über den Ansatz kalkulatorischer Zinsen. Die Kapitalwertmethode berücksichtigt die Kapitalkosten implizit, d.h. über die Diskontierung (Abzinsung) künftiger Einzahlungsüberschüsse.

Analog gilt für Abschreibung und Wertverzehr: Die Gewinnvergleichsrechnung erfasst den Wertverzehr der Anlagen über die Berücksichtigung kalkulatorischer Abschreibungen. Beim Fahrzeugtyp P waren das im Beispiel 4 · 20.000 = 80.000. Auch die Kapitalwertmethode berücksichtigt den Anlagenwertverzehr: So erfasst man bei Anlage P eine Anschaffungsauszahlung A_0 von – 80.000. Da der Liquidationserlös im vorliegenden Fall Null ist, beziffert sich der Wertverzehr der Totalperiode auf 80.000.

Aufgabe 25 Annuitätenmethode

Die Gemeinde SANFTLEBEN steht vor der Entscheidung, zur Qualifizierung von Langzeitarbeitslosen eine Beschäftigungsgesellschaft zu gründen. Die Arbeitsbeschaffungsmaßnahme soll auf zwei Jahre ausgelegt werden. In t_0 kostet die Schaffung eines Arbeitsplatzes in der Beschäftigungsgesellschaft 100.000 EUR. In t_2 erbringt die Auflösung eines Arbeitsplatzes einen Liquidationserlös von + 30.000. In den kommenden zwei Jahren verursacht ein Arbeitsplatz folgende laufenden Ein- und Auszahlungen

	t_1	t_2
E_t	+ 20.000	+ 22.000
A_t	– 60.000	– 60.000

Die Gemeinde SANFTLEBEN unterhält bei der örtlichen Sparkasse ein Kontokorrentkonto, wo Guthaben und Schulden mit einheitlich 10 Prozent p.a. verzinst werden.

Vor Realisierung der Beschäftigungsmaßnahme will der Gemeindekämmerer wissen, mit welchem jährlich gleichbleibenden Subventionsbetrag aus dem öffentlichen Haushalt jeder Arbeitsplatz in der Beschäftigungsgesellschaft bezuschusst werden muss. Wie lässt sich diese Frage beantworten?

Wöhe S. 540–542

Zeitpunkt	t_1	t_2
E_t	+ 20.000	+ 22.000
A_t	– 60.000	– 60.000
L_n	–	+ 30.000
(1) Nettoeinzahlungen	– 40.000	– 8.000
(2) Abzinsungsfaktor $1{,}10^{-t}$	0,9091	0,8264
(3) Barwert (1) · (2)	– 36.364	– 6.611
Zukunftserfolgswert	– 42.975	
./. Anschaffungsauszahlung A_0	– 100.000	
Kapitalwert K	– 142.975	

Die Annuität a erhält man, wenn man den Kapitalwert K mit dem Annuitätenfaktor ANF multipliziert. Der Annuitätenfaktor ANF ist in Spalte (5) der Zinstabellen im Anhang dieses Buches wiedergegeben.

K	·	ANF	=	a
– 142.975	·	0,57619	=	82.381

Der Gemeindekämmerer muss damit rechnen, dass er jeden Arbeitsplatz in t_1 bzw. t_2 mit einer **Subvention** von 82.381 EUR bezuschussen muss.

Aufgabe 26 Annuität und Zahlungstableau

Es gelten die Angaben der Aufgabe 25. Das Kontokorrent der Gemeinde hat in t_0 einen Stand von Null. Die Gemeinde SANFTLEBEN schafft in t_0 einen Arbeitsplatz und leistet in t_1 sowie t_2 einen Zuschuss aus dem öffentlichen Haushalt von jeweils 82.381 EUR. Welches Aussehen hat das Kontokorrent?

Wöhe S. 540–542

Zwischen t_0 und t_2 lässt sich das Kontokorrent folgendermaßen fortschreiben:

t_0	Anfangskapital	0
t_0	Anschaffungsauszahlung A_0	– 100.000
t_1	Kreditzinsen Periode 1	– 10.000
t_1	E_1	+ 20.000
t_1	A_1	– 60.000
t_1	Subvention a_1	+ 82.381
t_1	Schuldenstand t_1	– 67.619
t_2	Kreditzinsen Periode 2	– 6.762
t_2	E_2	+ 22.000
t_2	A_2	– 60.000
t_2	L_n	+ 30.000
t_2	Subvention a_2	+ 82.381
t_2	Endkapital t_2	0

Das Kontokorrent zeigt, dass die negative Annuität a = – 82.381 (= Subvention) gerade ausreicht, die finanzielle Unterdeckung einer an sich unvorteilhaften Investition (K = – 142.975) auszugleichen.

Aufgabe 27 Näherungslösung zur Ermittlung des internen Zinsfußes

Die Sachinvestition I lässt folgenden Zahlungsstrom erwarten:

Zeitpunkt	t_0	t_1	t_2
Anschaffungsauszahlung A_0	– 1.000		
Einzahlungen E_t		+ 500	+ 900
Auszahlungen A_t		– 400	– 200
Liquidationserlös L_n			+ 600

Ermitteln Sie für diese Sachinvestition den internen Zinsfuß r! Ist die Investition vorteilhaft, wenn der Kalkulationszinsfuß i

a) 10 Prozent
b) 20 Prozent

beträgt?

Wöhe S. 542–544

Zur Ermittlung des internen Zinsfußes r setzt man den Kapitalwert K gleich null. Diskontiert man den erwarteten Zahlungsstrom mit dem Kalkulationszinsfuß, erhält man den Kapitalwert K. Durch schrittweise Erhöhung des Diskontierungszinsfußes wird K immer kleiner. Ist K z. B. bei 13 Prozent noch positiv und bei 14 Prozent negativ, dann liegt der interne Zinsfuß r zwischen 13 und 14 Prozent und kann durch Interpolation näherungsweise berechnet werden.

Zinssatz	t_0	t_1	t_2	K
0	– 1.000	+ 100	+ 1.300	+ 400,00
0,10	– 1.000	$+ \frac{100}{1{,}10^1}$	$+ \frac{1.300}{1{,}10^2}$	+ 116,53
0,15	– 1.000	$+ \frac{100}{1{,}15^1}$	$+ \frac{1.300}{1{,}15^2}$	+ 69,95
0,19	– 1.000	$+ \frac{100}{1{,}19^1}$	$+ \frac{1.300}{1{,}19^2}$	+ 2,04
0,20	– 1.000	$+ \frac{100}{1{,}20^1}$	$+ \frac{1.300}{1{,}20^2}$	– 13,89

Im vorliegenden Fall liegt der interne Zinsfuß zwischen 19 und 20 Prozent. In diesem Zinsintervall von 100 Basispunkten verändert sich der Kapitalwert um (2,04 + 13,89) 15,93 Geldeinheiten (GE).

Gesucht ist die Anzahl der Basiszinspunkte x, um die der Zinsfuß von 19 Prozent erhöht werden muss, damit K gleich null wird.

$$\frac{15{,}93}{100} = \frac{2{,}04}{x}$$

$$x = 13 \text{ Basispunkte}$$

Der interne Zinsfuß r beziffert sich somit auf

	Sockelzins	19,00
+	Basispunkte x	00,13
	Interner Zinsfuß r	**19,13 Prozent**

Nach dem Kriterium des internen Zinsfußes ist eine Investition vorteilhaft, wenn der interne Zinsfuß r höher ist als der Kalkulationszinsfuß i. Die Investition ist also bei einem Kalkulationszinsfuß von

(a) i = 10 Prozent vorteilhaft bzw.
(b) i = 20 Prozent unvorteilhaft.

Wie die obige Berechnung zeigt, gelangt man bei Anwendung des Kapitalwertkriteriums zum gleichen Ergebnis.

Aufgabe 28 Kapitalwert und interner Zinsfuß

Ein Investor verfügt über ein Eigenkapital von 1.000 Geldeinheiten. Er hat die Wahl zwischen der Sachinvestition A und der Sachinvestition B. Beide Sachinvestitionen haben eine Laufzeit von zwei Jahren und eine Anschaffungsauszahlung A_0 von jeweils – 1.000. In der folgenden Übersicht wird der Zahlungsstrom für beide Investitionen A und B wiedergegeben. Der für t_0 angegebene Wert entspricht der jeweiligen Anschaffungsauszahlung A_0.

Zeitpunkt	t_0	t_1	t_2
Zahlungsstrom A	– 1.000	+ 1.070	+ 100
Zahlungsstrom B	– 1.000	0	+ 1.250

Wird keine der beiden Sachinvestitionen A bzw. B realisiert, kann das verfügbare Eigenkapital zu 6 Prozent am Kapitalmarkt angelegt werden. Zur Beurteilung der Vorteilhaftigkeit beider Sachinvestitionen will der Investor sowohl die Kapitalwertmethode als auch die Methode des internen Zinsfußes anwenden.

Teilaufgabe a)

Wie hoch ist der Kapitalwert der Sachinvestitionen A bzw. B?

Wöhe S. 537–539

Bei einem Kalkulationszinsfuß i von 6 Prozent lässt sich der Kapitalwert bei Heranziehung der Abzinsungsfaktoren aus der Zinstabelle (am Ende des Buches) folgendermaßen ermitteln:

Zeitpunkt	t_0	t_1	t_2	**K**
Zahlungsstrom A	– 1.000	+ 1.070	+ 100	K_A
Abzinsungsfaktor $1{,}06^{-t}$	1,000	0,9434	0,8900	
Barwert	– 1.000	+ 1009,44	+ 89,00	+ 98,44
Zahlungsstrom B	– 1.000	0	+ 1.250	K_B
Abzinsungsfaktor $1{,}06^{-t}$	1,000	0,9434	0,8900	
Barwert	– 1.000	0	1.112,50	+ 112,50

Nach dem Kapitalwertkriterium sollte der Anleger die Sachinvestition B realisieren.

Teilaufgabe b)

Ermitteln Sie den internen Zinsfuß für die Sachinvestition A bzw. B! Für welche Investition sollte sich der Anleger nach diesem Kriterium entscheiden?

Wöhe S. 542–544

Die internen Zinsfüße r_A bzw. r_B lassen sich wie folgt ermitteln:

Sachinvestition A				
Zinssatz	Zahlungsstrom			K_A
	t_0	t_1	t_2	
0,15	– 1.000	$+ \frac{1.070}{1{,}15^1}$	$+ \frac{100}{1{,}15^2}$	+ 6,04
0,16	– 1.000	$+ \frac{1.070}{1{,}16^1}$	$+ \frac{100}{1{,}16^2}$	– 3,27

Der interne Zinsfuß r_A liegt zwischen 15 und 16 Prozent.

$$\frac{9{,}31}{100} = \frac{6{,}04}{x}$$

$$x_A = 65$$

$$\mathbf{r_A} = 15{,}00 + x_A = \boxed{\mathbf{15{,}65\%}}$$

Sachinvestition B				
Zinssatz	Zahlungsstrom			K_A
	t_0	t_1	t_2	
0,11	– 1.000	0	$+ \frac{12{,}50}{1{,}11^2}$	+ 14,53
0,12	– 1.000	0	$+ \frac{1.250}{1{,}12^2}$	– 3,51

Der Zinsfuß r_B liegt zwischen 11 und 12 Prozent.

$$\frac{18{,}04}{100} = \frac{14{,}53}{x}$$

$$x_B = 81$$

$$\mathbf{r_B} = 11{,}00 + x_B = \boxed{\mathbf{11{,}81\%}}$$

Da $r_A > r_B$ sollte sich der Anleger nach dem Kriterium des internen Zinsfußes für die Sachinvestition A entscheiden.

Teilaufgabe c)

Nach den Ergebnissen der Teilaufgaben a) und b) steht der Anleger vor einer paradoxen Situation:

K_A = + 98,44	K_B = + 112,50	Wähle B!
r_A = 15,65 %	r_B = 11,81 %	Wähle A!

Für welche Investition sollte sich der Anleger entscheiden? Welches Vorteilhaftigkeitskriterium ist richtig?

Wöhe S. 544

Bei der Sachinvestition A kommt es in t_1 zu einem hohen Kapitalrückfluss von + 1.070. Nach der Wiederanlageprämisse der Kapitalwertmethode wird dieser Betrag zwischen t_1 und t_2 am Kapitalmarkt zu 6 Prozent angelegt. Nach der Wiederanlageprämisse der Methode des internen Zinsfußes kann der gleiche Betrag zwischen t_1 und t_2 zum Zinsfuß r_A von 15,65 Prozent angelegt werden. Der interne Zinsfuß der Investition A ist deshalb so hoch, weil man von der Fiktion einer hochrentierlichen Zwischenanlage des in t_1 anfallenden Einzahlungsüberschusses ausgeht. Die Methode des internen Zinsfußes führt nur dann zur richtigen Investitionsentscheidung, wenn die zwischenzeitlichen Kapitalrückflüsse der Sachinvestition A tatsächlich zum internen Zinsfuß (15,65 Prozent) angelegt werden können.

Können zwischenzeitliche Kapitalrückflüsse – wie in unserem Fall unterstellt – nur zum Kalkulationszinsfuß (6 Prozent) angelegt werden, gaukelt die Methode des internen Zinsfußes eine Rentabilität vor, die es in Wahrheit nicht gibt. In diesem Fall führt nur die Kapitalwertmethode zur richtigen Investitionsentscheidung.

Aufgabe 29 Bestimmung der wirtschaftlichen Nutzungsdauer durch das Kapitalwertmaximum

Der Taxifahrer SCHNELL, der einen Wagen 4 Jahre lang fahren möchte, bittet Sie, ihm aus drei verschiedenen Wagentypen den vorteilhaftesten Wagen herauszusuchen. Auf Basis einer Nutzungsdauer von 4 Jahren und einem Kalkulationszinsfuß von 10 Prozent ermitteln Sie mit Hilfe der Kapitalwertmethode, dass unter sämtlichen zur Auswahl stehenden Kraftfahrzeugen der Wagen vom Typ S den höchsten positiven Kapitalwert hat und empfehlen Herrn SCHNELL diesen Wagen zu kaufen. Ehe Herr SCHNELL sich zum Kauf entschließt, bittet er Sie noch festzustellen, ob es nicht vorteilhafter wäre, den Wagen vom Typ S länger oder kürzer als 4 Jahre zu fahren.

Es stehen Ihnen folgende Angaben über die Entwicklung der Ein- und Auszahlungen für den Wagen S zur Verfügung.

Anschaffungsauszahlung (A_0) = 20.000 EUR

Zeitpunkt	Erlös	Betriebsausgaben	Restverkaufserlös
t_0	–	–	19.500
t_1	26.000	20.000	13.000
t_2	30.000	22.000	10.000
t_3	35.000	24.000	6.000
t_4	31.000	29.000	3.000
t_5	29.000	33.000	1.000

Der Restverkaufserlös im Zeitpunkt t_0 bedeutet, dass bei einem Kauf des Wagens zu 20.000 EUR und einem sofortigen Verkauf des neuen Wagens nur noch netto 19.500 EUR zu erlösen sind, da noch Auszahlungen (Verkaufsaufwand) von 500 EUR anfallen.

Teilaufgabe a)

Nach welcher Rechenmethode lässt sich die wirtschaftliche Nutzungsdauer der Taxis auf Basis der Kapitalwerte bestimmen?

Wöhe S. 544–546

Der Kapitalwert gibt, falls positiv, den Barwert des Vorteils, falls negativ, den Barwert des Nachteils an. Man geht nun so vor, dass man die Kapitalwerte bestimmt für eine Nutzungsdauer von Null, von einem Jahr, von zwei Jahren usw. Die Nutzungsdauer, bei der sich der größte negative Kapitalwert ergibt, ist dabei die unvorteilhafteste Nutzungsdauer, diejenige mit dem größten Kapitalwert die vorteilhafteste Nutzungsdauer, die sogenannte **wirtschaftliche Nutzungsdauer.**

Teilaufgabe b)

Welche Barwerte der einzelnen Einzahlungsüberschüsse und der Restverkaufserlöse ergeben sich bezogen auf den Zeitpunkt Null der Investitionsentscheidung für die einzelnen Zeitpunkte?

Zeitpunkt	t_0	t_1	t_2	t_3	t_4	t_5
E_t A_t	– –	26.000 20.000	30.000 22.000	35.000 24.000	31.000 29.000	29.000 33.000
$E_t - A_t$ = EÜ	–	6.000	8.000	11.000	2.000	– 4.000
Barwertfaktoren (10 %)	0	0,9091	0,8264	0,7513	0,6830	0,6209
Barwert t_0 der EÜ	–	5.445	6.611	8.264	1.366	– 2.484
Restverkaufserlös	19.500	13.000	10.000	6.000	3.000	1.000
Barwert t_0 der Restverkaufserlöse	19.500	11.818	8.264	4.508	2.049	621

Es ergeben sich im Zeitverlauf fallende Barwerte der Einzahlungsüberschüsse und der Restverkaufserlöse.

Teilaufgabe c)

Welche unterschiedlichen Kapitalwerte ergeben sich, wenn Herr SCHNELL sein Taxi alternativ zu den einzelnen Zeitpunkten t_0, $t_1 \dots t_5$ verkauft?

Zeitpunkt des alternativen Verkaufs	Anschaffungs-auszahlung	Barwert Restwert	Barwert laufende Einzahlungsüberschüsse					Kapital-wert
			t_1	t_2	t_3	t_4	t_5	
t_0	– 20.000	19.500	–	–	–	–	–	– 500
t_1	– 20.000	11.818	5.445	–	–	–	–	– 2.737
t_2	– 20.000	8.264	5.445	6.611	–	–	–	+ 320
t_3	– 20.000	4.508	5.445	6.611	8.264	–	–	+ 4.828
t_4	– 20.000	2.049	5.445	6.611	8.264	1.366	–	+ 3.735
t_5	– 20.000	621	5.445	6.611	8.264	1.366	– 2.484	– 177

Die optimale Nutzungsdauer, d.h. die **wirtschaftliche Nutzungsdauer** liegt dort, wo der **Kapitalwert sein Maximum** erreicht. Die wirtschaftliche Nutzungsdauer beträgt demnach 3 Perioden.

Aufgabe 30 Bestimmung der wirtschaftlichen Nutzungsdauer durch eine Grenzbetrachtung

Nach Aufgabe 29 wird das Ende der wirtschaftlichen Nutzungsdauer in t_3 dadurch angezeigt, dass der Kapitalwert von t_3 auf t_4 fällt. Herr SCHNELL erzielt in t_4 jedoch noch Einzahlungsüberschüsse von 2.000 EUR. Seine Restverkaufserlöse in t_3 betragen 6.000 EUR und in t_4 3.000 EUR.

Teilaufgabe a)

Welchen Nachteil erleidet Herr SCHNELL unter Berücksichtigung der Verzinsung dadurch, dass er den Wagen statt drei, vier Jahre, also ein Jahr länger fährt?

Wöhe S. 546

Verkauft Herr SCHNELL den Wagen in t_3 zu 6.000 EUR, so hat er gegenüber dem Verkauf in t_4 zum Preis von 3.000 EUR einen Mehrerlös von 3.000 EUR. Ein weiterer Vorteil ergibt sich daraus, dass er den Verkaufspreis von 6.000 EUR ein Jahr lang zu 10% Zinsen anlegen kann, was ihm zu den 3.000 EUR weitere 600 EUR erbringt. Durch den Verkauf in t_4 entgehen ihm somit 3.600 EUR. Dieser Nachteil vermindert sich jedoch durch die bei einem späteren Verkauf in t_4 noch anfallenden Einzahlungsüberschüsse in Höhe von 2.000 EUR auf einen Nachteil von 1.600 EUR.

Einzahlungsüberschüsse in t_4		+ 2.000
Verkaufspreisminderung bei späterem Verkauf zum Preis t_4	3.000	
Preis t_3	– 6.000	– 3.000
		– 1.000
Entgehende Zinsen auf den Verkaufspreis in t_3		– 600
von 6.000 EUR zu 10%	Verlust	– 1.600

Teilaufgabe b)

Bei dieser Grenzbetrachtung wurde ein Verlust von 1.600 EUR ermittelt. Dagegen beläuft sich der in Aufgabe 29 ausgewiesene Kapitalwertverlust auf 1.093 EUR (Kapitalwert in t_3 = 4.828 EUR – Kapitalwert in t_4 = 3.735 EUR). Welcher Zusammenhang besteht zwischen den beiden Größen?

Bei der Grenzbetrachtung wird der Verlust von 1.600 EUR auf den Zeitpunkt t_4 bezogen, während sämtliche Kapitalwerte für den Zeitpunkt t_0 berechnet sind. Demnach muss der Verlust aus der Grenzbetrachtung mit dem Kalkulationszinsfuß auf den Zeitpunkt t_0 abdiskontiert werden, um die Übereinstimmung der Ergebnisse der beiden Methoden zu beweisen.

$$\text{Kapitalwert des Grenzverlustes} = -\frac{1.600 \text{ EUR}}{1{,}1^4} = 0{,}683 \cdot -1.600 \text{ EUR}$$

Kapitalwert des Grenzverlustes = – 1.093 EUR

Aufgabe 31 Kapitalwert nach Steuern bei linearer Abschreibung

Die FLAUTE KG steht vor der Frage, ob sie eine Erweiterungsinvestition durchführen soll, für die folgende Angaben gelten:

Anschaffungskosten A_0	– 16.000
Nutzungsdauer n	5 Jahre
Jährliche Einzahlungsüberschüsse $E_t - A_t$	+ 4.150
Abschreibungsbasis	16.000
Abschreibungsart	linear
Gewinnsteuersatz	40 %
Kalkulationszinsfuß	10 %
Liquidationserlös L_5	0

Ermitteln Sie für diese Investition den Kapitalwert nach Steuern K_S!

Wöhe S. 549–553

Im vorliegenden Fall errechnet sich der Kalkulationszinsfuß nach Steuern i_S wie folgt:

$$i_S = i\,(1 - s) = 0{,}10\,(1 - 0{,}40) = 0{,}06$$

Somit ist der Nettozahlungsstrom mit dem Nettokalkulationszinsfuß von 6 Prozent zu diskontieren. Die jährliche Abschreibung AfA errechnet sich nach der linearen Methode wie folgt:

$$\text{AfA} = \frac{A_0}{n} = \frac{16.000}{5} = 3.200$$

Die Steuerbemessungsgrundlage wird mit B_t, die Gewinnsteuerzahlung mit $S_t = s \cdot B_t$ bezeichnet. Der Rentenbarwertfaktor RBF für 5 Jahre/6 % beziffert sich auf 4,212 (vgl. die Zinstabelle im Anhang dieses Buches.)

Zeitpunkt	t_1	t_2	t_3	t_4	t_5	Σ
$E_t - A_t$	+ 4.150	+ 4.150	+ 4.150	+ 4.150	+ 4.150	20.750
AfA_t	– 3.200	– 3.200	– 3.200	– 3.200	– 3.200	16.000
B_t	+ 950	+ 950	+ 950	+ 950	+ 950	4.750
$S_t = s \cdot B_t$	– 380	– 380	– 380	– 380	– 380	1.900
$E_t - A_t - S_t$	+ 3.770	+ 3.770	+ 3.770	+ 3.770	+ 3.770	18.850
RBF			4,212			
Barwert			**3.770 · 4,212**			**15.879**

Der Barwert aller Nettorückflüsse (= Zukunftserfolgswert) beziffert sich auf + 15.879

	Zukunftserfolgswert nach Steuern	+ 15.879
–	Anschaffungsauszahlung A_0	– 16.000
	Kapitalwert nach Steuern K_S	**– 121**

Angesichts des negativen Kapitalwerts sollte die Erweiterungsinvestition nicht durchgeführt werden.

Aufgabe 32 Kapitalwert nach Steuern bei Sonderabschreibung

Die FLAUTE KG steht vor der Frage, ob sie die Erweiterungsinvestition durchführen soll, deren Grunddaten in Aufgabe 31 angegeben sind. Abweichend von der dortigen Datenlage führt der Fiskus zur Belebung der Investitionstätigkeit eine Sonderabschreibung ein:

- 50 % Sonderabschreibung in Periode 1
- lineare Abschreibung von jeweils 12,5 % in den Perioden 2 bis 5

Ermitteln Sie unter diesen Bedingungen den Kapitalwert nach Steuern K_S!

Wöhe S. 549–553

In der folgenden Übersicht wird die Gewinnsteuerbemessungsgrundlage mit B_t bezeichnet. Die Gewinnsteuer S_t ergibt sich dann aus $S_t = s \cdot B_t$. Eine Gewinnsteuerzahlung (-rückerstattung) trägt ein negatives (positives) Vorzeichen.

Zeitpunkt	t_1	t_2	t_3	t_4	t_5	Σ
$E_t - A_t$	+ 4.150	+ 4.150	+ 4.150	+ 4.150	+ 4.150	20.750
AfA_t	– 8.000	– 2.000	– 2.000	– 2.000	– 2.000	16.000
B_t	– 3.850	+ 2.150	+ 2.150	+ 2.150	+ 2.150	4.750
$S_t = s \cdot B_t$	+ 1.540	– 860	– 860	– 860	– 860	1.900
$E_t - A_t - S_t$	+ 5.690	+ 3.290	+ 3.290	+ 3.290	+ 3.290	18.850
$1{,}06^{-t}$	0,9434	0,8900	0,8396	0,7921	0,7473	
Barwert	**+ 5.368**	**+2.928**	**+ 2.762**	**+ 2.606**	**+ 2.459**	**16.123**

Der Barwert aller Nettorückflüsse (= Zukunftserfolgswert) beziffert sich auf – 16.123.

	Zukunftserfolgswert nach Steuern	+ 16.123
–	Anschaffungsauszahlung A_0	– 16.000
	Kapitalwert nach Steuern K_S	**+ 123**

Unter Berücksichtigung einer 50 %igen Sonderabschreibung wird die Erweiterungsinvestition vorteilhaft. Damit hat der Gesetzgeber sein Ziel der Investitionsförderung durch Gewährung von Sonderabschreibungen erreicht.

Aufgabe 33 Das Steuerparadoxon

Ein Unternehmen kann eine maschinelle Anlage mit folgenden Ausgangsdaten erwerben:

Anschaffungsauszahlung A_0	14.000
Nutzungsdauer n	14 Jahre
Jährliche Einzahlungsüberschüsse $E_t - A_t$	1.900
Abschreibungsbasis	14.000
Liquidationserlös L_{14}	0
Abschreibungsart	linear
Kalkulationszinsfuß i	10 %

Ermitteln Sie für dieses Investitionsobjekt

- den Kapitalwert vor Steuern K,
- den Kapitalwert nach Steuern K_{S20} bei einem Gewinnsteuersatz s von 20 Prozent,
- den Kapitalwert nach Steuern K_{S40} bei einem Gewinnsteuersatz s von 40 Prozent.

Wöhe S. 549–553

Ermittlung des Kapitalwerts vor Steuern

Bei den Einzahlungsüberschüssen handelt es sich um eine gleichbleibende Zahlung (Rente). Der Rentenbarwertfaktor RBF 10%/14 Jahre beziffert sich auf 7,367 (vgl. Zinstabelle am Ende des Buches).

$$K = (E_t - A_t) \cdot RBF - A_0$$
$$K = 1.900 \cdot 7{,}367 - 14.000$$
$$\mathbf{K} = 13.997 - 14.000 = \boxed{\mathbf{-3}}$$

In einer Welt ohne Steuern sollte diese Investition unterbleiben, weil der Kapitalwert negativ ist.

Ermittlung des Kapitalwerts nach Steuern

Steuersatz	s = 0,20	s = 0,40
Kalkulationszinsfuß vor Steuern	i = 0,10	i = 0,10
Kalkulationszinsfuß nach Steuern	$i_{S20} = 0{,}08$	$i_{S40} = 0{,}06$
Rentenbarwertfaktor RBF 14 Jahre	8,244	9,295
Steuerliche Abschreibung/Jahr AfA_t	1.000	1.000
Jährlicher Einzahlungsüberschuss $E_t - A_t$	1.900	1.900
Steuerlicher Gewinn $B_t = E_t - A_t - AfA_t$	900	900
Gewinnsteuerzahlung $S_t = s \cdot B_t$	180	360
Nettozahlung $E_t - A_t - S_t$	1.720	1.540

$$K_S = (E_t - A_t - S_t) \cdot RBF - A_0$$
$$K_{S20} = 1.720 \cdot 8{,}244 - 14.000$$
$$\mathbf{K_{S20}} = 14.180 - 14.000 = \boxed{\mathbf{+180}}$$
$$K_{S40} = 1.540 \cdot 9{,}295 - 14.000$$
$$\mathbf{K_{S40}} = 14.314 - 14.000 = \boxed{\mathbf{+314}}$$

In beiden Fällen ist die Investition vorteilhaft. Das Phänomen, dass

- eine Investition erst durch Einführung einer Gewinnsteuer vorteilhaft wird bzw. dass
- eine Investition mit steigendem Gewinnsteuersatz an Vorteilhaftigkeit gewinnt

bezeichnet man als **Steuerparadoxon.** Das Steuerparadoxon stellt sich bei abschreibungsfähigen Investitionsobjekten ein. Die **steuerliche Abschreibung** erlaubt eine Verminderung der Steuerzahlungen und begünstigt damit das zu beurteilende Investitionsobjekt gegenüber einer Anlage am Kapitalmarkt.

Aufgabe 34 Sensitivitätsanalyse

Für ein Investitionsobjekt gelten die folgenden Daten:

Anschaffungsauszahlung (A_0)	9.500 EUR
Einzahlungsüberschuss ($E_t - A_t$)	1.000 EUR
Kalkulationszinsfuß (i)	6 Prozent
Nutzungsdauer (n)	15 Jahre
Liquidationserlös am Ende der Nutzungsdauer (L_{15})	7.000 EUR

Teilaufgabe a)

Wie hoch ist der Kapitalwert der Investition? Ist die Investition vorteilhaft?

Wöhe S. 559 f.

Die Kapitalwertformel lautet:

$$K = -A_0 + \sum_{t=1}^{n} (E_t - A_t) \cdot (1+i)^{-t} + L_n \ (1+i)^{-n}$$

Der Kapitalwert der betrachteten Investition berechnet sich demnach wie folgt:

$$K = -9.500 + \sum_{t=1}^{15} 1.000 \cdot 1{,}06^{-t} + 7.000 \cdot 1{,}06^{-15}$$

$$K = -9.500 + 9.712{,}25 + 2.920{,}85$$

$$\mathbf{K = +3.133{,}10}$$

Die Investition ist vorteilhaft, da sie einen positiven Kapitalwert aufweist ($K > 0$).

Teilaufgabe b)

Im ungünstigsten Fall könnte der Kalkulationszinsfuß auf 10 Prozent steigen. Wie hoch ist in diesem Fall der Kapitalwert? Ist die Investition unter diesen ungünstigen Bedingungen noch vorteilhaft?

Bei einem Anstieg des Kalkulationszinsfußes von 6 auf 10 Prozent ergibt sich folgender Kapitalwert:

$$K = -9.500 + \sum_{t=1}^{15} 1.000 \cdot 1{,}1^{-t} + 7.000 \cdot 1{,}1^{-15}$$

$$K = -9.500 + 7.606{,}08 + 1.675{,}74$$

$$\mathbf{K = -218{,}18}$$

Mit steigendem Kalkulationszinsfuß verringert sich c.p. der Kapitalwert der Investition. Bei einem Kalkulationszinsfuß von 10 Prozent ergibt sich für die betrachtete Investition ein negativer Kapitalwert ($K < 0$). Die Investition ist unter diesen Bedingungen unvorteilhaft.

Teilaufgabe c)

Es gelten die ursprünglichen Daten für das Investitionsobjekt. Auf welchen Wert darf der Einzahlungsüberschuss ($E_t - A_t$) sinken, ohne dass die Investition unvorteilhaft wird?

Wöhe S. 559 f.

Entscheidungsindifferenzen bezüglich der Vorteilhaftigkeit einer Investition liegen vor, wenn der Kapitalwert der Investition gleich Null ist ($K = 0$). Erst wenn der Kapitalwert der Investition unter Null sinkt, wird die Investition unvorteilhaft.

Setzt man in der Kapitalwertformel $K = 0$, so erhält man:

$$\mathbf{0} = -A_0 + \sum_{t=1}^{n} (E_t - A_t) \cdot (1+i)^{-t} + L_n \ (1+i)^{-n}$$

Dieser Term lässt sich umformen in:

$$(E_t - A_t) = \frac{A_0 - L_n\,(1+i)^{-n}}{\sum_{t=1}^{n}(1+i)^{-t}}$$

Für die betrachtete Investition ergibt sich:

$$(E_t - A_t) = \frac{9.500 - 2.920{,}85}{\sum_{t=1}^{15} 1{,}06^{-t}}$$

$$(E_t - A_t) = \mathbf{677{,}41}$$

Sinkt der Einzahlungsüberschuss (E_t – A_t) unter den kritischen Wert von 677,41 (bei dem sich ein Kapitalwert von Null ergibt), dann wird der Kapitalwert der Investition negativ. Die Investition wird unvorteilhaft.

Aufgabe 35 Entscheidungsbaumverfahren

Die Geschäftsleitung der PRODUKT AG muss über die Beschaffung einer neuen Maschine entscheiden. Zur Auswahl stehen eine speziell auf die Bedürfnisse der PRODUKT AG zugeschnittene Spezialmaschine und eine auch in anderen Betrieben nutzbare Universalmaschine. Die Höhe der erzielbaren Zahlungsüberschüsse (EZÜ) pro Periode hängt bei beiden Maschinen von der zukünftigen konjunkturellen Entwicklung ab. Für die Zukunft wird mit dem Eintritt von zwei alternativen Konjunkturlagen (gute Konjunktur oder schlechte Konjunktur) gerechnet, wobei aufgrund der besseren Abstimmung der Spezialmaschine auf den Produktionsprozess der PRODUKT AG die mit ihr erzielbaren Überschüsse stets über denen der Universalmaschine liegen. Für einen Planungshorizont von zwei Perioden gelten die folgenden Daten:

	Einzahlungsüberschuss Periode 1 in TEUR		Einzahlungsüberschuss Periode 2 in TEUR	
	gute Konjunktur	schlechte Konjunktur	gute Konjunktur	schlechte Konjunktur
Spezialmaschine	800	450	750	300
Universalmaschine	650	300	650	250

Bei den Werten der Tabelle handelt es sich um auf den Zeitpunkt t_0 abdiskontierte Zahlungsüberschüsse.

Der Vorstand der PRODUKT AG rechnet in Periode 1 mit einer Wahrscheinlichkeit von 0,7 (0,3) mit einer guten (schlechten) Entwicklung. Für die Periode 2 wird angenommen, dass sich die Konjunktur mit einer Wahrscheinlichkeit von 0,8 genauso entwickelt wie in Periode 1.

Teilaufgabe a)

Für welche Alternative sollte sich der Vorstand der PRODUKT AG entscheiden, wenn sich die Anschaffungsauszahlungen A_0 im Zeitpunkt t_0

- für die Spezialmaschine auf 1.100 TEUR
- für die Universalmaschine auf 900 TEUR

belaufen und bei beiden Maschinen nach Ablauf der beiden Perioden mit einem Restwert von Null zu rechnen ist?

Wöhe S. 561

Die Entscheidung soll anhand der Erwartungswerte der Kapitalwerte getroffen werden.

Spezialmaschine:

Konjunktur-entwicklung		Kapitalwert $EZÜ_1 + EZÜ_2 - A_0$	Eintrittswahr-scheinlichkeit	gewichteter Kapitalwert
Periode 1	**Periode 2**			
gut	gut	800 + 750 – 1.100 = 450	0,7 · 0,8 = 0,56	450 · 0,56 = 252
gut	schlecht	800 + 300 – 1.100 = 0	0,7 · 0,2 = 0,14	0 · 0,14 = 0
schlecht	gut	450 + 750 – 1.100 = 100	0,3 · 0,2 = 0,06	100 · 0,06 = 6
schlecht	schlecht	450 + 300 – 1.100 = – 350	0,3 · 0,8 = 0,24	– 350 · 0,24 = – 84

Erwartungswert: + 174

Universalmaschine:

Konjunktur-entwicklung		Kapitalwert $EZÜ_1 + EZÜ_2 - A_0$	Eintrittswahr-scheinlichkeit	gewichteter Kapitalwert
Periode 1	**Periode 2**			
gut	gut	650 + 650 – 900 = 400	0,7 · 0,8 = 0,56	400 · 0,56 = 224
gut	schlecht	650 + 250 – 900 = 0	0,7 · 0,2 = 0,14	100 · 0,14 = 0
schlecht	gut	300 + 650 – 900 = 50	0,3 · 0,2 = 0,06	50 · 0,06 = 3
schlecht	schlecht	300 + 250 – 900 = – 350	0,3 · 0,8 = 0,24	– 350 · 0,24 = – 84

Erwartungswert: + 143

Die Spezialmaschine hat den höheren Erwartungswert des Kapitalwerts und sollte daher gewählt werden.

Teilaufgabe b)

Abweichend von Teilaufgabe a) soll angenommen werden, dass die Möglichkeit besteht, die Investition schon nach der Periode 1 zu beenden. Die Universalmaschine kann im Fall der vorzeitigen Beendigung zu einem Preis von 450 TEUR (auf t_0 abdiskontierter Wert der Zahlung) verkauft werden. Der Wert der Spezialmaschine entspricht den notwendigen Abbruchkosten; der erzielbare Einzahlungsüberschuss beträgt somit Null. Welche Handlungsweise ist unter diesen Bedingungen zu empfehlen? Lösen Sie das Problem mit Hilfe des Entscheidungsbaumverfahrens!

Wöhe S. 562–565

Durch die Möglichkeit der vorzeitigen Beendigung des Projekts erhöht sich die Anzahl der zu treffenden Entscheidungen. Neben die eigentliche Investitionsentscheidung im Zeitpunkt t_0 (Spezialmaschine oder Universalmaschine) tritt nun noch die Folgeentscheidung im Zeitpunkt t_1. Im Zeitpunkt t_1 kann auf die konjunkturelle Entwicklung in der Periode 1 reagiert werden und das Investitionsprojekt kann gegebenenfalls vorzeitig beendet werden. Das erweiterte Entscheidungsproblem ist auf der nächsten Seite als Entscheidungsbaum dargestellt:

Zunächst sind die Kapitalwerte für alle 16 Resultatsknoten des Zeitpunkts t_2 zu ermitteln. Man erhält die in der nachstehenden Tabelle aufgeführten Werte:

Resultat	A_0	EZÜ Periode 1	EZÜ Periode 2	Verkaufs-erlös	Kapitalwert
$R_{2,1}$	1.100	800	750	–	450
$R_{2,2}$	1.100	800	300	–	0
$R_{2,3}$	1.100	800	–	–	- 300
$R_{2,4}$	1.100	800	–	–	- 300
$R_{2,5}$	1.100	450	750	–	100
$R_{2,6}$	1.100	450	300	–	- 350
$R_{2,7}$	1.100	450	–	–	- 650
$R_{2,8}$	1.100	450	–	–	- 650
$R_{2,9}$	900	650	650	–	400
$R_{2,10}$	900	650	250	–	0
$R_{2,11}$	900	650	–	450	200
$R_{2,12}$	900	650	–	450	200
$R_{2,13}$	900	300	650	–	50
$R_{2,14}$	900	300	250	–	- 350
$R_{2,15}$	900	300	–	450	- 150
$R_{2,16}$	900	300	–	450	- 150

Soll die Lösung des Entscheidungsproblems mit Hilfe des Roll-Back-Verfahrens gefunden werden, sind zunächst die besten Folgeentscheidungen zu ermitteln. Die vier denkbaren Entscheidungssituationen im Zeitpunkt t_1 lassen sich folgendermaßen charakterisieren:

Investitionsalternative	Konjunktur in Periode 1	Entscheidungsknoten
Spezialmaschine	gut	$E_{1,1}$
Spezialmaschine	schlecht	$E_{1,2}$
Universalmaschine	gut	$E_{1,3}$
Universalmaschine	schlecht	$E_{1,4}$

Für jede dieser Entscheidungssituationen ist zu entscheiden, ob das Projekt abgebrochen oder fortgeführt wird. Entscheidet man anhand der Erwartungswerte der Kapitalwerte ergibt sich:

Entscheidungsknoten	Kapitalwert bei Fortführung	Kapitalwert bei Abbruch
$E_{1,1}$	**360**	– 300
$E_{1,2}$	**– 260**	– 650
$E_{1,3}$	**320**	– 270
$E_{1,4}$	– 280	**– 150**

Die Kapitalwerte der jeweils besten Entscheidung sind in der Tabelle hervorgehoben.

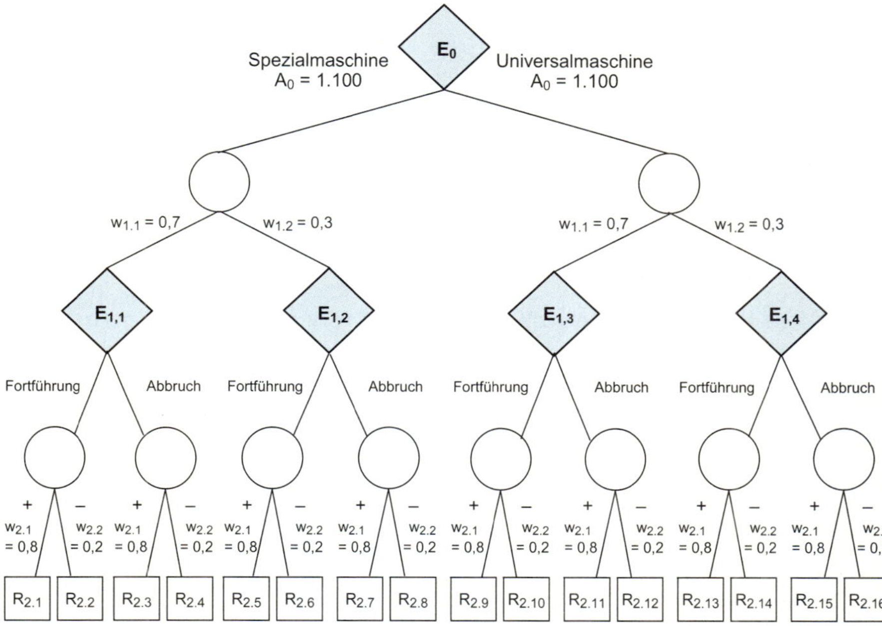

Berücksichtigt man bei der Beurteilung der Vorteilhaftigkeit der Investitionsalternativen im Zeitpunkt t_0 nur die besten Folgeentscheidungen, erhält man die folgenden Kapitalwerte:

Spezialmaschine	Universalmaschine
$360 \cdot 0{,}7 - 260 \cdot 0{,}3 = +\,174$	$320 \cdot 0{,}7 - 150 \cdot 0{,}3 = +\,179$

Wird die Möglichkeit einer vorzeitigen Beendigung des Investitionsprojekts in der Planung explizit berücksichtigt, verändert sich die Vorteilhaftigkeit der Investitionsalternativen im Vergleich zur Teilaufgabe a). Die optimale Strategie lautet nun: Kauf der Universalmaschine. Sollte in Periode 1 die konjunkturelle Entwicklung positiv verlaufen, sollte die Maschine über zwei Perioden genutzt werden, entwickelt sich die Konjunktur dagegen negativ, ist das Projekt nach der ersten Periode abzubrechen.

Aufgabe 36 Erwartungswert und Standardabweichung

Der Kapitalanleger DUBIUS hat die Wahl zwischen den Investitionsobjekten A, B, C und D. Jedes Objekt verursacht eine Anschaffungsauszahlung A_0 in Höhe von 100 Geldeinheiten. Die künftigen Kapitalrückflüsse k sind risikobehaftet. Die möglichen Umweltzustände U_1, U_2 und U_3 werden mit jeweils gleicher Eintrittswahrscheinlichkeit erwartet:

Umweltzustand U_i	**U_1**	**U_2**	**U_3**
Eintrittswahrscheinlichkeit w_i	$w_1 = 0{,}\overline{3}$	$w_2 = 0{,}\overline{3}$	$w_3 = 0{,}\overline{3}$
Kapitalrückflüsse k_i:			
k_a	+ 6	+ 6	+ 6
k_b	+ 9	+ 6	+ 3
k_c	+ 18	+ 6	− 6
k_d	+ 36	+ 6	− 24

Teilaufgabe a)

Wie hoch ist der Erwartungswert μ der Kapitalrückflüsse k_i für die Projekte A bis D?

Wöhe S. 561

Der Erwartungswert μ spiegelt den unter Berücksichtigung der Eintrittswahrscheinlichkeiten ermittelten Durchschnittswert der Einzelergebnisse wider. Er entspricht dem gewogenen arithmetischen Mittel der Einzelergebnisse.

$$\mu = w_1 \cdot k_1 + \ldots . - w_n \cdot k_n$$
$$= \sum_{i=1}^{n} w_i \cdot k_i$$

Investitionsobjekt	**A**	**B**	**C**	**D**
Erwartungswert μ	+ 6	+ 6	+ 6	+ 6

Teilaufgabe b)

Die Standardabweichung σ ist ein Maß zur Quantifizierung des Risikos einer Investition. Je weiter die umweltabhängigen Einzelergebnisse um den Erwartungswert μ gestreut sind, desto riskanter ist also die Investition. Die Standardabweichung σ lässt sich nach folgender Formel ermitteln:

$$\sigma = \sqrt{w_1 (k_1 - \mu)^2 + \ldots + w_n (k_n - \mu)^2} = \sqrt{\sum_{i=1}^{n} w_i (k_i - \mu)^2}$$

Wie hoch ist die Standardabweichung σ für die Investitionsalternativen A bis D?

Die Berechnung der Standardabweichung soll beispielhaft für die Investition B durchgeführt werden:

$$\sigma_B = \sqrt{0{,}\overline{3}\,(9-6)^2 + 0{,}\overline{3}\,(6-6)^2 + 0{,}\overline{3}\,(3-6)^2}$$
$$= \sqrt{6}$$
$$= 2{,}449$$

Investitionsobjekt	A	B	C	D
Standardabweichung σ	0	+ 2,449	+ 9,797	+ 24,49

Teilaufgabe c)

Für welches Investitionsobjekt sollte sich DUBIUS als risikofeindlicher Anleger entscheiden?

Wöhe S. 560–562

Ist DUBIUS **risikoneutral,** entscheidet er sich für die Alternative mit dem maximalen Erwartungswert μ. Da der Erwartungswert μ für alle vier Alternativen + 6 beträgt, ist DUBIUS zwischen A, B, C und D indifferent.

Ist DUBIUS dagegen **risikofeindlich** eingestellt, entscheidet er sich nach der (μ, σ)-Regel. Bei gleichem Erwartungswert wählt er die Alternative mit dem geringsten Risiko, im vorliegenden Fall also die Investitionsalternative A.

4. Testfragen

Den folgenden Fragen sind Antworten beigegeben, die teils richtig, teils falsch sind. Ihre Aufgabe besteht darin, die richtigen Antworten herauszufinden und zu begründen, warum sie richtig und die anderen falsch sind. Die Lösungen finden Sie im Anschluss an die letzte Frage. Gelingt Ihnen die Begründung nicht, so ist es empfehlenswert, die erfragten Zusammenhänge und Definitionen im „Wöhe“ noch einmal durchzuarbeiten. Das Stichwortverzeichnis des „Wöhe“ wird Ihnen helfen, sich schnell zurechtzufinden.

(1) Welche der folgenden Verfahren der Investitionsrechnung zählen zu den sog. Praktikermethoden?
- (a) Kapitalwertmethode
- (b) Pay-off-Period-Methode
- (c) Kostenvergleichsrechnung
- (d) Methode des internen Zinsfußes
- (e) Rentabilitätsrechnung

(2) Unter dem Kalkulationszinsfuß versteht man
- (a) die Verzinsung, die ein bestimmtes Investitionsobjekt abwirft,
- (b) die gewünschte Mindestverzinsung der Kapitalgeber,
- (c) die Verzinsung des für die Investition benötigten Fremdkapitals,
- (d) die Verzinsung des für die Investition benötigten Eigenkapitals,
- (e) auf einem vollkommenen Kapitalmarkt den Zinssatz, zu dem beliebig große Mengen als Eigenkapital angelegt oder als Fremdkapital aufgenommen werden können.

(3) Mit Hilfe welchen Wertes wird die Vorteilhaftigkeit einer Investition bestimmt?
- (a) Barwert
- (b) Ertragswert
- (c) Anschaffungswert
- (d) Kapitalwert
- (e) Restverkaufserlös

(4) Welche der folgenden Behauptungen ist richtig? Eine Investition ist vorteilhaft,
   (a) wenn sie sich zum internen Zinsfuß verzinst,
   (b) wenn der Kalkulationszinsfuß über dem internen Zinsfuß liegt,
   (c) wenn ihr Kapitalwert positiv ist,
   (d) wenn eine Wiedergewinnung der Anschaffungsauszahlungen möglich ist,
   (e) wenn ihre Annuität größer als Null ist.

(5) Welche der folgenden Behauptungen ist richtig? Der Kapitalwert einer Investition ist negativ,
   (a) wenn ihre interne Verzinsung kleiner als der Kalkulationszinsfuß ist,
   (b) wenn ihre interne Verzinsung größer als der Kalkulationszinsfuß ist,
   (c) wenn die Anschaffungsauszahlung A_0 größer ist als der Barwert aller Einzahlungsüberschüsse von t_1 bis t_n,
   (d) wenn die Summe aller abgezinsten Einzahlungen kleiner als die Summe aller abgezinsten Auszahlungen ist.

(6) Der Amortisationszeitpunkt einer Anlage ist der Zeitpunkt,
   (a) an dem die Anlage aus dem Betrieb ausscheidet,
   (b) an dem die Anlage technisch verbraucht ist,
   (c) an dem die Anlage technisch überholt ist,
   (d) an dem die Anlage ihre optimale wirtschaftliche Nutzungsdauer erreicht hat,
   (e) an dem die Anschaffungsauszahlungen wiedergewonnen sind.

(7) Welche der folgenden Behauptungen ist richtig?
   (a) Die Annuitätenmethode vergleicht die durchschnittlichen jährlichen Einzahlungen mit den durchschnittlichen jährlichen Auszahlungen einer Investition.
   (b) Die Annuität ergibt sich aus der Multiplikation der Anschaffungsauszahlungen mit dem Wiedergewinnungsfaktor.
   (c) Der Barwert der Annuität entspricht dem Kapitalwert, falls mit dem Kalkulationszinsfuß gerechnet wird.
   (d) Der Barwert der Annuität entspricht dem Kapitalwert, falls mit dem internen Zinsfuß gerechnet wird.
   (e) Eine Investition ist vorteilhaft, wenn ihre Annuität positiv ist.

(8) Die optimale wirtschaftliche Nutzungsdauer einer Anlage ist dann erreicht,
   (a) wenn ihr Kapitalwert Null wird,
   (b) wenn die Anlage keine Einzahlungen mehr erbringt,
   (c) wenn die Einzahlungsüberschüsse negativ werden,
   (d) wenn die Anlage vollständig abgeschrieben ist,
   (e) wenn ihr Kapitalwert positiv wird,
   (f) wenn ihr Kapitalwert das Maximum erreicht.

(9) Das Grundmodell der Investitionsrechnung
   (a) berücksichtigt nur die Kosten nicht die Erlösseite;
   (b) basiert auf der Prämisse des vollkommenen Kapitalmarkts;
   (c) verzinst Einzahlungsüberschüsse zum Habenzins und Auszahlungsüberschüsse zu einem höheren Sollzins;
   (d) erlaubt einen Vorteilhaftigkeitsvergleich nur für Investitionen mit gleich hoher Anschaffungsauszahlung A_0.

(10) Der Abzinsungsfaktor
  (a) ist der Kehrwert des Aufzinsungsfaktors;
  (b) ist im Gegensatz zum Aufzinsungsfaktor immer negativ;
  (c) wird – bei gleichem Zinsfuß – um so höher, je weiter die abzuzinsende Zahlung in der Zukunft liegt;
  (d) ist – bei gleicher Periode – um so höher, je höher der Zinsfuß ist;
  (e) entspricht im Einperiodenfall dem Rentenbarwertfaktor.

(11) Im Standardmodell mit Gewinnsteuer
  (a) ist der Kapitalwert nach Steuern immer niedriger als der Kapitalwert vor Steuern;
  (b) ist der Kapitalwert nach Steuern c. p. umso höher, je schneller die Anlage steuerlich abgeschrieben wird;
  (c) wird nur eine allgemeine Gewinnsteuer mit proportionalem Tarif berücksichtigt;
  (d) ist der Kalkulationszinsfuß nach Steuern umso niedriger, je höher der Gewinnsteuersatz ist.

(12) Zur Berücksichtigung des Investitionsrisikos
  (a) arbeiten die Korrekturverfahren mit einem ermäßigten Kalkulationszinsfuß;
  (b) zeigt die Sensitivitätsanalyse, wie weit eine Inputgröße vom angenommenen Ausgangswert abweichen darf, ohne dass der Kapitalwert negativ wird;
  (c) gewichtet die Risikoanalyse die zustandsabhängigen Ergebnisse (Kapitalwerte) mit der jeweiligen Eintrittswahrscheinlichkeit;
  (d) machen risikoscheue Investoren den Erwartungswert μ zum Entscheidungskriterium.

Lösungen: Richtig sind die folgenden Antworten: 1 b, c, e; 2 b, e; 3 d; 4 c, e; 5 a, c, d; 6 e; 7 a, c, e; 8 d, f; 9 b; 10 a, e; 11 b, c, d; 12 b, c.

II. Die Unternehmensbewertung

Wiederholungsfragen:

	Wöhe Seite
Welche Anlässe erfordern eine Unternehmensbewertung?	566
Welche beiden Merkmale kennzeichnen das investitionstheoretische Konzept des Zukunftserfolgswerts?	568
Welche beiden Merkmale kennzeichnen die herkömmlichen Verfahren der Unternehmensbewertung?	575
Welcher Zusammenhang besteht zwischen dem Substanzwert (Teilreproduktionsaltwert) und dem Ertragswert?	578
In welchem Maße berücksichtigen die Kombinationsverfahren der Praxis den originären Firmenwert bei der Unternehmenswertermittlung?	579

Aufgabe 37 Subjektbezogener Zukunftserfolgswert

Herr A möchte sein Unternehmen verkaufen und sich zur Ruhe setzen. Den Verkaufserlös will er in Pfandbriefen anlegen, die ihm eine Verzinsung von 8 Prozent p. a. bieten. Er verhandelt getrennt mit zwei Kaufinteressenten, Herrn B und Herrn C. Herr C, der über genügend eigene Mittel verfügt, hat sein Kapital zur Zeit zu 6 Prozent Zinsen p. a. angelegt. Herr B, der den Kauf der Unternehmung aus fremden Mitteln finanzieren müsste, könnte ein Darlehen mit 10 %iger Verzinsung aufnehmen.

Mit welchem der beiden Kaufinteressenten kann Herr A handelseinig werden, wenn die drei Parteien für die nächsten Jahre mit folgenden Einzahlungsüberschüssen (in TEUR) rechnen:

Einzahlungsüberschuss am Jahresende	A	B	C
t_1	800	800	800
t_2	1.200	1.200	1.200
t_3	1.100	1.100	1.000
t_4	950	950	950
t_5	1.000	1.000	1.000
t_6	1.000	1.000	1.000
t_7	1.100	1.100	1.100
t_8	700	700	700
t_9	850	–	850
t_{10}	900	–	900
t_{11}	–	–	1.000
t_{12}	–	–	1.150

A rechnet also mit einer Restlebensdauer des Unternehmens von 10 Jahren, B mit einer von 8 Jahren und C mit einer von 12 Jahren. Außer den laufenden Einzahlungsüberschüssen sollen alle drei Parteien mit einem Liquidationserlös in Höhe von 9.000 (= 9 Mio. EUR) rechnen.

Welchen Betrag wird A mindestens verlangen; wieviel werden B bzw. C für das Unternehmen bezahlen?

Wöhe S. 566–570

Um festzustellen, welchen Verkaufspreis er mindestens verlangen muss, wird der Verkäufer A den für ihn maßgeblichen Unternehmenswert ermitteln. Dieser **individuelle Unternehmenswert** ergibt sich aus dem Barwert aller von A erwarteten Einzahlungsüberschüsse, wobei A den künftigen Liquidationserlös dem Einzahlungsüberschuss des 10. Jahres zurechnet. Analog werden B bzw. C vorgehen, wenn sie feststellen wollen, wieviel sie für das Unternehmen maximal ausgeben dürfen:

Zeitpunkt	Einzahlungs-überschuss A	Abzinsungs-faktor A $i_A = 0{,}08$	Barwert A	Einzahlungs-überschuss B	Abzinsungs-faktor B $i_B = 0{,}10$	Barwert B	Einzahlungs-überschuss C	Abzinsungs-faktor C $i_C = 0{,}06$	Barwert C
t_1	800	0,9259	741	800	0,9091	727	800	0,9434	755
t_2	1.200	0,8573	1.029	1.200	0,8264	992	1.200	0,8900	1.068
t_3	1.100	0,7938	873	1.100	0,7513	826	1.100	0,8396	924
t_4	950	0,7350	698	950	0,6830	649	950	0,7921	752
t_5	1.000	0,6806	681	1.000	0,6209	621	1.000	0,7473	747
t_6	1.000	0,6302	630	1.000	0,5645	565	1.000	0,7050	705
t_7	1.100	0,5835	642	1.100	0,5132	565	1.100	0,6651	732
t_8	700	0,5403	378	9.700*	0,4665	4.525	700	0,6274	439
t_9	850	0,5002	425	–	–	–	850	0,5919	503
t_{10}	9.900*	0,4632	4.586	–	–	–	900	0,5584	503
t_{11}	–	–	–	–	–	–	1.000	0,5268	527
t_{12}	–	–	–	–	–	–	10.150*	0,4970	5.045
Summe der Barwerte			**10.683**			**9.470**			**12.700**

* Einzahlungsüberschuss incl. Liquidationserlös

Herr A wird mindestens 10.683.000 EUR für sein Unternehmen haben wollen, B wird höchstens 9.470.000 EUR und C höchstens 12.700.000 EUR zu zahlen bereit sein. Verhandlungen zwischen A und B sind von vornherein zum Scheitern verurteilt. Zwischen A und C dagegen ist eine Einigung durchaus denkbar. Würden sie sich auf einen Preis von 11 Mio. EUR oder 12 Mio. EUR einigen, wäre die Transaktion für beide Parteien vorteilhaft.

Aufgabe 38 Ursachen unterschiedlicher Unternehmenswerte

Worauf ist es im Rahmen der Theorie der Unternehmensbewertung zurückzuführen, dass jeder Bewertende trotz Anwendung des gleichen Bewertungsverfahrens (Barwertmethode) zu einem anderen Unternehmenswert gelangt?

Wöhe S. 566–570

Die Höhe des Unternehmenswertes (= Barwert sämtlicher Einzahlungsüberschüsse) hängt von drei Faktoren ab:

(1) Höhe der Einzahlungsüberschüsse
(2) Höhe des Kalkulationszinsfußes
(3) Erwartete Restlebensdauer

Wenn A ein Unternehmen bewertet, rechnet er in der Regel nicht mit den gleichen Einzahlungsüberschüssen wie B. Das kann sowohl darauf zurückzuführen sein, dass A tüchtiger ist als B und tatsächlich höhere Einzahlungsüberschüsse **erwirtschaftet,** als auch darauf, dass A optimistischer in die Zukunft blickt als B und höhere Einzahlungsüberschüsse **erwartet.** In beiden Fällen werden die ermittelten Unternehmenswerte nicht übereinstimmen.

Ein weiterer Grund für unterschiedliche Unternehmenswerte liegt in der Tatsache, dass jeder Bewertende seinen individuellen Kalkulationszinsfuß anzuwenden hat, der mit dem eines anderen Bewertenden nicht übereinstimmt (vgl. Aufgabe 37).

Wenn A das Unternehmen so führen würde, dass es über einen längeren Zeitraum Einzahlungsüberschüsse erwarten lässt als B dies erwarten kann, dann wird A auch aus diesem Grund zu einem höheren Unternehmenswert gelangen als B.

Aufgabe 39 Unternehmensbewertung nach dem Ertragswertverfahren

In Aufgabe 38 wurde der Unternehmenswert als Zukunftserfolgswert ermittelt. Merkmale dieses investitionstheoretischen Wertermittlungskonzepts sind

- die Zukunftsorientierung und
- die Subjektbezogenheit der wertbestimmenden Faktoren.

In der Realität lassen sich für die Gesamtlebensdauer des Unternehmens subjektbezogene Zukunftserfolge (Einzahlungsüberschüsse) nur mit großer Risikobandbreite prognostizieren. Dieses Prognoseproblem wird vom **Ertragswertverfahren** ausgeblendet. Dieses herkömmliche Wertermittlungskonzept möchte einen **vergangenheitsorientierten, objektiven** Unternehmenswert ermitteln.

Wie hoch ist der auf den Planungszeitpunkt t_0 bezogene Ertragswert, wenn in den zurückliegenden fünf Geschäftsjahren folgende objektiv erzielbaren Jahresgewinne erwirtschaftet wurden?

Jahr	Gewinn in TEUR
t_{-5}	1.000
t_{-4}	1.050
t_{-3}	900
t_{-2}	700
t_{-1}	850
t_{-0}	

Zur Ermittlung des Ertragswerts ist im vorliegenden Fall von

- unendlicher Lebensdauer des Unternehmens,
- einem „landesüblichen Zins" von 6 Prozent und
- einem Risikozuschlag von 3 Prozent

auszugehen.

Wöhe S. 576 f.

Für die abgelaufenen fünf Geschäftsjahre ergibt sich ein Durchschnittsgewinn von 900.000 EUR/Jahr. Der Kalkulationszinsfuß beziffert sich auf 9 Prozent. Bei unendlicher Lebensdauer des Unternehmens wird der Ertragswert EW als Barwert einer ewigen Rente nach folgender Formel ermittelt:

$$EW = \frac{G}{i} = \frac{900}{0{,}09} = \boxed{10.000}$$

Der Ertragswert beläuft sich also auf 10 Mio. EUR.

Aufgabe 40 Unternehmensbewertung nach dem Substanzwertverfahren

Das Unternehmen des Herrn A soll jetzt zum Substanzwertverfahren bewertet werden.

Aktiva	Bilanz A zum 31. 12. 01		Passiva
Grundstück und Gebäude	1.500	Eigenkapital	3.000
Sachanlagen	4.000	Verbindlichkeiten	4.500
Vorräte	1.400		
Kasse/Bank	600		
	7.500		7.500

Zusatzinformationen:

(1) Im Vermögen ist eine stille Rücklage in Höhe von 2.500 enthalten.

(2) Im Bilanzposten „Grundstücke und Gebäude" stecken nichtbetriebsnotwendige Vermögensteile (Mietwohngrundstücke), die zum Preis von 1.000 veräußert werden könnten.

(3) Firma A verfügt über ein selbstentwickeltes Patent, das zu einem Preis von 500 veräußert werden könnte.

(4) Der Ertragswert der Firma A beziffert sich auf 10.000 (vgl. Aufgabe 39).

Ermitteln Sie den Substanzwert (Teilreproduktionswert) der Firma A? Wie hoch ist der originäre Firmenwert?

Wöhe, S. 577 f.

Der Substanzwert/Teilreproduktionswert lässt sich folgendermaßen ermitteln:

	Wiederbeschaffungswert des betriebsnotwendigen Vermögens (7.500 + 2.500 – 1.000)		9.000
+	Verkehrswert der isolierbaren, selbsterstellten immateriellen Vermögensgegenstände	+	500
–	Schulden	–	4.500
+	Liquidationswert des nichtbetriebsnotwendigen Vermögens	+	1.000
	Teilreproduktionswert/Substanzwert		**6.000**

Der originäre Firmenwert ist identisch mit dem Wert der nicht selbständig bewertbaren immateriellen Wirtschaftsgüter (Wert des Kundenstamms, Wert der Organisation usw.). Der originäre Firmenwert lässt sich nur indirekt ermitteln:

	Ertragswert	10.000
–	Teilreproduktionswert/Substanzwert	6.000
	Originärer Firmenwert	**4.000**

Erhöht man den Teilreproduktionswert um den originären Firmenwert, erhält man den Vollreproduktionswert, der mit dem Ertragswert identisch ist.

Aufgabe 41 Unternehmensbewertung nach dem Mittelwertverfahren

Ertrags- und Substanzwertverfahren führten in unserem Beispiel zu unterschiedlichen Ergebnissen:

Ertragswert (Aufgabe 39)	10.000
Substanzwert (Aufgabe 40)	6.000

Zu welchem Unternehmenswert gelangt man nach dem Mittelwertverfahren? Warum hat man dieses Bewertungsverfahren so konzipiert, dass es in der Regel zu einem unter dem Ertragswert liegenden Wertansatz führt?

Wöhe S. 578

Nach dem Mittelwertverfahren ergibt sich der Unternehmenswert aus der Formel

$$\text{Gesamtwert} = \frac{\text{Ertragswert} + \text{Substanzwert}}{2} = \frac{10.000 + 6.000}{2}$$

Der Unternehmenswert beziffert sich danach auf 8.000. Der originäre Firmenwert von 4.000 findet nur zur Hälfte Eingang in den Unternehmensmittelwert. Bei diesem Bewertungsverfahren trägt man den zukünftigen Ertragserwartungen absichtlich nicht in voller Höhe Rechnung. Da ein Unternehmen, das hohe Gewinne erwirtschaftet, stets der Gefahr ausgesetzt ist, dass diese Gewinne durch das Auftauchen neuer Konkurrenten abschmelzen, halten es die Verfechter dieses Bewertungsverfahrens für angebracht, die künftigen „Übergewinne" nur zur Hälfte zu berücksichtigen. Die Schwäche dieses Wertermittlungskonzepts liegen in der Bestimmung des Substanzwertes: Solange der Substanzwert als Teil- und nicht als Vollreproduktionswert ermittelt wird, führt eine substanzorientierte Unternehmensbewertung zu unbrauchbaren Ergebnissen.

Aufgabe 42 Unternehmensbewertung nach dem Verfahren der Übergewinnkapitalisierung

Dieses Bewertungsverfahren unterteilt den erwarteten Gewinn von 900 (in TEUR) aus Aufgabe 39, in einen Normalgewinn und einen Übergewinn. Als Normalgewinn gilt die Verzinsung (9 Prozent) des Substanzwertes (6.000). Zur Berücksichtigung des Risikos wird der Übergewinn mit einem erhöhten Kalkulationszinsfuß – hier: 20 Prozent – diskontiert. Wie hoch ist der Unternehmenswert?

Wöhe S. 578

Bei einem Gesamtgewinn von 900 lassen sich Normalgewinn und Übergewinn folgendermaßen berechnen:

Normalgewinn	6.000 · 0,09	540
Übergewinn	900 – 540	360

Der Unternehmenswert setzt sich nach diesem Bewertungsverfahren aus folgenden Faktoren zusammen:

	Substanzwert		6.000
+	Barwert des Übergewinns	$\frac{360}{0,20}$	1.800
	Wert der Unternehmung		7.800

Während das Mittelwertverfahren die durch einen zukünftigen verschärften Wettbewerb drohende Gefahr von Gewinneinbußen dadurch zu berücksichtigen sucht, dass es den Firmenwert nur zur Hälfte zum Bestandteil des Unternehmenswertes werden lässt, versucht die Methode der Übergewinnkapitalisierung das gleiche Ziel mit anderen Mitteln zu erreichen: die über das Normalmaß (= Verzinsung der

Unternehmenssubstanz) hinausgehenden zukünftigen Gewinne, der Übergewinn also, wird so stark abgezinst, dass diese kapitalisierten Gewinnteile den Wert der Unternehmung nur noch vergleichsweise geringfügig erhöhen.

Aufgabe 43 Unternehmensbewertung nach dem Verfahren der verkürzten Goodwillrentendauer

Auch dieses Bewertungsverfahren unterteilt den erwarteten Gewinn von 900 (in TEUR), wie in Aufgabe 42 dargestellt, in einen Normal- und einen Übergewinn.

Normalgewinn	6.000 · 0,09	540
Übergewinn	900 – 540	360

Von der Idee vollkommener Märkte ausgehend hält man den Übergewinn für nicht nachhaltig erzielbar. Nach einer weitverbreiteten Bewertungskonzeption billigt man ihm eine „Lebensdauer" von fünf Jahren zu. Bei der Diskontierung geht man vom „normalen" Kalkulationszinsfuß von 9 Prozent (vgl. Aufgabe 39) aus. Wie hoch ist nach diesem Bewertungsverfahren der Unternehmenswert?

Wöhe S. 578

Der Barwert des Übergewinns lässt sich folgendermaßen ermitteln:

Übergewinn	·	RBF*	=	Barwert
360	·	3,8897	=	1.400

* Rentenbarwertfaktor 9 %/5 Jahre

Damit gelangt man zu folgendem Unternehmenswert:

	Substanzwert	6.000
+	Barwert des Übergewinns	1.400
	Wert der Unternehmung	7.400

Aufgabe 44 Unternehmensbewertung nach der DCF-Methode

Die ETERNA-AG ist ein erfolgreiches Unternehmen. Man rechnet für die Zukunft mit weiterem Gewinnwachstum und geht von einer unbegrenzten Lebensdauer des Unternehmens aus.

Für das abgelaufene Geschäftsjahr (Periode 0) hat die ETERNA-AG folgende GuV-Rechnung vorgelegt:

	GuV-Rechnung (Periode 0)	(in Mio. EUR)
	Umsatzerlöse	10.000
+	sonstige betriebliche Erträge	500
–	Personalaufwand	3.000
–	Abschreibungsaufwand	2.300
–	sonstiger betrieblicher Aufwand	2.000
–	Zinsaufwand	1.200
	Ergebnis aus gewöhnlicher Geschäftstätigkeit	2.000
+	a.o. Erträge	84
–	a.o. Aufwendungen	114
–	sonstige Steuern	30
–	Steuern vom Einkommen und Ertrag	200
	Jahresüberschuss	**1.740**

Die **sonstigen betrieblichen Erträge** resultieren aus der erfolgswirksamen Auflösung einer Rückstellung.

Der **Zinsaufwand** von 1.200 bezieht sich auf einen Roll-over-Kredit in Höhe von 20.000, der mit 6 Prozent verzinst wird. Für die Zukunft rechnet man mit

- konstantem Zinssatz von 6 Prozent und
- konstantem Kreditvolumen von 20.000.

Die Fremdkapitalquote ($\frac{FK}{GK}$) liegt gegenwärtig bei 50 % und soll in Zukunft nicht verändert werden.

Auf der Ertragseite sind Umsatzerlöse, auf der Aufwandseite sind

- **Personalaufwand**,
- **sonstiger betrieblicher Aufwand,**
- **Zinsaufwand** und
- **Steuern**

in voller Höhe **zahlungswirksam.**

Der **Planungszeitraum** soll die kommenden **fünf Perioden** umfassen. Für eine Planungsrechnung ist bei den entscheidenden Ertrag- und Aufwandpositionen von folgenden Veränderungen auszugehen:

Position	**jährliche Veränderungsrate**
Umsatzerlöse	+ 10 Prozent
Personalaufwand	+ 9 Prozent
sonstiger betrieblicher Aufwand	+ 4 Prozent
sonstige Steuern	unverändert
Ertragsteuern	+ 12 Prozent

Aus den für die kommenden fünf Jahre erstellten Planbilanzen lässt sich folgende (geplante) **Veränderung** des **Anlage- bzw. Umlaufvermögens** (Erhöhung –; Minderung +) entnehmen.

Planperiode	**(1)**	**(2)**	**(3)**	**(4)**	**(5)**
AV (Erhöhung –/Minderung +)	– 3.000	– 2.600	– 1.500	– 2.800	– 5.500
UV (Erhöhung –/Minderung +)	– 396	+ 8	– 364	+ 79	– 174

Der frei verfügbare Einzahlungsüberschuss einer Planperiode (Free-Cash-Flow = FCF) wird einerseits zur Zinszahlung (FKZ) an die Fremdkapitalgeber, andererseits zur Ausschüttung an die Aktionäre verwendet. Weitere Zahlungen zwischen der ETERNA-AG und ihren Aktionären (Kapitalerhöhungen/Kapitalherabsetzungen) sind nicht vorgesehen.

Wöhe S. 570–575

Teilaufgabe a)

Wie hoch ist der Brutto-Cash-Flow der abgelaufenen Periode 0?

Ausgangspunkt zur Ermittlung des Brutto-Cash-Flow ist das Betriebsergebnis vor Zinsen und Steuern. Das a. o. Ergebnis bleibt also bei der Unternehmensbewertung außer Betracht.

	Betriebsergebnis aus gewöhnlicher Geschäftstätigkeit vor Steuern	2.000
+	Fremdkapitalzinsen	+ 1.200
	Betriebsergebnis vor Zinsen und Steuern	**3.200**
−	Unternehmenssteuern	
	sonstige Steuern	− 30
	Ertragsteuern	− 200
	Betriebsergebnis vor Zinsen	**2.970**
+	Abschreibungen	+ 2.300
−	Auflösung von Rückstellungen	− 500
	Brutto-Cash-Flow	**4.770**

Der aus der laufenden Geschäftstätigkeit der abgelaufenen Periode erwirtschaftete Einzahlungsüberschuss (= Brutto-Cash-Flow) beziffert sich auf 4.770.

Probe:

	Umsatzerlöse	10.000
−	Personalaufwand	− 3.000
−	sonstiger betrieblicher Aufwand	− 2.000
−	sonstige Steuern	− 30
−	Ertragsteuern	− 200
	Brutto-Cash-Flow	**4.770**

Teilaufgabe b)

Wie hoch ist der für die fünf Planperioden erwartete Brutto-Cash-Flow? Ermitteln Sie darüber hinaus den Free-Cash-Flow!

	Planperiode	(1)	(2)	(3)	(4)	(5)
	Umsatzerlöse	11.000	12.100	13.310	14.641	16.105
−	Personalaufwand	3.270	3.564	3.885	4.235	4.616
−	sonstiger betrieblicher Aufwand	2.080	2.163	2.250	2.340	2.433
−	sonstige Steuern	30	30	30	30	30
−	Ertragsteuern	224	251	281	315	352
	Brutto-Cash-Flow	**5.396**	**6.092**	**6.864**	**7.721**	**8.674**
	Änderung Anlagevermögen*	− 3.000	− 2.600	− 1.500	− 2.800	− 5.500
	Änderung Umlaufvermögen*	− 396	+ 8	− 364	+ 79	− 174
	Free-Cash-Flow	**2.000**	**3.500**	**5.000**	**5.000**	**3.000**

* Erhöhung – (Geldabfluss); Minderung + (Geldzufluss)

Korrigiert man den Brutto-Cash-Flow um die Geldabflüsse (Geldzuflüsse), die auf Investitionen (Desinvestitionen) im Anlage- und Umlaufvermögen zurückzuführen sind, erhält man den Free-Cash-Flow. Der Free-Cash-Flow ist der Geldbetrag, der aus dem Unternehmen an die Eigen- und Fremdkapitalgeber zurückfließt.

Teilaufgabe c)

Die ETERNA-AG ist in einem konjunktursensitiven Wirtschaftssektor tätig. Entsprechend hoch ist ihr Beta-Faktor (1,5).

Wie hoch ist im Falle der ETERNA-AG

- die gewünschte Fremdkapitalverzinsung i_F,
- die gewünschte Eigenkapitalverzinsung i_E,
- der gewogene Kapitalkostensatz (WACC) i_G?

Bei der Ermittlung der Kapitalkosten ist von folgenden Werten auszugehen:
- risikoloser Basiszins i_B = 4 Prozent
- unternehmensspezifischer Risikozuschlag für Fremdkapital 2 Prozent
- Zins des Marktportefeuilles μ_M = 8 Prozent
- Eigenkapitalquote 50 Prozent.

Wöhe S. 573 f.

Die von den Fremdkapitalgebern gewünschte Mindestverzinsung i_F beläuft sich auf 6 Prozent:

$\mathbf{i_F} = i_B + \text{Risikozuschlag} = 0{,}04 + 0{,}02 = \mathbf{0{,}06}$

Die von den Eigenkapitalgebern gewünschte Mindestverzinsung i_E ist abhängig vom risikolosen Basiszins i_B, vom Zuschlag zur Abdeckung des allgemeinen Marktrisikos $(\mu_M - i_B)$ und vom unternehmensspezifischen Risikoaufschlag, der durch den Beta-Faktor β ausgedrückt wird:

$$\mathbf{i_E} = i_B + \beta\,(\mu_M - i_B)$$
$$\mathbf{i_E} = 0{,}04 + 1{,}5\,(0{,}08 - 0{,}04) = \mathbf{0{,}10}$$

Die gewünschte Mindestverzinsung des Eigenkapitals i_E beziffert sich auf 10 Prozent.

Die gewogenen Kapitalkosten (WACC) i_G werden nach folgender Formel ermittelt:

$$\mathbf{i_G} = i_E \cdot \frac{EK}{GK} + i_F \cdot \frac{FK}{GK}$$

$$\mathbf{i_G} = 0{,}10 \cdot \frac{1}{2} + 0{,}06 \cdot \frac{1}{2} = 0{,}08$$

Zur Ermittlung des Marktwerts des Gesamtkapitals (= Gesamtwert der Unternehmung) ist der Free-Cash-Flow (FCF) mit dem Gesamtkapitalkostensatz i_G von 8 Prozent zu diskontieren.

Teilaufgabe d)

Wie hoch ist der Unternehmensgesamtwert UW der ETERNA-AG?

Lösungshinweis: Nach Beendigung des Planungszeitraums wird ein gleichbleibender Free-Cash-Flow in Höhe des Free-Cash-Flow der letzten Planungsperiode erwartet.

Bei einem Planungszeitraum von fünf Jahren ist der Unternehmensgesamtwert UW nach folgender Formel zu ermitteln:

$$UW = \sum_{t=1}^{5} (FCF_t) \cdot (1 + i_G)^{-t} + \frac{FCF_5}{i_G} \cdot (1 + i_G)^{-5}$$

Der erwartete Free-Cash-Flow wurde in Teilaufgabe b) ermittelt. Danach ist jenseits des Planungszeitraums, also ab t_6, auf unbegrenzte Zeit ein gleichbleibender Free-Cash-Flow in Höhe von 3.000 zu erwarten. Der Barwert dieser – nach t_5 erwarteten – ewigen Rente beträgt 37.500 (3.000 : 0,08 = 37.500). Zur Ermittlung von UW ist dieser Rentenbarwert von t_5 auf t_0 abzuzinsen.

Periode	FCF	Abzinsungsfaktor (8 Prozent)	Barwert
(1)	2.000	0,9259	1.852
(2)	3.500	0,8573	3.001
(3)	5.000	0,7938	3.969
(4)	5.000	0,7350	3.675
(5)	3.000	0,6806	2.042
(6) bis ∞	37.500	0,6806	25.523
Unternehmensgesamtwert UW			**40.062**

Der nach der Free Discounted Cash-Flow-Methode ermittelte Unternehmensgesamtwert der ETERNA-AG beziffert sich auf 40.062.

Teilaufgabe e)

Wie hoch ist der Marktwert des Eigenkapitals der ETERNA-AG? Ermitteln Sie den Marktwert des Eigenkapitals nach der Brutto- und nach der Nettomethode!

Wöhe S. 574 f.

Der Marktwert des Eigenkapitals EKW lässt sich – unter Berücksichtigung der vereinfachenden Annahmen des vorliegenden Falles – nach folgenden Formeln ermitteln.

Bruttomethode:

$$EKW = UW - FKW$$

$$EKW = \sum_{t=1}^{5} FCF_t \cdot (1+i_G)^{-t} + \frac{FCF_5}{i_G} \cdot (1+i_G)^{-5} - \frac{FKZ_t}{i_F}$$

Nettomethode:

$$EKW = \text{Barwert des Entnahmestroms der Aktionäre}$$

$$EKW = \sum_{t=1}^{5} (FCF_t - FKZ_t) \cdot (1+i_E)^{-t} + \frac{FCF_5 - FKZ_5}{i_E} \cdot (1+i_E)^{-5}$$

FKW = Marktwert des Fremdkapitals
FKZ_t = jährliche Zahlung von Fremdkapitalzinsen

Bei gleichbleibendem Fremdkapitalzinssatz i_F, gleichbleibendem Kreditvolumen FK und unendlicher Kreditlaufzeit lässt sich der **Marktwert des Fremdkapitals** als Barwert einer ewigen Rente in Höhe der Fremdkapitalzinsen FKZ ermitteln:

$$FKW = \frac{FKZ_t}{i_F} = \frac{1.200}{0,06} = 20.000$$

Bei Anwendung der **Bruttomethode** beziffert sich **der Marktwert des Eigenkapitals** auf UW – FKW, also (40.062 – 20.000) **20.062.**

Bei Anwendung der **Nettomethode** ist der Free-Cash-Flow (FCF) um die Fremdkapitalzinsen (FKZ) zu kürzen. Der den Aktionären zufließende Nettobetrag (FCF – FKZ) ist mit dem Eigenkapitalkostensatz i_E zu diskontieren:

Periode	FCF – FKZ	=	Nettobetrag	Abzinsungsfaktor (10 Prozent)	Barwert
(1)	2.000 – 1.200	=	800	0,9091	727
(2)	3.500 – 1.200	=	2.300	0,8264	1.901
(3)	5.000 – 1.200	=	3.800	0,7513	2.855
(4)	5.000 – 1.200	=	3.800	0,6830	2.595
(5)	3.000 – 1.200	=	1.800	0,6209	1.118
(6) bis ∞			18.000	0,6209	11.176
Marktwert des Eigenkapitals					**20.372**

Von der sechsten Periode an ist ein jährlicher Nettobetrag von 1.800 zu erwarten. Bezogen auf t_5 entspricht dies dem Barwert einer ewigen Rente von 18.000 (1.800 : 0,10). Dieser Betrag ist auf t_0 abzuzinsen.

Bei der Ermittlung des Marktwerts des Eigenkapitals nach der Brutto- bzw. Nettomethode gibt es eine geringfügige Betragsabweichung. Zu einer solchen Betragsabweichung kommt es immer dann, wenn der Free-Cash-Flow kein kontinuierlicher Zahlungsstrom ist.

Aufgabe 45 Marktwert des Eigenkapitals und Verschuldungsgrad

An der VALOR AG sind die beiden Familienstämme A und B zu jeweils 50% beteiligt. Zur Bewertung der VALOR AG erhalten Sie folgende Informationen.

Unternehmensdaten der VALOR AG	
Gegenwärtiger Gewinn (EUR/Jahr)	10 Mio.
Erwarteter Gewinn (EUR/Jahr)	10 Mio.
Planungshorizont	unbegrenzt
Verschuldungsgrad	null
Anzahl ausgegebener Aktien (Stück)	1 Mio.
Gewünschte Eigenkapitalverzinsung (Prozent)	10
Gewinn/Aktie (EUR)	10
Börsenkurs/Aktie (EUR)	100

Teilaufgabe a)

Wie hoch ist der

- Unternehmensgesamtwert UW
- Marktwert des Eigenkapitals
- Marktwert der Unternehmensbeteiligungen A und B

der VALOR AG?

Wöhe S. 198 und S. 576 f.

Die VALOR AG ist vollständig mit Eigenkapital finanziert. Deshalb sind der Unternehmensgesamtwert UW und der Marktwert des Eigenkapitalsdeckungsgleich.

Wertverhältnisse der VALOR AG	
Unternehmensgesamtwert (EUR)	100 Mio.
Marktwert des Eigenkapitals (EUR)	100 Mio.
Marktwert der Beteiligung A (EUR)	**50 Mio.**
Marktwert der Beteiligung B (EUR)	50 Mio.

Der Unternehmensgesamtwert UW lässt sich im vorliegenden Fall nach der Formel der ewigen Rente

$$UW = \frac{E - A}{i} = \frac{10 \text{ Mio.}}{0{,}10} = 100 \text{ Mio.}$$

ermitteln. Der Marktwert des Eigenkapitals entspricht dem Produkt aus Aktienanzahl und Aktienkurs und beziffert sich im vorliegenden Fall ebenfalls auf 100 Mio. EUR.

Teilaufgabe b)

Der Familienstamm B lässt die Bereitschaft erkennen, seine Aktien zum Börsenkurs von 100 EUR/Stück zu verkaufen. Zu diesem Zweck legt die VALOR AG ein Aktienrückkaufprogramm über 500.000 Aktien zum Kurs von 100 EUR/Stück auf. Der Gesamtkaufpreis von 50 Mio. EUR wird durch die Aufnahme langfristigen Fremdkapitals, das zu 4 Prozent zu verzinsen ist, finanziert. Welchen Marktwert hat die Beteiligung A nach dieser Transaktion, wenn die A-Aktionäre weiterhin eine Eigenkapitalverzinsung in Höhe von 10 Prozent erwarten? Wie lässt sich die Steigerung des Shareholder Value für die A-Aktionäre erklären?

Wöhe S. 663 f.

Durch den Rückkauf der B-Aktien kommt es zu einem Passivtausch. An die Stelle der eingezogenen B-Aktien (Marktwert 50 Mio. EUR) tritt durch die Kreditaufnahme Fremdkapital in Höhe von 50 Mio. EUR.

Bei einem Zinssatz von 4 Prozent belaufen sich die Fremdkapitalzinsen auf 2 Mio. EUR pro Jahr. Durch den zusätzlichen Zinsaufwand reduziert sich der Gewinn der VALOR AG von 10 Mio. auf 8 Mio. EUR/Jahr.

Wertverhältnisse der VALOR AG	
Nach fremdfinanziertem Aktienrückkauf	
Bisheriger Gewinn (EUR)	10 Mio.
– Fremdkapitalzinsen (EUR)	2 Mio.
Aktueller und künftiger Gewinn (EUR)	8 Mio.
Anzahl verbliebener A-Aktien (Stück)	500.000
Gewünschte Eigenkapitalverzinsung (Prozent)	10
Gewinn/Aktie (EUR)	16
Börsenkurs/Aktie (EUR)	160
Marktwert der Beteiligung A (EUR)	**80 Mio.**

Der Marktwert der Beteiligung A steigt von 50 Mio. auf 80 Mio. EUR. Die Steigerung des Shareholder Value ist auf den Leverage-Effekt zurückzuführen: An die Stelle teueren Eigenkapitals (i_E = 10 Prozent) tritt billiges Fremdkapital (i_F = 4 Prozent). Da die verbleibenden A-Aktionäre – trotz gestiegenen Risikos – ihren Mindestverzinsungswunsch (i_E = 10 Prozent) nicht erhöht haben, steigt der Börsenkurs der Aktien und damit der Shareholder Value der A-Beteiligung um 30 Mio. EUR an.

Aufgabe 46 Unternehmensbewertung nach dem IDW-Verfahren – objektivierter Wert

Ein Wirtschaftsprüfer erhält den Auftrag als neutraler Gutachter, den objektiven Unternehmenswert nach dem Ertragswertverfahren zu ermitteln. Dabei soll er die Empfehlungen des Instituts der Wirtschaftsprüfer berücksichtigen.

Grundsätzlich wird zur Unternehmensbewertung nach dem IDW S1 die Planung in eine Detailplanungsphase (3–5 Jahre) und eine Fortführungsphase unterteilt (2-Phasenmodell). In der Detailplanungsphase sind die Plan-GuV, Plan-Bilanzen und Plan-Finanzpläne der nächsten 3–5 Jahre zu bestimmen. In der Fortführungsphase wird in der Regel ausgehend von dem in der Detailplanungsphase ermittelten Ertrag eine langfristige Fortschreibung dieses Ertrages (Terminal Value) unter Berücksichtigung von Trendentwicklungen vorgenommen. Bei Annahme unendlicher Fortführung des Unternehmens wird eine ewige Rente unterstellt.

Die Ertragsüberschüsse werden bei dieser Aufgabe zur Vereinfachung aus den Erfolgen der Vergangenheit abgeleitet (vgl. die Angaben in Aufgabe 39). Die Gewinne früherer Jahre werden mit einem Jahresfaktor von 5 bis 1 gewichtet, wobei der am weitesten zurückliegende Jahresgewinn am schwächsten zu gewichten ist. Aus den so gewichteten Vergangenheitserfolgen ist ein Mittelwert (MW) zu errechnen. Von diesem ist ein Substanzerhaltungsabschlag von 20 Prozent vorzunehmen. Der auf diesem Wege ermittelte korrigierte Wert (kMW) soll die Ertragsüberschüsse aus dem betriebsnotwendigen Vermögen unter Berücksichtigung des Abzugs von Ertragssteuern darstellen. In den nächsten 3 Jahren wird ein Wachstum der Ertragsüberschüsse von 5 % (Steuern berücksichtigt) unterstellt. Danach bleiben die Ertragsüberschüsse unverändert. Die Ertragsüberschüsse können und sollen voll ausgeschüttet werden.

Der Liquidationserlös des nichtbetriebsnotwendigen Vermögens beträgt 1.000 (vgl. Aufgabe 40). Der nach den Tax-CAPM ermittelte Kapitalisierungszinssatz beträgt 10 %. Dieser soll für die gesamte Unternehmensbewertung als unveränderlich angenommen werden.

Wie hoch ist der objektivierte Unternehmenswert?

Wöhe, S. 575–579

(1) Ermittlung des Mittelwertes aus den Erträgen der vergangenen Jahre

$$\textbf{MW} = \frac{850 \cdot 5 + 700 \cdot 4 + 900 \cdot 3 + 1.050 \cdot 2 + 1.000 \cdot 1}{15} = \textbf{857}$$

$$\textbf{kMW} = 857 \cdot 0{,}80 = \textbf{686}$$

(2) Ermittlung des Barwertes in der Detailplanungsphase

$$686 \cdot 1{,}05 \cdot 1{,}1^{-1} + 686 \cdot 1{,}05^2 \cdot 1{,}1^{-2} + 686 \cdot 1{,}05^3 \cdot 1{,}1^{-3} = \textbf{1.876}$$

(3) Ermittlung des Barwertes in der Fortführungsphase

$686 \cdot 1{,}05^3 = 794$ (Terminal Value)

$$\textbf{ewige Rente: } \frac{794}{0{,}1} \cdot 1{,}1^{-3} = \textbf{5.965}$$

(4) Addition des Liquidationswertes des nichtbetriebsnotwendigen Vermögens **1.000**

Objektiver Unternehmenswert **8.841**

Aufgabe 47 Unternehmensbewertung nach dem IDW-Verfahren – subjektiver Wert

Dem kaufinteressierten C wird das Unternehmen zum Preis von 9 Mio. EUR angeboten. C gibt ein Wertgutachten in Auftrag, das seine subjektive Entscheidungssituation berücksichtigen soll. Dabei sollen folgende subjektive Erwartungen des C berücksichtigt werden.

Detailplanungsphase	Ertragsüberschüsse aus betriebsnotwendigem Vermögen (unter Berücksichtigung von Steuern)
t_1	750
t_2	800
t_3	850

Ab Periode t_3 soll das Unternehmen unendlich fortgeführt werden. Es wird ein Terminal Value von 850 unterstellt. Der nach den Tax-CAPM ermittelte Kapitalisierungszins beträgt für C 9%. Dieser soll für die gesamte Unternehmensbewertung als unveränderlich angenommen werden. Die Erträge können und sollen immer ausgeschüttet werden.

Wie hoch ist der subjektive Unternehmenswert?

Wöhe S. 575–579

(1) Ermittlung des Barwertes in der Detailplanungsphase

$750 \cdot 1{,}09^{-1} + 800 \cdot 1{,}09^{-2} + 850 \cdot 1{,}09^{-3}$ **2.018**

(2) Ermittlung des Barwertes in der Fortführungsphase

ewige Rente: $\frac{850}{0{,}09} \cdot 1{,}09^{-3}$ **7.293**

(3) Addition des Liquidationswertes des nichtbetriebsnotwendigen Vermögens **1.000**

Subjektiver Unternehmenswert **10.311**

Der nach dem Ertragswertverfahren ermittelte subjektive Unternehmenswert für C beziffert sich auf gut 10,3 Mio. EUR. Ein Kauf für 9 Mio. EUR erscheint vorteilhaft.

Testfragen

Den folgenden Fragen sind Antworten beigegeben, die teils richtig, teils falsch sind. Ihre Aufgabe besteht darin, die richtigen Antworten herauszufinden und zu begründen, warum sie richtig und die anderen falsch sind. Die Lösungen finden Sie im Anschluss an die letzte Frage. Gelingt Ihnen die Begründung nicht, so ist es empfehlenswert, die erfragten Zusammenhänge und Definitionen im „Wöhe" noch einmal durchzuarbeiten. Das Stichwortverzeichnis des „Wöhe" wird Ihnen helfen, sich schnell zurechtzufinden.

(1) Was versteht man unter dem Gesamtwert eines Unternehmens?
- (a) Den Barwert aller künftigen Geldentnahmen durch den/die Unternehmenseigentümer (Eigenkapitalgeber),
- (b) die Summe aller in der Bilanz ausgewiesenen Vermögenswerte,
- (c) die Summe aus bilanziertem Eigen- und Fremdkapital,
- (d) die Bilanzsumme zuzüglich des Firmenwertes.

(2) Welche der folgenden Behauptungen ist richtig? Der theoretisch richtige Gesamtwert eines Unternehmens
- (a) entspricht dem Kapitalwert des Unternehmens,
- (b) entspricht dem Kapitalwert zuzüglich der Anschaffungsauszahlungen,
- (c) entspricht dem Kapitalwert abzüglich der Anschaffungsauszahlungen,

(d) entspricht dem Kapitalwert abzüglich des Restverkaufserlöses,
(e) entspricht ihrem Verkaufspreis.

(3) Bei welchem der folgenden Anlässe ist eine Gesamtbewertung eines Unternehmens erforderlich?
(a) Aufstellung der Jahresbilanz
(b) Verkauf des Unternehmens
(c) Feststellung des Auseinandersetzungsguthabens eines ausscheidenden Gesellschafters
(d) Fusion zweier Gesellschaften
(e) Liquidation eines Unternehmens

(4) Welche der folgenden Behauptungen ist richtig? Der Gesamtwert eines Unternehmens ist für zwei potentielle Käufer des Unternehmens
(a) immer gleich;
(b) unterschiedlich, weil beide unterschiedlich hohe Einzahlungsüberschüsse erzielen können;
(c) unterschiedlich, weil beide mit unterschiedlichen Kalkulationszinsfüßen rechnen;
(d) unterschiedlich, weil beide mit unterschiedlich hohen Anschaffungsauszahlungen für das Unternehmen rechnen;
(e) unterschiedlich, weil beide beim späteren Verkauf des Unternehmens mit unterschiedlich hohen Verkaufserlösen rechnen.

(5) Welche der folgenden Behauptungen ist richtig? Der Eigentumsübergang an einem Unternehmen kann zustande kommen, wenn
(a) der Gesamtwert für den Käufer größer als für den Verkäufer ist;
(b) der Gesamtwert für den Käufer gleich hoch wie für den Verkäufer ist;
(c) der Gesamtwert für den Käufer kleiner als für den Verkäufer ist.

Lösungen: Richtig sind die Antworten: 1 a; 2 b; 3 b, c, d; 4 b, c, e; 5 a, b.

III. Die Finanzierung

1. Grundlagen der Finanzplanung

Wiederholungsfragen:

	Wöhe Seite
Durch welche Maßnahmen können Investitionsvolumen und Finanzierungspotential aufeinander abgestimmt werden?	580
Welches Ziel verfolgt die Finanzplanung?	581
Welcher Zusammenhang besteht zwischen der Unsicherheit künftiger Ein- und Auszahlungen einerseits und der Liquiditätsvorsorge andererseits?	581
Was versteht man unter zeitraum- und zeitpunktbezogener Liquidität?	581
Welcher Zusammenhang besteht zwischen Zahlungsmittelbeständen (= Liquidität), Insolvenzvorsorge und Gewinnstreben?	582
Durch welche Anpassungsmaßnahmen lässt sich die Überliquidität bzw. Unterliquidität ausgleichen?	582
Welche Rolle spielt der Cash-Flow im Rahmen der mittelfristigen Finanzplanung?	584
Wie ist der operative Cash-Flow im einfachsten Modell der finanzwirtschaftlichen Cash-Flow-Analyse definiert?	584
Von welchen Daten geht die strategische Finanzplanung aus?	585
Welche Teilfragen stellen sich im Rahmen der mittelfristigen Finanzplanung?	586
Wie ist die Liquidität 1., 2. bzw. 3. Grades definiert?	586
Welche Planungsgrößen gehen in einen zukunftsbezogenen kurzfristigen Finanzplan ein?	587

Aufgabe 48 Liquiditätskennziffern

Die Firma SOLVENZ hat zum 31. 12. 01 folgende Bilanz (in TEUR) erstellt:

Aktiva		Bilanz zum 31. 12. 01	Passiva
Grundstücke	180	Eigenkapital	90
Geschäftsausstattung	30	Rückstellungen	60
Langfristige Darlehensforderungen	70	Langfristige Darlehensverbindlichkeiten	150
Warenvorräte	50	Kurzfristige Darlehensverbindlichkeiten	70
Forderungen aus Lieferungen und Leistungen	40	Lieferantenverbindlichkeiten	30
Zahlungsmittel	30		
	400		**400**

Teilaufgabe a)

Wie hoch ist die Liquidität 1., 2. bzw. 3. Grades?

Wöhe S. 586

Liquidität

$$\textbf{1. Grades} = \frac{\text{Zahlungsmittel (ZM)}}{\text{kurzfristige Verbindlichkeiten}} \cdot 100 = \frac{30}{100} \cdot 100 = \textbf{30\%}$$

$$\textbf{2. Grades} = \frac{\text{ZM + kurzfristige Forderungen}}{\text{kurzfristige Verbindlichkeiten}} \cdot 100 = \frac{30 + 40}{100} \cdot 100 = \textbf{70\%}$$

$$\textbf{3. Grades} = \frac{\text{ZM + kurzfristige Forderungen + Vorräte}}{\text{kurzfristige Verbindlichkeiten}} \cdot 100 = \frac{30 + 40 + 50}{100} \cdot 100 = \textbf{120\%}$$

Teilaufgabe b)

Was besagt die Liquidität 3. Grades? Die Firma SOLVENZ muss gleich zu Beginn der Periode 02 damit rechnen, dass

- Löhne in Höhe von 25 TEUR zu zahlen sind und
- 20 Prozent der langfristigen Darlehensverbindlichkeiten zur Rückzahlung fällig werden.

Sichert unter diesen Bedingungen eine Liquidität 3. Grades in Höhe von 120 Prozent die Zahlungsfähigkeit der Firma SOLVENZ in Periode 02?

Eine Liquidität 3. Grades von 120 Prozent sagt aus, dass die kurzfristigen Verbindlichkeiten zu 120 Prozent durch Zahlungsmittel und kurzfristig liquidisierbare Vermögensgegenstände (kurzfristige Forderungen und Warenvorräte) gedeckt sind. Aus der zeitpunktbezogenen Liquiditätsanalyse lassen sich aber keine tragfähigen Rückschlüsse auf die (zeitraumbezogene) künftige Zahlungsfähigkeit ziehen.

Im vorliegenden Fall sind zwar die zum 31. 12. 01 ausgewiesenen kurzfristigen Verbindlichkeiten zu 120 Prozent durch Liquidität (3. Grades) gedeckt. Berücksichtigt man aber, dass neben den kurzfristigen Verbindlichkeiten von 100 schon in naher Zukunft weitere Auszahlungen von 25 (Löhne) bzw. 30 (Kredittilgung) fällig werden, steht dem Liquiditätspotential von 120 ein Auszahlungsvolumen von 155 gegenüber. Damit ist die künftige Zahlungsfähigkeit gefährdet.

Aufgabe 49 Cash-Flow-Analyse und mittelfristige Finanzplanung

Zur Vorbereitung ihrer mittelfristigen Finanzplanung geht die Firma RATIO für jedes der kommenden fünf Jahre von folgender Plan-Gewinn- und Verlustrechnung aus:

Soll	Plan GuV		Haben
Wareneinsatz	250	Umsatzerlöse	800
Personalaufwand	150	Andere Erträge	200
Mietaufwand	30		
Zinsaufwand	70		
Abschreibungsaufwand	180		
Zuführung zu langfristigen Rückstellungen	70		
Gewinn	250		
	1.000		**1.000**

Wie hoch ist der Brutto-Cash-Flow? Wie hoch ist der Netto-Cash-Flow, wenn
- eine Gewinnsteuerbelastung von 40 Prozent zu erwarten ist und wenn
- der Nettogewinn jeweils zu 50 Prozent ausgeschüttet werden soll?

Welcher Zusammenhang besteht zwischen dem erwarteten Netto-Cash-Flow und dem mittelfristig erwarteten Innenfinanzierungsvolumen?

Wöhe S. 584 f.

Brutto- und Netto-Cash-Flow lassen sich folgendermaßen ermitteln:

	Gewinn	250
+	Abschreibungsaufwand	180
+	Zuführung zu langfristige Rückstellungen	70
	Brutto-Cash-Flow	**500**
–	Gewinnsteuer (40 % von 250)	100
–	Ausschüttung (50 % von 150)	75
	Netto-Cash-Flow	**325**

Die finanzwirtschaftliche Cash-Flow-Analyse geht von der Fiktion aus, dass
- alle Erträge einzahlungswirksam und
- alle Aufwendungen mit Ausnahme der Abschreibungen und der Zuführung zu langfristigen Rückstellungen auszahlungswirksam sind.

Unter diesen – vereinfachten – Bedingungen zeigt ein (positiver) Brutto-Cash-Flow den für die Planperiode erwarteten Einzahlungsüberschuss. Verringert man diesen – vorläufigen – Einzahlungsüberschuss (500) um erwartete Gewinnsteuerzahlungen (100) und Gewinnausschüttungen (75), erhält man den Netto-Cash-Flow (325) als verbleibenden Einzahlungsüberschuss der Planperiode. Unter den vereinfachten modellmäßigen Annahmen zeigt sich im Netto-Cash-Flow der Teil der erwirtschafteten Einzahlungen, der weder zur
- Abdeckung zahlungswirksamer Aufwendungen noch zur
- Gewinnsteuerzahlung noch zur
- Gewinnausschüttung

benötigt wird. Unter den Annahmen des Modells spiegelt sich also im **Netto-Cash-Flow** das **planmäßige Innenfinanzierungsvolumen** des Unternehmens.

Aufgabe 50 Finanzierungspotential und Investitionsvolumen

Es gelten die Annahmen der Aufgabe 49. Die Firma RATIO kann also für die kommenden fünf Perioden – jeweils zum Periodenende – mit einem Netto-Cash-Flow (= Innenfinanzierungsvolumen) von 325 pro Periode rechnen. Darüber hinaus kann die Firma RATIO von folgenden Außenfinanzierungsmöglichkeiten ausgehen:

Zeitpunkt	Eigenkapitaleinlage	Kreditaufnahme	Kredittilgung
t_0	+ 1.000	+ 1.000	
t_1		+ 200	– 100
t_2		+ 200	– 100
t_3		+ 200	– 100
t_4	+ 150	+ 200	– 100
t_5			– 100

Wie hoch ist das maximale Investitionsvolumen, das die Firma RATIO jeweils zum Beginn der fünf kommenden Planperioden realisieren kann?

Wöhe S. 518 f.

Das mögliche Investitionsvolumen der kommenden fünf Perioden lässt sich folgendermaßen ermitteln:

Zeitpunkt	Innenfinanzierung	Außenfinanzierung			Investitionsvolumen
		Eigenkapital	Kreditaufnahme	Kredittilgung	
t_0		+ 1.000	+ 1.000		+ 2.000
t_1	+ 325		+ 200	– 100	+ 425
t_2	+ 325		+ 200	– 100	+ 425
t_3	+ 325		+ 200	– 100	+ 425
t_4	+ 325	+ 150	+ 200	– 100	+ 575
t_5	+ 325			– 100	+ 225

Zu Beginn der ersten (zweiten) Planperiode kann ein Investitionsvolumen von maximal 2.000 (425) realisiert werden.

Aufgabe 51 Kurzfristiger Finanzplan

Ein neu zu gründender Betrieb rechnet mit folgenden monatlichen Ein- und Auszahlungen aus seiner betrieblichen Tätigkeit ohne Berücksichtigung des Bereiches der Außenfinanzierung (in TEUR):

Anfang des Monats	t_0	t_1	t_2	t_3	t_4	t_5	t_6	t_7	t_8
Einzahlungen	0	20	40	60	60	60	60	60	60
Auszahlungen	80	40	40	40	40	40	40	40	40

Der Einfachheit halber wird angenommen, dass der Unternehmer keine Möglichkeit hat, dem Betrieb Eigenkapital von außen zuzuführen.

(a) Wieviel Kredit muss der Betrieb in den einzelnen Monaten bei seiner Hausbank aufnehmen?

(b) In welchem Monat ist der Betrieb erstmals in der Lage, mit der Kredittilgung zu beginnen?

(c) Wie hoch ist der Betrieb in den einzelnen Monaten verschuldet, wenn davon ausgegangen wird, dass die Einzahlungsüberschüsse zur Tilgung des Kredites verwandt werden?

(d) Zu welchem Zeitpunkt hat der Betrieb seinen Kredit bei der Hausbank vollständig getilgt?

Wöhe S. 587 f.

Die Ein- und Auszahlungen des Betriebes lassen sich folgendermaßen abbilden:

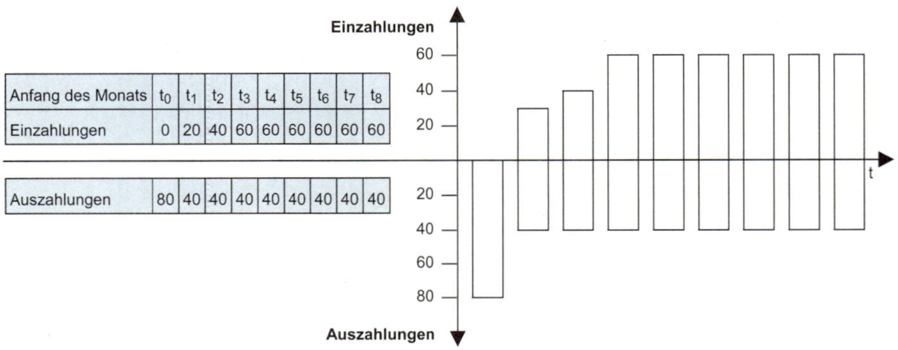

Werden Ein- und Auszahlungen gegeneinander aufgerechnet, dann erhält man entweder Auszahlungsüberschüsse (t_0 und t_1) oder Einzahlungsüberschüsse (t_3 bis t_8). Auszahlungsüberschüsse führen zur Kreditaufnahme, Einzahlungsüberschüsse dagegen werden zur Kredittilgung verwendet.

Einzahlungen	0	20	40	60	60	60	60	60	60
Auszahlungen	80	40	40	40	40	40	40	40	40
Kredittilgung	–	–	0	20	20	20	20	20	20
Kreditaufnahme	80	20	0	–	–	–	–	–	–

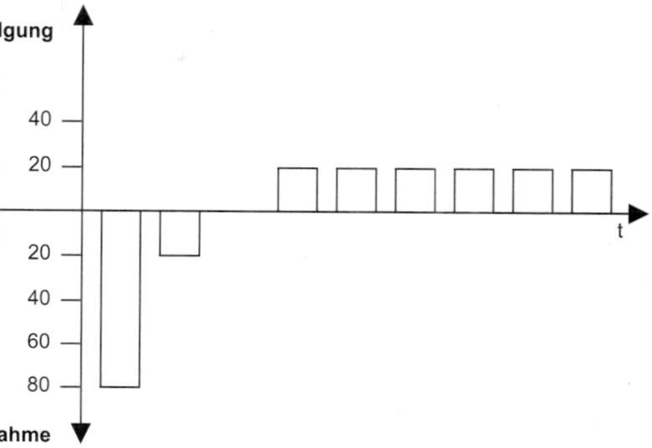

Jede Kreditaufnahme (= Auszahlungsüberschuss) führt zur Erhöhung der Schulden, jede Kredittilgung (= Einzahlungsüberschüsse) führt zur Reduzierung der Schulden. In t_8 sind die Einzahlungsüberschüsse (= Kredittilgung) so hoch, dass auf dem Kontokorrent ein Guthaben in Höhe von 20 verzeichnet werden kann.

Kredittilgung	–	–	0	20	20	20	20	20	20
Kreditaufnahme	80	20	0	–	–	–	–	–	–
Guthaben	–	–	–	–	–	–	–	0	20
Schulden	80	100	100	80	60	40	20	0	–

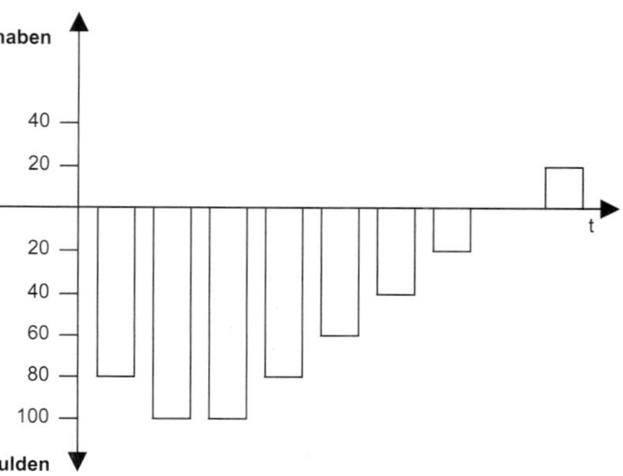

(a) Der Betrieb muss zu Beginn des ersten Monats 80.000 EUR und Anfang des zweiten Monats nochmals zusätzlich 20.000 EUR Kredit aufnehmen.

(b) Der Betrieb kann erstmals Anfang des vierten Monats mit der Kredittilgung beginnen, da zu diesem Zeitpunkt erstmals ein Einzahlungsüberschuss auftritt.

(c) Zu Beginn ist der Betrieb mit 80.000 EUR verschuldet, die Schuld steigt auf 100.000 EUR zu Beginn des zweiten Monats an, verbleibt einen weiteren Monat unverändert auf 100.000 EUR und fällt dann monatlich um 20.000 EUR.

(d) Zu Beginn des achten Monats ist der Kredit vollständig getilgt.

2. Außenfinanzierung

Wiederholungsfragen:

	Wöhe Seite
Welche Merkmale lassen sich zur Unterscheidung von Eigenkapital und Fremdkapital heranziehen?	589
Was versteht man unter Beteiligungsfinanzierung?	590
Welche Vorzüge haben börsennotierte Aktien aus der Sicht der Kapitalanleger?	591
Welche Aktiengattungen kennen Sie?	592
Mit welchen Sonderrechten können Vorzugsaktien ausgestattet werden?	593
Welche finanzwirtschaftlichen Ziele verfolgen Unternehmen mit der Fremdfinanzierung?	594
Nach welchen Kriterien lassen sich alternative Formen der Fremdfinanzierung einteilen?	595
Kennen Sie die wesentlichen Merkmale eines Schuldscheindarlehens?	597
Wo liegen die Vorteile einer Anleihenfinanzierung für Kapitalgeber und Kapitalnehmer?	598
Was versteht man unter einer Unterpari-Emission?	599
Trifft es zu, dass eine Nullkuponanleihe dem Kapitalgeber keine Verzinsung bringt?	600 f.
Worin liegt die Besonderheit einer Wandelanleihe?	604
Haben Genusscheine Eigen- oder Fremdkapitalcharakter?	605
Welchen Weg nimmt ein Wechsel bei der Abwicklung eines Diskontkredits?	609
Worin liegen die Vor- und Nachteile des Kontokorrentkredits?	610
Worin liegt die Besonderheit eines Commercial-Paper-Programms?	611
Worin liegt der Unterschied zwischen Commercial Papers und Euronotes?	612
Was versteht man unter Factoring?	612
Worin liegt die Besonderheit von Asset-Backet-Securities?	613 f.
Welche Leasingarten lassen sich unter dem Aspekt der Übernahme des Investitionsrisikos unterscheiden?	616
Worin liegt der Unterschied zwischen einem Voll- und einem Teilamortisationsvertrag?	617
Worin liegen die Vor- bzw. Nachteile des Leasing im vergleich zum Kreditkauf?	619

Aufgabe 52 Investition und Finanzierung nach dem Dean-Modell

Herr LEIHER soll folgende Anlagemöglichkeiten und folgende Kreditbeschaffungsmöglichkeiten haben:

Anlagemöglichkeiten		Kreditbeschaffungsmöglichkeiten	
Anlagebetrag	Rendite	Kreditbetrag	Schuldzinssatz
100.000	15%	100.000	6%
150.000	13%	100.000	8%
70.000	9%	100.000	11%
100.000	6%	100.000	14%

Welche Kredite wird Herr LEIHER in Anspruch nehmen, wenn

(a) der Anlagebetrag und der Kreditbetrag beliebig teilbar sind,
(b) der Anlagebetrag, jedoch nicht der Kreditbetrag beliebig teilbar ist,
(c) der Kreditbetrag, jedoch nicht der Anlagebetrag beliebig teilbar ist,
(d) weder der Anlage- noch der Kreditbetrag beliebig teilbar ist.

Welchen Gewinn erzielt er in den Fällen (a) bis (d)?

Lösungshinweis: Zeichnen Sie die Grenzertrags- und die Grenzkostenkurve!

Wöhe S. 553–555

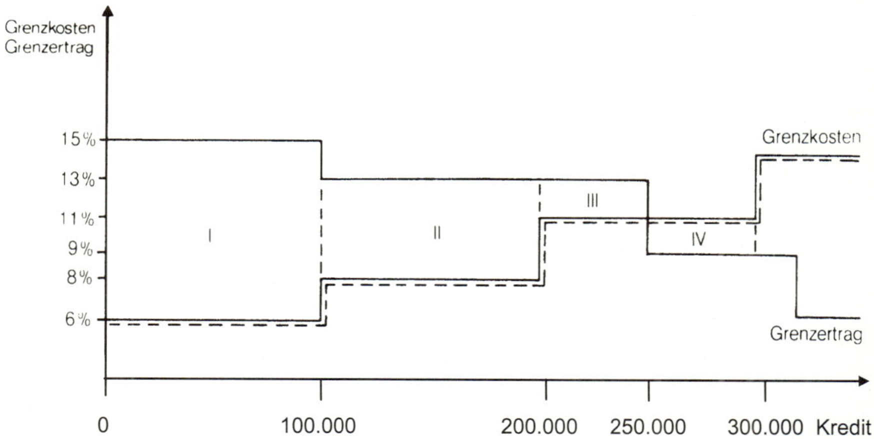

I	II	III	IV
15% · 100.000 EUR – 6% · 100.000 EUR	13% · 100.000 EUR – 8% · 100.000 EUR	13% · 50.000 EUR – 11% · 50.000 EUR	9% · 50.000 EUR – 11% · 50.000 EUR
+ 9.000 EUR	+ 5.000 EUR	+ 1.000 EUR	– 1.000 EUR

(a) Sind der Anlagebetrag und der Kreditbetrag beliebig teilbar, wird Herr LEIHER beim Schnittpunkt der Grenzkostenkurve und der Grenzertragskurve einen Kredit von 250.000 EUR aufnehmen und diesen investieren. Der Gesamtgewinn beträgt in diesem Fall 15.000 EUR.

(b) Ist der Anlagebetrag, jedoch nicht der Kreditbetrag beliebig teilbar, so steht Herr LEIHER vor der Alternative, entweder 200.000 EUR oder 300.000 EUR Kredit aufzunehmen. Sowohl bei einem Kredit von 200.000 EUR als auch bei einem Kredit von 300.000 EUR beläuft sich sein Gewinn auf 14.000 EUR. Er wird demnach nur einen Kredit von insgesamt 200.000 EUR aufnehmen.

(c) Ist der Kreditbetrag, jedoch nicht der Anlagebetrag teilbar, so ergibt sich in diesem Beispiel das gleiche Ergebnis wie im Fall (a).

(d) Ist weder der Kreditbetrag noch der Anlagebetrag beliebig teilbar, so wird Herr LEIHER nur das erste Projekt mit dem billigsten Kredit realisieren. Sein Gewinn beläuft sich dabei auf 9.000 EUR.

Aufgabe 53 Bilanzkurs, Börsenkurs und Firmenwert

Die in einigen Posten zusammengefasste Bilanz der PHARMA-AG hat (in Mio. EUR) folgendes Aussehen:

Aktiva	Bilanz der PHARMA-AG zum 31. 12. 01			Passiva
Immaterielle Anlagen	120	Grundkapital	100	
Grundstücke	180	Kapitalrücklage	20	
Maschinelle Anlagen	350	Andere Gewinnrücklagen	80	
Umlaufvermögen	150	Eigenkapital	200	200
		Rückstellungen		60
		Verbindlichkeiten		540
	800			800

- Es wurden 20 Mio. Aktien zu einem Nennbetrag von 5 EUR/Stück ausgegeben.
- Der Verkehrswert der Grundstücke beziffert sich auf 300.
- Der Verkehrswert der maschinellen Anlagen beträgt 470.

Alle übrigen Posten sind zeit- und sachgerecht bewertet.

Teilaufgabe a)

Wie hoch ist der Bilanzkurs bzw. der korrigierte Bilanzkurs der PHARMA-Aktie?

Wöhe S. S. 633 f.

Bei einem Grundkapital von 100 Mio. EUR und einem Aktiennennwert von 5 EUR/Stück sind 20 Mio. Stück PHARMA-Aktien im Umlauf. Damit lassen sich der Bilanzkurs und der korrigierte Bilanzkurs wie folgt ermitteln:

$$\text{Bilanzkurs} = \frac{\text{bilanziertes Eigenkapital}}{\text{Zahl der Aktien}} = \frac{200 \text{ Mio. EUR}}{20 \text{ Mio. Stück}} = 10 \text{ EUR Stück}$$

$$\text{Korrigierter Bilanzkurs} = \frac{\text{bilanziertes Eigenkapital} + \text{stille Rücklagen}}{\text{Zahl der Aktien}} = \frac{200 \text{ Mio.} + 240 \text{ Mio. EUR}}{20 \text{ Mio. Stück}} = 22 \text{ EUR Stück}$$

Wegen der stillen Rücklagen in den Bilanzposten Grundstücke (120 Mio.) und Maschinelle Anlagen (120 Mio.) liegt der korrigierte Bilanzkurs deutlich über dem Bilanzkurs.

Teilaufgabe b)

Anfang Januar 02 liegt der Börsenkurs der PHARMA-Aktie bei 50 EUR/Stück. Wie lässt sich die hohe Abweichung zum (korrigierten) Bilanzkurs erklären?

Wöhe S. S. 577 f.

Der Inhaber einer PHARMA-Aktie ist mit dem Bruchteil von 1 : 20 Mio. Stück Aktien am Marktwert des Eigenkapitals der PHARMA-AG beteiligt. Der Kapitalmarkt bewertet das Unternehmen nicht nach Maßgabe der bilanzierten Vermögensgegenstände, sondern nach den Gewinnerwartungen des Unternehmens.

Der weit über dem korrigierten Bilanzwert liegende Börsenkurs zeigt, dass die Kapitalmarktteilnehmer hohe Erwartungen an die Zukunftserfolge der PHARMA-AG hegen. Fragt man nach den Gründen derart hoher Ertragserwartungen, stößt man u. U. auf folgende Besonderheiten

- Niedrige Kosten wegen
  - rationeller Produktionstechnik
  - leistungsfähiger, motivierter Mitarbeiter
  - günstiger Logistik usw.
- Hohe Umsatzerwartungen wegen
  - stark nachgefragter Produkte
  - Innovationspotential der Forschungsabteilung
  - effizientes Vertriebsnetz usw.

In allen Fällen handelt es sich um immaterielle Werte, die den Unternehmenswert erhöhen, die aber nicht in der Bilanz enthalten sind. Diese Werte fasst man unter dem Begriff „Originärer Firmenwert" oder „Goodwill" zusammen.

Aufgabe 54 Ordentliche Kapitalerhöhung

Ausgehend von der in Aufgabe 53 abgebildeten Bilanz führt die PHARMA-AG im Januar 02 eine ordentliche Kapitalerhöhung durch. Dabei wird das Grundkapital um 25 Prozent erhöht. Bei einem Börsenkurs der Altaktien von 50 EUR/Stück werden die jungen zum Emissionskurs von 40 EUR platziert. Welches Aussehen hat die Bilanz der PHARMA-AG nach Durchführung der Kapitalerhöhung?

Wöhe S. 633-635

Die ordentliche Kapitalerhöhung der PHARMA-AG basiert auf folgenden Werten:

Grundkapital alt	100 Mio. EUR
Aktienanzahl alt	20 Mio. Stück
Grundkapital neu	125 Mio. EUR
Aktienanzahl neu	25 Mio. Stück
Aktienneuemission	5 Mio. Stück
Emissionskurs/Stück	40 EUR
Emissionserlös	200 Mio. EUR
Aktienagio/Stück (Emissionskurs-Nennbetrag)	35 EUR
Zuführung zur Kapitalrücklage	175 Mio. EUR

Das Aktienagio (35 EUR/Stück) ist in die Kapitalrücklage einzustellen. Die ordentliche Kapitalerhöhung lässt sich in folgendem Buchungssatz zusammenfassen:

Bank	200 Mio.	**an**	Grundkapital	25 Mio.
			Kapitalrücklage	175 Mio.

Nach Durchführung der Kapitalerhöhung hat die Bilanz der PHARMA-AG folgendes Aussehen.

Aktiva	**Bilanz nach**	**Kapitalerhöhung**		**Passiva**
Immaterielle Anlagen	120	Grundkapital	125	
Grundstücke	180	Kapitalrücklage	195	
Maschinelle Anlagen	350	Gewinnrücklagen	80	
Sonstiges Umlaufvermögen	150	Eigenkapital	400	400
Bank	200	Rückstellungen		60
		Verbindlichkeiten		540
	1.000			1.000

Aufgabe 55 Bezugsrecht

Es gelten die Angaben der Aufgabe 54. Ermitteln Sie den rechnerischen Wert des Bezugsrechts. Wie hoch ist der (neue) Aktienkurs ex Bezugsrecht?

Wöhe S. S. 634 f.

Bei einer Kapitalerhöhung um 25% hat ein Altaktionär das Recht, für vier alte Aktien eine neue Aktie zu beziehen. Somit beträgt das Bezugsverhältnis a : n im Beispiel 4 : 1. Bei einem alten Aktienkurs K_a von 50 EUR und einem Emissionskurs K_e von 40 EUR lässt sich der rechnerische Wert des Bezugsrechts B wie folgt ermitteln:

$$B = \frac{K_a - K_e}{\frac{a}{n} + 1} = \frac{50 - 40}{\frac{4}{1} + 1} = 2 \text{ EUR/Stück}$$

Der rechnerische Wert des Bezugsrechts beträgt 2 EUR. Der neue Aktienkurs K_n nach Bezugsrechtabschlag beläuft sich auf (50 – 2 EUR) 48 EUR.

Aufgabe 56 Vorteilhaftigkeit der Ausübung des Bezugsrechts

Es gelten die Angaben der Aufgabe 55. Stellen Sie sich vor, dass Sie vor Durchführung der Kapitalerhöhung

- 20 Stück Altaktien
- 200 EUR Bankguthaben

besitzen. Halten Sie es für vorteilhafter,

(1) an der Kapitalerhöhung teilzunehmen oder
(2) nicht teilzunehmen und die Bezugsrechte zum rechnerischen Bezugskurs zu verkaufen?

Ausgehend von einem

- Kurs der Altaktien K_a = 50 EUR
- Emissionskurs K_e = 40 EUR
- Kurs der neuen Aktien K_n = 48 EUR

lässt sich folgende Vergleichsrechnung anstellen:

(0)	**Vermögen vor Kapitalerhöhung**	
	20 Altaktien á 50 EUR	1.000
	Bankguthaben	200
	Vermögen insgesamt	**1.200**

(1)	**Vermögen mit Beteiligung an der Kapitalerhöhung**	
	20 Stück Bestand Altaktien á 50 EUR	1.000
+	5 Stück Erwerb junge Aktien á 40 EUR (per Bank)	200
	25 Stück neue Aktien K_n = 48 EUR	**1.200**

(2)	**Vermögen ohne Beteiligung an der Kapitalerhöhung**	
	20 Stück Aktien K_n = 48 EUR	960
	20 Stück verkaufte Bezugsrechte á 2 EUR	40
	Ursprüngliches Bankguthaben	200
	Vermögen insgesamt	**1.200**

Entspricht der Börsenkurs des Bezugsrechts seinem rechnerischen Wert, ist es für einen Altaktionär nach dieser Vermögensvergleichsrechnung gleichgültig, ob er an der Kapitalerhöhung teilnimmt oder nicht.

Aufgabe 57 Finanzwirtschaftliche Sanierung

Nach einer mehrjährigen Verlustphase ist die AEGROTA-AG zum Sanierungsfall geworden. Die Bilanz zum 31. 12. 01 hat (in Mio. EUR) folgendes Aussehen:

Aktiva		Bilanz AEGROTA-AG zum 31. 12. 01		Passiva
Diverse Aktiva	150	Grundkapital	20	
		Bilanzverlust	– 8	
		Eigenkapital	12	12
		Verbindlichkeiten		138
	150			150

Das Grundkapital in Höhe von 20 Mio. EUR basiert auf 2 Mio. Stück ausgegebener Aktien zum Nennbetrag von 10 EUR/Stück. Mit 7,50 EUR/Stück liegt der aktuelle Börsenkurs deutlich unter dem Nennbetrag.

Teilaufgabe a)

Wie beurteilen Sie die Vermögens- und Finanzlage der AEGROTA-AG? Lässt sich die aktuelle Finanzlage durch eine Kapitalerhöhung verbessern?

Wöhe S. 637–639

Die Eigenkapitalquote liegt nur noch bei 8 Prozent. Die Finanzlage der AEGROTA-AG ist schlecht. Es liegt eine **Unterbilanz** vor, d. h. das bilanzielle Eigenkapital ist kleiner als das Grundkapital. Eine Kapitalerhöhung ist in der derzeitigen Situation nicht möglich: Aus der Sicht des Aktienmarktes müsste der Emissionskurs der neuen Aktien unter dem aktuellen Börsenkurs von derzeit 7,50 EUR liegen. Angesichts eines Nennbetrages von 10 EUR/Aktie, wäre dies eine **Unterpari-Emission**, die nach § 9 AktG verboten ist.

Teilaufgabe b)

Was halten Sie von dem Vorschlag, zur Vorbereitung einer ordentlichen Kapitalerhöhung zunächst eine Kapitalherabsetzung um 50 Prozent durchzuführen? Welches Aussehen hat die Bilanz nach einer solchen Kapitalherabsetzung?

Im Rahmen einer Kapitalherabsetzung um 50 Prozent verringert sich das derzeitige Grundkapital von 20 Mio. EUR auf 10 Mio. EUR. Aus dem Kapitalherabsetzungsbetrag (10 Mio.) ist zunächst der Bilanzverlust (8 Mio.) abzudecken. Der übersteigende Betrag (2 Mio.) ist in die Kapitalrücklage einzustellen.

Buchungssatz zur Kapitalherabsetzung				
Grundkapital	10	**an**	Bilanzverlust	8
			Kapitalrücklage	2

Nach Durchführung der Kapitalherabsetzung hat die Bilanz folgendes Aussehen.

Aktiva		Bilanz nach Kapitalherabsetzung		Passiva
Diverse Aktiva	150	Grundkapital	10	
		Kapitalrücklage	2	
		Eigenkapital	12	12
		Verbindlichkeiten		138
	150			150

Bei einem (neuen) Grundkapital in Höhe von 10 Mio. EUR und 2 Mio. Stück ausgegebener Aktien beträgt der Nennwert/Aktie 5 EUR und liegt damit unter dem Börsenkurs von derzeit 7,50 EUR/Aktie. Damit ist der Weg geebnet zu einer Kapitalerhöhung zu einem Emissionskurs, der zwischen 5 EUR und 7,50 EUR festzulegen ist.

Teilaufgabe c)

Zur finanziellen Sanierung plant die AEGROTA-AG eine ordentliche Kapitalerhöhung um 50 Prozent. Es sollen ausgegeben werden 1 Mio. Stück neuer Aktien.

- 5 EUR Nennwert/Stück
- 6 EUR Emissionskurs/Stück

Welches Aussehen hat die Bilanz der AEGROTA-AG nach Durchführung der Kapitalerhöhung?

Wöhe S. 633–635

Durch die Kapitalerhöhung kann die AEGROTA-AG einen Mittelzufluss in Höhe von 6 Mio. EUR verzeichnen. Das Aktienagio (1 Mio.) ist in die Kapitalrücklage einzustellen.

Buchungssatz zur Kapitalerhöhung				
Bank	6	**an**	Grundkapital	5
			Kapitalrücklage	1

Nach Durchführung der Kapitalerhöhung hat die Bilanz folgendes Aussehen:

Aktiva		**Bilanz nach Kapitalerhöhung**		**Passiva**
Diverse Aktiva	150	Grundkapital	15	
Bank	6	Kapitalrücklage	3	
		Eigenkapital	18	18
		Verbindlichkeiten		138
	156			156

Aufgabe 58 Kursverluste bei Festzinsanleihen

Ein Kapitalanleger hatte in Periode 01 eine Anleihe zum Emissionskurs von 1.000 EUR erworben. Der Nominalzins entsprach dem damaligen Marktzins von 6 Prozent. Zwischenzeitlich ist der Marktzins auf 8 Prozent angestiegen. Wie hoch ist der Kursverlust des Anleiheinhabers, wenn die **Restlaufzeit** der Anleihe

a) 2 Jahre
b) 9 Jahre

beträgt?

Wöhe S. 598–600

Potentielle Käufer erwarten bei der neuen Kapitalmarktsituation aus der Anleihe eine Rendite in Höhe von 8 Prozent. Folglich muss der für die Restlaufzeit erwartete Zahlungsstrom mit einem Zinssatz von 8 Prozent diskontiert werden:

Fall (a)	Zinsen	· Rentenbarwertfaktor 8 %/2 Jahre	=	**Barwert**
	60	· 1,783	=	106.98
	Tilgung	· Abzinsungsfaktor 8 %/2. Jahr		
	1.000	· 0,8573		857,30
	Barwert	= Kurswert der Anleihe		964,28
	Kursverlust			**35,72**
Fall (b)	Zinsen	· Rentenbarwertfaktor 8 %/9 Jahre	=	**Barwert**
	60	· 6,247	=	374,82
	Tilgung	· Abzinsungsfaktor 8 %/9. Jahr		
	1.000	· 0,5002		500,20
	Barwert	= Kurswert der Anleihe		875,02
	Kursverlust			**124,98**

Je länger die Restlaufzeit der Anleihe, desto höher ist bei gegebener Unterverzinslichkeit (im Beispiel 2 Prozent) der Kurswertabschlag.

Aufgabe 59 Überpari-Emission einer Anleihe

Die OBLIGAT-AG begibt eine Anleihe im Volumen von 50 Mio. EUR in Form von Teilschuldverschreibungen mit einem Nennwert von 1.000 EUR/Stück. Die Anleihe soll nach fünf Jahren zum Nennwert zurückgezahlt werden. Das Rating der OBLIGAT-AG liegt bei A. Bei diesem Rating und einer Laufzeit von fünf Jahren ist eine (Effektiv-)Verzinsung von 6 Prozent marktgerecht.

Aus optischen Gründen will die OBLIGATH-AG die Anleihe mit einem Nominalzins in Höhe von 6,5 Prozent ausstatten. Ermitteln Sie den marktgerechten Emissionskurs der Anleihe!

Wöhe S. 534-537 und 599 f.

Der Käufer kann aus der Anleihe folgenden Zahlungsstrom erwarten

Zeitpunkt	t_1	t_2	t_3	t_4	t_5
Zinszahlung	65	65	65	65	65
Tilgung					1.000

Diskontiert man diesen Zahlungsstrom mit dem Marktzins von 6 Prozent, erhält man folgenden Barwert

Zinszahlung	· Rentenbarwertfaktor 6 %/5 Jahre	=	**Barwert**
65	· 4,212	=	273,70
Tilgung	· Abzinsungsfaktor 6 %/5. Jahr		
1.000	· 0,7473	=	747,30
Barwert des Zahlungsstroms			**1.021,00**

Bei einem Emissionskurs von 102,10 Prozent gelangt der Kapitalgeber zur marktgerechten Effektivverzinsung von 6 Prozent.

Aufgabe 60 Lieferantenkredit

Das Handelsunternehmen MERCATO steht beim Bezug seiner Waren vor folgender Alternative

- Skontoabzug S 2 Prozent bei Zahlung innerhalb der Skontofrist s von 8 Tagen.
- Zahlung ohne Skontoabzug bei einem Zahlungsziel Z von 30 Tagen.

Teilaufgabe a)

Wie hoch sind auf ein Jahr bezogen die Zinskosten dieses Lieferantenkredits?

Wöhe S. 607 f.

Die jährlichen Zinskosten i lassen sich nach folgender Formel ermitteln:

$$i = \frac{S}{100 - S} : \frac{Z - s}{360}$$

$$i = \frac{2}{100 - 2} : \frac{30 - 8}{360} = \mathbf{33{,}40}$$

Die Kosten des Lieferantenkredits belaufen sich auf 33,40 Prozent pro Jahr.

Teilaufgabe b)

Wie hoch sind die Kosten des Lieferantenkredits, wenn es MERCATO als großem Filialisten gelingt, das Zahlungsziel z bei sonst gleichen Bedingungen aufgrund seiner Nachfragemacht auf 90 Tage auszudehnen.

Bei Anwendung der gleichen Berechnungsformel gelangt man zu dem Ergebnis,

$$i = \frac{2}{100 - 2} : \frac{90 - 8}{360} = \mathbf{8{,}96}$$

dass sich die Kosten des Lieferantenkredits auf 8,96 Prozent pro Jahr belaufen.

Aufgabe 61 Wechseldiskont

Firma TRATTA hat auf ihren Kunden K folgenden Wechsel gezogen

- Aufstellungsdatum 1. 4. 01
- Fälligkeit 30. 6. 01
- Wechselbetrag EUR 10.000

Am 3. 4. 01 reicht Firma TRATTA den Wechsel bei ihrer Hausbank zum Diskont ein. Die Hausbank diskontiert den Wechsel mit 6 Prozent (Basiszins 3,75 % + Risikozuschlag 2,25 %). Wie hoch ist der Barwert des Wechsels, der dem Konto der Firma TRATTA am 3. 4. 01 gutgeschrieben wird?

Wöhe S. 608 f.

Am Diskontierungstag 3. 4. 01 hat der Wechsel eine Restlaufzeit von 87 Tagen. Hieraus ergibt sich folgender Diskontbetrag D.

$$D = 10.000 \cdot \frac{87}{360} \cdot \frac{6}{100} = \mathbf{145\ EUR}$$

Damit ist dem Konto der Firma TRATTA der Barwert des Wechsels in Höhe von 9.855 EUR gutzuschreiben.

Aufgabe 62 Leasing

Die LEASING-AG verhandelt mit einem Spediteur über die Bereitstellung eines Kühltransporters. Dabei ist von folgenden Daten auszugehen.

Anlagedaten		
• Anschaffungskosten t_0	(EUR)	100.000
• Nutzungsdauer	(Jahre)	5
• Restwert in t_5	(EUR)	0

Finanzierungsdaten		
• Kreditaufnahme in t_0	(EUR)	100.000
• Laufzeit des Darlehens	(Jahre)	5
• Zinssatz	(Prozent)	6
• Tilgung des Darlehens in t_5	(EUR)	100.000
Daten des Leasingvertrags		
• Vertragslaufzeit	(Jahre)	5
• Kündigungsmöglichkeit		keine
• Verantwortung für Wartung und Erhalt des Leasingobjekts liegt bei Leasingnehmer		
• Fälligkeit der Leasingraten jeweils am Jahresende		

Der potentielle Leasingnehmer verweist auf die Tatsache, dass er das gesamte Investitionsrisiko zu tragen habe und erklärt, bei einer jährlichen Leasingrate (zahlbar zum Jahresende) von 24.000 EUR zum Vertragsabschluss bereit zu sein.

Prüfen Sie, ob die LEASING-AG auf dieses Angebot eingehen sollte! Dabei sind eventuelle Verwaltungskosten zu vernachlässigen!

Wöhe S. 615–619

Im Falle eines Vertragsabschlusses finanziert die LEASING-AG die Anschaffungskosten in Höhe von 100.000 EUR in voller Höhe durch die Aufnahme eines Darlehens zu 6 Prozent Zinsen. Somit liegen die Kapitalkosten (**Kalkulationszinsfuß**) bei **6 Prozent**.

Im Falle des Vertragsabschlusses hat die LEASING-AG mit folgendem Zahlungsstrom (in TEUR) zu rechnen.

Zeitpunkt	t_1	t_2	t_3	t_4	t_5
Einzahlungen (Leasingraten)	+ 24	+ 24	+ 24	+ 24	+ 24
Auszahlungen • Zinsen an Bank • Tilgung an Bank	– 6	– 6	– 6	– 6	– 6 – 100

Durch Diskontierung des Zahlungsstroms mit dem Kalkulationszinsfuß von 6 Prozent erhält man folgenden Kapitalwert.

Kapitalwertermittlung	**Barwert**	
	Einzahlungen	**Auszahlungen**
+ 24.000 · RBF 4,212 (6 %/5 Jahre)	101.088	–
– 6.000 · RBF 4,212 (6 %/5 Jahre) – 100.000 · AZF 0,7473 (6 %/5 Jahre)	– –	25.272 74.730
Zwischenergebnis	+ 101.088	– 100.002*
Kapitalwert	**+ 1.086**	

* Rundungsdifferenz 2 EUR

Der Kapitalwert von + 1.086 EUR zeigt, dass ein Vertragsabschluss für die LEASING-AG vorteilhaft ist.

Aufgabe 63 Kostendeckende Leasingrate

Es gelten die Angaben der Aufgabe 62. Ermitteln Sie den kritischen Grenzpreis, d. h. die Leasingrate, bei der die LEASING-AG zwischen einem Vertragsabschluss und einer Vertragsablehnung indifferent ist.

Im Falle eines Vertragsabschlusses kommen auf die LEASING-AG **zusätzliche Auszahlungen** (für Zinsen und Tilgung) in folgender Höhe zu:

Zeitpunkt	t_1	t_2	t_3	t_4	t_5
Zinsen und Tilgung	– 6	– 6	– 6	– 6	– 106

Bei einem Kalkulationszinsfuß von 6 Prozent beträgt der **Barwert vertragsbedingter Auszahlungen 100.000 EUR**. Bezüglich eines Vertragsabschlusses bzw. -ablehnung ist die LEASING-AG **indifferent** wenn, der **Barwert vertragsbedingter Einzahlungen** (Leasingraten) ebenfalls **100.000 EUR** beträgt.

Die kritische Leasingrate erhält man im vorliegenden Fall, wenn man den Barwert von 100.000 EUR mit dem Annuitätenfaktor (6 %/5 Jahre) aus Spalte (5) der Zinstabelle multipliziert.

Anfangskapital K_0	Annuitätenfaktor 6 %/5 Jahre	Gleichbleibender Jahresbetrag
100.000 EUR	0,23740	**23.740 EUR**

Bei einer Jahresrate von 23.740 EUR ist der Leasinggeber zwischen Vertragsabschluss und -ablehnung indifferent.

Aufgabe 64 Belastungsvergleich Leasing – Kreditkauf

Ein Betrieb steht vor der Alternative, eine Maschine mit Anschaffungskosten von 100.000 EUR und einer betriebsgewöhnlichen Nutzungsdauer von 10 Jahren mit Hilfe eines Bankkredites zu erwerben oder im Wege des Leasing zu mieten. Die Kreditbedingungen der Bank sehen eine Laufzeit des Darlehens von 5 Jahren vor, Tilgung jeweils nach einem Jahr in gleichen Raten bei einer Zinszahlung in Höhe von 10 Prozent auf die jeweilige Restschuld.

Der Leasingvertrag sieht während der Grundmietzeit von 5 Jahren eine jeweils am Jahresende zu zahlende Miete von 25.000 EUR vor. Nach Ablauf der Grundmietzeit kann die Anlage für weitere 5 Jahre zu einer Jahresmiete von 5.000 EUR gemietet werden.

Welche finanzielle Belastung erwächst dem Betrieb einmal für den Kreditkauf aus dem Kapitaldienst und zum anderen aus dem Leasingvertrag, wenn er die Maschine 10 Jahre benötigt?

Wöhe S. 615–619

Ende des Jahres	Auszahlungen Kredit			Auszahlung Leasing	Auszahlungsdifferenz Kredit - Leasing	
	Tilgung	Zinsen	zusammen		einfach	kumuliert
1	20.000	10.000	30.000	25.000	+ 5.000	+ 5.000
2	20.000	8.000	28.000	25.000	+ 3.000	+ 8.000
3	20.000	6.000	26.000	25.000	+ 1.000	+ 9.000
4	20.000	4.000	24.000	25.000	– 1.000	+ 8.000
5	20.000	2.000	22.000	25.000	– 3.000	+ 5.000
6	–	–	–	5.000	– 5.000	0
7	–	–	–	5.000	– 5.000	– 5.000
8	–	–	–	5.000	– 5.000	– 10.000
9	–	–	–	5.000	– 5.000	– 15.000
10	–	–	–	5.000	– 5.000	– 20.000
zusammen	100.000	30.000	130.000	150.000	– 20.000	–

Leasing erbringt zunächst einen geringen **Liquiditätsvorteil,** der jedoch schnell in einen bis auf 20.000 EUR ansteigenden **Liquiditätsnachteil** anwächst. Es erscheint somit vorteilhafter, die Anlage im Wege der Fremdfinanzierung zu kaufen, statt einen Leasingvertrag abzuschließen.

Aufgabe 65 Leveraged Buy-Out (LBO)

Die FINIS-GmbH, ein grundsolides, vollständig eigenfinanziertes Unternehmen, steht in Ermanglung eines familieneigenen Nachfolgers zum Verkauf.

Aktiva	Bilanz der FINIS-GmbH		Passiva
Diverse Aktiva	1.000	Eigenkapital	1.000
	1.000		1.000

Der Alleingesellschafter der FINIS-GmbH veräußert seine Gesellschaftsanteile an die Private Equity-Gesellschaft PRISTIS zum Preis von 1.000 EUR. Die Transaktion wird von der Private Equity-Gesellschaft in folgenden Schritten abgewickelt:

(1) Zwecks Beteiligungserwerbs gründet die Private Equity-Gesellschaft die Erwerbsgesellschaft PRISTIS-GmbH und stattet diese mit einem Eigenkapital von 300 EUR aus. Zusätzlich nimmt die PRISTIS-Erwerbs-GmbH ein Darlehen in Höhe von 700 EUR auf.

(2) Mit dem Barvermögen von 1.000 EUR erwirbt die PRISTIS-GmbH die Beteiligung an der FINIS-GmbH.

(3) Durch Verschmelzung mit der PRISTIS-GmbH geht die alte FINIS-GmbH unter.

(4) Die aus der Verschmelzung hervorgehende Gesellschaft trägt den Namen NOVUM-GmbH.

Teilaufgabe a)

Welches Aussehen haben die Bilanzen im Zuge der Transaktionsschritte (1) bis (4)?

Wöhe S. 626

Auf den einzelnen Transaktionsstufen ergeben sich folgende Bilanzen:

(1) Gründung der PRISTIS-GmbH

Aktiva	PRISTIS-GmbH		Passiva
Bank	1.000	Eigenkapital	300
		Fremdkapital	700
	1.000		1.000

(2) Beteiligungserwerb durch die PRISTIS-GmbH

Aktiva	PRISTIS-GmbH		Passiva
Beteiligung	1.000	Eigenkapital	300
		Fremdkapital	700
	1.000		1.000

(3) Verschmelzung beider Gesellschaften durch Aufrechnung der Beteiligung gegen das Eigenkapital der FINIS-GmbH

Aktiva	FINIS-GmbH		Passiva		Aktiva	PRISTIS-GmbH		Passiva
Diverse Aktiva	1.000	**Eigenkapital**	**1.000**	↔	**Beteiligung**	**1.000**	Eigenkapital	300
							Fremdkapital	700
	1.000		1.000			1.000		1.000

(4) Bilanz nach Abschluss der Verschmelzung

Aktiva	Bilanz der NOVUM-GmbH		Passiva
Diverse Aktiva	**1.000**	**Eigenkapital**	**300**
		Fremdkapital	**700**
	1.000		**1.000**

Teilaufgabe b)

> Vergleichen Sie die Bilanz der ursprünglichen FINIS-GmbH mit der Bilanz der aus der Verschmelzung hervorgegangenen NOVUM-GmbH! Welche Bilanzposten sind gleich geblieben, welche haben sich verändert?

Das Vermögen der FINIS-GmbH wurde im Wege der Gesamtrechtsnachfolge auf die NOVUM-GmbH übertragen. Damit ist die Aktivseite beider Bilanzen gleich. Zu einer Änderung der wirtschaftlichen Verhältnisse kommt es auf der Passivseite. Während die FINIS-GmbH ihren Geschäftsbetrieb vollständig mit Eigenkapital finanziert hatte, wird das gleiche Vermögen nach der Übernahme durch die Private Equity-Gesellschaft zu 70 Prozent fremdfinanziert.

Teilaufgabe c)

> Gehen Sie davon aus, dass die NOVUM-GmbH das operative Geschäft der bisherigen FINIS-GmbH in unveränderter Form weiterführt. Welchen Einfluss hat der Leverage Buy-Out durch die Private Equity-Gesellschaft auf die finanzielle Stabilität des Unternehmens?

Bei einem unveränderten operativen Geschäft beider Gesellschaften ist von einem gleich bleibenden Cash-Flow auszugehen. Im Gegensatz zur FINIS-GmbH muss die NOVUM-GmbH aus dem Cash-Flow den Schuldendienst (Zinsen und Tilgungen) leisten. Die Belastung des Cash-Flow um diese zusätzlichen Ausgaben macht das Unternehmen krisenanfälliger.

3. Innenfinanzierung

Wiederholungsfragen:

	Wöhe Seite
Welche Formen der Innenfinanzierung durch zusätzliche Kapitalbindung kennen Sie?	640 f.
Welche Formen der Innenfinanzierung durch Vermögensumschichtung kennen Sie?	641 f.
Unter welchen Bedingungen kommt es zu offener und stiller Selbstfinanzierung?	642
Wo liegen die Vor- und Nachteile der Selbstfinanzierung?	645
Welcher Zusammenhang besteht zwischen Gewinnsteuer und Gewinnausschüttung auf der einen und dem Finanzierungseffekt einer Rückstellungsbildung auf der anderen Seite?	646
In welchen Schritten vollzieht sich die Bildung einer Pensionsrückstellung?	647
Unter welchen Bedingungen kommt es durch Abschreibungsverrechnung zu einem Kapitalfreisetzungseffekt?	649
Wie verhalten sich Periodenkapazität und Totalkapazität beim Kapazitätserweiterungseffekt?	650
Welche Arten außerplanmäßiger Vermögensumschichtungen kennen Sie?	651
Wie funktioniert das Sale-And-Lease-Back-Verfahren?	616
Wie können durch Rationalisierungsmaßnahmen finanzielle Mittel freigesetzt werden?	651

Aufgabe 66 Finanzierungswirkung der Bildung und Auflösung stiller Rücklagen

Ein Unternehmen erwirtschaftete im Jahre 01 einen Gewinn in Höhe von 300.000 EUR; sein Gewinnsteuersatz liegt bei 60 %. Bei Erstellung der Steuerbilanz zum 31. 12. 01 hat man folgende Möglichkeiten:

(a) keine stille Rücklage zu bilden;

(b) durch Unterbewertung der Warenvorräte eine stille Rücklage in Höhe von 100.000 EUR zu bilden;

(c) durch Unterbewertung von Wertpapieren des Anlagevermögens eine stille Rücklage in Höhe von 100.000 EUR zu bilden.

Welche dieser drei Möglichkeiten würden Sie wählen, wenn Sie davon ausgehen müssen, dass im Fall (b) die Warenvorräte im Jahre 02, im Fall (c) die Wertpapiere im Jahre 04 verkauft werden? Wie beurteilen Sie in Anbetracht des Auflösungszeitpunktes die Finanzierungswirkung der Bildung stiller Rücklagen? Gehen Sie davon aus, dass der tatsächlich erwirtschaftete Gewinn auch in den folgenden Jahren 300.000 EUR betragen wird!

Gewinnausweis TEUR	(a) keine stille Rücklage			(a) stille Rücklage im UV			(a) stille Rücklage im AV		
	tatsächliche Gewinne	./. Rücklagenbildung + Rücklagenauflösung	Gewinnausweis	tatsächliche Gewinne	./. Rücklagenbildung + Rücklagenauflösung	Gewinnausweis	tatsächliche Gewinne	./. Rücklagenbildung + Rücklagenauflösung	Gewinnausweis
01	300	–	300	300	– 100	200	300	– 100	200
02	300	–	300	300	+ 100	400	300	–	300
03	300	–	300	300	–	300	300	–	300
04	300	–	300	300	–	300	300	+ 100	400
Summe	**1.200**	**–**	**1.200**	**1.200**	**–**	**1.200**	**1.200**	**–**	**1.200**

Die Bildung stiller Rücklagen führt zu einer Verkürzung, die Auflösung stiller Rücklagen führt zu einer Erhöhung des Gewinnausweises in der betreffenden Periode.

Steuerzahlung in TEUR	(a) keine stille Rücklage		(b) stille Rücklage im UV		(c) stille Rücklage im AV	
	Gewinnausweis	Steuerzahlung	Gewinnausweis	Steuerzahlung	Gewinnausweis	Steuerzahlung
01	300	180	200	120	200	120
02	300	180	400	240	300	180
03	300	180	300	180	300	180
04	300	180	300	180	400	240
Summe	**1.200**	**720**	**1.200**	**720**	**1.200**	**720**

Von der Höhe der Gesamtsteuerbelastung der kommenden vier Jahr her gesehen ist es gleichgültig, ob sich der Betrieb für Möglichkeit (a), (b) oder (c) entscheidet. Die Gesamtsteuerbelastung beträgt in allen drei Fällen 720.000 EUR. Unterschiedlich ist lediglich die zeitliche Verteilung der jährlichen Steuerzahlungen. Im Vergleich zum Fall (a) gelingt es nämlich im Fall (b), einen einjährigen Zahlungsaufschub in Höhe von 60.000 EUR zu erwirken, während im Fall (c) sogar eine dreijährige Steuerstundung in Höhe von 60.000 EUR ermöglicht wird.

Da jeder Betrieb bestrebt sein wird, **Auszahlungen** soweit wie möglich **in die Zukunft zu verschieben,** wird man im vorliegenden Fall der Alternative (c) den Vorzug geben und durch Unterbewertung der Wertpapiere des Anlagevermögens eine stille Rücklage in Höhe von 100.000 EUR bilden.

Die Finanzierungswirkung der Bildung stiller Rücklagen hängt nicht nur von der Höhe der stillen Rücklage, sondern auch von ihrem voraussichtlichen Auflösungszeitpunkt ab. Je weiter dieser Zeitpunkt in der Zukunft liegt, desto nachhaltiger ist der Finanzierungseffekt der Steuerverschiebung.

Aufgabe 67 Finanzierungseffekt stiller Rücklagen bei gleichbleibendem Steuersatz

Welche der folgenden Behauptungen sind richtig:

(1) Je höher die stille Rücklage, desto größer ist ihr Finanzierungseffekt.
(2) Je niedriger der Gewinnsteuersatz, desto geringer ist der Finanzierungseffekt der Bildung stiller Rücklagen.

(3) Je höher der Gewinnsteuersatz, desto größer ist die absolute Steuerersparnis durch Bildung stiller Rücklagen.
(4) Je weiter der Zeitpunkt der Bildung und der Auflösung einer stillen Rücklage auseinanderliegen, desto nachhaltiger ist der Finanzierungseffekt der Bildung stiller Rücklagen.
(5) Der Zeitpunkt der Auflösung stiller Rücklagen beendet deren Finanzierungswirkung.

Richtig sind die Behauptungen (1), (2), (4) und (5).

Aufgabe 68 Grenzen der Finanzierung aus Abschreibungen

Welche der folgenden Behauptungen sind richtig, wenn der Kassenanfangsbestand gleich null war:

(1) Finanzierung aus Abschreibungen ist nur möglich, wenn kein Verlust entstanden ist.
(2) Finanzierung aus Abschreibungen ist dann unmöglich, wenn der Verlust größer ist als die als Aufwand verrechneten Abschreibungen.
(3) Finanzierung aus Abschreibungen ist nur möglich, wenn alle Erlöse in liquider Form eingegangen sind.
(4) Finanzierung aus Abschreibungen ist in dem Umfang möglich, wie die Barerlöse die sonstigen Aufwendungen übersteigen.
(5) In dem Maße, in welchem die Privatentnahmen die Gewinne übersteigen, wird Finanzierung aus Abschreibungen unmöglich.
(6) Werden im Laufe des Jahres keine Investitionen getätigt, dann entspricht unter der Bedingung, dass der gesamte Gewinn entnommen wird, das Finanzierungsvolumen aus Abschreibungen dem Kassenbestand.

Richtig sind die Behauptungen (2), (4), (5) und (6).

Aufgabe 69 Finanzierung aus Abschreibungen bei langfristigem Kapitalbedarf

Das Taxiunternehmen IGNORANT erstellt für das Jahr 01 folgende Gewinn- und Verlustrechnung (in TEUR):

Soll		GuV	Haben
Aufwendungen	60	Erlöse	100
Abschreibungen	20		
Gewinn	20		
	100		100

Erlöse und Aufwendungen wurden als Barzahlungen abgewickelt. Herr IGNORANT beabsichtigt, ein neues Betriebsgrundstück für 20.000 EUR zu erwerben. Der Verkäufer besteht auf Barzahlung. Würden Sie Herrn IGNORANT empfehlen, diese Investition im Wege der Selbstfinanzierung oder mit Hilfe einer Finanzierung aus Abschreibungen vorzunehmen?

Wöhe S. 648–650

Zunächst muss festgestellt werden, dass der Erwerb des Grundstückes auf jeden Fall zu einer Reduzierung des Kassenbestandes um 20.000 EUR führt. Entscheidet sich Herr IGNORANT zur **Selbstfinanzierung,** dann hat das zur Folge, dass der erwirtschaftete Gewinn in Höhe von 20.000 EUR zur Begleichung des Kaufpreises herangezogen wird. Eine Verwendung des Gewinns als Privatentnahme ist in diesem Falle definitionsgemäß ausgeschlossen.

Entscheidet sich Herr IGNORANT dagegen zur **Finanzierung aus Abschreibungen,** steht der Gewinn in Höhe von 20.000 EUR zur Privatentnahme zur Verfügung. Im Gegensatz zur Finanzierung aus Abschreibungen bedeutet Selbstfinanzierung immer: Verzicht auf Gewinnentnahmen.

Im vorliegenden Falle hat die Selbstfinanzierung gegenüber der Finanzierung aus Abschreibungen einen entscheidenden Vorteil: Der Grundstückskauf führt zu einer praktisch **unbefristeten Kapitalbindung** in Höhe von 20.000 EUR. Während die im Wege der Selbstfinanzierung bereitgestellten Mittel praktisch bis zur **Liquidation** der Unternehmung zur Verfügung stehen, werden die im Wege einer Finanzierung aus Abschreibungen aufgebrauchten Mittel zur **Ersatzbeschaffung** entsprechender Anlagegüter benötigt. Müssen nämlich im Jahre 02 zwei Fahrzeuge ersetzt werden, dann ist bei einem Anschaffungspreis von 20.000 EUR pro Stück eine reibungslose Finanzierung aus Abschreibungsgegenwerten nur möglich, wenn die Abschreibungsgegenwerte des Jahres 01 nicht schon zur Finanzierung anderer Investitionen (Grundstückskauf) „verbraucht" wurden.

Hieraus folgt: Investitionen mit langfristiger Kapitalbindung sollten nicht aus Abschreibungsgegenwerten, die nur kurzfristig – bis zur Ersatzbeschaffung – zur Verfügung stehen, finanziert werden, Investitionen mit langfristiger Kapitalbindung sollten vielmehr im Wege der Selbstfinanzierung, der Einlagenfinanzierung oder der langfristigen Kreditfinanzierung durchgeführt werden.

Aufgabe 70 Abschreibungsverfahren und Finanzierung aus Abschreibungen

Die EXPANSION GMBH, die im Jahr 01 gegründet wurde, beabsichtigt, im Jahre 02 Investitionen in Höhe von 500 vorzunehmen. Die Erlöse beliefen sich in 01 auf 600, die sonstigen Aufwendungen auf 200. Erlöse und Aufwendungen wurden als Barzahlungen abgewickelt. Zu Beginn des Jahres 01 war der Kassenbestand gleich Null. Die Geschäftsleitung hat die Möglichkeit, das abnutzbare Anlagevermögen in Höhe von 800

(a) linear mit 20 %
(b) geometrisch-degressiv mit 40 %

abzuschreiben. In welchem Umfang können Mittel im Wege der Innenfinanzierung aufgebracht werden, wenn die Gesellschafter der EXPANSION GMBH auf

(1) restloser Ausschüttung
(2) vollständiger Thesaurierung

des ausgewiesenen Gewinns bestehen und von einer Gewinnsteuer abgesehen wird?

Wöhe S. 755 f.

Zur Lösung der Aufgabe muss folgende Gleichung berücksichtigt werden:

	Selbstfinanzierung
+	Finanzierung aus Abschreibungen
=	Innenfinanzierung

Im Fall (1), bei restloser Ausschüttung also, entspricht das Innenfinanzierungsvolumen den Abschreibungsgegenwerten. Dann ist Innenfinanzierung gleich Finanzierung aus Abschreibungen. Im Fall (2), bei vollständiger Thesaurierung also, gilt die obige Gleichung uneingeschränkt.

Die Gewinn- und Verlustrechnung der EXPANSION GMBH hat für das Jahr 01 in den Fällen (a) und (b) folgendes Aussehen:

Fall (a):

Soll	**GuV**		**Haben**
Aufwand	200	Erlöse	600
Abschreibung	160		
Gewinn	240		
	600		600

Fall (b):

Soll	**GuV**		**Haben**
Aufwand	200	Erlöse	600
Abschreibung	320		
Gewinn	80		
	600		600

Fall	(1) restlose Ausschüttung			(2) vollständige Thesaurierung		
	Abschreibungsgegenwerte	Einbehaltene Gewinne	Innenfinanzierung	Abschreibungsgegenwerte	Einbehaltene Gewinne	Innenfinanzierung
(a)	160	–	160	160	240	400
(b)	320	–	320	320	80	400

Bei (1) restloser Ausschüttung ist das Innenfinanzierungsvolumen abhängig vom Abschreibungsverfahren, bei (2) vollständiger Thesaurierung der ausgewiesenen Gewinne hat das Abschreibungsverfahren keinen Einfluss auf die Höhe des Innenfinanzierungsvolumens, wie folgende Säulendiagramme zeigen:

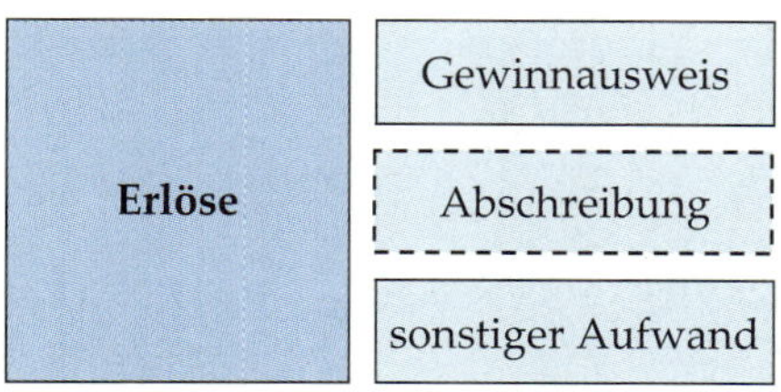

(1) restlose Ausschüttung

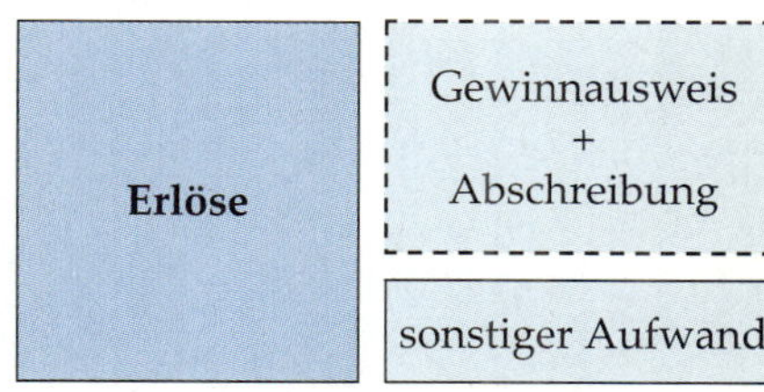

(2) vollständige Thesaurierung

Die mit gestrichelten Linien begrenzten Felder markieren das Innenfinanzierungsvolumen.

Aufgabe 71 Abschreibungsverfahren und Finanzierung aus Abschreibungen mit Gewinnsteuer

Die EXPANSION GMBH beschaffte zu Beginn des Jahres 01 eine maschinelle Anlage für 1 Mio. EUR, deren Nutzungsdauer auf 4 Jahre veranschlagt wird. Die Erlöse des Jahres 01 sollen ebenso wie die Erlöse der folgenden Jahre 2 Mio. EUR betragen. Die sonstigen Aufwendungen beziffern sich (ohne Abschreibungen) auf 900.000 EUR. Erlöse und Aufwendungen werden als Barzahlungen abgewickelt. Der Gewinnsteuersatz der EXPANSION GMBH beträgt 60 %. Zu Beginn des Jahres 01 war der Kassenstand gleich Null. Die Gesellschafter der EXPANSION GMBH haben vereinbart, in den kommenden Jahren auf Gewinnausschüttungen zu verzichten.

Der Kaufpreis der maschinellen Anlage in Höhe von 1 Mio. EUR wurde von der Herstellerfirma vollständig kreditiert. Der Einfachheit halber soll angenommen werden, dass es sich um einen zinslosen Kredit handelt. Zwischen der Herstellerfirma und der EXPANSION GMBH soll vereinbart worden sein, dass die jährlichen Ratenzahlungen dem jährlichen Innenfinanzierungsvolumen (= Gewinn + Abschreibungsgegenwerte) entsprechen.

Die Geschäftsführung der EXPANSION GMBH hat die Möglichkeit, zwischen drei Abschreibungsverfahren zu wählen:

(a) lineare Abschreibung,
(b) arithmetisch-degressive Abschreibung oder
(c) Sofortabschreibung im Jahre 01

Welchen Geldbetrag kann die EXPANSION GMBH jeweils am Jahresende an die Herstellerfirma abführen? Zu welchem Zeitpunkt ist die Lieferantenverbindlichkeit restlos getilgt? Wie hoch ist in den Jahren 01 bis 04 der Kassenendbestand (nach Kredittilgung)?

Wöhe S.755–758

Die jährlichen Abschreibungsquoten der EXPANSION GMBH betragen (in TEUR):

Abschreibungsverfahren	01	02	03	04
(a) linear	250	250	250	250
(b) arithmetisch-degressiv	400	300	200	100
(c) Sofortabschreibung	1.000	–	–	–

(a) Lineare Abschreibung

Jahresende	Erlöse	sonstiger Aufwand	Abschreibung	Gewinnausweis (1) ./. (2) ./. (3)	Steuerzahlung 4 · 0,60	Kassenzugang (1) ./. (2) ./. (5)	Kredittilgung	Kassenzugang nach Tilgung (8) = (6) ./. (7)	Kassenendbestand (8) kumuliert
	(1)	(2)	(3)	(4)	(5)	(6)	(7)	(8)	(9)
01	2.000	900	250	850	510	590	590	0	0
02	2.000	900	250	850	510	590	410	180	180
03	2.000	900	250	850	510	590	–	590	770
04	2.000	900	250	850	510	590	–	590	1.360
Summe			**1.000**	**3.400**	**2.040**	**2.360**	**1.000**	**1.360**	

(b) Arithmetisch-degressive Abschreibung

01	2.000	900	400	700	420	680	680	0	0
02	2.000	900	300	800	480	620	320	300	300
03	2.000	900	200	900	540	560	–	560	860
04	2.000	900	100	1.000	600	500	–	500	1.360
Summe			**1.000**	**3.400**	**2.040**	**2.360**	**1.000**	**1.360**	

(c) Sofortabschreibung

01	2.000	900	1.000	100	60	1.040	1.000	40	40
02	2.000	900	–	1.100	660	440	–	440	480
03	2.000	900	–	1.100	660	440	–	440	920
04	2.000	900	–	1.100	660	440	–	440	1.360
Summe				**3.400**	**2.040**	**2.360**	**1.000**	**1.360**	

Die EXPANSION GMBH kann bei Anwendung der verschiedenen Abschreibungsverfahren folgende Geldbeträge an die Herstellerfirma abführen:

Abschreibungsverfahren	01	02
(a)	590	410
(b)	680	320
(c)	1.000	–

In den Fällen (a) und (b) ist der Lieferantenkredit am Ende des Jahres 02 restlos getilgt. Bei Sofortabschreibung (Fall (c)) ist der Lieferantenkredit schon am Ende des Jahres 01 getilgt.

Der Kassenbestand entwickelt sich bei den drei verschiedenen Abschreibungsverfahren wie folgt:

Kassenendbestand	01	02	03	04
(a)	0	180	770	1.360
(b)	0	300	860	1.360
(c)	40	480	920	1.360

Dass die Kassenbestände bei den verschiedenen Abschreibungsverfahren eine unterschiedliche Höhe haben, ist auf die zeitliche Verteilung der Gesamtsteuerzahlung in Höhe von 2.040 EUR zurückzuführen. Hohe Abschreibungsquoten zu Beginn der Nutzungsdauer (01 und 02) führen zu vergleichsweise niedrigem Gewinnausweis und somit auch zu geringerer Steuerzahlung. Geringere Gewinnsteuerzahlungen in den ersten Jahren haben dann vergleichsweise hohe Kassenbestände in diesen Jahren zur Folge.

Aufgabe 72 Die Erweiterung der Periodenkapazität bei linearer Abschreibung und gleichhohem Wertverzehr

In den vorangegangenen Aufgaben wurde gezeigt, dass die verdienten Abschreibungsgegenwerte die Liquidität eines Unternehmens, d.h. seinen Kassenbestand erhöhen. Dieses Ergebnis tritt nur dann ein, wenn die verdienten Abschreibungsgegenwerte weder zur Kreditrückzahlung noch zu Privatentnahmen noch zur Finanzierung anderweitiger Investitionen verwendet werden. In den folgenden Aufgaben soll davon ausgegangen werden, dass die **verdienten Abschreibungsgegenwerte** zur **Finanzierung neuer Investitionen** verwendet werden.

Ein Spezialfall der Verwendung von Abschreibungsgegenwerten besteht in der Beschaffung einer Anlage, die einer bereits genutzten Anlage genau entspricht. Im folgenden Beispiel handelt es sich dabei um Fahrzeuge eines Taxiunternehmens. Um den Effekt besser veranschaulichen zu können, wird nicht von einem, sondern von fünf Fahrzeugen ausgegangen, die am Ende des Jahres 01 für jeweils 20.000 EUR angeschafft wurden. Die Abschreibungsgegenwerte sollen am Jahresende soweit wie möglich zum Ankauf neuer Taxis verwandt werden. Ein etwa verbleibender Kassenüberschuss wird bis zum Ende des nächsten Jahres aufbewahrt und den Abschreibungsgegenwerten des folgenden Jahres zugeschlagen.

Es soll davon ausgegangen werden, dass mit jedem Taxi insgesamt 200.000 km gefahren werden können und dass pro Jahr eine Fahrleistung von 40.000 km erbracht wird. Der Wertverzehr pro km Fahrleistung beträgt somit bei einem Anschaffungspreis von 20.000 EUR pro Fahrzeug 0,10 EUR und bei einer Fahrleistung von 40.000 km pro Jahr 4.000 EUR.

Wie viele Fahrzeuge stehen bei linearer Abschreibung über 5 Jahre dem Betrieb zu Beginn des Jahres 02 sowie Ende 02 bis Ende 08 bei sofortiger Wiederverwendung der Abschreibungsgegenwerte zum Kauf neuer Fahrzeuge zur Verfügung?

Wöhe S. 648–650

Es ergibt sich folgende Entwicklung (Beträge in TEUR):

Taxi Nr.	AB 1. 1. 02	A 02	EB 31. 12. 02	A 03	EB 31. 12. 03	A 04	EB 31. 12. 04	A 05	EB 31. 12. 05	A 06	EB 31. 12. 06	A 07	EB 31. 12. 07	A 08	EB 31. 12. 08
T_1	20	4	16	4	12	4	8	4	4	4	0	–	–	–	–
T_2	20	4	16	4	12	4	8	4	4	4	0	–	–	–	–
T_3	20	4	16	4	12	4	8	4	4	4	0	–	–	–	–
T_4	20	4	16	4	12	4	8	4	4	4	0	–	–	–	–
T_5	20	4	16	4	12	4	8	4	4	4	0	–	–	–	–
		20													
T_6			→20	4	16	4	12	4	8	4	4	4	0	–	–
				24											
T_7					→20	4	16	4	12	4	8	4	4	4	0
					→(4) →	4									
						32									
T_8							→20	4	16	4	12	4	8	4	4
							→(12) →	12							
								44							
T_9									→20	4	16	4	12	4	8
T_{10}									→20	4	16	4	12	4	8
									→(4) →	4					
										44					
T_{11}											→20	4	16	4	12
											→20	4	16	4	12
T_{12}											→(4) →	4			
												32			
T_{13}													→20	4	16
													→(12) →	12	
														40	
T_{14}															→20
T_{15}															→20
Wert Taxis	100		100		96		88		96		96		88		100
Wert Kasse	0		0		4		12		4		4		12		0
zusammen	100		100		100		100		100		100		100		100
Anzahl Taxis	**5**		**6**		**7**		**8**		**10**		**7**		**7**		**8**

AB = Anfangsbestand A = Abschreibung EB = Endbestand

Obwohl das Kapital des Taxiunternehmens während des gesamten Zeitraumes 100.000 EUR nicht übersteigt, erhöht sich der Fahrzeugbestand von 5 Stück (Ende 01) über 10 Stück (Ende 05) auf 8 Stück (Ende 08).

Aufgabe 73 Totalkapazität und Periodenkapazität bei linearer Abschreibung und gleichhohem Wertverzehr

In Aufgabe 72 wurde gezeigt, dass die Periodenkapazität gemessen an der mit jeweils 40.000 km Fahrleistung pro Jahr zur Verfügung stehenden Anzahl der Fahrzeuge, von 5 zu Beginn des Jahres 02 bis maximal auf 10 am Ende des Jahres 05 ansteigt, um dann auf 8 am Ende des Jahres 08 zu fallen.

Wie hoch ist die Totalkapazität, wenn man unter dieser Größe den am jeweiligen Stichtag noch vorhandenen Leistungsvorrat (gemessen in km) eines jeden Fahrzeugs versteht? Ordnen Sie jedem Fahrzeug die noch in ihm steckenden Fahrkilometer zu und addieren Sie die Gesamtkilometerleistung (Totalkapazität). Verwenden Sie dazu die Tabelle in Aufgabe 72!

	1. 1. 02	31. 12. 02	31. 12. 03	31. 12. 04	31. 12. 05	31. 12. 06	31. 12. 07	31. 12. 08
Zusammensetzung der Totalkapazität	T_5 200	T_6 200	T_7 200	T_8 200	T_{10} 200	T_{12} 200	T_{13} 200	T_{15} 200
	T_4 200	T_5 160	T_6 160	T_7 160	T_9 200	T_{11} 200	T_{12} 160	T_{14} 200
	T_3 200	T_4 160	T_5 120	T_6 120	T_8 160	T_{10} 160	T_{11} 160	T_{13} 160
	T_2 200	T_3 160	T_4 120	T_5 80	T_7 120	T_9 160	T_{10} 120	T_{12} 120
	T_1 200	T_2 160	T_3 120	T_4 80	T_6 80	T_8 120	T_9 120	T_{11} 120
		T_1 160	T_2 120	T_3 80	T_5 40	T_7 80	T_8 80	T_{10} 80
			T_1 120	T_2 80	T_4 40	T_6 40	T_7 40	T_9 80
				T_1 80	T_3 40			T_8 40
					T_2 40			
					T_1 40			
Anzahl der Fahrzeuge	**5 Taxis**	**6 Taxis**	**7 Taxis**	**8 Taxis**	**10 Taxis**	**7 Taxis**	**7 Taxis**	**8 Taxis**
Totalkapazität	1.000	1.000	960	880	960	960	880	1.000
Kassenbestand	0	0	4	12	4	4	12	0

Die schraffierten Flächen sollen zum Ausdruck bringen, dass die Totalkapazität geringer als 1 Mio. km ist, dafür aber ein entsprechender Kassenbestand vorhanden ist, der in das nächste Jahr vorgetragen wird.

Aufgabe 74 Bildung von Pensionsrückstellungen

Die VORSORGE GMBH schließt am 2. 1. 01 mit ihrem Prokuristen Herrn Treu, der am 31. 12. 03 aus dem aktiven Dienst der Firma ausscheiden wird, einen Pensionsvertrag. Danach soll Herr Treu eine jährliche Pension in Höhe von 30.000 EUR, zahlbar am Jahresende, erhalten. Der Einfachheit halber soll angenommen werden, dass die letzte Pensionszahlung am 31. 12. 08 fällig wird.

Teilaufgabe a)

(1) Wie hoch ist der Barwert X der fünf Pensionszahlungen bezogen auf den 31. 12. 03, dem Tag des Ausscheidens von Herrn Treu?

(2) Wie hoch ist der Barwert Y dieses Geldbetrages X bezogen auf den 2. 1. 01, dem Zeitpunkt des Vertragsabschlusses?

(3) Wie hoch sind die Beträge, die zwischen dem Zeitpunkt des Vertragsabschlusses und dem Zeitpunkt des Ausscheidens von Herrn Treu jeweils am Jahresende der Pensionsrückstellung zuzuführen sind? Die Zuführung soll in (drei) gleichen Jahresraten (Annuitäten) zuzüglich der jährlichen Verzinsung erfolgen.

Es soll der steuerrechtlich vorgeschriebene Zinssatz von 6 % (§ 6 a Abs. 3 Satz 3 EStG) Anwendung finden.

Lösungshinweis: Vergegenwärtigen Sie sich zunächst die drei Lösungsschritte (1) bis (3) mit Hilfe der üblichen Säulendiagramme! (vgl. Aufgabe 6 ff.).

Wöhe S. 537–539

Die drei Lösungsschritte lassen sich folgendermaßen darstellen:

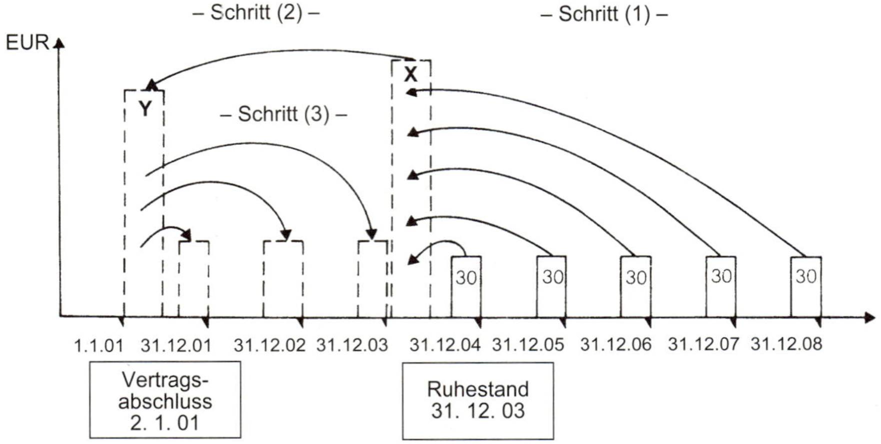

Schritt (1):

Rente	· Rentenbarwertfaktor	=	**Barwert X**
30.000 EUR	· 4,212	=	**126.360 EUR**

Schritt (2):

Endwert X	· Abzinsungsfaktor	=	**Barwert Y**
126.360 EUR	· 0,8396	=	**106.092 EUR**

Schritt (3):

Anfangswert Y	· Annuitätenfaktor	=	**Annuität**
106.092 EUR	· 0,37411	=	**39.690 EUR**

Soll für die dem Prokuristen Treu zugesagte Pension eine Rückstellung gebildet werden, dann muss die VORSORGE GMBH jeweils 39.690 EUR zuzüglich 6 % Jahreszinsen auf den jeweiligen Bestand zu Beginn des Jahres den Rückstellungen zum Jahresende zuführen. Da diese Beträge als Periodenaufwand zu verrechnen sind, kürzen sie das jeweilige Jahresergebnis der VORSORGE GMBH.

Teilaufgabe b)

Es gelten die Angaben der Teilaufgabe a). Wie hoch ist die von der VORSORGE GMBH gebildete Pensionsrückstellung am 31. 12. 01, am 31. 12. 02 und am 31. 12. 03? Versuchen Sie zunächst durch Nachdenken, nicht durch Nachrechnen, die Frage zu beantworten, wie hoch angesichts der Ergebnisse aus Teilaufgabe a) der Rückstellungsbestand am 31. 12. 03 sein muss!

Bis zum 31. 12. 03 muss der Rückstellungsbestand auf den Betrag X = 126.360 EUR, d.h. also auf den Barwert sämtlicher Pensionszahlungen angewachsen sein. Zum jeweiligen Jahresende ergibt sich folgender Rückstellungsbestand:

Datum	Zuführung zu Pensionsrückstellungen		Bestand an Pensionsrückstellungen
	Annuität	Zinsen	
31. 12. 01	39.690		39.690
31. 12. 02		2.381	
31. 12. 02	39.690		
31. 12. 02			81.761
31. 12. 03		4.906	
31. 12. 03	39.690		
31. 12. 03			126.357*

* Es ergibt sich eine Rundungsdifferenz in Höhe von 3 EUR.

Die erfolgswirksame Anwendungsverrechnung für die Jahre 01 bis 03 beziffern sich auf 3 · 39.690 EUR = 119.070 EUR, zuzüglich 7.287 EUR Zinsen für die Jahre 02 und 03.

Aufgabe 75 Finanzierungswirkung von Pensionsrückstellungen

Es gelten die Annahmen der Aufgabe 74 a). Ohne Berücksichtigung der Zuführung zu den Pensionsrückstellungen beläuft sich der Jahresgewinn der VORSORGE GMBH zwischen den Jahren 01 und 03 auf jeweils 100.000 EUR. Der einheitliche Gewinnsteuersatz liegt bei 60%. Wie hoch ist die Finanzierungswirkung der Pensionsrückstellung, wenn die Gesellschafter der VORSORGE GMBH

(a) volle Ausschüttung
(b) volle Thesaurierung

des Jahresgewinns (nach Steuer) vereinbart haben. Der Einfachheit halber soll angenommen werden, dass die jährliche Zuführung zu den Pensionsrückstellungen einschließlich Zinsen jeweils 40.000 EUR beträgt.

Wöhe S. 645–647

Ohne Bildung einer Pensionsrückstellung hat die VORSORGE GMBH zwischen den Jahren 01 und 03 folgende Finanzierungsvolumen zu verzeichnen (in TEUR).

Periode 01, 02 und 03	(a) Ausschüttung	(b) Thesaurierung
Gewinn – 60 % Gewinnsteuer	100 60	100 60
Gewinn nach Steuer – Ausschüttung	40 40	40 –
Finanzierungsvolumen	–	40

Wird dagegen eine Pensionsrückstellung gebildet, kann die VORSORGE GMBH zwischen den Perioden 01 bis 03 Jahr für Jahr über folgende Beträge zur Finanzierung von Investitionen verfügen:

Periode 01, 02 und 03	(a) Ausschüttung	(b) Thesaurierung
Gewinn vor Rückstellung – Zuführung zu Rückstellungen	100 40	100 40
Gewinn vor Steuer – 60% Gewinnsteuer	60 36	60 36
Gewinn nach Steuer – Ausschüttung	24 24	24 –
Selbstfinanzierung + Finanzierung aus Pensionsrückstellungen	– 40	24 40
Finanzierungsvolumen	40	64

Die Finanzierungswirkung der Bildung von Pensionsrückstellungen beziffert sich im Falle (a) auf 40.000, im Falle (b) auf 24.000 pro Jahr.

Aufgabe 76 Finanzierung aus Pensionsrückstellungen

Es gelten die Annahmen der Aufgabe 74. Weiterhin soll unterstellt werden, dass die Pensionsrückstellungen das einzige Finanzierungsinstrument der VORSORGE GMBH sind. Es existieren also weder die Möglichkeiten der Außenfinanzierung noch der Selbstfinanzierung noch der Finanzierung aus Abschreibungen.

Die VORSORGE GMBH hat die Wahl zwischen folgenden Investitionsalternativen;

(1) Kauf eines Grundstücks am 1. 2. 02 für 60.000 EUR, das am 31. 12. 03 für 75.000 EUR wieder verkauft werden könnte.

(2) Kauf von Aktien am 31. 12. 02 für 81.761 EUR, die keine Dividende abwerfen und am 31. 12. 03 für 86.000 EUR verkauft werden könnten.

(3) Erwerb einer Beteiligung am 31. 12. 03 für 125.000 EUR, die am 15. 3. 05 für 170.000 EUR verkauft werden könnte.

(4) Erwerb einer Beteiligung am 31. 12. 03 für 125.000 EUR, die neben einer Gewinnausschüttung zum 1. 12. 04 in Höhe von 30.000 EUR einen Verkaufserlös zum 1. 10. 04 in Höhe von 130.000 EUR erwarten lässt.

Welche dieser Alternativinvestitionen können realisiert werden, wenn mit einer betriebsinternen Verzinsung von 6 % gerechnet werden darf?

Lösungshinweis: Beachten Sie die Aufstellung in Aufgabe 74 b.

Vor einer Investitionsentscheidung muss die VORSORGE GMBH folgende Faktoren berücksichtigen:

(1) Die durch Bildung der Pensionsrückstellung bis zum 1. 2. 02 freigesetzten Mittel in Höhe von 39.690 EUR + 6 % Zinsen für einen Monat reichen nicht aus, um eine Investition in Höhe von 60.000 EUR zu finanzieren.

(2) Bis zum 31. 12. 02 sind durch Rückstellungsbildung incl. Zinsen genau 81.761 EUR freigesetzt. Der Kauf der Aktien scheitert aber nicht an der Höhe des Investitionsvolumens (wie bei Ziff. 1), sondern am zu geringen Verkaufserlös. Der Erlös übersteigt die Einstandskosten nur um 4.239 EUR, während zur Auffüllung der Pensionsrückstellung 4.906 EUR (vgl. Aufgabe 74b) in Form von Zinsen benötigt werden. Die Investition wird nicht durchgeführt, da ihre Rendite unterhalb der betriebsinternen Verzinsung in Höhe von 6 % liegt.

(3) Die bis zum 31. 12. 03 freigesetzten Beträge in Höhe von 126.357 EUR reichen zur Finanzierung der Investition aus. Da jedoch schon am 31. 12. 04 die erste Pensionszahlung in Höhe von 30.000 EUR fällig wird, kann die Beteiligung wegen der zu langen Kapitalbindung nicht erworben werden.

(4) Zum Investitionsvolumen vgl. Ziff. (3). Die am 1. 12. 04 fällig werdende Gewinnausschüttung in Höhe von 30.000 EUR kann zur Begleichung der ersten Pensionszahlung verwendet werden. Die Investition ist also durchführbar.

Aufgabe 77 Cash-Flow und Netto-Cash-Flow

Der Leiter des Rechnungswesens der TREND AG hat für die folgenden fünf Perioden eine mittelfristige Planerfolgsrechnung erstellt:

Soll	Planerfolgsrechnung		Haben
Materialaufwand	1.800	Erträge	10.000
Personalaufwand	3.000		
Abschreibungen	2.000		
Sonstiger betrieblicher Aufwand	700		
Steuern vom Einkommen und Ertrag	1.000		
Jahresüberschuss	1.500		
	10.000		10.000

Er ist dabei von folgenden Annahmen ausgegangen:

- Alle Erträge sind zahlungswirksam;
- im Personalaufwand ist eine Zuführung zu den Pensionsrückstellungen von 1.200 enthalten;
- auch in Zukunft soll der Jahresüberschuss zu zwei Dritteln ausgeschüttet werden.

Ermitteln Sie den Cash-Flow und den Netto-Cash-Flow (nach Steuern und Ausschüttungen) der TREND AG für diese Perioden. Erläutern Sie, welche der beiden Größen Auskunft über das frei verfügbare Innenfinanzierungsvolumen gibt.

Wöhe S. 698 f.

Der Cash-Flow ist der Einzahlungsüberschuss vor Abzug der gewinnabhängigen Auszahlungen. Für seine Ermittlung wird erst einmal davon ausgegangen, dass der handelsrechtliche Gewinn vor Steuern dem Einzahlungsüberschuss der Periode entspricht, also alle Aufwendungen und Erträge zahlungswirksam sind. Diese

Ausgangsgröße wird dann um nicht zahlungswirksame Aufwendungen und Erträge korrigiert. Da nach Aussagen des Leiters des Rechnungswesens alle Erträge der TREND AG zahlungswirksam sind, ist der Gewinn nur noch um diejenigen Größen zu erhöhen, die als Aufwendungen den Gewinn verringern, aber nicht liquiditätswirksam sind:

	Gewinn vor Steuern	2.500
+	Abschreibungen	2.000
+	Zuführungen zu langfristigen Rückstellungen (Pensionsrückstellungen)	1.200
=	**Cash-Flow**	**5.700**

Werden vom Cash-Flow die gewinnabhängigen Auszahlungen abgezogen, erhält man den Netto-Cash-Flow:

	Cash-Flow	5.700
–	Steuern vom Einkommen und Ertrag	1.000
–	Dividende	1.000
=	**Netto-Cash-Flow**	**3.700**

Bei der Innenfinanzierung kann nur auf Mittel zurückgegriffen werden, die tatsächlich im Unternehmen verbleiben und nicht wie die gewinnabhängigen Auszahlungen der Verfügungsgewalt der Unternehmensleitung entzogen werden. Daher kann nur der Netto-Cash-Flow der näherungsweisen Bestimmung des Innenfinanzierungsvolumens dienen.

In den kommenden fünf Planperioden wird bei der TREND AG also jeweils eine Kapitalfreisetzung von 3.700 EUR erwartet. Diese frei verfügbaren Mittel können zur Vornahme von Investitionen und zur Tilgung von Krediten herangezogen werden.

4. Kapitalstruktur, Rentabilität und Kapitalkosten

Wiederholungsfragen:

	Wöhe Seite
Welche Finanzierungsempfehlung gibt die vertikale Kapitalstrukturregel?	653
Welche Finanzierungsempfehlungen geben die goldene Finanzierungsregel (goldene Bankregel) und die goldene Bilanzregel?	655 f.
Wie ist der Verschuldungsgrad definiert?	657
Welcher Zusammenhang besteht zwischen den Eigen- und Fremdkapitalkosten auf der einen Seite und dem Kapitalertrag auf der anderen Seite?	658
Welchen Einfluss hat das mit der Erhöhung des Verschuldungsgrads einhergehende Kapitalstrukturrisiko auf die Eigen- und Fremdkapitalgeber?	658 f.

	Wöhe Seite
Aus welchen Kostenbestandteilen setzt sich der Zins als Entgelt für die Kapitalüberlassung zusammen?	659
Welcher Zusammenhang besteht zwischen dem Marktwert eines Unternehmens UW und den Kapitalkosten i?	660
Unter welchen Bedingungen kommt es im Rahmen des Leverage-Effekts zu einem positiven bzw. negativen Hebeleffekt?	661 f.
Warum sind dem positiven Leverage-Effekt in der Finanzierungspraxis Grenzen gesetzt?	662
Auf welchen Prämissen beruht die klassische These zum optimalen Verschuldungsgrad?	663 f.
Auf welchen modellmäßigen Annahmen beruht die MM-These?	665 f.
Warum hat der Verschuldungsgrad im MM-Modell keinen Einfluss auf die Finanzierungsentscheidung?	667 f.
Wie verläuft die Zinskurve bei normaler und inverser Zinsstruktur?	672
Was versteht man unter einem Roll-over-Kredit?	672
Welche Zinsbindungsdauer sollte ein Kapitalnachfrager in der Niedrig- bzw. Hochzinsphase anstreben?	673 f.
Auf welchen gemeinsamen Annahmen beruhen Portfoliotheorie und CAPM?	675
Wie müssen zwei Anteile korreliert sein, damit sich das Portefeuille-Risiko durch Diversifikation vermindern lässt?	677
Was versteht man in der Portfoliotheorie zwischen zulässigen, effizienten und optimalen Portefeuilles?	679
Auf welchen – über die Portfoliotheorie hinausgehenden – Prämissen beruht das CAPM?	680 f.
Wie gelangt man von einer gegebenen Pure Rate i_B und einer gegebenen Effizienzlinie zur Kapitalmarktlinie?	681
Wie ermittelt man im CAPM das Marktportefeuille?	682
Warum wird im CAPM das unsystematische Risiko vom Kapitalmarkt nicht vergütet?	684
Welche Beziehung stellt der Betawert zwischen einer einzelnen Aktie und dem Marktportefeuille her?	685
Wo liegen aus der Sicht der Finanzierungspraxis die Schwächen des CAPM?	686

Aufgabe 78 Kapitalstrukturrisiko für Eigen- und Fremdkapitalgeber

Der Anleger MUTIG möchte mit einem Kapitaleinsatz von 10.000 Geldeinheiten einen Anteil an einem Immobilienfonds erwerben. Der Fonds garantiert für die nächsten Jahre eine Ausschüttung von 6 Prozent auf den ursprünglichen Kapitaleinsatz. Die künftige Kursentwicklung des Fondsanteils ist von der Entwicklung des Immobilienmarktes abhängig. Zwei Umweltzustände sind denkbar:

Umweltzustand	U_1	U_2
Eintrittswahrscheinlichkeit	$w_1 = 0{,}5$	$w_2 = 0{,}5$
Jährliche Kursänderung für einen Fondsanteil	+ 900	– 100

Teilaufgabe a)

Wie hoch sind die den Kapitalgebern zuzurechnenden zustandsabhängigen Bruttogewinne BG? Wie hoch ist der Erwartungswert μ für die zustandsabhängigen Bruttogewinne BG?

Wöhe S. 657–660

Die Bruttogewinne BG und ihr Erwartungswert lassen sich folgendermaßen ermitteln:

Umweltzustand	U_1	U_2	
Eintrittswahrscheinlichkeit	0,5	0,5	Erwartungswert μ
Barausschüttung Kursänderung	+ 600 + 900	+ 600 – 100	
Bruttogewinne BG	+ 1.500	+ 500	+ 1.000

Teilaufgabe b)

Den Erwerb des Fondsanteils kann MUTIG mit Eigenkapital finanzieren. Er hat aber auch die Möglichkeit, Fremdkapital zu einem Zins i_F von 8 Prozent aufzunehmen. Besteht für MUTIG ein Verlustrisiko, wenn

- der ungünstige Umweltzustand U_2 eintritt und
- der Erwerb des Fondsanteils mit Eigenkapital finanziert wird?

Obwohl er nur den relativ niedrigen Bruttogewinn von 500 GE erwarten kann, besteht für MUTIG kein Risiko des Vermögensverlustes. Da die Investition ausschließlich mit Eigenkapital finanziert ist, fallen keine Fremdkapitalkosten an, wodurch MUTIG der Bruttogewinn von + 500 GE unvermindert zufließt.

Teilaufgabe c)

Besteht für Herrn MUTIG das Risiko des Vermögensverlustes, wenn

- in der nächsten Periode der ungünstige Umweltzustand U_2 eintritt,
- sein Verschuldungsgrad
  - (a) v = 1
  - (b) v = 3 und
- der Fremdkapitalzinsfuß 8 Prozent beträgt?

	v	Eigenkapital	Fremdkapital	Fremdkapitalzinsen FKZ	BG – FKZ = G
(a)	1	5.000	5.000	400	500 – 400 = + 100
(b)	3	2.500	7.500	600	500 – 600 = – 100

Nimmt MUTIG zur Finanzierung der Investition Fremdkapital auf, fallen unabhängig von der Höhe des Bruttogewinns Fremdkapitalzinsen an. Sobald die zu zahlenden Fremdkapitalzinsen den Bruttogewinn der Periode übersteigen, sobald also der Nettogewinn G negativ wird, entsteht ein Verlust, der das Eigenkapital reduziert. Im Fall (b) kommt es daher für MUTIG zu einem Vermögensverlust in Höhe von 100 GE.

Teilaufgabe d)

Es wird jetzt angenommen, dass in allen künftigen Perioden der ungünstige Umweltzustand U_2 eintritt. Nach wie vielen Jahren ist mit einem Vermögensverlust der Fremdkapitalgeber zu rechnen, wenn der Verschuldungsgrad von MUTIG im Fall (a) v = 1 und im Fall (b) v = 3 beträgt? Gehen Sie davon aus, dass MUTIG außer dem Fondsanteil keine weiteren Vermögenswerte besitzt!

Wöhe S. 657–660

Bei den Fremdkapitalgebern entsteht ein Vermögensverlust, wenn bei MUTIG Überschuldung eintritt, wenn also das Eigenkapital vollkommen aufgezehrt worden ist. Bei einem Verschuldungsgrad v = 1 reicht der Bruttogewinn von 500 GE zur Begleichung der Fremdkapitalzinsen stets aus, so dass das Eigenkapital nicht dezimiert wird. Das Risiko des Vermögensverlusts für die Fremdkapitalgeber besteht jedoch im Fall (b).

Der Zeitpunkt t* gibt an, nach wieviel Jahren das Eigenkapital im Verlustfall aufgezehrt worden ist, bzw. ab wann es unter den gegebenen Voraussetzungen zu einem Vermögensverlust für die Fremdkapitalgeber kommt. Dabei wird t* folgendermaßen ermittelt:

$$t^* = \frac{EK}{BG - FKZ}$$

	v	Eigenkapital	Fremdkapital	FKZ	BG – FKZ = G	t*
(b)	3	2.500	7.500	600	– 100	25

Bei einem Verschuldungsgrad von v = 3 ist das Eigenkapital nach 25 Verlustjahren aufgezehrt.

Aufgabe 79 Existentielles Risiko und Kapitalkosten

Die Kapitalgesellschaften A, B und C wollen Eigenkapital von jeweils 1.000 Geldeinheiten aufnehmen. Mit dem aufgenommenen Kapital kann erwartungsgemäß ein Bruttogewinn von 100 erwirtschaftet werden. Hinter dem Erwartungswert des Bruttogewinns stehen drei zustandsabhängige Einzelwerte:

Umweltzustand	U_1	U_2	U_3	Erwartungswert BG
Eintrittswahrscheinlichkeit w	$0,\overline{3}$	$0,\overline{3}$	$0,\overline{3}$	
Bruttogewinn A	+ 100	+ 100	+ 100	+ 100
Bruttogewinn B	+ 160	+ 100	+ 40	+ 100
Bruttogewinn C	+ 300	+ 60	– 60	+ 100

Wie beurteilen Sie die Marktchancen der Eigenkapitalnachfrager A, B und C, wenn die Eigenkapitalanbieter risikoscheu sind? Welchen Einfluss hat das existentielle Risiko auf die Eigenkapitalkosten i_E?

Wöhe S. 657–660

Risikoneutrale Eigenkapitalanbieter wären zwischen A, B und C indifferent; in jedem Fall wird eine Kapitalverzinsung von 10 Prozent erwartet. Risikoscheue Eigenkapitalanbieter bevorzugen eine Anlage bei der Gesellschaft A, wo in jedem Fall mit einer Verzinsung von 10 Prozent zu rechnen ist. Im Fall B (C) streut die Kapitalverzinsung zwischen + 16 und + 4 Prozent (+ 30 und – 6 Prozent). Damit hat die Gesellschaft C die schlechtesten Chancen, die Gunst der risikoscheuen Anleger zu gewinnen.

Bei der Gesellschaft A sind die Bruttogewinnergebnisse einwertig. Das existentielle Risiko ist gleich null. Die Gesellschaft A bietet die Gelegenheit zu risikoloser Eigenkapitalanlage. Sie kann mit niedrigen Eigenkapitalkosten i_E (= Mindestverzinsungswunsch der Eigenkapitalgeber) rechnen.

Besonders stark ist die Streuung der Bruttogewinne bei Gesellschaft C. Hier ist das existentielle Risiko am größten. Dieses Risiko muss durch einen Zinszuschlag abgegolten werden. Die Eigenkapitalkosten i_E werden also bei der Gesellschaft C am höchsten sein.

Aufgabe 80 Kapitalstrukturrisiko und Kapitalkosten nach der traditionellen These

In Anlehnung an Aufgabe 79 will die Kapitalgesellschaft C einen Kapitalbetrag von 1.000 GE am Kapitalmarkt aufnehmen. Der Erwartungswert des Bruttogewinns beziffert sich auf + 100. Seine zustandsabhängige Streuung hat folgendes Aussehen:

Umweltzustand	U_1	U_2	U_3	Erwartungswert Bruttogewinn
Eintrittswahrscheinlichkeit w	$0,\overline{3}$	$0,\overline{3}$	$0,\overline{3}$	
Bruttogewinn	+ 300	+ 60	– 60	+ 100

Der gesamte Kapitalbedarf GK = 1.000 kann durch Eigen- bzw. Fremdkapitalaufnahme gedeckt werden. Bei der Beschaffung von Fremdkapital ist von **vorläufigen Fremdkapitalkosten** i_F von 8 Prozent auszugehen. Wie hoch ist der Nettogewinn G beim Eintreten der Umweltzustände U_2 und U_3, wenn sich die Gesellschaft C für einen Verschuldungsgrad von

v = 0
v = 1
v = 3
v = 7

entscheidet? Welche Rückschlüsse erlaubt das Ergebnis auf die Mindestverzinsungsansprüche der Eigen- und Fremdkapitalgeber nach der traditionellen These?

Wöhe S. 662–665

Zieht man vom Bruttogewinn BG die Fremdkapitalzinsen FKZ ab, erhält man den Nettogewinn G, der den Eigenkapitalgebern zusteht:

v	0	1	3	7
Gesamtkapital	1.000	1.000	1.000	1.000
Eigenkapital	1.000	500	250	125
Fremdkapital	–	500	750	875
Fremdkapitalzinsen (8 Prozent)	–	40	60	70

Beim **Umweltzustand U_2** ist folgender Nettogewinn zu erwarten:

v	0	1	3	7
Bruttogewinn	+ 60	+ 60	+ 60	+ 60
– Fremdkapitalzinsen	–	– 40	– 60	– 70
Nettogewinn G	+ 60	+ 20	0	– 10

Beim **Umweltzustand U_3** ist folgender Nettogewinn zu erwarten:

v	0	1	3	7
Bruttogewinn	– 60	– 60	– 60	– 60
– Fremdkapitalzinsen	–	– 40	– 60	– 70
Nettogewinn G	– 60	– 100	– 120	– 130

Unter den Umweltbedingungen U_2 und U_3 sinken die Nettogewinne G mit steigendem Verschuldungsgrad. Mit zunehmender Verschuldung der Kapitalgesellschaft verschlechtert sich die Position der Eigenkapitalgeber. Von einem Verschuldungsgrad von Null ausgehend werden die Eigenkapitalgeber ihre Mindestverzinsungsansprüche i_E sukzessive erhöhen.

Bei isolierter Betrachtung des Umweltzustands U_2 reicht der Bruttogewinn bei $v = 3$ gerade noch aus, die Fremdkapitalzinsen abzudecken. Steigt der Verschuldungsgrad weiter an, gerät die Kapitalgesellschaft in die Verlustzone. Bei einem über $v = 3$ liegenden Verschuldungsgrad werden die Zins- und Tilgungsansprüche der Fremdkapitalgeber auf lange Sicht gefährdet. Deshalb werden sie ihre Mindestverzinsungsansprüche i_F ab $v \geq 3$ sukzessive erhöhen. Richtet man den Blick auf den Umweltzustand U_3, werden die Mindestverzinsungsansprüche der Fremdkapitalgeber schon ab $v \geq 0$ erhöht.

Aufgabe 81 Optimaler Verschuldungsgrad nach der traditionellen These

Der Gesamtkapitalbedarf GK der X-AG beläuft sich auf 5.000 GE. Das Unternehmen rechnet mit einem jährlichen Erwartungswert des Bruttogewinns BG von 450 GE. Die alternativen Finanzierungsmöglichkeiten des Gesamtkapitalbedarfs sowie die von der Kapitalstruktur abhängigen Mindestverzinsungsanforderungen der Eigen- und Fremdkapitalgeber sind in der folgenden Tabelle aufgeführt:

Gesamtkapital GK	5.000	5.000	5.000	5.000	5.000
Eigenkapital EK	5.000	4.000	3.000	2.000	1.000
Fremdkapital FK	–	1.000	2.000	3.000	4.000
Eigenkapitalkosten i_E (Prozent)	9	9	9,5	10,5	12,5
Fremdkapitalkosten i_F (Prozent)	7	7	7	7,5	8

Ermitteln Sie nach der klassischen These den optimalen Verschuldungsgrad v*! Wie hoch sind die minimalen durchschnittlichen Kapitalkosten i* und der maximale Marktwert UW* der X-AG?

Wöhe S. 662–665

Der optimale Verschuldungsgrad v* und der maximale Marktwert UW* liegen nach der klassischen These dort, wo die minimalen durchschnittlichen Kapitalkosten i* erreicht werden. Der Verschuldungsgrad v, die durchschnittlichen Kapitalkosten i und der Marktwert UW der X-AG berechnen sich nach folgenden Formeln:

$$\mathbf{v} = \frac{FK}{EK}$$

$$\mathbf{i} = \frac{EK}{GK} \cdot i_E + \frac{FK}{GK} \cdot i_F$$

$$\mathbf{UW} = \frac{BG}{i}$$

Eigenkapital EK Fremdkapital FK	5.000 –	4.000 1.000	3.000 2.000	2.000 3.000	1.000 4.000
Verschuldungsgrad v	0	0,25	$0,\overline{66}$	1,5	4
Kapitalkosten i (Prozent)	9	8,6	8,5	8,7	8,9
Marktwert UW	5.000	5.232,56	5.294,12	5.172,41	5.056,18

Die X-AG erreicht bei einem Verschuldungsgrad v* von $0,\overline{66}$ (Finanzierung des Gesamtkapitalbedarfs mit 3.000 GE Eigen- und 2.000 GE Fremdkapital) minimale durchschnittliche Finanzierungskosten i* von 8,5%. Der maximale Marktwert der X-AG UW* beläuft sich auf 5.294,12 GE.

Aufgabe 82 Mindesteigenkapital nach Basel II

Die MERKUR-BANK ist im Firmenkreditgeschäft tätig. Der Kreditabteilung liegen fünf Darlehensanträge über jeweils 1 Mio. EUR bei einer Laufzeit von fünf Jahren vor. Die fünf Firmenkunden haben eine unterschiedliche Bonität. Würde man die Abstufung von Standard & Poor's zugrunde legen, gehörte der Kunde mit der besten Bonität in die Ratingklasse AAA, der mit der schwächsten Bonität in die Ratingklasse BB. Im Zuge der Kreditwürdigkeitsprüfung wurden den Kreditanträgen folgende Risikogewichte zugeordnet:

Kreditantrag	I(AAA)	II (AA)	III (A)	IV (BBB)	V (BB)
Risikogewicht	0,30	0,60	0,90	1,40	2,00

Ermitteln Sie

- das Mindesteigenkapital nach Basel II
- das Fremdfinanzierungsvolumen

für eine Darlehenssumme von jeweils 1 Mio. EUR!

Wöhe S. 668–671

Das Mindesteigenkapital nach Basel II ist durch die Grundformel

Kreditvolumen	· Risikogewicht	·	8 Prozent	=	Mindesteigenkapital	

zu ermitteln.

Kreditantrag	(1)	(2)	(3)	(4)	(5)
	Kredit-volumen	Risikoge-wicht	8 Prozent	Mindest-eigenkapital (1) (2) (3)	Fremdkapital (1) – (4)
I	1 Mio.	0,30	0,08	24.000	976.000
II	1 Mio.	0,60	0,08	48.000	952.000
II	1 Mio.	0,90	0,08	72.000	928.000
IV	1 Mio.	1,40	0,08	112.000	888.000
V	1 Mio.	2,00	0,08	160.000	840.000

Je besser die Bonität eines Schuldners, desto stärker kann die MERKUR BANK zur Finanzierung ihres Kreditgeschäfts (preisgünstiges) Fremdkapital heranziehen.

Aufgabe 83 Abgestufte Zinskonditionen nach Basel II

Es gelten die Angaben der Aufgabe 82. Die MERKUR BANK kalkuliert die Zinskonditionen für die fünf Kreditanträge nach folgendem Schema:

- gewünschte Eigenkapitalverzinsung i_E 14 Prozent
- Fremdkapitalkosten i_F 4 Prozent
- Aufschlag (Verwaltungskosten und Gewinn) bezogen auf die Darlehenssumme 1, 2 Prozent

Ermitteln Sie für jeden Kreditantrag den von der MERKUR BANK geforderten Darlehenszins! Erläutern Sie den Begriff der Risikoprämie.

Wöhe S. 668–671

Die MERKUR BANK kalkuliert den Darlehenszins nach folgendem Schema:

Kredit-antrag	(1)	(2)	(3)	(4)	(5)	(6)
	Eigen-kapital-einsatz	Kosten für Eigen-kapital 0,14 von (1)	Fremd-kapital-einsatz	Kosten für Fremd-kapital 0,04 von (3)	Ver-waltungs-kosten und Gewinn	Kalkulierte Darlehens-zinsen (2) + (4) + (5)
I	24.000	**3.360**	976.000	**39.040**	**12.000**	**54.400**
II	48.000	**6.720**	952.000	**38.080**	**12.000**	**56.800**
III	72.000	**10.080**	928.000	**37.120**	**12.000**	**59.200**
IV	112.000	**15.680**	888.000	**35.520**	**12.000**	**63.200**
V	160.000	**22.400**	840.000	**33.600**	**12.000**	**68.000**

Im Falle des Kreditantrags V ist das Kreditausfallrisiko für die MERKUR BANK weitaus höher als beim Kreditantrag I. Beim Kreditantrag I fordert die Bank einen Darlehenszins von (aufgerundet) 5,45 Prozent, im Fall V fordert sie 6,8 Prozent. Der Antragsteller V muss also eine Risikoprämie in Höhe von 1,35 Prozentpunkten zahlen.

Aufgabe 84 Marktwert im MM-Modell

Es gelten die Bedingungen des MM-Modells. Eine Kapitalgesellschaft, die M-AG, gehört zur Risikoklasse X.

Folgende Größen sind **gegeben:**

- risikoloser Einheitszins i_F — 4 Prozent
- Risikozuschlag Z für allgemeines Geschäftsrisiko der Risikoklasse X — 6 Prozent
- Erwartungswert des Bruttogewinns BG der M-AG — 16 Mio.
- Verschuldungsgrad v — 1

Folgende Größen sind **gesucht:**

- durchschnittliche Kapitalkosten i
- Eigenkapitalkosten i_E
- Marktwert des Unternehmens UW
- Marktwert des Eigenkapitals EK
- Marktwert des Fremdkapitals FK

Wöhe S. 665–668

Die **durchschnittlichen Kapitalkosten i** beziffern sich hier auf 10 Prozent; sie ergeben sich aus der Summe von risikolosem Einheitszins i_F und dem Risikozuschlag Z:

i_F	+	Z	=	i
0,04	+	0,06	=	0,10

Die **Eigenkapitalkosten i_E** beziffern sich hier auf 16 Prozent; sie sind vom Verschuldungsgrad

$$\mathbf{v} = \frac{FK}{EK} \text{ abhängig.}$$

Im vorliegenden Fall ist

$$\mathbf{v} = \frac{FK}{EK} = 1.$$

$$\mathbf{i_E} = i + (i - i_F) \cdot \frac{FK}{EK} = i_E$$

$$\mathbf{i_E} = 0{,}10 + (0{,}10 - 0{,}04) \cdot 1 = 0{,}16$$

Der **Marktwert UW** des Unternehmens lässt sich folgendermaßen ermitteln:

$$\mathbf{UW} = \frac{BG}{i} = \frac{16\text{ Mio.}}{0{,}10} = 160\text{ Mio.}$$

Bei einem Verschuldungsgrad von 1 ist die M-AG zu gleichen Teilen mit Eigen- und Fremdkapital finanziert. Der **Marktwert** des **Eigenkapitals** und des **Fremdkapitals** beziffert sich also auf jeweils 80 Mio.:

Marktwert UW	Marktwert EK	Marktwert FK
$\frac{BG}{i}$	$\frac{BG - FKZ}{i_E}$	$\frac{FKZ}{i_F}$
$\frac{16}{0{,}10}$	$\frac{16 - 3{,}2}{0{,}16}$	$\frac{3{,}2}{0{,}04}$
160 Mio.	80 Mio.	80 Mio.

Bei einem Marktwert des Fremdkapitals von 80 Mio. und einem Zinssatz i_F von 4 Prozent muss die M-AG 3,2 Mio. Fremdkapitalzinsen FKZ zahlen.

Aufgabe 85 Marktwerte und Bilanzrelationen

Großanleger REICH liegen die vereinfachte Bilanz und die vereinfachte Gewinn- und Verlustrechnung der WERT AG zum 31. 12. 01 vor (Angaben in Mio. EUR):

Aktiva	Bilanz zum 31. 12. 01		Passiva
Vermögen	210	Eigenkapital	50
		Fremdkapital	160
	210		210

Soll	GuV 01		Haben
Diverse Aufwendungen	226	Umsatzerlöse	250
Zinsaufwendungen	8		
Gewinn	16		
	250		250

Zusatzinformationen:

- Die Gewinne der WERT AG sind ewig in gleicher Höhe erzielbar und werden vollständig an die Anteilseigener ausgeschüttet.
- Die WERT AG hat einen Verschuldungsgrad von v = 2.
- Der Einheitszinssatz für Kreditaufnahmen i_F beträgt 5 Prozent.
- Bei einem unverschuldeten Unternehmen innerhalb der Risikoklasse der WERT AG fordern die Eigenkapitalgeber eine Rendite i_E von 10 Prozent.

Teilaufgabe a)

Wie hoch ist die Renditeforderung i_E der Eigenkapitalgeber der WERT AG im MM-Modell?

Im MM-Modell lässt sich die Eigenkapitalrendite mit Hilfe der folgenden Formel berechnen:

$$
\begin{array}{cccccc}
i & + & (i - i_F) \cdot v & = & i_E \\
10 & + & (10 - 5) \cdot 2 & = & 20
\end{array}
$$

Die Eigenkapitalgeber der WERT AG werden eine Rendite von $i_E = 20$ Prozent fordern.

Teilaufgabe b)

Welchen Kaufpreis darf REICH höchstens zahlen, wenn er das gesamte Eigenkapital der WERT AG übernehmen möchte?

Wöhe S. 668 f.

Der Marktwert des Eigenkapitals beträgt

$$\frac{\text{Nettogewinn}}{i_E} = \frac{16 \text{ Mio.}}{0{,}2} = 80 \text{ Mio.}$$

Reich sollte nicht mehr als den Marktwert des Eigenkapitals zahlen. Die Preisobergrenze liegt somit bei 80 Mio. EUR.

Teilaufgabe c)

Wie ist die Differenz zwischen dem bilanzierten Eigenkapital und dem Marktwert des Eigenkapitals zu erklären?

Wöhe S. 668 f.

Der Marktwert des Eigenkapitals beträgt 80 Mio. EUR, der des bilanziellen Eigenkapitals dagegen nur 50 Mio. EUR. Zwischen den beiden Werten besteht somit eine Differenz in Höhe von 30 Mio. EUR.

Das bilanzielle Eigenkapital ergibt sich aus der Gegenüberstellung von bilanziertem Vermögen und Schulden. Es beschreibt den Wert, um den das Vermögen die Schulden übersteigt. Somit stellt das Eigenkapital der Bilanz lediglich eine rechnerische Residualgröße dar.

Nur wenn auf der Aktivseite der Bilanz der tatsächliche Wert des Unternehmens abgebildet werden kann, entspricht das bilanzielle Eigenkapital dem Marktwert des Eigenkapitals. In der Realität liegen die bilanziellen Wertansätze des Vermögens i.d.R. aufgrund spezifischer handels- und steuerrechtlicher Vorschriften unter dem Marktwert des Vermögens. Somit weicht das bilanzielle Eigenkapital vom Marktwert des Eigenkapitals ab. Der Differenzbetrag zwischen diesen beiden Größen entspricht der Summe aus stillen Rücklagen und originärem Firmenwert.

Würden auch die stillen Reserven und der originäre Firmenwert in der Bilanz erfasst werden, könnte aus der Bilanz der WERT AG auch der Marktwert des Eigenkapitals abgelesen werden. Wird unterstellt, dass die stillen Rücklagen im Vermögen 20 Mio. EUR betragen, lässt sich die fiktive Bilanz der WERT AG folgendermaßen darstellen:

Aktiva	**Bilanz** (fiktiv)		**Passiva**
bilanziertes Vermögen	210	Eigenkapital	80
stille Rücklagen im Vermögen	20	Fremdkapital	160
originärer Firmenwert	10		
	240		240

Bei dieser (rechtlich nicht zulässigen) Darstellung der Bilanz entspricht das bilanzierte Eigenkapital dem Marktwert des Eigenkapitals.

Aufgabe 86 Arbitragebeweis zur MM-These

Auf einem vollkommenen Kapitalmarkt werden die Aktien von zwei Unternehmen gehandelt, die der gleichen Risikoklasse angehören und sich lediglich in ihrer Kapitalstruktur unterscheiden. Während die A-AG vollständig eigenfinanziert ist, hat die B-AG Fremdkapital in Höhe von 750.000 EUR zu 10 Prozent p.a. aufgenommen. Weiterhin gelten die folgenden Angaben:

	A-AG	B-AG
Jährlicher Bruttogewinn BG	225.000	225.000
Fremdkapital FK	0	750.000
Fremdkapitalzinsen FKZ	0	75.000
Jährlicher Nettogewinn (BG – FKZ)	225.000	150.000
Aktueller Marktwert des Gesamtunternehmens	**1.500.000**	**1.650.000**

Vergleicht man die aktuellen Marktwerte der Gesamtunternehmen A und B, stellt man fest, dass das verschuldete Unternehmen B am Markt höher bewertet wird als das unverschuldete Unternehmen A.

Zur Vereinfachung wird im Folgenden angenommen, dass
- keine Steuern erhoben werden,
- die Bruttogewinne ewig in gleicher Höhe realisiert werden können und
- die Nettogewinne vollständig an die Anteilseigner ausgeschüttet werden.

Teilaufgabe a)

Aktionär MARGENSPANNER hält 10 Prozent des Eigenkapitals der B-AG. Zeigen Sie, dass MARGENSPANNER sich besser stellen kann, wenn er sein Kapital statt in die B-AG in die A-AG investiert!

Wöhe S. 665–668

Der Marktwert des gesamten Eigenkapitals der B-AG (EKW_B) ergibt sich aus der Differenz zwischen dem Marktwert des Gesamtunternehmens UW_B und dem Marktwert des Fremdkapitals FKW_B:

$$UW_B - FKW_B = EKW_B$$
$$1.650.000 - 750.000 = 900.000$$

Aus dem Verkauf seiner gesamten B-Aktien erhält MARGENSPANNER einen Verkaufserlös von 900.000 · 0,1 = 90.000 EUR. Investiert er den Verkaufserlös in A-Aktien, ist er mit 6 Prozent am Eigenkapital der A-AG beteiligt. Vergleicht man die jährlichen Dividendenzahlungen ergibt sich:

	jährliche Dividende
Beteiligung an der B-AG (10% des EK)	150.000 · 0,1 = 15.000 EUR
Beteiligung an der A-AG (6% des EK)	225.000 · 0,06 = 13.500 EUR

Auf den ersten Blick scheint MARGENSPANNER sich durch den Tausch der Beteiligungen schlechter zu stellen. Bezieht man allerdings das Kapitalstrukturrisiko mit in die Betrachtung ein, ist eine eindeutige Aussage nicht möglich. Die A-AG verspricht eine geringere Dividende, ihre Aktionäre tragen aber auch – da sie unverschuldet ist – das geringere Kapitalstrukturrisiko als die Aktionäre der B-AG.

Um eine eindeutige Aussage bezüglich der Vorteilhaftigkeit treffen zu können, müssen somit die beiden Positionen zunächst vergleichbar gemacht werden. Als Aktionär der B-AG war MARGENSPANNER am Kapitalstrukturrisiko der B-AG beteiligt; als Aktionär der unverschuldeten A-AG trägt er dagegen kein Kapitalstrukturrisiko. Um die Vergleichbarkeit herzustellen, muss MARGENSPANNER einen privaten Kredit aufnehmen und dadurch die Kapitalstruktur der B-AG in seine Privatsphäre übertragen. Mit der privaten Kreditaufnahme trägt MARGENSPANNER das gleiche Kapitalstrukturrisiko, das er auch als Aktionär der B-AG getragen hat.

Das Verhältnis von Fremdkapital zu Eigenkapital der B-AG beträgt 5:6. Beteiligt sich MARGENSPANNER an der A-AG, muss er somit bei einem Eigenmitteleinsatz von 90.000 EUR einen privaten Kredit in Höhe von 75.000 EUR aufnehmen, um eine der B-AG entsprechende Kapitalstruktur zu realisieren. Werden diese zusätzlichen Mittel in A-Aktien investiert, kann MARGENSPANNER insgesamt 165.000 EUR zum Kauf der A-Aktien einsetzen und sich mit 11 Prozent am Eigenkapital der A-AG beteiligen. Die Vergleichsrechnung verändert sich folgendermaßen:

	Beteiligung an A-AG	**Beteiligung an B-AG**
Kapitaleinsatz: Eigenmittel Fremdmittel	 90.000 75.000	 90.000 0
Zahlungen: + Dividenden – Zinsen für privaten Kredit	 24.750 7.500	 15.000 0
= Nettozufluss	**17.250**	**15.000**

Die Gegenüberstellung verdeutlicht, dass MARGENSPANNER sich durch einen Tausch der Beteiligungen besser stellen kann, ohne ein zusätzliches Risiko eingehen zu müssen. Bei einer Beteiligung an der A-AG steigt der jährliche Nettozufluss um 2.250 EUR auf 17.250 EUR.

Verglichen mit der A-AG war das Eigenkapital der B-AG überbewertet. Solange solche Bewertungsunterschiede bestehen, können die Aktionäre ihre Position dadurch verbessern, dass sie die überbewertete Aktie verkaufen und sich an der unterbewerteten Gesellschaft beteiligen. Gewinne, die ein Aktionär – ohne zusätzlichen Kapitaleinsatz und ohne zusätzliches Risiko – aus der Ausnutzung solcher Bewertungsunterschiede realisieren kann, werden als Arbitragegewinne bezeichnet.

Teilaufgabe b)

> Wie ist die in Teilaufgabe a) beschriebene Situation vor dem Hintergrund vollkommener Märkte zu beurteilen? Wann ist der Arbitrageprozess beendet?

Solange unterschiedliche Preise für gleiche Güter gezahlt werden, herrscht kein Marktgleichgewicht. Alle Aktionäre der B-AG werden versuchen, Arbitragegewinne zu realisieren und ihre Beteiligungen an der B-AG gegen A-Aktien zu tauschen. Hierdurch erhöht sich – bei tendenziell sinkender Nachfrage – das Angebot an B-Aktien, so dass die Kurse der B-Aktien fallen werden. Andererseits wird die Nachfrage bei tendenziell sinkendem Angebot nach A-Aktien steigen, so dass deren Kurse steigen werden. Diese Prozesse werden so lange stattfinden, bis der Markt im Gleichgewicht ist und sich die Marktwerte der beiden Unternehmen angeglichen haben. Im Gleichgewicht gilt:

$$\mathbf{UW_A} \quad = \quad \mathbf{UW_B} \quad = \quad \mathbf{EKW_B + FKW_B}$$

Auf vollkommenen Kapitalmärkten werden somit die Marktwerte von zwei Unternehmen, die sich nur hinsichtlich der Kapitalstruktur unterscheiden, stets gleich sein. Ist die Gleichheitsbedingung – aus welchen Gründen auch immer – nicht erfüllt, werden Arbitrageprozesse beginnen, die für eine entsprechende Angleichung der Kurse sorgen. Ist das Marktgleichgewicht erreicht, können keine Arbitragegewinne mehr erzielt werden. Die folgende Proberechnung soll dies verdeutlichen.

Wird unterstellt, dass die A-AG richtig bewertet war und dass sich durch die Arbitrageprozesse der Marktwert der B-AG an den Marktwert der A-AG angleicht, gilt:

$$UW_B \quad - \quad FKW_B \quad = \quad EKW_B$$
$$1.500.00 \quad - \quad 750.000 \quad = \quad 750.000$$

MARGENSPANNER würde nun aus dem Verkauf seiner Aktien (10 Prozent am Eigenkapital der B-AG) einen Erlös von 75.000 EUR erzielen. Da die B-AG im Marktgleichgewicht einen Verschuldungsgrad von v = 1 hat, muss MARGENSPANNER zusätzlich einen Kredit von 75.000 EUR aufnehmen, um eine mit der B-AG vergleichbare Kapitalstruktur zu erlangen. Werden die gesamten 150.000 EUR für den Kauf von A-Aktien eingesetzt, zeigt sich, dass MARGENSPANNER keinen Vorteil mehr aus der Transaktion ziehen kann:

	Beteiligung an A-AG	**Beteiligung an B-AG**
Kapitaleinsatz:		
Eigenmittel	75.000	75.000
Fremdmittel	75.000	0
Zahlungen:		
+ Dividenden	22.500	15.000
./. Zinsen für privaten Kredit	7.500	0
= Nettozufluss	**15.000**	**15.000**

Die Nettozuflüsse sind bei beiden Positionen gleich. Ein Arbitragegewinn ist nicht mehr zu erzielen.

Aufgabe 87 Kapitalmarktlinie im CAPM

Gegeben ist eine Menge risikobehafteter Wertpapiere (Anteile an Aktiengesellschaften), die zu effizienten Portefeuilles zusammengefasst werden können. Die Effizienzlinie DMT'A ist der geometrische Ort aller effizienten Wertpapierportefeuilles.

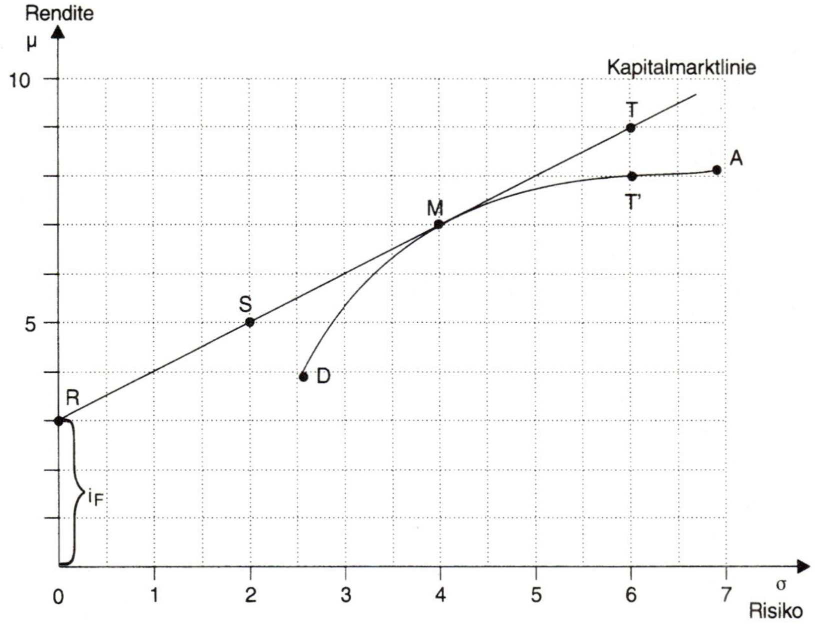

Gegeben ist weiterhin der risikolose Einheitszins i_F (Pure Rate), der im vorliegenden Fall 3 Prozent beträgt. Der Erwartungswert der Rendite (in Prozent) ist mit μ bezeichnet. Das Anlagerisiko ist mit σ bezeichnet, wobei $\sigma = 0{,}1 \ldots n$ auf die Anzahl der mit der Kapitalanlage verbundenen Risikoeinheiten hinweist.

Wöhe S. 680–684

Teilaufgabe a)

Der Lottogewinner GLÜCKLICH verfügt über 1 Mio. EUR Eigenkapital. Wie soll er sein Eigenkapital anlegen, wenn er

- kein Risiko
- 2 Risikoeinheiten
- 4 Risikoeinheiten

übernehmen will? Wie hoch ist in diesen drei Fällen der Erwartungswert des Reinertrags?

Abhängig von seiner Risikoeinstellung realisiert GLÜCKLICH die Punkte R, S, bzw. M auf der Kapitalmarktlinie.

Risiko σ	Kapitalanlage	Erwartungswert des Reinertrags
0	R = Risikolose Anlage i_F	30.000
2	S = Mischportefeuille	50.000
4	M = Marktportefeuille	70.000

Will GLÜCKLICH 4 Risikoeinheiten übernehmen, investiert er 1 Mio. in das Marktportefeuille, dessen Renditeerwartungswert bei 7 Prozent liegt. Der Erwartungswert seines Reinertrags beziffert sich folglich auf 70.000.

Will GLÜCKLICH nur 2 Risikoeinheiten übernehmen, bildet er ein Mischportefeuille, wobei 0,5 Mio. risikolos zu 3 Prozent und 0,5 Mio. ins Marktportefeuille zum risikobehafteten Zins von 7 Prozent investiert werden.

Teilaufgabe b)

GLÜCKLICH sei bereit, 6 Risikoeinheiten zu übernehmen. Wo liegt unter dieser Bedingung seine optimale Kapitalanlage? Wie hoch ist der zugehörige Erwartungswert des Reinertrags?

GLÜCKLICH hat zwei Möglichkeiten:

Risiko σ	Kapitalanlage	Erwartungswert des Reinertrags
6	T′ = 1 Mio. EK	80.000
6	T = 1 Mio. EK + 0,5 Mio. FK	90.000

Realisiert GLÜCKLICH T′, investiert er 1 Mio. EK in ein vergleichsweise riskantes Wertpapierportefeuille mit einem Renditeerwartungswert μ von 8 Prozent.

Vorteilhafter ist es für GLÜCKLICH, 1,5 Mio. in das Marktportefeuille M zu investieren, dessen Renditeerwartungswert μ bei 7 Prozent liegt. Bei dieser Anlagestrategie muss sich GLÜCKLICH mit 0,5 Mio. zu $i_F = 3$ Prozent am Kapitalmarkt verschulden:

Erwartungswert des Bruttoertrags	1,5 Mio. · 0,07	= 105.000
– Fremdkapitalzinsen	0,5 Mio. · 0,03	= 15.000
Erwartungswert des Reinertrags		**90.000**

Aufgabe 88 Betawert und Rendite

Anleger Z hat sein Vermögen (3 Mio. EUR) in ein vollkommen diversifiziertes Aktienportefeuille investiert. Er möchte seinen Aktienbestand um 10.000 EUR erhöhen. Sein Wertpapierberater schlägt ihm fünf Anlagealternativen vor, die wie folgt charakterisiert werden können:

Aktie	Branche	Betawert
A	Versorgungsunternehmen	0,5
B	Lebensmitteldiscounter	0,8
C	Anlagenbauer	1,0
D	Automobilhersteller	1,2
E	Luxusgüterhersteller	1,5

Teilaufgabe a)

Welchen Titel würden Sie empfehlen, wenn Z sein Geld in die Aktie mit dem niedrigsten Risiko investieren möchte?

Wöhe S. 684–686

Z hält ein wohldiversifiziertes Portefeuille, das ausschließlich dem nicht mehr diversifizierbaren systematischen Risiko unterliegt. Da der Zukauf von Aktien im Wert von 10.000 EUR die Portefeuillestruktur nicht wesentlich verändert, kann zur Beurteilung des Risikos der neuen Aktien ausschließlich auf deren systematisches Risiko zurückgegriffen werden. Aktien mit niedrigem (hohem) Betawert sind in geringem (hohem) Maße konjunkturanfällig.

Die A-Aktie hat einen Betawert von 0,5. Das bedeutet, dass bei einem Sinken (Steigen) der Rendite des Marktportefeuilles um 10 Prozentpunkte die Rendite der A-Aktien nur um 5 Prozentpunkte sinkt (steigt). Die E-Aktie hat einen Betawert von 1,5. Bei einer Änderung der Rendite des Marktportefeuilles um 10 Prozentpunkte würde sich die Rendite der E-Aktien um 15 Prozentpunkte ändern. Die Renditeschwankungen der E-Aktie sind somit deutlich höher als die der A-Aktien. Möchte Z die risikoärmste Aktie kaufen, so sollte er die A-Aktie wählen, da diese den niedrigsten Betawert hat.

Teilaufgabe b)

Am Kapitalmarkt existiert eine risikolose Anlage, deren Rendite i_F 2 Prozent beträgt. Die Rendite des Marktportefeuilles M wird von den beiden denkbaren Umweltzuständen U_1 und U_2 beeinflusst:

	Konjunkturelle Entwicklung	Rendite des Marktportefeuilles in Prozent (i_M)
U_1	gut	+ 20
U_2	schlecht	– 10

Mit welchen Renditeschwankungen muss Z bei den jeweiligen Aktien rechnen? Welche Aktien sollten Sie Z nicht empfehlen, wenn er einen Jahresverlust von maximal 1.200 EUR aus dem Zukauf der Aktien hinzunehmen bereit ist?

Mit Hilfe des CAPM lässt sich die Rendite einer beliebigen Aktie i_P mit der Formel

$$i_P = i_F + (i_M - i_F) \cdot \beta_P$$

bestimmen.

Aktie	Rendite i_p in Prozent der Aktien bei Eintritt von	
	U_1	U_2
A	+ 11	− 4
B	+ 16,4	− 7,6
C	+ 20	− 10
D	+ 23,6	− 12,4
E	+ 29	− 16

Tritt Umweltzustand U_2 ein, würde Z bei einem Kapitaleinsatz von 10.000 EUR durch den Zukauf der Aktie D (E) einen Verlust von 1.240 EUR (1.600 EUR) hinnehmen müssen. Will Z seinen jährlichen Verlust auf max. 1.200 EUR begrenzen, scheiden die Aktien D und E als Alternativen aus.

5. Testfragen

Den folgenden Fragen sind Antworten beigegeben, die teils richtig, teils falsch sind. Ihre Aufgabe besteht darin, die richtigen Antworten herauszufinden und zu begründen, warum sie richtig und die anderen falsch sind. Die Lösungen finden Sie im Anschluss an die letzte Frage. Gelingt Ihnen die Begründung nicht, so ist es empfehlenswert, die erfragten Zusammenhänge und Definitionen im „Wöhe" noch einmal durchzuarbeiten. Das Stichwortverzeichnis des „Wöhe" wird Ihnen helfen, sich schnell zurechtzufinden.

(1) Welche der folgenden Behauptungen ist richtig?
- (a) Unter Finanzierung versteht man die Beschaffung von Eigenkapital.
- (b) Unter Finanzierung versteht man Kapitalbeschaffung jeder Art, unter Investition Kapitalverwendung.
- (c) Der Kauf von Warenbeständen ist eine Investition.
- (d) Die Abschreibung einer Maschine ist eine Desinvestition.
- (e) Die Finanzierung ist die wichtigste der betrieblichen Hauptfunktionen.

(2) Welcher der folgenden Vorgänge führt nicht zu einer Zunahme der finanziellen Mittel?
- (a) Überführung von Gewinnen auf Rücklagenkonten.
- (b) Kapitalerhöhung aus Gesellschaftsmitteln.
- (c) Ordentliche Kapitalerhöhung durch Ausgabe junger Aktien.
- (d) Aufnahme eines Bankkredits.

(3) Welche der folgenden Finanzierungsarten zählen zur Außenfinanzierung?
- (a) Finanzierung aus Abschreibungsgegenwerten
- (b) Selbstfinanzierung aus Gewinnen

(c) Finanzierung aus Pensionsrückstellungen
(d) Beteiligungsfinanzierung
(e) Aufnahme eines stillen Gesellschafters

(4) Welche der folgenden Finanzierungsarten gehören zur Innenfinanzierung?
(a) Finanzierung aus Abschreibungen
(b) Kontokorrentkredit
(c) Einlagenfinanzierung
(d) Ausgabe einer Obligation
(e) Thesaurierung von Gewinnen

(5) Wann befindet sich ein Betrieb im finanziellen Gleichgewicht?
(a) Er verfügt über erhebliche Reserven an finanziellen Mitteln.
(b) Der Zahlungsmittelbestand beträgt 75% der kurzfristigen Verbindlichkeiten.
(c) Zahlungsmittel, Forderungen und Bestände an Halb- und Fertigfabrikaten decken die kurzfristigen Verbindlichkeiten.
(d) Er kann seinen fälligen Verpflichtungen jederzeit nachkommen.

(6) Wann ist ein Betrieb überschuldet?
(a) Das Vermögen deckt nur 90% der Verbindlichkeiten.
(b) 50% des Eigenkapitals sind verloren.
(c) Alle offenen Rücklagen sind durch Verluste aufgebraucht.
(d) Das gesamte Eigenkapital ist verloren, das Vermögen deckt jedoch noch alle Verbindlichkeiten.

(7) Welche der folgenden Vorgänge bezeichnet man als Umfinanzierung?
(a) Aufnahme eines stillen Gesellschafters,
(b) Selbstfinanzierung aus Gewinnen,
(c) Ersatz eines kurzfristigen durch einen langfristigen Kredit,
(d) Bildung stiller Rücklagen durch überhöhte Abschreibungen,
(e) Kapitalerhöhung aus Gesellschaftsmitteln.

(8) Bei einer Aktiengesellschaft erfolgt eine Kapitalerhöhung in Höhe von 50 des bisherigen Grundkapitals. Kurs der alten Aktien 180, Kurs der jungen Aktien 120. Wie hoch ist der Wert des Bezugsrechts?
(a) 60
(b) 40
(c) 20
(d) 15

(9) Wie hoch ist der neue Einheitskurs (Kurs nach der Kapitalerhöhung) in Frage 8?
(a) 120
(b) 150
(c) 160
(d) 170

(10) Aus welchen Gründen wird eine Kapitalerhöhung aus Gesellschaftsmitteln durchgeführt?
(a) Zuführung neuen Eigenkapitals,
(b) Erhöhung des Vermögens der Aktionäre durch Ausgabe von Gratisaktien,
(c) Vermeidung von Körperschaftsteuer,
(d) Minderung des Börsenkurses und Erhöhung der Effektivverzinsung der Aktien im Falle gleich bleibender Dividende.

(11) Die Ausgabe welchen Typs von Vorzugsaktien ist unzulässig?
- (a) Stimmrechtslose Vorzugsaktien
- (b) Kumulative Vorzugsaktien
- (c) Mehrstimmrechtsaktien
- (d) Limitierte Vorzugsaktien

(12) Welche der folgenden Rechte gelten nicht für eine Stammaktie?
- (a) Recht auf fristgerechte Rückzahlung
- (b) Stimmrecht
- (c) Recht auf Liquidationserlös
- (d) Bezugsrecht
- (e) Recht auf Mindestverzinsung in Verlustjahren

(13) Welche der folgenden Rechte verbrieft eine Obligation?
- (a) Feste Verzinsung
- (b) Stimmrecht
- (c) Bezugsrecht
- (d) Recht auf vertragliche Tilgung
- (e) Recht auf Liquidationserlös

(14) Bei welchen der folgenden Vorfälle handelt es sich um eine stille Selbstfinanzierung?
- (a) Aufnahme eines Darlehens,
- (b) Überführung von Gewinnen auf Rücklagekonten,
- (c) Unterbewertung einer Maschine durch steuerliche Sonderabschreibung,
- (d) Aufnahme eines stillen Gesellschafters in eine Einzelunternehmung.

(15) Welche der folgenden Größen wird durch den Kapazitätserweiterungseffekt verändert?
- (a) Die Gesamtkapazität
- (b) das Eigenkapital
- (c) die Relation von Eigen- zu Fremdkapital
- (d) die Periodenkapazität

(16) Was bewirkt der Leverage-Effekt?
- (a) Erhöhung der Verzinsung des Fremdkapitals,
- (b) Vergrößerung der Gesamtkapitalrentabilität,
- (c) Verminderung der Gewinnsteuerbelastung,
- (d) Zunahme der Eigenkapitalrentabilität durch Aufnahme weiteren Fremdkapitals.

(17) Wie nennt man die Forderung, Eigen- und Fremdkapital müsste sich verhalten wie 1 : 1?
- (a) Goldene Bilanzregel
- (b) Leverage-Effekt
- (c) Vertikale Kapitalstrukturregel
- (d) Horizontale Kapital-Vermögensstrukturregel

(18) Welche der folgenden Behauptungen ist richtig? Die Goldene Bilanzregel besagt:
- (a) Das Anlagevermögen ist mit Eigenkapital zu finanzieren.
- (b) Das Anlagevermögen ist mit langfristigem Kapital zu finanzieren.
- (c) Das Anlagevermögen ist mit langfristigem Fremdkapital zu finanzieren.
- (d) Anlagevermögen und eiserne Bestände des Umlaufvermögens sind mit langfristigem Kapital zu finanzieren.

(19) Der optimale Verschuldungsgrad
   (a) liegt im Leverage-Modell dort, wo die Eigenkapitalrentabilität ihr Maximum erreicht;
   (b) liegt unter finanzierungstheoretischen Gesichtspunkten dort, wo die durchschnittlichen Kapitalkosten i ihr Maximum erreichen;
   (c) ist erreicht, wenn die durchschnittlichen Kapitalkosten i ihr Minimum und der Marktwert des Unternehmens UW sein Maximum erreichen;
   (d) lässt sich nach der klassischen These als exakter Einzelwert errechnen, weil die Funktion der durchschnittlichen Kapitalkosten i ein Minimum aufweist;
   (e) liegt nach der MM-These dort, wo die Eigenkapitalkosten i_E ihr Maximum erreichen.

(20) Das Capital Asset Pricing Modell (CAPM)
   (a) beruht auf der Annahme des vollkommenen Kapitalmarkts;
   (b) kann nur zur Bewertung von Aktien herangezogen werden;
   (c) stellt eine lineare Beziehung zwischen dem unsystematischen Risiko und den Eigenkapitalkosten eines Unternehmens her;
   (d) unterteilt die Kapitalkosten in einen Basiszinssatz (Pure Rate) und einen Risikozuschlag, der für die Übernahme des systematischen Risikos gezahlt werden muss.

Lösungen: Richtig sind folgende Antworten: 1 b, c, d; 2 a, b; 3 d, e; 4 a, e; 5 d; 6 a; 7 c, e; 8 c; 9 c; 10 d; 11 c; 12 a, e; 13 a, d; 14 c; 15 d; 16 d; 17 c; 18 a, b, d; 19 a, c, d; 20 a, d.

Sechster Abschnitt
Das betriebswirtschaftliche Rechnungswesen

A. Grundbegriffe des betriebswirtschaftlichen Rechnungswesens

Wiederholungsfragen:

	Wöhe Seite
Auf welchen Rechengrößen basieren Finanz- und Investitionsplanung?	690
Auf welchen Rechengrößen basiert die externe Rechnungslegung (Jahresabschluss)?	691
Auf welchen Rechengrößen basiert die kurzfristige Produktions- und Absatzplanung?	691
Wie sind Ein- und Auszahlungen definiert?	691 f.
Wie sind Einnahmen und Ausgaben definiert?	692
Wie unterscheiden sich das ordentliche und das neutrale Ergebnis?	693 f.
Wie sind Kosten und Erlöse definiert?	695
Wie sind neutraler Aufwand, Zweckaufwand und Grundkosten definiert?	695
Welche Arten kalkulatorischer Kosten kennen Sie?	696
Wie gelangt man vom Gesamtergebnis zum Betriebsergebnis?	697

Aufgabe 1 Grundbegriffe des betriebswirtschaftlichen Rechnungswesens

Ordnen Sie die folgenden wertmäßigen Größen und Vorfälle den entsprechenden Grundbegriffen des Rechnungswesens zu! Bedienen Sie sich dabei der folgenden Übersicht, decken Sie aber zur Kontrolle Ihrer Antworten die rechte Seite der Übersicht zunächst ab! Kalkulatorischer Unternehmerlohn, Fertigungslöhne, Spende an das Rote Kreuz, Kursgewinn bei Wertpapieren, Barkauf von Rohstoffen, Verkauf von Fertigfabrikaten auf Ziel, Eigenkapitalzinsen, Telefongebühren, Bareinlagen, kalkulatorische Wagniszuschläge, Zerstörung einer Maschine durch Feuer, Kauf von Waren auf Ziel, Barentnahmen, Umsatzerlöse, Verkauf einer Maschine über dem Buchwert, Verluste aus Bürgschaften, kalkulatorische Abschreibungen übersteigen die Bilanzabschreibungen, Erzeugung von Werkzeugen für den eigenen Betrieb, Barverkauf von Waren, die Bilanzabschreibung übersteigt die kalkulatorische Abschreibung.

Wöhe S. 691–698

Grundbegriffe	Beispiele
Auszahlung	Barkauf von Rohstoffen, Barentnahme
Einzahlung	Bareinlagen, Barverkauf von Waren
Ausgabe	Kauf von Waren auf Ziel (Schuldenzugang)
Einnahme	Verkauf von Fertigfabrikaten auf Ziel (Forderungszugang)
(Zweck)aufwand	Fertigungslöhne, Telefongebühren
Betriebsfremder Aufwand	Zahlung einer Spende an das Rote Kreuz
Außerordentlicher Aufwand	Zerstörung einer Maschine durch Feuer, Verluste aus Bürgschaften

Grundbegriffe	Beispiele
Bewertungsbedingter neutraler Aufwand	Bilanzabschreibungen übersteigen kalkulatorische Abschreibungen
Betriebsertrag	Umsatzerlöse, Erzeugung von Werkzeugen für den eigenen Betrieb
Betriebsfremder Ertrag	Kursgewinn bei Wertpapieren
Außerordentlicher Ertrag	Verkauf einer Maschine über dem Buchwert
(Grund)kosten	Fertigungslöhne, Telefongebühren
Zusatzkosten (Opportunitätskosten)	Unternehmerlohn, Eigenkapitalzinsen
Zusatzkosten (Periodisierung)	Kalkulatorische Wagniszuschläge
Bewertungsbedingte Zusatzkosten	Kalkulatorische Abschreibungen übersteigen die Bilanzabschreibungen

Aufgabe 2 Beziehungen zwischen Ausgaben und Aufwand bzw. Einnahmen und Ertrag

Bestimmen Sie bei folgenden Vorgängen, ob Ausgaben und Aufwand bzw. Einnahmen und Ertrag sachlich und zeitlich übereinstimmen oder differieren. Bedienen Sie sich dabei der folgenden Übersicht und decken Sie zur Kontrolle die rechte Seite ab:

Kundenanzahlungen (Lieferung in der nächsten Periode)

Privatentnahmen in bar

Kauf von Rohstoffen (Verbrauch in der folgenden Periode)

Lieferung von in der Vorperiode bezahlten Fertigfabrikaten

Verkauf von in der Periode erzeugten Fabrikaten

Kauf und Verbrauch von Produktionsfaktoren in derselben Periode

Maschinenabschreibung

Rückzahlung eines gewährten Darlehens durch den Schuldner

Abschreibung einer durch Schenkung erworbenen Maschine

Herstellung von Werkzeugen, die im eigenen Betrieb eingesetzt werden.

Wöhe S. 692–694

Beziehungen zwischen Ausgaben und Aufwand bzw. Einnahmen und Ertrag		
Ausgabe der Periode	= Aufwand der Periode	Kauf und Verbrauch von Produktionsfaktoren in derselben Periode
Ausgabe der Periode	= Aufwand einer späteren Periode	Kauf von Rohstoffen (Verbrauch in der folgenden Periode)
Aufwand der Periode	= Ausgabe einer früheren Periode	Maschinenabschreibung
Ausgabe – Aufwand –	= kein Aufwand = keine Ausgabe	Privatentnahme in bar Abschreibung einer durch Schenkung erworbenen Maschine
Einnahme der Periode	= Ertrag der Periode	Verkauf von in der Periode erzeugten Fabrikaten
Einnahme der Periode	= Ertrag einer späteren Periode	Kundenzahlungen (Lieferung in der nächsten Periode)

Beziehungen zwischen Ausgaben und Aufwand bzw. Einnahmen und Ertrag		
Ertrag der Periode	= Einnahmen einer früheren Periode	Lieferung von in der Vorperiode bezahlten Fertigfabrikaten
Einnahmen –	= kein Ertrag	Rückzahlung eines gewährten Darlehens durch den Schuldner
Ertrag –	= keine Einnahme	Herstellung von Werkzeugen, die im eigenen Betrieb eingesetzt werden sollen

Aufgabe 3 Grundbegriffe des Rechnungswesens (Beispiele)

Die Grundbegriffe des Rechnungswesens lassen sich folgendermaßen abgrenzen:

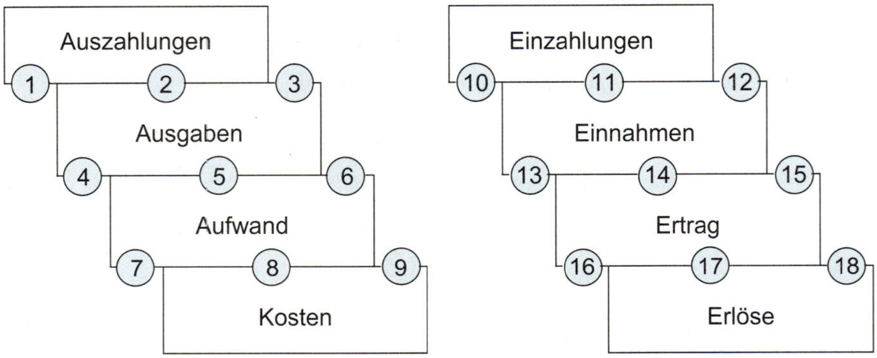

Am Beispiel von Aufwand und Kosten lässt sich die Abgrenzungssystematik einfach erläutern:

⑦ Aufwand, aber keine Kosten (Bsp.: Spende)
⑧ Aufwand = Kosten (Bsp.: Materialverbrauch)
⑨ Kosten, aber kein Aufwand (Bsp.: kalkulatorische Miete)

Ordnen Sie die folgenden 18 Geschäftsvorfälle der obigen Abgrenzungssystematik zu:

(a) Einkauf von Rohstoffen auf Ziel. Die Rohstoffe werden eingelagert.

(b) In der Folgeperiode werden die eingelagerten Rohstoffe verbraucht.

(c) Aufnahme eines Bankkredits. Der Auszahlungsbetrag wird dem Girokonto gutgeschrieben.

(d) Eine nichtbetriebsnotwendige Beteiligung wird mit Gewinn veräußert.

(e) Der Vorrat an Dieselkraftstoff zum Antrieb einer Maschine hat um 1.000 Liter abgenommen.

(f) Begleichung einer Lieferantenverbindlichkeit in bar.

(g) Fertigfabrikate, die in der Vorperiode zu Herstellungskosten (100) aktiviert wurden, werden (für interne Zwecke) auf 180 aufgewertet.

(h) Verkauf von Waren bar.

(i) Eine Werkhalle wird durch Feuerschaden total zerstört. Wegen grober Fahrlässigkeit leistet die Versicherung keinen Ersatz.

(j) Einkauf von Rohstoffen auf Ziel.

(k) Eine überzählige Maschine wird zum Buchwert auf Ziel verkauft.

(l) Eine in der Bilanz abgeschriebene Maschine kann weiter genutzt werden und wird kalkulatorisch abgeschrieben.
(m) Bareinkauf von Waren.
(n) Einem Mitarbeiter wird ein Baudarlehen gewährt.
(o) Erhöhung des Bestandes an Fertigfabrikaten.
(p) Wertzuschreibung einer maschinellen Anlage, die in der Vorperiode außerplanmäßig abgeschrieben worden war.
(q) Warenverkauf auf Ziel.
(r) Erhalt einer Reparaturrechnung im Dezember; Die Rechnung soll im neuen Jahr bezahlt werden.

Wöhe S. 691–697

Die richtige Lösung lautet: **a** 4, **b** 6; **c** 10; **d** 16; **e** 8; **f** 1; **g** 18; **h** 11; **i** 7; **j** 3; **k** 13; **l** 9; **m** 2; **n** 12; **o** 17; **p** 15; **q** 14; **r** 5.

Aufgabe 4 Ableitung von Ergebnisgrößen aus der GuV-Rechnung

Der Buchhalter der Einzelhandelsfirma SOLO hat für Periode 01 folgende GuV-Rechnung vorbereitet:

Soll		(Vorläufige) GuV-Rechnung 01		Haben
Wareneinsatz	1.000	Umsatzerlöse		
Personalaufwand	350	• Barverkäufe	1.600	
Mietaufwand	150	• Zielverkäufe		
Abschreibungsaufwendungen	200	(Zahlung Periode 02)	400	
Sonstige betriebliche				2.000
Aufwendungen	300			
		Mieterlöse aus		
		Mitarbeiterwohnungen		300

Zusätzlich erhalten Sie folgende Informationen:

(a) Der sonstige betriebliche Aufwand resultiert aus
- der Bildung einer Prozesskostenrückstellung 200
- Reparaturaufwand (Barzahlung) für Mitarbeiterwohnungen 100

(b) Der Wareneinsatz erfolgte durch Entnahme vom Lager.

(c) Personalaufwand, Mietaufwand und Mieterlöse wurden durch Barzahlung abgewickelt.

(d) Die kalkulatorischen Kosten bestehen aus
- kalkulatorischem Unternehmerlohn 40
- kalkulatorischen Eigenkapitalzinsen 210

(e) Weitere Geschäftsvorfälle gab es nicht.

Teilaufgabe a)

Wie hoch ist
(1) das Gesamtergebnis lt. GuV?
(2) das neutrale Ergebnis?
(3) das ordentliche Ergebnis?
(4) der Cash-Flow?
(5) das Betriebsergebnis?

Wöhe S. 697–699

Die einzelnen Ergebnisgrößen lassen sich folgendermaßen ermitteln:

(1)		Erträge			2.300
	–	Aufwendungen			2.000
		Gesamtergebnis		**+**	**300**
(2)		Mietertrag Mitarbeiterwohnungen			300
	–	Aufwand Mitarbeiterwohnungen		–	100
		neutrales Ergebnis		**+**	**200**
(3)		Gesamtergebnis		+	300
	–	neutrales Ergebnis		–	200
		ordentliches Ergebnis		**+**	**100**
(4)		Barverkäufe	1.600		
	+	Mieterlöse	300		
		Einzahlungen	1.900		1.900
		Mietaufwand	150		
	+	Personalaufwand	350		
	+	Reparaturaufwand	100		
		Auszahlungen	600	–	600
		Cash-Flow		**+**	**1.300**
(5)		Gesamtergebnis (1)		+	300
	–	neutrales Ergebnis (2)		–	200
	–	Zusatzkosten		–	250
		– kalkulatorischer Unternehmerlohn	40		
		– kalkulatorische Eigenkapitalzinsen	210		
		Betriebsergebnis		**–**	**150**

Teilaufgabe b)

> Hat sich die betriebliche Tätigkeit aus dem Kerngeschäft „Warenhandel" für den Einzelunternehmer SOLO gelohnt?

SOLO hat zwar einen Reinvermögenszuwachs von + 300. Hätte er seine Mitarbeiterwohnungen anderweitig vermietet (+ 200) und sein Eigenkapital und seine Arbeitskraft (+ 250) anderweitig eingesetzt, hätte er ein Einkommen von + 450 erwirtschaftet. Gemessen an diesem Alternativeinkommen hat er ein negatives Ergebnis (Betriebsverlust) von 150 zu verzeichnen.

B. Der Jahresabschluss

I. Grundlagen

Wiederholungsfragen:

	Wöhe Seite
In welche großen Gruppen von Vermögens- bzw. Kapitalpositionen lassen sich die Aktiv- und Passivseite der Bilanz gliedern?	703
Was versteht man unter dem Begriff Reinvermögen?	705
Wie beurteilen Sie die Vor- und Nachteile bilanzieller Einzelbewertung und marktorientierter Gesamtbewertung?	705
Was versteht man unter Überschuldung?	709
Welchen Vorteil hat die GuV-Rechnung in Staffelform?	710
Welche Bestandteile gehören zum erweiterten Jahresabschluss (einer Kapitalgesellschaft)?	710
Was versteht man unter Haftungspotential und Verlustauffangpotential?	711
Was versteht man unter der Dokumentationsfunktion, der Informationsfunktion und der Zahlungsbemessungsfunktion des Jahresabschlusses?	713
Welchen Einfluss hat eine optimistische bzw. eine pessimistische Bilanzierung auf den Eigenkapital- und Erfolgsausweis eines Unternehmens?	715
Welche Bilanzierungsprinzipien dienen dem Schutz der Bilanzadressaten?	720
In welchen Teilen des HGB sind die für alle Kaufleute geltenden Vorschriften bzw. die ergänzenden Vorschriften für Kapitalgesellschaften enthalten?	721
Welche Unternehmen unterliegen den Vorschriften des Publizitätsgesetzes?	725
Was versteht man unter dem Maßgeblichkeitsprinzip (der Handelsbilanz für die Steuerbilanz) und unter umgekehrter Maßgeblichkeit?	725 f.

Aufgabe 5 Aufgaben der Jahresbilanz

Stellen Sie die Aufgaben, die der Gesetzgeber mit der Jahresbilanz verfolgt – getrennt nach Bilanzadressaten – und die Mittel, die zur Realisierung dieser Aufgaben dienen, in einer Übersicht zusammen! Benutzen Sie die folgende Lösungshilfe erst nach selbständiger Lösung der Aufgabe zur Kontrolle!

Wöhe S. 716–720

Adressaten	Aufgaben	Mittel zur Realisierung
Gläubiger	Rechenschaftslegung, Schutz vor falschen Informationen über die Vermögens-, Finanz- und Ertragslage	(1) Dokumentation: Buchführungspflicht (2) Kontrolle durch Selbstinformation der Geschäftsführung (3) Gesetzliche Fixierung der Bewertungsvorschriften, Fixierung oberer Wertgrenzen zur Verhinderung eines überhöhten Vermögens- und Ertragsausweises (4) Ausschüttungssperre für Eigenkapitalteile bei beschränkter Haftung (5) Prüfungs- und Publizitätspflichten
Nicht geschäftsführende Gesellschafter und **Anteilseigner**	Rechenschaftslegung, Schutz vor falschen Informationen über die Vermögens-, Finanz- und Ertragslage, Verhinderung der Verkürzung von Gewinnansprüchen	Wie bei Gläubigern (1)–(3), (5); ferner: Fixierung unterer Wertgrenzen zur Vermeidung der Bildung stiller Rücklagen, Vorschriften über die Gewinnverwendung, Beschränkung der Kompetenz der Geschäftsführung, Gewinne zu thesaurieren
Finanzbehörden	Schutz vor Verkürzung oder Verschiebung von Steuerzahlungen durch Zwang zur Offenlegung der in der Periode erzielten steuerpflichtigen Gewinne	Maßgeblichkeit der Handelsbilanz und der für sie geltenden Instrumente; zusätzliche Fixierung von Wertuntergrenzen (niedrigerer Teilwert) zur Vermeidung der Verlagerung von Steueransprüchen auf spätere Perioden (Durchbrechung dieses Grundsatzes durch wirtschafts- und konjunkturpolitischen Zielen dienende Sonderabschreibungen u. ä.)
Öffentlichkeit (Potentielle Gläubiger, Anleger, Führungskräfte, staatliche Institutionen u. a.)	Schutz vor falschen Informationen, die zu Fehlentscheidungen führen könnten	siehe Gläubiger
Belegschaft	Durch Dokumentation und Kontrollfunktion der Bilanz Schutz vor plötzlichem Zusammenbruch des Betriebes und Verlust der Arbeitsplätze; Schutz vor Verkürzung von Gewinnbeteiligungs- und Vermögensbildungsansprüchen	siehe Gläubiger; ferner Information des Betriebsrats über die Geschäftslage und Erläuterung des Jahresabschlusses

Aufgabe 6 Jahresabschluss einer Einzelfirma

Die Eröffnungsbilanz der Firma SOLO hat folgendes Aussehen:

Aktiva		Bilanz 1. 1. 01		Passiva
Darlehensforderung			Eigenkapital	170
Schuldner A	20		Rückstellungen	50
Schuldner B	100	120	Verbindlichkeiten	80
Waren		100		
Bank		80		
		300		300

Erstellen Sie die vorläufige
- Schlussbilanz
- GuV-Rechnung

unter Berücksichtigung folgender Geschäftsvorfälle **(ohne Umsatzsteuer)**:

(1) Zu Beginn des Jahres wird eine maschinelle Anlage für 80 gegen Banküberweisung gekauft. Die Maschine wird linear über vier Jahre abgeschrieben (Direkte Abschreibung).

(2) Die Hälfte der Waren wird für 95 auf Ziel verkauft.

(3) Schuldner A geht in Insolvenz. Die Insolvenzquote beträgt 10 Prozent. Der Insolvenzverwalter überweist uns 2.

(4) Schuldner B überweist nach schriftlicher Mahnung Darlehenszinsen in Höhe von 6.

(5) Wider Erwarten gewinnen wir einen Schadenersatzprozess, für den wir eine Rückstellung von 10 gebildet hatten.

(6) Ein Teil der Waren wird wegen Farbveränderung durch Lichteinwirkung (Schaden in Höhe von 12) unbrauchbar. Der Warenendbestand lt. Inventur beziffert sich auf 38.

Soll	Vorläufige GuV Rechnung 01		Haben
Wareneinsatz	50	Umsatzerlöse	95
Abschreibungen	20	Zinsertrag	6
Sonstiger betrieblicher Aufwand	30	Sonstiger betrieblicher Ertrag	10
Gewinn	11		
	111		111

Aktiva	Vorläufige Bilanz zum 31. 12. 01		Passiva
Maschinelle Anlage	60	Eigenkapital	181
Darlehensforderungen	100	Rückstellungen	40
Waren	38	Verbindlichkeiten	80
Forderungen aus Lieferungen und Leistungen	95		
Bank	8		
	301		301

Aufgabe 7 Jahresabschlussgestaltung

Es gelten die Angaben der Aufgabe 6 mit den dortigen Daten zum vorläufigen Jahresabschluss. Firma SOLO verfolgt das Ziel eines möglichst geringen Erfolgsausweises für Periode 01. Machen Sie Vorschläge zur Reduzierung des Erfolgsausweises!

Zur Reduzierung des Erfolgsausweises kommen u.a. folgende bilanzpolitische Maßnahmen in Frage:

Maschinelle Anlage

- Verkürzung der planmäßigen Nutzungsdauer
- Degressives Abschreibungsverfahren
- Außerplanmäßige Abschreibung auf niedrigeren Stichtagswert

Darlehensforderung B

- Möglichkeit der Einzelwertberichtigung wegen säumiger Zinszahlung

Waren

- Höhere außerplanmäßige Abschreibung auf Waren wegen Beschädigung

Rückstellungen

- Zusätzliche Rückstellungsbildung wegen möglicher Garantieverpflichtungen aus Warenverkäufen.

II. Bewertungsmaßstäbe und Bewertungsprinzipien

Wiederholungsfragen:

	Wöhe Seite
Was versteht man unter dem Prinzip der Einzelbewertung?	731
Warum wurde der Grundsatz der Bewertungsstetigkeit im HGB verankert?	733
Welche Beziehung besteht zwischen dem Vorsichtsprinzip auf der einen und dem Niederstwertprinzip bzw. dem Höchstwertprinzip auf der anderen Seite?	735
Was besagt das Imparitätsprinzip im Hinblick auf eine Gewinn- bzw. Verlustantizipation?	736
Welcher Zusammenhang besteht zwischen dem Gläubigerschutzprinzip, dem Vorsichtsprinzip und dem Niederstwertprinzip?	745
Was besagt das strenge und das gemilderte Niederstwertprinzip?	746
Was besagt das Beibehaltungswahlrecht?	747
Wie sind die Anschaffungskosten definiert?	748
Welche Wahlrechte gibt es bei der Ermittlung handels- bzw. steuerrechtlicher Herstellungskosten?	749
Was versteht man unter verlustfreier Bewertung?	751
Wo findet der Teilwert Anwendung und wie ist er definiert?	752

Aufgabe 8 Anschaffungsnebenkosten bei abnutzbaren Anlagegütern

Ein Betrieb beschafft am 2. 1. 01 eine maschinelle Anlage für 100.000 EUR. Versicherung, Transport und Installierung, alle Anschaffungsnebenkosten also, belaufen sich zusammen auf 40.000 EUR. Die Anlage soll eine vierjährige Nutzungsdauer haben und linear abgeschrieben werden. Die mit dieser Anlage erzielten Erträge belaufen sich auf 50.000 EUR/Jahr. Bilden sie für den Fall (a) der Aktivierung, (b) der Nichtaktivierung von Anschaffungsnebenkosten die Periodenergebnisse auf einer Zeitachse ab!

Wöhe S. 747 f.

Im Fall (a) werden die Anschaffungsnebenkosten über die Abschreibungen gleichmäßig für die gesamte Nutzungsdauer der Anlage verteilt: 50.000 EUR Erlöse – 35.000 EUR Abschreibung = 15.000 EUR Gewinne. Im Fall (b) dagegen werden die Anschaffungsnebenkosten als Aufwand des Jahres 01 verrechnet. Der Verlust dieses Jahres in Höhe von 15.000 EUR setzt sich zusammen aus: Erlöse 50.000 EUR – Anschaffungskosten 40.000 EUR – Abschreibung 25.000 EUR.

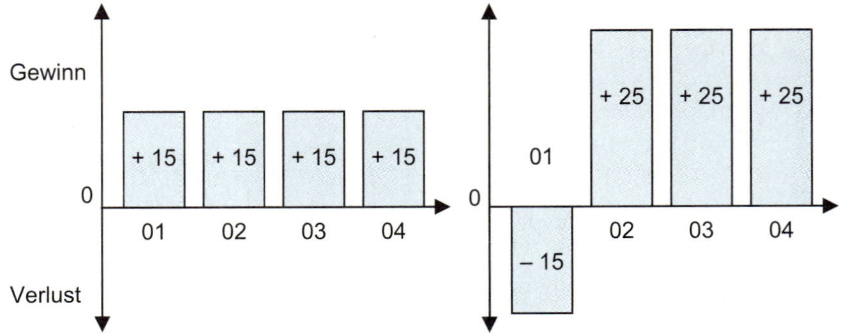

(a) **Aktivierung** (b) **Nichtaktivierung**

Addiert man die Ergebnisse aller vier Perioden, so erhält man in beiden Fällen einen Gesamtgewinn in Höhe von 60.000 EUR. Die Nichtaktivierung von Anschaffungsnebenkosten führt zu einem Verlustausweis der Beschaffungsperiode und zu einem höheren Gewinnausweis der Folgeperioden.

Aufgabe 9 Anschaffungsnebenkosten und Bilanzadressaten

Es gelten die Zahlenangaben der Aufgabe 8. Welche der folgenden Aussagen sind richtig?

(1) Die Nichtaktivierung von Anschaffungsnebenkosten führt dazu, dass die Gewinnsteuerzahlungen später anfallen als bei Aktivierung.
(2) Die Nichtaktivierung von Anschaffungsnebenkosten führt dazu, dass das Vermögen zu hoch ausgewiesen wird, wodurch Gläubiger geschädigt werden können.
(3) Die Nichtaktivierung von Anschaffungsnebenkosten führt dazu, dass die Gewinne insgesamt zu niedrig ausgewiesen werden, was den Gesellschaftern einer Personengesellschaft zum Nachteil gereicht.
(4) Die Nichtaktivierung von Anschaffungsnebenkosten führt dazu, dass der Gewinnausweis zunächst zu niedrig ist und Dividendenzahlungen an Aktionäre in spätere Perioden verschoben werden können.

Richtig sind die Antworten (1) und (4).

Aufgabe 10 Herstellungskosten und Erfolgsausweis

Ein Unternehmen hat in Periode 01 1.000 Stück Bootsmotoren hergestellt, die in Periode 02 verkauft werden sollen. Gleichzeitig hat das Unternehmen einen Beteiligungsertrag in Höhe von 1.200 erwirtschaftet.

Daten für Periode 01		
Produzierte Menge x_p	1.000	Stück
Abgesetzte Menge x_a	0	Stück
Beteiligungserträge 01 (TEUR)	1.200	
Aufwendungen 01 (TEUR)		
• Materialeinzelkosten	300	
• Fertigungseinzelkosten	500	
• Materialgemeinkosten	100	
• Fertigungsgemeinkosten	700	
• Verwaltungsgemeinkosten	300	
• Vertriebsgemeinkosten	100	
Aufwendungen insgesamt	**2.000**	

Teilaufgabe a)

Welcher Zusammenhang besteht zwischen der Höhe des Wertansatzes für die Fertigfabrikate und der Höhe des Erfolgsausweises?

Je höher der Wertansatz für die Fertigfabrikate auf der Aktivseite der Bilanz, desto höher ist der Ausweis des Eigenkapitals auf der Passivseite. Anders gesagt: Ein um 1.000 GE erhöhter Bilanzansatz des Vorratsvermögens erhöht den Eigenkapitalausweis und somit auch den Erfolgsausweis um 1.000 GE.

Teilaufgabe b)

Zu welchem Betrag sind im obigen Beispiel die 1.000 Stück Fertigfabrikate nach den Vorschriften des HGB

(1) mindestens
(2) höchstens

zu bewerten?

Wöhe S. 748–750

Kostenarten	Kosten TEUR	Aktivierungspflicht	Aktivierungswahlrecht	Aktivierungsverbot
Materialeinzelkosten	300	300		
Fertigungseinzelkosten	500	500		
Materialgemeinkosten	100		100	
Fertigungsgemeinkosten	700		700	
Verwaltungsgemeinkosten	300		300	
Vertriebsgemeinkosten	100			100
Insgesamt	**2.000**	**800**	**1.100**	**100**

Zum Bilanzstichtag sind die **Fertigfabrikate**

(1) **mindestens** mit **800 GE**
(2) **höchstens** mit **1.900 GE**

zu bewerten.

Teilaufgabe c)

Wie hoch ist für Periode 01 der in der handelsrechtlichen GuV-Rechnung auszuweisende Jahreserfolg, wenn die Vorräte an Fertigfabrikaten mit dem

(1) geringst möglichen
(2) höchst möglichen

Wert angesetzt werden?

Nach dem obigen Beispiel hat die GuV-Rechnung nach dem Gesamtkostenverfahren in beiden Fällen folgendes Aussehen:

Soll	GuV-Rechnung (Fall 1)		Haben
Materialaufwand	400	Beteiligungserträge	1.200
Fertigungsaufwand	1.200	Bestandserhöhung an Fertigfabrikaten	800
Verwaltungsaufwand	300		
Vertriebsaufwand	100		
	2.000		2.000

Soll	GuV-Rechnung (Fall 2)		Haben
Materialaufwand	400	Beteiligungserträge	1.200
Fertigungsaufwand	1.200	Bestandserhöhung	
Verwaltungsaufwand	300	an Fertigfabrikaten	1.900
Vertriebsaufwand	100		
Gewinn	**1.100**		
	3.100		3.100

Aufgabe 11 Aktivierungsvorschriften für Herstellungskosten in der Handelsbilanz

Die NEPTUN-WERFT hat in der Periode 01 nur einen Auftrag. Sie fertigt ein Motorschiff, welches in Periode 02 für 3,5 Mio. EUR verkauft wird.

In Periode 01 fallen folgende Herstellungskosten an:

Kostenart	Kosten TEUR
Materialeinzelkosten	900
Fertigungseinzelkosten	800
Sondereinzelkosten der Fertigung	100
Materialgemeinkosten	100
Fertigungsgemeinkosten	700
Verwaltungsgemeinkosten	200
kalkulatorische Eigenkapitalzinsen	200
kalkulatorischer Unternehmerlohn	100
Summe	**3.100**

Teilaufgabe a)

Für welche Bestandteile der Herstellungskosten gilt ein Aktivierungsgebot, ein Aktivierungswahlrecht bzw. ein Aktivierungsverbot in der Handelsbilanz?

Wöhe S. 748–750

	Kosten TEUR	Aktivierungs-pflicht	Aktivierungs-wahlrecht	Aktivierungs-verbot
Materialeinzelkosten	900	900		
Fertigungseinzelkosten	800	800		
Sondereinzelkosten der Fertigung	100	100		
Materialgemeinkosten	100		100	
Fertigungsgemeinkosten	700		700	
Verwaltungsgemeinkosten	200		200	
kalk. Eigenkapitalzinsen	200			200
kalk. Unternehmerlohn	100			100
Summe	**3.100**	**1.800**	**1.000**	**300**

Teilaufgabe b)

Wie hoch ist der im handelsrechtlichen Jahresabschluss der Perioden 01 und 02 auszuweisende Jahreserfolg, wenn die NEPTUN-WERFT nach dem Gesamtkostenverfahren vorgeht und in der Periode 01 von ihrem Aktivierungswahlrecht
(1) Gebrauch macht
(2) keinen Gebrauch macht?

Zieht man von den Gesamtkosten von 3.100 die kalkulatorischen Kosten von 300 ab, erhält man den Aufwand für Periode 01.

(1) Aktivierungswahlrecht: ja

	Ertrag	Aufwand	**Erfolg**
Periode 01	2.800	2.800	**0**
Periode 02	3.500	2.800	**+ 700**

(2) Aktivierungswahlrecht: nein

	Ertrag	Aufwand	**Erfolg**
Periode 01	1.800	2.800	**– 1.000**
Periode 02	3.500	1.800	**+ 1.700**

Aufgabe 12 Aktivierungsvorschriften für Herstellungskosten in der Steuerbilanz

Es gelten die Angaben zu Aufgabe 11.

Teilaufgabe a)

Für welche Bestandteile der Herstellungskosten besteht in der Steuerbilanz ein Aktivierungsgebot, ein Aktivierungswahlrecht bzw. Aktivierungsverbot?

Wöhe S. 748–750

Im Vergleich zur Handelsbilanz wird das Aktivierungswahlrecht in der Steuerbilanz eingeschränkt:

	Kosten TEUR	**Aktivierungspflicht**	**Aktivierungswahlrecht**	**Aktivierungsverbot**
Materialeinzelkosten	900	900		
Fertigungseinzelkosten	800	800		
Sondereinzelkosten der Fertigung	100	100		
Materialgemeinkosten	100	100		
Fertigungsgemeinkosten	700	700		
Verwaltungsgemeinkosten	200		200	
kalk. Eigenkapitalzinsen	200			200
kalk. Unternehmerlohn	100			100
Summe	**3.100**	**2.600**	**200**	**300**

Teilaufgabe b)

Wie hoch ist der im steuerlichen Jahresabschluss auszuweisende Jahreserfolg für die Perioden 01 und 02, wenn die NEPTUN-WERFT in Periode 01 von ihrem Aktivierungswahlrecht

(1) Gebrauch macht
(2) keinen Gebrauch macht?

(1) Aktivierungswahlrecht: ja

	Ertrag	Aufwand	**Erfolg**
Periode 01	2.800	2.800	**0**
Periode 02	3.500	2.800	**+ 700**

(2) Aktivierungswahlrecht: nein

	Ertrag	Aufwand	**Erfolg**
Periode 01	2.600	2.800	**– 200**
Periode 02	3.500	2.600	**+ 900**

Teilaufgabe c)

Warum hat der Steuergesetzgeber den Umfang aktivierungspflichtiger Herstellungskosten (bei Einschränkung der Aktivierungswahlrechte) ausgeweitet?

Will die NEPTUN-WERFT den Ergebnisausweis möglichst weit in die Zukunft verschieben, wird sie von ihrem Aktivierungswahlrecht keinen Gebrauch machen. Daher wird sie handelsrechtlich und steuerrechtlich folgende Ergebnisse ausweisen:

Ergebnisausweis	**Periode 01**	**Periode 02**	**Total**
• handelsrechtlich	– 1.000	+ 1.700	+ 700
• steuerrechtlich	– 200	+ 900	+ 700

Das Steuerrecht gestattet die Verrechnung betrieblicher Verluste mit positiven Einkünften (z.B. aus Vermietung und Verpachtung). Das Steuerrecht weitet die Aktivierungspflicht für Herstellungskosten aus, um die Verschiebung von Steuerzahlungen in die Folgeperiode zu verhindern.

Aufgabe 13 Verlustfreie Bewertung

Die Bestände an Halb- und Fertigfabrikaten sind in der Regel mit ihren Herstellungskosten zu bewerten. Nur wenn der Börsen- oder Marktpreis solcher Gegenstände niedriger ist, so ist dieser anzusetzen **(Niederstwertprinzip).**

Die Firma ALUFIX produziert kunststoffbeschichtete Bratpfannen. Das Niederstwertprinzip gebietet am Bilanzstichtag für die Lagerbestände einen Vergleich der Herstellungskosten mit den Marktpreisen. Die Marktpreise sind vom Absatzmarkt abzuleiten. Maßgeblich ist dabei der voraussichtlich erzielbare Verkaufserlös abzüglich aller Erlösschmälerungen und aller noch anfallenden Aufwendungen (verlustfreie Bewertung).

Für die Halbfabrikate der Firma ALUFIX gelten folgende Daten:

Lagerbestand am 31. 12. 01	10.000 Stück
Bisherige Herstellungskosten	12 EUR/Stück
Voraussichtlicher Verkaufspreis	14 EUR/Stück
Erlösschmälerungen (Garantieaufwand)	3 % vom Verkaufspreis
Kosten für Verpackung und Fracht	0,60 EUR/Stück
Noch anfallende Verwaltungskosten	2 % vom Verkaufspreis
Noch anfallende Herstellungskosten für Kunststoffbeschichtung	1,70 EUR/Stück

Mit welchem Wertansatz müssen die Halbfabrikate der Firma ALUFIX bilanziert werden?

Wöhe S. 750 f.

Würde man die Bestände an Halbfabrikaten zu Herstellungskosten bewerten, gelangte man zu einem Wertansatz von 12 EUR/Stück · 10.000 Stück = 120.000 EUR. Bei verlustfreier Bewertung dagegen ergibt sich folgender Wertansatz:

Voraussichtlicher Verkaufserlös	140.000 EUR
– Erlösschmälerungen	4.200 EUR
– Verpackungs- und Frachtkosten	6.000 EUR
– Verwaltungskosten	2.800 EUR
– Zusätzliche Herstellungskosten	17.000 EUR
Wertansatz bei verlustfreier Bewertung	**110.000 EUR**

Da der durch die verlustfreie Bewertung fingierte Marktpreis (= Tageswert) niedriger ist als die Herstellungskosten, ist der Betrag von 110.000 EUR anzusetzen.

Aufgabe 14 Bilanzierungs- und Bewertungsprinzipien

Welche der folgenden Behauptungen sind richtig?

(1) Das Imparitätsprinzip besagt, dass im Interesse des Gläubigerschutzes Vermögensgegenstände möglichst niedrig, Verbindlichkeiten und Rückstellungen möglichst hoch bewertet werden sollen.

(2) Mit Aktivierungs- und Passivierungsverboten will das HGB einen möglichst niedrigen Erfolgsausweis erreichen.

(3) Zur Einhaltung des Niederstwertprinzips sollte man das Abschreibungsverfahren wählen, das zum niedrigstmöglichen Restbuchwert führt.

(4) Zur Erreichung eines hohen Erfolgsausweises sollte man die Herstellungskosten möglichst niedrig ansetzen.

(5) Zwecks nomineller Kapitalerhaltung genügt es, die Anschaffungskosten einer Maschine abzuschreiben.

(6) Im Gegensatz zu maschinellen Anlagen sind Finanzanlagen bei Kapitalgesellschaften nach dem strengen Niederstwertprinzip zu bewerten.

(7) Weil im Umlaufvermögen das strenge Niederstwertprinzip gilt, gibt es keine wahlweisen außerplanmäßigen Abschreibungen.

(8) Nach dem Höchstwertprinzip dürfen Vermögensgegenstände höchstens zu Anschaffungskosten bewertet werden.

(9) Das Wertaufholungsgebot dient der Bildung stiller Rücklagen und gilt deshalb nur für Kapitalgesellschaften.

(10) Eine „Abschreibung nach vernünftiger kaufmännischer Beurteilung" ist für Kapitalgesellschaften nur im Umlaufvermögen zulässig.

Wöhe S. 730–741

Richtig ist die Behauptung (5).

Aufgabe 15 Imparitätsprinzip

Das Imparitätsprinzip verbietet den Ausweis unrealisierter Gewinne und zwingt zum Ausweis unrealisierter Verluste. Welche der folgenden Bewertungsmaßnahmen verstoßen gegen dieses Bewertungsprinzip und sind somit unzulässig?

(1) Ein unbebautes **Grundstück** kostete 80.000 EUR. Sein Wert am Bilanzstichtag wird auf 120.000 EUR veranschlagt. Vorsichtshalber wählt man aber einen Wertansatz von 95.000 EUR.

(2) Die Anschaffungskosten eines **Warenbestandes** belaufen sich auf 50.000 EUR. Der Wert dieses Bestandes am Bilanzstichtag beträgt 35.000 EUR. Man wählt einen Bilanzansatz von

(a) 55.000 EUR
(b) 40.000 EUR
(c) 35.000 EUR.

(3) Ein deutscher Exporteur lieferte Waren im Wert von 1.000 US-Dollar auf Ziel. Der Dollarkurs lag seinerzeit bei 1,05 EUR. Der Dollarkurs am Bilanzstichtag beläuft sich auf 0,98 EUR. Der Exporteur bewertet seine **Forderung** mit

(a) 980 EUR
(b) 1.050 EUR.

(4) Wie Ziffer (3). Der Dollarkurs liegt jedoch am Bilanzstichtag bei 1,12 EUR. Der Exporteur bewertet seine **Forderung** mit

(a) 1.120 EUR
(b) 1.050 EUR.

(5) Ein Deutscher Importeur erhielt aus den USA Waren im Wert von 2.000 Dollar auf Ziel. Der Dollarkurs lag seinerzeit bei 1,20 EUR. Am Bilanzstichtag kostete der Dollar 1,13 EUR. Der Importeur bewertet seine **Verbindlichkeit** mit

(a) 2.400 EUR
(b) 2.260 EUR.

(6) Wie Ziffer (5). Der Dollar liegt jedoch am Bilanzstichtag bei 1,25 EUR. Der Importeur bewertet seine **Verbindlichkeit** mit

(a) 2.400 EUR
(b) 2.500 EUR.

Wöhe S. 735 f.

Folgende Wertansätze verstoßen gegen das Imparitätsprinzip: (1), (2a), (2b), (3b), (4a), (5b), (6a). Alle übrigen Wertansätze sind zulässig.

III. Bilanzierung und Bewertung der Aktiva

1. Bewertung des Anlagevermögens

Wiederholungsfragen:

	Wöhe Seite
Welche Bilanzpositionen gehören zum Anlagevermögen?	743
Wie beurteilen Sie den Informationswert des Anlagespiegels?	744
Welche Wertminderungsursachen führen zu planmäßiger, welche zu außerplanmäßiger Abschreibung?	753
Warum wird die planmäßige Abschreibung als Verteilungsabschreibung interpretiert?	754
Auf welchen (drei) Größen basiert ein Abschreibungsplan?	754 f.
Welchen Einfluss hat das dominierende Vorsichtsprinzip auf die Festlegung der wirtschaftlichen Nutzungsdauer?	755
Welche Verfahren der Zeitabschreibung kennen Sie?	755
Welche Zeitabschreibungsverfahren sind handels- und steuerrechtlich zulässig?	756 f.
Welche Vor- und Nachteile hat die Leistungsabschreibung?	758
Warum haben – bei voraussichtlich vorübergehender Wertminderung – Kapitalgesellschaften nur bei Finanzanlagen ein Abschreibungswahlrecht?	759
Welchen Einfluss hat eine außerplanmäßige Abschreibung auf die Höhe der planmäßigen Abschreibung während der Restnutzungsdauer?	759 f.
Welchen Einfluss hat eine Wertaufholung auf die Höhe der planmäßigen Abschreibung während der Restnutzungsdauer?	760 f.
Wie lassen sich die Bewertungs- und Abschreibungsvorschriften für das Anlagevermögen zusammenfassen?	763
Wie sind niedrigverzinsliche Forderungen zu bewerten?	769 f.
Wie sind Zerobonds zu bewerten?	771
Was versteht man unter Bilanzierungshilfen und welche Sachverhalte dürfen als Bilanzierungshilfe aktiviert werden?	772 f.

Aufgabe 16 Abschreibungsursachen

Es gibt unterschiedliche Abschreibungsursachen, die alle aus der Notwendigkeit resultieren, verschiedenartigen Wertminderungen von Anlagegegenständen Rechnung zu tragen. Derartige Abschreibungsursachen sind u. a.:

a) Substanzverringerung,

b) Wertminderung durch Katastrophen,

c) Nachfrageverschiebungen,

d) Sinken der Absatzpreise,

e) zeitlich bedingte Abschreibung und

f) Sinken der Wiederbeschaffungskosten.

Wie lassen sich die folgenden sechs Fälle den einzelnen Abschreibungsursachen zuordnen:

(1) Im Laufe des Jahres wurden 6 ha eines 50 ha großen Torfvorkommens abgebaut.

(2) Eine Baugesellschaft kaufte ein Areal zur späteren Erstellung von Reihenhäusern. Als bekannt wird, dass in der Nähe eine Abdeckerei errichtet werden soll, sinken die Bodenpreise erheblich.

(3) Durch Verschulden des Fahrers erleidet ein neues Taxi einen Totalschaden.

(4) Im Jahre 01 wurde eine Anlage zur Produktion von Chemiefasern errichtet. Schon im Jahr 02 kommt es bei diesem Erzeugnis zu einem nachhaltigen Preisverfall.

(5) Nach Fertigstellung der U-Bahn ist eine private Buslinie nur noch zu 60 % ausgelastet.

(6) Schon nach einem Jahr wird einer Mineralölgesellschaft die Bohrkonzession entzogen.

Wöhe S. 752 f.

Den einzelnen Fällen lassen sich folgende Abschreibungsursachen zuordnen: 1a, 2f, 3b, 4d, 5c und 6e.

Aufgabe 17 Abschreibung und periodengerechte Gewinnermittlung

Ein Taxiunternehmer erwirbt ein Fahrzeug für 20.000 EUR. Zunächst geht er davon aus, das Auto vier Jahre lang gleichmäßig nutzen zu können. Der Restwert soll dann annahmegemäß gleich Null sein. Diese Erwartungen erfüllen sich jedoch nicht, weil:

(a) sich gleich nach der Anschaffung herausstellt, dass sich die Inanspruchnahme (km pro Jahr) von Jahr zu Jahr verdoppelt;

(b) sich gleich nach der Anschaffung herausstellt, dass die gesamte Fahrleistung von 200.000 km im 1. Jahr 80.000 km betragen wird und sich dann von Jahr zu Jahr um 20.000 km reduziert;

(c) das Taxi am Ende des zweiten Jahres einen Totalschaden erleidet;

(d) gleich nach der Anschaffung mitgeteilt wird, dass die Taxilizenz zu Beginn des 3. Jahres entzogen wird; das Fahrzeug soll dann für 4.000 EUR verkauft werden;

(e) gleich zu Beginn des 3. Jahres die Taxilizenz unerwartet entzogen wird; danach wird das Fahrzeug für 4.000 EUR verkauft;

(f) nach Ablauf des 4. Jahres eine Buslinie eingerichtet wird, wodurch die Nachfrage um 20% zurückgehen wird,

(g) am Ende des 2. Jahres einige Buslinien eingestellt werden, was im 3. Jahr einen erhöhten Einsatz und einen völligen Verschleiß bis zum Ende des 3. Jahres zur Folge hat.

Wie würden Sie in den eben genannten Fällen die einzelnen Jahre mit Abschreibungsaufwand belasten?

Wöhe S. 753–758

Im Interesse einer **periodengerechten Gewinnermittlung** müssten den einzelnen Jahren folgende Abschreibungsbeträge angelastet werden:

Fall	1. Jahr	2. Jahr	3. Jahr	4. Jahr	Summe
„ursprünglich"	5.000	5.000	5.000	5.000	20.000
(a)	1.333	2.667	5.333	10.667	20.000
(b)	8.000	6.000	4.000	2.000	20.000
(c)	5.000	15.000	–	–	20.000
(d)	8.000	8.000	–	–	16.000
(e)	5.000	5.000	6.000	–	16.000
(f)	5.000	5.000	5.000	5.000	20.000
(g)	5.000	5.000	10.000	–	20.000

Aufgabe 18 Planmäßige und außerplanmäßige Abschreibung

In welchem der in Aufgabe 17 genannten Fällen liegt eine planmäßige, in welchen eine außerplanmäßige Abschreibung vor?

Wöhe S. 753–758

Im Fall (c) werden für das 1. und 2. Jahr planmäßig jeweils 5.000 EUR Abschreibung als Aufwand verrechnet. Darüber hinaus wird im 2. Jahr eine außerplanmäßige Abschreibung in Höhe von 10.000 EUR erforderlich.

Im Fall (e) muss im 3. Jahr eine außerplanmäßige Abschreibung in Höhe von 6.000 EUR vorgenommen werden.

Im Fall (g) lässt es sich nicht ohne weiteres entscheiden, ob es sich bei dem Betrag von 10.000 EUR im 3. Jahr um eine planmäßige oder eine außerplanmäßige Abschreibung handelt. War die Einstellung der Buslinien zum Zeitpunkt der Erstellung des Abschreibungsplanes, also zu Beginn des 1. Jahres, bereits bekannt, und konnte die stärkere Inanspruchnahme im 3. Jahr vorausgesehen werden, dann handelt es sich bei diesem Betrag in voller Höhe um eine planmäßige Abschreibung. War diese künftige Entwicklung dagegen nicht vorhersehbar, werden im 3. Jahr 5.000 EUR planmäßig und 5.000 EUR außerplanmäßig abgeschrieben.

Alle übrigen Abschreibungsbeträge sind Ergebnis planmäßiger Abschreibung.

Aufgabe 19 Abschreibungsverfahren

Teilaufgabe a)

Es gelten die Angaben der Aufgabe 17, soweit es sich um planmäßige Abschreibungen handelt. Welches Verfahren planmäßiger Abschreibung wurde in diesen Fällen angewendet?

Wöhe S. 755–758

Es liegt keine Zeitabschreibung, sondern eine Leistungsabschreibung vor. Man bezeichnet ein solches Verfahren als Abschreibung nach der Leistung und Inanspruchnahme.

Teilaufgabe b)

Obwohl es sich in allen Fällen der Aufgabe 17 um eine Leistungsabschreibung handelt, sind einige Abschreibungsverläufe zufällig mit denen bei Zeitabschreibung identisch. Um welche Fälle handelt es sich? Wie heißt das entsprechende Zeitabschreibungsverfahren?

Wöhe S. 755–758

Dem Ergebnis nach könnte es sich in folgenden Fällen ebensogut um eine Zeitabschreibung handeln:

Fall	Abschreibungsverfahren
„ursprünglich"	linear
(a)	geometrisch-progressiv
(b)	arithmetisch-degressiv
(d)	linear
(f)	linear

Aufgabe 20 Berechnung von Abschreibungsquoten

Eine technische Anlage mit einer erwarteten Nutzungsdauer von 5 Jahren kostet 100.000 EUR. Wie hoch sind die Abschreibungsquoten des 1. und des 4. Jahres, wenn die Anlage

(a) linear,
(b) arithmetisch-degressiv (digital),
(c) geometrisch-degressiv 20 %,
(d) geometrisch-degressiv 60 % und
(e) nach der Leistung und Inanspruchnahme

abgeschrieben wird, wobei im letzten Fall (e) davon auszugehen ist, dass die Anlage im ersten Jahr 30.000 Stück und in jedem folgenden Jahr 10.000 mehr produziert als im Vorjahr?

Wöhe S. 755–758

Je nach Abschreibungsverfahren haben die Abschreibungsquoten des 1. und des 4. Jahres folgende Höhe:

Abschreibungsverfahren	Abschreibungsquote	
	1. Jahr	4. Jahr
(a) linear	20.000	20.000
(b) arithmetisch-degressiv (digital)	33.333	13.333
(c) geometrisch-degressiv 20 %	20.000	10.240
(d) geometrisch-degressiv 60 %	60.000	3.840
(e) Leistungsabschreibung	12.000	24.000

Aufgabe 21 Außerplanmäßige Abschreibungen auf Sachanlagen

Für eine maschinelle Anlage der GASTURBINEN-AG gelten folgende Ausgangsdaten:

Anschaffungskosten in t_0 (2. 1. 01)	2.400 GE
Planmäßige Nutzungsdauer	5 Jahre
Abschreibungsverfahren	linear
Erwarteter Restverkaufserlös	0 GE

Teilaufgabe a)

Erstellen Sie den Abschreibungsplan! Welche Beträge müssten in der GuV des 5. Jahres ausgewiesen werden, wenn die Anlage am Ende ihrer Nutzungsdauer wider Erwarten für 70 GE verkauft werden könnte?

Wöhe S. 754–757

Der Abschreibungsplan hat folgendes Aussehen:

Zeitpunkt	Buchwert (RBW)	Abschreibung
t_0	2.400	
		480
t_1	1.920	
		480
t_2	1.440	
		480
t_3	960	
		480
t_4	480	
		480
t_5	0	

Würde am Ende des 5. Jahres ein Resterlös von 70 GE erzielt, hätte die GuV-Rechnung folgendes Aussehen:

Soll	GuV Periode 05		Haben
Abschreibungsaufwand	480	Sonstiger betrieblicher Ertrag	70

Teilaufgabe b)

Kurz vor dem Ende des 2. Jahres wird bekannt, dass der Gesetzgeber eine Verschärfung der Abgasnormen plant. Dadurch sinkt der beizulegende Wert der Anlage in t_2 auf 900.

Wie ist der Abschreibungsplan aus Teilaufgabe a) zu ändern, wenn man die Wertminderung für dauerhaft hält?

Wöhe S. 758–760

Der alte Abschreibungsplan ist folgendermaßen zu ändern:

	Alter Abschreibungsplan		außerplanmäßige Abschreibung	Neuer Abschreibungsplan	
	RBW	Abschreibung		RBW	Abschreibung
t_0	2.400				
		480			
t_1	1.920				
		480			
t_2	**1.440** →		→ **540** →	**900**	
		480			300
t_3	960			600	
		480			300
t_4	480			300	
		480			300
t_5	0			0	

In t_2 ist die Anlage auf den niedrigeren Stichtagswert von 900 abzuschreiben. Hierzu bedarf es einer außerplanmäßigen Abschreibung in Höhe von 540. Im neuen Abschreibungsplan ist der Restbuchwert t_2 in Höhe von 900 gleichmäßig auf die drei Restnutzungsjahre zu verteilen.

Aufgabe 22 Wertaufholung

Es gelten die Angaben der Aufgabe 21, wonach die Anlage der GASTURBINEN-AG in t_2 wegen einer geplanten Verschärfung der Umweltgesetzgebung außerplanmäßig auf 900 abgeschrieben wurde.

Am Ende des 4. Jahres, also in t_4, erklärt die Regierung, auf die Gesetzesänderung verzichten zu wollen. Welchen Einfluss hat diese Verlautbarung auf den Abschreibungsplan? Nennen Sie die zum 31.12. 04 notwendigen Buchungssätze!

Wöhe S. 760 f.

Ist der Grund für eine außerplanmäßige Abschreibung entfallen, ist eine Kapitalgesellschaft nach § 280 Abs. 1 HGB zur Wertaufholung verpflichtet. Dies geschieht durch eine Rückkehr in den alten Abschreibungsplan:

	Alter Abschreibungsplan		außerplanmäßige Abschreibung	Zuschreibung	Neuer Abschreibungsplan	
	RBW	Abschreibung			RBW	Abschreibung
t_0	2.400					
		480				
t_1	1.920					
		480				
t_2	**1.440** →		→ **540** →		→ **900**	
		480				300
t_3	960				600	
		480				300
t_4	**480** ←			← **180** ←	**300**	
		480				300
t_5	0				0	

Am Ende der Periode 04 hat die GASTURBINEN-AG folgende Buchungen vorzunehmen:

Planmäßige Abschreibung	**an**	Maschinelle Anlagen	300
Maschinelle Anlagen	**an**	sonstiger betrieblicher Ertrag	180

Aufgabe 23 Steuerliche Sonderabschreibungen

Die Einzelfirma SOLO hat am 2. 1. 01 eine maschinelle Anlage erworben, für die folgende Eckdaten gelten:

Anschaffungskosten am 2. 1. 01	1.000 GE
Planmäßige Nutzungsdauer	5 Jahre
Abschreibungsverfahren	linear

Es ist davon auszugehen, dass der **tatsächliche Restwert** der Anlage **dem jeweiligen Restbuchwert bei linearer Abschreibung entspricht**. Zum 31. 12. 01 legt der Buchhalter folgenden vorläufigen Abschluss vor:

Aktiva	Vorläufige Bilanz zum 31. 12. 01		Passiva
Maschinelle Anlagen	800	Eigenkapital	700
Bank	500	Fremdkapital	600
	1.300		1.300

Soll	Vorläufige GuV-Rechnung Periode 01		Haben
Diverse Aufwendungen	900	Erträge	1.400
Abschreibungsaufwand	200		
Gewinn	**300**		
	1.400		1.400

Vor der endgültigen Erstellung des handelsrechtlichen Jahresabschlusses weist der Steuerberater der Fa. SOLO darauf hin, dass der Investitionsstandort in einem Fördergebiet liege, weshalb auf die maschinelle Anlage im Anschaffungsjahr 01 statt der planmäßigen Abschreibung von 200 eine steuerliche Sonderabschreibung in Höhe von 500 verrechnet werden könne.

Welches Aussehen hat der handelsrechtliche Abschluss 01, wenn Fa. SOLO die steuerliche Sonderabschreibung von 500 in Anspruch nehmen möchte? Welchen Einfluss hat die steuerliche Sonderabschreibung auf den Einblick in die Vermögens- und Ertragslage der Fa. SOLO?

Wöhe S. 762

Eine Inanspruchnahme der steuerlichen Sonderabschreibung in der Steuerbilanz ist nur möglich, wenn die Handelsbilanz die steuerlichen Buchwerte übernimmt:

Aktiva	Bilanz zum 31. 12. 01		Passiva
Maschinelle Anlagen	500	Eigenkapital	400
Bank	500	Fremdkapital	600
	1.000		1.000

Soll	GuV-Rechnung Periode 01		Haben
Diverse Aufwendungen	900	Erträge	1.400
Abschreibungsaufwand	500		
	1.400		1.400

Der tatsächliche Wertverzehr der Anlage beträgt annahmegemäß 200 GE. Bei einer Aufwandsverrechnung (= steuerliche Sonderabschreibung) von 500 GE wird eine **stille Rücklage** in Höhe von **300 GE** gebildet. Dadurch wird der Einblick in die Vermögens- und Ertragslage beeinträchtigt.

Aufgabe 24 Außerplanmäßige Abschreibungen

Welche der folgenden Behauptungen sind zutreffend?

(1) Der Erfolgsausweis für die Totalperiode ist von der Höhe planmäßiger und außerplanmäßiger Abschreibungen abhängig.

(2) Je kürzer die planmäßige Nutzungsdauer geschätzt wird, desto geringer ist c. p. die Wahrscheinlichkeit, dass eine außerplanmäßige Abschreibung notwendig wird.

(3) Außerplanmäßige Abschreibungen leisten einen guten Beitrag zur gewünschten Vergleichbarkeit der Periodenergebnisse.

(4) Eine außerplanmäßige Abschreibung bei gleichzeitiger Verkürzung der ursprünglich geplanten Nutzungsdauer führt in jedem Fall zu einer Verringerung der planmäßigen Jahresabschreibungsbeträge für die jeweiligen Perioden der Restnutzungsdauer.

(5) Ist bei einer maschinellen Anlage der Grund für eine außerplanmäßige Abschreibung, die in einer früheren Periode vorgenommen wurde, entfallen, dann muss eine Kapitalgesellschaft eine Zuschreibung in Höhe der ursprünglichen außerplanmäßigen Abschreibung vornehmen.

(6) Wird eine maschinelle Anlage planmäßig nach „Leistung und Inanspruchnahme" abgeschrieben, erübrigt sich eine außerplanmäßige Abschreibung.

Folgende Behauptung ist richtig: (2)

Aufgabe 25 Bilanzpolitik im Rahmen des gemilderten Niederstwertprinzips

Fällt der Tageswert eines zum Anlagevermögen gehörenden Aktienpaketes, kann es gewinnmindernd abgeschrieben werden; steigt der Tageskurs wieder an, dann kann es gewinnerhöhend (bis zu den Anschaffungskosten) aufgewertet werden. Da es sich im **Fall vorübergehender Wertminderungen** sowohl bei der Auf- als auch bei der Abwertung um eine Kannvorschrift handelt, schafft diese Bewertungsregel einen bilanzpolitischen Spielraum, d.h. krass formuliert: das gemilderte Niederstwertprinzip bietet die Möglichkeit zur Gestaltung des Erfolgsausweises.

Nehmen Sie an, das Aktienpaket der WERT KG unterläge im Zeitablauf folgenden Kursschwankungen:

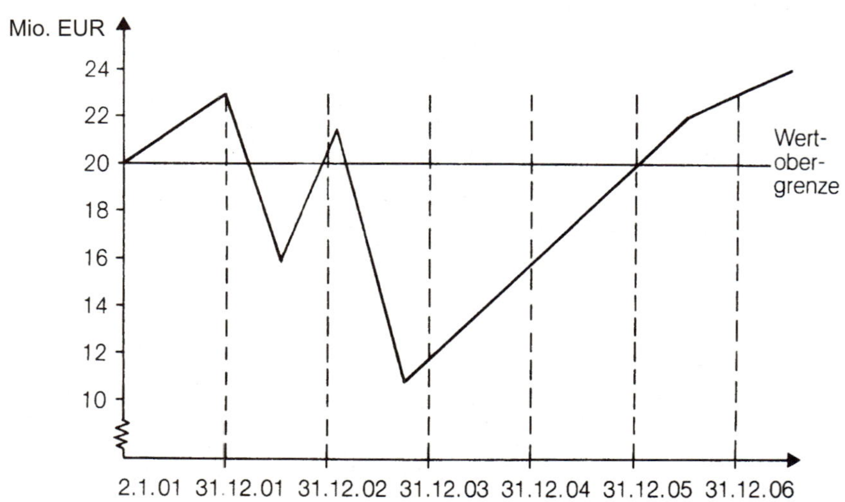

Die Kurswerte an den Bilanzstichtagen beziffern sich auf

31. 12. 01	31. 12. 02	31. 12. 03	31. 12. 04	31. 12. 05	31. 12. 06
23,0 Mio.	20,5 Mio.	12,0 Mio.	16,0 Mio.	20,0 Mio.	23,0 Mio.

Welche Wertansätze muss die WERT KG an jedem Bilanzstichtag für das Aktienpaket wählen, wenn sie

(a) ihr Vermögen immer möglichst hoch,

(b) ihr Vermögen immer möglichst niedrig,

(c) ihren Gewinn immer möglichst hoch,

(d) ihren Gewinn immer möglichst niedrig,

(e) ihren Gewinn im Jahr 04 möglichst hoch und in den Jahren 05 und 06 möglichst niedrig,

(f) ihren Gewinn im Jahr 05 möglichst hoch und

(g) ihren Gewinn im Jahr 06 möglichst hoch

ausweisen will? Erstellen Sie zur Beantwortung dieser Frage zwei Tabellen. Führen Sie in der Tabelle I die **Wertansätze** und in Tabelle II den **Jahresgewinn** der WERT KG aus. Der Jahresgewinn vor Berücksichtigung von außerplanmäßigen Abschreibungen bzw. Wertaufholungen belaufe sich in jeder Periode auf 10 Mio. EUR.

Für die unterschiedlichen bilanzpolitischen Ziele ergibt sich folgender Vermögens- und Gewinnausweis:

Tabelle I: Vermögensausweis

Fall	(a)	(b)	(c)	(d)	(e)	(f)	(g)
31. 12. 01	20	20	20	20	20	20	20
31. 12. 02	20	20	20	20	20	20	20
31. 12. 03	20	12	20	12	12	12	12
31. 12. 04	20	12	20	12	16	12	12
31. 12. 05	20	12	20	12	16	20	12
31. 12. 06	20	12	20	12	16	20	20

Tabelle II: Gewinnausweis

Fall	(a)	(b)	(c)	(d)	(e)	(f)	(g)
Jahr 01	10	10	10	10	10	10	10
Jahr 02	10	10	10	10	10	10	10
Jahr 03	10	2	10	2	2	2	2
Jahr 04	10	10	10	10	14	10	10
Jahr 05	10	10	10	10	10	18	10
Jahr 06	10	10	10	10	10	10	18

Aufgabe 26 Beschränkte Bilanzpolitik für Kapitalgesellschaften

Ein bilanzpolitischer Spielraum entsteht, sobald der Gesetzgeber einem Unternehmen ein Ab- bzw. ein Aufwertungswahlrecht einräumt. Prüfen Sie, ob der bilanzpolitische Spielraum bei der Bewertung des Anlagevermögens für Kapitalgesellschaften genauso groß ist wie für Einzelfirmen und Personengesellschaften.

Gehen Sie zur Beantwortung dieser Frage von dem in Aufgabe 25 abgebildeten Kursverlauf und der Annahme einer voraussichtlich **nicht** dauernden Wertminderung aus! Zeigen Sie, welchen Bewertungsspielraum die Firma WERT an den einzelnen Bilanzstichtagen hat, wenn sie nicht in der Rechtsform der KG, sondern als GmbH oder Aktiengesellschaft betrieben wird!

Wöhe S. 763

Wird die Firma WERT als **Einzelfirma** oder **Personengesellschaft** betrieben, hat sie folgende Bewertungswahlrechte:

31. 12. 01: keine (Wertansatz 20 Mio. EUR)
31. 12. 02: keine (Wertansatz 20 Mio. EUR)
31. 12. 03: Jeder beliebige Wert zwischen 20 und 12. Mio. EUR.
31. 12. 04: a) Wenn letzter Bilanzansatz (31. 12. 01) zwischen 20 und 16 Mio. EUR: Beibehaltung dieses Wertes oder Abwertung auf 16 Mio. EUR.
b) Wenn letzter Bilanzansatz zwischen 16 und 12 Mio. EUR: Beibehaltung dieses Wertes oder Aufwertung auf 16 Mio. EUR.
31. 12. 05: Jeder beliebige Wert zwischen dem letzten Bilanzansatz und 20 Mio. EUR.
31. 12. 06: Jeder beliebige Wert zwischen dem letzten Bilanzansatz und 20 Mio. EUR.

Wird die Firma WERT als **Kapitalgesellschaft** betrieben, hat sie die gleichen Bewertungswahlrechte wie eine Einzelfirma oder Personengesellschaft (vgl. oben): Da das zu bewertende Aktienpaket Bestandteil der **Finanzanlagen** ist, bleibt das **Abwertungswahlrecht** erhalten.

Das Beibehaltungswahlrecht entfällt. Für **Kapitalgesellschaften** gilt nach § 280 Abs. 1 HGB ein **Wertaufholungsgebot.** Auch für die Steuerbilanz gilt nach § 6 Abs. 1 EStG ein Wertaufholungsgebot.

Aufgabe 27 Wertminderung bei Finanz- und Sachanlagen

Eine Kapitalgesellschaft erwirbt zu Beginn des Jahres 01 eine nicht abnutzbare Vermögensposition, die zu Anschaffungskosten von 500.000 EUR aktiviert wird. Am 31. 12. 01 beziffert sich der Wert dieser Vermögensposition auf 400.000 EUR. Die Unternehmensleitung geht davon aus, dass die Wertminderung **nicht** von Dauer sein wird.

Teilaufgabe a)

Wie ist die Vermögensposition am 31. 12. 01 zu bilanzieren, wenn es sich um eine
a) Finanzlage
b) Sachanlage
handelt?

Wöhe S. 763

Bei einer **Finanzanlage** hat eine Kapitalgesellschaft nach § 253 Abs. 2 Satz 3 HGB ein Abschreibungswahlrecht, d. h. sie darf zum 31. 12. 01 jeden beliebigen Wertansatz zwischen 400.000 und 500.000 EUR wählen.

Für **Sachanlagen** wird dieses Wahlrecht nach § 279 Abs. 1 HGB aufgehoben: eine Kapitalgesellschaft muss als Wertansatz die Anschaffungskosten (500.000 EUR) beibehalten.

Teilaufgabe b)

Gilt für Einzelunternehmen und Personengesellschaften die gleiche gesetzliche Regelung?

Nein. Einzelfirmen und Personengesellschaften haben nicht nur bei Finanz-, sondern auch bei Sachanlagen ein Abschreibungswahlrecht. Jeder Wertansatz zwischen 400.000 EUR und 500.000 EUR ist zulässig – sowohl bei Finanzanlagen wie auch bei Sachanlagen.

Aufgabe 28 Originärer und derivativer Firmenwert

Die K-AG prüft die Möglichkeit des Kaufs, der V-AG, die der Alleinaktionär V aus Altersgründen verkaufen möchte. Die (vereinfachte) Bilanz der V-AG hat folgendes Aussehen.

Aktiva	Bilanz der V-AG		Passiva
Sachvermögen	600	Eigenkapital_V	400
		Fremdkapital_V	200
	600		600

Das Sachvermögen der V-AG hat (bei Einzelbewertung) einen Zeitwert zum Bilanzstichtag in Höhe von 750. Angesichts der guten Ertragsaussichten der V-AG ermittelt K für das Kaufobjekt einen Unternehmensgesamtwert UW in Höhe von 1.000. Da K im Fall des Erwerbs die Verbindlichkeiten der V-AG in Höhe von 200 übernehmen muss, liegt seine Preisobergrenze für die V-AG bei

UW (Gesamtwert von Eigen- und Fremdkapital)	1.000
– Marktwert des Fremdkapitals	– 200
Marktwert des Eigenkapitals (Preisobergrenze)	**800**

K kann die V-AG (bei Übernahme der Verbindlichkeiten von V in Höhe von 200) zum Preis von 700 erwerben. Wie hoch ist der originäre und der derivative Firmenwert der V-AG?

Wöhe S. 774 f.

Beide Werte lassen sich folgendermaßen ermitteln:

Originärer Firmenwert		
Gesamtwert UW		1.000
– Fremdkapital_V		200
Marktwert Eigenkapital_V		800
Zeitwert Sachvermögen_V	750	
– Fremdkapital_V	200	
Substanzwert	550	– 550
Originärer Firmenwert		**+ 250**

Derivativer Firmenwert		
Kaufpreis		700
Zeitwert Sachvermögen_V	750	
– Fremdkapital_V	200	
Substanzwert	550	– 550
Derivativer Firmenwert		**+ 150**

Als derivativen Firmenwert bezeichnet man den bezahlten Teil des (originären) Firmenwerts. Der derivative Firmenwert ergibt sich aus der Differenz zwischen dem Kaufpreis und dem Zeitwert der übernommen Aktiva abzüglich übernommener Schulden.

Aufgabe 29 Bilanzierung des Firmenwerts

Es gelten die Ausgangsdaten der Aufgabe 28.

Teilaufgabe a)

Wie ist die Bilanzierung des
- originären Firmenwerts
- derivativen Firmenwerts

im HGB geregelt?

Wöhe S. 774 f.

Der originäre Firmenwert gehört zu den selbst geschaffenen immateriellen Vermögensgegenständen des Anlagevermögens. Hier gilt das Aktivierungsverbot nach § 248 Abs. 2 HGB.

Der derivative Firmenwert lässt sich durch die Höhe des gezahlten Kaufpreises verifizieren. Für den derivativen Firmenwert gilt ein Aktivierungswahlrecht nach § 255 Abs. 4 HGB.

Teilaufgabe b)

Die Bilanzen der

- K-AG (Käufer)
- V-AG (Verkäufer)

haben folgendes Aussehen:

Aktiva	K-AG		Passiva
Bank	1.000	EK_K	500
		FK_K	500
	1.000		1.000

Aktiva	V-AG		Passiva
$Sachvermögen_V$	600	EK_V	400
		FK_V	200
	600		600

Der Zeitwert des $Sachvermögens_V$ beträgt 750. Welches Aussehen hat die Bilanz der K-AG nach der Übernahme von V zum Preis von 700, wenn K den derivativen Firmenwert nicht aktiviert?

Nach Übernahme von V hat die K-Bilanz im Fall der Nichtaktivierung des derivativen Firmenwertes folgendes Aussehen:

Aktiva	K-AG (nach Übernahme V-AG)			Passiva
Sachvermögen	750	$Eigenkapital_K$	500	
Bank	300	– Verlust	– 150	350
		$Fremdkapital_K$		500
		$Fremdkapital_V$		200
	1.050			1.050

Teilaufgabe c)

Welches Aussehen hat die K-Bilanz nach der Übernahme von V zum Preis von 700, wenn der derivative Firmenwert von 150 aktiviert wird?

Nach Übernahme von V hat die K-Bilanz im Fall der Aktivierung des derivativen Firmenwertes folgendes Aussehen:

Aktiva	K-AG (nach Übernahme von V-AG)		Passiva
Firmenwert	150	$Eigenkapital_K$	500
Sachvermögen	750	$Fremdkapital_K$	500
Bank	300	$Fremdkapital_V$	200
	1.200		1.200

Bei Aktivierung des derivativen Firmenwerts ist der Unternehmenskauf ein erfolgsneutraler Vorgang. Im Gegenzug ist der aktivierte (derivative) Firmenwert in der Folgezeit erfolgswirksam abzuschreiben.

2. Bewertung des Umlaufvermögens

Wiederholungsfragen:

	Wöhe Seite
Welche Positionen gehören zum Umlaufvermögen?	743
Warum gilt im Umlaufvermögen das strenge und nicht das gemilderte Niederstwertprinzip?	746 f.
Wie sind die Wertpapiere des Umlaufvermögens von Finanzanlagen abzugrenzen?	704
Unter welchen Bedingungen ist eine außerplanmäßige Abschreibung im Umlaufvermögen zwingend erforderlich?	758
Unter welchen Bedingungen ist für Gegenstände des Umlaufvermögens eine wahlweise außerplanmäßige Abschreibung zulässig?	761
Wie lassen sich die Bewertungs- und Abschreibungsvorschriften für das Umlaufvermögen zusammenfassen?	764
Für welche Gegenstände des Umlaufvermögens ist eine Festbewertung, eine Gruppenbewertung bzw. eine Bewertung nach Verbrauchsfolgeverfahren zulässig?	766
Welche Verfahren zur Bewertung gleichartiger Vorräte kennen Sie?	767
Welche Verfahren zur Bewertung gleichartiger Vorräte sind handels- bzw. steuerrechtlich zulässig?	767
Was versteht man unter Einzelwertberichtigung bzw. Pauschalwertberichtigung zweifelhafter Forderungen?	768 f.

Aufgabe 30 Halbfabrikatebewertung und Erfolgsausweis

Zu Beginn des Jahres 01 gründeten die Herren Kenter und Leck die Werft „KENTER & LECK GMBH". Im Lauf des Jahres erhält die Gesellschaft ihren ersten Auftrag zum Bau der Luxusjacht „Fliegender Holländer". Durch Annahme dieses Auftrages ist die Werft bis zum Beginn des Jahres 02 (Fertigstellungstermin) ausgelastet.

Der Buchhalter, Herr Saldo, legt dem kaufmännischen Geschäftsführer Leck Anfang des Jahres 02 folgende Gewinn- und Verlustrechnung für das Jahr 01 vor:

Aufwand	GuV-Rechnung Periode 01		Ertrag
1. Löhne und Gehälter	1.370.000	Verlust	3.500.000
2. Roh- und Hilfsstoffe	400.000		
3. Fertigteile	150.000		
4. Energie	30.000		
5. Abschreibungen	1.550.000		
	3.500.000		3.500.000

Alle Aufwendungen sind vollständig und richtig ermittelt. Im abgelaufenen Jahr wurden keine Verkäufe getätigt; die Luxusjacht ist jedoch fast fertiggestellt. Wären Sie unter diesen Umständen zum gleichen Jahresergebnis gelangt wie Herr Saldo? Welchen Zusammenhang sehen Sie zwischen Wertverzehr, Wertzugang und Erfolg (Gewinn; Verlust)?

Die KENTER & LECK GMBH musste im abgelaufenen Geschäftsjahr einen Aufwand = Wertverzehr in Höhe von 3,5 Mio. EUR verzeichnen. Gelangt man bei der Erfolgsermittlung zu einem Verlust in Höhe des gesamten Wertverzehrs (Aufwand), dann deshalb, weil man dem Wertverzehr keinen Wertzugang (Ertrag) gegenüberstellte.

	Wertzugang	(= Ertrag)
–	Wertverzehr	(= Aufwand)
=	Ergebnis	(Gewinn; Verlust)

Die verbrauchten Produktionsfaktoren im Wert von 3,5 Mio. EUR (Wertverzehr = Aufwand) wurden in eine neue Vermögensposition (Luxusjacht) transformiert (= Wertzugang = Ertrag). Diese neue Vermögensposition „Luxusjacht" wird als Bilanzposition „Unfertige Erzeugnisse" im Umlaufvermögen aktiviert. Bei gegebenem Aufwand hängt im vorliegenden Fall die Höhe des ausgewiesenen Jahresergebnisses somit von der Bewertung der unfertigen Erzeugnisse ab. Je höher die unfertigen Erzeugnisse bewertet werden, desto niedriger ist der Verlustausweis der KENTER & LECK GMBH.

Aufgabe 31 Halbfabrikatebewertung und Realisationsprinzip

Wie oben gezeigt wurde, ist der Ausweis des Jahresergebnisses für das Jahr 01 von der Bewertung der fast fertigen Luxusjacht abhängig. Nehmen Sie an, das Schiff ließe sich für 6 Mio. EUR verkaufen; zu seiner Fertigstellung seien im Jahr 02 weitere Aufwendungen in Höhe von 500.000 EUR erforderlich. Wie hoch ist der Erfolg der Jahre 01 und 02, wenn die KENTER & LECK GMBH das im Bau befindliche Schiff in der Bilanz zum 31. 12. 01 mit (a) Null EUR, (b) 2 Mio. EUR, (c) 3,5 Mio. EUR, (d) 5,5 Mio. EUR oder (e) 7 Mio. EUR bewertet? Wie beurteilen Sie angesichts des Realisationsprinzips die Zulässigkeit der einzelnen Wertansätze?

Wöhe S. 735f.

Eine unterschiedliche Bewertung der unfertigen Erzeugnisse führt für das Jahr 01 und das Jahr 02 zu folgender Ergebnisverteilung in Mio. EUR:

		(a)	(b)	(c)	(d)	(e)
Jahr 01	(1) Ertrag	0	2	3,5	5,5	7
	(2) Aufwand	3,5	3,5	3,5	3,5	3,5
	(3) Ergebnis (1) – (2)	– 3,5	– 1,5	0	2	3,5
Jahr 02	(4) Ertrag	6	6	6	6	6
	(5) Aufwand (1) + 0,5 Mio.	0,5	2,5	4	6	7,5
	(6) Ergebnis (4) – (5)	5,5	3,5	2	0	– 1,5
Gesamtergebnis (3) + (6)		2	2	2	2	2

(d), (e): unzulässig wegen des Ausweises unrealisierter Gewinne

Im betrieblichen Produktionsprozess entstehen neue Produkte (= Wertzugang = Ertrag) durch den Verbrauch von Produktionsfaktoren (= Wertverzehr = Aufwand). Ein Gewinn wird dann ausgewiesen, wenn die noch nicht verkauften Produkte (= Wertzugang) mit einem Geldbetrag bewertet werden, der den Wertverzehr (3,5 Mio. EUR) übersteigt. Dieser Gewinn ist ein buchmäßiger Gewinn, da er nur durch eine Bewertungsmaßnahme zustande kommt. Er ist, solange die Halbfabrikate noch nicht verkauft sind, ein noch nicht durch Umsatz realisierter oder kurz: ein **unrealisierter Gewinn.** Der Ausweis unrealisierter Gewinne wird dadurch verhindert, dass der Gesetzgeber die Herstellungskosten zur Obergrenze bei der Bewertung von unfertigen Erzeugnissen macht. Herstellungskosten sind höchstens der Geldbetrag, der zur Produktion der Erzeugnisse bis zum Bilanzstichtag aufgewendet wurde. Die gesetzliche Fixierung der (Anschaffungs- oder) Herstellungskosten als Wertobergrenze bezeichnet man als **Realisationsprinzip.** Gäbe es dieses Bewertungsprinzip nicht, dann könnten – wie im Fall (d) – im Jahr 01 schon Gewinne ausgewiesen werden, die erst im Jahr 02 eintreten.

Aufgabe 32 Herstellungskosten und Realisationsprinzip

Welche der folgenden Aussagen sind in Anbetracht des Beispielfalls aus Aufgabe 31 richtig:

(1) Je höher die Halbfabrikate im Jahr 01 bewertet werden, desto höher ist das Gesamtergebnis (für die Jahre 01 und 02).

(2) Je niedriger die Halbfabrikate im Jahr 01 bewertet werden, desto höher ist das Ergebnis für das Jahr 02.

(3) Das Gesamtergebnis (für die Jahre 01 und 02) ist unabhängig von der Bewertung der Halbfabrikate.

(4) Das Realisationsprinzip ist nicht verletzt, wenn im Jahr 01 der Wertansatz für Halbfabrikate den gesamten Aufwand für die Jahre 01 und 02 nicht übersteigt.

(5) Die als Wertobergrenze geltenden Herstellungskosten können niemals größer sein als der durch die Herstellung der Halbfabrikate verursachte Aufwand.

(6) Unter Beachtung des Realisationsprinzips kann im Jahr 01 kein Gewinn ausgewiesen werden.

(7) Unter Beachtung des Realisationsprinzips kann im Jahr 02 kein Verlust ausgewiesen werden.

(8) Unter Beachtung des Realisationsprinzips kann im Jahr 02 ein Verlust dann nicht ausgewiesen werden, wenn der Verkaufserlös die in der Bilanz für das Jahr 01 ausgewiesenen Herstellungskosten übersteigt.

(9) Unter Beachtung des Realisationsprinzips kann im Jahr 02 ein Verlust dann nicht ausgewiesen werden, wenn der Verkaufserlös die in der Bilanz für das Jahr 01 ausgewiesenen Herstellungskosten zuzüglich der im Jahr 02 noch anfallenden Aufwendungen übersteigt.

Lösungshinweis: Orientieren Sie sich bei der Beurteilung der Aussagen an den Ausführungen der Aufgabe 31.

Richtig sind folgende Aussagen: (2), (3), (5), (6) und (9).

Aufgabe 33 Wertobergrenze der Herstellungskosten

Die KENTER & LECK GMBH möchte für das Jahr 01 einen möglichst geringen Verlust ausweisen. Zu diesem Zweck muss die Vermögensposition „Unfertige Erzeugnisse“ zum 31. 12. 01 möglichst hoch bewertet werden. Um aber zu einem möglichst hohen Wertansatz für den „Fliegenden Holländer“ zu gelangen, muss man bei der Ermittlung der Herstellungskosten sämtliche Aktivierungswahlrechte ausnutzen.

Welches ist nach den geltenden Vorschriften des Handelsrechts der höchstmögliche Bilanzansatz der Herstellungskosten zum 31. 12. 01 und welches Jahresergebnis für das Jahr 01 resultiert aus diesem Ansatz, wenn sich der Aufwand in Höhe von 3,5 Mio. EUR folgendermaßen aufteilen lässt:

Aufwand:		
1. Löhne und Gehälter		
a) Forschung, Entwicklung, Konstruktion	350.000	
b) Fertigung	900.000	
c) Verwaltung	80.000	
d) Vertrieb	40.000	1.370.000
2. Roh- und Hilfsstoffe (Stahlblech, Nieten, Schweißmaterial, Holz, Plastik, Farbe usw.)		400.000
3. Fertigteile (Motoren, Generatoren, Pumpen, Navigations- und Funkgeräte)		150.000
4. Energie		
a) Forschung, Entwicklung, Konstruktion	5.000	
b) Fertigung	20.000	
c) Verwaltung	4.000	
d) Vertrieb	1.000	30.000
5. Abschreibung (Gebäude und Geräte)		
a) Forschung, Entwicklung, Konstruktion	38.000	
b) Fertigung (Werkhalle, Schiffsbauhalle, Krananlagen, Hellinganlage, Kaianlage, Werkzeugmaschinen)	1.500.000	
c) Verwaltung	8.000	
d) Vertrieb	4.000	1.550.000
	Aufwand	3.500.000

Es sind alle Aufwendungen mit Ausnahme der Vertriebskosten (Sach- und Personalaufwendungen für die Vertriebsabteilung) aktivierungsfähig.

Es folgt für die Herstellungskosten:

	Aufwand Jahr 01 insgesamt		3.500.000
–	Vertriebskosten		
	1. d) Löhne	40.000	
	4. d) Energie	1.000	
	5. d) Abschreibung	4.000	– 45.000
		Bilanzansatz	**3.455.000**

Bei einem Bilanzansatz von 3.455.000 EUR beziffert sich der **Verlustausweis** für das Jahr 01 auf 45.000 EUR.

Aufgabe 34 Wertuntergrenze der Herstellungskosten

Im Gegensatz zu Aufgabe 33 möchte die KENTER & LECK GMBH den Jahresverlust für das Jahr 01 möglichst hoch ausweisen.

Teilaufgabe a)

Wie ist bei dieser bilanzpolitischen Zielsetzung im Hinblick auf die Aktivierungswahlrechte zu entscheiden?

Soll der Periodenverlust (-gewinn) möglichst hoch (niedrig) ausgewiesen werden, dann wird man auf alle Aktivierungswahlrechte verzichten. In diesem Fall finden alle Kosten (Aufwendungen), die **Gemeinkosten** sind, keinen Eingang in die Herstellungskosten.

Teilaufgabe b)

> Mit welchem Wertansatz sind die „Unfertigen Erzeugnisse" zum 31. 12. 01 zu bewerten, wenn bezüglich der Einteilung Einzelkosten – Gemeinkosten für die einzelnen Kostenarten folgendes gilt:
>
> (1) Löhne und Gehälter: Fertigungsgemeinkosten 635.000 EUR; Rest Gemeinkosten
> (2) Roh- und Hilfsstoffe: Einzelkosten
> (3) Fertigteile: Einzelkosten
> (4) Energie: Gemeinkosten bis auf 15.000 EUR in der Fertigung
> (5) Abschreibung: Gemeinkosten
>
> Wie hoch ist der Verlustausweis für das Jahr 01?

Es müssen mindestens alle **Einzelkosten** aktiviert werden, so dass sich folgende Herstellungskosten ergeben:

(1) Löhne und Gehälter	635.000
(2) Roh- und Hilfsstoffe	400.000
(3) Fertigteile	150.000
(4) Energie	15.000
(5) Abschreibung	–
Bilanzansatz	**1.200.000**

Es ergibt sich somit für das Jahr 01 folgender Verlust:

Aufwendungen	3.500.000
Erträge: Herstellungskosten	1.200.000
Verlust im Jahr 01	**2.300.000**

Teilaufgabe c)

> Wie groß ist im vorliegenden Fall der **bilanzpolitische Spielraum** der KENTER & LECK GMBH beim Ansatz der Herstellungskosten?

Die Größe des bilanzpolitischen Spielraums ergibt sich aus der Differenz zwischen dem höchstmöglichen und dem geringstmöglichen Bilanzansatz:

	Maximaler Bilanzansatz	3.455.000 EUR
–	Minimaler Bilanzansatz	1.200.000 EUR
	bilanzpolitischer Spielraum	**2.255.000 EUR**

Der Betrag von 2.255.000 EUR entspricht gerade der Höhe der im Jahr 01 angefallenen Gemeinkosten.

Aufgabe 35 Grundsatz der Einzelbewertung und Niederstwertprinzip

Vermögensgegenstände des Anlage- und Umlaufvermögens sind mit ihren Anschaffungs- (oder Herstellungs-)kosten zu bewerten, es sei denn, ihr Wert ist bis zum Bilanzstichtag gesunken. Neben diesem Realisationsprinzip gilt in Handels- und Steuerbilanz das Prinzip der Einzelbewertung. In § 252 Abs. 1 Nr. 3 HGB heißt es: „Die Vermögensgegenstände und Schulden sind zum Abschlussstichtag einzeln zu bewerten."

Die WOHNUNGSBAU AG ließ im Jahr 01 in drei Bauabschnitten jeweils 10 Eigenheime von den Baufirmen A, B und C als sogenannte Vorratshäuser erstellen. Baufirma A berechnete für jedes Haus 140.000 EUR, Baufirma B 160.000 EUR und Baufirma C 180.000 EUR. Alle auf Vorrat gebauten Häuser sind identisch. Am Ende des Jahres 01 kann die WOHNUNGSBAU AG 10 dieser Häuser verkaufen. Bei einem Preis von 172.000 EUR pro Haus ist es den Interessenten gleichgültig, ob sie ein Haus aus Bauabschnitt A, B oder C übernehmen.

Hat die WOHNUNGSBAU AG durch die Auswahl der anzubietenden Häuser Möglichkeiten zur Erfolgsgestaltung? Aus welchem Bauabschnitt müssen die Häuser angeboten werden, wenn der Periodenerfolg für das Jahr 01

(a) möglichst hoch
(b) möglichst niedrig

ausgewiesen werden soll?

Wöhe S. 735 f.

Die Vorratshäuser gehören zum Umlaufvermögen der WOHNUNGSBAU AG. Es gilt das **strenge Niederstwertprinzip,** wonach die 10 Häuser des Bauabschnitts C, sollten sie bis zum 31. 12. 01 noch nicht verkauft sein, nicht mit ihren Anschaffungskosten in Höhe von 180.000 EUR pro Haus, sondern mit ihrem niedrigeren Wert am Bilanzstichtag in Höhe von 172.000 EUR pro Haus zu bewerten sind. Sollten also die Häuser des Bauabschnitts C am 31. 12. 01 noch nicht verkauft sein, ist eine außerplanmäßige Abschreibung in Höhe von 8.000 EUR pro Haus erforderlich.

Durch den Verkauf von 10 Häusern beläuft sich der Ertrag der WOHNUNGSBAU AG in jedem Fall auf 1.720.000 EUR. Der Aufwand lässt sich jedoch durch die Auswahl der Häuser „gestalten". Bezeichnet man die Anschaffungskosten der verkauften Häuser als Wareneinsatz, dann zeigen die drei Auswahlmöglichkeiten folgendes Ergebnis:

	Verkauf aus Bauabschnitt A	Verkauf aus Bauabschnitt B	Verkauf aus Bauabschnitt C
Umsatzerlöse	1.720.000	1.720.000	1.720.000
– Wareneinsatz	1.400.000	1.600.000	1.800.000
– Abschreibung auf C	80.000	80.000	–
Gewinn/Verlust	+ 240.000	+ 40.000	– 80.000

Will die WOHNUNGSBAU AG ein möglichst günstiges Jahresergebnis für das Jahr 01 ausweisen, muss sie zuerst die Häuser des Bauabschnitts A verkaufen. Soll dagegen das Jahresergebnis möglichst ungünstig aussehen, wird man zuerst die Häuser des Bauabschnitts C verkaufen. Aus diesem Beispiel lässt sich folgern: wurden gleichartige Gegenstände zu unterschiedlichen Preisen angeschafft, dann muss man zum Zwecke eines hohen Gewinnausweises die Waren mit den niedrigsten, zum Zwecke eines niedrigen Gewinnausweises die Waren mit den höchsten Einstandspreisen zuerst verkaufen.

Aufgabe 36 Sammelbewertung

Die SCHLAU-MEIER GMBH betreibt eine Kohlenhandlung. Als geschäftsführender Gesellschafter ist Herr Schlau mit 60 % an der Gesellschaft beteiligt. Herr Meier hält die restlichen 40% der Gesellschaftsanteile. Das Eigenkapital belief sich am 1. 1. 01 auf 50.000 EUR.

Als Oberbuchhalter der SCHLAU-MEIER GMBH haben Sie die Aufgabe, die Bilanz für das Jahr 01 zu erstellen. Bei der Bilanzierung des Vorratsvermögens liegen Ihnen für die Position „Koks" folgende Daten vor.

Anfangsbestand am 1. 1. 01 2.000 dz à 24 EUR	48.000 EUR	1. Abgang 1. 2. 01 1.500 dz à 44 EUR	66.000 EUR
1. Zugang 1. 4. 01 3.000 dz à 34 EUR	102.000 EUR	2. Abgang 1. 7. 01 5.000 dz à 44 EUR	220.000 EUR
2. Zugang 1. 6. 01 2.000 dz à 26 EUR	52.000 EUR	3. Abgang 1. 11. 01 1.500 dz à 44 EUR	66.000 EUR
3. Zugang 1. 10. 01 4.000 dz à 43 EUR	172.000 EUR	**Endbestand** 31. 12. 01 3.000 dz	? EUR

Teilaufgabe a)

Die zu unterschiedlichen Anschaffungskosten (EUR/dz) zugegangenen Kokslieferungen wurden nicht getrennt, sondern auf einer einzigen Halde gelagert. Welches Bilanzierungsproblem ergibt sich aus dieser Tatsache? Auf welche Weise wird dieses Problem in der Praxis gelöst?

Wöhe S. 766–768

In Handels- und Steuerbilanz gilt der Grundsatz der Einzelbewertung, d.h. jeder zu bilanzierende Vermögensgegenstand ist für sich allein (höchstens) mit seinen individuellen Anschaffungskosten zu bewerten. Dieses Prinzip lässt sich einhalten bei

(a) verschiedenartigen Sachen (Grundstücke, Gebäude, Maschinen),

(b) gleichartigen Sachen, sofern sie getrennt nach Lieferungen gelagert werden, so dass sich die verschiedenen Anschaffungskosten feststellen lassen.

Werden jedoch gleichartige Sachen gemeinsam gelagert, dann lassen sich bei unterschiedlichen Anschaffungskosten dem Endbestand keine exakten Anschaffungskosten mehr zuordnen, da sich nicht mehr feststellen lässt, aus welchen Lieferungen sich der Endbestand zusammensetzt.

Alle Versuche, dem Endbestand Anschaffungskosten beizumessen, bauen auf einer **Fiktion** der Zusammensetzung des Endbestandes und damit auch auf einer Fiktion der Zusammensetzung des Verbrauchs (Wareneinsatzes) auf.

Bewertungs-verfahren	Fiktion der Zusammen-setzung des Endbestandes	Fiktion der Zusammen-setzung des Verbrauches
gewogener Durchschnitt	Im Endbestand steckt die gleiche Mengenrelation aus Anfangsbestand und Einzellieferungen (2 : 3 : 2 : 4)	Im Verbrauch steckt die gleiche Mengenrelation aus Anfangsbestand und Einzellieferungen (2 : 3 : 2 : 4)
Fifo	Im Endbestand sind die letzten Lieferungen enthalten	Der Verbrauch setzt sich aus dem Anfangsbestand und den ersten Lieferungen zusammen
Lifo	Im Endbestand sind der Anfangsbestand und ggf. die ersten Lieferungen enthalten	Der Verbrauch setzt sich aus den letzten Lieferungen zusammen
Hifo	Im Endbestand sind die billigsten Lieferungen und ggf. der Anfangsbestand enthalten	Der Verbrauch setzt sich aus den teuersten Lieferungen und ggf. dem Anfangsbestand zusammen
Lofo	Im Endbestand sind die teuersten Lieferungen und ggf. der Anfangsbestand enthalten	Der Verbrauch setzt sich aus den billigsten Lieferungen und ggf. dem Anfangsbestand zusammen

Teilaufgabe b)

Wie hoch sind die Anschaffungskosten (einschließlich des Anfangsbestands) sowie der Umsatz der SCHLAU-MEIER GMBH für das Jahr 01?

Anschaffungskosten und Umsatz lassen sich folgendermaßen ermitteln:

ANSCHAFFUNGSKOSTEN	
Anfangsbestand	48.000 EUR
1. Zugang	102.000 EUR
2. Zugang	52.000 EUR
3. Zugang	172.000 EUR
SUMME	374.000 EUR

UMSATZ	
1. Abgang	66.000 EUR
2. Abgang	220.000 EUR
3. Abgang	66.000 EUR
SUMME	352.000 EUR

Aufgabe 37 Durchschnittsmethode

Bei der SCHLAU-MEIER GMBH (Aufgabe 36) wurde der Endbestand bisher immer auf der Basis des gewogenen Durchschnitts ermittelt. Welches Ergebnis und welcher Endbestand ergeben sich bei Anwendung dieser Methode?

$$\text{Gewogener Durchschnittspreis} = \frac{\text{Anschaffungskosten}}{\text{Anschaffungsmenge}}$$

$$\text{Gewogener Durchschnittspreis} = \frac{374.000 \text{ EUR}}{11.000 \text{ dz}} = 34 \text{ EUR/dz}$$

Bewertet man den Endbestand von 3.000 dz mit diesem gewogenen Durchschnittspreis, der die fiktiven Anschaffungskosten darstellt, dann gelangt man für den Endbestand zu einem Bilanzansatz in Höhe von 102.000 EUR (3.000 dz · 34 EUR/dz = 102.000 EUR). Die Bewertung des Wareneinsatzes ergibt sich als zwangsläufige Folge der Bewertung des **Endbestands:**

Anschaffungskosten 374.000 EUR	Wareneinsatz 272.000 EUR
	Endbestand 102.000 EUR

Bei Anwendung der Durchschnittsmethode gelangt die SCHLAU-MEIER GMBH zu folgendem **Gewinnausweis:**

	Umsatz	352.000 EUR
–	Wareneinsatz (8.000 dz · 34 EUR/dz)	272.000 EUR
	Gewinn	**80.000 EUR**

Aufgabe 38 Lifo-Methode

Es gelten die Ausgangsdaten der Aufgabe 36. Herr Meier möchte seinen 40 %igen Gesellschaftsanteil verkaufen. Da der Geschäftsführer Schlau an einer Übernahme dieser Anteile interessiert ist, weist er Sie als Buchhalter an, die Vermögenslage der Gesellschaft recht **ungünstig** darzustellen. Um welchen Betrag verringert sich der Ausweis des Vorratsvermögens und somit auch der Ausweis des Eigenkapitals, wenn Sie statt der Durchschnittsmethode das Lifo-Verfahren anwenden? Wieviel kann Schlau an diesem Bewertungstrick verdienen, wenn sich der Übernahmepreis für Meiers Anteile am Buchwert des Eigenkapitals orientiert?

Wöhe S. 766–768

Das Lifo-Verfahren führt zu folgendem Buchwert des Endbestandes:

Anfangsbestand	2.000 dz à 24 EUR	48.000 EUR
1. Zugang	1.000 dz à 34 EUR	34.000 EUR
Endbestand	3.000 dz	82.000 EUR

Die Lifo-Methode führt gegenüber der Durchschnittsmethode zu einer Verringerung des ausgewiesenen Endbestandes des Vorratsvermögens um 20.000 EUR und damit (vgl. Aufgabe 37) zu einer entsprechenden Verringerung des ausgewiesenen Gewinns.

Durch die Anwendung der Lifo-Methode lässt sich der Eigenkapitalausweis der SCHLAU-MEIER GMBH um 20.000 EUR reduzieren. Mit Hilfe dieses Bewertungstricks kann Schlau u. U. 8.000 EUR (40 % von 20.000 EUR) verdienen.

Aufgabe 39 Maximaler Wertansatz des Endbestandes

Es gelten die Ausgangsdaten der Aufgabe 36. Zur Finanzierung einer Erweiterungsinvestition bemüht sich die SCHLAU-MEIER GMBH um einen Kredit der Bank X. Schlau beauftragt Sie deshalb, bei der Erstellung des Jahresabschlusses für das Jahr 01 die Vermögens- und Ertragslage möglichst **günstig** darzustellen. Welches der in Aufgabe 36 genannten Bewertungsverfahren werden Sie anwenden?

Wöhe S. 766–768

Um die Vermögens- und Ertragslage möglichst positiv darzustellen, muss der Endbestand möglichst hoch bewertet werden. Die absolut höchste Bewertung des Endbestandes ist immer durch die **Lofo-Methode** zu erreichen, da bei dieser Methode die höchsten Anschaffungswerte in den Endbestand eingehen. In unserem Falle führt jedoch die Fifo-Methode zufällig zum gleichen Ergebnis, da der höchste Anschaffungspreis mit dem letzten Zugang zusammentrifft.

Das **Fifo-Verfahren** führt zu folgender Bewertung des Endbestandes:

3. Zugang 3.000 dz à 43 EUR = 129.000 EUR

Im Rahmen des Fifo-Verfahrens wird also der Endbestand mit 129.000 EUR bewertet. Dieser Vermögensausweis und somit auch der Gewinnausweis ist um 27.000 EUR höher als bei Anwendung der Durchschnittsmethode.

Aufgabe 40 Minimaler Wertansatz des Endbestandes

Es gelten die Ausgangsdaten der Aufgabe 36. Als Oberbuchhalter sind Sie auch für die Anfertigung der Steuererklärung verantwortlich. Schlau weist Sie deshalb an, den Endbestand des Kokses so zu bewerten, dass die Ertragsteuerbelastung der SCHLAU-MEIER GMBH minimiert wird. Welches Bewertungsverfahren führt zum niedrigsten Gewinnausweis? Ist dieses Verfahren steuerlich zulässig?

Wöhe S. 766–768

Um Gewinn und Vermögen möglichst niedrig auszuweisen, muss man den Koksvorrat am Jahresende möglichst niedrig bewerten. Hierzu eignet sich am besten die **Hifo-Methode.** Da die Zugänge mit den höchsten Anschaffungskosten als zuerst verbraucht gelten, wird der Endbestand mit den Anschaffungskosten der billigsten Lieferung (einschließlich Anfangsbestand) bewertet.

Das Hifo-Verfahren führt zu folgendem Buchwert des Endbestandes:

Anfangsbestand	2.000 dz à 24 EUR	48.000 EUR
2. Zugang	1.000 dz à 26 EUR	26.000 EUR
Endbestand	3.000 dz	74.000 EUR

Die Anwendung der Hifo-Methode führt zu einem wertmäßigen Endbestand von 74.000 EUR. Gegenüber der Durchschnittsmethode ergibt sich damit ein um 28.000 EUR geringerer Gewinnausweis. Nach deutschem Steuerrecht darf aber die Hifo-Methode nicht angewendet werden.

Aufgabe 41 Währungsforderungen und Realisationsprinzip

Die EXPORT AG liefert im Oktober des Jahres 01 Waren in die USA; die Abrechnung erfolgt in US-Dollar. Die EXPORT AG stellt ihrem Kunden 100.000 US-Dollar – zahlbar zum 15. 1. 02 – in Rechnung. Am Tag der Rechnungserstellung bezifferte sich der Dollarkurs auf 1,05 EUR pro Dollar. Wie hoch sind die Anschaffungskosten der Forderung? Mit welchem Betrag muss die EXPORT AG ihre Forderungen zum 31. 12. 01 bilanzieren, wenn sich der Kurs des US-Dollars an diesem Tag auf 1,15 EUR beläuft?

Wöhe S. 735 f. und 769

Forderungen sind Bestandteil des Umlaufvermögens. Alle bewertbaren Vermögenspositionen des Umlaufvermögens sind gemäß § 253 Abs. 1 HGB grundsätzlich zu Anschaffungs- (oder Herstellungs-)kosten zu bewerten. Die Anschaffungskosten der Forderung belaufen sich im vorliegenden Fall auf 105.000 EUR. Mit diesem Betrag muss die EXPORT AG ihre Forderungen zum 31. 12. 01 bilanzieren. Der Wert dieser Vermögensposition beläuft sich am Bilanzstichtag aber auf 115.000 EUR. Aktivierte man diesen Betrag, gelangte man auf dem Wege über die dazu notwendige Wertzuschreibung von 10.000 EUR (a.o. Ertrag) zum Ausweis eines noch nicht durch Umsatz realisierten Gewinns. Eine derartige Berücksichtigung **unrealisierter Wertsteigerungen** ist durch das Realisationsprinzip aber grundsätzlich verboten.

Aufgabe 42 Währungsforderungen und Imparitätsprinzip

Es gelten alle Angaben der Aufgabe 41. Der Wert des US-Dollars am Bilanzstichtag beziffert sich jedoch auf 0,92 EUR. Mit welchem Wertansatz muss die EXPORT AG ihre Währungsforderungen am 31. 12. 01 bilanzieren? Welche Beziehungen sehen Sie zum Realisationsprinzip?

Wöhe S. 735 f. und 769

Zur Bewertung der Forderung liegen jetzt zwei Werte vor: erstens die **Anschaffungskosten** in Höhe von 105.000 EUR und zweitens der Wert am Bilanzstichtag **(Tageswert)** in Höhe von 92.000 EUR. Liegen die Anschaffungskosten über dem Tageswert, so schreibt § 253 Abs. 3 Satz 2 HGB den Ansatz des niedrigeren Tageswertes zwingend vor. Man bezeichnet diese Bewertungsregel als **strenges Niederstwertprinzip.** Dieses Prinzip ist der oberste Bewertungsgrundsatz für die Gegenstände des Umlaufvermögens.

Zwischen den Verhältnissen in Aufgabe 41 und den jetzigen Wertverhältnissen besteht folgender Zusammenhang:

	Tageswert	–	Anschaffungskosten	=	Wertänderung
Aufgabe 41	115.000	–	105.000	=	+ 10.000 EUR
Aufgabe 42	92.000	–	105.000	=	– 17.000 EUR

Während die Berücksichtigung der unrealistischen Wertsteigerung in Aufgabe 41 durch das Realisationsprinzip verboten wurde, wird in Aufgabe 42 eine Berücksichtigung von unrealisierten Wertminderungen durch das strenge Niederstwertprinzip erzwungen. Diese **ungleiche** Behandlung unrealisierter Gewinne und Verluste bezeichnet man als Imparitätsprinzip.

	Wertsteigerung	**Wertminderung**
Definition	unrealisierter Gewinn = Tageswert > Anschaffungskosten	unrealisierter Verlust = Tageswert < Anschaffungskosten
vorgeschriebener Wertansatz	Anschaffungskosten	Tageswert
Erfolgsausweis	Wertsteigerungen dürfen nicht ausgewiesen werden	Wertminderungen müssen ausgewiesen werden
	IMPARITÄTSPRINZIP	

Aufgabe 43 Bewertungswahlrecht aus § 253 Abs. 3 Satz 3 HGB

Es gelten zunächst die Angaben der Aufgabe 42. Die Anschaffungskosten der Forderung belaufen sich also auf 105.000 EUR, der Tageswert am 31. 12. 01 beziffert sich auf 92.000 EUR. Die Bilanz zum 31. 12. 01 wird im März des Jahres 02 erstellt. Schon vorher – am 15. 1. 02 – wurde die Forderung mit

(a) 112.000 EUR
(b) 100.000 EUR
(c) 88.000 EUR

eingelöst. Mit welchem Betrag muss die EXPORT AG ihre Forderung in jedem der drei Fälle am 31. 12. 01 aktivieren?

Wöhe S. 769

Gemäß § 253 Abs. 3 Satz 3 HGB dürfen Wertschwankungen, die nach dem Bilanzstichtag (31. 12. 01) erwartet werden, bei der Bewertung des Umlaufvermögens berücksichtigt werden, sofern sie zu Wertansätzen führen, welche sowohl die Anschaffungskosten als auch den Tageswert (31. 12. 01) unterschreiten. Einfacher formuliert: entwickeln sich die Wertverhältnisse nach dem Bilanzstichtag nach unten, so dürfen sie bei der Bewertung zum Bilanzstichtag berücksichtigt werden; entwickeln sie sich dagegen nach oben, so finden sie keinen Eingang in die Bewertung.

Für die EXPORT AG ergeben sich aus dieser Vorschrift folgende **zulässige** Wertansätze:

	(a)	(b)	(c)
Anschaffungskosten	verboten	verboten	verboten
Tageswert am 31. 12. 01	92.000 EUR	92.000 EUR	92.000 EUR
Wert am 15. 1. 02	verboten	verboten	88.000 EUR

Aufgabe 44 Wertaufholung im Umlaufvermögen

Das Handelsgesetzbuch räumt einem Unternehmen nach § 253 Abs. 5 die Möglichkeit ein, einen (durch außerplanmäßige Abschreibung erreichten) niedrigeren Wertansatz beizubehalten, „auch wenn die Gründe dafür nicht mehr bestehen". Für Kapitalgesellschaften wird dieses Beibehaltungswahlrecht nach § 280 Abs. 1 HGB beseitigt.
Für die Währungsforderung der HANDELS KG liegen folgende Verhältnisse vor:

Anschaffung Oktober 01 105.000 EUR	Tageswert am 31. 12. 01 84.000 EUR	Tageswert am 31. 12. 02 112.000 EUR	Einlösung am 1. 2. 03 116.000 EUR

Teilaufgabe a)

Hat die HANDELS KG für die Bilanz am 31. 12. 01 ein Bewertungswahlrecht?

Ein Bewertungswahlrecht gibt es nicht. Es gilt das strenge Niederstwertprinzip. Die Forderung ist zum niedrigeren Tageswert in Höhe von 84.000 EUR zu bilanzieren.

Teilaufgabe b)

Mit welchem Wert soll die HANDELS KG die Forderung am 31. 12. 02 bilanzieren, wenn sie

(1) den Gewinn des Jahres 02 möglichst hoch,
(2) den Gewinn des Jahres 03 möglichst hoch,
(3) den Gewinn des Jahres 02 möglichst niedrig,
(4) den Gewinn des Jahres 03 möglichst niedrig,
(5) den Gewinn des Jahres 02 und den des Jahres 03 gleich hoch

ausweisen will? Ohne Berücksichtigung der Forderung belaufe sich der vorläufige Gewinn (Vorgewinn) des Jahres 02 auf 150.000 EUR, der des Jahres 03 auf 130.000 EUR. Wie hoch ist der jeweilige Gewinnausweis?

Die Forderung der HANDELS KG steht am 31. 12. 01 mit 84.000 EUR zu Buche. Am 1. 2. 03 wird sie mit 116.000 EUR eingelöst. Es entsteht somit ein buchmäßiger Gewinn in Höhe von 116.000 EUR – 84.000 EUR = 32.000 EUR.

Die Höhe des Wertsansatzes zum 31. 12. 02 entscheidet darüber, wie dieser Gewinn auf die beiden Jahre 02 und 03 verteilt wird. Je höher (niedriger) der Wertansatz der Forderung zum 31. 12. 02, desto höher (niedriger) wird der Gewinnausweis für das Jahr 02 ausfallen. Derjenige Wertansatz (zum 31. 12. 02), der zum maximalen Gewinnausweis für das Jahr 02 führt, hat zwangsläufig den geringstmöglichen Gewinnausweis für das Jahr 03 zur Folge. Deshalb lässt sich schon im voraus sagen, dass der Wertansatz im Falle (1) und Falle (4) identisch sein wird. Ebenso wird sich der Wertansatz des Falles (2) mit dem des Falles (3) als deckungsgleich erweisen.

Zur Erreichung der fünf bilanzpolitischen Ziele ist zum 31. 12. 02 folgender Wertansatz (in TEUR) erforderlich:

	Ziel	(1)	(2)	(3)	(4)	(5)
	Buchwert am 31. 12. 01	84	84	84	84	84
+	Wertaufholung (sonstiger betrieblicher Ertrag) im Jahr 02	21	–	–	21	6
=	**Buchwert am 31. 12. 02**	105	84	84	105	90

Diese Buchwerte der Forderung zum 31. 12. 02 führen für die Jahre 02 und 03 zu folgendem Gewinnausweis:

	Ziel	(1)	(2)	(3)	(4)	(5)
	Erlös am 1. 2. 03	116	116	116	116	116
–	Buchwert am 31. 12. 02	105	84	84	105	90
=	**sonstiger betrieblicher Ertrag im Jahr 03**	11	32	32	11	26

Gewinnausweis im Jahr 02:

	Ziel	(1)	(2)	(3)	(4)	(5)
	Vorgewinn	150	150	150	150	150
+	Wertaufholung (sonstiger betrieblicher Ertrag) im Jahr 02	21	–	–	21	6
=	Gewinn im Jahr 02	171	150	150	171	156

Gewinnausweis Jahr 03:

	Ziel	(1)	(2)	(3)	(4)	(5)
	Vorgewinn Jahr 03	130	130	130	130	130
+	sonstiger betrieblicher Ertrag im Jahr 03	11	32	32	11	26
=	Gewinn im Jahr 03	141	162	162	141	156

Gewinn der Jahre 02 + 03	**312**	**312**	**312**	**312**	**312**

IV. Bilanzierung und Bewertung der Passiva

Wiederholungsfragen:

	Wöhe Seite
Wie erklären sich die handelsrechtlichen Sondervorschriften zum Eigenkapitalausweis bei Kapitalgesellschaften?	778 f.
In welche Klassen lässt sich das Eigenkapital einer Kapitalgesellschaft einteilen?	779
Wie lassen sich ausstehende Einlagen auf das Grundkapital bilanziell ausweisen?	780
Aus welchen Einzelposten setzen sich die Gewinnrücklagen zusammen?	781
Welche handelsrechtlichen Regelungen gelten für die Bildung bzw. Auflösung von gesetzlichen Rücklagen?	782
Welches Interesse haben die Gläubiger bzw. die Kleinaktionäre an der Bildung bzw. Auflösung anderer Gewinnrücklagen?	784
Wie kann ein Bilanzgewinn verwendet werden?	784
Wo liegen die Unterschiede eines Eigenkapitalausweises vor, nach teilweiser bzw. nach vollständiger Ergebnisverwendung?	786 f.
Was versteht man unter einem Sonderposten mit Rücklageanteil?	787 f.
Wie lassen sich Rückstellungen klassifizieren?	791
Wie lassen sich Rückstellungen gegenüber anderen Passivposten abgrenzen?	792
Für welche Rückstellungsarten gilt ein Passivierungsgebot, ein Passivierungswahlrecht bzw. ein Passivierungsverbot in Handels- bzw. Steuerbilanz?	793
Nach welchen Grundsätzen sind Verbindlichkeiten zu bewerten?	794 f.

Aufgabe 45 Ermittlung des Bilanzgewinns

Die PLASTIK AG legt folgende vorläufige Bilanz zum 31. 12. 01 vor:

Aktiva	vorläufige Bilanz zum 31. 12. 01			Passiva
Anlagevermögen	150.000	Gezeichnetes Kapital	100.000	
Umlaufvermögen	67.000	gesetzl. Rücklagen	7.000	
		andere Gewinnrücklagen	40.000	
		Verlustvortrag	– 23.000	
		Jahresüberschuss	43.000	
		Eigenkapital	167.000	167.000
		Verbindlichkeiten		50.000
	217.000			217.000

Welchen Betrag muss der Vorstand der Hauptversammlung zur Ausschüttung mindestens anbieten und welchen Betrag kann er der Hauptversammlung maximal zur Ausschüttung anbieten, wenn in beiden Fällen zunächst der Verlustvortrag abgedeckt werden soll? Zeigen Sie die jeweilige Entwicklung vom Jahresüberschuss zum Bilanzgewinn einer Teilgewinn- und Verlustrechnung nach § 275 Abs. 3 HGB und § 158 Abs. 1 AktG.

Wöhe S. 783–785

Aus dem Jahresüberschuss von 43.000 EUR ist zunächst der **Verlustvortrag** von 23.000 EUR zu decken. Es verbleiben somit 20.000 EUR. Von diesen 20.000 EUR müssen 5 % den **gesetzlichen Rücklagen** zugeführt werden, weil die gesetzlichen Rücklagen noch nicht 10 % des gezeichneten Kapitals erreicht haben. Da die gesetzlichen Rücklagen lediglich 7.000 EUR, also 7 % des gezeichneten Kapitals betragen, sind ihnen somit 1.000 EUR (5 % von 20.000 EUR) zuzuführen.

Für den Fall des geringstmöglichen Bilanzgewinnausweises stellt der Vorstand folgende Rechnung an: Der Jahresüberschuss von 43.000 EUR ist zunächst um den Verlustvortrag (23.000 EUR) und die Zuführung zur gesetzlichen Rücklage (1.000 EUR) zu kürzen. Der Restbetrag von 19.000 EUR wird zur Hälfte in die **anderen Gewinnrücklagen** eingestellt und zur anderen Hälfte als Bilanzgewinn ausgewiesen.

Will der Vorstand den höchstmöglichen Gewinn ausschütten, so wird er erstens auf die Zuführung zu den anderen Gewinnrücklagen verzichten und zweitens die gesamten anderen Gewinnrücklagen von 40.000 EUR auflösen, so dass insgesamt ein Bilanzgewinn von 59.000 EUR ausgewiesen wird.

Es ergibt sich somit folgende Teilgewinn- und Verlustrechnung für die beiden Fälle:

Verwendung des Jahresüberschusses einer AG	**Bilanzgewinn**	
	minimal	**maximal**
Jahresüberschuss	43.000	43.000
– Verlustvortrag aus dem Vorjahr	– 23.000	– 23.000
Bemessungsgrundlage I	20.000	20.000
– Einstellung in gesetzliche Rücklage (5 % von I)	– 1.000	– 1.000
Bemessungsgrundlage II	19.000	19.000
– Einstellung in andere Gewinnrücklagen	– 9.500	–
+ Auflösung anderer Gewinnrücklagen	–	+ 40.000
Bilanzgewinn	**9.500**	**59.000**

Aufgabe 46 Erstellung der Jahresbilanz

Welche endgültige Bilanz ergibt sich im Anschluss an Aufgabe 45 bei einem Bilanzgewinn von 9.500 EUR? Weisen Sie die Zuführungen zu den Rücklagen getrennt aus? Verwenden Sie das handelsrechtliche Gliederungsschema nach § 266 HGB!

Wöhe S. 786 f.

Die endgültige Bilanz zum 31. 12. 01 hat folgendes Aussehen:

Aktiva		Bilanz zum 31. 12. 01			Passiva
I. Anlagevermögen	150.000	I. Gezeichnetes Kapital			100.000
II. Umlaufvermögen	67.000	II. Gewinnrücklagen			
		1. gesetzliche Rücklage Stand 31. 12. 00	7.000		
		Zuführung in 01	1.000	8.000	
		2. andere Gewinnrücklagen Stand 31. 12. 00	40.000		
		Zuführung in 01	9.500	49.500	57.500
		III. Bilanzgewinn			9.500
		IV. Verbindlichkeiten gegenüber Kreditinstituten			50.000
	217.000				217.000

Aufgabe 47 Eigenkapitalausweis bei Kapitalgesellschaften

Welche der folgenden Behauptungen sind richtig?

(1) Kapitalgesellschaften müssen ihre stillen Rücklagen als gesonderte Eigenkapitalposition ausweisen.

(2) Zur Sicherung einer Mindesthaftungssubstanz für die Gläubiger müssen Aktiengesellschaften ein Grundkapital von mindestens 25.000 EUR ausweisen.

(3) Gesetzliche Rücklagen entstehen durch Zwangsthesaurierung von Gewinnen und dürfen nur in Gewinnjahren zur Ausschüttung herangezogen werden.

(4) Aktionäre können vom Vorstand verlangen, mindestens die Hälfte der „anderen Gewinnrücklagen" (= freie Rücklagen) zur Dividendenausschüttung freizugeben.

(5) Nach Abdeckung eines Verlustvortrags und Zuführung zur gesetzlichen Rücklage darf der Vorstand bis zu 5 % des verbleibenden Jahresüberschusses in die „anderen Gewinnrücklagen" einstellen.

(6) Je höher die Zuführung zu den „anderen Gewinnrücklagen", desto niedriger ist c. p. der auszuweisende Jahresüberschuss.

Alle sechs Behauptungen sind falsch.

Aufgabe 48 Offene und stille Rücklagen

Welche der folgenden Behauptungen sind richtig?

(1) Stille Rücklagen werden durch zu hohen Ansatz von Herstellungskosten gebildet.
(2) Stille Rücklagen entstehen durch zu hohe Abschreibungen.
(3) Stille Rücklagen entstehen durch Ausübung des Beibehaltungswahlrechts.
(4) Durch Bildung überhöhter Rückstellungen entstehen stille Rücklagen.
(5) Durch die Bildung stiller Rücklagen erhöht sich der Eigenkapitalausweis.
(6) Durch Bildung offener Rücklagen erhöht sich der Eigenkapitalausweis.
(7) Zwecks Dividendenausschüttung darf der Vorstand alle Gewinnrücklagen auflösen.
(8) Gewinnrücklagen entstehen durch Thesaurierung von Gewinnen.

Folgende Behauptungen sind richtig: (2), (3), (4) (6) und (8).

Aufgabe 49 Bilanzgewinn, Verlustvortrag, Gewinnvortrag

Der Vorstand der PUBLICO AG erstellt zum 31. 12. 01 folgende Bilanz:

Aktiva	Bilanz zum 31. 12. 01		Passiva
Anlagevermögen		Gezeichnetes Kapital	10.000
Immaterielle		Gewinnrücklagen	
Vermögensgegenstände	2.000	Gesetzliche Rücklagen	900
Sachanlagen	15.000	Andere Gewinnrücklagen	1.100
Finanzanlagen	3.000	Verlustvortrag	– 400
		Jahresüberschuss	2.400
Umlaufvermögen		Eigenkapital insgesamt	14.000
Vorräte	6.000		
Wertpapiere	3.000	Rückstellungen	1.000
Bank/Kasse	1.000	Verbindlichkeiten	15.000
	30.000		30.000

Der Vorstand verfolgt das Ziel, einen möglichst großen Teil des Jahresgewinns zu thesaurieren.

Teilaufgabe a)

Wie hoch ist der Bilanzgewinn, den der Vorstand der im April 02 stattfindenden Hauptversammlung mindestens zur Ausschüttung anbieten muss?

Wöhe S. 785–787

Der Bilanzgewinn für Periode 01 ist folgendermaßen zu ermitteln:

	Jahresüberschuss 01	+ 2.400
–	Verlustvortrag	– 400
	Bemessungsgrundlage I	+ 2.000
–	Einstellung in die gesetzliche Rücklage	– 100
	Bemessungsgrundlage II	+ 1.900
–	Einstellung in andere Gewinnrücklagen	– 950
	Bilanzgewinn 01	**950**

Teilaufgabe b)

In Periode 02 erwirtschaftet die PUBLICO AG erneut einen Jahresüberschuss in Höhe von 2.400. Der Vorstand strebt abermals nach größtmöglicher Gewinnthesaurierung. Bei der Ermittlung des Bilanzgewinns für Periode 02 hat er die Tatsache zu berücksichtigen, dass die Hauptversammlung im April 02 einen Beschluss zur Nichtausschüttung und „Wiedervorlage" des Bilanzgewinns 01 gefasst hatte. Wie hoch ist unter diesen Umständen der Bilanzgewinn für Periode 02?

Da die Hauptversammlung den Bilanzgewinn 01 in Höhe von 950 nicht zur Ausschüttung angenommen hat, ist er im Jahresabschluss 02 als **Gewinnvortrag** auszuweisen. Da die gesetzliche Rücklage mit der Dotierung in Periode 01 das gesetzlich vorgeschriebene Mindestmaß von 10 Prozent des Grundkapitals erreicht hat, erübrigt sich eine weitere Dotierung.

	Jahresüberschuss 02	+ 2.400
–	Einstellung in andere Gewinnrücklagen	– 1.200
		+ 1.200
+	Gewinnvortrag	+ 950
	Bilanzgewinn 02	**2.150**

Aufgabe 50 Ergebnisverwendung bei Aktiengesellschaften

Welche der folgenden Behauptungen sind richtig?

(1) Bei einem Eigenkapitalausweis vor Ergebnisverwendung wird in der Bilanz ein Jahresüberschuss oder Jahresfehlbetrag ausgewiesen.
(2) Eine Aktiengesellschaft ist in jedem Fall verpflichtet, eine gesetzliche Rücklage zu bilden.
(3) Gesetzliche Rücklagen dürfen zur Verlustabdeckung herangezogen werden.
(4) In Verlustjahren dürfen gesetzliche Rücklagen zur Umbuchung in andere Gewinnrücklagen herangezogen werden.
(5) Wird das Geschäftsjahr mit einem negativen Ergebnis abgeschlossen, darf kein Bilanzgewinn ausgewiesen werden.
(6) Andere Gewinnrücklagen unterliegen keinerlei Ausschüttungsbeschränkung.
(7) Ein zum 31.12. ausgewiesener Bilanzverlust erscheint in der Bilanz des Folgejahres als Verlustvortrag.
(8) Nur in Gewinnjahren dürfen andere Gewinnrücklagen in gesetzliche Rücklagen umgebucht werden.

Folgende Behauptungen sind richtig: (1), (3) und (7).

Aufgabe 51 Sonderposten mit Rücklageanteil

Die ANLAGEN-GMBH hat in t_0 eine maschinelle Anlage mit folgenden Ausgangsdaten erworben:

Anschaffungskosten t_0	**1.200**
Planmäßige Nutzungsdauer	**4 Jahre**
Abschreibung handelsrechtlich	**linear**

Im konkreten Fall erlaubt das Steuerrecht im Anschaffungsjahr eine steuerliche Sonderabschreibung von 50 Prozent. In diesem Fall ist der Restbuchwert vom zweiten Jahr an linear auf die Restnutzungsdauer zu verteilen!

Wöhe S. 787–790

Teilaufgabe a)

Wie hat die Anlagen-GMBH die Maschine in der Handelsbilanz auszuweisen, wenn sie von der Möglichkeit der Sonderabschreibung in der Steuerbilanz Gebrauch machen möchte?

Bei der steuerlichen Sonderabschreibung handelt es sich nicht um eine Muss-, sondern um eine Kannvorschrift. Da die Wertansätze in Handels- und Steuerbilanz in solchen Fällen übereinstimmen müssen, kann die (hohe) steuerliche Sonderabschreibung nur in Anspruch genommen werden, wenn sich zuvor die Handelsbilanz den niedrigen steuerlichen Restbuchwert zu eigen gemacht hat (§ 254 HGB). Statt einer direkten Abschreibung nach § 254 HGB kann eine Kapitalgesellschaft auf der

- Aktivseite der Bilanz den Restbuchwert bei handelsrechtlicher Normalabschreibung
- Passivseite der Bilanz die steuerliche Mehrabschreibung

in den Sonderposten mit Rücklageanteil einstellen.

Teilaufgabe b)

Wie hoch ist die steuerliche Mehrabschreibung bzw. die steuerliche Minderabschreibung in den Perioden 01 bis 04?

Periode	Handelsrechtliche Normalabschreibung	Steuerliche Abschreibung	**Steuerl. Mehrabschr. (+) Steuerl. Minderabschr. (–)**
01	300	600	**+ 300**
02	300	200	**– 100**
03	300	200	**– 100**
04	300	200	**– 100**

Teilaufgabe c)

Die Eröffnungsbilanz der ANLAGEN-GMBH hat in t_0 folgendes Aussehen:

Aktiva	**Bilanz t_0**		**Passiva**
Maschine	1.200	Eigenkapital	1.200

Welches Aussehen hat die Bilanz in t_1, wenn

(1) die steuerliche Abschreibung direkt erfolgt

(2) ein Sonderposten mit Rücklageanteil gebildet wird?

(1) Direkte Abschreibung				**(2) Sonderposten mit Rücklageanteil**			
Aktiva	**Bilanz t_1**		**Passiva**	**Aktiva**	**Bilanz t_1**		**Passiva**
Maschine	600	Eigenkapital	600	Maschine	900	Eigenkapital	600
						Sonderposten mit Rücklageanteil	300

Im Fall (2) wird die steuerliche Mehrabschreibung in Höhe von 300 in den Sonderposten mit Rücklageanteil eingestellt. Die Buchungssätze in t_1 lauten:

Abschreibungsaufwand	**an**	Maschine	300
Sonstiger betrieblicher Aufwand	**an**	Sonderposten Rücklageanteil	300

Teilaufgabe d)

Welches Aussehen hat die Bilanz in t_2, wenn ein Sonderposten mit Rücklageanteil gebildet wurde?

Die Bilanz der ANLAGEN-GMBH hat in t_2 folgendes Aussehen:

Aktiva	Bilanz t_2		Passiva
Maschine	600	Eigenkapital	400
		Sonderposten mit Rücklageanteil	200

Die Buchungssätze in t_2 lauten:

Abschreibungsaufwand	**an**	Maschine	300
Sonderposten Rücklageanteil	**an**	sonstiger betrieblicher Ertrag	100

In Höhe der steuerlichen Minderabschreibung (100) wird der Sonderposten mit Rücklageanteil ertragswirksam aufgelöst.

Aufgabe 52 Rückstellungsbildung – Pflicht, Wahlrecht, Verbot

Der Buchhalter Luca P. schlägt dem Vorstand der VARIO AG vor, wegen folgender Sachverhalte in der Bilanz zum 31. 12. 01 eine Rückstellung zu bilden:

(1) Dem Pförtner wurde anlässlich seines 64. Geburtstages eine Betriebsrente im Gegenwert von 90.000 EUR zugesagt.

(2) Nach dem Abschluss einer steuerlichen Außenprüfung im November 01 rechnet man für Februar 02 mit einer Gewerbesteuerrückerstattung von 8.000 EUR.

(3) Am 28. 12. 01 fiel im Verwaltungsgebäude die Heizung aus. Der Heizungsinstallateur hat die Reparatur (Kostenvoranschlag 4.000 EUR) für die erste Januarwoche fest eingeplant.

(4) Das fortgeschrittene Alter des Maschinenparks lässt für Periode 02 einen Anstieg der Reparaturkosten um 200.000 EUR erwarten.

(5) Der TÜV teilte im Januar 01 mit, dass nach einer neuen Brandschutzverordnung die Sprinkleranlage künftig im Dreijahresturnus (erstmals im Januar 04) einer Hauptuntersuchung (Kosten 120.000 EUR) unterzogen werden muss.

(6) Für das kommende Jahr ist wegen erwarteter Energiepreissteigerungen mit einem um 70.000 EUR verringerten Gewinnausweis zu rechnen.

(7) An der Lagerhalle sollen im Sommer nächsten Jahres die schadhaften Fenster erneuert werden. Der Kostenvoranschlag liegt bei 60.000 EUR.

(8) Ein in Periode 01 abgeschlossener Festpreisauftrag soll in Periode 02 zur Auslieferung kommen. Die benötigten Rohstoffe sind bereits geordert. Wegen gestiegener Rohstoffkosten wird mit einem Verlust in Höhe von 20.000 EUR gerechnet.

Teilaufgabe a)

Für welchen der genannten Sachverhalte gilt ein

(a) Passivierungszwang
(b) Passivierungswahlrecht
(c) Passivierungsverbot?

Wöhe S. 790–794

Es besteht ein

(1) Passivierungszwang in den Fällen (1), (3) und (8)
(2) Passivierungswahlrecht in den Fällen (5) und (7)
(3) Passivierungsverbot in den Fällen (2), (4) und (6).

Teilaufgabe b)

Das vorläufige Jahresergebnis 01 (vor Bildung von Rückstellungen) beträgt + 400.000 EUR.

Wie hoch ist das Jahresergebnis nach Rückstellungsbildung, wenn der Vorstand einen

(a) maximalen Jahresgewinn
(b) minimalen Jahresgewinn

ausweisen möchte? Steuern sind nicht zu berücksichtigen.

	Maximaler Gewinnausweis	EUR
	Vorläufiger Gewinn (vor Steuern)	400.000
–	Aufwand für Rückstellungsbildung (Pflicht) in den Fällen (1), (3) und (8)	– 114.000
	Ergebnis vor Steuern 01	**+ 286.000**

	Minimaler Gewinnausweis	EUR
	Vorläufiger Gewinn (vor Steuern)	400.000
–	Aufwand für Rückstellungsbildung (Pflicht) in den Fällen (1), (3) und (8)	– 114.000
–	Aufwand für Rückstellungsbildung (Wahlrecht)	
	Fall (5)	– 40.000
	Fall (7)	– 60.000
	Ergebnis vor Steuern 01	**+ 186.000**

Aufgabe 53 Pensionsrückstellungen

Die VORSORGE GMBH schließt am 2. 1. 01 mit ihrem Prokuristen Treu einen Pensionsvertrag folgenden Inhalts:

- **Pensionszahlung von 30.000 EUR pro Jahr zahlbar zum Jahresende**
- **Erstmalige Zahlung am 31. 12. 04**
- **Letztmalige Zahlung am 31. 12. 08**

Die VORSORGE GMBH beginnt in der Periode der Vertragszusage (01) mit der Bildung einer Pensionsrückstellung. Die künftigen Zahlungsverpflichtungen an Treu sind zum Barwert als Pensionsrückstellung zu passivieren. Die VORSORGE GMBH entscheidet sich für einen Diskontierungszinsfuß von 6 Prozent.

Ermitteln Sie für den Zeitraum von der Pensionszusage (2. 1. 01) bis zum Tag der letzten Pensionszahlung (31. 12. 08) die in der

(1) Bilanz auszuweisende Pensionsrückstellung
(2) GuV-Rechnung auszuweisenden Aufwendungen für die Altersversorgung

der VORSORGE GMBH.

Lösungshinweis: Beachten Sie die Barwertermittlung zu diesem Beispielfall in Aufgabe 74 im Fünften Abschnitt.

Wöhe S. 790–794

In Aufgabe 74 des Fünften Abschnitts wurde festgestellt, dass in der Anwartschaftsphase, d.h. bis zum 31. 12. 03 jährlich (Annuität) 39.690 EUR in die Pensionsrückstellung einzustellen sind, damit aus diesem Fonds die fünf Pensionszahlungen von jeweils 30.000 EUR geleistet werden können.

Datum	**Geschäftsvorfall**		**Bestand der Rückstellung**	**Aufwand GuV**	**Periode**
31. 12. 01	Zuführung der Annuität	39.690	**39.690**	39.690	**1**
31. 12. 02	+ Zinsen (6 %)	2.381			**2**
31. 12. 02	+ Zuführung der Annuität	39.690	**81.761**	42.071	
31. 12. 03	+ Zinsen (6 %)	4.906			**3**
31. 12. 03	+ Zuführung der Annuität	39.690	**126.357**	44.596	
31. 12. 04	+ Zinsen (6 %)	+ 7.582			**4**
31. 12. 04	– 1. Pensionszahlung	– 30.000	**103.939**	7.582	
31. 12. 05	+ Zinsen (6 %)	+ 6.236			**5**
31. 12. 05	– 2. Pensionszahlung	– 30.000	**80.175**	6.236	
31. 12. 06	+ Zinsen (6 %)	+ 4.810			**6**
31. 12. 06	– 3. Pensionszahlung	– 30.000	**54.985**	4.810	
31. 12. 07	+ Zinsen (6 %)	+ 3.299			**7**
31. 12. 07	– 4. Pensionszahlung	– 30.000	**28.284**	3.299	
31. 12. 08	+ Zinsen (6 %)	+ 1.697			**8**
31. 12. 08	– 5. Pensionszahlung	– 30.000	(– 19)*	1.697	
Aufwand insgesamt				**149.981***	

Abgesehen von der Rundungsdifferenz* von 19 EUR entspricht der Aufwand der Totalperiode exakt dem Gesamtbetrag aller Pensionszahlungen von 150.000 EUR.

Aufgabe 54 Zerobonds

Die DEBET AG emittiert in t_0 eine Null-Kupon-Anleihe (Zerobond):

Laufzeit	**5 Jahre**
Rückzahlungsbetrag (TEUR) in t_5	**10.000**
Marktzins in t_0	**6 Prozent**

Diese Anleihe wird in t_0 von der FONDS-AG erworben und über die volle Laufzeit gehalten.

Teilaufgabe a)

Wieviel bezahlt die FONDS-AG in t_0 für die Anschaffung des Zerobonds?

Wöhe S. 770 f.

Zur Ermittlung des Ausgabekurses des Zerobonds ist der Rückzahlungsbetrag (Nennbetrag) von 10.000 mit dem fristadäquaten Marktzinssatz von 6 Prozent abzuzinsen: 10.000 · 0,7473. Der Ausgabekurs des Zerobonds (= Anschaffungskosten für die FONDS-AG) beziffert sich auf 7.473 (TEUR).

Teilaufgabe b)

Wie ist der Zerobond in t_0 und an den folgenden Bilanzstichtagen (t_1 bis t_5)

- bei der FONDS-AG zu aktivieren
- bei der DEBET-AG zu passivieren?

In welcher Höhe ist Ertrag beim Gläubiger bzw. Aufwand beim Schuldner zu verrechnen?

Wöhe S. 770 f. und 795

Der Zerobond ist beim Gläubiger FONDS-AG bzw. beim Schuldner DEBET-AG folgendermaßen zu bilanzieren.

Gläubiger FONDS AG				Schuldner DEBET-AG		
Periode	Ertrag	Aktivposten		Passivposten	Aufwand	Periode
		7.473	t_0	7.473		
1.	448				448	1.
		7.921	t_1	7.921		
2.	475				475	2.
		8.396	t_2	8.396		
3.	504				504	3.
		8.900	t_3	8.900		
4.	534				534	4.
		9.434	t_4	9.434		
5.	566				566	5.
		10.000	t_5	**10.000**		

In t_0 wird der Zerobond vom Gläubiger (Schuldner) zum Barwert von 7.473 aktiviert (passiviert). Bis zum Zeitpunkt t_1 wächst der Barwert des Zerobonds auf 7.921 an. In Höhe des Differenzbetrags (7.921 – 7.473) von 448 erfolgt eine Zuschreibung zum Aktivum bzw. Passivum. Dieser erfolgswirksame Vorgang ist folgendermaßen zu verbuchen:

Gläubiger: Wertpapierforderungen	**an**	sonstiger betrieblicher Ertrag	448
Schuldner: sonstiger betrieblicher Aufwand	**an**	Wertpapierverbindlichkeiten	448

Aufgabe 55 Disagio im HGB-Abschluss

Die DEBET-AG erhält in t_0 von der FONDS-AG einen Darlehenskredit mit folgenden Konditionen:

Laufzeit	**5 Jahre**
Rückzahlungsbetrag (= Nennbetrag)	**10.000 GE**
Ausgabebetrag (95 Prozent)	**9.500 GE**
Nominalzins	**6 Prozent**

Teilaufgabe a)

Welche Möglichkeiten zur bilanziellen Behandlung des Disagios hat die DEBET-AG als Darlehensschuldnerin?

Wöhe S. 771 und 794 f.

Als Darlehensnehmerin hat die DEBET-AG die Verbindlichkeit zum Rückzahlungsbetrag von 10.000 zu passivieren. Zur bilanziellen Behandlung des Disagios gilt folgendes Wahlrecht:

(1) Das Disagio von 500 wird in der ersten Periode als Aufwand verrechnet.

(2) Das Disagio wird in t_0 als aktiver Rechnungsabgrenzungsposten aktiviert und über die Laufzeit von 5 Jahren linear abgeschrieben.

Im Fall (2) wird ein jährlicher Aufwand in Höhe von 700 verrechnet, der sich aus einem Zinsaufwand von 600 und einem Abschreibungssaufwand (des RAP aktiv) von 100 zusammensetzt.

Teilaufgabe b)

Gehen Sie davon aus, dass die DEBET-AG von ihrem Aktivierungswahlrecht für das Disagio Gebrauch macht. Wie ist zum Zeitpunkt t_0 und an den folgenden Bilanzstichtagen (t_1 bis t_5)

- die Darlehensforderung bei der FONDS-AG zu aktivieren
- die Darlehensverbindlichkeit bei der DEBET-AG zu passivieren?

In welcher Höhe ist Aufwand beim Schuldner bzw. Ertrag beim Gläubiger zu verrechnen?

Wöhe S. 771 und 794 f.

Das Darlehen ist beim Gläubiger FONDS-AG bzw. beim Schuldner DEBET-AG folgendermaßen zu bilanzieren:

Gläubiger FONDS-AG					Schuldner DEBET-AG				
Aktivum	Zuschreibungsertrag	Zinsertrag	Ertrag Σ		Passivum	RAP aktiv	Abschreibungsaufwand	Zinsaufwand	Aufwand Σ
9.500				t_0	10.000	500			
	100	600	700				100	600	700
9.600				t_1	10.000	400			
	100	600	700				100	600	700
9.700				t_2	10.000	300			
	100	600	700				100	600	700
9.800				t_3	10.000	200			
	100	600	700				100	600	700
9.900				t_4	10.000	100			
	100	600	700				100	600	700
10.000				t_5	10.000	–			

Durch die Aktivierung und anschließende Abschreibung des Disagios gelangt man beim Darlehensschuldner zu einer gleich bleibenden Aufwandsverrechnung von 700 GE/Jahr. Damit wird dem Prinzip periodengerechter Gewinnermittlung Genüge getan.

V. Erfolgsrechnung, Anhang und Lagebericht

Wiederholungsfragen:

	Wöhe Seite
Warum dürfen in der GuV-Rechnung Aufwendungen und Erträge nicht gegeneinander aufgerechnet werden?	796
Welcher Zusammenhang besteht zwischen dem gesamten Periodenergebnis, dem nachhaltig erzielbaren Ergebnis und den sog. Einmaleffekten?	796
Wie unterscheidet sich der Ergebnisausweis nach dem Gesamtkostenverfahren und dem Umsatzkostenverfahren?	799
Welchen Zusammenhang sehen Sie zwischen dem HGB-Betriebsergebnis, dem Finanzergebnis, dem a. o. Ergebnis und dem Ergebnis der gewöhnlichen Geschäftstätigkeit?	801
Wie sind EBIT und EBITDA definiert?	802
Welche wichtigen Ertragskomponenten werden im Posten „sonstige betriebliche Erträge" zusammengefasst?	804
Sind im Posten „sonstige betriebliche Aufwendungen" neutrale oder ordentliche Aufwandskomponenten enthalten?	804
Welche Aufgaben haben Anhang und Lagebericht und wo liegen ihre Informationsschwerpunkte?	805
Welche Pflichtangaben muss der Anhang enthalten?	807
Welche Pflichtangaben muss der Lagebericht enthalten?	808
Welche Arten von Kapitalflussrechnung lassen sich unterscheiden?	809
Welches Aussehen hat eine grobstrukturierte Kapitalflussrechnung?	810
Welche Aufgabe hat die Segmentberichterstattung?	810
Welche Aufgabe hat die Sozial- und Umweltberichterstattung?	813

Aufgabe 56 Nachhaltig erzielbarer Periodenerfolg

Für die Periode 01 hat die GuV-Rechnung der AGENDA-AG folgendes Aussehen:

Gewinn- und Verlustrechnung 01		
Umsatzerlöse	10.000	
Änderung des Bestands an Fertigfabrikaten	– 600	
Sonstige betriebliche Erträge	+ 1.000	
Materialaufwand	– 1.500	
Personalaufwand	– 2.000	
Abschreibungen auf Sachanlagen	– 2.500	
Abschreibungen auf Gegenstände des UV	– 500	
Sonstige betriebliche Aufwendungen	– 1.500	
Betriebsergebnis	**+ 2.400**	**+ 2.400**

Gewinn- und Verlustrechnung 01		
Betriebsergebnis		**+ 2.400**
Zinsen und ähnliche Erträge	+ 1.200	
Abschreibungen auf Finanzanlagen	– 400	
Zinsen und ähnliche Aufwendungen	– 1.000	
Finanzergebnis	**– 200**	**– 200**
Ergebnis aus gewöhnlicher Geschäftstätigkeit		**+ 2.200**
a. o. Erträge	+ 100	
a. o. Aufwendungen	– 200	
a. o. Ergebnis	**– 100**	**– 100**
Steuern vom Einkommen und Ertrag		– 1.000
sonstige Steuern		– 100
Jahresüberschuss		**+ 1.000**

Auszug aus dem Anhang der AGENDA-AG

(1) Die planmäßigen Abschreibungen hatten eine Höhe von 1.800. Sie wurden nach der linearen Methode berechnet.

(2) Die sonstigen betrieblichen Aufwendungen setzen sich folgendermaßen zusammen:

Zuführung zu Sonderposten mit Rücklageanteil	200
Verlust aus Abgang von Anlagegegenständen	180
Ausfall Großforderung gegen Pleite AG	600
Heraufsetzung der Pauschalwertberichtigung	20
Mietaufwand	500
sonstige betriebliche Aufwendungen	1.500

(3) Der Personalaufwand setzt sich folgendermaßen zusammen:

Zahlung von Lohn und Gehalt	1.700
Zuführung zu Pensionsrückstellungen	300
Personalaufwand	2.000

(4) Die sonstigen betrieblichen Erträge setzen sich folgendermaßen zusammen:

Wertzuschreibungen	200
Gewinn aus Veräußerung eines Grundstücks	700
Erträge aus geschäftsüblichen Provisionen	100
sonstige betriebliche Erträge	1000

Wöhe S. 796 und 803

Teilaufgabe a)

Worin liegt der Unterschied zwischen dem Erfolgsausweis nach dem HGB-Gliederungsschema der GuV-Rechnung und dem nachhaltig erzielbaren Periodenerfolg?

Der Jahreserfolg eines Unternehmens setzt sich aus

(1) gewöhnlich anfallenden Erfolgskomponenten

(2) einmalig oder zufällig anfallenden Erfolgskomponenten, den sog. **„Einmaleffekten"**

zusammen. Zu (1) gehören z. B. Umsatzerlöse, Personalaufwand, Zinsaufwand, Zinserträge u. ä. Zu den „Einmaleffekten", also zur Gruppe (2), gehören z. B. Gewinne aus dem Verkauf eines Grundstücks, außerplanmäßige Abschreibungen, Kursverluste bei Wertpapieren u. ä.

Zur Beurteilung der Ertragslage ermitteln Bilanzanalysten das um Einmaleffekte bereinigte Ergebnis, das man als nachhaltig erzielbares Ergebnis bezeichnen kann. Zu diesem Zweck werden die Einmaleffekte in das a. o. Ergebnis verlagert.

Teilaufgabe b)

> Wie hoch ist im obigen Beispielfall das um Einmaleffekte korrigierte Betriebsergebnis, Finanzergebnis und Ergebnis der gewöhnlichen Geschäftstätigkeit?

Das **korrigierte Ergebnis** lässt sich folgendermaßen ermitteln:

	Umsatzerlöse		10.000	
–	Bestandsänderungen		– 600	
+	Sonstige betriebliche Erträge (Provision)		+ 100	
–	Materialaufwand		– 1.500	
–	Personalaufwand		– 2.000	
–	Planmäßige Abschreibungen Sachanlagen		– 1.800	
–	Sonstige betriebliche Aufwendungen			
	• Pauschalwertberichtigung	20		
	• Mietaufwand	500	– 520	
–	Sonstige Steuern		– 100	
	Korrigiertes Betriebsergebnis		**+ 3.580**	**+ 3.580**
+	Zinsen und ähnliche Erträge		+ 1.200	
–	Zinsen und ähnliche Aufwendungen		– 1.000	
	Korrigiertes Finanzergebnis		**+ 200**	**+ 200**
	Korrigiertes Ergebnis aus gewöhnlicher Geschäftstätigkeit			**+ 3.780**
+	a. o. Erträge		+ 100	
–	a. o. Aufwendungen		– 200	
+	Sonstige betriebliche Erträge		+ 900	
–	Sonstige betriebliche Aufwendungen		– 980	
–	Außerplanmäßige Abschreibung AV		– 700	
–	Außerplanmäßige Abschreibung UV		– 500	
–	Abschreibungen auf Finanzanlagen		– 400	
	Korrigiertes a. o. Ergebnis		**– 1.780**	**– 1.780**
–	Ertragsteuern			– 1.000
	Jahresüberschuss			**+ 1.000**

Teilaufgabe c)

> Gelangen Sie nach der Erfolgsspaltung in Teilaufgabe b) zu einem veränderten Urteil über die Ertragslage der AGENDA-AG?

Der Informationsnutzen der Erfolgsspaltung lässt sich aus der Gegenüberstellung folgender Teilergebnisse beurteilen:

- **Ergebnis der gewöhnlichen Geschäftstätigkeit lt. GuV** **+ 2.200**
- **korrigiertes Ergebnis der gewöhnlichen Geschäftstätigkeit** **+ 3.780**

Nach der Verlagerung zahlreicher negativer Einmaleffekte in das a. o. Ergebnis kann man feststellen, dass das nachhaltig erzielbare Ergebnis (3.780) in Wahrheit deutlich höher ausfällt, als es in der GuV-Rechnung (2.200) ausgewiesen wird.

Aufgabe 57 Kapitalflussrechnung – Ableitung aus GuV-Rechnung

Die (vereinfachte) GuV-Rechnung der SIMPEL-AG hat folgendes Aussehen:

GuV-Rechnung Periode 02		
	Umsatzerlöse	20.000
+	sonstige betriebliche Erträge	+ 2.000
–	Materialaufwand	– 3.000
–	Personalaufwand	– 3.000
–	Abschreibungen auf das Anlagevermögen	– 5.000
–	sonstige betriebliche Aufwendungen	– 4.000
–	Fremdkapitalzinsen	– 1.000
	Ergebnis der gewöhnlichen Geschäftstätigkeit	+ 6.000
–	Ertragsteuern	– 2.000
	Jahresüberschuss	**+ 4.000**

Zusatzangaben aus Bilanz und Anhang:

(1) In den sonstigen betrieblichen Erträgen ist die Auflösung einer Prozesskostenrückstellung in Höhe von 1.500 enthalten.

(2) In den sonstigen betrieblichen Aufwendungen ist ein Veräußerungsverlust aus dem Verkauf eines Grundstücks in Höhe von 1.000 enthalten.

(3) Im Personalaufwand ist die Bildung einer Pensionsrückstellung in Höhe von 500 enthalten.

(4) Die Forderungen aus Lieferungen und Leistungen haben sich um 2.000 verringert.

(5) Aus dem Grundstücksverkauf ergab sich ein Mittelzufluss in Höhe von 5.000.

(6) Die Neuinvestitionen in das Anlagevermögen bezifferten sich auf 10.000.

(7) Die Kredittilgung bezifferte sich auf 10.000.

(8) Es wurde ein neues Darlehen in Höhe von 5.000 aufgenommen.

(9) Der Vorjahresüberschuss in Höhe von 6.000 wurde zur Hälfte ausgeschüttet.

(10) Der Finanzmittelbestand am Periodenanfang bezifferte sich auf 2.100.

Erstellen Sie für die Periode 02 die Kapitalflussrechnung der SIMPEL-AG! Unterscheiden Sie dabei zwischen

- Mittelfluss aus laufender Geschäftstätigkeit
- Mittelfluss aus Investitionstätigkeit
- Mittelfluss aus Finanzierungstätigkeit.

Wie hoch ist das Innenfinanzierungsvolumen der Periode 02?

Wie hoch ist der Finanzmittelbestand am Ende der Periode 02?

Wöhe S. 809–811

Die Kapitalflussrechnung der SIMPEL-AG hat für Periode 02 folgendes Aussehen:

	Kapitalflussrechnung 1. 1. 02 – 31. 12. 02			
	Jahresüberschuss		+ 4.000	
+	Abschreibungen auf das AV		+ 5.000	
–	Auflösung Prozesskostenrückstellung	(1)	– 1.500	
+	Bildung Pensionsrückstellungen	(2)	+ 500	
+	Veräußerungsverlust Grundstücksverkauf	(3)	+ 1.000	
+	Abnahme Forderungen aus Lieferungen und Leistungen	(4)	+ 2.000	
	A. Mittelfluss aus laufender Geschäftstätigkeit		+ 11.000	**+ 11.000**
+	Einzahlungen aus Abgängen AV	(5)	+ 5.000	
–	Auszahlungen für Investitionen AV	(6)	– 10.000	
	B. Mittelfluss aus Investitionstätigkeit		– 5.000	**– 5.000**
–	Auszahlungen an Gesellschafter	(9)	– 3.000	
+	Einzahlungen aus Kreditaufnahme	(8)	+ 5.000	
–	Auszahlungen aus Kredittilgung	(7)	– 10.000	
	C. Mittelfluss aus Finanzierungstätigkeit		– 8.000	**– 8.000**
	Zahlungswirksame Veränderung des Finanzmittelfonds **(A + B + C)**			**– 2.000**
–	Finanzmittelbestand am Periodenanfang	(10)		**+ 2.100**
	D. Finanzmittelbestand am Periodenende			**100**

Das Innenfinanzierungsvolumen entspricht dem Mittelzufluss aus laufender Geschäftstätigkeit und beziffert sich im Beispielfall auf 11.000 GE.

Am Periodenende ist ein Finanzmittelbestand von 100 GE vorhanden.

Aufgabe 58 Inhalt und Aufgaben von Anhang und Lagebericht

Welche der folgenden Behauptungen sind richtig:

(a) Anhang und Lagebericht dienen der Vermittlung eines „true and fair view."

(b) Der Anhang verbietet Kapitalgesellschaften die Bildung stiller Rücklagen.

(c) Der Anhang soll ansatzweise offenlegen, in welchem Maße stille Rücklagen gebildet bzw. aufgelöst wurden.

(d) Anhang und Lagebericht haben Informationsfunktion, aber keine Zahlungsbemessungsfunktion.

(e) Im Anhang sind Aussagen über die Ausübung von Bilanzierungs-, Bewertungs- und Abschreibungswahlrechten zu machen.

(f) Anhang und Lagebericht können durch freiwillige Zusatzangaben in den Dienst aktiver Informationspolitik gestellt werden.

Wöhe S. 805–808

Zutreffend sind die Behauptungen (a), (c), (d) (e) und (f).

Aufgabe 59 Sektorale Segmentberichterstattung

Die UNIVERSAL-AG ist ein international agierender Chemiekonzern, der in verschiedenen Geschäftssparten tätig ist. Die sektorale Segmentberichterstattung weist für die Periode 02 folgende Ergebnisse (Vorjahresergebnisse in Klammern) aus:

Unternehmens-sparte	Umsatz		Ergebnis vor Steuern	
	Periode 02	(Vorjahr)	Periode 02	(Vorjahr)
Pharma	10.000	(8.000)	1.120	(800)
Chemiefasern	4.000	(4.000)	– 50	(– 100)
Düngemittel	1.500	(3.000)	– 65	(– 150)
Farben/Lacke	3.300	(3.000)	165	(150)
Gentechnik	3.200	(2.000)	480	(300)
Konzern insgesamt	**22.000**	**(20.000)**	**1.650**	**(1.000)**

Wöhe S. 810–812

Teilaufgabe a)

Wie beurteilen Sie die Ertragskraft der einzelnen Geschäftsfelder?

In Periode 02 erwirtschaftete der Gesamtkonzern eine Umsatzrendite (1.650 : 22.000) von 7,5 Prozent. Die Pharmasparte ist das Standbein des Unternehmens. Ihr Umsatzanteil liegt bei 45 Prozent, ihr Ergebnisanteil bei 68 Prozent.

Die Sparten „Chemiefasern" und „Düngemittel" lieferten negative Ergebnisbeiträge. Am ungünstigsten ist die Situation im Bereich „Düngemittel", wo eine negative Umsatzrendite von 4,3 Prozent zu verzeichnen war. Demgegenüber nahm die Sparte „Gentechnik" mit einer Umsatzrendite von 15 Prozent die Spitzenstellung ein.

Teilaufgabe b)

Hat die UNIVERSAL-AG im abgelaufenen Geschäftsjahr 02 eine erfolgreiche Unternehmenspolitik betrieben?

Die UNIVERSAL-AG hat in der Periode 02 eine sehr erfolgreiche Unternehmenspolitik betrieben:

Unternehmens-sparte	Umsatzrendite		Umsatzänderung in Prozent
	in Prozent	(Vorjahr)	
Pharma	11,20	(10,00)	+ 25
Chemiefasern	– 1,25	(– 2,50)	± 0
Düngemittel	– 4,33	(– 5,00)	– 50
Farben/Lacke	5,00	(5,00)	+ 10
Gentechnik	15,00	(15,00)	+ 60
Konzern insgesamt	**7,50**	**(5,00)**	**+ 10**

Bezogen auf den Gesamtkonzern konnte die Umsatzrendite von 5,0 auf 7,5 Prozent gesteigert werden. Diese positive Rentabilitätsentwicklung ist im wesentlichen auf drei Faktoren zurückzuführen:

(1) In der ertragstarken Pharmasparte konnte der Umsatz um 25 Prozent gesteigert werden.

(2) Ein Teilrückzug aus der besonders defizitären Sparte „Düngemittel" konnte realisiert werden (Halbierung des Umsatzvolumens).

(3) In der besonders ertragstarken Sparte „Gentechnik" konnte die UNIVERSAL-AG ihren Umsatz um 60 Prozent ausdehnen, ohne dass der Umsatzzuwachs auf Kosten der Gewinnmarge gegangen wäre.

Aufgabe 60 Regionale Segmentberichterstattung

Die regionale Segmentberichterstattung der UNIVERSAL-AG weist für Periode 02 (Vorjahresergebnisse in Klammern) folgende Werte aus:

Region	Umsatz Periode 02	Umsatz (Vorjahr)	Ergebnis vor Steuern Periode 02	Ergebnis vor Steuern (Vorjahr)
Deutschland	6.600	(8.000)	200	(250)
Übriges Europa	5.500	(5.000)	275	(250)
Amerika	4.800	(4.000)	240	(200)
Asien/Pazifik	4.900	(2.800)	925	(290)
Übrige	200	(200)	10	(10)
Konzern insgesamt	**22.000**	**(20.000)**	**1.650**	**(1.000)**

Wöhe S. 810–812

Teilaufgabe a)

In welcher Region hat sich der Umsatz am günstigsten (ungünstigsten) entwickelt?

Am ungünstigsten hat sich der Umsatz in Deutschland entwickelt. Hier ist der Anteil am gesamten Konzernumsatz von 40 auf 30 Prozent zurückgegangen. Das stärkste Umsatzwachstum war im Raum „Asien/Pazifik" zu verzeichnen. Hier ist – bezogen auf den Gesamtkonzern – die Umsatzquote von 14 auf über 22 Prozent angestiegen.

Teilaufgabe b)

Welchen Einfluss hatte der Umsatzrückgang in Deutschland und die starke Umsatzexpansion im Raum „Asien/Pazifik" auf die Ertragsentwicklung der UNIVERSAL-AG?

In den beiden angesprochenen Regionen hat sich die Umsatzrendite wie folgt entwickelt:

Region	Umsatzrendite in Prozent Periode 02	Umsatzrendite in Prozent (Vorjahr)
Deutschland	3,03	(3,13)
Asien/Pazifik	18,88	(10,36)

Die UNIVERSAL-AG ist auf einem ertragschwachen Markt geschrumpft und auf einem ertragstarken Markt gewachsen. Per Saldo hat sich die Umsatzverlagerung in den Raum „Asien/Pazifik" sehr positiv auf die Ertragsentwicklung ausgewirkt.

Aufgabe 61 Angaben im Lagebericht

Es gelten die Angaben der Aufgaben 59 und 60. Zusätzlich erhalten die Bilanzadressaten aus dem Lagebericht der UNIVERSAL-AG folgende Informationen:

(1) Die Düngemittelsparte wurde kurz nach dem Bilanzstichtag an eine ausländische Investorengruppe verkauft. Hierzu weist der Anhang einen geringfügigen Veräußerungsverlust aus.
(2) Der Veräußerungserlös aus (1) soll zum Ausbau des Unternehmensbereichs „Gentechnik" verwendet werden.
(3) Die neuen Produktionskapazitäten im Bereich „Gentechnik" sollen in Südostasien angesiedelt werden.

Welchen Einfluss haben diese Informationen auf die Einschätzung der **künftigen Ertragslage** durch die Bilanzadressaten?

Wöhe S. 806 f.

Die Informationen im Lagebericht werden die Bilanzadressaten zu einer positiveren Einschätzung der künftigen Ertragslage veranlassen. Mit dem Verkauf der Düngemittelsparte hat sich die UNIVERSAL-AG ihres verlustträchtigsten Geschäftszweigs entledigt. Dem „geringfügigen Veräußerungsverlust" (einmalig) steht der Wegfall künftiger Dauerverluste aus der Düngemittelproduktion gegenüber.

Wird der Veräußerungserlös – wie geplant – zur Erweiterung des Geschäftsfeldes „Gentechnik" verwendet, investiert die UNIVERSAL-AG in den Geschäftsbereich mit der höchsten Umsatzrendite. Unter regionalen Gesichtspunkten wird die höchste Umsatzrendite im Raum „Asien/Pazifik" erzielt. Dass die Sparte „Gentechnik" gerade in dieser Region ausgebaut werden soll, wird die Ertragserwartungen der Eigenkapitalgeber zusätzlich beflügeln.

Aufgabe 62 Anlagespiegel

Sie haben die Aufgabe übernommen, für die POTAMOS-AG eine Kapitalflussrechnung zu erstellen. Im Zuge der Vorbereitungsarbeiten ist der Anlagespiegel zu entwickeln.

Zur Erstellung des Anlagespiegels für die **Periode 03** liegen Ihnen folgende Informationen vor:

Technische Anlagen	
Anschaffungs- bzw. Herstellungskosten (AHK)	1.000
Zugänge Periode 03	200
Kumulierte Abschreibung Vorperioden	300
Abschreibung lfd. Periode 03	50
Finanzanlagen	
Posten A	
Erwerb in Periode 02 Anschaffungskosten	100
Posten B	
Erwerb in Periode 01 Anschaffungskosten	650
außerplanmäßige Abschreibung Periode 02	150
Veräußerung in Periode 03 zu	580

Erstellen Sie den Anlagespiegel!

Wöhe S. 744

Für die Abrechnungsperiode 03 hat der Anlagespiegel folgendes Aussehen:

(1)	(2)	(3)	(4)	(5)	(6)	(7)	(8)	(9)	(10)
Bilanzposten	**AHK**	**Zugänge**	**Abgänge**	**Umbuchungen**	**Zuschreibungen**	**kumulierte Abschreibung**	**laufende Abschreibung**	**RBW Vorjahr**	**RBW lfd. Jahr**
Technische Anlagen	1.000	+ 200				– 300	– 50	700	850
Finanzanlagen	750		– 500 – 150			– 150 + 150		600	100
AV insgesamt								1.300	950

Beim Verkauf der Finanzanlagen (Posten B) ist folgender Sachverhalt auszubuchen.

Anschaffungskosten	650	kumulierte Abschreibungen	150
		Restbuchwert	500
	650		650

Die (7) kumulierte Abschreibung von 150 wird in (4) Abgänge umgebucht. Der Abgang ist zu Anschaffungskosten (650) auszubuchen, die sich aus dem Restbuchwert (500) und den kumulierten Abschreibungen (150) zusammensetzen.

Aufgabe 63 Veränderungsbilanz

Die POTAMOS-AG legt zum 31. 12. 03 folgende Bilanz vor. Die Daten des Anlagespiegels aus der vorangegangenen Aufgabe sind in diese Bilanz eingearbeitet.

AKTIVA	(Vorjahr)	31. 12. 03
Anlagevermögen		
Technische Anlagen	(700)	850
Finanzanlagen	(600)	100
Umlaufvermögen		
Vorräte	(100)	320
Forderungen aus Lieferung und Leistungen	(300)	280
Schecks, Kasse, Bank	(100)	450
	(1.800)	**2.000**

PASSIVA		
Eigenkapital		
Grundkapital	(200)	280
Kapitalrücklage	(50)	70
Andere Gewinnrücklagen	(230)	230
Jahresüberschuss	(70)	200
Rückstellungen		
Pensionsrückstellung	(250)	270
Verbindlichkeiten		
Anleihen	(500)	300
Verbindlichkeiten gegenüber Kreditinstituten	(350)	450
Verbindlichkeiten aus Lieferung und Leistungen	(150)	200
	(1.800)	**2.000**

Erstellen Sie auf der Basis der obigen Bilanzangaben die Veränderungsbilanz der POTAMOS-AG auf der Ebene Anlagevermögen, Umlaufvermögen, Eigenkapital, Rückstellungen bzw. Fremdkapital!

Wöhe S. 707 f.

Die Veränderungsbilanz hat folgendes Aussehen:

Mittelverwendung		Mittelherkunft	
Zunahme Umlaufvermögen	550	Abnahme Anlagevermögen	350
Abnahme Verbindlichkeiten	50	Zunahme Eigenkapital	230
		Zunahme Rückstellungen	20
	600		**600**

Zur Erhöhung des Umlaufvermögens und zur Tilgung von Verbindlichkeiten musste die POTAMOS-AG Finanzmittel in Höhe von 600 aufbringen. Die benötigten Mittel resultieren aus einer Abnahme des Anlagevermögens und aus einer Aufstockung des Eigenkapitals und der Rückstellungen.

Aufgabe 64 Kapitalflussrechnung

Es gelten die Angaben der Aufgaben 62 und 63. Zusätzlich erhalten Sie folgende Informationen:

(1) Beim Verkauf von Finanzanlagen entstand ein Veräußerungsgewinn von 80, der im Jahresüberschuss von 200 enthalten ist.

(2) Im Jahresüberschuss ist auszahlungswirksamer, außerordentlicher Aufwand von 30 enthalten.

(3) Der Jahresüberschuss in Höhe von 70 aus Periode 02 wurde in Periode 03 an die Anteilseigner ausgeschüttet.

(4) In Periode 03 wurde das Grundkapital um 80 erhöht. Das Aktienagio betrug 20.

Erstellen Sie die Kapitalflussrechnung der Periode 03!

Wöhe S. 809–811

Im Jahresüberschuss in Höhe von 200 (vgl. Aufgabe 63) ist gemäß obiger Information (02) ein außerordentlicher Aufwand (auszahlungswirksam) in Höhe von 30 enthalten:

	Periodenergebnis vor Abzug außerordentlicher Posten	**230**
–	**außerordentlicher Posten (2)**	**– 30**
	Jahresüberschuss	**+ 200**

Damit hat die Kapitalflussrechnung folgendes Aussehen:

		Kapitalflussrechnung Periode 03	
1.	+/–	Periodenergebnis vor außerordentlichen Posten	+ 230
2.	+/–	Abschreibungen/Zuschreibungen auf das Anlagevermögen	+ 50
3.	+/–	Zunahme/Abnahme der Rückstellungen	+ 20
5.	+/–	Verlust/Gewinn aus dem Abgang von Anlagevermögen	– 80
6.	+/–	Abnahme/Zunahme der Vorräte, Forderungen aus LuL sowie anderer Aktiva, die nicht der Investitions- oder Finanzierungstätigkeit zuzuordnen sind	– 200
7.	+/–	Zunahme/Abnahme der Verbindlichkeiten aus LuL sowie anderer Passiva, die nicht der Investitions- oder Finanzierungstätigkeit zuzuordnen sind	+ 50
8.	+/–	Ein- und Auszahlungen aus außerordentlichen Posten	– 30
9.	**=**	**Cash-Flow aus laufender Geschäftstätigkeit**	**+ 40**
11.	–	Auszahlungen für Investitionen in das Sachanlagevermögen	– 200
14.	+	Einzahlungen aus Abgängen des Finanzanlagevermögens	+ 580
20.	**=**	**Cash-Flow aus der Investitionstätigkeit**	**+ 380**
21.		Einzahlungen aus Eigenkapitalzuführungen	+ 100
22.	–	Auszahlungen an Unternehmenseigner und Minderheitsgesellschafter	– 70
23.	+	Einzahlungen aus der Begebung von Anleihen und der Aufnahme von (Finanz-)Krediten	+ 100
24.	–	Auszahlungen aus der Tilgung von Anleihen und (Finanz-)Krediten	– 200
25.	**=**	**Cash-Flow aus der Finanzierungstätigkeit**	**– 70**
26.		Zahlungswirksame Veränderungen des Finanzmittelfonds (Summe aus 9, 20 und 25)	+ 350
28.	+	Finanzmittelfonds am Anfang der Periode	+ 100
29.	**=**	**Finanzmittelfonds am Ende der Periode**	**+ 450**

Der Bestand an flüssigen Mitteln hat sich in der Periode 03 von 100 auf 450 erhöht. Der Mittelzufluss von 350 ist in Zeile (26) ausgewiesen.

Aus der lfd. Geschäftstätigkeit resultiert ein Mittelzufluss von 40 (Zeile 9). Durch den Verkauf der Finanzanlage kam es im Investitionsbereich per Saldo zu einem weiteren Mittelzufluss von 380 (Zeile 20). Der Mittelzufluss von 40 + 380 = 420 reduziert sich um einen Mittelabfluss von 70 im Finanzierungsbereich (Zeile 25). Dieser Mittelabfluss ist im wesentlichen auf eine Tilgung von Anleiheverbindlichkeiten (Zeile 24) zurückzuführen.

VI. Jahresabschluss nach IFRS

Wiederholungsfragen:

	Wöhe Seite
Welche Ziele verfolgt der Jahresabschluss nach IFRS?	822 f.
Welche Aufgabe hat das Framework?	824
Welche Bestandteile gehören zum Jahresabschluss nach IFRS?	827
Was versteht man unter dem matching principle?	830
Wie lauten die Grundannahmen der Rechnungslegung nach IFRS?	829
Wie weit reichen die Gemeinsamkeiten der Rechnungslegungsgrundsätze nach IFRS und HGB?	832
Worin unterscheiden sich die Rechnungslegungsgrundsätze nach IFRS und HGB?	832
Wann muss ein Sachverhalt als asset bzw. liability in die IFRS-Bilanz aufgenommen werden?	834
Wie werden Rückstellungen in der IFRS-Bilanz behandelt?	857
Welches Aussehen hat das (vereinfachte) Gliederungsschema der IFRS-Bilanz?	835
Wie sind die Herstellungskosten nach IFRS definiert?	838
Was versteht man unter Anschaffungskostenmethode und Neubewertungsmethode?	841
Wie werden Sachanlagen im IFRS-Abschluss bilanziert?	842 f.
Wie werden immaterielle Anlagen im IFRS-Abschluss bilanziert?	843 f.
Wie wird der derivative Firmenwert im IFRS-Abschluss bilanziert?	844 f.
Wie werden Anlageimmobilien im IFRS-Abschluss bilanziert?	845 f.
Wie wird das Vorratsvermögen im IFRS-Abschluss bilanziert?	846 f.
In welche vier Klassen lässt sich das Finanzvermögen im IFRS-Abschluss einteilen?	848
Wie sind Wertpapiere nach dem Prinzip at fair value through profit or loss zu bilanzieren?	848 f.
Welchen Regelungen folgt die Alternativbewertung für Wertpapiere?	849
Nach welchen Regeln sind Nichtwertpapiere im IFRS-Abschluss zu bewerten?	852
Welche Eigenkapitalpositionen werden im IFRS-Abschluss ausgewiesen?	853
Wie sind Verbindlichkeiten, Rückstellungen und pass. Rechnungsabgrenzungsposten im IFRS-Abschluss zu bilanzieren?	856 f.
Wie werden Aufwandrückstellungen im IFRS-Abschluss behandelt?	860 f.
Wie ist die GuV-Rechnung nach IFRS gegliedert?	862 f.
Welche Angaben sind im Anhang nach IFRS zu machen?	865
Wie ist die Eigenkapitalveränderungsrechnung nach IFRS aufgebaut?	865 f.
Wie ist die Segmentberichterstattung nach IFRS aufgebaut?	867

Aufgabe 65 Herstellungskosten nach HGB und IFRS

Die CONSTRUCTA-AG fertigt Einbauteile für einen Automobilproduzenten. Für die abgelaufene **Periode 01** gelten folgende Daten:

– Produzierte Menge (Stück)		1.000
– Abgesetzte Menge (Stück)		500
– Aufwandgleiche Kosten Periode 01		
• Materialeinzelkosten		10.000 EUR
• Fertigungseinzelkosten		40.000 EUR
• Materialgemeinkosten		6.000 EUR
• Fertigungsgemeinkosten		14.000 EUR
• Verwaltungsgemeinkosten		
– herstellungsbezogen	10.000	
– nicht herstellungsbezogen	10.000	
	20.000	20.000 EUR
• Vertriebseinzelkosten		4.000 EUR
• Vertriebsgemeinkosten		6.000 EUR
– Umsatzerlös für 500 Stück		70.000 EUR

Die CONTRUCTA-AG möchte für die Periode 01 ein **möglichst niedriges Ergebnis ausweisen.** Ermitteln Sie nach

- HGB
- IFRS

die Herstellungskosten!

Wöhe S. 838

Will man einen minimalen Jahreserfolg ausweisen, müssen die auf Lager genommenen Fertigfabrikate (500 Stück) mit möglichst geringen Herstellungskosten bewertet werden.

Mindestumfang aktivierungspflichtiger Herstellungskosten		**HGB**	**IFRS**
Materialeinzelkosten	10.000	10.000	10.000
Fertigungseinzelkosten	40.000	40.000	40.000
Materialgemeinkosten	6.000	–	6.000
Fertigungsgemeinkosten	14.000	–	14.000
Verwaltungsgemeinkosten			
herstellungsbezogen	10.000	–	10.000
nicht herstellungsbezogen	10.000	–	–
Vertriebseinzelkosten	4.000	–	–
Vertriebsgemeinkosten	6.000	–	–
Herstellungskosten für 1.000 Stück		50.000	80.000
Herstellungskosten/Stück		50	80
Bilanzansatz der Lagerbestandserhöhung (500 Stück)		**25.000**	**40.000**

Nach § 255 HGB gilt ein Aktivierungswahlrecht für Gemeinkosten (außer Vertrieb). Die Nichtaktivierung führt zu einer Unterbewertung der Lagerbestandserhöhung. Eine solche Bildung stiller Rücklagen ist nach IFRS nicht zulässig.

Das Jahresergebnis vor Steuern lässt sich folgendermaßen ermitteln:

GuV-Rechnung	HGB	IFRS
Umsatzerlöse	70.000	70.000
+ Bestandserhöhung Fertigfabrikate	+ 25.000	+ 40.000
– diverse Aufwendungen	– 100.000	– 100.000
Jahresergebnis vor Steuern	– **5.000**	+ **10.000**

Aufgabe 66 Langfristige Fertigungsaufträge nach IFRS und HGB

Die PONTIFEX-AG erhält zu Beginn der Periode 01 einen Festpreisauftrag zum Bau einer Brücke. Das Bauwerk soll zum Ende der Periode 03 fertiggestellt und gleich zu Beginn der Periode 04 zum **Festpreis von 12 Mio. EUR** an den Auftraggeber übergeben werden. Der gesamte Herstellungsaufwand in Höhe von 8 Mio. EUR verteilt sich über die Bauphase wie folgt:

Herstellungsaufwand	EUR
Periode 01	2 Mio.
Periode 02	4 Mio.
Periode 03	2 Mio.
Gesamtaufwand	**8 Mio.**

Teilaufgabe a)

Die PONTIFEX-AG ermittelt ihren Erfolg nach dem Gesamtkostenverfahren. Zu welchem Erfolgsausweis gelangt man in den Perioden 01, 02, 03 und 04 im

- IFRS-Abschluss
- HGB-Abschluss?

Im IFRS-Abschluss soll die *cost-to-cost* Methode angewendet werden. Für den HGB-Abschluss ist einfachheitshalber davon auszugehen, dass ausschließlich Herstellungsaufwand entsteht und dass dieser in vollem Umfang in die Ermittlung der zu bilanzierenden Herstellungskosten eingeht.

Wöhe S. 846 f.

Da es sich um einen Festpreisauftrag handelt, ist nach IFRS die *percentage-of-completion* Methode mit anteiliger Realisierung von Periodenerfolgen anzuwenden.

Im HGB-Abschluss wird das Bauwerk zum Periodenende zu Herstellungskosten bewertet. Als Periodenertrag wird nur die Bestandserhöhung an Halbfabrikaten (= zusätzlich aktivierte Herstellungskosten der Periode) ausgewiesen. Am Ende der Periode 03 steht das Bauwerk mit Herstellungskosten in Höhe von 8 Mio. zu Buche. Die Gewinnrealisierung (4 Mio.) erfolgt erst bei Übergabe des Bauwerks zu Beginn der Periode 04.

Periode		IFRS	HGB
01	Erträge Aufwendungen **Erfolg 01**	3 Mio. 2 Mio. **+ 1 Mio.**	2 Mio. 2 Mio. –
02	Erträge Aufwendungen **Erfolg 02**	6 Mio. 4 Mio. **+ 2 Mio.**	4 Mio. 4 Mio. –

Periode		IFRS	HGB
03	Erträge Aufwendungen **Erfolg 03**	3 Mio. 2 Mio. **+ 1 Mio.**	2 Mio. 2 Mio. –
04	Erträge Aufwendungen **Erfolg 04**	– – –	12 Mio. 8 Mio. **+ 4 Mio.**

Teilaufgabe b)

Wie lässt sich die Unterschiedlichkeit des Erfolgsausweises erklären?

Der **HGB-Abschluss** wird vom **Gläubigerschutzprinzip** dominiert: Das Vermögen soll eher zu niedrig als zu hoch bewertet werden. Nach dem strengen Realisationsprinzip darf vor dem Realisationszeitpunkt (Übergang der Gefahr auf den Abnehmer) keine über die Herstellungskosten hinausgehende Wertzuschreibung vorgenommen werden.

Im **IFRS-Abschluss** dominiert das **Prinzip periodengerechter Gewinnermittlung**. Die Vergleichbarkeit der Periodenergebnisse hat Vorrang vor vorsichtiger Vermögensbewertung.

Aufgabe 67 Fortgeführte Anschaffungskosten von Finanzanlagen im IFRS-Abschluss

Als Mitarbeiter der POSTULATUM-AG haben Sie die Aufgabe, im Zuge der Erstellung des IFRS-Abschlusses den Wertansatz (fortgeführte Anschaffungskosten) für verschiedene Forderungstitel des Finanzanlagevermögens zu ermitteln:

(1) Zu Beginn des Jahres wurde ein Zerobond zum Preis von 747 erworben. Der Zerobond wird nach fünf Jahren zu 1.000 eingelöst. Der Marktzins beträgt 6 Prozent.

(2) Zu Beginn des Jahres wurde ein Darlehen zum Auszahlungsbetrag von 1.000 gewährt. Der Darlehensschuldner überweist kurz vor dem Bilanzstichtag 60 Zinsen und 100 Tilgung.

(3) Zu Beginn des Jahres wurde ein Darlehen vergeben, das in fünf Jahren zu 1.000 zurückzuzahlen ist. Das Disagio beträgt zehn Prozent. Der Kreditnehmer überweist kurz vor dem Bilanzstichtag 60 Zinsen. Zum Lösungsansatz vgl. Aufgabe 76.

(4) Zu Beginn des Jahres wurde ein Darlehen zu 1.000 vergeben. Mit einer Wahrscheinlichkeit von 30 % droht ein Forderungsausfall von 60 %.

(5) Wie (4). Mit einer Wahrscheinlichkeit von 60 % droht ein Forderungsausfall von 30 %.

(6) Eine Forderung (Rückzahlungsbetrag 1.000) war in der Vorperiode wegen ausbleibender Tilgungszahlung um 60 Prozent abgeschrieben worden. In der laufenden Periode stellt sich heraus, das der „Zahlungsverzug" auf einer Fehlbuchung der Bank beruhte.

Ermitteln Sie für die Fälle (1) bis (6) die fortgeführten Anschaffungskosten zum Bilanzstichtag!

Wöhe S. 770 f. und 851 f.

Die fortgeführten Anschaffungskosten lassen sich wie folgt ermitteln:

Fall	(1)	(2)	(3)*	(4)	(5)	(6)**
Anschaffungskosten	747	1.000	900	1.000	1.000	400
– Tilgung durch Schuldner		– 100				
+ Zinszuschreibungen bei Zerobonds	+ 45					
+ Amortisation des Disagios			+ 17			
– Abschreibungen wegen Ausfallrisiko					– 300	
+ Zuschreibungen bei Wertaufholung						+ 600
Fortgeführte Anschaffungskosten	**792**	**900**	**917**	**1.000**	**700**	**1.000**

* Zur Berechnung im Fall (3) vgl. Aufgabe 76.
** Der Betrag von 400 im Fall (6) entspricht den aus dem Vorjahr übernommenen fortgeführten Anschaffungskosten.

Aufgabe 68 Kursänderungen von börsennotierten Wertpapieren im IFRS-Abschluss

Die IFRS-Bilanz der VALOR-AG hat zum 1. 1. 01 folgendes Aussehen

Balance sheet 1. 1. 01			
Financial assets	800	Issued capital	1.000
Trading securities	600	Retained earnings	400
	1.400		1.400

Die Financial assets (Wertpapiere zur Verfügung) und die trading securities (Wertpapiere zum Handeln) sind jeweils zu Anschaffungskosten bewertet:

	Anschaffungskosten	fair value 31. 12. 01	Wertänderung
Financial assets	800	1.100	+ 300
Trading securities	600	400	– 200

Teilaufgabe a)

Welche Gestaltungsmöglichkeiten hat die VALOR-AG beim Erfolgsausweis für Periode 01?

Wöhe S. 848–852

In der Schlussbilanz zum 31. 12. 01 müssen beide Wertpapierposten zum fair value ausgewiesen werden. Die bei den Trading securities eingetretene Wertminderung ist erfolgswirksam über das GuV-Konto zu buchen. Die bei den Wertpapieren zur Verfügung eingetretene Wertsteigerung kann – bei erstmaliger Ausübung des Methodenwahlrechts – entweder

- erfolgswirksam über das GuV-Konto oder
- erfolgsneutral über eine Fair-Value-Rücklage

gebucht werden.

Teilaufgabe b)

Erstellen Sie – nach Maßgabe des Wahlrechts aus Teilaufgabe a) – die Schlussbilanzen zum 31. 12. 01!

Wöhe S. 848–852 und 854–856

Schlussbilanz bei **erfolgswirksamer Buchung:**

Balance sheet 31. 12. 01			
Financial assets	1.100	Issued capital	1.000
Trading securities	400	Retained earnings	500
	1.500		1.500

Schlussbilanz bei **erfolgsneutraler Buchung:**

Balance sheet 31. 12. 01			
Financial assets	1.100	Issued capital	1.000
Trading securities	400	Retained earnings	200
		Revaluation surplus	300
	1.500		1.500

Aufgabe 69 Auflösung der Fair Value-Rücklage für Wertpapiere

Die Schlussbilanz der VALOR-AG zum 31. 12. 01 hat folgendes Aussehen:

Balance sheet 31. 12. 01			
Financial assets	1.100	Issued capital	1.000
Trading securities	400	Retained earnings	200
		Revaluation surplus	300
	1.500		1.500

Die Fair-Value-Rücklage (Revaluation surplus) ist durch eine Aufwertung der Financial assets (von 800 auf 1.100) entstanden (vgl. Aufgabe 68).

Zu Beginn der Periode 02 werden die Financial assets zum Kurs von 1.070 gegen bar verkauft. Weitere Geschäftsvorfälle in Periode 02 gibt es nicht. Erstellen Sie die Schlussbilanz zum 31. 12. 02!

Wöhe S. 854–856

Bei Veräußerung der Financial assets ist die korrespondierende Passivposition Revaluation surplus aufzulösen:

Revaluation surplus	300	**an**	Financial assets	300
Cash	1.070	**an**	Financial assets	800
			other operation profit	270

Damit gelangt man zu einem Erfolgsausweis von + 270, wodurch sich zum Jahresende die Retained earnings um 270 erhöhen.

Die Schlussbilanz zum 31. 12. 02 hat folgendes Aussehen:

Balance sheet 31. 12. 02			
Trading securities	400	Issued capital	1.000
Cash	1.070	Retained earnings	470
	1.470		1470

Aufgabe 70 Positive/negative Fair Value-Rücklage für Wertpapiere

Die VALOR-AG erwirbt am 2. 5. 01 Aktien der PHARMA-AG zum Börsenkurs (fair value) in Höhe von 1.000. An den folgenden Bilanzstichtagen werden Börsenkurse unterschiedlicher Höhe verzeichnet.

		Börsenkurs
Anschaffung	2. 5. 01	1.000
	31. 12. 01	1.020
	31. 12. 02	950
	31. 12. 03	980
	31. 12. 04	750
	31. 12. 05	1.010

Die erworbenen Wertpapiere gehören zur Anlagenklasse „Wertpapiere zur Verfügung" (available for sale-securities). Bis zum 31. 12. 03 bewegen sich die Kurse im Bereich börsenüblicher Kursschwankungen.

Im Laufe der Periode 04 kommt es zu einem drastischen Kurseinbruch, weil eine medizinische Fachzeitschrift von angeblich negativen Nebenwirkungen eines wichtigen Medikaments der PHARMA-AG berichtete. Infolge des Umsatzrückgangs kam es zu einem essentiellen Rückgang des Börsenkurses (750). Im Folgejahr erweist sich der Zeitungsbericht als Fehlmeldung, so dass der Börsenkurs wieder kräftig ansteigt.

Teilaufgabe a)

> Wie muss die VALOR-AG die Aktien im IFRS-Abschluss der Perioden 01 bis 05 ausweisen?

Wöhe S. 850 f.

In der Bilanz und in der GuV-Rechnung sind die Kursbewegungen folgendermaßen auszuweisen:

Bilanzstichtag	Bilanz		GuV-Rechnung
	Aktivum	Passivum (Fair Value RL)	Ertrag (+) Aufwand (–)
31. 12. 01	1.020	20	0
31. 12. 02	950	– 50	0
31. 12. 03	980	– 20	0
31. 12. 04	750	0	– 250
31. 12. 05	1.010	260	0

Zum 31. 12. 01 wird die unrealisierte Wertsteigerung erfolgsneutral als (positive) Fair Value-Rücklage gegengebucht. Nachdem der Börsenkurs am 31. 12. 02 (31. 12. 03) um 50 (20) unter die historischen Anschaffungskosten gesunken ist, wird – erfolgsneutral – eine negative Fair Value-Rücklage von 50 (20) gebildet. Erst zum 31. 12. 04 ist eine Wertminderung (250) erfolgswirksam auszuweisen, weil es sich um eine nachhaltige Wertminderung handelt. Nachdem der Kurs in Periode 05 (ausgehend von einem Kursniveau von 750) um 260 angestiegen ist, ist zum 31. 12. 05 – erfolgsneutral – eine (positive) Fair Value-Rücklage von 260 auszuweisen.

Teilaufgabe b)

> Wie müsste die VALOR-AG die Wertpapiere in den IFRS-Abschlüssen 01 bis 05 ausweisen, wenn es sich nicht um Aktien, sondern um Anleihen (available for sale-securities) der PHARMA-AG handelte?

Bis zum 31. 12. 04 entspricht der Vermögens- und Erfolgsausweis dem der Teilaufgabe a).

Bilanzstichtag	Bilanz		GuV-Rechnung
	Aktivum	Passivum (Fair Value RL)	Ertrag (+) Aufwand (–)
31. 12. 01	1.020	20	0
31. 12. 02	950	– 50	0
31. 12. 03	980	– 20	0
31. 12. 04	750	0	– 250
31. 12. 05	1.010	10	+ 250

Zu einem abweichenden Jahresabschluss gelangt man erst in Periode 05. Hier ist zunächst eine erfolgswirksame Wertaufholung in Höhe von 250 zu verbuchen. Der über die Anschaffungskosten hinausgehende Wertzuwachs in Höhe von 10 ist (erfolgsneutral) in die Fair Value-Rücklage einzustellen.

Aufgabe 71 Bewertung von Sachanlagen im IFRS-Abschluss

Die EXPANSION-AG erwirbt in Periode 01 ein an das eigene Betriebsgelände angrenzendes unbebautes Grundstück, um sich für die Zukunft eine strategische Betriebserweiterungsoption zu schaffen. Da es sich um Bauerwartungsland handelt, betragen die Anschaffungskosten für dieses große Grundstück – nur – 1 Mio. EUR. In den Folgejahren kommt es im Gemeinderat zu einer politischen Kontroverse über den Ausweis eines neuen Gewerbegebietes im Bereich des „Vorratsgrundstücks“ der EXPANSION-AG. Eine Bürgerinitiative macht sich für den Naturschutz stark.

Die schwankenden Erwartungen über den Baulandausweis finden in kräftigen Preisschwankungen auf dem örtlichen Immobilienmarkt ihren Niederschlag. Infolge spekulativer Preisbewegungen sind für das „Vorratsgrundstück“ der EXPANSIONS-AG an den folgenden Bilanzstichtagen folgende Verkehrswerte (fair value) ermittelbar:

Bilanzstichtag	Verkehrswert (in TEUR)
31. 12. 01	1.020
31. 12. 02	950
31. 12. 03	1.100
31. 12. 04	880
31. 12. 05	1.250

Teilaufgabe a)

Wie ist das Vorratsgrundstück im IFRS-Abschluss 01 bis 05 auszuweisen, wenn sich die EXPANSIONS-AG für die

(1) Anschaffungskostenmethode (cost model)

(2) Neubewertungsmethode (revaluation model)

entscheidet? Bei Anwendung der Neubewertungsmethode ist – wegen starker Wertschwankungen – von einer jährlichen Neubewertung auszugehen. Aus Vereinfachungsgründen sind steuerliche Auswirkungen nicht zu berücksichtigen. Das Grundstück wird nicht als Finanzinvestition (IAS 40) gehalten.

Wöhe S. 840–842

Entscheidet sich die EXPANSIONS-AG für die **Anschaffungskostenmethode,** ist das Vorratsgrundstück nach dem Imparitätsprinzip auszuweisen. Dies bedeutet: Ein Wertansatz oberhalb der Anschaffungskosten ist verboten. Wertänderungen unterhalb der Anschaffungskosten sind durch apl. Abschreibungen bzw. Zuschreibungen im Zuge der Wertaufholung zu berücksichtigen.

Bilanzstichtag	Bilanz		GuV-Rechnung
	Aktivum	Passivum (Neubew.-RL)	Ertrag (+) Aufwand (–)
31. 12. 01	1.000	–	0
31. 12. 02	950	–	– 50
31. 12. 03	1.000	–	+ 50
31. 12. 04	880	–	– 120
31. 12. 05	1.000	–	+ 120

Jahresabschluss nach der Anschaffungskostenmethode

Entscheidet sich die EXPANSIONS-AG für die **Neubewertungsmethode,** sind in den IFRS-Abschlüssen der Folgejahre folgende Werte auszuweisen:

Bilanzstichtag	Bilanz		GuV-Rechnung
	Aktivum	Passivum (Neubew.-RL)	Ertrag (+) Aufwand (–)
31. 12. 01	1.020	20	0
31. 12. 02	950	0	– 50
31. 12. 03	1.100	100	+ 50
31. 12. 04	880	0	– 120
31. 12. 05	1.250	250	+ 120

Jahresabschluss nach der Neubewertungsmethode

Nach der Neubewertungsmethode wird das unbebaute Grundstück auf der Aktivseite der Bilanz immer zum Verkehrswert ausgewiesen. Bei Verkehrswerten oberhalb der Anschaffungskosten wird (statt eines Ertragsausweises in der GuV) auf der Passivseite eine Neubewertungsrücklage in Höhe der unrealisierten Wertsteigerung ausgewiesen. Wertänderungen unterhalb der Anschaffungskosten werden erfolgswirksam über das GuV-Konto gebucht. So wird z.B. die Wertänderung der Periode 05 am 31. 12. 05 durch den Buchungssatz

Grundstücke	370	**an**	Neubewertungsrücklage	250
			Sonstiger betrieblicher Ertrag	120

erfasst.

Teilaufgabe b)

Es gelten die Angaben der Teilaufgabe a). Die EXPANSIONS-AG hat das Vorratsgrundstück zum 31. 12. 05 nach der Neubewertungsmethode bewertet:

Aktiva	**Bilanz 31. 12. 05**		**Passiva**
Grundstücke	1.250	Neubewertungsrücklage	250

In der Folgeperiode 06 ändert die EXPANSIONS-AG ihre Erweiterungspläne und verkauft das Vorratsgrundstück am 1. 4. 06 zum Preis von

(1) 1.250 **(2) 1.100** **(3) 1.300**

Die Kaufpreiszahlung erfolgt durch Banküberweisung. Wie lauten die Buchungssätze zum 1. 4. 06?

Bei einem Verkauf wird der Posten „Grundstücke" auf der Aktivseite und der Posten „Neubewertungsrücklage" auf der Passivseite aufgelöst. Die Auflösung der Neubewertungsrücklage erfolgt erfolgsneutral, d.h. unter Umgehung der GuV-Rechnung. Zu diesem Zweck wird der Eigenkapitalposten „Neubewertungsrücklage" durch den Eigenkapitalposten „Andere Gewinnrücklagen" ersetzt. Ein Erfolgsausweis in der GuV-Rechnung findet nur dann statt, wenn der Verkaufspreis des Vermögensgegenstandes oberhalb des aktivierten Grundstückswertes liegt.

(1) **Verkaufspreis**	**1.250**			
Bank	1.250	**an**	Grundstücke	1.250
Neubewertungsrücklage	250	**an**	Gewinnrücklage	250
(2) **Verkaufspreis**	**1.100**			
Bank	1.100			
Neubewertungsrücklage	250	**an**	Grundstücke	1.250
			Gewinnrücklage	100
(3) **Verkaufspreis**	**1.300**			
Bank	1.300	**an**	Grundstücke	1.250
			Sonstiger betrieblicher Ertrag	50
Neubewertungsrücklage	250	**an**	Gewinnrücklage	250

Aufgabe 72 Anlageimmobilien im IFRS-Abschluss

Die Lebensversicherung VITA-AG hält in ihrem Anlageportfolio vermietete Wohn- und Geschäftshäuser, die bei Bedarf zum Marktwert verkauft werden können (als Finanzinvestition gehaltene Immobilien). Die Ausweismöglichkeiten solcher Anlageimmobilien im IFRS-Abschluss sollen am Beispiel des folgenden Einzelobjektes erläutert werden:

t_0	Anschaffungskosten	1,25 Mio.
t_1	Marktwert	1,27 Mio.
t_2	Marktwert	1,18 Mio.
t_3	Marktwert	1,14 Mio.
t_4	Marktwert	1,12 Mio.
t_5	Marktwert	1,30 Mio.

Die Anschaffungskosten lassen sich folgendermaßen aufteilen:

Grundstückswert	0,25 Mio.
Gebäudewert	1,00 Mio.

Die planmäßige Abschreibung (linear) beträgt 2 Prozent vom Gebäudewert, also 20.000 EUR/Jahr.

Teilaufgabe a)

Wie ist die Anlageimmobilie in den IFRS-Abschlüssen t_1 bis t_5 auszuweisen, wenn die Anschaffungskostenmethode (cost model) zur Anwendung kommt?

Wöhe S. 845 f.

Bei Anwendung des cost model ist die Anlageimmobilie nach dem Imparitätsprinzip zu bewerten. Demnach ist ein Vermögensausweis oberhalb der fortgeführten Anschaffungskosten verboten. Liegt der Verkehrswert am Bilanzstichtag unterhalb fortgeführter Anschaffungskosten, ist eine außerplanmäßige Abschreibung vorzunehmen. Steigt der Stichtagswert später wieder an, ist eine Zuschreibung (maximal bis zur Höhe fortgeführter Anschaffungskosten) zwingend erforderlich.

Bilanz-stich-tag	fortgeführte Anschaf-fungskosten (in TEUR)	Verkehrs-wert (in TEUR)	Bilanz-ausweis (in TEUR)	Erfolgsausweis	
				pl. A. (–)	sonst. betr. Aufwendungen (–) sonst. betr. Ertrag (+)
t_1	1.230	1.270	1.230	– 20	–
t_2	1.210	1.180	1.180	– 20	– 30
t_3	1.190	1.140	1.140	– 20	– 20
t_4	1.170	1.120	1.120	– 20	–
t_5	1.150	1.300	1.150	– 20	+ 50

Zwecks didaktischer Vereinfachung wurde darauf verzichtet, die planmäßige Abschreibung (pl. A.) nach Durchführung einer außerplanmäßigen Abschreibung neu zu berechnen.

Teilaufgabe b)

Wie ist die Anlageimmobilie in den IFRS-Abschlüssen t_1 bis t_5 auszuweisen, wenn das fair value model zur Anwendung kommt. Zur Vereinfachung soll auf die Bildung latenter Steuern verzichtet werden.

Wöhe S. 845 f.

Bei Anwendung des fair value model wird die Anlageimmobilie in der Bilanz zum Verkehrswert (fair value) ausgewiesen. Die Wertänderungen werden in der GuV-Rechnung als sonstiger betrieblicher Aufwand bzw. sonstiger betrieblicher Ertrag erfasst. Eine planmäßige Abschreibung findet nicht statt.

Bilanzstichtag	Bilanzausweis (in TEUR)	Erfolgsausweis	
		sonstige betriebliche Aufwendungen	sonstige betriebliche Erträge
t_1	1.270		+ 20
t_2	1.180	– 90	
t_3	1.140	– 40	
t_4	1.120	– 20	
t_5	1.300		+ 180
		– 150	+ 200

Für die Totalperiode t_0 bis t_5 wird per Saldo (+ 200 – 150) ein Ertrag von + 50 ausgewiesen. Dies entspricht dem Wertzuwachs von 1.250 (t_0) auf 1.300 (t_5).

Aufgabe 73 Bilanzierungs- und Bewertungsgrundsätze im IFRS-Abschluss

Welche der folgenden Behauptung sind richtig?

(1) Im IFRS-Abschluss gilt ein generelles Aktivierungsverbot für alle selbst erstellten immateriellen Vermögensgegenstände.

(2) Der tendenziell höhere Vermögensausweis im IFRS-Abschluss hat den Zweck, im Interesse des Gläubigerschutzes das Schuldendeckungspotential zu vergrößern.

(3) Auf die Totalperiode bezogen ist die Summe der Periodenerfolge aus den IFRS-Abschlüssen mit jener aus den HGB-Abschlüssen identisch.

(4) Ein Ausweis von Pensionsrückstellungen ist im IFRS-Abschluss nicht vorgesehen, weil Aufwandrückstellungen prinzipiell unzulässig sind.

(5) Fremdwährungsverbindlichkeiten müssen bei einem Kursanstieg der Fremdwährung im IFRS-Abschluss zu einem geringeren Wert angesetzt werden als im HGB-Abschluss.

(6) Bei der Ermittlung eines möglichen Forderungsausfallrisikos soll man sich im IFRS-Abschluss nicht von vorsichtiger, sondern von nüchterner Betrachtungsweise leiten lassen.

(7) Der Sonderposten mit Rücklageanteil ist im IFRS-Abschluss höher als im HGB-Abschluss.

(8) Bei Vermögensgegenständen des Sachanlagevermögens müssen im IFRS-Abschluss außerplanmäßige Abschreibungen vorgenommen werden, auch wenn man von einer nur vorübergehenden Wertminderung ausgeht.

Zutreffend sind die Behauptungen (3), (6) und (8).

Aufgabe 74 Effektivzinsmethode im IFRS-Abschluss

Einer zum Zeitpunkt t_0 getroffenen Darlehensvereinbarung liegen folgende Konditionen zugrunde:

Laufzeit	**5 Jahre**
Rückzahlungsbetrag (= Nennbetrag)	**10.000 GE**
Ausgabebetrag (95 Prozent)	**9.500 GE**
Nominalzins	**6 Prozent**

Ermitteln Sie die Effektivverzinsung des Darlehens nach der Methode des internen Zinsfußes!

Lösungshinweis: Zur Ermittlung des internen Zinsfußes vgl. den in Aufgabe **5**/27 beschriebenen Lösungsweg!

Aus Sicht des Gläubigers hat die Zahlungsreihe des Darlehens folgendes Aussehen:

t_0	t_1	t_2	t_3	t_4	t_5
– 9.500	+ 600	+ 600	+ 600	+ 600	+ 600 + 10.000

Außer dem Nominalzins von 6 Prozent erhält der Darlehensgeber einen Vermögenszuwachs von 500 GE, denn der Auszahlung in t_0 in Höhe von 9.500 GE steht in t_5 ein Kapitalrückfluss in Höhe von 10.000 GE gegenüber.

Im vorliegenden Fall erhält der Darlehensgeber eine **Effektivverzinsung in Höhe von 7,225 Prozent**. Diskontiert man den Einzahlungsstrom zwischen t_1 und t_5 mit diesem Zinssatz, erhält man einen Barwert der Kapitalrückflüsse in Höhe von 9.500 GE. Da die Anschaffungsauszahlung ebenfalls 9.500 GE beträgt, hat diese Investition bei einem Kalkulationszinsfuß von 7,225 Prozent einen Kapitalwert von Null:

Zeitpunkt	t_0	t_1	t_2	t_3	t_4	t_5
Zahlung	– 9.500	+ 600	+ 600	+ 600	+ 600	+ 600 + 10.000
Barwert (i = 7,225 %)	**– 9.500**	+ 559,57	+ 521,87	+ 486,70	+ 453,91	+ 423,32 + 7.055,37
				+ 9.500,74		

Es ergibt sich eine Rundungsdifferenz von 0,74 GE.

Aufgabe 75 Bewertung von Finanzinstrumenten nach der Effektivzinsmethode

Es gelten die Angaben der Aufgabe 74.

Teilaufgabe a)

Zu welchem Wert hat der Darlehensgeber die Darlehensforderung bei Darlehensgewährung in t_0 und an den folgenden Bilanzstichtagen t_1 bis t_5 zu bewerten? Wie hoch ist der in der GuV-Rechnung auszuweisende Ertrag der Perioden 01 bis 05?

Wöhe S. 852

Zum Zeitpunkt der Darlehensgewährung in t_0 ist die Forderung mit dem nach der Effektivzinsmethode ermittelten Barwert künftiger Zins- und Tilgungszahlungen zu bewerten. Im Beispielfall der Aufgabe 74 beziffert sich dieser **Barwert** auf **9.500 GE**. Den Effektivzinsertrag des 1. Jahres erhält man durch Multiplikation des Jahresanfangskapitals von 9.500 GE mit dem **Effektivzinsfaktor** von **7,225 Prozent**. Für das 1. Jahr ist in der GuV der Effektivzins in Höhe von 686,38 als Ertrag auszuweisen. Dieser Gesamtertrag der Periode 01 lässt sich in zwei Bestandteile zerlegen: den tatsächlich empfangenen Nominalzins von 600 GE und den Kapitalzuwachs von 86,38 GE.

	Bilanzausweis	GuV-Ausweis (Effektivzins)	Zinszahlung	Kapitalzuwachs
t_0	**9.500,00**			
		686,38	600,00	86,38
t_1	**9.586,38**			
		692,62	600,00	92,62
t_2	**9.679,00**			
		699,31	600,00	99,31
t_3	**9.778,31**			
		706,48	600,00	106,48
t_4	**9.884,79**			
		714,18	600,00	114,18
t_5	**9.998,97**			**(498.97)**

Durch den Kapitalzuwachs des ersten Jahres (86,38) erhöht sich der Kapitalwert der Forderung in t_1 auf 9.586,38 GE. Die Effektivverzinsung des zweiten Jahres beträgt dann 9.586,38 · 0,07225 = 692,62.

Eine Addition der jährlichen Kapitalzuwächse führt zu einem Gesamtbetrag von 498,97 GE, was (unter Berücksichtigung der Rundungsdifferenz beim Kalkulationszinsfuß) dem Betrag des Disagios entspricht.

Teilaufgabe b)

Mit welchen Beträgen in Bilanz und GuV-Rechnung muss der Darlehensnehmer die finanzielle Verbindlichkeit im IFRS-Abschluss ausweisen?

Wöhe S. 859

In der Lösung zu Teilaufgabe a) sind die Beträge aufgeführt, die der **Darlehensgeber** als

- Aktivum in der Bilanz (z. B. 9.679,00 GE in t_2)
- Ertrag in der GuV-Rechnung (z. B. 692,62 GE in Periode 02)

auszuweisen hat. **Entsprechende Beträge** muss der **Darlehensnehmer** als

- **Verbindlichkeiten in der Bilanz**
- **Aufwendungen in der GuV Rechnung**

ausweisen.

Aufgabe 76 Disagio im IFRS-Abschluss

Die KREDIT-AG vergibt ein Darlehen mit folgenden Konditionen

- Darlehenslaufzeit 5 Jahre
- Nominalzins/Jahr 6 Prozent
- Nominalbetrag 1.000
- Disagio 10 Prozent

Teilaufgabe a)

Zeigen Sie den künftigen Zahlungsstrom aus der Sicht des Darlehensgebers! Wie hoch ist die Effektivverzinsung des Darlehens?

Wöhe S. 852 und 859

Als Darlehensgeber hat die KREDIT-AG mit folgenden Einzahlungen (+) und Auszahlungen (–) zu rechnen:

Zeitpunkt der Zahlung	t_0	t_1	t_2	t_3	t_4	t_5
Höhe der Zahlung	– 900	+ 60	+ 60	+ 60	+ 60	+ 1.060
Barwert der Zahlung (i = 8,54 %)	– 900	+ 55,27	+ 50,93	+ 46,92	+ 43,23	+ 703,65

Die Effektivverzinsung des Darlehens entspricht der internen Verzinsung des Zahlungsstroms. Im vorliegenden Beispiel liegt der Effektivzinssatz bei 8,54 Prozent pro Jahr. Diskontiert man die künftigen Zins- und Tilgungszahlungen (t_1 bis t_5) mit diesem Zinssatz, erhält man einen Barwert von + 900.

Damit entspricht der Barwert der künftigen Rückflüsse exakt dem Auszahlungsbetrag (– 900) in t_0.

Teilaufgabe b)

Ermitteln Sie den Jahresbetrag der

- Effektivverzinsung
- Nominalverzinsung
- Wertänderung (Amortisation des Disagios)

des Darlehens!

Zeitpunkt	**Zeitwert des Darlehens**	**Effektiver Zinsbetrag (bei 8,54 %)**	**Nominaler Zinsbetrag**	**Tilgung**	**Wertänderung**
t_0	900				
		77	60	–	+ 17
t_1	917				
		78	60	–	+ 18
t_2	935				
		80	60	–	+ 20
t_3	955				
		82	60	–	+ 22
t_4	977				
		83	60	–	+ 23
t_5	1.000			– 1.000	

Bei einer Effektivverzinsung von 8,54% ist im ersten Jahr ein Vermögenszuwachs (900 · 0,0854) von 77 zu erwarten. Nach Abzug der ausgezahlten Nominalzinsen von 60 gelangt der Darlehensgeber zu einem (nichtrealisierten) Wertzuwachs von 17. Damit erhöht sich der Zeitwert seiner Darlehensforderung in t_1 auf 917.

Teilaufgabe c)

Darlehensnehmer ist die DEBET-AG. Das Darlehen ist also von der

- KREDIT-AG zu aktivieren
- DEBET-AG zu passivieren.

Zeigen Sie den Bilanz- und Erfolgsausweis beim Gläubiger und beim Schuldner!

Das Darlehen ist beim Gläubiger und Schuldner folgendermaßen zu bilanzieren:

Gläubiger: KREDIT-AG				Schuldner: DEBET-AG		
Periode	Ertrag	Aktivposten		Passivposten	Aufwand	Periode
		900	t_0	900		
01	60 + 17				17 + 60	01
		917	t_1	917		
02	60 + 18				18 + 60	02
		935	t_2	935		
03	60 + 20				20 + 60	03
		955	t_3	955		
04	60 + 22				22 + 60	04
		977	t_4	977		
05	60 + 23				23 + 60	05
		0	t_5	0		

Aufgabe 77 Bilanzpolitischer Spielraum im Jahresabschluss HGB/IFRS – Teil 1 –

Gemeinsamer Vorspann zu Aufgabe 77 bis 79

Die SCHIFFBAU-AG erstellt bislang ihren Jahresabschluss nach den Vorschriften des HGB. Einen Wechsel zum IFRS-Abschluss will man nur vollziehen, wenn die IFRS beim Ausweis des Jahreserfolgs (vor Steuern) einen ähnlich großen bilanzpolitischen Spielraum bieten wie die Vorschriften des HGB.

Zur Klärung dieser Frage ist zu prüfen, inwieweit die im folgenden aufgeführten Geschäftsvorfälle/Abschlussbuchungen im

- HGB-Abschluss
- IFRS-Abschluss

einen bilanzpolitischen Spielraum zum Erfolgsausweis beinhalten.

Aus Vereinfachungsgründen sollen latente Steuern nachfolgend vernachlässigt werden.

Beispiel:

HGB

- planmäßige Gebäudeabschreibung (zwingend) 2 Mio.
- steuerliche Mehrabschreibung (wahlweise) 4 Mio.

IFRS

- planmäßige Gebäudeabschreibung (zwingend) 3 Mio.
- steuerliche Mehrabschreibung (verboten)

Lösungsschema:

Geschäftsvorfall/ Abschlussbuchung (Ertrag +/Aufwand –)	HGB		IFRS	
	GuV-Erfolgsausweis		GuV-Erfolgsausweis	
	minimal	maximal	minimal	maximal
Gebäudeabschreibung	– 6	– 2	– 3	– 3

Aufgabe

In Periode 01 kam es zu folgenden Geschäftsvorfällen (Betragsangaben in Mio. Geldeinheiten).

(1) In Periode 01 wurden Umsatzerlöse von 50 erwirtschaftet.

(2) Wertpapiere des Umlaufvermögens (UV) (trading securities) werden mit der Absicht gehalten, sie bei günstiger Börsenkursentwicklung in naher Zukunft weiterzuveräußern.

- Wertpapiere A: Anschaffungskosten 10; Börsenkurs 31. 12. 01 — 12
- Wertpapiere B: Anschaffungskosten 8; Börsenkurs 31. 12. 01 — 7
  erwartete Kursminderung in Periode 02 auf — 5

(3) Für die zu Beginn der Periode 01 angeschafften maschinellen Anlagen gilt folgendes

- Anschaffungskosten — 50
- planmäßige Abschreibung Periode 01 — 10
- zusätzliche steuerliche Sonderabschreibungen Periode 01 — 20

(4) Zu Beginn der Periode 01 wurde das Unternehmen X erworben

- Bilanzwert der übernommenen Vermögensgegenstände — 50
- Zeitwert der übernommenen Vermögensgegenstände — 65
- Wert der übernommenen Schulden — 30
- gezahlter Kaufpreis — 45

Wie groß ist der bilanzpolitische Spielraum zum GuV-Erfolgsausweis im HGB- bzw. IFRS-Abschluss?

Wöhe S. 842–852 und 861–864

Nach HGB bzw. IFRS ist folgender Erfolgsausweis möglich:

Geschäftsvorfall/Abschlussbuchung (Ertrag +/Aufwand –)	HGB		IFRS	
	GuV-Erfolgsausweis		GuV-Erfolgsausweis	
	minimal	maximal	minimal	maximal
(1) Umsatzerlöse (HGB § 275 II/IAS 18.7)	+ 50	+ 50	+ 50	+ 50
(2) Wertpapiere UV trading securities A Anko 10 TW 12 trading securities B Anko 8 TW 7 künftig 5 (HGB § 253 III/IAS 39)	0 – 3	0 – 1	+ 2 – 1	+ 2 – 1
(3) Maschinelle Anlagen • planmäßige Abschreibungen 01 10 • zus. st. Sonderabschreibungen 20 (HGB §§ 253 II, 254/IAS 16)	– 30	– 10	– 10	– 10

Geschäftsvorfall/Abschlussbuchung (Ertrag +/Aufwand –)	HGB		IFRS	
	GuV-Erfolgsausweis		GuV-Erfolgsausweis	
	minimal	maximal	minimal	maximal
(4) Derivativer Firmenwert • Anschaffungskosten 10 • voraus. Nutzungsdauer 10 Jahre (HGB 255 IV/IFRS 3)	– 10*	+ 0**	0***	0***
Erfolgsausweis	**+ 7**	**+ 39**	**+ 41**	**+ 41**

*Das HGB erlaubt die Nichtaktivierung des derivativen Firmenwertes.
**Das HGB erlaubt die Abschreibung (maximal 5 Jahre) beginnend mit der Folgeperiode.
***Nach IFRS wird ein Firmenwert nur bei Veränderungen der Werthaltigkeit (Impairment Test) abgeschrieben.

Ergebnis: Das HGB eröffnet einen breiten bilanzpolitischen Spielraum von (39–7) 32. Im IFRS-Abschluss ist die Bildung stiller Rücklagen nicht möglich und der bilanzpolitische Spielraum gleich Null.

Aufgabe 78 Bilanzpolitischer Spielraum im Jahresabschluss HGB/IFRS – Teil 2 –

Bitte beachten Sie den Vorspann zu Aufgabe 77

In Periode 01 kam es zu folgenden Geschäftsvorfällen (Betragsangaben in Mio. Geldeinheiten):

(1) In Periode 01 wurden Finanzanlagen (available-for-sale) beschafft. Ein Halten der Papiere bis zur Endfälligkeit ist nicht beabsichtigt.
- Anschaffungskosten 20
- Börsenkurs 31. 12. 01 16
- erwartungsgemäß vorübergehende Wertminderung (börsenübliche Kursschwankung)

(2) Die in der Entwicklungsabteilung angefallenen (aufwandgleichen) Kosten belaufen sich in Periode 01 auf insgesamt 21. Davon entfallen auf die
- – nautische Grundlagenforschung 6
- – Entwicklung eines verbesserten Navigationssystems (marktreif) 15

(3) In Periode 01 wurde ein Provisionsertrag in Höhe von 40 erwirtschaftet.

(4) Für umfangreiche Personalschulungsmaßnahmen, die der künftigen Ertragfähigkeit zugute kommen werden (Wertsteigerung des Humankapitals), entstand in Periode 01 ein Aufwand von 4.

Wie groß ist der bilanzpolitische Spielraum zum Erfolgsausweise im HGB- bzw. IFRS-Abschluss?

Wöhe S. 842–852 und 861–864

Nach HGB bzw. IFRS ist folgender Erfolgsausweis möglich:

Geschäftsvorfall/Abschlussbuchung (Ertrag +/Aufwand –)		HGB		IFRS	
		GuV-Erfolgsausweis		GuV-Erfolgsausweis	
		minimal	maximal	minimal	maximal
(1) Finanzanlage (available-for-sale) Anschaffungskosten 20; TW 16 vorübergehende Wertminderung (HGB § 253 II i. V. m. § 279/IAS 39)		– 4	0	0*	0*
(2) Entwicklungskosten • marktreifes Produkt • Grundlagenforschung (HGB § 248 II/IAS 38.54)	 15 6	 – 15 – 6	 – 15 – 6	 0** – 6	 0** – 6
(3) Provisionsertrag	40	+ 40	+ 40	+ 40	+ 40
(4) Originärer Firmenwert Personalschulung (HGB § 248 II/IAS 38.67)	4	– 4	– 4	– 4	– 4
Erfolgsausweis vor Steuern		**+ 11**	**+ 15**	**+ 30**	**+ 30**

* Die Änderung ist ergebnisneutral über die Neubewertungsrücklage zu buchen. Prinzipiell könnten die Finanzanlagen auch der Kategorie at-fair-value-through-profit-or-less zugeordnet werden (Wahlrecht). In diesem Fall müsste die Wertminderung über die GuV erfasst werden.

** Nach IFRS sind die produktbezogenen Entwicklungskosten (15) zu aktivieren. Die Bestandserhöhung des Aktivums ist als Erfolg (15) mit dem Aufwand (15) zu verrechnen.

Der IFRS-Abschluss erlaubt keinen bilanzpolitischen Spielraum beim Erfolgsausweis.

Aufgabe 79 Bilanzpolitischer Spielraum im Jahresabschluss HGB/IFRS – Teil 3 –

Bitte beachten Sie den Vorspann zu Aufgabe 77

In Periode 01 kam es zu folgenden Geschäftsvorfällen (Betragsangaben in Mio. Geldeinheiten):

(1) Im Zuge der Erweiterung des Absatzgebietes in die baltischen Staaten entstand in Periode 01 Ingangsetzungs- und Erweiterungsaufwand in Höhe von 3. Die Absatzchancen auf dem neuen Markt sind ungewiss.

(2) Nach dem Kentern eines Schiffes macht der geschädigte Kunde eine Schadenersatzforderung in Höhe von 10 geltend. Das vom Kunden angerufene Gericht wird in Periode 02 die endgültige Schadensersatzhöhe festlegen. Mit folgender Verurteilung ist zu rechnen.

Wahrscheinlichkeit	Schadenersatzhöhe
– 60 Prozent	5
– 40 Prozent	8

(3) In der zweiten Jahreshälfte der Periode 02 ist mit einer Großreparatur am Trockendeck zu rechnen. Der erwartete Reparaturaufwand liegt bei 5.

(4) Für eine in der Vorperiode 00 entstandene Darlehensforderung gelten folgende Angaben:

- Anschaffungskosten (Periode 00) 4
- Einzelabschreibung wegen Zahlungsverzugs in Periode 00 50%
- In Periode 01 kehrt der Darlehensnehmer zu pünktlicher Zahlweise von Zinsraten zurück. Der frühere „Zahlungsverzug" beruhte auf banktechnischem Irrtum.

(5) Für ein zu Beginn der Periode 01 aufgenommenes Darlehen gelten folgende Angaben:

- Rückzahlungsbetrag 1.000
- Auszahlungsbetrag 900
- Laufzeit 5 Jahre

Das Darlehen wird in Höhe seines Nennbetrages von 1.000 mit einem Zinssatz von 6 % verzinst.

Wöhe S. 833 f. und 856–861

Nach HGB bzw. IFRS ist folgender Erfolgsausweis möglich:

Geschäftsvorfall/Abschlussbuchung (Ertrag +/Aufwand –)		HGB		IFRS	
		GuV-Erfolgsausweis		GuV-Erfolgsausweis	
		minimal	maximal	minimal	maximal
(1) Ingangsetzungs- und Erweiterungsaufwand (HGB § 269/IAS 38.57)	3	– 3	0	– 3	– 3
(2) Prozesskostenrückstellung Schadenersatz w = 0,60 w = 0,40 (HGB § 249/IAS 37.23)	 5 8	 – 8	 – 8	 – 5	 – 5
(3) Reparaturkostenrückstellung (HGB § 249 II)	5	– 5	0	0	0
(4) Darlehensforderungen • Vorjahresabschreibungen • Abschreibungsgrund hinfällig (HGB § 280 I/IAS 39.47 ff.)	 2	+ 2	+ 2	+ 2	+ 2
(5) Disagio • Kreditaufnahme Anf. 01 • Kreditauszahlung • Laufzeit Jahre • nomineller Zins 6 % (HGB § 250 II/IAS 39)	 1.000 900 5	– 160	– 80	– 77*	– 77*
Erfolgsausweis vor Steuern		**– 174**	**– 86**	**– 83**	**– 83**

* Vgl. Aufgabe 76 b.

Der HGB-Abschluss erlaubt die Bildung stiller Rücklagen von (174–86) 88 und eröffnet einen bilanzpolitischen Spielraum. Der IFRS-Abschluss verlangt einen eindeutigen Erfolgsausweis von – 83.

Aufgabe 80 Konzern-Erfolgsrechnung nach HGB und IFRS

Am FILIA-Konzern ist die Muttergesellschaft mit 80 Prozent beteiligt. Der Minderheitenanteil liegt bei 20 Prozent. Die (verkürzte) Konzern-Erfolgsrechnung nach HGB hat folgendes Aussehen:

	FILIA-Konzern GuV-Rechnung (HGB)		
	Ergebnis aus der gewöhnlichen Geschäftstätigkeit		3.000
–	a. o. Ergebnis	–	500
–	Ertragsteuern	–	1.000
	Jahresüberschuss		**1.500**

Erstellen Sie eine entsprechende (verkürzte) Konzernerfolgsrechnung nach IFRS!

Wöhe S. 861 f.

Die verkürzte GuV-Rechnung nach IFRS hat folgendes Aussehen:

	FILIA-Konzern GuV-Rechnung (IFRS)		
	Profit before tax		2.500
–	Income tax	–	1.000
	Profit after tax		1.500
–	**Minority interest**	–	**300**
	Net profit for the period		**1.200**

Der Konzern-Jahresüberschuss in Höhe von 1.500 entfällt zu 80 Prozent auf die Konzernmutter (1.200) und zu 20 Prozent auf die Minderheitsaktionäre (300). In der Erfolgsrechnung nach IFRS werden diese beiden Erfolgskomponenten getrennt ausgewiesen. Aus der Sicht der Konzernmutter gilt der Minderheitenanteil (minority interest = 300) als Aufwand. Der Gewinnanteil der Konzernmutter wird als Net profit for the period (+ 1.200) ausgewiesen. Der Ausweis eines außerordentlichen Ergebnisses ist nicht zulässig.

Aufgabe 81 Erweiterte Erfolgsrechnung nach IFRS

Die VARIO-AG hat für das Geschäftsjahr 02 folgende Erträge und Aufwendungen zu verzeichnen:

Erträge:	(in Mio.)
Umsatzerlöse	80
Sonstige betriebliche Erträge	15
Finanzerträge	5
	100
Aufwendungen:	
Materialaufwand	14
Personalaufwand	30
Abschreibungen	8
Sonstige betriebliche Aufwendungen	10
Finanzaufwendungen	12
	74
Ertragsteuern	**8**

Außerhalb der Gewinn- und Verlustrechnung sind folgende Reinvermögensänderungen zu berücksichtigen:

(1)	**Erhöhung der Neubewertungsrücklage (brutto)** für Betriebsgrundstücke	**6**
(2)	**Erhöhung der Fair Value-Rücklage (brutto)** für Wertpapiere zur Verfügung	**3**
(3)	**Ertragsteuern (33 Prozent)** aus (1) und (2)	**3**

Erstellen Sie die erweiterte Erfolgsrechnung nach IFRS mit den Bestandteilen

- GuV-Rechnung
- Other comprehensiv income (OCI)!

Wöhe S. 861–864

In der GuV-Rechnung sind das

- Betriebsergebnis (Operating profit)
- Ergebnis vor Steuern
- Ergebnis nach Steuern

gesondert auszuweisen.

Erweiterte Erfolgsrechnung nach IFRS				
GuV-Rechnung		Umsatzerlöse	80	
	+	Sonstige betriebliche Erträge	+ 15	
	–	Materialaufwand	– 14	
	–	Personalaufwand	– 30	
	–	Abschreibungen	– 8	
	–	Sonstige betriebliche Aufwendungen	– 10	
		Betriebsergebnis	**33**	
	+	Finanzerträge	+ 5	
	–	Finanzaufwendungen	– 12	
		Ergebnis vor Steuern	**26**	
	–	Ertragsteuern	– 8	
		Ergebnis nach Steuern	**18**	**+ 18**
OCI-Rechnung	+	Erhöhung der Neubewertungsrücklage (brutto)	+ 6	
	+	Erhöhung der Fair-Value-Rücklage (brutto)	+ 3	
		OCI vor Steuern	**9**	
	–	Ertragsteuern (33 %)	– 3	
		OCI nach Steuern	**6**	**+ 6**
Erweitertes Periodenergebnis				**+ 24**

Aufgabe 82 Statement of changes in equity

Es gelten die Ausgangsdaten der Aufgabe 81.

Die VARIO-AG weist zum 31. 12. 01 folgenden Endbestand an Eigenkapital (Mio. EUR) aus:

	31. 12. 01
Issued capital	120
Capital reserves	20
Revenue reserves • Retained earnings • Statutory reserves • Legal reserves • Other revenue reserves	 60 25 15 10
Other reserves	50
Total	**300**

Im Laufe der **Periode 02** sind folgende **Eigenkapitaländerungen** zu berücksichtigen:

(a) Ausgabe von 10 Mio. neuer Aktien (Nennbetrag/Aktie 1 EUR) zum Kurs von 2,50 EUR/Stück.

(b) Dividendenzahlung von 12 Mio.

(c) Aus dem Vorjahresergebnis stellt die Hauptversammlung 4 Mio. in die statutarischen Rücklagen ein.

(d) Nach einer Wertsteigerung betrieblich genutzter Grundstücke um 6 Mio. ist die Neubewertungsrücklage nach Abzug von 33 Prozent Ertragsteuern um 4 Mio. zu erhöhen.

(e) Nach einer Kurssteigerung von Wertpapieren zur Verfügung um 3 Mio. ist die Fair Value-Rücklage nach Abzug von 33 Prozent Ertragsteuern um 2 Mio. zu erhöhen.

(f) Die GuV-Rechnung 02 weist ein Ergebnis nach Steuern von 18 Mio. aus.

Erstellen Sie das statement of chances in equity!

Wöhe S. 853–855 und 865 f.

Die Eigenkapitalveränderungsrechnung für die Periode 02 hat folgendes Aussehen:

Eigenkapitalposten	Stand 1. 1. 02	Zugänge	Abgänge	Stand 31. 12. 02
Issued capital (a)	120	10		130
Capital reserves (a)	20	15		35
Revenue reserves • Retained earnings (b) (c) (f) • Statutory reserves (c) • Legal reserves • Other revenue reserves	 60 25 15 10	 18 4	 16	 62 29 15 10
Other reserves (d) (e)	50	6		56
Equity Total	**300**	53	16	**337**

Die Abgänge bei den retained earnings in Höhe von 16 setzen sich aus einer Dividendenausschüttung (12) und einer Umbuchung in die statutory reserves (4) zusammen.

VII. Konzernabschluss

Wiederholungsfragen:

	Wöhe Seite
Worin liegt der Unterschied zwischen einer Gemeinschaftsbilanz und einer Konzernbilanz?	868
Welche vier Sachverhalte bedürfen der Konsolidierung in einem Konzernabschluss?	869
Wer ist zur Aufstellung eines Konzernabschlusses verpflichtet?	870
Welche Konsolidierungsmethoden kennen Sie?	871
Was versteht man unter einer Handelsbilanz II?	871 f.
Wie werden Minderheitsbeteiligte bei der Kapitalkonsolidierung nach der Erwerbsmethode behandelt?	873
Was versteht man unter Goodwill, Badwill und Lucky buy?	874 f.
Wie werden stille Rücklagen bei der Kapitalkonsolidierung nach der Buchwertmethode bzw. nach der Neubewertungsmethode behandelt?	876 f.
Welchem Grundsatz folgt die Schuldenkonsolidierung?	878
Wie funktioniert die Zwischenergebniskonsolidierung?	879 f.
Wie werden Gemeinschaftsunternehmen und assoziierte Unternehmen in den Konzernabschluss einbezogen?	861 f.

Aufgabe 83 Kapitalkonsolidierung (mit Badwill)

Das Mutterunternehmen (MU) erwarb eine 80 % – Beteiligung an dem Tochterunternehmen (TU). Die Anschaffungskosten betrugen 500 TEUR. Führen Sie die Kapitalkonsolidierung nach der Neubewertungsmethode durch. (Hinweis: Es bestehen stille Rücklagen bei TU von 500 TEUR.)

Aktiva	Bilanz MU (TEUR)		Passiva
Beteiligung	500	Eigenkapital	4.000
Verschiedene Aktiva	4.500	Fremdkapital	1.000
	5.000		5.000

Aktiva	Bilanz TU (TEUR)		Passiva
Verschiedene Aktiva	2.000	Eigenkapital	800
		Fremdkapital	1.200
	2.000		2.000

Wöhe S. 872–880

Die Kapitalkonsolidierung ergibt folgendes Bild:

Bilanzposten	**TU**	**MU**	Summen-bilanz	**Kapital-konsolidierung**		Konzern-bilanz
				S	H	
Aktiva						
Goodwill	–	–	–			–
Beteiligung	–	500	500		500[1]	–
Verschiedene Aktiva	2.500	4.500	7.000			7.000
Unterschiedsbetrag				540[2]	540[1]	
Summe Aktiva	2.500	5.000	7.500			7.000
Passiva						
Eigenkapital	1.300	4.000	5.300	1.300[1]	540[2]	4.540
Minderheitsbeteiligte	–	–	–		260[1]	260
Fremdkapital	1.200	1.000	2.200			2.200
Summe Passiva	2.500	5.000	7.500	1.840	1.840	7.000

Die stillen Rücklagen bei TU werden aufgelöst. Im Rahmen der Kapitalkonsolidierung wird zunächst der Beteiligungsbuchwert bei MU gegen das Eigenkapital von TU verrechnet. Hierbei sind die Minderheitsbeteiligten zu berücksichtigen.

Buchungssatz 1:

Eigenkapital	1.300	**an**	Beteiligung	500
		an	Minderheitsbeteiligte	260
		an	Unterschiedsbetrag	540

Der sich ergebende Unterschiedsbetrag resultiert aus einem „Lucky-buy". Dieser ist lt. IFRS nicht als Badwill auszuweisen, sondern sofort erfolgswirksam über das Eigenkapital zu verrechnen.

Buchungssatz 2:

Unterschiedsbetrag	540	**an**	Eigenkapital	540

Aufgabe 84 Aufwands- und Ertragskonsolidierung

Das Mutterunternehmen (MU) ist zu 100 % an dem Tochterunternehmen (TU) beteiligt. In der Periode 01 liefert TU an MU Waren zu einem Gesamtpreis von 50 TEUR. Die Herstellungskosten bei TU beziffern sich auf 30. MU verarbeitet 50 % der Waren weiter, wodurch zusätzliche Kosten von 6 TEUR entstanden sind, und verkauft diese an einen Dritten (Außenumsätze) zu 40 TEUR. Führen Sie die Aufwands- und Ertragskonsolidierung unter Anwendung des Umsatzkostenverfahrens durch!

Wöhe S. 880

Unter Anwendung des Umsatzkostenverfahrens stellt sich die Konzern-GuV wie folgt dar:

GuV-Posten	TU	MU	Summen-GuV	Aufwands- und Ertrags-konsolidierung		Konzern-GuV
				S	H	
Ertrag						
Umsatzerlöse	50	40	90	**50**		40
Aufwand						
Herstellungskosten des Umsatzes	30	31	61		**40**	21
Jahresergebnis	+ 20	+ 9	+ 29		**10**	19

50 % der Waren sind in der Periode nicht verkauft worden. In der Konzern-GuV dürfen für diese deshalb keine Umsatzerlöse, Herstellungskosten des Umsatzes oder ein Ergebnis ausgewiesen werden.

Buchungssatz 1:

Umsatzerlöse	25	**an**	Herstellungskosten des Umsatzes	15
			Jahresergebnis	10

Für die Außenumsatzerlöse sind die Herstellungskosten des Umsatzes gegen die Innenumsatzerlöse zwischen TU und MU zu korrigieren.

Buchungssatz 2:

Umsatzerlöse	15	**an**	Herstellungskosten des Umsatzes	15

Aufgabe 85 Equity-Methode

Die M-AG erwirbt am 1. 1. 01 eine 25 % Beteiligung an der A-AG und erlangt damit einen maßgeblichen Einfluss auf die Geschäftsführung dieses Unternehmens (assoziiertes Unternehmen). Die Anschaffungskosten der Beteiligung betragen 2.000 TEUR. Die Bilanz der A-AG stellt sich (zu Buchwerten) im Erwerbszeitpunkt wie folgt dar:

Aktiva	Bilanz der A-AG zum 31. 12. 00		Passiva
Immaterielle Vermögensgegenstände	1.500	Gezeichnetes Kapital	4.000
Sachanlagen	5.000	Rücklagen	800
Vorräte	2.000	Jahresüberschuss	–
Forderungen	500	Verbindlichkeiten	5.200
Kassenbestand	1.000		
	10.000		10.000

In den immateriellen Vermögensgegenständen und in den Sachanlagen sind stille Rücklagen in Höhe von jeweils 600 TEUR enthalten.

Wöhe S. 882

Teilaufgabe a)

(1) Wie hoch ist der Anteil der stillen Rücklagen, der auf die M-AG entfällt?
(2) Wie hoch wäre der mögliche Geschäfts- und Firmenwert, der sich bei Vollkonsolidierung ergeben würde?

(1) Auf die M-AG entfallen entsprechend dem Beteiligungsanteil 25% der stillen Rücklagen, also insgesamt 300 TEUR (immaterielle Vermögensgegenstände, 150 TEUR + Sachanlagen, 150 TEUR).

(2) Das buchmäßige Eigenkapital der A-AG beträgt 4.800 TEUR. Davon hat die M-AG 1.200 TEUR (25%) erworben. Erhöht um den Teil der stillen Rücklagen, der auf die M-AG entfällt, beträgt der erworbene Anteil am Substanzwert des Eigenkapitals der A-AG 1.500 TEUR. Somit ergäbe sich ein rechnerischer Geschäfts- und Firmenwert von 500 TEUR (Anschaffungskosten, 2.000 TEUR – Substanzwert des Eigenkapitals, 1.500 TEUR) bei Vollkonsolidierung.

Teilaufgabe b)

Am 31. 12. 01 stellt die A-AG folgende Bilanz auf:

Aktiva	Bilanz der A-AG zum 31. 12. 01		Passiva
Immaterielle Vermögensgegenstände	1.000	Gezeichnetes Kapital	4.000
Sachanlagen	4.500	Rücklagen	800
Vorräte	2.200	Jahresüberschuss	900
Forderungen	1.000	Verbindlichkeiten	5.000
Kassenbestand	2.000		
	10.700		10.700

Wie hoch ist der Beteiligungsbuchwert der M-AG an der A-AG am 31. 12. 01 nach der Equity-Methode, wenn

- die immateriellen Vermögensgegenstände aus einem Patent bestehen, welches ab dem 1. 1. 01 über eine Restnutzungsdauer von drei Jahren abgeschrieben wird,
- die Sachanlagen ab dem 1. 1. 01 insgesamt über eine Nutzungsdauer von zehn Jahren abzuschreiben sind?

Berechnung nach der Equity-Methode:

	Anschaffungskosten der Beteiligung	2.000
+	anteiliges Periodenergebnis	+ 225
–	Fortschreibung stille Rücklagen	– 65
–	vereinnahmte Dividende	–
–	Kapitalentnahmen	–
+	Kapitaleinlagen	–
	Beteiligungsbuchwert (TEUR)	2.160

Die Anschaffungskosten der Beteiligung sind in der Folgeperiode um das anteilige Periodenergebnis des assoziierten Unternehmens sowie um die Fortschreibung der stillen Rücklagen zu korrigieren. Für MU ergeben sich folgende Werte:

	Betrag	Wertverzehr	Anteil MU 25%
Jahresüberschuss	+ 900	–	+ 225
stille Rücklagen • immaterielle Vermögensgegenstände • Sachanlagen	 600 600	 (1/3) – 200 (1/10) – 60	 – 50 – 15 – 65

Eine Wertminderung des Goodwills wird nur berücksichtigt, wenn der Zeitwert der Beteiligung unter ihren Buchwert gesunken ist.

Aufgabe 86 Erfolgsausweis bei Unternehmenszusammenschlüssen (IFRS)

Eine Obergesellschaft ist mit einer Untergesellschaft wie folgt verbunden:

Fall	Untergesellschaft	Beteiligung	Konsolidierung
1	Tochterunternehmen	100 %	Vollkonsolidierung
2	Tochterunternehmen	80 %	Vollkonsolidierung
3	Gemeinschaftsunternehmen	50 %	Quotenkonsolidierung
4	Gemeinschaftsunternehmen	50 %	Equity-Methode
5	Assoziiertes Unternehmen	30 %	Equity-Methode

Das Betriebsergebnis der Obergesellschaft ist 200 und der Untergesellschaft 100. Die Finanzergebnisse sind jeweils gleich null. Stellen Sie ohne Berücksichtigung von Steuern das Income Statement des Konzerns unterhalb des Betriebsergebnisses für die oben genannten Fälle dar.

Wöhe S. 861–863 und 880–882

Das Income Statement lässt sich wie folgt darstellen:

	(1)	(2)	(3)	(4)	(5)
Betriebsergebnis	300	300	250	200	200
Finanzergebnis	–	–	–	–	–
Ergebnis Equities	–	–	–	50	30
Ergebnis vor Steuern	300	300	250	250	230
– Ertragssteuern	–	–	–	–	–
Ergebnis nach Steuern	300	300	250	250	230
Ergebnis Minderheiten	–	– 20	–	–	–
Ergebnis aus gewöhnlicher Geschäftstätigkeit	300	280	250	250	230

VIII. Bilanzpolitik und Bilanzanalyse

Wiederholungsfragen:

	Wöhe Seite
Wie lassen sich bilanzpolitische Einzelziele aus dem Oberziel der langfristigen Gewinnmaximierung ableiten?	884
Was versteht man unter aktiver bzw. passiver Publizitätspolitik?	887
Wie lassen sich die bilanzpolitischen Instrumente systematisieren?	888
Welche handelsrechtlichen Passivierungswahlrechte kennen Sie?	740
Welche Bewertungs- und Abschreibungswahlrechte kennen Sie?	890
Welchen Zweck verfolgt ein Unternehmen mit der Bildung bzw. Auflösung stiller Rücklagen?	893 f.
Welche Ziele verfolgen die finanzwirtschaftliche bzw. die erfolgswirtschaftliche Bilanzanalyse?	896
In welchen drei Arbeitsschritten vollzieht sich die Bilanzanalyse?	897
Welches Ziel verfolgt man mit der Erstellung einer Strukturbilanz und wie ist diese aufgebaut?	899
Welches Ziel verfolgt man mit der Erfolgsspaltung?	900
Welche Arten finanzwirtschaftlicher Kennzahlen kennen Sie?	902
Welche Arten erfolgswirtschaftlicher Kennzahlen kennen Sie?	902

Aufgabe 87 Bilanzpolitische Instrumente

Die PRUDENTIA-AG ist um einen **niedrigen Gewinnausweis** bemüht. Zu diesem Zweck schlägt der Bilanzbuchhalter folgende Maßnahmen vor:

(1) Ein derivativer Firmenwert in Höhe von 5 Mio. soll aktiviert werden.

(2) Ein originärer Firmenwert von 20 Mio. soll aktiviert werden.

(3) Ein im Vorjahr aktivierter derivativer Firmenwert soll in diesem Jahr vollständig abgeschrieben werden.

(4) Kosten der Eigenkapitalbeschaffung in Höhe von 1 Mio. sollen aktiviert werden.

(5) Kosten der Erweiterung des Geschäftsbetriebs sollen nicht aktiviert werden.

(6) Ein bei der Darlehensaufnahme (Laufzeit 5 Jahre) vereinbartes Disagio soll aktiviert und zu einem Fünftel abgeschrieben werden.

(7) Eine steuerliche Sonderabschreibung soll über die Bildung eines Sonderpostens mit Rücklageanteil in den handelsrechtlichen Jahresabschluss übernommen werden.

(8) Angesichts rückläufiger Konjunktur soll zur Berücksichtigung des allgemeinen Geschäftsrisikos eine Rückstellung in Höhe von 3 Mio. gebildet werden.

(9) Die (gestiegenen) Bestände an Fertigfabrikaten sollen zu Herstellungskosten unter Einschluss von Fertigungsgemeinkosten bewertet werden.

(10) Gleichartige Vorräte, deren Wiederbeschaffungskosten in den vergangenen Jahren permanent gestiegen sind, sollen nach der Lifo-Methode bewertet werden.

(11) Eine Verbindlichkeit soll wegen gesunkener Marktzinsen zu einem unter dem Rückzahlungsbetrag liegenden Wert angesetzt werden.

(12) Zur Bewertung einer erstmals zu passivierenden Pensionsrückstellung soll ein Diskontierungszinsfuß von acht Prozent herangezogen werden.

Teilaufgabe a)

Welche der genannten bilanzpolitischen Maßnahmen sind handelsrechtlich zulässig?

Rechtlich zulässig sind die Maßnahmen (1), (3), (5), (6), (7), (9) und (10).

Teilaufgabe b)

Welche der rechtlich zulässigen Maßnahmen sollten unter Berücksichtigung der bilanzpolitischen Zielsetzung ergriffen werden?

Wöhe S. 889–891

Folgende Vorschläge sollten realisiert werden: (3), (5), (7) und (10).

Aufgabe 88 Bilanzpolitische Maßnahmen zur Verlustverschleierung

Bei der Vorbereitung des gesetzlichen Jahresabschlusses stellt die MALUS-AG einen hohen (vorläufigen) Verlust aus der gewöhnlichen Geschäftstätigkeit fest. Zur Kaschierung der Verlustsituation schlägt der Leiter des Rechnungswesens die unten genannten bilanzpolitischen Einzelmaßnahmen vor.

a) Welche der hier genannten bilanzpolitischen Maßnahmen sollte die MALUS-AG ergreifen?

b) Begründen Sie stichwortartig, **warum die übrigen Maßnahmen nicht zu realisieren sind**!

Katalog bilanzpolitischer Maßnahmen zur Verlustverschleierung:

(1) Bei einem bilanzierten Vermögen von 30 Mio. EUR beziffert sich der originäre Firmenwert nach vernünftiger kaufmännischer Beurteilung (= vorsichtige Bewertung) auf 3 Mio. EUR. Dieser Betrag sollte aktiviert werden.

(2) Zwecks verringerter Aufwandsverrechnung sollte eine selbst erstellte Anlage nur zu Einzelkosten aktiviert werden.

(3) Zur Erhöhung des Eigenkapitalausweises sollte eine Rücklage für eigene Aktien gebildet werden.

(4) Abweichend von der bisher üblichen planmäßigen Nutzungsdauer von vier Jahren sollen die im Laufe der Periode neu beschafften Fahrzeuge über fünf Jahre abgeschrieben werden.

(5) Abweichend von der bisher üblichen Praxis soll bei neu beschafften technischen Anlagen bei der Ermittlung der Abschreibungsbasis auf den Abzug in Höhe des erwarteten Liquidationserlöses verzichtet werden.

(6) In die Herstellungskosten der zu bilanzierenden Fertigfabrikate sollen die Vertriebseinzelkosten einbezogen werden.

(7) Das Disagio eines im abgelaufenen Jahr aufgenommenen Darlehens sollte aktiviert werden.

(8) Die im Zusammenhang mit der Erhöhung des Eigenkapitals angefallenen Kosten sollten als Rechnungsabgrenzungsposten aktiviert werden.

(9) Im Zuge eines Firmenkaufs in der abgelaufenen Periode war für den Kundenstamm der erworbenen Firma ein Kaufpreisaufschlag in Höhe von 2 Mio. EUR vereinbart worden. Dieser Firmenwert sollte in voller Höhe aktiviert werden.

(10) Zur Berechnung von Pensionsrückstellungen sollte der bisher verwendete Diskontierungszinsfuß von 5 auf 8 Prozent erhöht werden.

(11) Die Neuerschließung des spanischen Marktes verursachte in der abgelaufenen Periode besonders hohe Kosten für Marktforschung i. H. v. 5 Mio. EUR, die aktiviert werden sollten.

(12) Zur Erhöhung des Verlustauffangpotentials sollte zum Bilanzstichtag eine satzungsmäßige Rücklage gebildet werden.

(13) Vor dem Hintergrund permanent steigender Rohstoffpreise sollen die gleichartigen Vorräte nach der Lifo-Methode bewertet werden.

(14) Auf eine außerplanmäßige Abschreibung zur Erfassung künftiger Wertminderungen bei den Warenvorräten sollte verzichtet werden.

(15) Grundsätzlich sollte man bei allen Gegenständen des Anlagevermögens vom Beibehaltungswahlrecht Gebrauch machen.

(a) Folgende Maßnahmen sollten realisiert werden: (4), (7), (9), (11) und (14)

(b) Folgende Maßnahmen sollten nicht realisiert werden:

(1), (6) und (8), weil rechtlich unzulässig
(2), (5), (12) und (13), weil unzweckmäßig
(3), weil unsinnig (nicht erfolgswirksam)
(10), weil Zinssatz maximal 6 Prozent
(15), weil unzweckmäßig und unzulässig.

Aufgabe 89 Bilanzpolitik und Liquidität

Die PLUS-AG ist ein schnell wachsendes Unternehmen mit einem hohen Finanzmittelbedarf. Die **Finanzplanung für die kommende Periode 03** geht von folgendem Sachverhalt aus:

Ziel: Finanzbedarf 03 750 Mio. EUR

Daten:

- Eine zusätzliche Kreditaufnahme kommt nicht in Frage.
- Eine Erhöhung des Grundkapitals kommt nicht in Frage.
- Die Aktionäre erwarten eine Mindestausschüttung nach Maßgabe des § 58 AktG.
- Bilanz des Vorjahres:

Aktiva	Bilanz zum 31. 12. 02 (Mio. EUR)		Passiva
Maschinelle Anlagen	1.100	Grundkapital	1.000
Firmenwert	800	Gesetzliche Rücklage	100
Flüssige Mittel	100	andere Gewinnrücklagen	100
		Verbindlichkeiten	800
	2.000		2.000

Plan-GuV 03 (Mio. EUR)	
Umsatzerlöse	1.000
– Materialaufwand	100
– Personalaufwand	100
– Abschreibungsaufwand	200
– Ertragsteuern (50 %)	300
Jahresüberschuss	**300**

Teilaufgabe a)

Inwieweit kann die PLUS-AG ihren Finanzbedarf 03 aus dem Innenfinanzierungsvolumen decken?

Da die Aktionäre auf einer Ausschüttung nach § 58 AktG bestehen, ist der ihnen zustehende Bilanzgewinn 03 folgendermaßen zu berechnen:

	Jahresüberschuss 03	300
–	Einstellung in andere Gewinnrücklagen	– 150
	Bilanzgewinn 03	**150**

Das nach planmäßiger Ausschüttung verbleibende Innenfinanzierungsvolumen lässt sich folgendermaßen berechnen:

	Jahresüberschuss 03	300
+	Abschreibungen 03	+ 200
	Operativer Cash-Flow 03	+ 500
–	Bilanzgewinn 03 (Ausschüttung)	– 150
	Innenfinanzierungsvolumen 03	**350**
+	Vorhandene flüssige Mittel	+ 100
	Verfügbare Finanzmittel	**+ 450**

Bei einem geplanten Investitionsvolumen von 750 klafft eine Finanzierungslücke von 300.

Teilaufgabe b)

Die Steuerabteilung macht die Finanzplanung darauf aufmerksam, dass in Periode 03 neben der planmäßigen Abschreibung (200) **eine zusätzliche Sonderabschreibung von 400 steuerlich zulässig** ist.

(1) Erstellen Sie unter Berücksichtigung der Sonderabschreibung die Plan-GuV und ermitteln Sie den Bilanzgewinn 03!

(2) Stellen Sie eine Cash-Flow-Rechnung auf! Wie hoch ist das verfügbare Finanzmittelvolumen am Ende der Periode 03?

Unter Berücksichtigung einer zusätzlichen steuerlichen Sonderabschreibung in Höhe von 400 hat die Plan-GuV 03 folgendes Aussehen:

Plan-GuV 03 (Mio. EUR)		
	Umsatzerlöse	1.000
–	Materialaufwand	– 100
–	Personalaufwand	– 100
–	Abschreibung (planmäßige)	– 200
–	Steuerliche Sonderabschreibung	– 400
	Gewinn vor Steuern	+ 200
–	Ertragsteuern (50 %)	– 100
	Jahresüberschuss	+ 100
–	Einstellung in andere Gewinnrücklagen	– 50
	Bilanzgewinn	**50**

Unter den veränderten Bedingungen lässt sich das Innenfinanzierungsvolumen folgendermaßen ermitteln:

	Jahresüberschuss 03	100
+	Abschreibungen 03	+ 600
	Operativer Cash-Flow 03	+ 700
–	Bilanzgewinn 03 (Ausschüttung)	– 50
	Innenfinanzierungsvolumen 03	**+ 650**
+	Vorhandene flüssige Mittel	+ 100
	Verfügbare Finanzmittel	**+ 750**

Die steuerliche Sonderabschreibung hat eine Verringerung der

- Ausschüttung um 100
- Ertragsteuerzahlung um 200

zur Folge. Damit lässt sich die Finanzierungslücke aus Teilaufgabe a) schließen.

Aufgabe 90 Analyse der Bilanzgliederung

Ihnen wird die folgende Bilanz vorgelegt. In welchen Punkten erscheint Ihnen diese Bilanz fehlerhaft?

Bilanz der XY-OHG zum 31. 12. 01

Aktiva	**Passiva**
A Anlagevermögen	**A Eigenkapital**
I. Sachanlagen	I. Kapitalrücklage
1. Grundstücke und Gebäude	II. Grundkapital
2. Grundschulden	III. Gewinnrücklagen
3. Maschinelle Anlagen	IV. Stille Rücklagen
II. Immaterielle Vermögensgegenstände	V. Rückstellungen
1. Selbstentwickelte Patente	**B Verbindlichkeiten**
2. Langfristige Mietverträge	1. Anleiheverbindlichkeiten
III. Finanzanlagen	2. Bestellungen von Kunden
1. Beteiligungen	3. Verbindlichkeiten gegenüber Kreditinstituten
2. Postgiroguthaben	4. Eventualverbindlichkeiten aus Bürgschaftsübernahmen
3. Langfristige Darlehensverbindlichkeiten	
B Umlaufvermögen	**C Rechnungsabgrenzungsposten**
I. Schecks, Kassenbestand und Sichtguthaben	
II. Forderungen und sonstige Vermögensgegenstände	
1. Forderungen aus Lieferungen und Leistungen	
2. Kurzfristige Darlehensforderungen	
III. Vorräte	
1. Roh-, Hilfs- und Betriebsstoffe	
2. Fertigfabrikate	
3. Bestandserhöhung an Halbfabrikaten	
C Rechnungsabgrenzungsposten	

Wöhe S. 743

Die Bilanz ist in folgenden Punkten unstimmig:

(1) Es handelt sich nicht um die Bilanz einer OHG, sondern um die Bilanz einer Aktiengesellschaft (vgl. Eigenkapitalgliederung).
(2) Grundschulden sind kein Vermögensgegenstand (vgl. A, I, 2).
(3) Immaterielle Vermögensgegenstände (A, II) gehören vor Sachanlagen.
(4) Selbst entwickelte Patente (A, II, 1) sind nicht bilanzierungsfähig.
(5) Langfristige Mietverträge (A, II, 2) sind kein Vermögensgegenstand.
(6) Postgiroguthaben (A, III, 2) gehören in das Umlaufvermögen.
(7) Langfristige Darlehensverbindlichkeiten (A, III, 3) gehören auf die Passivseite.
(8) Liquidität (B, I) ist letzter Posten im Umlaufvermögen.
(9) Vorräte (B, III) sind erster Posten im Umlaufvermögen.
(10) Fertigfabrikate (B, III, 2) sind letzter Posten bei Vorräten.
(11) Bestandserhöhung an Halbfabrikaten (B, III, 3) gehören als Ertragsposten in die GuV.

(12) Kapitalrücklage (A, I) gehört hinter Grundkapital.
(13) Stille Rücklagen (A, IV) gehören nicht in die Bilanz.
(14) Rückstellungen (A, V) sind als gesonderter Posten (B) vor Verbindlichkeiten (C) auszuweisen.
(15) Bestellungen von Kunden (B, 2) sind nicht zu bilanzieren.
(16) Eventualverbindlichkeiten (B, 4) sind nicht in der Bilanz auszuweisen.

Aufgabe 91 Komponenten des ordentlichen und neutralen Erfolgs

Nennen Sie beispielhaft Aufwands- und Ertragspositionen, die sich eindeutig dem ordentlichen bzw. dem neutralen Ergebnis zuordnen lassen! Bei welchen anderen Positionen handelt es sich um Mischposten, die sich keiner der beiden Ergebniskategorien eindeutig zuordnen lassen?

Wöhe S. 796f. und 800–803

	Ertrag	Aufwand
„ordentlich"	(1) Umsatzerlöse (3) aktivierte Eigenleistungen	(5) Materialaufwand (6) Personalaufwand
„neutral"	(15) a.o. Erträge	(16) a.o. Aufwendungen (7b) Abschreibungen auf das UV
„Mischposten"	(4) sonstige betriebliche Erträge	(8) sonstige betriebliche Aufwendungen (7a) Abschreibungen auf das AV

In der Position (7a) sind sowohl planmäßige Abschreibungen, die ordentlichen Aufwand darstellen, wie auch außerplanmäßige Abschreibungen enthalten, die als neutraler Aufwand zu klassifizieren sind.

Aufgabe 92 Erfolgsspaltung

Die MIXTA-AG legt für die Periode 01 folgende GuV-Rechnung vor:

GuV-Rechnung 01		**in TEUR**
Umsatzerlöse		30.000
– Bestandsminderung uE, fE		1.200
+ sonstige betriebliche Erträge		2.000
Materialaufwand		6.000
– Personalaufwand		11.000
– Abschreibungen AV		7.800
– Abschreibungen UV		400
– sonstige betriebliche Aufwendungen		1.300
– Zinsen und ähnliche Aufwendungen		1.200
Ergebnis der gewöhnlichen Geschäftstätigkeit		+ 3.100
+ a.o. Erträge	100	
– a.o. Aufwendungen	500	
a.o. Ergebnis	– 400	– 400
– Steuern vom Einkommen und Ertrag		– 1.000
– sonstige Steuern		– 200
Jahresüberschuss		**= 1.500**

Dem Anhang ist zu entnehmen, dass in der Periode 01 ein Betrag von 500 in den Sonderposten mit Rücklageanteil eingestellt wurde.

Führen Sie zur Ermittlung des **nachhaltig erzielbaren Jahreserfolgs** eine Erfolgsspaltung durch! Welche Rechengröße repräsentiert am ehesten den nachhaltig erzielbaren Jahreserfolg?

Lösungshinweis: Bedienen Sie sich des Ermittlungsschemas aus Abb. 187 **Wöhe S. 901**.

Wöhe S. 900–902

Im Zuge der Erfolgsspaltung ist die GuV der MIXTA-AG folgendermaßen umzustellen:

	Korrigierte GuV-Rechnung	**in TEUR**	
	Umsatzerlöse	30.000	
–	Bestandsminderung uE, fE	1.200	
–	Materialaufwand	6.000	
–	Personalaufwand	11.000	
–	Abschreibungen AV	7.800	
–	sonstige betriebliche Aufwendungen*	800	
–	sonstige Steuern	200	
	ordentliches Betriebsergebnis	**+ 3.000**	
–	Zinsen und ähnliche Aufwendungen	1.200	
	Ergebnis aus gewöhnlicher Geschäftstätigkeit	**+ 1.800**	**+ 1.800**
+	a. o. Erträge	100	
–	a. o. Aufwendungen	500	
+	sonstige betriebliche Erträge	2.000	
–	Abschreibungen UV	400	
–	Einstellungen in Sonderposten RLA	500	
	a. o. Ergebnis	**+ 700**	**+ 700**
	Gesamtergebnis vor Ertragsteuern		+ 2.500
–	Steuern vom Einkommen und Ertrag		1.000
	Jahresüberschuss		**= 1.500**

* Nach Abzug der Einstellung in den Sonderposten mit Rücklageanteil (500).

Das korrigierte Ergebnis der gewöhnlichen Geschäftstätigkeit (+ 1.800) kommt dem nachhaltig erzielbaren Jahreserfolg am nächsten. Das ordentliche Betriebsergebnis (+ 3.000) eignet sich hierzu nicht, weil die Fremdkapitalzinsen in Abzug gebracht werden müssen. Zum Ausweis des nachhaltig erzielbaren Jahreserfolgs ist auch das Gesamtergebnis vor Ertragsteuern ungeeignet, weil in dieser Erfolgsgröße das a. o. Ergebnis enthalten ist.

Aufgabe 93 Return on Investment

Es gelten die Angaben der Aufgabe 92. Zusätzlich erhalten Sie Informationen über die Kapitalzusammensetzung der MIXTA-AG.

Eigenkapital	15.000
Fremdkapital	15.000
Gesamtkapital	30.000

Teilaufgabe a)

Wie hoch ist der Return on Investment (ROI) der MIXTA-AG? Ermitteln Sie den ROI, die Eigenkapitalrentabilität und die Fremdkapitalrentabilität auf der Basis der korrigierten GuV-Rechnung aus Aufgabe 92!

Wöhe S. 908–911

Das in Aufgabe 92 ausgewiesene ordentliche Betriebsergebnis setzt sich aus dem Gewinn (aus gewöhnlicher Geschäftstätigkeit) und den Fremdkapitalzinsen zusammen:

	Ergebnis aus gewöhnlicher Geschäftstätigkeit	1.800
+	Fremdkapitalzinsen	1.200
	ordentliches Betriebsergebnis	3.000

$$\textbf{Return on Investment} = \frac{\text{Gewinn} + \text{FKZ}}{\text{Gesamtkapital}} = \frac{1.800 + 1.200}{30.000} = \mathbf{10\,\%}$$

$$\textbf{Eigenkapitalrentabilität} = \frac{\text{Gewinn}}{\text{Eigenkapital}} = \frac{1.800}{15.000} = \mathbf{12\,\%}$$

$$\textbf{Fremdkapitalrentabilität} = \frac{\text{FKZ}}{\text{Fremdkapital}} = \frac{1.200}{15.000} = \mathbf{8\,\%}$$

Der Return on Investment entspricht der Gesamtkapitalrentabilität. Bei der MIXTA-AG liegt dieser Wert bei 10 Prozent.

Teilaufgabe b)

Die MIXTA-AG plant die Einführung des Just-in-Time-Konzepts. Durch diese Maßnahme könnte der Kapitaleinsatz von 30.000 auf 24.000 reduziert werden. Wie würde sich der Return on Investment durch diese Maßnahme verändern, wenn das ordentliche Betriebsergebnis (= Gewinn + FKZ) und der Umsatz unverändert blieben?

Durch Aufspaltung lässt sich die ROI-Formel folgendermaßen modifizieren:

$$\text{Return on Investment} = \text{Umsatzrentabilität} \cdot \text{Kapitalumschlag}$$

$$\text{Return on Investment} = \frac{\text{Gewinn} + \text{FKZ}}{\text{Umsatz}} \cdot \frac{\text{Umsatz}}{\text{Gesamtkapital}}$$

$$\text{Return on Investment} = \frac{3.000}{30.000} \cdot \frac{30.000}{24.000}$$

$$\textbf{Return on Investment} = 0{,}10 \cdot 1{,}25 = \mathbf{12{,}5\,\%}$$

Der Return on Investment ist das Produkt aus Umsatzrentabilität und Kapitalumschlag. Durch die Einführung des Just-in-Time-Konzepts würde sich der Kapitalumschlagfaktor von 1,0 auf 1,25 erhöhen. Über diesen Rationalisierungseffekt würde sich der Return on Investment von 10 auf 12,5 Prozent erhöhen.

Aufgabe 94 Ergebnisbereinigung; stille Rücklage und stille Last

Zur Finanzierung einer Erweiterungsinvestition legt die BONA FIDE AG ihrer Hausbank zwecks Kreditwürdigkeitsprüfung folgende Bilanz vor.

Aktiva	Bilanz zum 31. 12. 01 (TEUR)		Passiva
Kosten der Erweiterung des Geschäftsbetriebs	300	Grundkapital	1.700
		Gesetzliche Rücklage	300
Anlagevermögen		Andere Gewinnrücklagen	1.000
Grundstücke und Gebäude	2.000	Bilanzgewinn	200
Maschinelle Anlagen	5.000	Sonderposten mit Rücklageanteil	800
Finanzanlagen	1.000	Pensionsrückstellungen	2.500
Umlaufvermögen		Steuerrückstellungen	600
Vorräte	1.800	Sonstige Rückstellungen	400
Forderungen aus Lieferungen und Leistungen	1.200	Darlehensverbindlichkeiten	4.000
Bank	700	Erhaltene Anzahlungen	500
	12.000		12.000

Aus dem Anhang und dem Lagebericht sind folgende Informationen zu entnehmen:

(1) Die Kosten der Erweiterung des Geschäftsbetriebs sind auf den Ausbau eines Vertriebnetzes im Ausland zurückzuführen.

(2) Die BONA FIDE AG könnte ein Verwaltungsgebäude (Buchwert 500) für 1.400 an einen Immobilienfonds verkaufen.

(3) Der Sonderposten mit Rücklageanteil (800) resultiert aus einer steuerlichen Mehrabschreibung auf maschinelle Anlagen. Der Ertragsteuersatz liegt bei 40 Prozent.

(4) Der aktuelle Wert (Börsenkurs) der Finanzanlagen beläuft sich auf 2.100.

(5) Zum Posten „Forderungen aus Lieferungen und Leistungen" gehört die Einzelforderung gegenüber dem Großabnehmer A, die wegen Zahlungsverzugs zum 31. 12. 01 um 300 abgeschrieben wurde. Zu Beginn der Periode 02 stellte sich heraus, dass der ausbleibende Zahlungseingang auf einem banktechnischen Versehen beruhte.

(6) Die aus Pensionszusagen erwarteten Auszahlungen belaufen sich auf 3.900. Mit einem Diskontierungssatz von 5 Prozent gelangt man zu einem (Bar-)Wertansatz von 2.500.

(7) Im Januar der Folgeperiode 02 ist eine Steuernachzahlung von 800 geleistet worden, für die man in Periode 01 Vorsorge durch Rückstellungsbildung getroffen hatte.

(8) Der Marktzins für langfristiges Fremdkapital liegt bei 5 Prozent.

Wie hoch ist das tatsächliche Eigenkapital der BONA FIDE AG? Berechnen Sie zur Feststellung dieser Größe die Höhe der stillen Rücklage bzw. der stillen Last!

Wöhe S. 898

Das Eigenkapital ist in der Bilanz mit einem Betrag von 3.200 ausgewiesen. Zum korrigierten Eigenkapital gelangt man durch folgende Rechnung:

	Ausgewiesenes Eigenkapital	3.200
–	Bilanzgewinn (Zahlungsanspruch der Aktionäre)	– 200
+	Eigenkapitalanteil Sonderposten (60 %)	+ 480
	Korrigiertes Eigenkapital	**3.480**

Aus den Anhangangaben erhält man folgende Informationen zur stillen Rücklage bzw. zur stillen Last:

Anhang	Bilanzposten	Stille Rücklage	Stille Last
(1)	Erweiterungskosten		– 300
(2)	Grundstücke und Gebäude	+ 900	
(3)	Maschinelle Anlagen		
(4)	Finanzanlagen	+ 1.100	
(5)	Forderungen aus Lieferungen und Leistungen	+ 300	
(6)	Pensionsrückstellungen		
(7)	Steuerrückstellungen		– 200
Insgesamt		**+ 2.300**	**– 500**

Somit lässt sich das tatsächliche Eigenkapital folgendermaßen ermitteln:

	Korrigiertes Eigenkapital	3.480
+	Stille Rücklage	+ 2.300
–	Stille Last	– 500
	Tatsächliches Eigenkapital	**5.280**

Aufgabe 95 Ergebnisanalyse

Für die zurückliegenden drei Perioden 01 bis 03 weist die XY-AG steigende Jahresüberschüsse aus:

GuV (verkürzt)	Periode 01	Periode 02	Periode 03
Ergebnis aus gewöhnlicher Geschäftstätigkeit	+ 3.000	+ 8.000	+ 6.000
a.o. Ergebnis	– 1.000	+ 1.000	+ 4.000
Steuern von Einkommen und Ertrag	– 1.000	– 4.500	– 5.000
Jahresüberschuss	**+ 1.000**	**+ 4.500**	**+ 5.000**

Aus dem Anhang erhalten Sie folgende Zusatzinformationen:

	Anhang	01	02	03
(1)	**Abschreibung auf Sachanlagen**	8.000	6.000	4.000
	– davon außerplanmäßige Abschreibung	4.000	2.000	–
(2)	**sonstige betriebliche Erträge aus**			
	– Wertaufholungen			
	– Abgang von Gegenständen AV			
	– Auflösung Rückstellungen			
	– Auflösungen Sonderposten mit Rücklageanteil			
	insgesamt	–	4.000	8.000

Anhang	01	02	03
(3) **sonstige betriebliche Aufwendungen**			
insgesamt	10.000	4.000	1.000
davon aus:			
– einmaliger Verlust aus Bürgschaftsübernahme	–	(1.000)	–
– Zuführung zu Sonderposten mit Rücklageanteil	(8.000)	–	–
– Verlust aus Abgang von Wertpapieren des AV	–	(2.000)	–
Die übrigen Bestandteile des sonstigen betrieblichen Aufwands sind periodenbezogen.			

Teilaufgabe a)

Welches Ziel verfolgt die Ergebnisanalyse?

Wöhe S. 900–902

Die Ergebnisanalyse verfolgt das Ziel, das Vorsteuerergebnis eines Unternehmens in die beiden Komponenten

(1) nachhaltig erzielbares Ergebnis

(2) neutrales Ergebnis

zu zerlegen. Zu diesem Zweck werden „ungewöhnliche Ergebniskomponenten", sog. „Einmaleffekte" mit dem a. o. Ergebnis zum neutralen Ergebnis zusammengefasst.

Teilaufgabe b)

Wie hoch war in den vergangenen drei Perioden das ausgewiesene Ergebnis vor Steuern?

Periode	01	02	03
Jahresüberschuss	+ 1.000	+ 4.500	+ 5.000
Ertragsteuern	+ 1.000	+ 4.500	+ 5.000
Ausgewiesenes Ergebnis vor Steuern	**+ 2.000**	**+ 9.000**	**+ 10.000**

Teilaufgabe c)

Wie beurteilen Sie die Entwicklung der tatsächlichen Ertragskraft in den zurückliegenden drei Perioden?

Beim ersten Blick auf das **ausgewiesene Ergebnis** vor Steuern entsteht der Eindruck einer stark wachsenden Ertragskraft. Zur Ermittlung der **tatsächlichen Ertragsentwicklung** muss das ausgewiesene Vorsteuerergebnis um neutrale Erfolgskomponenten bereinigt werden.

Periode			01	02	03
	Ergebnis vor Steuern		+ 2.000	+ 9.000	+ 10.000
	Ergebniskorrekturen:				
±	a. o. Ergebnis	(1)	+ 1.000	– 1.000	– 4.000
+	außerplanmäßige Abschreibung	(2)	+ 4.000	+ 2.000	–
–	sonstige betriebliche Erträge	(3)	–	– 4.000	– 8.000
+	sonstiger betrieblicher Aufwand	(4)	+ 8.000	+ 3.000	–
	Bereinigtes Ergebnis vor Steuern		**+ 15.000**	**+ 9.000**	**– 2.000**
±	neutrales Ergebnis (1) bis (4)		– 13.000	–	+ 12.000
	Ausgewiesenes Ergebnis vor Steuern		**+ 2.000**	**+ 9.000**	**+ 10.000**

Rechnet man periodenbedingte Sondereinflüsse (= neutrales Ergebnis) aus dem ausgewiesenen Ergebnis vor Steuern heraus, zeigt sich, dass die Ertragsentwicklung der letzten drei Jahre stark rückläufig war.

Aufgabe 96 Strukturbilanz und Bilanzkennzahlen

Die ANALYSIS-AG legt zum 31. 12. 01 folgenden Jahresabschluss vor.

Aktiva		Bilanz zum 31. 12. 01		Passiva
Sachanlagen	500	Grundkapital	100	
Finanzanlagen	100	Rücklagen	80	
Waren	250	Bilanzgewinn	10	
Forderungen aus		Eigenkapital	190	190
Lieferungen und Leistungen	100	Sonderposten mit		
Bank	50	Rücklageanteil		200
		Pensionsrückstellungen		190
		Steuerrückstellungen		20
		Langfristige		
		Darlehensverbindlichkeiten		220
		Lieferantenverbindlichkeiten		180
	1.000			**1.000**

	GuV-Rechnung Periode 01	
	Umsatzerlöse	1.000
–	Wareneinsatz	– 405
–	Personalaufwand	– 250
–	Abschreibungsaufwand	– 185
–	Sonstiger betrieblicher Aufwand	– 110
–	Zinsaufwand	– 15
+	Zinserträge	+ 12
–	Sonstige Steuern	– 2
–	Ertragsteuern	– 18
	Jahresüberschuss	**+ 27**

Angaben im Anhang:

(1) Der Ertragsteuersatz beträgt 40 Prozent.

(2) Im Abschreibungsaufwand sind nur planmäßige Abschreibungen enthalten.

(3) Im Personalaufwand ist eine Zuführung zu den Pensionsrückstellungen i. H. v. 60 enthalten.

(4) Alle übrigen Erträge und Aufwendungen sind zahlungswirksam.

Teilaufgabe a)

Welches Aussehen hat die Strukturbilanz?

Wöhe S. 898–900

Aktiva			**Strukturbilanz**		**Passiva**
Anlagevermögen			**Eigenkapital**		
			Grundkapital	100	
			Rücklagen	80	
			Sonderposten mit Rücklageanteil (0,6)	120	**300**
			Fremdkapital langfristig		
			Pensionsrückstellungen	190	
Sachanlagen	500		Langfristige Darlehensverbindlichkeiten	220	**410**
Finanzanlagen	100	**600**	**Fremdkapital mittelfristig**		
			Sonderposten mit Rücklageanteil (0,4)	80	**80**
Umlaufvermögen			**Fremdkapital kurzfristig**		
Waren	250		Steuerrückstellungen	20	
Forderungen aus Lieferungen und Leistungen	100		Lieferantenverbindlichkeiten	180	
Bank	50	**400**	Bilanzgewinn	10	**210**
		1.000			**1.000**

Teilaufgabe b)

Erfüllt die ANALYSIS-AG die Anforderungen der „Goldenen Bilanzregel"?

Wöhe S. 653-656

„Goldene Bilanzregel" (enge Fassung):

In ihrer engen Fassung verlangt die „Goldene Bilanzregel", dass das Anlagevermögen durch Eigenkapital gedeckt sein sollte. Diese Bedingung

$$AV = 600 \qquad EK = 300$$

ist im vorliegenden Fall nicht erfüllt.

„Goldene Bilanzregel" (weite Fassung):

Hiernach sollte das Anlagevermögen durch langfristiges Kapital gedeckt sein:

$$AV = 600 \qquad EK + \text{lfr. } FK = 300 + 410 = 710$$

Im vorliegenden Fall ist diese Bedingung erfüllt.

Teilaufgabe c)

Wie hoch ist im vorliegenden Fall der operative Cash-Flow?

Wöhe S. 699 f.

Der operative Cash-Flow lässt sich folgendermaßen ermitteln:

	Jahresüberschuss	27
+	Abschreibungen	185
+	Zuführung zu langfristigen Rückstellungen	60
	Operativer Cash-Flow	**272**

Teilaufgabe d)

Wie hoch ist der Gewinn vor Steuern? Ermitteln Sie folgende Bilanzkennzahlen:

(1) Anlagenintensität
(2) Eigenkapitalquote
(3) Fremdkapitalzinslast
(4) Liquidität 2. Grades
(5) Dynamischer Verschuldungsgrad
(6) Net Working Capital
(7) Personalaufwandquote
(8) Eigenkapitalrentabilität
(9) Umsatzrentabilität
(10) Return on Investment

Wöhe S. 903-909

Der Gewinn vor Steuern beziffert sich auf (27 + 18) 45 GE.

(1) **Anlagenintensität** $= \frac{\text{Anlagevermögen}}{\text{Gesamtvermögen}} = \frac{600}{1.000} = 60\,\%$

(2) **Eigenkapitalquote** $= \frac{\text{Eigenkapital}}{\text{Gesamtkapital}} = \frac{300}{1.000} = 30\,\%$

(3) **Fremdkapitalzinslast** $= \frac{\text{Zinsaufwand}}{\text{Fremdkapital}} = \frac{15}{700} = 2{,}1\,\%$

(4) **Liquidität 2. Grades** $= \frac{\text{ZM + kfr. Forderungen}}{\text{kfr. Verbindlichkeiten}} = \frac{50 + 100}{210} = 71{,}4\,\%$

(5) **Dynamischer Verschuldungsgrad** $= \frac{\text{Fremdkapital}}{\text{Cash-Flow}} = \frac{700}{272} = 2{,}6 \text{ Jahre}$

(6) **Net Working Capital** $= \text{Umlaufvermögen} - \text{kfr. Verbindlichkeiten} = 400 - 210 = 190 \text{ GE}$

(7) **Personalaufwandquote** $= \frac{\text{Personalaufwand}}{\text{Gesamtleistung}} = \frac{250}{1.000} = 25\,\%$

(8) **Eigenkapitalrentabilität** $= \frac{\text{Gewinn vor Steuern}}{\text{Eigenkapital}} = \frac{45}{300} = 15\,\%$

(9) **Umsatzrentabilität** $= \frac{\text{Gewinn + FKZinsen}}{\text{Umsatz}} = \frac{45 + 15}{1.000} = 6\,\%$

(10) **Return on Investment** $= \frac{\text{Gewinn + FKZinsen}}{\text{Gesamtkapital}} = \frac{45 + 15}{1.000} = 6\,\%$

Aufgabe 97 EBIT und EBITDA

Die GuV-Rechnung der ALBION-AG hat folgendes Aussehen:

GuV-Rechnung Periode 01			
	Umsätze		4.700
+	sonstige betriebliche Erträge		300
–	Materialaufwand		800
–	Personalaufwand		1.000
–	Abschreibungen auf Sachanlagen und immaterielle Vermögensgegenstände		500
–	sonstige betriebliche Aufwendungen		200
	Betriebsergebnis	+	2.500
–	Zinsaufwand	–	1.000
	Ergebnis der gewöhnlichen. Geschäftstätigkeit	+	1.500
–	a. o. Aufwand		100
–	Ertragsteuern		700
	Jahresüberschuss	**+**	**700**

Ermitteln Sie den EBIT und den EBITDA und interpretieren Sie das Ergebnis.

Wöhe S. 802

EBIT und EBITDA lassen sich folgendermaßen ermitteln:

	Umsatzerlöse		4.700
+	sonstige betriebliche Erträge		300
–	Materialaufwand		800
–	Personalaufwand		1.000
–	Abschreibungen		500
–	sonstige betriebliche Aufwendungen		200
	EBIT	+	**2.500**
+	Abschreibungen		500
	EBITDA	+	**3.000**

Am besten lassen sich EBIT und EBITDA verstehen, wenn man zu ihrer Interpretation vom „Ergebnis der gewöhnlichen Geschäftstätigkeit" ausgeht. Das „Ergebnis der gewöhnlichen Geschäftstätigkeit" ist das um Zufallsschwankungen (sog. Einmaleffekte) bereinigte Vorsteuerergebnis. Zählt man zu dieser Ergebnisgröße (+ 1.500) den Zinsaufwand (1.000) hinzu, erhält man den EBIT (2.500). Der EBIT ist also die Erfolgsgröße (vor Unternehmenssteuern), die zur Verzinsung des betrieblichen Gesamtkapitals (= Betriebsvermögen abzüglich nichtbetriebsnotwendiger Finanzanlagen) zur Verfügung steht.

Erhöht man den EBIT (2.500) um die Abschreibungen (500), erhält man den EBITDA (3.000). Der EBITDA ist jener Kapitalrückfluss (Cash-Flow) aus dem operativen Geschäft, der zur Gesamtkapitalverzinsung und zur Finanzierung von (Ersatz)-Investitionen zur Verfügung steht.

IX. Testfragen zum Sechsten Abschnitt: B. Der Jahresabschluss

Den folgenden Fragen sind Antworten beigegeben, die teils richtig, teils falsch sind. Ihre Aufgabe besteht darin, die richtigen Antworten herauszufinden und zu begründen, warum sie richtig und die anderen falsch sind. Die Lösungen finden Sie im Anschluss an die letzte Frage. Gelingt Ihnen die Begründung nicht, so ist es empfehlenswert, die erfragten Zusammenhänge und Definitionen im „Wöhe" noch einmal durchzuarbeiten. Das Stichwortverzeichnis des „Wöhe" wird Ihnen helfen, sich schnell zurechtzufinden.

(1) Welche der folgenden Behauptungen sind richtig?
- (a) Die Bilanz ist eine Gegenüberstellung von Vermögen und Kapital an einem Stichtag.
- (b) Alle Bilanzansätze sind vergangenheitsbezogen, blenden also künftig Entwicklungen aus.
- (c) Die Bilanz ist ein Hauptbestandteil des betrieblichen Rechnungswesens.
- (d) Die Handelsbilanz dient dem Schutze der Gläubiger.
- (e) Alle Bilanzen müssen veröffentlicht werden.

(2) Welche der folgenden Bilanzen zählen zu den ordentlichen Sonderbilanzen?
- (a) Handelsbilanz
- (b) Gründungsbilanz
- (c) Konzernbilanz
- (d) Steuerbilanz
- (e) Fusionsbilanz
- (f) Bewegungsbilanz

(3) Welche der folgenden Werte kommen für die Bewertung in der Handelsbilanz nicht in Betracht?
- (a) Anschaffungskosten
- (b) Teilwert
- (c) Ertragswert
- (d) Herstellungskosten
- (e) Börsenwert
- (f) Zukunftserfolgswert

(4) Welche Kosten (Aufwendungen) dürfen nicht in die bilanziellen Herstellungskosten eingerechnet werden?
- (a) Abschreibungen
- (b) Verwaltungskosten
- (c) Fertigungsgemeinkosten
- (d) Vertriebskosten

(5) Für welche Bestandteile der Herstellungskosten besteht nach dem HGB ein Aktivierungswahlrecht?
- (a) Fertigungslöhne
- (b) Materialeinzelkosten
- (c) Sondereinzelkosten der Fertigung
- (d) Abschreibungen
- (e) Kalkulatorische Eigenkapitalzinsen

(6) Welche der folgenden Behauptungen sind richtig?
- (a) Oberstes Prinzip der Bewertung ist das Prinzip kaufmännischer Vorsicht.
- (b) Im Umlaufvermögen gilt stets das strenge Niederstwertprinzip.

(c) Im Anlagevermögen sind die Wiederbeschaffungskosten die obere Grenze der Bewertung.
(d) Das Realisationsprinzip gilt nur für Gewinne.

(7) Was besagt das strenge Niederstwertprinzip?
(a) Es darf stets der niedrigst mögliche Wert angesetzt werden.
(b) Es ist stets der Börsen- oder Marktwert am Bilanzstichtag anzusetzen.
(c) Es muss der niedrigste von zwei oder mehreren zur Wahl stehenden Werten angesetzt werden.
(d) Die Anschaffungskosten dürfen nicht unterschritten werden.

(8) Was besagt das Imparitätsprinzip?
(a) Unrealisierte Gewinne dürfen nicht, unrealisierte Verluste dürfen bzw. müssen ausgewiesen werden.
(b) Erwartete, aber noch nicht realisierte Gewinne müssen ausgewiesen werden.
(c) Unrealisierte Gewinne dürfen nicht, unrealisierte Verluste sollen nicht ausgewiesen werden.
(d) Noch nicht realisierte Gewinne dürfen nicht ausgewiesen werden.

(9) Welche der folgenden Behauptungen sind richtig?
(a) Bei Anwendung des Realisationsprinzips dürfen unrealisierte Verluste nicht ausgewiesen werden.
(b) Bei Anwendung des Realisationsprinzips dürfen unrealisierte Gewinne nicht ausgewiesen werden.
(c) Bei Anwendung des Realisationsprinzips dürfen unrealisierte Gewinne und unrealisierte Verluste nicht ausgewiesen werden.
(d) Bei Anwendung des Realisationsprinzips dürfen unrealisierte Gewinne nicht und müssen unrealisierte Verluste ausgewiesen werden.

(10) Wo liegt nach dem HGB die obere Grenze der Bewertung von abnutzbaren Anlagegütern?
(a) Wiederbeschaffungskosten am Bilanzstichtag
(b) Restverkaufserlös
(c) Anschaffungskosten
(d) Anschaffungs- oder Herstellungskosten abzüglich von Abschreibungen

(11) Wo liegt nach dem HGB die obere Grenze der Bewertung bei nicht abnutzbaren Anlagegütern, solange keine nachhaltige Wertminderung eingetreten ist?
(a) Wiederbeschaffungskosten
(b) Marktwert
(c) Anschaffungskosten
(d) Restverkaufserlös
(e) Anschaffungskosten abzüglich außerplanmäßigen Abschreibungen

(12) Welche der folgenden Behauptungen ist richtig?
Gegenstände des Anlagevermögens müssen laut HGB mit dem niedrigeren Tageswert bewertet werden, wenn
(a) der Wert am Bilanzstichtag niedriger ist als die Anschaffungskosten,
(b) dieser Wert voraussichtlich von Dauer ist,
(c) die Wertminderung erheblich ist oder
(d) der niedrigere Tageswert unter den Anschaffungskosten liegt.

(13) Welches Bewertungsprinzip gilt in jedem Fall für die Güter des Umlaufvermögens?
- (a) Prinzip des strengen Wertzusammenhanges
- (b) Gemildertes Niederstwertprinzip
- (c) Strenges Niederstwertprinzip
- (d) Anschaffungswertprinzip
- (e) Prinzip verlustfreier Bewertung

(14) Welches Abschreibungsverfahren ist bei Wirtschaftsgütern zweckmäßig, die einem schnellen technischen Fortschritt unterliegen?
- (a) Lineare Abschreibung
- (b) Progressive Abschreibung
- (c) Abschreibung nach der Inanspruchnahme
- (d) Degressive Abschreibung

(15) Welches der folgenden Abschreibungsverfahren widerspricht dem Prinzip kaufmännischer Vorsicht?
- (a) Geometrisch-degressive Abschreibung
- (b) Progressive Abschreibung
- (c) Lineare Abschreibung
- (d) Arithmetisch-degressive Abschreibung

(16) Bei welchen Wirtschaftsgütern eignet sich eine Abschreibung nach der Inanspruchnahme?
- (a) Abschreibung von Maschinen, die einem schnellen technischen Fortschritt unterliegen;
- (b) Abschreibung von Werkzeugen;
- (c) Abschreibung eines Lastkraftwagens;
- (d) Abschreibung von Gebäuden.

(17) Welches Sammelbewertungsverfahren ist bei steigenden Preisen zweckmäßig, wenn der Endbestand so niedrig wie möglich bewertet werden soll?
- (a) Durchschnittsbewertung
- (b) Lifo-Verfahren
- (c) Festbewertung
- (d) Fifo-Verfahren

(18) Welches Sammelbewertungsverfahren entspricht bei schwankenden Preisen am besten dem Prinzip kaufmännischer Vorsicht?
- (a) Durchschnittsbewertung
- (b) Lifo-Verfahren
- (c) Hifo-Verfahren
- (d) Fifo-Verfahren

(19) Welche der folgenden Behauptungen sind richtig?
- (a) Die Fifo-Methode führt bei steigenden Wiederbeschaffungskosten zum niedrigsten Periodengewinn.
- (b) Die Hifo-Methode führt bei schwankenden Preisen zum niedrigsten Periodengewinn.
- (c) Die Lifo-Methode trägt bei steigenden Preisen zur Substanzerhaltung bei.
- (d) Die Festbewertung von Werkzeugen hat eine Vereinfachung des Rechnungswesens zur Folge.
- (e) Die Fifo-Methode ist auch in der Steuerbilanz zulässig.

(20) Welche der folgenden Behauptungen sind richtig?

(a) Die Lifo-Methode führt bei steigenden Preisen zu einem höheren Wareneinsatzwert als die Fifo-Methode.
(b) Die Lifo-Methode führt bei steigenden Preisen zu einem niedrigeren Endbestandswert als die Durchschnittsbewertung.
c) Bei fallenden Preisen führt die Methode des gewogenen Durchschnitts zu höheren Endbestandswerten als die Methode des gewogenen laufenden Durchschnitts.
(d) Die Hifo-Methode führt bei steigenden Preisen zum gleichen Ergebnis wie die Fifo-Methode.

(21) Welche der folgenden Behauptungen sind richtig?

(a) Stille Rücklagen werden durch zu hohen Ansatz der Herstellungskosten gebildet.
(b) Stille Rücklagen entstehen durch zu hohe Abschreibungen.
(c) Gesetzliche Rücklagen unterliegen einer Ausschüttungssperre.
(d) Gewinnrücklagen entstehen durch Thesaurierung von Gewinnen.

(22) Wann ist ein Gewinn aus Warenverkauf realisiert?

(a) Abschluss des Kaufvertrages
(b) Lieferung der Waren und Rechnungserteilung
(c) Eingang des Kaufpreises
(d) Anzahlung der Waren

(23) Was versteht man unter dem Prinzip der nominellen Kapitalerhaltung?

(a) Das Kapital ist erhalten, wenn der Betrieb durch Umsatzerlöse den gleichen Geldbetrag zurückerhält, den er zur Erzielung des Erlöses einsetzen musste.
(b) Das Kapital ist erhalten, wenn der Betrieb die gleiche Menge an Kostengütern wiederbeschaffen kann, die er zur Durchführung des Betriebsprozesses einsetzen musste.
(c) Das Kapital ist erhalten, wenn der Betrieb aus dem Umsatzerlös alle eingesetzten Kostengüter – bewertet mit Wiederbeschaffungskosten – wiederbeschaffen kann.
(d) Das Kapital ist erhalten, wenn der Betrieb durch Umsatzerlöse den gleichen Geldbetrag, den er zur Erzielung der Erlöse einsetzen musste, multipliziert mit dem Index der Änderung des Geldwertes, zurückerhält.

(24) Welche der folgenden Behauptungen sind richtig?

(a) Im HGB-Abschluss gilt das Prinzip nomineller Kapitalerhaltung.
(b) Im IFRS-Abschluss gilt das Prinzip der Substanzerhaltung.
(c) Das Prinzip nomineller Kapitalerhaltung besagt, dass eine Aktiengesellschaft ihr Nominalkapital nicht zur Ausschüttung heranziehen darf.
(d) Sinkende Wiederbeschaffungskosten führen zu einer Verminderung des Nominalkapitals.

(25) Welche der folgenden Behauptungen sind richtig:

Die Bildung von Gewinnrücklagen
(a) vergrößert das Eigenkapital;
(b) mindert die Steuerzahlungen;
(c) ermöglicht höhere Gewinnausschüttungen in späteren Jahren;
(d) dient der Substanzerhaltung.

(26) Welche der folgenden Behauptungen ist richtig?

(a) Der Jahresabschluss nach IFRS führt immer zu einem höheren Erfolgsausweis als der HGB-Abschluss.

(b) Im IFRS-Abschluss spielt der Gläubigerschutz keine Rolle.
(c) Die IFRS orientieren sich vorzugsweise an den Informationsbedürfnissen der Eigenkapitalgeber (Shareholder).
(d) Die Wertansätze des IFRS-Abschlusses haben keine bindende Wirkung für die Steuerbilanz.

(27) Ein IFRS-Abschluss
(a) muss in Deutschland von allen kapitalmarktorientierten Unternehmen als Konzernabschluss erstellt werden;
(b) basiert auf dem Framework und den IFRS/IAS-Einzelstandards;
(c) besteht aus folgenden Pflichtbestandteilen: Bilanz und GuV-Rechnung;
(d) soll den Bilanzadressaten entscheidungsnützliche Informationen liefern.

(28) In einem IFRS-Abschluss
(a) gilt ein grundsätzliches Aktivierungsverbot für selbsterstellte immaterielle Anlagegegenstände;
(b) müssen Rechnungsabgrenzungsposten aktiviert bzw. passiviert werden;
(c) ist die Passivseite der Bilanz nach den Rubriken „Eigenkapital" und „Verbindlichkeiten" zu gliedern;
(d) sind (Verbindlichkeits-)Rückstellungen unter der Rubrik „Verbindlichkeiten" auszuweisen.

(29) Im IFRS-Abschluss
(a) gibt es bei der Ermittlung der Herstellungskosten kein Wahlrecht zur Einbeziehung von Gemeinkostenbestandteilen;
(b) ist eine steuerlich zulässige Abschreibung erlaubt;
(c) gilt für alle Vermögensgegenstände ein Methodenwahlrecht zwischen Anschaffungskostenmethode und Neubewertungsmethode;
(d) ist die Fifo-Methode zur Bewertung gleichartiger Vorräte erlaubt.

(30) Im IFRS-Abschluss ist das Realisationsprinzip bei der Bewertung von
(a) Sachanlagen nach dem Anschaffungskostenmodell
(b) Finanzvermögen (Trading securities)
(c) Vorratsvermögen
(d) Fremdwährungsforderungen
zu beachten.

(31) Im IFRS-Abschluss ist es erlaubt,
(a) Sachanlagen zu fortgeführten Anschaffungskosten
(b) Sachanlagen zu einem über den fortgeführten Anschaffungskosten liegenden Wert
(c) alle Wertpapiere erfolgswirksam zum Fair Value
(d) Anlageimmobilien erfolgsneutral zum Fair Value
zu bewerten.

(32) Im IFRS-Abschluss
(a) ist die Möglichkeit zur Bildung stiller Rücklagen stärker eingeschränkt als im HGB-Abschluss;
(b) ist der Eigenkapitalausweis in die Rubriken „Gezeichnetes Kapital" und „Stille Rücklagen" einzuordnen;
(c) ist die „Neubewertungsrücklage" als Eigenkapitalposten auszuweisen;
(d) ist das Jahresergebnis der GuV-Rechnung unmittelbar in die „Retained earnings" einzustellen.

(33) Welche der folgenden Behauptungen zum HGB-Abschluss sind richtig?
(a) Oberstes Prinzip der Bewertung ist das Prinzip kaufmännischer Vorsicht.
(b) Im Umlaufvermögen gilt das strenge Niederstwertprinzip.
(c) Im Anlagevermögen sind bei Preissteigerungen die Wiederbeschaffungskosten die obere Grenze der Bewertung.
(d) Das Realisationsprinzip gilt nach HGB nur im Falle von Wertsteigerungen.

(34) Welche der folgenden Behauptungen zum HGB-Abschluss sind richtig?
(a) Unrealisierte Gewinne dürfen nicht, unrealisierte Verluste dürfen bzw. müssen ausgewiesen werden.
(b) Im Anlagevermögen gilt bei erwartungsgemäß vorübergehender Wertminderung für Kapitalgesellschaften das Höchstwertprinzip.
(c) Das Prinzip der Bewertungsstetigkeit verlangt bei kurzfristigen Wertschwankungen die Beibehaltung des bisherigen Wertansatzes.
(d) Für abnutzbare Anlagegegenstände sind die fortgeführten Anschaffungskosten die obere Grenze der Bewertung.

Lösungen: Folgende Antworten sind richtig: 1 a, c, d; 2 b, e; 3 b, c, f; 4 d; 5 d; 6 a, b, d; 7 c; 8 a; 9 a, b, c; 10 d; 11 c; 12 b; 13 c, d; 14 d; 15 b; 16 c; 17 b; 18 c; 19 b, c, d; 20 a, b, c; 21 b, c, d; 22 b; 23 a; 24 a; 25 a, c, d; 26 c, d; 27 a, b, d; 28 c, d; 29 a, d; 30 a, c; 31 a, b, c; 32 a, c, d; 33 a, b, d; 34 a, d.

C. Die Kostenrechnung

I. Grundlagen

Wiederholungsfragen:

	Wöhe Seite
Was versteht man unter der Planungs-, Kontroll- und Dokumentationsaufgabe der Kostenrechnung?	917 f.
Unter welchen Bedingungen (LSP) erfolgt die Preisermittlung von Aufträgen auf der Basis von Selbstkosten?	918
Worin unterscheiden sich die Planungsaufgaben der Investitionsrechnung und der Kostenrechnung?	919
Welche Aufgabe hat die Kosten- und Erlösrechnung beim Auftreten eines (kurzfristigen) Produktionsengpasses?	920
Mit welchen Entscheidungskomponenten arbeitet die Kosten- und Erlösrechnung?	921
Wie ist der wertmäßige Kostenbegriff definiert? Wie ist der pagatorische Kostenbegriff definiert?	922 f.
Welche Kostenverursachungsprinzipien kennen Sie?	923
Wo liegen die Anwendungsschwierigkeiten des Kostenverursachungsprinzips?	924
Welche Konsequenzen ergeben sich aus einer Verletzung des Kostenverursachungsprinzips?	925
Welche Rolle spielt die Losgrößendegression im Rahmen des „Gesetzes der Massenproduktion“?	926
Welche Verfahren der Kostenauflösung kennen Sie?	927 f.
Was versteht man unter relevanten Kosten?	929
Worin liegt der Unterschied zwischen langfristiger und kurzfristiger Preisuntergrenze?	931
Was versteht man unter Deckungsbeitrag?	932
Was versteht man unter Vorkalkulation und Nachkalkulation?	934

Aufgabe 98 Einteilung der Kostenrechnung

Wie sind die Ausdrücke Kosten, Kostenarten, Kostenstellen und Kostenträger definiert? Versuchen Sie, den Zusammenhang zwischen diesen vier Begriffen graphisch darzustellen!

Kosten	=	Bewerteter Verzehr von Gütern und Dienstleistungen, der durch die betriebliche Leistungserstellung verursacht wird.
Kostenarten	=	Aufteilung der Kosten nach verbrauchten Produktionsfaktoren (Faktormenge · Faktorpreis).
Kostenstelle	=	Betriebliche Abrechnungseinheit, für die Gemeinkosten gesondert erfasst und auf die Kostenstellennutzer weiterverrechnet werden.
Kostenträger	=	Betriebliche Leistungen, auf welche die Kosten nach dem Verursachungsprinzip weiterverrechnet werden.

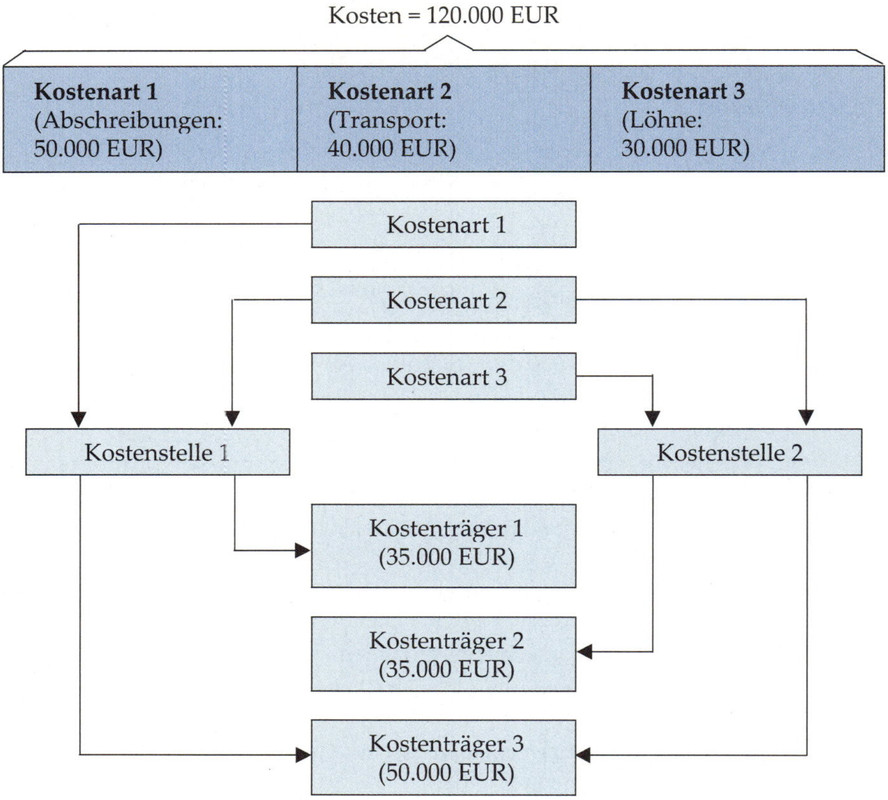

Es gibt Kostenarten, die in allen Kostenstellen anfallen (Kostenart 2), während andere Kostenarten nur in einzelnen Kostenstellen vorkommen (Kostenart 1 und Kostenart 3). Ebenso gibt es Kostenträger, die alle Kostenstellen beanspruchen (Kostenträger 3), während andere Kostenträger nur eine beschränkte Anzahl von Kostenstellen durchlaufen (Kostenträger 1 und Kostenträger 2). Das bedeutet, dass in einzelnen Kostenträgern nur eine beschränkte Anzahl von Kostenarten enthalten ist. Der Graphik zufolge ist in Kostenträger 1 die Kostenart 3, in Kostenträger 2 die Kostenart 1 nicht enthalten.

Aufgabe 99 Dominanz des Kostenverursachungsprinzips

Firma STABILO ist ein Handwerksunternehmen der Baubranche, das einen Auftrag dann erhält, wenn es bei einer von einem Architekten ausgeschriebenen Bauleistung einen niedrigeren Preis verlangt als die übrigen an der Ausschreibung beteiligten Anbieter. Da sich die einzeln nachgefragten Bauleistungen stark voneinander unterscheiden (individuelle Ein- bzw. Mehrfamilienhäuser), orientiert sich die Preisforderung für ein spezielles Rohbauvorhaben an der Höhe der im Wege der Vorkalkulation ermittelten Selbstkosten.

Teilaufgabe a)

STABILO hat ein starkes Interesse an der Ausführung des ausgeschriebenen Bauvorhabens X. Um den Auftrag zu erhalten, schätzt man die Selbstkosten mit 96.000 EUR extrem niedrig ein und gibt bei einem Gewinnaufschlag von 3,125 Prozent ein Gebot zum Ausführungspreis von 99.000 EUR ab. Man erhält den Auftrag, da der zweitgünstigste Anbieter 120.000 EUR forderte. Bei der Nachkalkulation muss man aber feststellen, dass sich die tatsächlichen Kosten auf 114.000 EUR belaufen. Wie beurteilen Sie dieses Geschäft?

Wöhe S. 921–925

Mit seiner bewusst niedrigen Selbstkostenschätzung hat STABILO das Kostenverursachungsprinzip verletzt. Die Fehlkalkulation führt zum Verlustgeschäft:

	Erlös	99.000 EUR
–	tatsächliche Selbstkosten	114.000 EUR
	Verlust	**15.000 EUR**

Teilaufgabe b)

STABILO hat aus seinem Fehler gelernt und kalkuliert deshalb bei der nächsten Ausschreibung die erwarteten Selbstkosten übertrieben vorsichtig. Für das Bauvorhaben Y gibt man nach Maßgabe extrem vorsichtig kalkulierter Selbstkosten von 140.000 EUR ein Angebot zum Preis von 145.000 EUR ab. Den Zuschlag erhält der Niedrigstbieter zum Preis von 136.000 EUR. Bei nüchterner Nachberechnung seines Angebots stellt STABILO fest, dass seine Selbstkosten bei verursachungsgerechter Kalkulation bei nur 128.000 EUR gelegen hätten. Was hat STABILO falsch gemacht?

Jede Vorkalkulation ist mit dem Risiko der Fehlkalkulation belastet. Gleichwohl sollte jeder Anbieter um eine nüchterne Selbstkostenprognose bemüht sein. Im vorliegenden Fall hätte STABILO bei einer Preisforderung von 132.000 EUR (= neutrale Selbstkosten 128.000 EUR + 3,125 Prozent Gewinnzuschlag) den Auftrag erhalten.

Aufgabe 100 Proportionale Gesamtkostenfunktion

Vom Buchhalter des Einprodukt-Unternehmens PROPORZ erhalten Sie folgende Informationen: „Je höher unsere Ausbringungsmenge x, desto geringer sind unsere Stückkosten k. Folgende Erfahrungswerte liegen uns vor:

Produktionsmenge x	Stückkosten k
100	210
500	50
1.000	30

Unsere variablen Kosten K_v verändern sich proportional zur Ausbringungsmenge x". Ermitteln Sie die Gesamtkostenfunktion!

Wöhe S. 928 f.

Die Gesamtkosten K für die alternativen Ausbringungsmengen x = 100 bzw. x = 500 betragen

$$\mathbf{K_{100}} = 100 \text{ Stück} \cdot 210 \text{ EUR/Stück} = 21.000 \text{ EUR}$$
$$\mathbf{K_{500}} = 500 \text{ Stück} \cdot 50 \text{ EUR/Stück} = 25.000 \text{ EUR}$$

Daraus folgt: eine zusätzliche Produktionsmenge von 400 Stück verursacht zusätzliche, d.h. variable Kosten von 4.000 EUR.

$$\mathbf{k_v} = \frac{K_{500} - K_{100}}{x_{500} - x_{100}} = \frac{4.000 \text{ EUR}}{400 \text{ Stück}} = 10 \text{ EUR/Stück}$$

Die Stückkosten k setzen sich aus den variablen Stückkosten k_v und den fixen Stückkosten k_f zusammen.

Menge	k	–	k_v	=	k_f	k_f	·	x	=	K_f
x = 100	210	–	10	=	200	200	·	100	=	20.000
x = 500	50	–	10	=	40	40	·	500	=	20.000

Setzt man in die Formel

$$\mathbf{K} = K_f + k_v \cdot x$$

die Zahlenwerte des Beispielunternehmens PROPORZ ein, erhält man die Kostenfunktion

$$\mathbf{K} = 20.000 + 10\,x$$

Aufgabe 101 Kostendeckungspunkt, Gewinnzone, Verlustzone

Ausgehend von der Gesamtkostenfunktion

$$\mathbf{K = 20.000 + 10\,x}$$

der Firma PROPORZ erfahren Sie vom Buchhalter, dass man einen Stückerlös p in Höhe von 50 EUR erzielt. Wie lautet die Erlösfunktion? Ermitteln Sie den Kostendeckungspunkt (Break-even-Punkt) rechnerisch und grafisch und markieren Sie dabei die Gewinnzone und die Verlustzone!

Wöhe S. 911 f.

Die Erlösfunktion E lautet:

$$\mathbf{E} = 50\,x$$

Den Kostendeckungspunkt markiert jene Ausbringungsmenge $\overline{x}$, bei der die Kosten K gerade durch die Erlöse E gedeckt sind. Somit gilt für $\overline{x}$

$$\begin{aligned} \mathbf{E} &= \mathbf{K} \\ \mathbf{50\,x} &= \mathbf{20.000 + 10\,x} \\ \overline{\mathbf{x}} &= \mathbf{500\ Stück} \end{aligned}$$

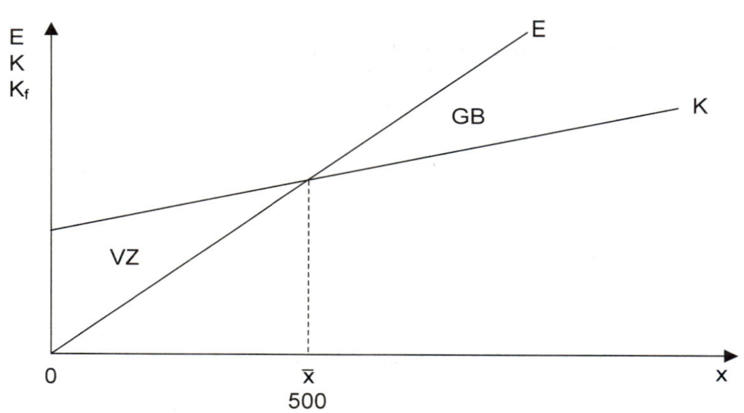

Bei einer Ausbringungsmenge

0 <	$x < 499$ Stück	werden Verluste gemacht
	$x = 500$ Stück	werden die Kosten gerade gedeckt
	$x > 500$ Stück	werden Gewinne erwirtschaftet.

Aufgabe 102: Kosten- und Erfolgsgrößen

Für das Einprodukt-Unternehmen PROPORZ gilt die Kosten- und Erlösfunktion aus Aufgabe 101.

$E = 50\,x$
$K = 20.000 + 10\,x$

Die für die laufende Periode geplante Ausbringungsmenge x liegt bei 800 Stück. Ermitteln Sie
- die Stückkosten k
- den Stückgewinn g
- den Deckungsbeitrag/Stück db
- den Periodengewinn G
- den Deckungsbeitrag/Periode DB.

Wöhe S. 931 f.

Bei einer Ausbringungsmenge von x = 800 gilt für Erlöse E, Kosten K und Periodengewinn G

E	=	50 x	=	50 · 800 Stück	=	40.000 EUR
K	=	20.000 + 10 x	=	20.000 + 10 · 800 Stück	=	28.000 EUR
G	=	E – K	=	40.000 – 28.000	=	+ 12.000 EUR
g	=	G : x	=	12.000 : 800 Stück	=	15 EUR/Stück
k	=	K : x	=	28.000 : 800 Stück	=	35 EUR/Stück
db	=	$p - k_v$	=	50 – 10	=	40 EUR/Stück
DB	=	db · x	=	40 · 800 Stück	=	32.000 EUR
DB	=	$E - K_v$	=	40.000 – 8.000	=	32.000 EUR

Aufgabe 103 Lang- und kurzfristige Preisuntergrenze

Es gelten die Angaben zu Aufgabe 102, wonach das Einproduktunternehmen PROPORZ für die laufende Periode bei einer Kosten- und Erlösfunktion

$E = 50\,x$
$K = 20.000 + 10\,x$

mit einer **Absatzmenge von 800 Stück** rechnet. Ermitteln Sie unter diesen Bedingungen die
- langfristige Preisuntergrenze PUG_l
- kurzfristige Preisuntergrenze PUG_k

der Firma PROPORZ! Beschreiben Sie zuvor die Informationsfunktion der Preisuntergrenze!

Wöhe S. 900–932

Die Preisuntergrenze markiert den kritischen Preis, bei dem es für einen Anbieter gleichgültig ist, ob er einen Auftrag annimmt oder ablehnt. Diese Bedingung ist erfüllt, wenn der erzielbare Preis gerade ausreicht, die durch die Auftragsannahme verursachten Kosten abzudecken.

Auf lange Sicht kann ein Unternehmen nur existieren, wenn die Erlöse E mindestens so hoch sind wie die Gesamtkosten K. Deshalb gilt für die langfristige Preisuntergrenze

$$\mathbf{PUG_l} = k$$

Im vorliegenden Fall einer geplanten Absatzmenge von 800 Stück liegt die **langfristige Preisuntergrenze** bei k = 35 EUR. Sinkt der Absatzpreis unter diesen kritischen Grenzwert, macht das Unternehmen Verlust.

Sinkt der Marktpreis p vorübergehend unter die kritische Marke k = 35 EUR, kann es zweckmäßig sein, einen Auftrag auch zu einem niedrigeren Preis anzunehmen. Die kurzfristige Preisuntergrenze wird durch die variablen Stückkosten k_v markiert. Im Beispielfall gilt für die **kurzfristige Preisuntergrenze k_v** = 10 EUR/Stück.

Aufgabe 104 Kurzfristige Preisuntergrenze und Verlustminimierung

Es gelten die Angaben zur Aufgabe 102.

K = 20.000 + 10 x
x_{plan} = 800 Stück
PUG_l = k = 35 EUR/Stück

Der Konkurrenzanbieter der Firma PROPORZ bietet wegen seines Firmenjubiläums im gesamten Jubiläumsjahr den gleichen Artikel zum Jubiläumspreis von 27 EUR/Stück an. Die Firma PROPORZ hat zwei Möglichkeiten:

(1) Sie beharrt auf ihrer langfristigen Preisuntergrenze PUG_l = k = 35 EUR/Stück und verliert die gesamte Nachfrage.

(2) Sie senkt den Absatzpreis auf 27 EUR/Stück und verkauft wie geplant 800 Stück.

Ermitteln Sie für beide Varianten den Jahreserfolg der Firma PROPORZ!

In beiden Fällen macht PROPORZ Verlust:

(1) Preisforderung 35 EUR		**(2) Preisforderung 27 EUR**	
x = 0		x = 800 Stück	
E =	= 0	E = 27 x	= 21.600
K = 20.000 + 10 x	= – 20.000	K = 20.000 + 10 x	= 28.000
Verlust	**= – 20.000**	**Verlust**	**= – 6.400**

Bei einem Preis von 27 EUR/Stück beträgt der Stückdeckungsbeitrag db 17 EUR und der Periodendeckungsbeitrag DB 13.600 EUR. Mit diesem Deckungsbeitrag DB = 13.600 können die Fixkosten K_f = 20.000 wenigstens teilweise gedeckt werden.

Aufgabe 105 Optimales Produktionsverfahren

Die PERICULUM-GMBH hat ein neuartiges Produkt entwickelt, das nach den Ergebnissen einer Markteinführungsstudie

- **ein jährliches Absatzvolumen x von 6.000 Stück**
- **zum Absatzpreis p von 16 EUR/Stück**

erwarten lässt.

Beim Aufbau der Produktionskapazität hat die PERICULUM-GMBH die Wahl zwischen einem lohnintensiven Produktionsverfahren A und einem automatisierten Produktionsverfahren B. Die zugehörigen Kostenfunktionen lauten

$\mathbf{K_A = 20.000 + 11\ x}$

$\mathbf{K_B = 50.000 +\ \ 7\ x}$

Für welches Produktionsverfahren sollte sich die PERICULUM-GMBH unter den gegebenen Bedingungen entscheiden? Wie hoch ist der Jahreserfolg in den Fällen A und B? Erläutern Sie die Lösung des Entscheidungsproblems an einer grafischen Darstellung mit den beiden Kostenfunktionen K_A und K_B!

Wöhe S. 920 und 925f.

Für eine geplante Ausbringungsmenge **x = 6.000 Stück**, lassen sich die verfahrensabhängigen Produktionskosten K_A und K_B wie folgt ermitteln:

$$\mathbf{K_A} = 20.000 + 11\,x = 20.000 + 66.000 = \mathbf{86.000}$$
$$\mathbf{K_B} = 50.000 + 7\,x = 50.000 + 42.000 = \mathbf{92.000}$$

Bei einem planmäßigen Absatzpreis von 16 EUR/Stück ist mit folgendem Planjahresergebnis zu rechnen:

	Verfahren A	Verfahren B
Erlöse (geplant)	96.000	96.000
– Kosten (geplant)	86.000	92.000
Jahreserfolg (geplant)	**+ 10.000**	**+ 4.000**

Die PERICULUM-GMBH ist bei der Verfahrensauswahl indifferent, wenn $K_A = K_B$. Die zugehörige kritische Ausbringungsmenge wird in der folgenden Grafik mit x* bezeichnet.

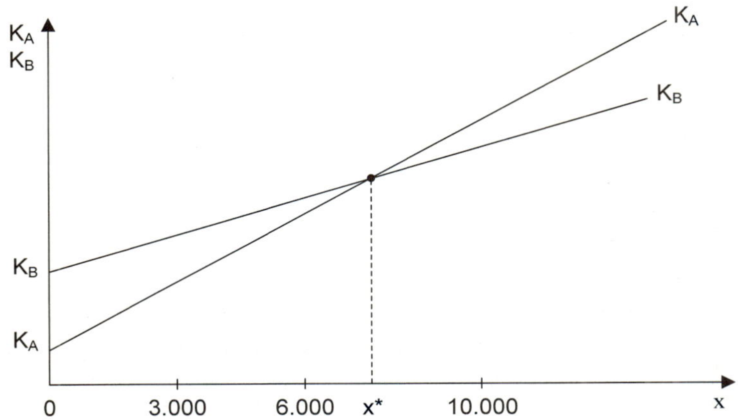

Die kritische Ausbringungsmenge x* liegt bei 7.500 Stück:

$$\mathbf{K_A} = K_B$$
$$\mathbf{20.000 + 11\,x} = 50.000 + 7\,x$$
$$\mathbf{x^*} = 7.500 \text{ Stück}$$

Bei einer planmäßigen Produktionsmenge

- unter 7.500 Stück ist A
- über 7.500 Stück ist B

das vorteilhafte Produktionsverfahren.

Aufgabe 106 Verfahrenswahl bei unsicheren Erwartungen

Nach dem Ergebnis aus Aufgabe 105 entscheidet sich die PERICULUM-GMBH in der Planperiode 01 für die Schaffung der Produktionskapazität mit dem Verfahren A, wenn sie fest damit rechnen kann, dass

(1) die Kostenfunktionen K_A und K_B Gültigkeit behalten
(2) die planmäßige Absatzmenge x = 6.000/Jahr langfristig konstant ist
(3) der Absatzpreis p = 16 EUR/Stück langfristig Gültigkeit hat.

In der Realität muss die PERICULUM-GMBH mit einer Änderung der für Periode 01 angenommenen Plandaten rechnen.

Teilaufgabe a)

Welche Handlungsempfehlung würden Sie der PERICULUM-GMBH geben, wenn mit sehr hoher Wahrscheinlichkeit davon auszugehen ist, dass

(1) die Kostenfunktionen für die 10-jährige Betriebsdauer von A und B Gültigkeit behalten
(2) die planmäßige Absatzmenge x = 6.000 Stück konstant bleibt
(3) der Absatzpreis p durch zusätzliches Konkurrenzangebot unter Druck gerät und sich nach zwei bis drei Jahren bei 12 EUR/Stück einpendeln wird.

Sinkt der nachhaltig erzielbare Absatzpreis auf 12 EUR/Stück, wird die Erfolgsprognose negativ.

E	=	12 · 6.000 Stück	=	72.000
K_A	=	20.000 + 11 · 6.000 Stück	=	86.000
Jahreserfolg			=	**– 14.000**

Die PERICULUM-GMBH sollte das Produktionsvorhaben nicht realisieren.

Teilaufgabe b)

Auf Sicht von zwei bis drei Jahren kann die PERICULUM-GMBH mit hoher Wahrscheinlichkeit davon ausgehen, dass Bedingung

(1) eintritt wie erwartet
(2) die Absatzmenge schrittweise auf 10.000 Stück steigt
(3) eintritt wie erwartet.

Wie sollte sich die PERICULUM-GMBH unter diesen Bedingungen entscheiden?

Bei einem Planerlös E = 16 EUR · 10.000 Stück = 160.000 EUR sollte das Vorhaben auf jeden Fall realisiert werden. Da ab einer Jahresausbringungsmenge von 7.500 Stück und mehr das Produktionsverfahren B günstiger ist als Verfahren A (vgl. Aufgabe 105), sollte sich das Unternehmen (langfristig) für B entscheiden, obwohl A im ersten Jahr kostengünstiger ist.

Aufgabe 107 Kalkulation eines Zusatzauftrags

Von der Brauerei GAMBRINUS, einem Produzenten von Dosenbier, erhalten Sie für die gerade begonnene Periode 01 folgende Informationen:

Gesamtkosten K (geplant)	3 Mio. EUR
Produktionsmenge x (geplant)	10 Mio. Stück
Verfügbare Kapazität Periode 01	14 Mio. Stück
Üblicher Verkaufspreis/Stück	0,39 EUR

Ein großer Lebensmittelfilialist stellt folgenden Auftrag in Aussicht:

Volumen des Zusatzauftrags	2 Mio. Stück
Preisangebot des Auftraggebers/Stück	0,26 EUR

Wöhe S. 929 f.

Teilaufgabe a)

Soll GAMBRINUS diesen Auftrag annehmen?

GAMBRINUS verfügt in der Planperiode 01 über eine freie Kapazität von 4 Mio. Produkteinheiten. Unter diesen Bedingungen gilt der Grundsatz: Der Zusatzauftrag wird nicht zu Stückkosten k (im Beispielfall 0,30 EUR), sondern zu zusätzlich anfallenden Kosten kalkuliert. Im konkreten Beispielfall ist zu prüfen, um welchen Betrag ΔK die Gesamtkosten ansteigen, wenn die Ausbringungsmenge von 10 auf 12 Mio. Stück erhöht wird.

Bei den durch den Zusatzauftrag verursachten Zusatzkosten ΔK wird es sich ausschließlich um variable Kosten K_v handeln. Eine Entscheidung über die Auftragsannahme kann erst getroffen werden, wenn man die Kostenfunktion von GAMBRINUS kennt.

Teilaufgabe b)

Die Fixkosten K_f von GAMBRINUS belaufen sich auf 1 Mio. EUR pro Jahr. Soll GAMBRINUS den Zusatzauftrag annehmen? Wie lautet die Gesamtkostenfunktion K?

Die Höhe der variablen Gesamtkosten K_v lässt sich für die bislang geplante Menge x = 10 Mio. Stück folgendermaßen ermitteln:

Gesamtkosten K	3 Mio. EUR
– Fixkosten K_f	1 Mio. EUR
variable Kosten K_v	2 Mio. EUR
variable Kosten/Stück k_v	0,20 EUR

Unter den gegebenen Bedingungen ist die Annahme des Zusatzauftrags vorteilhaft.

II. Kostenartenrechnung

Wiederholungsfragen:

	Wöhe Seite
Nach welchen Kriterien lassen sich die Gesamtkosten K in einzelne Kostenarten aufteilen?	935
Worin liegt der Unterschied zwischen primären und sekundären Kosten?	936 f.
Aus welchen Komponenten setzen sich die Personalkosten zusammen?	938
Wie sind aperiodisch anfallende Personalkosten in der Kostenrechnung zu behandeln?	939 f.
Welche Verfahren zur Erfassung von Materialverbrauchsmengen kennen Sie?	940 f.
Welche Verfahren zur Bewertung des Materialverbrauchs kennen Sie?	941 f.
Worin liegt der Unterschied zwischen Anderskosten und Zusatzkosten?	942 f.
Was versteht man unter Opportunitätskosten?	943
Welche Abschreibungsbasis sollte der Ermittlung kalkulatorischer Abschreibungen zugrunde gelegt werden?	945
Welchen Zweck verfolgt man mit der Verrechnung kalkulatorischer Wagnisse?	946 f.
Wie ermittelt man den Kapitalkostensatz zur Berechnung kalkulatorischer Zinsen?	947
Wie ermittelt man die Kapitalbasis zur Berechnung kalkulatorischer Zinsen?	948

Aufgabe 108 Kostenarten

Welche der folgenden Behauptungen sind richtig?

(1) Sekundäre Kosten lassen sich immer auf primäre Kosten zurückführen.

(2) Kalkulatorische Kosten sind immer Kostenträgergemeinkosten.

(3) Kalkulatorische Wagniskosten sind Grundkosten, weil ihr Entstehungsgrund in der Verfolgung des Betriebszwecks liegt.

(4) Personalkosten können Einzelkosten, Gemeinkosten, Grundkosten oder kalkulatorische Kosten sein.

(5) Personalkosten können fixe oder variable Kosten sein.

(6) Kalkulatorische Kosten sind Zusatzkosten, soweit ihnen gar kein Aufwand gegenübersteht.

(7) Je höher die Fixkosten, desto stärker weicht die kurzfristige von der langfristigen Preisuntergrenze ab.

(8) Bei proportionalem Gesamtkostenverlauf entsprechen die variablen Kosten nur dann den Grenzkosten, wenn die Gesamtkostenfunktion ihren Ursprung im Nullpunkt hat.

(9) Die Kosten entsprechen dem Aufwand, der durch die betriebliche Leistungserstellung verursacht wurde.

(10) Sind die geschätzten Kosten höher als die tatsächlichen Kosten, besteht die Gefahr, dass verlustträchtige Aufträge angenommen werden.

Zutreffend sind die Behauptungen (1), (2), (4), (5), (6) und (7).

Aufgabe 109 Zeitliche Abgrenzung der Personalkosten

Der Mitarbeiter FLEISSIG erhält einen Bruttostundenlohn von 15 EUR, ein Urlaubsgeld von 700 EUR und ein Weihnachtsgeld von 1.420 EUR. Er arbeitet an fünf Wochentagen jeweils acht Stunden.

FLEISSIG erhält Bezahlung für folgende Frei- und Ausfallzeiten (bezogen auf ein Kalenderjahr):

bezahlte Feiertage	10
bezahlte Krankheitstage (betriebsindividueller Ø)	13
bezahlte Urlaubstage	28
bezahlter Sonderurlaub (betriebsindividueller Ø)	1

Ermitteln Sie zunächst für die Monate Januar und August den **effektiv zu zahlenden Bruttoarbeitslohn** (einschließlich Urlaubsgeld) des FLEISSIG! Errechnen Sie danach durch zeitliche Abgrenzung der Lohnkosten den **verursachten** Lohn (einschließlich Urlaubs- und Weihnachtsgeld) für diese beiden Monate! Gehen Sie dabei von folgenden Annahmen aus:

	Januar	August
nominelle Arbeitstage	23	22
gesetzliche Feiertage	1	–
Krankheitstage	2	–
Urlaubstage	1	22

Wöhe S. 939 f.

Bei 28 Urlaubstagen und 700 EUR Urlaubsgeld erhält FLEISSIG pro Urlaubstag eine Sonderzahlung in Höhe von 25 EUR.

Lohnzahlungen	**Januar**	**August**
Nominelle Arbeitstage $\cdot \frac{8\text{ Std.}}{\text{Tag}} \cdot \frac{15\text{ EUR}}{\text{Std.}}$	2.760 EUR	2.640 EUR
Urlaubsgeld 25 EUR/Tag	25 EUR	550 EUR
Zu zahlender Betrag	**2.785 EUR**	**3.190 EUR**

Die verursachten Lohnkosten sind zeitlich folgendermaßen abzugrenzen:

	Tage		**Stunden**	
Kalendertage		365		
– Samstage und Sonntage		104		
nominelle Arbeitszeit (bezahlt)		261		2.088
– bezahlte Feiertage	10		80	
– bezahlte Krankheitstage	13		104	
– bezahlte Urlaubstage	28		224	
– bezahlter Sonderurlaub	1	52	8	416
tatsächliche Arbeitszeit		**209**		**1.672**

	Bruttoarbeitslohn/Jahr = 2.088 Std. · 15 EUR/Std. =	31.320 EUR
+	Urlaubsgeld/Jahr	700 EUR
+	Weihnachtsgeld/Jahr	1.420 EUR
	Bruttoarbeitsentgelt/Jahr	33.440 EUR

Demnach beträgt das Bruttoarbeitsentgelt für eine tatsächlich geleistete Arbeitsstunde 33.440 EUR : 1.672 Std. = 20 EUR. Mit diesem Stundensatz sind die tatsächlich geleisteten Arbeitsstunden zu gewichten.

Lohnabgrenzung	Januar	August
nominelle Arbeitstage	23	22
– Frei- und Ausfallzeiten	4	22
tatsächliche Arbeitstage	19	–
tatsächliche Arbeitsstunden	152	–
verursachter Bruttoarbeitslohn	**3.040 EUR**	–

Im Monat August wird von FLEISSIG keine Arbeitsleistung erbracht. Also werden keine Lohnkosten verursacht, obwohl der Betrieb in diesem Monat 3.190 EUR als Bruttoarbeitsentgelt zahlt.

Aufgabe 110 Mengenmäßiger Materialverbrauch

Die DEPOT KG hat ein geschlossenes Materiallager. Aus der Lagerbuchhaltung erhalten Sie folgende Informationen:

Anfangsbestand (AB)	3.000 Stück
Endbestand lt. Inventur (EB)	1.200 Stück
Zugang (1)	1.800 Stück
Zugang (2)	500 Stück
Zugang (3)	2.000 Stück
Entnahme (1) lt. Materialentnahmeschein	1.500 Stück
Entnahme (2) lt. Materialentnahmeschein	1.700 Stück
Entnahme (3) lt. Materialentnahmeschein	2.400 Stück
Materialverderb	150 Stück

a) Ermitteln Sie den Materialverbrauch nach der Inventurmethode und nach der Skontrationsmethode!

b) Ermitteln Sie den Soll-Endbestand!

c) Wer ist für die Abweichung des tatsächlichen Endbestands vom Soll-Endbestand verantwortlich?

Wöhe S. 940 f.

Zu a):

Materialverbrauch laut **Inventurmethode:**

AB	+ Zugänge	– EB	= Verbrauch
3.000	+ 4.300	– 1.200	= 6.100 Stück

Materialverbrauch laut **Skontrationsmethode:**

Summe der Einzelentnahmen lt. Beleg	= Verbrauch
1.500 + 1.700 + 2.400	= 5.600 Stück

Zu b):

Der **Soll-Endbestand** ist folgendermaßen zu ermitteln:

AB	+ Zugänge	./. Verbrauch	= Soll-Endbestand
3.000	+ 4.300	./. 5.600	= 1.700 Stück

Zu c):

Der Endbestand laut Inventur liegt um 500 Stück unter dem Soll-Endbestand. Der Lagerverwalter müsste eigentlich einen Endbestand von 1.700 Stück präsentieren können. Da 150 Stück am Lager verdorben sind, reduziert sich der rechnerische Endbestand auf 1.550 Stück. Angesichts eines tatsächlichen Endbestandes von 1.200 Stück ergibt sich eine **ungeklärte Verbrauchsabweichung von 350 Stück**. Mögliche Ursachen dieser Fehlmenge sind: Diebstahl durch Dritte, Unterschlagung durch den Lagerverwalter, nicht belegter Verderb oder Fehlmengen beim Lagerzugang. In jedem Fall ist der Lagerverwalter zur Rechenschaft zu ziehen.

Aufgabe 111 Kalkulatorische Kosten

Welche der folgenden Behauptungen sind richtig?

(1) Grundkosten lassen sich einfacher ermitteln als kalkulatorische Kosten.

(2) Die Gesamtkosten setzen sich aus Einzelkosten und kalkulatorischen Kosten zusammen.

(3) Verluste vermeidet man, wenn man kalkulatorische Abschreibungen eher zu hoch als zu niedrig ansetzt.

(4) Die Verrechnung kalkulatorischer Wagniskosten dient der vollständigen Erfassung des Wertverzehrs.

(5) Eine Kapitalgesellschaft kann auf die Erfassung kalkulatorischer Miete verzichten.

(6) Die Verrechnung kalkulatorischer Wagniskosten dient der Periodisierung aperiodisch anfallenden Wertverzehrs.

Zutreffend sind die Behauptungen (1), (5) und (6).

Aufgabe 112 Kalkulatorische Abschreibung und bilanzielle Abschreibung

Charakterisieren Sie die bilanzielle und die kalkulatorische Abschreibung nach folgenden Gesichtspunkten: Ziel, Abschreibungsbasis, gesetzliche Regelung, Abschreibungsverfahren, Nutzungsdauer, Kapitalerhaltung, tatsächliche Nutzungsdauer größer als geschätzte Nutzungsdauer.

Wöhe S. 753–758 und 943–946

Kriterium	**bilanzielle Abschreibung**	**kalkulatorische Abschreibung**
Ziel	Bilanzpolitische Ziele wie: hoher oder niedriger Gewinnausweis, Verschleierung von Verlusten, hoher oder niedriger Vermögensausweis usw.	Erfassung des tatsächlichen Wertverzehrs zur Ermittlung brauchbarer, d.h. der Wirklichkeit entsprechender Entscheidungs- und Kontrollziffern.

Kriterium	bilanzielle Abschreibung	kalkulatorische Abschreibung
Abschreibungs-Basis	Anschaffungs- bzw. Herstellungskosten	Anschaffungskosten, Wiederbeschaffungskosten oder „Tageswerte“
Gesetzliche Regelung	§ 253 HGB; Planmäßigkeit erforderlich	keine
Abschreibungs-Verfahren	Je nach bilanzpolitischer Zielsetzung: lineare, degressive, progressive oder Leistungsabschreibung (im Rahmen der GoB).	Planmäßiges Verfahren nicht zwingend; Bemessung der Abschreibungsquoten nach Einschätzung des tatsächlichen Wertverzehrs; lineares Verfahren in der Praxis aber vorherrschend.
Nutzungsdauer (ND)	Festlegung der geschätzten Nutzungsdauer nach bilanzpolitischen Zielen (im Rahmen der GoB)	Möglichst realistische Schätzung der Nutzungsdauer.
Kapitaler-haltung	Bei positiver Ertragslage Erhaltung des nominellen Kapitals.	Bei positiver Ertragslage und richtiger Schätzung der Wiederbeschaffungskosten Erhaltung der Substanz.
tatsächliche Nutzungsdauer > geschätzte Nutzungsdauer	Restbuchwert 1 EUR; keine weiteren Abschreibungen möglich.	Nach Beendigung der geschätzten ND werden bis zum endgültigen Ausscheiden der Anlage Abschreibungsbeträge verrechnet, die der längeren ND angepasst sind.

Aufgabe 113 Abschreibungen

Welche der folgenden Behauptungen sind richtig?

(1) Bilanzielle und kalkulatorische Abschreibungen können zwar in den einzelnen Jahresraten divergieren, sind jedoch auf die gesamte Nutzungsdauer bezogen stets gleich.

(2) Die kalkulatorische Abschreibung ist höher als die bilanzielle Abschreibung, da man in der Kostenrechnung von einer längeren Nutzungsdauer ausgeht.

(3) Die kalkulatorische Abschreibung ist insgesamt höher als die bilanzielle Abschreibung, wenn in der Kostenrechnung c.p. trotz Beendigung der geschätzten Nutzungsdauer weiterhin kalkulatorische Abschreibungen verrechnet werden.

(4) Eine höhere kalkulatorische Abschreibung führt zwangsläufig über höhere Preise zu höheren Gewinnen.

(5) Zur Ermittlung kalkulatorischer Abschreibungen sollte man die erwartete Nutzungsdauer möglichst vorsichtig einschätzen.

(6) Zur Ermittlung der kurzfristigen Preisuntergrenze sind zeitabhängige kalkulatorische Abschreibungen zu berücksichtigen.

Zutreffend ist die Behauptung (3).

Aufgabe 114 Kalkulatorische Abschreibungen und Preisuntergrenze

Ein großes Speditionsunternehmen hat mehrere große Kühlfahrzeuge gleicher Bauart im Einsatz. Für ein solches Fahrzeug gelten folgende Eckwerte:

Kalkulatorische Ausgangsbasis*	130.000 EUR
Planmäßige Nutzungsdauer	4 Jahre
Durchschnittliche Laufleistung/Jahr	50.000 km
Restverkaufserlös Ende des 4. Jahres	10.000 EUR

* Anschaffungskosten = Wiederbeschaffungskosten

Nach welchen Verfahren würden Sie die kalkulatorische Abschreibung berechnen? Mit welchem Betrag schlägt sich die kalkulatorische Abschreibung in der Preisuntergrenze nieder, wenn der Fahrzeugeinsatz gegenüber den Kunden nach Kilometern abgerechnet wird?

Wöhe S. 943–945

Der durch den Fahrzeugeinsatz bedingte Wertverzehr lässt sich folgendermaßen ermitteln:

	EUR
Kalkulatorischer Ausgangswert	130.000
– Restverkaufserlös t_4	10.000
Wertverzehr in 4 Jahren	120.000
Wertverzehr/Jahr	**30.000**
Wertverzehr/km	**0,60**

Durch Berücksichtigung der kalkulatorischen Abschreibung erhöht sich die Preisuntergrenze für eine Kostenträgereinheit, also für einen gefahrenen Kilometer, um 0,60 EUR. Dabei ist es im vorliegenden Fall gleichgültig, ob man die kalkulatorische Abschreibung nach der linearen Methode oder nach Leistung und Inanspruchnahme ermittelt.

Aufgabe 115 Kalkulatorische Einzelwagnisse

Die Großgärtnerei HORTUS ist seit vielen Jahrzehnten an einem hochwassergefährdeten Standort in der Donauniederung angesiedelt. Nach jahrzehntelanger Erfahrung ist

- im statistischen Durchschnitt alle 12 Jahre mit einem „Jahrhunderthochwasser" zu rechnen, das
- einen Schaden von jeweils 200.000 EUR verursacht.

Die Sachversicherung der Firma HORTUS deckt 80 Prozent der Hochwasserschäden ab und verlangt dafür eine Jahresprämie von 17.000 EUR. Am versicherungsmäßig nicht abgedeckten Restschaden beteiligt sich der Freistaat Bayern mit einem Zuschuss von 25 Prozent.

Teilaufgabe a)

Welches Ziel verfolgt die Kostenrechnung mit der Erfassung der kalkulatorischen Wagnisse? Um welche Art kalkulatorischer Kosten handelt es sich dabei?

Wöhe S. 946 f.

Die Verrechnung kalkulatorischer Wagnisse verfolgt das Ziel, aperiodisch anfallenden Aufwand im Wege zeitlicher Durchschnittsbildung zu periodisieren. Damit will man verhindern, dass eine extrem hohe Kostenbelastung in der Schadensperiode zu einer verzerrten Ermittlung von Preisuntergrenzen führt. Bei kalkulatorischen Wagnissen handelt es sich um Anderskosten, d.h. um Kosten, denen Aufwand in anderer Höhe bzw. in einer anderen Periode gegenübersteht.

Teilaufgabe b)

Wie hoch sind die hochwasserbedingten kalkulatorischen Wagniskosten der Firma HORTUS?

Die kalkulatorischen Wagniskosten lassen sich im vorliegenden Fall folgendermaßen ermitteln:

Kalkulatorische Wagniskosten	EUR
Gesamtschaden	200.000
– Kostenübernahme Versicherung 80 %	160.000
Restschaden	40.000
– Staatlicher Zuschuss 25 %	10.000
Aufwand im Zwölfjahresturnus	30.000
Kalkulatorische Wagnisse/Jahr	**2.500**

Aufgabe 116 Kalkulatorische Zinsen

Die SERVICE OHG erstellt auf einer Datenverarbeitungsanlage jährliche Heizkostenabrechnungen für 10.000 feste Kunden. Die Anlage wird zu Beginn des Jahres 01 beschafft; die Abschreibungsbasis beträgt 120.000 EUR, der Zinssatz 10 % p. a. Die Anlage soll vier Jahre lang genutzt und danach für 40.000 EUR verkauft werden. Der Wert der Rechenanlage verringert sich proportional zum Zeitverlauf. Wie hoch sind für die Jahre 01 bis 04 die kalkulatorischen Zinsen, wenn sie nach der

a) Durchschnittsmethode bzw.
b) Restwertmethode

ermittelt werden? Errechnen Sie dabei den Restwert eines Jahres als arithmetisches Mittel aus der Kapitalbindung am Jahresanfang und am Jahresende! Wie hoch sind die kalkulatorischen Zinsen/Leistungseinheit (Auftrag), wenn jede Auftragseinheit den gleichen Zinskostenanteil tragen soll?

Wöhe S. 948 f.

Ermittlung der kalkulatorischen Zinsen nach der **Durchschnittsmethode**:

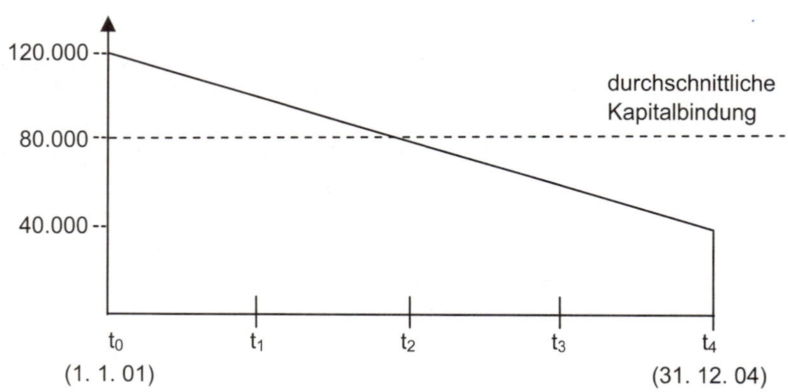

In den Jahren 01 bis 04 liegt die durchschnittliche Kapitalbindung bei 80.000 EUR. Nach der Durchschnittsmethode sind jedem Nutzungsjahr 8.000 EUR kalkulatorische Zinsen anzulasten.

Ermittlung der kalkulatorischen Zinsen nach der **Restwertmethode**:

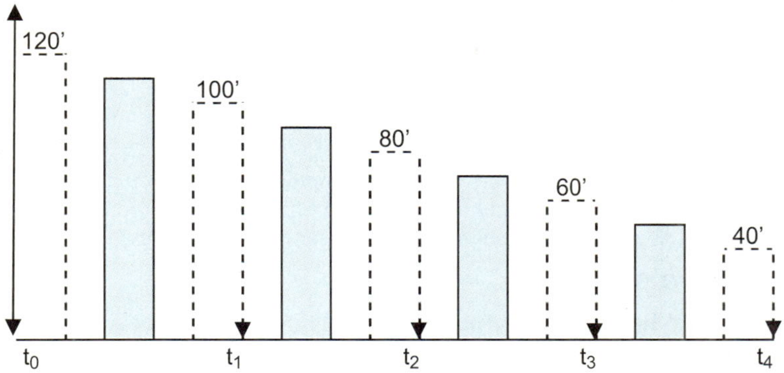

Restwert Zinsen	110.000 11.000	90.000 9.000	70.000 7.000	50.000 5.000

Zinsbelastung pro Jahr	Jahr 01	Jahr 02	Jahr 03	Jahr 04	Total
Durchschnittsmethode	8.000	8.000	8.000	8.000	32.000
Restwertmethode	11.000	9.000	7.000	5.000	32.000

Bei der Durchschnittsmethode betragen die kalkulatorischen Zinsen/Auftrag 0,80 EUR. Bei Anwendung der Restwertmethode sind sie anfangs vergleichsweise hoch (1,10 EUR), sinken aber im Zeitverlauf auf 0,50 EUR/Auftrag. Die Durchschnittsmethode hat also den Vorteil der Kalkulationsstetigkeit, d.h. einer gleichbleibenden Kostenzurechnung im Zeitverlauf.

Aufgabe 117 Kapitalbasis kalkulatorischer Zinsen

Der Markenartikelhersteller PROTECTION legt zum 31. 12. 01 folgende Bilanz vor

Aktiva	Bilanz zum 31. 12. 01		Passiva
Anlagevermögen			
Grundstücke und Gebäude	450	Eigenkapital	570
Maschinelle Anlagen	700	Darlehensverbindlichkeiten	900
Beteiligungen	100	Erhaltene Anzahlungen	12
Umlaufvermögen		Lieferantenverbindlichkeiten	18
Rohstoffvorräte	50		
Fertigfabrikate	130		
Forderungen aus Lieferungen und Leistungen	60		
Bank	10		
	1.500		**1.500**

Aus dem Geschäftsbericht stehen folgende Zusatzinformationen zur Verfügung:

(1) Zu den Gebäuden gehört ein zu Anlagezwecken gehaltenes, vermietetes Bürohaus. Sein Buchwert beträgt 50, sein Verkehrswert 180.

(2) Die betriebsnotwendigen Grundstücke und Gebäude (Buchwert 400) haben nach Schätzung durch einen Sachverständigen einen Verkehrswert von 630.

(3) Der Neuwert der maschinellen Anlagen beträgt 1.800.

(4) Der Bestand an Fertigfabrikaten ist saisonbedingt außerordentlich hoch. Im Jahresmittel liegt der Wert des Bestandes bei 50.

(5) Im abgelaufenen Jahr bot der Marktführer einen Preis von 330 für den Erwerb der Markenrechte. Firma PROTECTION hat diese Offerte abgelehnt.

Ermitteln Sie den Wert des betriebsnotwendigen Vermögens zu Zeitwerten! Dabei sollen die maschinellen Anlagen nach Maßgabe der Durchschnittsmethode zum halben Abschreibungsausgangswert (Gesamtbetrag 1.800) angesetzt werden.

Wöhe S. 948 f.

Die Kapitalbasis zur Ermittlung kalkulatorischer Zinsen lässt sich folgendermaßen ermitteln:

Ausgangswert **Bilanziertes Vermögen zu Bilanzwerten 1.500**	**Abzug**	**Hinzurechnung**	**Resultat**
– nicht betriebsnotwendige Grundstücke	– 50		
– nicht betriebsnotwendige Beteiligungen	– 100		
Betriebsnotwendiges Vermögen zu Bilanzwerten			**1.350**
Wertkorrekturen:			
+ Stille Rücklagen betriebsnotwendiger Grundstücke		+ 230	
+ Zuschlag wegen ½ Ansatz Maschinelle Anlagen		+ 200	
– Überbestand an Fertigfabrikaten	– 80		
Betriebsnotwendiges Vermögen zu Zeitwerten			**1.700**
+ Firmenwert (Markenname)		+ 330	
– Abzugskapital Anzahlungen	– 12		
– Abzugskapital Lieferantenverbindlichkeiten	– 18		
Betriebsnotwendiges Vermögen zu Zeitwerten			**2.000**

Die betriebliche Tätigkeit der Firma PROTECTION setzt einen Gesamtkapitaleinsatz von 2.000 (bewertet zu Zeitwerten) voraus. Die mit dem Kapitaleinsatz verbundenen Kapitalkosten müssen in Form kalkulatorischer Zinsen in die Kalkulation der Selbstkosten der PROTECTION-Produkte eingehen.

Aufgabe 118 Ermittlung kalkulatorischer Zinsen

Es gelten die Angaben der Aufgabe 117, wonach sich für die Firma PROTECTION der Wert des betriebsnotwendigen Vermögens zu Zeitwerten auf 2.000 GE beläuft.

Der Mischzinssatz WACC (Weight Average Cost of Capital) für das betriebsnotwendige Gesamtkapital beziffert sich nach Angaben der Unternehmensleitung auf 7,5 Prozent. Die bilanzierten Darlehensverbindlichkeiten in Höhe von 900 GE sind zu i_F = 5 Prozent zu verzinsen.

Ermitteln Sie die

- kalkulatorischen Zinsen
- kalkulatorischen Eigenkapitalzinsen

der Firma PROTECTION!

Wöhe S. 947–949

Die Zinskosten der Firma PROTECTION lassen sich folgendermaßen ermitteln:

Kapitalkostenermittlung	**A Kalkulatorische Zinsen auf Gesamtkapital**	**B Zinsaufwand lt. GuV**	**C Kalkulatorische Eigenkapitalzinsen**
Gesamtkapital · WACC 2.000 · 0,075	**150**		
Fremdkapital · i_F 900 · 0,05		**45**	
Kalkulatorische Eigenkapitalzinsen C = A – B			**105**

Somit hat der Kostenrechner die Möglichkeit, entweder

(a) Zinsaufwand lt. GuV (45) und kalkulatorische Eigenkapitalzinsen (105) oder

(b) kalkulatorische Zinsen (150) auf das Gesamtkapital anzusetzen.

Im Fall (b) findet der Zinsaufwand lt. GuV keinen (direkten) Eingang in die Kostenrechnung.

Aufgabe 119 Aufbau einer Kostenartenrechnung

Während der Semesterferien arbeiten Sie als Praktikant bei der Fa. JOSEPH ZÜNFTIG, einem kleinen Schreinereibetrieb. Bei der Kalkulation der Angebotspreise spielte ZÜNFTIG's Daumen bisher eine große Rolle. Das soll anders werden. Darum beauftragt Sie JOSEPH ZÜNFTIG, ein Kalkulationskonzept für seine Firma zu entwickeln. Wie gehen Sie vor? Welche Informationen benötigen Sie?

Wöhe S. 921 und 935

JOSEPH ZÜNFTIG möchte seine Angebotspreise künftig genauer kalkulieren. Er hat das Ziel, seine gesamten Kosten „richtig" auf die einzelnen Aufträge zu verteilen.

Der Aufbau einer Kostenrechnung beginnt im allgemeinen mit einer vergangenheitsorientierten Istkostenrechnung. Am Anfang einer Istkostenrechnung steht die Ermittlung der Kosten der abgelaufenen Abrechnungsperiode. Dabei sind die Kosten nach Art des Faktorverbrauchs gegliedert. Eine solche Kostenartenrechnung fußt auf der Gewinn- und Verlustrechnung. Sie bitten JOSEPH ZÜNFTIG zunächst um die Gewinn- und Verlustrechnung des Vorjahres.

Aufgabe 120 Ableitung der Kostenartenrechnung aus der GuV

Die GuV für das Jahr 01 finden Sie auf der folgenden Seite.

ZÜNFTIG, der Alleininhaber der Firma ist, macht Ihnen zusätzlich folgende Angaben: Als Meister in einem fremden Betrieb könne er monatlich 4.000 EUR verdienen. Im Versicherungsaufwand sei die Prämie in Höhe von 1.000 EUR für einen Pkw enthalten, der in Wirklichkeit privat genutzt werde. Ebenso seien in den Abschreibungen der Finanzbuchhaltung 5.000 EUR Abschreibungsaufwand für den privaten Pkw enthalten. Wegen gestiegener Wiederbeschaffungskosten liege die kalkulatorische Abschreibung um 20 % über dem Abschreibungsaufwand der Finanzbuchhaltung. Das im betriebsnotwendigen Vermögen gebundene Eigenkapital schätzt ZÜNFTIG auf 400.000 EUR, die zu 8 % p.a. alternativ angelegt werden könnten. Der a.o. Aufwand setzt sich aus einer Spende von 1.000 EUR und der Übernahme von Garantieleistungen in Höhe von 5.000 EUR zusammen. Im Durchschnitt der zurückliegenden Jahre hätten die Garantieleistungen 1 % vom Umsatz betragen. Fa. ZÜNFTIG arbeitet in einem Gebäude, das zum Privatvermögen von JOSEPH ZÜNFTIG gehört. Bei Anmietung entsprechender Gewerberäume wäre eine monatliche Miete in Höhe von 2.000 EUR zu zahlen.

Gewinn- und Verlustrechnung (Jahr 01)			
Materialaufwand	300.000	Umsatzerlöse	1.000.000
Lohn und Gehalt	454.000	a.o. Ertrag	60.000
Beiträge und Gebühren	2.000		
Versicherungen	6.000		
Abschreibungen	145.000		
Zinsaufwand	40.000		
Fremdleistungen	12.000		
a.o. Aufwand	6.000		
Gewinn	95.000		
	1.060.000		1.060.000

Versuchen Sie aus der obigen Gewinn- und Verlustrechnung und den Zusatzinformationen den Aufwand der Finanzbuchhaltung in **Kosten** zu überführen! Wie hoch ist das **Betriebsergebnis** des Jahres 01, wenn man die Kosten einer Gesamtleistung von 1.000.000 EUR gegenüberstellt?

Wöhe S. 976–979

Im Rahmen der **Kostenartenrechnung** lässt sich der Aufwand des Jahres 01 folgendermaßen in Kostenwerte umrechnen (in TEUR):

Zeile	Aufwand	GuV	Kürzung	Hinzurechnung	Kosten
(1)	Material	300	–	–	300
(2)	Lohn und Gehalt	454	–	48	502
(3)	Beiträge und Gebühren	2	–	–	2
(4)	Versicherungen	6	1	–	5
(5)	Abschreibungen	145	5	28	168
(6)	Zinsen	40	–	32	72
(7)	Fremdleistungen	12	–	–	12
(8)	kalkulatorische Miete	–	–	24	24
(9)	kalkulatorische Wagnisse	–	–	10	10
(10)	a.o. Aufwand	6	6	–	–
	Summe:	965			1.095

Erläuterungen zu

Zeile (5): betrieblich bedingte Abschreibung 140 + 20% Zuschlag wegen gestiegener Wiederbeschaffungskosten.

Das Betriebsergebnis des Jahres 01 beträgt:

Gesamtleistung	1.000.000 EUR
– Kosten	1.095.000 EUR
Betriebsverlust	**95.000 EUR**

Aufgabe 121 Lohneinzelkosten und Lohngemeinkosten

Der Handwerksbetrieb JOSEPH ZÜNFTIG hatte im Jahre 01 (einschließlich Personalnebenkosten) Lohn- und Gehaltskosten in Höhe von 502.000 EUR (vgl. Aufgabe 120). Im Zuge der Kostenstellenrechnung muss dieser Kostenblock in Einzel- und Gemeinkosten zerlegt werden.

Teilaufgabe a)

Von welchem Einteilungskriterium würden Sie die Zuordnung der Lohn- und Gehaltskosten zu den Einzel- bzw. Gemeinkosten abhängig machen?

Wöhe S. 938 f.

Soweit sich die Personalkosten unmittelbar einer betrieblichen Leistung, einem **einzelnen** Auftrag, zurechnen lassen, handelt es sich um **Einzelkosten. Gemeinkosten** werden dagegen von allen Kostenträgern (Aufträgen) **gemeinsam** verursacht. In Handwerksbetrieben ist es üblich, zwischen produktiven, d.h. auftragsbezogenen, Löhnen (Lohneinzelkosten) und unproduktiven Löhnen (Lohngemeinkosten) zu unterscheiden. Unproduktive Löhne und Gehälter entstehen z. B. durch die Lagerverwaltung, das Ausarbeiten von Angeboten, Garantiearbeiten, innerbetriebliche Reparaturarbeiten, Arbeitsbesprechungen, Wartezeiten und im gesamten Bürobereich.

Teilaufgabe b)

Zum Umfang unproduktiver Löhne und Gehälter macht Ihnen JOSEPH ZÜNFTIG folgende Angaben: Die Lohn- und Gehaltskosten setzen sich aus 454.000 EUR Lohnzahlungen und 48.000 EUR kalkulatorischem Unternehmerlohn zusammen. Er, ZÜNFTIG, verwende ein Achtel seiner Arbeitszeit für produktive, d. h. auftragsspezifische Tätigkeit. Die restliche Arbeitszeit entfalle auf Führungs- und Verwaltungstätigkeit. Das Büro sei mit einer Buchhalterin besetzt, die 24.000 EUR/Jahr kostet. Etwa ein Viertel ihrer Arbeitszeit entfalle auf die Lagerverwaltung.

Die restlichen Personalkosten von 430.000 EUR entfallen auf den Werkstatt-(Fertigungs-)bereich. 80% der dortigen Arbeitszeit seien produktiver, 20 % unproduktiver Tätigkeit gewidmet.

Wie hoch sind die **Lohneinzelkosten** bei JOSEPH ZÜNFTIG? Wie lassen sich die **Lohngemeinkosten** auf die drei Betriebsbereiche „Lagerhaltung", „Werkstatt" und „Büro" (= Verwaltung und Vertrieb) aufteilen?

		Lohneinzelkosten	Lohngemeinkosten		
			Material	Fertigung	Verwaltung und Vertrieb
Kalkulierter Unternehmerlohn	48.000	6.000	–	–	42.000
Buchhalterin	24.000	–	6.000	–	18.000
Fertigungslöhne	430.000	344.000	–	86.000	–
Insgesamt:	502.000	350.000	6.000	86.000	60.000

III. Kostenstellenrechnung

Wiederholungsfragen:

	Wöhe Seite
Welche Aufgaben erfüllt die Kostenstellenrechnung im Rahmen der Planungs- und Kontrollfunktion?	950 f.
Nach welchen Kriterien lassen sich Kostenstellen bilden?	951 f.
Worin unterscheiden sich Haupt- und Hilfskostenstellen?	953
Auf welchen Verrechnungsebenen benötigt man Kostenverteilungsschlüssel?	954
Worin besteht der Unterschied zwischen Kostenstelleneinzelkosten und Kostenstellengemeinkosten?	954
Welchem Zweck dient das Proportionalitätsprinzip?	955
Zu welchem Zweck bildet man Kalkulationssätze?	955
Unter welchen Bedingungen kommt die Platzkostenrechnung zur Anwendung?	956
Welche Rolle spielen Einzel- und Gemeinkosten im Betriebsabrechnungsbogen?	957
In welchen Arbeitsschritten erfolgt die Betriebsabrechnung im BAB?	958 f.
Welche Sachverhalte sind Gegenstand der innerbetrieblichen Leistungsverrechnung?	959
Wodurch entsteht das Interdependenzproblem der innerbetrieblichen Leistungsverrechnung?	959 f.
Wie werden innerbetriebliche Leistungen im Rahmen des Anbauverfahrens abgerechnet?	960.
Wie werden innerbetriebliche Leistungen im Rahmen des Gleichungsverfahrens abgerechnet?	962
Welche Bezugsgrößen werden zur Ermittlung von Kalkulationssätzen (für Hauptkostenstellen) herangezogen?	965

Aufgabe 122 Aufgaben der innerbetrieblichen Leistungsverrechnung

Welchen Aufgaben dient die innerbetriebliche Leistungsverrechnung?

Wöhe S. 959 f.

Die innerbetriebliche Leistungsverrechnung dient im wesentlichen drei Aufgaben:

(1) der Schaffung von Grundlagen zur Ermittlung der Selbstkosten der Produkte;

(2) der Ermittlung von bilanziellen Wertansätzen für aktivierbare Eigenleistungen;

(3) der Wirtschaftlichkeitskontrolle durch Vergleich der Kosten der Eigenleistungen mit den Preisen für adäquate Fremdlieferungen.

Aufgabe 123 Innerbetriebliche Leistungsverrechnung nach dem Stufenleiterverfahren

Die Ziegelei TONSTEIN verfügt über eine eigene Stromversorgung und eine eigene Reparaturabteilung. Für beide Hilfskostenstellen gelten folgende Angaben:

	Stromerzeugung	**Reparaturabteilung**
primäre Gemeinkosten	60.000 EUR	40.000 EUR
Leistungserstellung/Periode	1.000.000 kWh	10.000 Std.
Leistungsabgabe Strom	–	100.000 kWh
Leistungsabgabe Reparaturen	8.000 Std.	–

Rechnen Sie beide Hilfskostenstellen nach dem Stufenleiterverfahren ab. Ist das Ergebnis der innerbetrieblichen Leistungsverrechnung davon abhängig, welche der beiden Hilfskostenstellen Sie zuerst abrechnen? In welcher Reihenfolge würden Sie beide Kostenstellen anordnen?

Wöhe S. 961

Wenn man die Hilfskostenstelle „Stromerzeugung" zuerst abrechnet, gelangt man zu folgendem Ergebnis:

	Hilfskostenstellen		Hauptkostenstellen	
	Strom	**Reparaturen**	**I**	**II …**
primäre Gemeinkosten	60.000	40.000	………………	
Kostenumlage Strom (0,06 EUR/kWh)	→	6.000	………………	
		46.000		
Kostenumlage Reparaturen (23 EUR/Std.)		→	………………	

$$\text{Verrechnungssatz pro Leistungseinheit} = \frac{\text{Gemeinkosten}}{\text{Leistungsabgabe*}}$$

* Leistungsabgabe an nachgeordnete Kostenstellen

Verrechnungssatz pro kWh	$\frac{60.000 \text{ EUR}}{1.000.000 \text{ kWh}}$	= 0,06 EUR/kWh
Verrechnungssatz pro Reparaturstunde	$\frac{40.000 \text{ EUR} + 6.000 \text{ EUR}}{2.000 \text{ Std.}}$	= 23 EUR/Std.

Wenn man die Hilfskostenstelle „Reparaturleistung" zuerst abrechnet, kommt man zu folgendem Ergebnis:

	Hilfskostenstellen		Hauptkostenstellen	
	Reparaturen	**Strom**	**I**	**II …**
primäre Gemeinkosten	40.000	60.000	………………	
Kostenumlage Reparaturen (4 EUR/Std.)	→	32.000	………………	
		92.000		
Kostenumlage Strom 0,1022 EUR/kWh)		→	………………	

Verrechnungssatz pro Reparaturstunde	$\frac{40.000 \text{ EUR}}{10.000 \text{ Std.}}$	= 4 EUR/Std.
Verrechnungssatz pro kWh	$\frac{60.000 \text{ EUR} + 32.000 \text{ EUR}}{900.000 \text{ kWh}}$	= 0,1022 EUR/kWh

In beiden Fällen führt das Stufenleiterverfahren nicht zu einer exakten Abrechnung der innerbetrieblichen Leistungen. Im ersten Fall wird die Belieferung der Hilfskostenstelle „Strom" mit Reparaturleistungen, im zweiten Fall wird die Belieferung der Reparaturabteilung mit Strom vernachlässigt.

Die Hilfskostenstelle „Strom" gibt 10% ihrer Gesamtleistung an die Hilfskostenstelle „Reparaturen" ab. Umgekehrt liefert die Reparaturabteilung 80% ihrer Gesamtleistung an die Hilfskostenstelle „Strom". Um die Rechenungenauigkeit in Grenzen zu halten, sollte man beim Stufenleiterverfahren die Hilfskostenstelle zuerst abrechnen, die von nachgelagerten Kostenstellen keine oder nur geringe Leistungen empfängt. Deshalb sollte die Reparaturabteilung zuerst abgerechnet werden.

Aufgabe 124 Innerbetriebliche Leistungsverrechnung nach dem mathematischen Verfahren (Gleichungsverfahren)

Für die Ziegelei TONSTEIN gelten weiterhin die Angaben der Aufgabe 123. Rechnen Sie die beiden Hilfskostenstellen „Strom" und „Reparaturen" nach dem Gleichungsverfahren ab! Vergleichen Sie dieses exakte Abrechnungsergebnis mit den beiden Resultaten des Stufenleiterverfahrens aus der vorangegangenen Aufgabe!

Wöhe S. 962

Das Gleichungsverfahren basiert auf folgendem Rechenansatz:

	Primäre Gemeinkosten	+	Sekundäre Gemeinkosten	=	Wert der erstellten Leistung
Kostenstelle (1)	K_1	+	$m_{21} \cdot k_2$	=	$m_1 \cdot k_1$
Kostenstelle (2)	K_2	+	$m_{12} \cdot k_1$	=	$m_2 \cdot k_2$
„Strom"	60.000	+	$8.000 \cdot k_2$	=	$1.000.000 \cdot k_1$
„Reparaturen"	40.000	+	$100.000 \cdot k_1$	=	$10.000 \cdot k_2$

k_1 = 0,10 EUR/kWh
k_2 = 5,– EUR/Std.

Bei exakter Abrechnung beträgt der Verrechnungssatz für eine kWh 0,10 EUR und derjenige für eine Reparaturstunde 5 EUR. Hierbei erkennt man, dass sich die Ungenauigkeit des Stufenleiterverfahrens minimieren lässt, wenn man die Hilfskostenstelle „Reparaturen" (0,1022 EUR; 4 EUR) zuerst abrechnet.

Aufgabe 125 Aufbau des BAB

Versuchen Sie die vier Phasen der Erstellung eines Betriebsabrechnungsbogens graphisch darzustellen! Dabei sollen nur die Teile des BAB berücksichtigt werden, die in den Bereich der Kostenstellenrechnung fallen.

Wöhe S. 957 f.

Phase I: Verteilung der primären Gemeinkosten auf Haupt- und Hilfskostenstellen (horizontal)

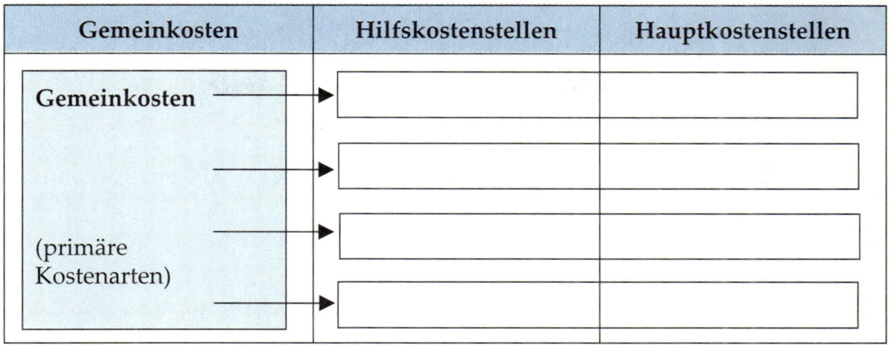

Phase II: Ermittlung der Gemeinkostensumme je Kostenstelle (vertikal)

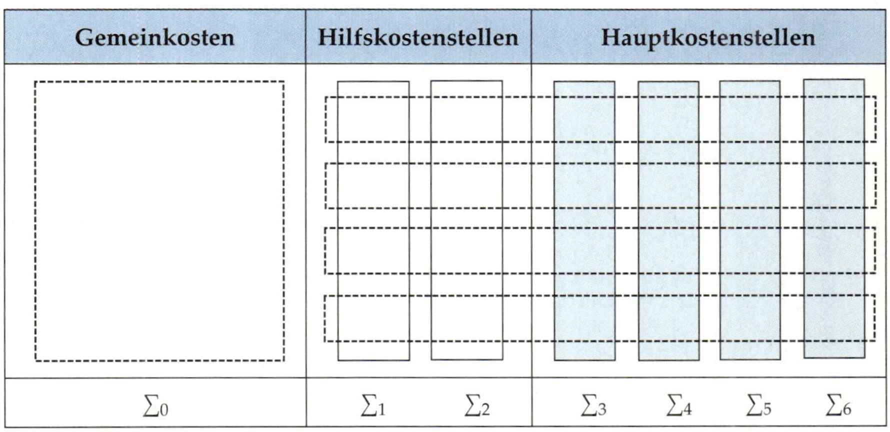

Phase III: Verteilung der sekundären Gemeinkosten ($\sum_1$, $\sum_2$) auf die Hauptkostenstellen

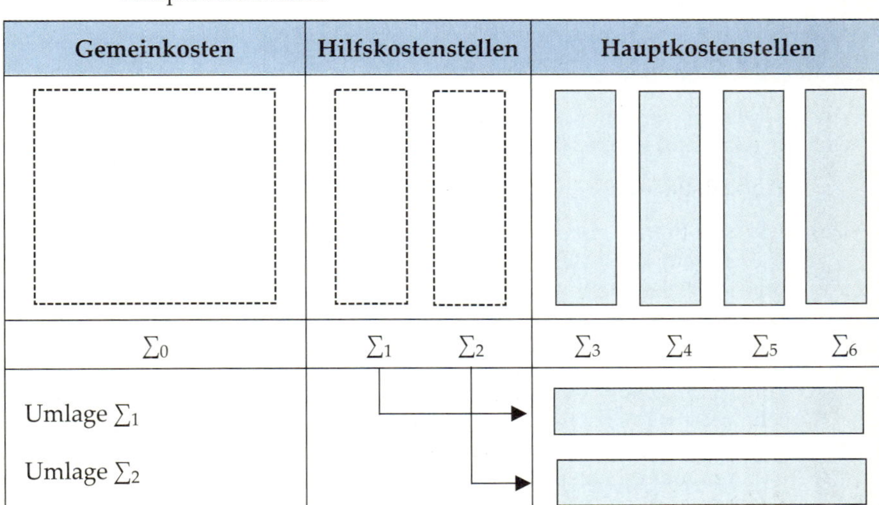

Phase IV: Ermittlung der gesamten (primäre und sekundäre) Gemeinkosten je Hauptkostenstelle ($\sum_7$ bis $\sum_{10}$)

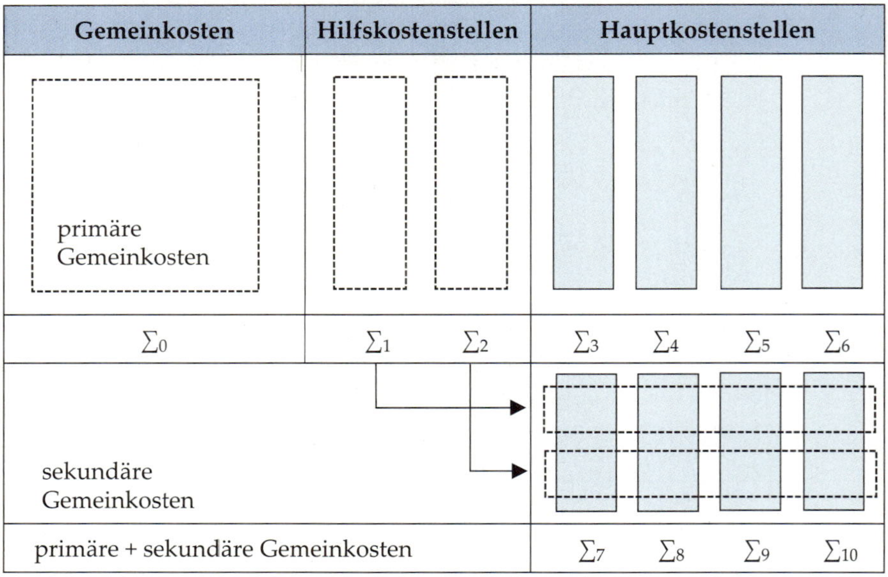

Aufgabe 126 Inhalt des BAB

Der BAB verteilt die Summe der Gemeinkosten ($\sum_0$ in Aufgabe 125) auf die Hauptkostenstellen. Welche der folgenden Definitionsgleichungen sind richtig?

(a) $\sum_0 = \sum_1 + \sum_2$
(b) $\sum_0 = \sum_1 + \sum_2 + \sum_3 + \sum_4 + \sum_5 + \sum_6$
(c) $\sum_0 = \sum_3 + \sum_4 + \sum_5 + \sum_6$
(d) $\sum_0 = \sum_1 + \sum_2 + \sum_7 + \sum_8 + \sum_9 + \sum_{10}$
(e) $\sum_0 = \sum_7 + \sum_8 + \sum_9 + \sum_{10}$

Richtig sind die Gleichungen (b) und (e).

Aufgabe 127 Funktion des BAB

Warum werden die Gemeinkostenbeträge der Hilfskostenstellen ($\sum_1$, $\sum_2$ in Aufgabe 125) auf die Hauptkostenstellen (Fertigungsstellen) umgelegt?

Wöhe S. 957–960

Die vom Betrieb erstellten Leistungen lassen sich in zwei Gruppen einteilen: in solche, die auf dem Markt verwertet werden (Fertigprodukte und Dienstleistungen) und in solche, die im eigenen Produktionsprozess verwertet werden (innerbetriebliche Leistungen). Die zuletzt genannte Gruppe entsteht in der Regel in Hilfskostenstellen, die ihre Gemeinkosten an Hauptkostenstellen weiterleiten.

Um festzustellen, ob **Eigenerstellung oder Fremdbezug** solcher Leistungen vorteilhafter ist (Wirtschaftlichkeitsvergleich), dividiert man $\sum_1$ (z. B. Kosten der Stromerzeugung) durch die Anzahl der Leistungseinheiten x_1 (Anzahl der Kilowattstunden) oder $\sum_2$ (z. B. Kosten der Gebäudereinigung) durch x_2 (Anzahl der Quadratmeter).

Will man aber die **Selbstkosten** der Fertigprodukte ermitteln, muss man zunächst den Kostenstellen (Hauptkostenstellen), die unmittelbar durch die Fertigprodukte beansprucht wurden, jene Kostenanteile verursachungsgerecht zurechnen, die sie von Hilfskostenstellen empfangen haben. Würde man auf die Umlagen dieser **sekundären Gemeinkosten** verzichten, wären die Selbstkosten der Fertigfabrikate zu niedrig kalkuliert.

Aufgabe 128 Anwendungsbereiche des Verursachungsprinzips

Welches sind die drei vom Verursachungsprinzip beherrschten Phasen der Kostenrechnung?

(1) Einteilung des Betriebes in Kostenstellen,

(2) Verteilung der (primären und sekundären) Gemeinkosten auf die Kostenstellen und

(3) Bildung von Kalkulationssätzen.

Aufgabe 129 Verteilung der Gemeinkosten auf Kostenstellen

Der Schreinermeister JOSEPH ZÜNFTIG will für seinen Handwerksbetrieb einen einfachen Betriebsabrechnungsbogen erstellen. Sein Betrieb soll in folgende drei Bereiche – **Kostenstellen** – eingeteilt werden: „Material“, „Fertigung“ und „Verwaltung und Vertrieb“. In die Kostenstelle „Material“ fallen alle mit der Lagerhaltung zusammenhängenden Aufgaben.

In Aufgabe 121 wurden die Lohngemeinkosten bereits auf die drei Kostenstellen verteilt. Dabei diente die Beschäftigungszeit als **Bezugsgröße** zur kostenstellenweisen Verteilung der Lohngemeinkosten. Die Beschäftigungszeit ist hier Kostenbeeinflussungsfaktor.

In Aufgabe 120 sind die übrigen Gemeinkostenarten der Firma JOSEPH ZÜNFTIG aufgeführt. Prüfen Sie, nach welchen Verteilungsgrundlagen bzw. nach welchen Bezugsgrößen die verschiedenen Gemeinkostenarten verursachungsgerecht auf die drei Kostenstellen verteilt werden können.

Wöhe S. 954 f.

Gemeinkostenart	EUR	Bezugsgröße
Beiträge und Gebühren	2.000	Einzelbelege
Versicherungen*	5.000	Versicherungssumme
Abschreibungen	168.000	Wertminderung lt. Anlagenkartei
Zinsen	72.000	Kapitalbindung lt. Anlagenkartei
Fremdleistungen	12.000	Inanspruchnahme lt. Einzelbeleg
kalkulierte Miete	24.000	Quadratmeter
kalkulierte Wagnisse**	10.000	Umsatzvolumen

* Es handelt sich um Prämien für eine Sachversicherung.
** Die Wagniskosten aus Garantieleistungen sind umsatzabhängig.

Aufgabe 130 Gemeinkostenumlage im BAB

JOSEPH ZÜNFTIG gibt Ihnen den Auftrag, die verschiedenen Arten von Gemeinkosten (vgl. Aufgabe 129) auf die drei Kostenstellen „Material", „Fertigung" und „Verwaltung und Vertrieb" zu verteilen. Dabei kann die Umlage der Lohngemeinkosten unmittelbar aus Aufgabe 121 übernommen werden.

Zusammen mit JOSEPH ZÜNFTIG stellen Sie für die drei Kostenstellen folgende Verteilungsrelationen fest:

Gemeinkostenart	Bezugsgröße	Schlüssel
Beiträge und Gebühren	Einzelbelege	0 : 0 : 1
Versicherungen	Versicherungssumme	8 : 8 : 4
Abschreibungen	Wertminderung	0 : 19 : 1
Zinsen	Kapitalbindung	2 : 17 : 1
Fremdleistungen	Einzelbelege	1 : 7 : 4
kalkulatorische Miete	Quadratmeter	4 : 11 : 5
kalkulatorische Wagnisse	Umsatzvolumen	0 : 0 : 1

Zeigen Sie das Ergebnis der Gemeinkostenumlage im Rahmen des Betriebsabrechnungsbogens!

Wöhe S. 954 f.

Betriebsabrechnungsbogen für das Jahr 01

Kostenarten	Betrag	Material	Fertigung	Verw. und Vertrieb	Summe
Lohngemeinkosten	152.000	6.000	86.000	60.000	152.000
Beiträge und Gebühren	2.000	–	–	2.000	2.000
Versicherungen	5.000	2.000	2.000	1.000	5.000
Abschreibungen	168.000	–	159.600	8.400	168.000
Zinsen	72.000	7.200	61.200	3.600	72.000
Fremdleistungen	12.000	1.000	7.000	4.000	12.000
kalkulatorische Miete	24.000	4.800	13.200	6.000	24.000
kalkulatorische Wagnisse	10.000	–	–	10.000	10.000
Summe	445.000	21.000	329.000	95.000	445.000

Aufgabe 131 Verteilung kalkulatorischer Wagniskosten

Nach welchem Grundsatz sind kalkulatorische Wagniskosten auf Kostenstellen bzw. Kostenträger zu verrechnen? Erläutern Sie das Verrechnungsprinzip an den folgenden beiden Beispielen:

Kalkulatorische Wagnisse	EUR
Außerplanmäßige Abschreibung auf Anlagen wegen vorzeitig beendeter Nutzungsdauer Durchschnittswert der letzten 5 Perioden	24.000
Schwund bzw. Verderb an Rohstoffen Durchschnittswert der letzten 5 Jahre	13.000

Wöhe S. 946 f. und 954 f.

Wie alle Kosten so sind auch kalkulatorische Wagnisse nach dem Verursachungsprinzip zu verrechnen. Das Problem liegt in der Ermittlung eines **Verteilungsschlüssels,** der im **proportionalen Verhältnis** zur Höhe der verursachten Kosten steht.

Die kalkulatorischen Wagniskosten aus

- außerplanmäßigen Abschreibungen auf Anlagen sollten auf die einzelnen Kostenstellen nach dem gleichen Schlüssel verteilt werden wie die planmäßigen Abschreibungen.
- Schwund/Verderb an Rohstoffen sollten der Kostenstelle „Materiallager" als Gemeinkosten zugerechnet werden.

Aufgabe 132 Umsatzabhängige Wagniskosten

Die DIVISIO-AG verrechnet ihre kalkulatorischen Wagniskosten aus

- Garantieleistungen
- Forderungsausfall

traditionell als prozentualen Zuschlag auf die Herstellkosten des Umsatzes. Für die zurückliegenden fünf Perioden (01) bis (05) liegen folgende Daten (in TEUR) vor:

Periode	01	02	03	04	05	Insgesamt (in TEUR)
Garantieleistung	450	–	180	810	60	1.500
Forderungsausfall	40	180	140	60	80	500
Herstellungskosten des Umsatzes in Mio. EUR	14	20	27	22	17	**100 Mio. EUR**

Ermitteln Sie den Kalkulationssatz zur Verrechnung der kalkulatorischen Wagniskosten!

Wöhe S. 963–965

Im vorliegenden Fall werden die Wagniskosten nach der Schlüsselgröße verrechnet, nach der üblicherweise alle Verwaltungs- und Vertriebsgemeinkosten auf die Kostenträger weiterverrechnet werden.

Kalkulationssatz	**Kalkulatorische Wagniskosten**	
	Garantieleistung	**Forderungsausfall**
$\frac{\text{Gemeinkosten}}{\text{Bezugsgröße}} \cdot 100$	$\frac{\text{Garantieleistung}}{\text{HK – Umsatz}} \cdot 100$ $\frac{\text{1,5 Mio.}}{\text{100 Mio.}} \cdot 100$	$\frac{\text{Forderungsfall}}{\text{HK – Umsatz}} \cdot 100$ $\frac{\text{500.000}}{\text{100 Mio.}} \cdot 100$
	1,5 Prozent	**0,5 Prozent**

Aufgabe 133 Beispielfall zum BAB

Zur Erstellung eines Betriebsabrechnungsbogens stehen der CAMBIO-GMBH folgende Daten zur Verfügung:

Gemeinkostenart	EUR	Hilfskostenstelle I	Hilfskostenstelle II	Material	Fertigung	Verwaltung und Vertrieb
(1) Kalkulatorische Miete	240.000					
(2) Kalkulatorische Zinsen	120.000					
(3) Energiekosten	40.000					
Summe	**400.000**					

Kostenumlage					
(1) Mietfläche 1.000 m^2	100 m^2	50 m^2	500 m^2	250 m^2	100 m^2
(2) Kapitalbindung: 1,2 Mio.	80.000 EUR	40.000 EUR	180.000 EUR	600.000 EUR	300.000 EUR
(3) Energieverbrauch: 200.000 kWh	–	30.000 kWh	50.000 kWh	70.000 kWh	50.000 kWh

Innerbetriebliche Leistungsverrechnung					
Umlage Hilfskostenstelle I Leistungsabgabe in Prozent	–	25 %	–	50 %	25 %
Umlage Hilfskostenstelle II 1.000 Reparaturstunden	–	–	400 Std.	–	600 Std.

Verteilen Sie die Gemeinkosten (1) bis (3) auf die Hilfs- und Hauptkostenstellen!

Führen Sie die innerbetriebliche Leistungsverrechnung nach dem Stufenleiterverfahren durch!

Ermitteln Sie die Summe aus primären und sekundären Gemeinkosten!

Wöhe S. 954 f. und 962–964

Zur Gemeinkostenumlage sind folgende Verrechnungssätze heranzuziehen:

Mietkosten	Zinskosten	Energiekosten
$\frac{240.000 \text{ EUR}}{1.000 \text{ m}^2} = 240 \text{ EUR/m}^2$	$\frac{120.000 \text{ EUR}}{1{,}2 \text{ Mio. EUR}} = 10\,\%$	$\frac{40.000 \text{ EUR}}{200.000 \text{ kWh}} = 0{,}20 \text{ EUR/kWh}$

Mit Hilfe dieser Verrechnungssätze lassen sich die Gemeinkosten auf die Kostenstellen verteilen:

Gemeinkostenart	EUR	Hilfskostenstelle I	Hilfskostenstelle II	Material	Fertigung	Verwaltung und Vertrieb
(1) Kalkulatorische Miete	240.000	24.000	12.000	120.000	60.000	24.000
(2) Kalkulatorische Zinsen	120.000	8.000	4.000	18.000	60.000	30.000
(3) Energiekosten	40.000	–	6.000	10.000	14.000	10.000
A. Primäre Gemeinkosten		32.000	22.000	148.000	134.000	64.000
Innerbetriebliche Leistungsverrechnung						
Umlage Hilfskostenstelle I		→	8.000	–	16.000	8.000
			30.000			
Umlage Hilfskostenstelle II			→	12.000	–	18.000
B. Sekundäre Gemeinkosten				12.000	16.000	26.000
A + B Primäre + Sekundäre Gemeinkosten				**160.000**	**150.000**	**90.000**

Hilfskostenstelle II „liefert" 1.000 Reparaturstunden an die Hauptkostenstellen. Bei 30.000 EUR Gemeinkosten liegt der Verrechnungssatz bei 30 EUR/Reparaturstunde.

Aufgabe 134 Ermittlung von Kalkulationssätzen im BAB

Nach Durchführung der innerbetrieblichen Leistungsverrechnung liegt folgender Rest-BAB vor:

Kostenstelle	Material	Fertigung I	Fertigung II	Verwaltung	Vertrieb
Primäre und sekundäre Gemeinkosten EUR	24.000	240.000	336.000	160.000	40.000
Bezugsgrößenart	Materialeinzelkosten	Lohneinzelkosten	Lohneinzelkosten	Herstellkosten	Herstellkosten
Bezugsgrößenmenge EUR	400.000	600.000	400.000	?	?

Teilaufgabe a)

Wie hoch sind die Herstellkosten und die Selbstkosten der Periode?

Wöhe S. 970 f.

Herstellkosten und Selbstkosten lassen sich im vorliegenden Fall wie folgt ermitteln:

Materialeinzelkosten	400.000	
+ Materialgemeinkosten	24.000	
Materialkosten		424.000
Lohneinzelkosten	1.000.000	
+ Fertigungsgemeinkosten	576.000	
Fertigungskosten		1.576.000
Herstellkosten		**2.000.000**
+ Verwaltungsgemeinkosten		160.000
+ Vertriebsgemeinkosten		40.000
Selbstkosten		**2.200.000**

Teilaufgabe b)

Ermitteln Sie für die Hauptkostenstellen die Kalkulationssätze nach dem traditionellen Schema der Zuschlagskalkulation!

Wöhe S. 964 f.

Die Kalkulationssätze lassen sich folgendermaßen ermitteln:

Kostenstelle	Material	Fertigung I	Fertigung II	Verwaltung	Vertrieb
Primäre und sekundäre Gemeinkosten EUR	24.000	240.000	336.000	160.000	40.000
Bezugsgrößenart	Material-einzelkosten	Lohn-einzelkosten	Lohn-einzelkosten	Herstell-kosten	Herstell-kosten
Bezugsgrößenmenge EUR	400.000	600.000	400.000	2 Mio.	2 Mio.
Kalkulationssatz	**6 Prozent**	**40 Prozent**	**84 Prozent**	**8 Prozent**	**2 Prozent**

Aufgabe 135 Betriebsabrechnungsbogen

Welche der folgenden Behauptungen sind richtig?

(1) Alle Verfahren der Zuschlagskalkulation bauen auf dem BAB auf.

(2) Der BAB ist das Kernstück der Kostenstellenrechnung.

(3) Die für die Hilfskostenstellen ermittelten Kalkulationssätze sind das Bindeglied zwischen Kostenstellen- und Kostenträgerrechnung.

(4) Die einer Hilfskostenstelle zugerechneten Gemeinkosten können primäre und sekundäre Gemeinkosten sein.

(5) Die einer Hilfskostenstelle zugerechneten Gemeinkosten werden als sekundäre Gemeinkosten auf nachgelagerte Kostenstellen weiter verrechnet.

(6) Die den Hilfskostenstellen zugerechneten Gemeinkosten finden keinen Niederschlag in den Selbstkosten der Kostenträger.

(7) Beim Stufenleiterverfahren hängt die Genauigkeit der Gemeinkostenverrechnung auf nachgelagerte Kostenstellen von einer sinnvollen Abrechnungsfolge der Gemeinkosten ab.

(8) Die Bezugsgrößenkalkulation verzichtet auf die Verrechnung von Fertigungseinzelkosten.

(9) Kalkulatorische Zinsen und kalkulatorische Abschreibungen können – verursachungsgerecht – nach ein und derselben Schlüsselgröße auf die Kostenstellen weiterverrechnet werden.

(10) Sekundäre Kostenstellengemeinkosten werden ausschließlich Hauptkostenstellen zugerechnet

Zutreffend sind die Behauptungen (2), (4) und (5).

IV. Kostenträgerrechnung

Wiederholungsfragen:

	Wöhe Seite
Welche Kalkulationsverfahren kennen Sie?	966
Nach welchem Prinzip arbeitet die mehrstufige Divisionskalkulation?	967 f.
Was versteht man unter einer Äquivalenzziffer?	968 f.
Welcher Zusammenhang besteht zwischen der Kostenstellenrechnung und der differenzierenden Zuschlagskalkulation?	940 f.
Nach welchem Kalkulationsschema werden die Selbstkosten bei differenzierender Zuschlagskalkulation ermittelt?	971
Eignet sich die Kuppelproduktkalkulation zur Ermittlung von Dispositionsgrundlagen (= Preisuntergrenzen)?	973 f.

Aufgabe 136 Anwendungsgebiete der Kalkulationsverfahren

Welches Kalkulationsverfahren ist den hier genannten Unternehmen angemessen?

(1) Herstellung von Herrenkonfektion, wobei der Gemeinkostenanteil verhältnismäßig niedrig ist.

(2) Großbäckerei, welche drei verschiedene Brötchensorten herstellt.

(3) Wasserkraftwerk.

(4) Spezialmaschinenfabrik mit Einzelfertigung.

(5) Herstellung von Winterreifen in acht verschiedenen Größen.

(6) Steinkohlebergwerk mit schwankenden Haldenbeständen.

Wöhe S. 966

(1) Summarische Zuschlagskalkulation;

(2) einstufige Äquivalenzziffernkalkulation;

(3) einstufige Divisionskalkulation;

(4) differenzierende Zuschlagskalkulation;

(5) mehrstufige Äquivalenzziffernkalkulation;

(6) mehrstufige Divisionskalkulation.

Aufgabe 137 Mehrstufige Divisionskalkulation

PETER PANSCHER ist Alleingesellschafter der VERITAS GmbH. Diese importiert spanischen Rotwein in Tankwagen nach Deutschland. In der hauseigenen Kellerei wird der spanische Wein mit 20 % deutschem Wein verschnitten und in Tanks gelagert. In der Abfüllanlage wird der Wein auf Flaschen gezogen, in Kartons zu jeweils 12 Liter abgepackt und unter der Marke „Kaiser Rotbart" an Supermärkte verkauft.

Für den spanischen Wein beziffert sich der Einstandspreis pro Hektoliter auf 75 EUR frei spanische Grenze, für den deutschen Wein auf 150 EUR/hl frei Haus. Die Transportkosten für 10.000 hl spanischen Wein bezifferten sich auf 30.000 EUR. Die Kellereikosten (für Einlagerung und Mischung) für 12.000 hl Verschnitt bezifferten sich auf 180.000 EUR. Die Kosten für Abfüllung und Verpackung von 75.000 Kisten à 12 Flaschen zu einem Liter betragen 225.000 EUR.

Ermitteln Sie

(a) die Herstellkosten frei Haus für einen hl spanischen Rotwein,
(b) die Herstellkosten für einen hl Verschnitt im Kellertank,
(c) die Selbstkosten für eine Kiste „Kaiser Rotbart"!

Wöhe S. 967 f.

	Rohstoffkosten I (Spanischer Wein)	**Transportkosten**	**Rohstoffkosten II (Deutscher Wein)**	**Rohstoffkosten III (Verschnitt)**	**Kellereikosten**	**Abfüllung und Verpackung**
Betrag	750.000 EUR	30.000 EUR	300.000 EUR	1.080.000 EUR	180.000 EUR	225.000 EUR
Menge	10.000 hl	10.000 hl	2.000 hl	12.000 hl	12.000 hl	75.000 Kisten
Kostensatz	75 EUR/hl	3 EUR/hl	150 EUR/hl	90 EUR/hl	15 EUR/hl	3 EUR/Kiste

Die **Herstellkosten** frei Haus für einen Hektoliter spanischen Rotwein beziffern sich auf 75 EUR + 3 EUR = 78 EUR/hl. Die **Herstellkosten** für einen Hektoliter Verschnitt im Kellertank betragen 90 EUR + 15 EUR = 105 EUR/hl.

Die **Selbstkosten** für eine Kiste „Kaiser Rotbart" lassen sich folgendermaßen ermitteln:

Rohstoffkosten III/hl	90,00 EUR
+ Kellereikosten/hl	15,00 EUR
Herstellkosten/hl Verschnitt	**105,00 EUR**
Herstellkosten/12 l Verschnitt	12,60 EUR
+ Abfüllung und Verpackung/Kiste	3,00 EUR
Selbstkosten/Kiste	**15,60 EUR**

Aufgabe 138 Ermittlung von Äquivalenzziffern

RICHARD REICH ist Alleininhaber der Firma STEIN-REICH, die aus Marmorblöcken Bodenplatten unterschiedlicher Größe schneidet. Hergestellt werden in jeweils 20 mm Stärke die Sorten A (20 · 20 cm), B (25 · 40 cm) und C (40 · 40 cm). Bezogen auf ein Jahr sind die Fertigungskosten genauso hoch wie die Kosten für den Bezug des Rohmaterials.

Durch Bruch und Verschnitt kommt es zu einem Mehrbedarf an Rohmaterial, der bei den drei Sorten unterschiedlich ist: Bei Sorte A sind es 10%, bei Sorte B 26,5 % und bei Sorte C 65 %. In der Säge- und Schleifanlage können in einer Stunde entweder 15 m^2 Fertigprodukte der Sorte A, 12 m^2 der Sorte B oder 10 m^2 der Sorte C bearbeitet werden. Ermitteln Sie für jede Sorte die zugehörige Äquivalenzziffer!

Wöhe S. 968 f.

Sorte	A	B	C
(1) Materialbedarf/m² Fertigprodukt	1,10 m²	1,265 m²	1,65 m²
(2) Verhältniszahlen für Materialkosten	1,00	1,15	1,50
(3) Bearbeitungsmenge/Std.	15 m²	12 m²	10 m²
(4) Verhältniszahlen für Fertigungskosten	1,00	1,25	1,50
Äquivalenzziffern (2) + (4)	**2,00**	**2,40**	**3,00**

Aufgabe 139 Einstufige Äquivalenzziffernkalkulation

Firma STEIN-REICH hatte im Jahre 01 Gesamtkosten in Höhe von 1.800.000 EUR. Die Produktionsmengen für die drei Sorten A, B und C beziffern sich auf 30.000 m², 20.000 m² und 14.000 m². Ermitteln Sie die Selbstkosten im Wege der Äquivalenzziffernkalkulation unter Berücksichtigung der Äquivalenzziffern aus Aufgabe 138!

Wöhe S. 968 f.

Sorte	(1) produzierte Menge	(2) ÄZ	(3) Rechnungseinheiten (RE) (1) · (2)	(4) Kosten/RE	(5) Kosten/m² (2) · (4)	(6) Kosten/Sorte (1) · (5)
A	30.000	2,0	60.000	12,00	24,00	720.000,00
B	20.000	2,4	48.000	12,00	28,80	576.000,00
C	14.000	3,0	42.000	12,00	36,00	504.000,00
Insgesamt:			150.000			1.800.000.00
1.800.000 EUR : 150.000 RE = 12 EUR/RE						

Aufgabe 140 Zweistufige Äquivalenzziffernkalkulation

Es gelten die Ausgangsdaten der Aufgaben 138 und 139. Die Gesamtkosten der Firma STEIN-REICH setzen sich aus 1.500.000 EUR Material- und Fertigungskosten und 300.000 EUR Verwaltungs- und Vertriebskosten zusammen. Von den drei Sorten wurden folgende Mengen produziert bzw. abgesetzt:

Sorte	produzierte Menge (m²)	ÄZ	abgesetzte Menge (m²)	ÄZ
A	30.000	2,0	25.000	1,6
B	20.000	2,4	18.000	1,5
C	14.000	3,0	10.000	0,8

Ermitteln Sie für jede Sorte die Herstellkosten und die Selbstkosten pro Quadratmeter!

Wöhe S. 968

Ermittlung der Herstellkosten/m²:

Sorte	(1) produzierte Menge	(2) ÄZ	(3) Rechnungseinheiten (RE) (1) · (2)	(4) Kosten/RE	(5) Kosten/m² (2) · (4)	(6) Kosten/Sorte (1) · (5)
A	30.000	2,0	60.000	10,00	20,00	600.000,00
B	20.000	2,4	48.000	10,00	24,00	480.000,00
C	14.000	3,0	42.000	10,00	30,00	420.000,00
Insgesamt:			150.000			1.500.000.00
1.500.000 EUR : 150.000 RE = 10 EUR/RE						

Ermittlung der Vertriebskosten/m²:

Sorte	(1) abgesetzte Menge	(2) ÄZ	(3) Rechnungseinheiten (RE) (1) · (2)	(4) Kosten/RE	(5) Kosten/m² (2) · (4)	(6) Kosten/Sorte (1) · (5)
A	25.000	1,6	40.000	4,00	6,40	160.000,00
B	18.000	1,5	27.000	4,00	6,00	108.000,00
C	10.000	0,8	8.000	4,00	3,20	32.000,00
Insgesamt:			75.000			300.000.00
300.000 EUR : 75.000 RE = 4 EUR/RE						

Ermittlung der Selbstkosten/m²:

Sorte	Herstellkosten/m²	Verwaltungs- und Vertriebskosten/m²	Selbstkosten/m²
A	20,00	6,40	**26,40**
B	24,00	6,00	**30,00**
C	30,00	3,20	**33,20**

Aufgabe 141 Bezugsgrößenauswahl

In einer Dreherei werden Gewinde an verschiedenen Drehbänken gefertigt. Die Gewinde unterscheiden sich hinsichtlich Länge, Durchmesser, Voll- und Hohlkörper, Präzisionsgrad des Gewindeschnitts, Tiefe des Gewindeschnitts und Anzahl der Windungen pro Längeneinheit des Werkstückes.

Teilaufgabe a)

Welche der hier genannten Bezugsgrößen

(1) Anzahl der Windungen
(2) Anzahl der Werkstücke
(3) Materialeinzelkosten der Werkstücke
(4) Gewicht der Werkstücke
(5) Gewicht der Fertigprodukte
(6) Bearbeitungszeit (Maschinenstunden)
(7) Fertigungseinzelkosten
(8) Gewicht des Spanabhubs

scheint Ihnen zur Bildung von Kalkulationssätzen in der Kostenstelle Dreherei am besten geeignet?

Antwort: (6) Bearbeitungszeit

Teilaufgabe b)

Welche der in Teilaufgabe a) genannten Bezugsgrößen könnten Sie ebenfalls wählen, wenn es keine Unterschiede im Präzisionsgrad des Gewindeschnitts gäbe und sämtliche Drehbänke gleichartig wären?

Antwort: (8) Gewicht des Spanabhubs

Teilaufgabe c)

Es gelten die Bedingungen der Teilaufgabe a). Erscheint Ihnen die derzeitige **Kostenstellenbildung** verbesserungsbedürftig? Wovon machen Sie Ihre Antwort abhängig?

Wöhe S. 955f.

Mit zunehmendem Unterschied in den Anforderungen an den Präzisionsgrad der einzelnen Gewinde und zunehmender Verschiedenheit der technischen Daten der einzelnen Aggregate wächst die Notwendigkeit zur feineren Gliederung der Kostenstellen **(Platzkostenrechnung)**.

Aufgabe 142 Kostenstelleneinteilung und Bezugsgrößenauswahl

Die Speditionsfirma BLITZ & SCHNELL übernimmt Frachtaufträge von Industrieunternehmen auf den Strecken Frankfurt–Hamburg, Frankfurt–Berlin und Frankfurt–München. Die Kapazitätsauslastung auf den einzelnen Strecken ist sehr unterschiedlich.

Teilaufgabe a)

Wie könnte die Kostenstelleneinteilung für dieses Unternehmen aussehen?

Kostenstelleneinteilung:

1. Fahrzeuginstandhaltung und -unterhaltung
2. Fahrzeugeinsatz
   2.1 Frankfurt–Hamburg
   2.2 Frankfurt–Berlin
   2.3 Frankfurt–München
3. Verladen und Ausliefern
4. Kontor (Verwaltung und Vertrieb)

Teilaufgabe b)

Welche Bezugsgrößen wählen Sie in den einzelnen Kostenstellen zur Bildung von Kalkulationssätzen?

Bezugsgrößen:

1. gefahrene Kilometer
2.1 Tonnenkilometer (tatsächliche Auslastung)
2.2 Tonnenkilometer (tatsächliche Auslastung)
2.3 Tonnenkilometer (tatsächliche Auslastung)
3. Anzahl der verladenen Tonnen oder Ladezeit
4. Anzahl der Aufträge

Aufgabe 143 Ermittlung von Kalkulationssätzen

Außer den **Gemeinkosten** in Höhe von 445.000 EUR sind im Jahre 01 bei JOSEPH ZÜNFTIG 300.000 EUR **Materialeinzelkosten** (vgl. Aufgabe 120) und 350.000 EUR **Fertigungseinzelkosten** (vgl. Aufgabe 121) angefallen. Welche Probleme entstehen im Zuge der Ermittlung der Kalkulationssätze bei der Bezugsgrößenauswahl?

Wöhe S. 955–957

Bei der Ermittlung der Kalkulationssätze ist die Bezugsgröße die Maßgröße zur Gemeinkostenverteilung. Dabei sind die Bezugsgrößen so auszuwählen, dass eine (möglichst weitgehende) **Proportionalität** zwischen Bezugsgrößenhöhe und Kostenhöhe besteht.

Bei einem kleinen Handwerksbetrieb wie dem des JOSEPH ZÜNFTIG liegt es nahe, die Materialgemeinkosten nach Maßgabe der Materialeinzelkosten, die Fertigungsgemeinkosten nach Maßgabe der Fertigungseinzelkosten und die Verwaltungs- und Vertriebsgemeinkosten nach Maßgabe der Herstellkosten des Umsatzes weiterzuverrechnen.

Aufgabe 144 Kalkulationssätze

Ermitteln Sie in Anlehnung an die Aufgaben 130 und 143 die Kalkulationssätze! Versuchen Sie, die Kalkulationssätze zu interpretieren!

Wöhe S. 955–957 und 964 f.

Ehe der Kalkulationssatz für die Kostenstelle „Verwaltung und Vertrieb" errechnet werden kann, muss der Bezugsgrößenumfang, d.h. die Höhe der Herstellkosten des Umsatzes ermittelt werden:

	Materialeinzelkosten (MEK)	300.000,00
+	Materialgemeinkosten (MGK)	21.000,00
+	Fertigungseinzelkosten (FEK)	350.000,00
+	Fertigungsgemeinkosten (FGK)	329.000,00
=	**Herstellkosten*** (HK)	1.000.000,00
+	Verwaltungs- und Vertriebsgemeinkosten	95.000,00
=	**Selbstkosten**	1.095.000,00

* Gleich Herstellkosten des Umsatzes, da keine Lagerbestandsänderung

	Kostenstelle	**Material**	**Fertigung**	**Verwaltung und Vertrieb**
(1)	Gemeinkosten	21.000,00	329.000,00	95.000,00
(2)	Bezugsgrößenart	MEK	FEK	HK
(3)	Bezugsgrößenumfang	300.000,00	350.000,00	1.000.000,00
(4)	**Kalkulationssatz** (1) : (3)	**7%**	**94%**	**9,5%**

Nach der hier unterstellten Proportionalität „verursacht" jeder EUR Materialeinsatz zusätzlich sieben Cent Materialgemeinkosten; jede für produktive Löhne (Fertigungseinzelkosten) gezahlte EUR „verursacht" zusätzlich 94 Cent an Fertigungsgemeinkosten. Anders gesagt: Ein Auftrag, der 100 EUR Materialeinzelkosten (Fertigungseinzelkosten) verursacht, muss zusätzlich 7 EUR (94 EUR) Materialgemeinkosten (Fertigungsgemeinkosten) tragen.

Aufgabe 145 Summarische Zuschlagskalkulation (kumulatives Verfahren)

Der Schreinermeister JOSEPH ZÜNFTIG kalkuliert seine Aufträge nach der summarischen Zuschlagskalkulation. Seine Kosten setzten sich im abgelaufenen Jahr 01 folgendermaßen zusammen (vgl. Aufgabe 144).

Materialeinzelkosten (MEK)	300.000,00
Materialgemeinkosten (MGK)	21.000,00
Fertigungseinzelkosten (FEK)	350.000,00
Fertigungsgemeinkosten (FGK)	329.000,00
Verwaltungs- und Vertriebsgemeinkosten (VGK)	95.000,00
Gesamtkosten	1.095.000,00

JOSEPH ZÜNFTIG muss eine **Vorkalkulation** für einen Auftrag ausarbeiten, bei dem er mit 10.000 EUR Materialeinzelkosten und 2.000 EUR Fertigungseinzelkosten zu rechnen hat. Als **Gewinnzuschlag** möchte er 10 % auf die Selbstkosten verrechnen.

Zu welchem **Angebotspreis** gelangt JOSEPH ZÜNFTIG, wenn er die Gemeinkosten (GK) nach Maßgabe der

(a) Einzelkosten (K)
(b) Materialeinzelkosten (MEK)
(c) Fertigungseinzelkosten (FEK)

verrechnet?

Wöhe S. 969 f.

JOSEPH ZÜNFTIG errechnet zunächst folgende Gemeinkostenzuschlagssätze:

Gemeinkosten	**Bezugsgröße**	**Kalkulationssatz**
(a) 445.000 EUR	EK	$\frac{445.000\text{ EUR}}{650.000\text{ EUR}} = 68{,}46\,\%$
(b) 445.000 EUR	MEK	$\frac{445.000\text{ EUR}}{300.000\text{ EUR}} = 148{,}33\,\%$
(c) 445.000 EUR	FEK	$\frac{445.000\text{ EUR}}{350.000\text{ EUR}} = 127{,}14\,\%$

Auf der Basis dieser Kalkulationssätze ergeben sich folgende **Angebotspreise**:

	(a)	(b)	(c)
(1) Zuschlagsbasis	EK = 12.000 EUR	MEK = 10.000 EUR	FEK = 2.000 EUR
(2) Kalkulationssatz	68,46%	148,33 %	127,14 %
(3) Gemeinkosten-zuschlag (1) · (2)	8.215 EUR	14.833 EUR	2.543 EUR
(4) Einzelkosten	12.000 EUR	12.000 EUR	12.000 EUR
(5) Selbstkosten (3) + (4)	20.215 EUR	26.833 EUR	14.543 EUR
(6) Gewinnzuschlag 10 % v. (5)	2.022 EUR	2.683 EUR	1.454 EUR
Angebotspreis (5) + (6)	**22.237 EUR**	**29.516 EUR**	**15.997 EUR**

Beim kumulativen Verfahren ist die Höhe der **errechneten** Selbstkosten von der Wahl der Zuschlagsbasis abhängig.

Aufgabe 146 Schwächen der kumulativen Zuschlagskalkulation

Es gelten die Angaben der Aufgabe 145. Im Wege der Materialzuschlagskalkulation gelangt JOSEPH ZÜNFTIG zu einem Angebotspreis von 29.516 EUR, nach der Lohnzuschlagskalkulation würde er die gleiche Leistung für 15.997 EUR anbieten.

Welcher Angebotspreis ist „richtig“? Wo liegen die Schwächen kumulativer Zuschlagsverfahren?

Wöhe S. 969 f.

Richtig ist der Angebotspreis, der kostengerecht kalkuliert wird. Von einer kostengerechten Kalkulation kann aber in beiden Fällen keine Rede sein.

Die Gemeinkosten in Höhe von 445.000 EUR setzen sich aus verschiedenen Kostenarten zusammen. Ein Kalkulationsverfahren, das eine Proportionalität zwischen einer Kostenart (Materialeinzelkosten bzw. Fertigungseinzelkosten) und dem gesamten **Gemeinkostenblock** unterstellt, ist willkürlich.

Bei der hier kalkulierten Leistung handelt es sich um einen materialintensiven Auftrag. Die Fertigungseinzelkosten sind von untergeordneter Bedeutung. Wenn die gesamten Gemeinkosten nach Maßgabe der Materialeinzelkosten verrechnet werden, wird der materialintensive Auftrag kostenmäßig zu stark belastet. Im Rahmen einer reinen Lohnzuschlagskalkulation wird der materialintensive Auftrag zu „billig“ kalkuliert. Auch ein materialintensiver Auftrag kann hohe Gemeinkosten (z. B. Lagerkosten) verursacht haben. Bei extrem niedrigen Fertigungseinzelkosten ist dann die Zuschlagsbasis zu schmal.

Aufgabe 147 Differenzierende Zuschlagskalkulation

Zu welchem Preis wird der Schreinermeister JOSEPH ZÜNFTIG seine Leistung (vgl. Aufgabe 145) anbieten, wenn er die differenzierende Zuschlagskalkulation anwendet? Die Materialeinzelkosten betragen 10.000 EUR, die Fertigungseinzelkosten 2.000 EUR. Die Zuschlagssätze (vgl. Aufgabe 144) beziffern sich für die Materialgemeinkosten auf 7 %, für die Fertigungsgemeinkosten auf 94 % und für die Verwaltungs- und Vertriebsgemeinkosten auf 9,5 %.

Wöhe S. 970 f.

JOSEPH ZÜNFTIG ermittelt seinen Angebotspreis folgendermaßen:

	Materialeinzelkosten	10.000 EUR		
+	Materialgemeinkosten (7 %)	700 EUR	Materialkosten	10.700 EUR
	Fertigungseinzelkosten	2.000 EUR		
+	Fertigungsgemeinkosten (94 %)	1.880 EUR	Fertigungskosten	3.880 EUR
			Herstellkosten	14.580 EUR
			+ Verwaltungs- und Vertriebsgemeinkosten 9,5 %	1.385 EUR
			Selbstkosten	15.965 EUR
			+ Gewinnzuschlag (10 %)	1.597 EUR
			Angebotspreis	**17.562 EUR**

Mit seiner differenzierten Gemeinkostenschlüsselung steht dieses Verfahren einer verursachungsgerechten Kostenverteilung näher als das kumulative Verfahren (vgl. Aufgabe 145), wo die Gemeinkosten pauschal weiterverrechnet werden.

Aufgabe 148 Kostenüberdeckung – Kostenunterdeckung

Der Schreinermeister JOSEPH ZÜNFTIG kalkuliert seine Aufträge mit Hilfe der differenzierenden Zuschlagskalkulation. Die Kalkulationssätze zur Verteilung der Materialgemeinkosten, der Fertigungsgemeinkosten und der Verwaltungs- und Vertriebsgemeinkosten ermittelt er stets auf der Basis der Vorjahreswerte. So errechnet er für die im Jahr 02 geltenden Kalkulationssätze nach den Kostenwerten des Jahres 01 (vgl. Aufgabe 144):

	Material	Fertigung	Verw. u. Vertrieb
Gemeinkosten (Jahr 01)	21.000 EUR	329.000 EUR	95.000 EUR
Einzelkosten (Jahr 01)	300.000 EUR	350.000 EUR	1.000.000 EUR*
Kalkulationssätze für das Jahr 02	**7%**	**94%**	**9,5%**

* Herstellkosten

Nach Ablauf des Jahres 02 ermittelt JOSEPH ZÜNFTIG folgende Kostenwerte:

	Material	Fertigung	Verw. u. Vertrieb
Gemeinkosten (Jahr 02)	60.000 EUR	340.000 EUR	130.000 EUR
Einzelkosten (Jahr 02)	500.000 EUR	400.000 EUR	X EUR

Errechnen Sie:

(1) die Herstellkosten im Jahr 02 (X EUR)
(2) die Kalkulationssätze für das Jahr 03
(3) Kostenüber- und -unterdeckungen des Jahres 02

Wöhe S. 970–972

Die **Herstellkosten** des Jahres 02 setzen sich folgendermaßen zusammen:

Materialeinzelkosten (MEK)	500.000 EUR
Materialgemeinkosten (MGK)	60.000 EUR
Fertigungseinzelkosten (FEK)	400.000 EUR
Fertigungsgemeinkosten (FGK)	340.000 EUR
Herstellkosten im Jahr 02	**1.300.000 EUR**

Die **Kalkulationssätze** für das Jahr 03 lauten:

	Material	Fertigung	Verw. u. Vertrieb
Gemeinkosten (Jahr 02)	60.000 EUR	340.000 EUR	130.000 EUR
Einzelkosten (Jahr 02)	500.000 EUR	400.000 EUR	1.300.000 EUR*
Kalkulationssätze für Jahr 03	**12%**	**85%**	**10%**

* Herstellkosten

Die **Kostenüberdeckung** und **Kostenunterdeckungen** des Jahres 02 lassen sich folgendermaßen errechnen:

	Material	Fertigung	Verw. u. Vertrieb
(1) Kalkulationssatz (Jahr 02)	**7%**	**94%**	**9,5%**
(2) Einzelkosten (Jahr 02)	500.000 EUR	400.000 EUR	1.300.000 EUR
(3) Verrechnete Gemeinkosten (Jahr 02) (1) · (2)	35.000 EUR	376.000 EUR	123.500 EUR
(4) Entstandene Gemeinkosten (Jahr 02)	60.000 EUR	340.000 EUR	130.000 EUR
(5) Kostenüberdeckung (3) – (4)		36.000 EUR	
(6) Kostenunterdeckung (4) – (3)	25.000 EUR		6.500 EUR

Aufgabe 149 Schema der Bezugsgrößenkalkulation

Die EXTRAVAGANT AG schneidert als Lizenznehmerin Herrenanzüge nach Modellen des berühmten Modeschöpfers Dandy Snob. Für die Herstellung des Spitzenmodells „King“ gelten folgende Daten:

Stoffbedarf 3,5 m; Preis/m 40 EUR; Bedarf an Futter 2 m à 9 EUR; Frontfixierung (Einlage) 12 EUR/Stück; Materialgemeinkosten betragen 9% der Materialeinzelkosten.

Die Fertigung besteht aus vier Stufen: Zuschneiden, Nähen, Nähte säubern und Aufbügeln. Für diese Kostenstellen gelten folgende **Kalkulationssätze:**

Kostenstelle	Art der Bezugsgröße	Bezugsgrößenmenge	Kalkulationssatz EUR/ Bezugsgrößeneinheit
A Zuschneiden	Maschinenminuten	6	0,60
B Nähen	Fertigungsminuten	109	0,40
C Säubern	Meter	30	0,25
D Aufbügeln	Maschinenminuten	11	0,50

Die Sondereinzelkosten der Fertigung bestehen aus der Lizenzgebühr in Höhe von 15 % des Verkaufspreises von 430 EUR. Die Verwaltungsgemeinkosten betragen 8 %, die Vertriebsgemeinkosten 4 % der Herstellkosten. Die Verkaufsprovision für den Handelsvertreter beläuft sich auf 6 % des Verkaufspreises. Wie hoch sind die Selbstkosten? Erstellen Sie ein **Kalkulationsschema!**

Wöhe S. 972 f.

Bezugsgrößenkalkulation „KING"					**Kosten EUR/ Stück**
	Material:		Menge	Preis	
	Stoff		3,5 m	40,00	140,00
	Futter		2,0 m	9,00	18,00
	Frontfixierung		1 Stück	12,00	12,00
(1)	MATERIALEINZELKOSTEN				170,00
	Materialgemeinkosten 9 % von (1)				15,30
(2)	MATERIALKOSTEN				185,30
	Fertigungskosten:				
	Kostenstelle	Bezugsgrößenart	Bezugs-größen-menge	Kalkulationssatz	
	A Zuschneiden	Maschinenminuten	6	0,60	3,60
	B Nähen	Fertigungsminuten	109	0,40	43,60
	C Säubern	Meter	30	0,25	7,50
	D Aufbügeln	Maschinenminuten	11	0,50	5,50
(3)	FERTIGUNGSKOSTEN (ohne Sondereinzelkosten)				60,20
	Sondereinzelkosten 15% von 430,00 EUR				64,50
(4)	FERTIGUNGSKOSTEN				124,70
(5)	HERSTELLKOSTEN (2) + (4)				310,00
	Verwaltungsgemeinkosten 8 % von (5)				24,80
	Vertriebsgemeinkosten 4 % von (5)				12,40
	Sondereinzelkosten des Vertriebs 6 % von 430,00 EUR				25,80
(6)	SELBSTKOSTEN				373,00

Aufgabe 150 Kalkulationsverfahren

Welche der folgenden Behauptungen sind richtig?

(1) Alle Verfahren der Zuschlagskalkulation basieren auf einem BAB.

(2) Im Gegensatz zur Divisionskalkulation muss die Äquivalenzziffernkalkulation zwischen Einzel- und Gemeinkosten differenzieren.

(3) Die Divisionskalkulation ist nur in Unternehmen mit proportionalem Gesamtkostenverlauf anwendbar.

(4) Die zweistufige Äquivalenzziffernkalkulation ist anzuwenden bei Sortenfertigung mit Lagerbestandsveränderungen.

(5) In der Bezugsgrößenkalkulation ist es möglich, einen Kalkulationssatz als Prozentsatz auszuweisen.

(6) Die Zahl der zur Selbstkostenermittlung im Wege der Zuschlagskalkulation heranzuziehenden Kalkulationssätze ist abhängig von der Anzahl der im BAB ausgewiesenen Kostenstellen.

Zutreffend ist die Behauptung (4).

Aufgabe 151 Mischkalkulation

Die Bäckerei PFISTER produziert Weizenbrötchen und Laugenbrötchen. Für das neue Geschäftsjahr erstellt PFISTER folgenden Produktions- und Kostenplan:

	Weizenbrötchen		Laugenbrötchen
Geplante Produktionsmenge (Stück/Jahr)	100.000		100.000
Geplante Kosten (EUR/Jahr)		80.000	
Davon entfallen auf			
• Materialkosten		54.000	
• Fertigungskosten		16.000	
• Verwaltungs- und Vertriebskosten		10.000	

Teilaufgabe a)

PFISTER will seine Selbstkosten im Wege der Mischkalkulation (Divisionskalkulation) ermitteln. Wie hoch sind seine Planselbstkosten/Stück? Wie hoch ist sein Angebotspreis, wenn er einen Gewinnaufschlag von 10% auf die Selbstkosten verrechnet?

Bei Anwendung der **Divisionskalkulation** gelangt PFISTER zu folgenden Selbstkosten/Stück (k):

$$\mathbf{k} = \frac{K}{x} = \frac{80.000 \text{ EUR}}{200.000 \text{ Stück}} = 0{,}40 \text{ EUR/Stück}$$

	Weizenbrötchen	Laugenbrötchen
Selbstkosten EUR/Stück	**0,40**	**0,40**
+ Gewinnaufschlag 10 %	0,04	0,04
Angebotspreis EUR/Stück	**0,44**	**0,44**

Teilaufgabe b)

Bei einer genaueren Analyse der Kostenstruktur erhält man folgende Werte:

	Insgesamt	Anteil Weizenbrötchen	Anteil Laugenbrötchen
Materialkosten EUR	54.000	20.000	34.000
Fertigungskosten EUR	16.000	6.000	10.000
Verwaltungs- und Vertriebskosten EUR	10.000	5.000	5.000

Ermitteln Sie die Selbstkosten für beide Kostenträger nach dem Kostenverursachungsprinzip! Gehen Sie davon aus, dass die Brötchen zum Planangebotspreis aus Teilaufgabe a) angeboten werden. Welche Konsequenzen wird die Mischkalkulation aus a) auf einem wettbewerbsintensiven Markt für Backwaren haben?

Bei produktspezifischer Kalkulation gelangt PFISTER zu folgenden Selbstkosten:

	Weizen-brötchen	**Laugen-brötchen**
Materialkosten EUR	20.000	34.000
Fertigungskosten EUR	6.000	10.000
Verwaltungs- und Vertriebskosten EUR	5.000	5.000
Selbstkosten EUR/Jahr	31.000	49.000
Selbstkosten EUR/Stück	**0,31**	**0,49**
Planpreis EUR/Stück	0,44	0,44
Planerfolg EUR/Stück	+ 0,13	- 0,05

Den Plangewinn bei Weizenbrötchen von 0,13 EUR/Stück wird PFISTER nicht realisieren können, weil die Konkurrenz die Weizenbrötchen zu etwa 0,35 EUR/Stück anbieten wird und die Kunden zur Konkurrenz abwandern werden.

Der Planverlust bei Laugenbrötchen von 0,05 EUR/Stück kann PFISTER nicht aus Plangewinnen bei Weizenbrötchen abdecken, weil die potentiellen Kunden zur Konkurrenz abgewandert sind.

Aufgabe 152 Schwierigkeiten der Kostenträgerstückrechnung

Wodurch wird eine Kostenträgerstückrechnung (auf Istkostenbasis) besonders erschwert?

(1) Vielzahl der Produkte
(2) Zwischenlager
(3) Vielzahl der Lieferanten
(4) Prozentuale Kalkulationssätze
(5) Schwankungen des Beschäftigungsgrades
(6) Zwischenlagerbestandsveränderungen
(7) Hoher Anteil der Gemeinkosten an den Einzelkosten
(8) Hoher Anteil der Einzelkosten an den Stückkosten
(9) Hoher Anteil der Gemeinkosten an den Gesamtkosten
(10) Hohe Stückkosten
(11) Kuppelproduktion

Antwort: (1), (6), (9) und (11).

V. Kurzfristige Erfolgsrechnung

Wiederholungsfragen:

	Wöhe Seite
Welche Arten Kurzfristiger Erfolgsrechnung kennen Sie?	977
Warum ist bei der Kurzfristigen Erfolgsrechnung dem Umsatzkostenverfahren der Vorzug zu geben?	979
Warum ist die Kurzfristige Erfolgsrechnung auf Vollkostenbasis zur Optimierung kurzfristiger Entscheidungen ungeeignet?	980
Welches Ziel verfolgt die mehrstufige Deckungsbeitragsrechnung mit der Aufspaltung des Fixkostenblocks?	981 f.
Welchen Einfluss hat die Anzahl der Produkte und der Produktionsengpässe auf die kurzfristige Produktionsplanung?	984

Aufgabe 153 Kurzfristige Erfolgsrechnung auf Vollkostenbasis

Die PLENUS KG fertigt die Produkte A und B:

Produktart	produzierte Menge x_p	abgesetzte Menge x_a	Absatzpreis EUR/St. (netto)
A	1.000	1.000	630,00
B	2.000	2.000	300,00

Dem Betriebsabrechnungsbogen des abgelaufenen Jahres sind folgende Daten zu entnehmen:

	Kosten EUR	Hilfskostenstellen		Hauptkostenstellen				
		Gebäudereinigung	Reparaturabteilung	Material	Fertigung I	Fertigung II	Verwaltung	Vertrieb
EINZELKOSTEN								
(1) Material-EK	400.000	400.000		400.000				
(2) Fertigungs-EK	310.000				260.000	50.000		
GEMEINKOSTEN								
(3) Gehälter	80.000	2.000	2.000	3.000	10.000	12.000	40.000	11.000
(4) Miete	60.000	500	500	9.000	15.000	25.000	8.000	2.000
(5) Abschreibung	100.000	500	2.500	7.000	25.000	60.000	3.000	2.000
(6) Versicherungen	20.000	200	800	8.000	6.000	4.000	900	100
(7) Kalk. Zinsen	50.000	800	1.200	6.000	17.000	20.000	3.100	1.900
(8) andere GK	90.000	1.250	2.750	5.000	22.000	24.000	31.000	4.000
(9) $\sum$ primäre GK	400.000	5.250	9.750	38.000	95.000	145.000	86.000	21.000
(10) Gebäudereinigung			250	1.000	1.600	1.400	800	200
			10.000					
(11) Reparaturabteilung				1.000	3.400	3.600	1.200	800
(12) $\sum$ prim. + sek. GK				40.000	100.000	150.000	88.000	22.000
(13) Bezugsgrößenart				MEK	FEK I	FEK II	HK	HK
(14) Kalkulationssatz				10%	38,5%	300%	8,8%	2,2%

Teilaufgabe a)

Für die Erzeugnisse A und B gelten folgende Produktionsdaten:

	A	B
Materialeinzelkosten EUR/St.	240,00	80,00
Fertigungseinzelkosten I EUR/St.	156,00	52,00
Fertigungseinzelkosten II EUR/St.	30,00	10,00

Ermitteln Sie die Herstellkosten pro Stück und pro Sorte für die Produkte A und B!

Wöhe S. 971 f.

Die Herstellkosten lassen sich folgendermaßen ermitteln:

	A	B
Materialeinzelkosten	240,00	80,00
+ Materialgemeinkosten (10 %)	24,00	8,00
+ Fertigungseinzelkosten I	156,00	52,00
+ Fertigungsgemeinkosten I (38,5 %)	60,00	20,00
+ Fertigungseinzelkosten II	30,00	10,00
+ Fertigungsgemeinkosten II (300 %)	90,00	30,00
Herstellkosten/Stück	600,00	200,00
Herstellkosten/Sorte	600.000,00	400.000,00

Teilaufgabe b)

Erstellen Sie die Kurzfristige Erfolgsrechnung auf Vollkostenbasis nach dem Gesamtkostenverfahren (GKV) und dem Umsatzkostenverfahren (UKV). Welches Verfahren liefert die besseren Informationen zur Beurteilung des Erfolgsbeitrags der beiden Produkte?

Wöhe S. 978 f.

Kurzfristige Erfolgsrechnung (GKV)	
Umsatzerlöse A	630.000
+ Umsatzerlöse B	+ 600.000
– Materialkosten	– 400.000
– Personalkosten	– 390.000
– Abschreibungen	– 100.000
– Zinskosten	– 50.000
– Sonstige Kosten	– 170.000
Betriebsergebnis	**+ 120.000**

Kurzfristige Erfolgsrechnung (UKV)		
Umsatzerlöse A	630.000	
– Herstellkosten des Umsatzes A	– 600.000	
Bruttoergebnis vom Umsatz A	**+ 30.000**	**+ 30.000**
Umsatzerlöse B	+ 600.000	
– Herstellkosten des Umsatzes B	– 400.000	
Bruttoergebnis vom Umsatz B	**+ 200.000**	**+ 200.000**
Bruttoergebnis vom Umsatz insgesamt		+ 230.000
– Verwaltungskosten		– 88.000
– Vertriebskosten		– 22.000
Betriebsergebnis		**+ 120.000**

Auch wenn beide Formen der Erfolgsrechnung zum gleichen Betriebsergebnis (+ 120.000) führen, ist der Kurzfristigen Erfolgsrechnung nach dem UKV der Vorzug zu geben: Hierbei wird deutlich, dass das (gesamte) Bruttoergebnis vom Umsatz (+ 230.000) in weit überwiegendem Maße aus Produkt B (+ 200.000) erwirtschaftet wird.

Aufgabe 154 Kurzfristige Erfolgsrechnung auf Vollkostenbasis und Teilkostenbasis

Die TRITONUS-GMBH ist ein Drei-Produkt-Unternehmen, das für das abgelaufene Quartal folgende Produktions- und Absatzdaten aufweist:

Produktart	A	B	C	Summe
Produktionsmenge (Stück)	2.000	1.000	4.000	
Erlös (Euro/Stück)	40,00	30,00	50,00	
Variable Kosten (Euro/Stück)	18,00	10,00	15,00	
Fixe Kosten (Euro/Quartal)				**175.000,00**

Die fixen Kosten in Höhe von 175.000 Euro/Quartal werden im Rahmen der Vollkostenrechnung nach der Durchschnittsmethode auf die Produktionsmenge (7.000 Stück/Quartal) verteilt.

Teilaufgabe a)

Ermitteln Sie für die Kurzfristige Erfolgsrechnung (KER) auf Vollkostenbasis die Umsatzerlöse, die variablen Kosten, die fixen Kosten und das Quartalsergebnis pro Sorte und in Summe!

KER auf Vollkostenbasis	A	B	C	Summe
Umsatzerlöse/Sorte	80.000	30.000	200.000	310.000
Variable Kosten/Sorte	– 36.000	– 10.000	– 60.000	– 106.000
Fixe Kosten/Sorte	– 50.000	– 25.000	– 100.000	– 175.000
Betriebsergebnis/Sorte	**– 6.000**	**– 5.000**	**+ 40.000**	**+ 29.000**

Durch die beiden Verlustartikel A und B wird das positive Ergebnis aus Artikel C von 40.000 EUR auf ein Gesamtergebnis von 29.000 EUR reduziert.

Teilaufgabe b)

Sollte TRITONUS die beiden Verlustprodukte A und B aus dem Produktionsprogramm streichen? Erstellen Sie zur Beantwortung dieser Frage eine Kurzfristige Erfolgsrechnung auf Teilkostenbasis! Welche Rolle spielt in diesem Zusammenhang der Deckungsbeitrag/Stück db und der Deckungsbeitrag/Periode DB?

Wöhe S. 980

KER auf Teilkostenbasis	A	B	C	Summe
Umsatzerlöse/Sorte	80.000	30.000	200.000	310.000
– Variable Kosten/Sorte	– 36.000	– 10.000	– 60.000	– 106.000
DB Deckungsbeitrag/Sorte	**+ 44.000**	**+ 20.000**	**+ 140.000**	**+ 204.000**
– K_f Fixe Kosten	175.000			– 175.000
Betriebsergebnis	**+ 29.000**			**+ 29.000**

Die beiden „Verlustprodukte" A und B erwirtschaften einen positiven Deckungsbeitrag/Sorte in Höhe von 44.000 bzw. 20.000 EUR. Der Deckungsbeitrag/Stück ($db = p - k_v$) liegt für Produkt A bei 22 EUR, für Produkt B bei 20 EUR.

Würden die Produkte A und B aus dem Produktionsprogramm gestrichen, gingen die beiden Deckungsbeiträge (A = + 44.000) (B = + 20.000) verloren. Das Betriebsergebnis verringerte sich um 64.000 EUR von + 29.000 EUR auf – 35.000 EUR:

	Umsatzerlöse C	200.000
–	Variable Kosten C	– 60.000
	Deckungsbeitrag C	+ 140.000
–	K_f Fixe Kosten	– 175.000
	Betriebsergebnis	**– 35.000**

Da die fixen Kosten K_f kurzfristig nicht abgebaut werden können, sollten im Rahmen der kurzfristigen Produktionsplanung alle Produkte in das Produktionsprogramm aufgenommen werden, die einen positiven Deckungsbeitrag erwarten lassen.

Aufgabe 155 Deckungsbeitragsrechnung (Teil 1)

Die KUNSTSTOFF KG stellt in sechs verschiedenen Produktionsbereichen unterschiedliche chemische Erzeugnisse her. In den Bereichen I bis IV ist ein Kühlverfahren notwendig. Zu diesem Zweck wird kaltes Wasser benötigt, welches nach seiner zwangsläufigen Erwärmung während des Produktionsprozesses immer wieder auf die ursprüngliche Temperatur abgekühlt werden muss, um erneut verwendungsfähig zu sein.

Die fixen Kosten dieses Verfahrens belaufen sich pro Periode auf 54.000 EUR; die variablen Kosten betragen 0,20 EUR/m^3. Die einzelnen Bereiche nahmen im vergangenen Jahr folgende Kühlwassermengen in Anspruch:

Kostenstelle	I	II	III	IV	V	VI	Summe
Verbrauch m^3/Periode	10.000	35.000	15.000	30.000	–	–	90.000 m^3

Teilaufgabe a)

Wie hoch waren die Kosten/m^3 und wie hoch war die Kostenbelastung der einzelnen Kostenstellen bei Vollkostenrechnung?

$$\textbf{(Kosten/m}^3\textbf{) k} = \frac{K_f}{x} + k_v = \frac{54.000 \text{ EUR}}{90.000 \text{ m}^3} + 0{,}20 \text{ EUR} = 0{,}80 \text{ EUR/m}^3$$

Bei 0,80 EUR/m^3 sah die Kostenbelastung der einzelnen Kostenstellen wie folgt aus:

Kostenstelle	I	II	III	IV	V	VI	Summe
Kühlwasserkosten EUR/Periode	8.000	28.000	12.000	24.000	–	–	72.000 EUR

Teilaufgabe b)

Wie hoch sind die Kosten/m³ und die Kostenbelastung der einzelnen Stellen, wenn
- mit Periodenbeginn der Bereich IV auf Luftkühlung umgestellt und
- die übrigen Bereiche die gleichen Teilmengen beanspruchen wie in der abgelaufenen Periode?

Kostenstelle	I	II	III	IV	V	VI	Summe
Verbrauch m³/Periode	10.000	35.000	15.000	–	–	–	60.000 m³
Kühlwasserkosten EUR/Periode	11.000	38.500	16.500	–	–	–	66.000 EUR

$$\mathbf{k} = \frac{54.000 \text{ EUR}}{60.000 \text{ m}^3} + 0{,}20 \text{ EUR} = 1{,}10 \text{ EUR/m}^3$$

Teilaufgabe c)

Stellen Sie sich vor, Sie wären als Betriebsleiter des Produktionsbereichs II mit 2 % am Jahreserfolg Ihres Produktionsbereichs beteiligt. Wie reagieren Sie auf die neue Situation?

Durch die Kostenmehrbelastung um 10.500 EUR verschlechtert sich das Jahresergebnis Ihres Produktionsbereichs um diesen Betrag. Ihre Erfolgsbeteiligung verringert sich hierdurch um 210 EUR. Sie erheben Einspruch bei der Geschäftsleitung und argumentieren wie folgt: ein gleichbleibender Verbrauch von 35.000 m³ lasse darauf schließen, dass in Kostenstelle II genauso sparsam gewirtschaftet wurde wie bisher. Die Verringerung des Gesamtbedarfs an Kühlwasser sei nicht von Ihnen zu vertreten; deshalb könnten Sie auch nicht für die dadurch bedingte Verteuerung der Erzeugniseinheit zur Rechenschaft gezogen werden.

Teilaufgabe d)

Was kann die Geschäftsleitung unternehmen, um Ihren Vorstellungen gerecht zu werden? Welche erfolgsrechnerischen Konsequenzen hätten diese Entscheidungen?

Wöhe S. 980

Die Geschäftsleitung könnte zunächst entscheiden, die Kühlwassereinheit weiterhin mit 0,80 EUR/m³ abzurechnen. Das hätte zur Folge, dass die empfangenden Kostenstellen im bisherigen Ausmaß belastet würden. Für die leistende Kostenstelle (Kühlanlage) hieße das allerdings, dass ein Teil der dort entstandenen fixen Kosten

$$\frac{54.000}{90.000} \cdot (90.000 - 60.000) = 18.000 \text{ EUR}$$

nicht weiterverrechnet würden. Im Gegensatz zu einer solchen Kostenunterdeckung ergäbe sich eine Kostenüberdeckung dieser Kostenstelle bei einer Abgabemenge von jährlich mehr als 90.000 m³, wenn auch dann mit einem Kostensatz von 0,80 EUR/m³ für eine Kühlwassereinheit weiter gerechnet würde. Ein solches Abrechnungsverfahren, bei welchem die Produktionsfaktoren mit konstanten Durchschnittspreisen bewertet werden, um zufallsbedingte Schwankungen aus der Kostenrechnung fernzuhalten, trägt die Züge der **Normalkostenrechnung**.

Die zweite Möglichkeit, die Kostensätze vom Beschäftigungseinfluss freizuhalten, besteht darin, auf die Weiterverrechnung anteiliger Fixkosten ganz zu verzichten. In diesem Fall würde die Kostenstelle „Kühlanlage" bei einer Abgabemenge von beispielsweise 60.000 m^3/Periode nur mit den variablen Kosten in Höhe von 12.000 EUR belastet. Die Entlastung erfolgte über Weiterverrechnung von 2.000 EUR an Stelle I, 7.000 EUR an Stelle II und 3.000 EUR an Stelle III. Die Fixkosten in Höhe von 54.000 EUR würden der Kostenstelle „Kühlanlage" gar nicht erst zugerechnet, sondern dem sog. Fixkostenblock (= Fixkosten des gesamten Unternehmens) zugeschlagen. Dieses Abrechnungsverfahren nennt man Deckungsbeitragsrechnung.

Aufgabe 156 Deckungsbeitragsrechnung (Teil 2)

Für die sechs Produkte der KUNSTSTOFF KG gelten **vor Verrechnung der Kühlwasserkosten** folgende Daten:

Produktart	I	II	III	IV	V	VI
geplante Mengeneinheiten Stück/Periode	20.000	35.000	7.500	16.000	26.000	2.000
geplante Verkaufspreise EUR/Stück	8	10	24	12	18	20
variable Kosten EUR/Stück	6	9	14	10	12	8

Die Fixkosten werden auf 236.000 EUR veranschlagt.

Teilaufgabe a)

Erstellen Sie das Abrechnungsschema der Deckungsbeitragsrechnung. Wie hoch ist der Periodenerfolg?

Wöhe S. 980

Produktart	I	II	III	IV	V	VI
(1) Preis EUR/Stück	8	10	24	12	18	20
(2) variable Kosten EUR/Stück	6	9	14	10	12	8
(3) Deckungsbeitrag db EUR/Stück (1) – (2)	2	1	10	2	6	12
(4) Menge Stück/Periode	20.000	35.000	7.500	16.000	26.000	2.000
(5) Deckungsbeitrag DB EUR/Sorte (3) · (4)	40.000	35.000	75.000	32.000	156.000	24.000
(6) Fixkosten EUR/Periode	236.000					
(7) Erfolg EUR/Periode (5) – (6)	126.000					

Teilaufgabe b)

Wie verändert sich die Abrechnung unter Einbeziehung der Kühlwasserkosten aus Aufgabe 155? (K_f = 54.000 EUR; k_v = 0,20 EUR/m^3; x = 60.000 m^3)

Diese Kostenart kann man in einer **einstufigen** oder einer **mehrstufigen** Deckungsbeitragsrechnung erfassen.

Kostenstelle bzw. Produktart	I	II	III
(1) Verbrauch m³/Periode	10.000	35.000	15.000
(2) variable Kühlkosten EUR/Periode	2.000	7.000	3.000
(3) Erzeugniseinheiten	20.000	35.000	7.500
(4) variable Kühlkosten EUR/Stück (2) : (3)	0,10	0,20	0,40

Das **einstufige** Abrechnungsschema:

Produktart	I	II	III	IV	V	VI
(1) Preis EUR/Stück	8,00	10,00	24,00	1,00	18,00	20,00
(2) variable Kosten EUR/Stück	6,10	9,20	14,40	10,00	12,00	8,00
(3) Deckungsbeitrag EUR/Stück (1) – (2)	1,90	0,80	9,60	2,00	6,00	12,00
(4) Erzeugniseinheiten/ Periode	20.000	35.000	7.500	16.000	26.000	2.000
(5) Deckungsbeitrag DB EUR/Sorte (3) · (4)	38.000	28.000	72.000	32.000	156.000	24.000
(6) Fixkosten EUR/Periode			290.000			
(7) Erfolg EUR/Periode (5) – (6)			60.000			

Das **zweistufige** Abrechungsschema:

Produktart	I	II	III	IV	V	VI
(5) Deckungsbeitrag DB I 1. Stufe EUR/Sorte	38.000	28.000	72.000	32.000	156.000	24.000
(6) Fixe Kostenträgergruppenkosten EUR/Periode		54.000				
(7) Deckungsbeitrag DB II 2. Stufe EUR (5) – (6)		84.000		32.000	156.000	24.000
(8) Fixe Unternehmenskosten EUR/Periode				236.000		
(9) Erfolg EUR/Periode (7) – (8)				60.000		

Aufgabe 157 Zweistufige Deckungsbeitragsrechnung

Es gelten die gleichen Angaben wie in Aufgabe 156. Wegen vorübergehender Absatzschwierigkeiten müssen jedoch (bei unveränderten Verkaufsmengen) die Preise für die Produkte I und III zurückgenommen werden. Der neue Verkaufspreis für Produkt I beträgt jetzt 6,50 EUR/Stück, der Preis für Produkt III beträgt 15 EUR/Stück.

Hat der Preisverfall bei Sorte I und III Rückwirkungen auf die Zusammensetzung des Produktionsprogramms, wenn Sorte I, II und III in produktionstechnischem Verbund stehen, d. h. nur gemeinsam oder gar nicht produziert werden können? (Zwischen den Sorten I bis III einerseits und IV bis VI andererseits sollen absatzpolitische Interdependenzen nicht bestehen.)

Lösungshinweis: Benutzen Sie zunächst das einstufige und dann das zweistufige Abrechnungsschema (Aufgabe 156) und interpretieren Sie das Ergebnis!

Die hier anstehende Entscheidungsalternative lautet:

(1) Produktion von Sorte I bis III in bisherigem Umfang weiterführen oder

(2) Produktion von Sorte I bis III einstellen.

Unter Heranziehung des einstufigen Abrechnungsschemas gelangt man zu folgendem Ergebnis:

Produktart	**I**	**II**	**III**
(1) Preis EUR/Stück	6,50	10,00	15,00
(2) variable Kosten EUR/Stück	6,10	9,20	14,40
(3) Deckungsbeitrag db	0,40	0,80	0,60
(4) Menge Stück/Periode	20.000	35.000	7.500
(5) Deckungsbeitrag DB EUR/Sorte (3) · (4)	8.000	28.000	4.500
Deckungsbeitrag insgesamt		**40.500**	

Der Deckungsbeitrag aus den Sorten I bis III hat sich von 138.000 EUR (Aufgabe 156b) auf 40.500 EUR ermäßigt. Trotzdem erscheint es aufgrund der einstufigen Deckungsbeitragsrechnung vorteilhaft, Handlungsalternative (1) zu wählen, d. h. die Produktion aufrechtzuerhalten, da auf diese Weise noch ein positiver Beitrag (40.500 EUR) zur Deckung der fixen Kosten (290.000 EUR) erwirtschaftet wird.

Das zweistufige Abrechnungsschema führt zu folgendem Ergebnis:

Produktart	**I**	**II**	**III**
(1) Preis EUR/Stück	6,50	10,00	15,00
(2) variable Kosten EUR/Stück	6,10	9,20	14,40
(3) Deckungsbeitrag db EUR/Stück (1) – (2)	0,40	0,80	0,60
(4) Menge Stück/Periode	20.000	35.000	7.500
(5) Deckungsbeitrag 1. Stufe EUR/Sorte (3) · (4)	8.000	28.000	4.500
(6) Fixe Kostenträgergruppenkosten EUR/Periode		54.000	
(7) Deckungsbeitrag 2. Stufe EUR (5) – (6)		– 13.500	

Bei gleichen Ausgangsdaten hat die Anwendung der zweistufigen Deckungsbeitragsrechnung zur Folge, dass die Produktion einzustellen ist, da anderenfalls zur Deckung der fixen Unternehmenskosten (236.000 EUR) nicht nur nichts beigetragen, sondern darüber hinaus einen negativen Deckungsbeitrag in Höhe von 13.500 EUR erzielt würde.

Sobald sich Fixkostenbestandteile (Kühlwasserfixkosten) einzelnen Produktgruppen (I bis III) zuordnen lassen, ist bei Entscheidungen über Produktion bzw.

Nichtproduktion die zweistufige Deckungsbeitragsrechnung anzuwenden, da man dem Verursachungsprinzip (nur Sorte I bis III verursacht Kühlwasserkosten) mit dieser differenzierten Fixkostenabrechnung weit eher gerecht werden kann.

Aufgabe 158 Produktionsprogrammplanung mit Hilfe der Deckungsbeitragsrechnung (Teil 1)

Die ALPHABET KG fertigt die Produkte A, B und C. Die Verkaufspreise ab Werk liegen bei 16,40 EUR, 16,10 EUR und 13 EUR pro Stück. Die Produktionsmengen lagen in der abgelaufenen Periode bei 12.000, 32.000 und 25.000 Stück je Sorte. Die dazu gehörenden Selbstkosten je Sorte betrugen 153.600 EUR, 512.000 EUR und 287.500 EUR. Bei jeder Sorte ist der Gesamtkostenverlauf proportional ansteigend.

Teilaufgabe a)

Wie hoch ist für das abgelaufene Geschäftsjahr das Gesamtergebnis, das Ergebnis/Stück und das Ergebnis/Sorte?

Sorte	(1)	(2)	(3)	(4)	(5)
	Preis EUR/Stück	Kosten EUR/Stück	Gewinn (1) – (2) EUR/Stück	Menge Stück/Periode	Gewinn EUR/Sorte (3) · (4)
A	16,40	12,80	3,60	12.000	43.200
B	16,10	16,00	0,10	32.000	3.200
C	13,00	11,50	1,50	25.000	37.500
				Gesamtgewinn	**83.900**

Teilaufgabe b)

Für das kommende Jahr rechnet man bei unveränderten Absatzpreisen mit einem mengenmäßigen Absatzrückgang um 10% bei jeder Sorte. Die Gesamtkosten je Sorte dürften sich dann auf 143.760 EUR, 481.280 EUR und 264.250 EUR belaufen. Wie hoch wird das Gesamtergebnis, das Ergebnis/Stück und das Ergebnis/Sorte im kommenden Geschäftsjahr vermutlich sein? Worauf führen sie das Absinken des Gewinns zurück?

Sorte	(1)	(2)	(3)	(4)	(5)
	Preis EUR/Stück	Kosten* EUR/Stück	Gewinn EUR/Stück (1) – (2)	Menge Stück/Periode	Gewinn EUR/Sorte (3) · (4)
A	16,40	13,31	3,09	10.800	33.372
B	16,10	16,71	– 0,61	28.800	– 17.568
C	13,00	11,74	1,26	22.500	28.350
				Gesamtgewinn	**44.154**

* Da die Stückkosten auf ganze Centbeträge auf- oder abgerundet werden mussten, ergibt sich beim Gesamtgewinn eine Rundungsdifferenz in Höhe von 144 EUR.

Das Ansteigen der Stückkosten bei zurückgehender Ausbringungsmenge deutet auf die Existenz fixer Kosten hin, die ja bei rückläufiger Beschäftigung definitionsgemäß konstant bleiben.

Teilaufgabe c)

Was halten Sie von dem Vorhaben der Geschäftsleitung, das Produkt B aus dem Produktionsprogramm zu streichen? Welche zusätzlichen Informationen benötigen Sie zur Beantwortung dieser Frage? Wie hoch sind die Fixkosten?

Wöhe S. 928 f. und 980–982

Zunächst sieht es so aus, als ließe sich der Gesamtgewinn durch eine solche Entscheidung von 44.154 EUR auf 61.722 EUR erhöhen. Ob diese im Rahmen der Vollkostenrechnung empfehlenswert scheinende Maßnahme wirklich richtig ist, hängt letztlich vom Vorhandensein fixer Kosten und der Möglichkeit ihres Abbaus im Falle des völligen Ausscheidens des Produktes B ab. Auf Ihre Anfrage unterrichtet Sie die Geschäftsleitung, dass im Fall der Aufgabe des Produktes B die dort entstehenden fixen Kosten nicht abgebaut werden könnten. Man überlässt es aber Ihnen selbst, die Höhe dieser fixen Kosten zu ermitteln:

Bei einem Absinken der Produktion der Sorte B von 32.000 auf 28.800 Stück fallen die Kosten von 512.000 EUR auf 481.280 EUR. Da diese Kosteneinsparung von 30.720 EUR allein auf die variablen Kosten zurückgeht, kann man die variablen Kosten der Sorte B folgendermaßen bestimmen:

$$\mathbf{k_v} = \frac{\Delta K_v}{\Delta x} = \frac{30.720 \text{ EUR}}{3.200 \text{ Stück}} = 9{,}60 \text{ EUR/Stück}$$

Belaufen sich die variablen Stückkosten bei Sorte B auf 9,60 EUR, dann lässt sich die Gesamtkostenfunktion mit Hilfe der übrigen Zahlen leicht rekonstruieren. Für eine Ausbringungsmenge von 28.800 Stück gilt dann:

$$K = K_f + k_v \cdot x$$
$$481.280 = K_f + 9{,}60 \cdot 28.000$$
$$K_f = 204.800$$

Bedient man sich der Gleichung: $512.000 = K_f + 9{,}60 \cdot 32.000$, so gelangt man zum gleichen Ergebnis. Dieses Vorgehen lässt sich auch graphisch demonstrieren:

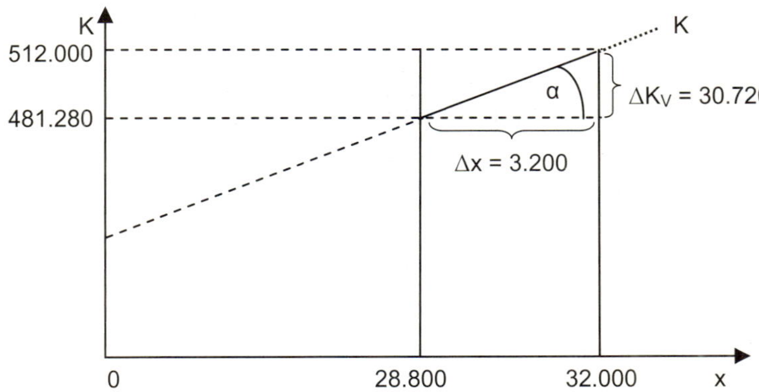

$$\mathbf{k_v} = \frac{\Delta K_V}{\Delta x} = \text{tg}\,\alpha$$

Bei analoger Berechnung für die anderen beiden Sorten ergibt sich:

Sorte	Fixkosten EUR/Periode	variable Kosten EUR/Stück
A	55.200	8,20
B	204.800	9,60
C	55.000	9,30

Da sich die dem Produkt B zugerechneten Fixkosten in Höhe von 204.800 EUR nicht abbauen lassen, entstünde bei Produktionseinstellung von B ein Gesamtverlust in Höhe von 143.078 EUR:

Gewinn A	33.372
Gewinn C	28.350
	61.722
– Fixkosten B	204.800
Verlust	**143.078**

Bei nicht abbaufähigen Fixkosten führt nur die **Deckungsbeitragsrechnung** zu richtigen Entscheidungen:

Sorte	(1)	(2)	(3)	(4)	(5)	(6)	(7)
	Preis EUR/ Stück	variable Kosten EUR/ Stück	Deckungs- beitrag EUR/Stück (1) – (2)	Menge Stück/ Periode	Deckungs- beitrag EUR/Sorte (3) · (4)	Fixkosten EUR/ Periode	Gewinn EUR/Sorte (5) – (6)
A	16,40	8,20	8,20	10.800	88.560	55.200	33.360
B	16,10	9,60	6,50	28.800	187.200	204.800	– 17.600
C	13,00	9,30	3,70	22.500	83.250	55.000	28.250
						Gesamtgewinn	**44.010**

Maßgeblich für Verbleib oder Ausscheiden aus dem Produktionsprogramm ist allein die Höhe des Deckungsbeitrages. Ist er positiv, sollte auch bei negativen Stückgewinnen ein Produkt so lange im Produktionsprogramm bleiben, bis es möglich ist, entsprechende Fixkostenteile abzubauen. Demnach sollte die Sorte B unbedingt weiterproduziert werden.

Aufgabe 159 Produktionsprogrammplanung mit Hilfe der Deckungsbeitragsrechnung (Teil 2)

Es war Ihnen gelungen (Aufgabe 158), die Geschäftsleitung davon zu überzeugen, dass es auch bei einem Sortenverlust von 17.600 EUR immer noch vorteilhafter sei, die Produktion von Sorte B aufrechtzuerhalten. Diesen Verlust möchte die Firmenleitung jetzt dadurch beseitigen, dass die Produktart B zwar weiterhin im Verkaufsprogramm bleibt, aber nicht mehr im eigenen Betrieb produziert, sondern von außen bezogen wird. Der Bezugspreis für Sorte B liegt bei 12,50 EUR/Stück, wozu allerdings noch Verwaltungs- und Vertriebskosten in Höhe von 1,50 EUR/ Stück (bei 28.800 Stück/Periode) kämen. Diese Verwaltungs- und Vertriebskosten sind zu einem Drittel variabel.

Wie beurteilen Sie die Absicht der Geschäftsleitung, Sorte B nicht mehr selbst zu produzieren, sondern von außen zu beziehen?

Wöhe S. 980 f.

Zunächst hat es den Anschein, als ließe sich das Jahresergebnis durch eine solche Maßnahme in zweifacher Hinsicht verbessern: Erstens würde man durch den Fremdbezug der Sorte B den Produktionsverlust von 17.600 EUR vermeiden. Zweitens erzielte man bei einem Stückgewinn von 16,10 EUR – 14 EUR = 2,10 EUR noch einen Zusatzgewinn von 2,10 EUR/Stück · 28.800 Stück = 60.480 EUR.

Natürlich wäre auch eine solche Rechnung falsch, denn sie lässt die verbleibenden Fixkostenanteile von B in Höhe von 204.800 EUR unberücksichtigt. In Wahrheit würde sich das Jahresergebnis durch den Fremdbezug der Sorte B erheblich verschlechtern:

Sorte	(1)	(2)	(3)	(4)	(5)	(6)	(7)
	Preis EUR/ Stück	variable Kosten EUR/ Stück	Deckungs-beitrag EUR/Stück (1) – (2)	Menge Stück/ Periode	Deckungs-beitrag EUR/Sorte (3) · (4)	Fixkosten EUR/ Periode	Gewinn EUR/Sorte (5) – (6)
A	16,40	8,20	8,20	10.800	88.560	55.200	33.360
B	16,10	13,00*	3,10	28.800	89.280	233.600**	- 144.320
C	13,00	9,30	3,70	22.500	83.250	55.000	28.250
						Gesamtverlust	**82.710**

* 12,50 + 1/3 · 1,50 = 13
** 204.800 + 28.800 · 1 = 233.600

Zwar wird auch beim Fremdbezug von Sorte B ein positiver Deckungsbeitrag erzielt (d. h. Fremdbezug ist immer noch vorteilhafter als völliger Verzicht auf Sorte B), doch ist der Deckungsbeitrag bei der Eigenherstellung höher. Da bei dieser Handlungsalternative zudem noch die zu deckenden Fixkosten geringer sind, ist ihr der Vorzug vor dem Fremdbezug zu geben.

VI. Plankostenrechnung

Wiederholungsfragen:

	Wöhe Seite
Welche Aufgaben hat die Plankostenrechnung?	988
Wie sind Plan-, Soll- und Istkosten definiert?	989
Welche Systeme der Plankostenrechnung lassen sich unterscheiden?	990
Wie ist eine starre Plankostenrechnung aufgebaut und wo liegen ihre Schwächen?	990 f.
Wie ist eine flexible Plankostenrechnung auf Vollkostenbasis aufgebaut?	991 f.
Warum gibt es in einer Grenzplankostenrechnung keine Beschäftigungsabweichung?	994
In welchen Arbeitsschritten erfolgt die Planung der Einzelkosten?	996
In welchen Arbeitsschritten erfolgt die Planung der Gemeinkosten?	997 f.
Wie ist eine Plankalkulation aufgebaut?	998 f.
Wie gelangt man von der Gesamtabweichung zur globalen Verbrauchsabweichung?	1000 f.
Wie gelangt man von der globalen Verbrauchsabweichung zur Restabweichung?	1001 f.
Welche Arten von Spezialabweichungen lassen sich unterscheiden?	1002

Aufgabe 160 Bezugsgrößenkalkulation und Kostenrechnungssystem

Skizzieren Sie die Hauptelemente einer Betriebsabrechnung mit Bezugsgrößenkalkulation im Rahmen der Istkostenrechnung auf Vollkostenbasis! Wählen Sie die Einteilung in Kostenarten-, Kostenstellen- und Kostenträgerrechnung! Vergleichen Sie danach diese Zusammenfassung mit den Hauptelementen einer Bezugsgrößenkalkulation auf Grenzplankostenbasis!

Lösungshinweis: Rekapitulieren Sie zuvor den Inhalt der Aufgabe 149.

	Istkostenrechnung (auf Vollkostenbasis)	**Grenzplankostenrechnung**
Kostenartenrechnung	Übernahme von Einzel- und Gemeinkosten aus der Finanzbuchhaltung (Istkosten) und Festlegung kalkulatorischer Kostenarten.	Festlegung eines **Planpreissystems** (erwartete Preise der kommenden Abrechnungsperiode; ein Jahr); die **Planeinzelkosten** werden ermittelt, indem zuerst die Planverbrauchsmengen pro Kostenträger festgestellt und mit den zugehörigen Planpreisen multipliziert werden (= Planeinzelkosten/Produkteinheit). Multipliziert man diese Planeinzelkosten mit der planmäßigen Ausbringungsmenge, so erhält man für jede Einzelkostenart die erwartete Plankostenhöhe.

	Istkostenrechnung (auf Vollkostenbasis)	**Grenzplankostenrechnung**
Kostenstellenrechnung	Einteilung des Unternehmens in Kostenstellen; Verteilung der Gemeinkosten (GeKo) auf Kostenstellen; innerbetriebliche Leistungsverrechnung; Ermittlung der Gemeinkosten pro Hauptkostenstelle.	Die **Gemeinkostenplanung** ist nach Kostenarten und Kostenstellen differenziert: Einteilung des Unternehmens in Kostenstellen; auf die Festlegung der Bezugsgrößenart und Bezugsgrößenmenge (pro Kostenstelle) folgt die Erstellung eines Kostenstellenplans. Im **Kostenstellenplan** wird jede Gemeinkostenart in ihre fixen und proportionalen Bestandteile zerlegt. Im Ergebnis enthält jeder Kostenstellenplan die verrechneten Plangemeinkosten (dieser Kostenstelle), differenziert nach proportionalen und fixen Plangemeinkosten.
Kostenträgerrechnung	Ermittlung von **Kalkulationssätzen** $\mathbf{KS} = \frac{\mathbf{GeKo}}{\mathbf{B}}$ u. U. mit Einbeziehung der Fertigungseinzelkosten. Dann Erfassung von Materialeinzel- und -gemeinkosten pro Kalkulationseinheit; Ermittlung der Fertigungskosten unter Verwendung der Kalkulationssätze und prozentualer Zuschläge für Verwaltungs- und Vertriebsgemeinkosten. Ergebnis: **Selbstkosten/Stück.**	Ermittlung von **Planverrechnungssätzen**: $\frac{\text{Proportionale Plankosten}}{\text{Planbezugsgröße B}}$, u. U. mit Einbeziehung der Fertigungseinzelkosten; Erstellung von Plankalkulationen für jedes Produkt: Erfassung von Materialeinzelkosten und proportionalen Materialgemeinkosten pro Kalkulationseinheit. Ermittlung der proportionalen Fertigungskosten unter Verwendung der Planverrechnungssätze und prozentualer Zuschläge für proportionale Verwaltungs- und Vertriebsgemeinkosten. Ergebnis: **Proportionale Plankosten/Stück.**

1. Einzelkostenplanung

Aufgabe 161 Kapazitäts- und Engpassplanung (Planbeschäftigung)

Die Firma HOBELMANN & SÖHNE produziert Türblätter (Türen ohne Türrahmen) in großen Serien. Zur Zeit fertigt man die Türblätter in zwei verschiedenen Ausführungen:

„N“ Türblatt beidseitig in Nussbaum furniert (90 cm · 200 cm),
„R“ Türblatt beidseitig mit Resopal furniert (100 cm · 200 cm).

Im übrigen ist die Konstruktion beider Ausführungen identisch. Der Türblattkern besteht aus lamellenartig aufgebauten Holzplatten, welche HOBELMANN & SÖHNE von einem Spezialhersteller beziehen. Diese Platten haben eine Abmessung von 205 cm · 500 cm und werden bei HOBELMANN auf Türmaße zugeschnitten.

Anschließend werden die Türblattkerne entweder mit Resopal oder Nussbaum furniert. Hierzu werden die Türblattkerne zuerst mit Leim bestrichen, dann mit Furnier belegt und anschließend in einer der vier vorhandenen Furnierpressen entweder

„N" 5 Minuten lang bei 100 Grad Hitze oder
„R" 7,5 Minuten lang bei 50 Grad Hitze

gepresst.
Nach dem Einsetzen eines Schlosses ist der Herstellungsprozess für die Ausführung „R" beendet. Die Ausführung „N" muss dagegen nach dem Einsetzen des Schlosses noch geschliffen und grundiert werden.

Teilaufgabe a)

Wie groß ist die **Jahreskapazität** bei HOBELMANN & SÖHNE, wenn die Furnierpressen den Produktionsengpass bilden, das Jahr 250 Arbeitstage und der Arbeitstag acht Stunden zählt, jede Presse eine tägliche Rüstzeit von 60 Minuten hat, für Generalüberholungen und eventuelle Reparaturen durchschnittlich zwei Arbeitstage p. a. einzuplanen sind und die Ausführungen „N" und „R" im Verhältnis 60 zu 40 produziert werden?

Die planmäßige Betriebszeit beläuft sich auf 1.736 Std. pro Presse und Jahr. Die Gesamtzahl der Betriebsminuten beläuft sich somit auf 416.640 Minuten für alle vier Pressen. Sechs Türblätter „N" und vier Türblätter „R" bilden aufgrund des gewünschten Ausbringungsverhältnisses eine Produktionseinheit. Für eine Produktionseinheit benötigt man genau 60 Minuten (6 · 5 + 4 · 7,5). Somit können jährlich 6.944 Produktionseinheiten hergestellt werden. Die Jahreskapazität bei HOBELMANN & SÖHNE beträgt somit:

Ausführung „N"	6.944 · 6 = 41.664	Türblätter
Ausführung „R"	6.944 · 4 = 27.776	Türblätter

Teilaufgabe b)

Für das kommende Jahr halten HOBELMANN & SÖHNE folgende Absatzprognose für realistisch: insgesamt 60.000 Türblätter, davon 36.000 der Ausführung „N" und 24.000 der Ausführung „R". Wie groß ist die Planbeschäftigung für das kommende Jahr:

(1) bei **Kapazitätsplanung?**
(2) bei **Engpassplanung?**

Für welches Planungsverfahren würden Sie sich entscheiden?

(1) Da die Kapazität durch die Furnierpressen begrenzt wird, liegt die Planbeschäftigung im Fall der Kapazitätsplanung bei 41.664 Stück Ausführung „N" und 27.776 Stück Ausführung „R" (vgl. Teilaufgabe a).

(2) Bilden diese beiden Größen den Produktionsengpass und unterstellt man, dass sich bei der Materialbeschaffung keine Engpässe ergeben, dann liegt der Minimumsektor (stärkste Restriktion) im Absatzbereich. Bei Engpassplanung veran-

schlagt man folglich die Planbeschäftigung auf 36.000 Stück Ausführung „N" und 24.000 Stück Ausführung „R".

Sind in der Planungsphase bereits Engpassfaktoren bekannt oder ohne größere Schwierigkeiten zu schätzen, sollte man die Planbeschäftigung an Engpässen, letzten Endes also am einschneidenden Engpass orientieren. Es ist nämlich unrealistisch, die Planbeschäftigung auf ein Niveau zu veranschlagen, von dem man bereits im voraus weiß, dass es aufgrund anderer Restriktionen (z. B. im Absatzbereich) nicht realisiert werden kann. Die am Produktionsbereich orientierte Kapazitätsplanung ist nur ein Notbehelf für den Fall, dass Restriktionen in den übrigen Planungsbereichen im voraus nicht festgestellt werden können.

Aufgabe 162 Aufbau der Einzelkostenplanung

Die Erstellung einer Grenzplankostenrechnung kann man in die beiden Hauptschritte Einzelkostenplanung und Gemeinkostenplanung zerlegen. In welche Teilschritte lässt sich das Vorgehen bei der Einzelkostenplanung zerlegen?

Lösungshinweis: Schema in Aufgabe 160.

Wöhe S. 995 f.

Im Rahmen der Einzelkostenplanung sind folgende Schritte zu unternehmen:

(1) Feststellung der Einzelkostenarten

(2) Feststellung der planmäßigen Verbrauchsmenge pro Kostenträgereinheit

(3) Feststellung der Planpreise

(4) Feststellung der Planbeschäftigung

(5) Ermittlung der Planeinzelkosten für jede Produktart aus diesen Komponenten.

Die erforderlichen Informationen erhält man aus der Geschäfts- bzw. der Betriebsbuchhaltung (Einzelkostenarten, Preisgrundlagen), von Betriebsingenieuren bzw. Meistern (Verbrauchsmengen) und von der Geschäftsleitung (erwartete Ausbringungsmenge, Beschäftigung).

Aufgabe 163 Feststellung der Einzelkostenarten

Ermitteln Sie aus den Angaben der Aufgabe 161 die Einzelkostenarten! Berücksichtigen Sie dabei, dass die Grenzplankostenrechnung für HOBELMANN & SÖHNE mit einer Bezugsgrößenkalkulation verknüpft ist, so dass die Fertigungseinzelkosten (Löhne) in den Kostenstellenplänen zweckmäßigerweise Bestandteil der Planverrechnungssätze werden.

Aus den Angaben der Aufgabe 161 lassen sich folgende (Material-)Einzelkostenarten entnehmen:

(1) Türblattkern

(2) Furnier

(3) Schloss

Strenggenommen gehören auch die Kosten für Leim und Grundierung zu den Materialeinzelkosten. Da es sich hierbei jedoch um vergleichsweise geringfügige Kostenbestandteile handelt, erscheint es sinnvoll, diese Kostenarten kostenstellenweise, d. h. am Ort ihres Anfalls, somit also in den entsprechenden Kostenstellenplänen zu erfassen.

Die Tatsache, dass die Fertigungseinzelkosten in die Kostenstellenrechnung eingehen und somit Bestandteil der Planverrechnungssätze werden, hat zur Folge, dass in den Kalkulationsplänen nur die Planmaterialeinzelkosten als Einzelkosten in Erscheinung treten (vgl. Aufgabe 176 und 183).

Aufgabe 164 Feststellung der Planverbrauchsmengen

Wie hoch sind die planmäßigen Verbrauchsmengen pro Kalkulationseinheit (= ein Türblatt), wenn das Resopal in einer Abmessung von 200 cm · 100 cm angeliefert wird, und wenn beim Nussbaumfurnier, welches unterschiedliche Abmessungen hat, bei wirtschaftlichem Einsatz mit einem Materialabfall von durchschnittlich 12,5% gerechnet werden muss? Welches ist für Türblattkerne der Ausführung „N" das wirtschaftlichste Zuschneideverfahren, wenn ein häufiges Ein- und Ausspannen der Werkstücke in den Zuschneideautomaten vermieden werden soll?

Wöhe S. 995 f.

Materialart	Nettoplaneinzel-materialmengen	Bruttoplaneinzel-materialmengen
Ausführung „N":		
Türblattkern	1,80 m^2	2,05 m^2
Nussholzfurnier	3,60 m^2	4,05 m^2
Schloss	1 Stück	1 Stück
Ausführung „R":		
Türblattkern	2,00 m^2	2,05 m^2
Resopal	4,00 m^2	4,00 m^2
Schloss	1 Stück	1 Stück

Die Bruttoplaneinzelmaterialmenge für den Türblattkern ergibt sich aus der Abmessung der Platten 205 · 500 = 10,25 m^2 und der Tatsache, dass sich aus einer Platte fünf Türblattkerne herausschneiden lassen.

Die wirtschaftlichste Schnittfolge der Platten (205 cm · 500 cm) sieht bei Türblattkernen für Ausführung „N" folgendermaßen aus:

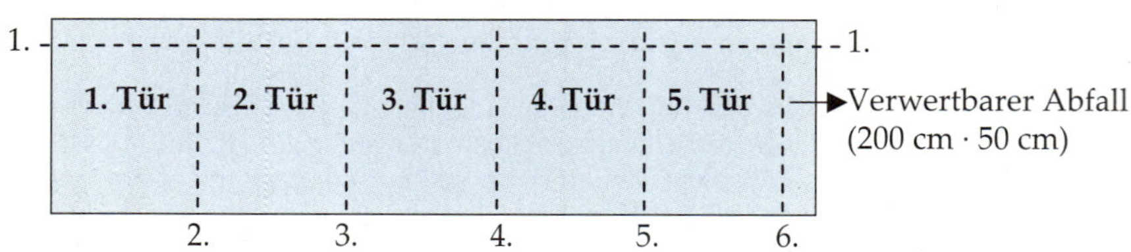

Das bei je fünf Einheiten der Ausführung „N" anfallende Reststück von 200 cm · 50 cm kann als Abfall für 4 EUR/m^2 verkauft werden (vgl. Aufgabe 181).

Aufgabe 165 Feststellung der Planpreise

Die Holzplatten, aus welchen die Türblattkerne geschnitten werden, kosteten in der ablaufenden Periode 12,50 EUR/m^2. Der Lieferant von HOBELMANN & SÖHNE hat für das kommende Jahr bereits eine Preissteigerung um 12% angekündigt. Sollte jedoch die Abnahmemenge im Monatsdurchschnitt 10.000 m^2 übersteigen, wird er für die gesamte Liefermenge einen Sonderrabatt von 5% gewähren.

Das Nussholzfurnier kostete in der abgelaufenen Periode 12 EUR/m^2. Im Durchschnitt der vergangenen fünf Jahre lag die Preissteigerungsrate bei 5,7%. Da sich der Preissteigerungstrend in den letzten beiden Jahren etwas verstärkte, veranschlagt man die zu erwartende Preissteigerung auf 6,5 %.

Resopal, das bislang für 14 EUR/m^2 zu haben war, lässt für das kommende Jahr eine Preisanhebung von 5% erwarten. Schlösser werden nach wie vor für 3,80 EUR/ Stück zu haben sein.

Ermitteln Sie die Planpreise für die Materialeinzelkostenarten!

Materialart	Einheit	Planpreis EUR/Einheit
Türblattkern	m^2	13,30
Nussholzfurnier	m^2	12,78
Resopal	m^2	14,70
Schloss	Stück	3,80

Wird der Normalpreis für den Türblattkern voraussichtlich bei 14 EUR/m^2 liegen, so ermäßigt sich der Planpreis um den Sonderrabatt von 5%, da man die Mindestabnahmemenge überschreiten wird:

Bruttoplaneinzelmaterialmenge	· Planbeschäftigung	= Planverbrauchsmenge/ Jahr
2,05 m^2/Stück	· 60.000 Stück	= 123.000 m^2

Aufgabe 166 Feststellung der Planmaterialeinzelkosten

Ermitteln Sie aus den Angaben der Aufgaben 164 und 165 die Planmaterialeinzelkosten für die Ausführungen „N" und „R"! Gemäß Aufgabe 161 liegt die Planbeschäftigung bei 36.000 bzw. 24.000 Produktionseinheiten.

Materialart	1) (Einheit	(2) Brutto-plan-einzel-material-menge	(3) Planpreis, EUR/ Einheit	(4) Plan-beschäfti-gung	(5) Plan-material-einzel-kosten EUR/ Periode (2) · (3) · (4)
Ausführung „N":					
Türblattkern	m^2	2,05	13,30	36.000	981.540
Nussholzfurnier	m^2	4,05	12,78	36.000	1.863.324
Schloss	Stück	1	3,80	36.000	136.800
Planmaterialeinzelkosten					**2.981.664**
Ausführung „R":					
Türblattkern	m^2	2,05	13,30	24.000	654.360
Resopal	m^2	4,00	14,70	24.000	1.411.200
Schloss	Stück	1	3,80	24.000	91.200
Planmaterialeinzelkosten					**2.156.760**

2. Gemeinkostenplanung

Aufgabe 167 Aufbau der Gemeinkostenplanung

Nachdem die (Material-)Einzelkostenplanung abgeschlossen ist, muss jetzt die Gemeinkostenplanung in Angriff genommen werden. Welche einzelnen Schritte sind hierzu erforderlich?

Lösungshinweis: Schema in Aufgabe 160.

Wöhe S. 996–998

(1) Einteilung des Unternehmens in Kostenstellen
(2) Festlegung der Bezugsgrößenart/Kostenstelle
(3) Festlegung der Bezugsgrößenmenge/Kostenstelle
(4) Festlegung der Gemeinkostenart/Kostenstelle
(5) Festlegung der Gemeinkostenhöhe/Kostenstelle
(6) Aufteilung der Plangemeinkosten/Kostenstelle in proportionale und fixe Bestandteile
(7) Anfertigung von Kostenstellenplänen aus diesen Komponenten (und Ermittlung von Planverrechnungssätzen).

Die Ermittlung der Planverrechnungssätze erfolgt zwar im Rahmen der Kostenstellenpläne, gehört aber streng genommen nicht mehr zur Gemeinkostenplanung sondern schon zur Plankalkulation.

Beschränkt sich die Einzelkostenplanung auf die Materialeinzelkosten, dann werden die Fertigungslöhne in den Kostenstellenplänen wie Gemeinkosten behandelt.

Aufgabe 168 Kostenstelleneinteilung

Informieren Sie sich über den in Aufgabe 161 skizzierten Arbeitsablauf und machen Sie einen Vorschlag zur Kostenstelleneinteilung bei HOBELMANN & SÖHNE!

Eine an Betriebsabteilungen (Verantwortungsbereichen) orientierte Kostenstelleneinteilung könnte folgendermaßen aussehen:

Kostenstellen Nr.	Kostenstellenbezeichnung
(1)	Materiallager
(2)	Zuschneiderei
(3)	Furnierabteilung
(4)	Furnierpressen
(5)	Schleiferei
(6)	Lackiererei
(7)	Verwaltung

Das Material wird in (1) aufgenommen, geprüft und gelagert. In (2) werden Türblattkerne zugeschnitten, in (3) wird das Furnier zugeschnitten und aufgelegt. In (4) wird das Furnier auf die Türblattkerne gepresst und das Schloss eingesetzt. In (5) werden die Nussbaumtürblätter geschliffen und in (6) grundiert. Technische und kaufmännische Leitung vollziehen sich in (7).

Aufgabe 169 Festlegung der Bezugsgrößenart je Kostenstelle

In der Kostenstelle (1) – Materiallager – fallen folgende Kostenarten an: Löhne, Transportkosten, Versicherungsprämien, kalkulatorische Zinsen und kalkulatorische Raumkosten. Welche der folgenden Bezugsgrößen scheint Ihnen als Maßstab zur Erfassung der Kostenverursachung am besten geeignet?

a) Materialgewicht
b) Materialvolumen
c) Materialeinzelkosten
d) Anzahl der Lagerbestandsveränderungen.

Jede der hier genannten möglichen Bezugsgrößen ist teilweise geeignet, keine ist vollkommen. Die innerbetrieblichen Transportkosten dürften weitgehend vom Materialgewicht abhängen; somit wäre a) das Materialgewicht für diesen Kostenbestandteil eine dem **Proportionalitätsprinzip** gehorchende Bezugsgröße. Die kalkulatorischen Raumkosten, die Kosten also, die entstünden, wenn der Lagerraum gemietet wäre, werden weitgehend vom Materialvolumen abhängen. So gesehen wäre b) das Materialvolumen als Bezugsgröße geeignet. Die kalkulatorischen Zinsen hängen bei konstanter Umschlagshäufigkeit von der Höhe der Materialkosten ab. Ebenso verhält es sich mit den Versicherungsprämien. Hier sind also c) die Materialeinzelkosten die geeignete Bezugsgröße. Die Anzahl der Lagerbestandsveränderungen ist ausschlaggebend für die Höhe der Löhne und Gehälter, welche hauptsächlich durch die Lagerverwaltung verursacht werden. Somit ist auch d) als Bezugsgröße nicht abwegig.

In der Kostenstelle (1) – Materiallager – liegt ein Fall **heterogener Kostenverursachung** vor. Strenggenommen müssten für diese Kostenstelle vier Kostenstellenpläne (für jede Bezugsgröße ein Kostenstellenplan) aufgestellt werden. Da aber Versicherungsprämien und kalkulatorische Zinsen zusammengenommen einen wesentlichen Teil der Kosten dieser Stelle ausmachen, sollen auch der Einfachheit halber c) die Materialeinzelkosten als Planbezugsgröße gewählt werden.

Aufgabe 170 Festlegung der Bezugsgrößenart je Kostenstelle

In der Kostenstelle (2) – Zuschneiderei – fallen folgende Kostenarten an: Löhne, elektrische Energie, Reparaturen, kalkulatorische Abschreibungen, kalkulatorische Zinsen und kalkulatorische Raumkosten. Welche der folgenden ausgewählten Bezugsgrößen erscheint Ihnen als Maßstab der Kostenverursachung am besten geeignet?

a) Anzahl der zugeschnittenen Türblattkerne
b) Materialeinzelkosten
c) mengenmäßiger Bruttomaterialverbrauch an Holzplatten
d) mengenmäßiger Nettomaterialverbrauch an Holzplatten.

Da in dieser Kostenstelle nur die Holzplatten zu Türblattkernen geschnitten werden, in den Materialeinzelkosten aber auch die Furniere enthalten sind, scheidet die Größe b) als Bezugsgröße aus. Der mengenmäßige Bruttomaterialverbrauch ist mit 2,05 m^2 für beide Kostenträger gleich (vgl. Aufgabe 164). Die Bezugsgrößen a) und c) führen deshalb zum gleichen Kalkulationsergebnis. Jede Einheit der beiden Kostenträger würde mit gleich hohen Gemeinkostenanteilen dieser Stelle belastet. Würde man dagegen d) den mengenmäßigen Nettomaterialverbrauch als Bezugsgröße wählen, würde Ausführung „N" vergleichsweise schwächer, Ausführung „R" vergleichsweise stärker mit Gemeinkosten dieser Kostenstelle belastet (vgl. Aufgabe 164). Dass eine solche Gemeinkostenverteilung nicht verursachungsgerecht wäre, zeigt sich an folgender Überlegung: ob aus einer Holzplatte 205 cm · 500 cm fünf Türblattkerne der Ausführung „N“ oder der Ausführung „R“ geschnitten werden, macht von der Arbeitsbelastung und somit auch von der Kostenverursachung her keinen Unterschied. Für beide Sorten entfällt auf jedes einzelne Werkstück der gleiche Kostenanteil.

Bei der Wahl zwischen den Bezugsgrößen a) und c), die zum gleichen Ergebnis führen, sollte man sich zum Zwecke der Vereinfachung des Rechengangs für a) die Anzahl der zugeschnittenen Türblattkerne als Planbezugsgröße entscheiden.

Aufgabe 171 Festlegung der Bezugsgrößenart je Kostenstelle

In der Kostenstelle (3) – Furnierabteilung – fallen folgende Kostenarten an: Löhne, Leim, Reparaturen, kalkulatorische Abschreibung, kalkulatorische Zinsen und kalkulatorische Raumkosten. Das beidseitige Aufleimen des Nussholzfurniers dauert 10 Minuten pro Türblatt, das beidseitige Aufleimen des Resopals dagegen dauert nur 5 Minuten pro Türblatt. Welche der folgenden Bezugsgrößen scheint Ihnen als Maßstab der **Kostenverursachung** am besten geeignet?

a) Fertigungsminuten
b) Materialeinzelkosten für Furniere
c) Materialeinzelkosten für Türblattkern
d) Anzahl der bearbeiteten Türblätter.

Bei unterschiedlicher Bearbeitungszeit/Einheit ist die durch beide Kostenträger hervorgerufene Kostenverursachung verschieden. Aus diesem Grunde fallen c) und d) als mögliche Bezugsgrößen aus. Das gleiche gilt für b), weil sich keine proportionale Beziehung zwischen dem Kostenanfall in dieser Stelle und den Materialeinzelkosten für Furnier erkennen lässt. Da eine solche Beziehung für a) die Fertigungsminuten klar erkennbar ist, findet man in dieser Größe die am besten geeignete Planbezugsgröße.

Aufgabe 172 Festlegung der Bezugsgrößenart je Kostenstelle

In der Kostenstelle (4) – Furnierpressen – fallen folgende Kostenarten an: Löhne, elektrische Energie, Reparaturen, kalkulatorische Abschreibung, kalkulatorische Zinsen und kalkulatorische Raumkosten. Welche der folgenden Bezugsgrößen erscheint Ihnen als Maßstab der Kostenverursachung am besten geeignet?

a) Materialeinzelkosten
b) Maschinenminuten
c) Energieverbrauch
d) Anzahl der bearbeiteten Türblätter.

Lösungshinweis: Aufgabe 161

Als Bezugsgröße d) die Anzahl der bearbeiteten Türblätter zu wählen, wäre nur dann angebracht, wenn in dieser Kostenstelle ein Türblatt jeder der beiden Ausführungen die gleichen Kosten verursachte. Da dies nicht der Fall ist, scheidet d) als mögliche Bezugsgröße aus.

Dagegen kommt c) der Energieverbrauch als Kostenbestimmungsfaktor und somit auch als Bezugsgröße in Frage. Der Energieverbrauch verhält sich bei beiden Ausführungen umgekehrt proportional zur Bearbeitungszeit. Auch hier liegt heterogene Kostenverursachung vor, die strenggenommen für diese Kostenstelle die Anfertigung zweier Kostenstellenpläne erforderlich machte. Da jedoch die Energiekosten von vergleichsweise untergeordneter Bedeutung sind, soll als Bezugsgröße der Energieverbrauch zugunsten der b) Maschinenminuten ausscheiden.

Aufgabe 173 Festlegung der Bezugsgrößenart je Kostenstelle

Warum ist es unabhängig von der Zusammensetzung der Kosten in beiden Kostenstellen (5) – Schleiferei – und (6) – Lackiererei – angebracht, die Anzahl der bearbeiteten Türblätter zur Bezugsgröße zu machen?

Beide Kostenstellen werden nur durch einen einzigen Kostenträger (Türblätter der Ausführung „N") beansprucht. Es gibt somit in beiden Kostenstellen nicht die Möglichkeit kostenträgerabhängiger Unterschiede in der Kostenverursachung. Jede Kostenträgereinheit beansprucht die Kostenstelle gleichermaßen.

Aufgabe 174 Festlegung der Bezugsgrößenart je Kostenstelle

Warum wählt man im Verwaltungsbereich sehr oft die Herstellkosten, im Falle der Grenzplankostenrechnung also die Plangrenzherstellkosten als Bezugsgröße?

Die betriebliche Leistungserstellung wäre ohne diesen Unternehmensbereich nicht möglich. Die in diesem Bereich anfallenden Kosten sind daher auf die betrieblichen Leistungen (Kostenträger) zu verteilen. Eine verursachungsgerechte Verteilung dieser Kosten setzt voraus, dass es gemeinsame Kostenträgermerkmale (Fertigungsstunden, Gewicht, Oberfläche usw.) gibt, an denen sich das Ausmaß der durch einen „Kostenträger" herbeigeführten Kostenanteile ablesen lässt. Solche gemeinsamen Kostenträgermerkmale, die für die Kostenverursachung maßgeblich sind, dem Proportionalitätsprinzip entsprechende Bezugsgrößen also, lassen sich im Verwaltungsbereich einer Unternehmung so gut wie niemals auffinden. Da einerseits eine verursachungsgerechte Kostenrechnung in diesem Bereich nicht möglich ist, andererseits aber auf eine Verrechnung auf die Kostenträger nicht verzichtet werden soll, wählt man behelfsmäßig die (Plangrenz-)Herstellkosten als Bezugsgröße. Dieser Wahl liegt die Fiktion zugrunde, dass diejenigen Kostenträger, welche die höchsten (niedrigsten) Herstellkosten verursachen, auch die höchsten (niedrigsten) Verwaltungskosten herbeiführen.

Aufgabe 175 Anfertigung von Kostenstellenplänen

In der Kostenstelle (1) – Materiallager – ist nur ein Lagerverwalter tätig, der an 250 Planarbeitstagen und bei einer planmäßigen Arbeitszeit von acht Stunden/Tag im kommenden Jahr einschließlich aller sozialen Aufwendungen einen Stundenlohn von 12,57 EUR erhalten wird. Die im Lagerbereich anfallenden Transportkosten verhalten sich proportional zur Ausbringungsmenge. Die Ausbringungsmenge des vergangenen Jahres lag im Vergleich zur Ausbringungsmenge dieses Jahres um 10% niedriger. Die Transportkosten beliefen sich seinerzeit auf 1.800 EUR. Zusätzlich rechnet man mit einer inflationären Transportkostenerhöhung um 5%.

Die Prämie für Feuer- und Diebstahlversicherung beläuft sich auf 4‰ vom Wert des Lagerbestandes. Dieser lässt sich ermitteln, indem die Höhe der Planmaterialeinzelkosten (vgl. Aufgabe 166) durch die Anzahl der jährlichen Bestellungen – zwölf – dividiert und auf volle Hunderttausend aufgerundet wird.

Zur Berechnung der kalkulatorischen Zinsen wird ein Zinsfuß von 11% angenommen. Zu verzinsen ist der durchschnittliche Lagerbestand, d. h. der der Versicherung zugrunde gelegte Lagerhöchstbestand, der kurz nach Eingang der Monatsbezugsmenge gegeben ist, muss durch zwei geteilt werden.

Das Lagergebäude, das eine Lagerfläche von 1.500 m^2 bietet, steht im Eigentum der Fa. HOBELMANN & SÖHNE. Deshalb müssten eigentlich die Kosten der Gebäudeerhaltung, kalkulatorischen Zinsen, Gebäudeversicherung, kalkulatorischen Abschreibung auf Gebäude usw. in den Kostenstellenplan eingehen. Wesentlich einfacher ist es aber, all diese Kostenfaktoren in einer einzigen Ziffer, den kalkulatorischen Raumkosten, zu erfassen. Man nimmt deshalb an, dass man für ein vergleichbares Lager 1,50 EUR Miete pro Quadratmeter und Monat bezahlen müsste.

Man muss davon ausgehen, dass es sich bei den Löhnen zu 70% bei den Transportkosten zu 100%, bei der Versicherung zu 90% und bei den kalkulatorischen Zinsen zu 90% um proportionale Kosten handelt. Die kalkulatorischen Raumkosten sind reine Fixkosten.

Berechnen Sie die **Bezugsgrößenmenge** (vgl. Aufgabe 166), erstellen Sie den **Kostenstellenplan** und ermitteln Sie den **Planverrechnungssatz** (auf Grenzkostenbasis) für das Jahr 02!

HOBELMANN & SÖHNE Kostenplanung für das Jahr 02	– Materiallager – Kostenstellen-Nr. (1)					
Bezugsgrößenart: Materialeinzelkosten	Bezugsgrößenmenge: 5.138.424 EUR					
Kostenarten	Einheit	Plan-menge	Planpreis EUR/ Einheit	Plankosten gesamt EUR/ Periode	Plankosten pro-portional EUR/ Periode	Plankosten fix EUR/ Periode
Löhne	Std.	2.000	12,57	25.140	17.598	7.542
Transportkosten				2.100	2.100	–
Versicherung	EUR	500.000	0,004	2.000	1.800	200
Kalk. Zinsen	EUR	250.000	0,11	27.500	24.750	2.750
Kalk. Raumkosten	m2	1.500	18,–	27.000	–	27.000
Kostendeckung: verrechnete Plankosten	Plankosten für das Jahr 02			83.740	46.248	37.492
Unterschrift des Stellenleiters:	**Planverrechnungssatz** für das Jahr 02 (Materialgemeinkostenzuschlag in %) **0,9%**					

Hinweis:
In den folgenden fünf Aufgaben (176 bis 180) geht es darum, für die verbleibenden Kostenstellen Kostenstellenpläne zu entwickeln, die in ihrer Konzeption dem der Aufgabe 175 entsprechen.

Aufgabe 176 Anfertigung von Kostenstellenplänen

Die Kostenstelle (2) – Zuschneiderei – besteht in der Hauptsache aus einer automatischen Sägeanlage, die vor zwölf Jahren beschafft wurde, damals 60.000 EUR kostete und in der Handelsbilanz inzwischen abgeschrieben ist. Eine vergleichbare Anlage würde heute 100.000 EUR kosten; zum Zeitpunkt ihrer planmäßigen Ersetzung, das ist in drei Jahren, wird man für eine solche Anlage vermutlich

120.000 EUR bezahlen müssen. Man geht davon aus, dass sich der Wertverzehr der Anlage gleichmäßig auf die Jahre der Nutzung verteilt und zu 70% gebrauchsbedingt ist. Die kalkulatorischen Zinsen für diese Anlage sind bei einem Zinssatz von 11% nach der Durchschnittswertmethode zu ermitteln.

Das Zuschneiden eines Türblattes dauert 90 Sekunden. Der Stromverbrauch der Anlage liegt bei 20 kWh. Der Strompreis wird im Jahr 02 0,08 EUR/kWh zuzüglich 60 EUR Grundkosten/Monat betragen.

An der Anlage sind vier Personen (= 8.000 Jahresarbeitsstunden) tätig, die hauptsächlich mit dem Einspannen und dem Abtransport der Werkstücke beschäftigt sind. Ihr Stundenlohn wird einschließlich aller sozialen Aufwendungen für das Jahr 02 auf 10,40 EUR veranschlagt. Bei diesen Löhnen handelt es sich zu 100% um proportionale Kosten.

Am Sägeautomaten wird alle zwei Jahre eine Generalüberholung fällig, die ca. 4.100 EUR kostet. Die laufenden Inspektionen kosten einschließlich des Einsetzens neuer Sägeblätter 250 EUR pro Monat. Reparatur- und Instandhaltungskosten sind zu 5% Fixkosten.

Diese Kostenstelle beansprucht 400 m² Raum. Die kalkulatorische Raummiete wird auf 2,50 EUR pro m² und Monat veranschlagt.

Berechnen Sie die **Bezugsgrößenmenge** (vgl. Aufgabe 170), erstellen Sie den **Kostenplan** und ermitteln Sie den **Planverrechnungssatz** (auf Grenzkostenbasis) für das Jahr 02!

Lösungshinweis: Zur Durchschnittswertverzinsung vgl. **Wöhe S. 948 f.**

HOBELMANN & SÖHNE Kostenplanung für das Jahr 02	– Zuschneiderei – Kostenstellen-Nr. (2)					
Bezugsgrößenart: bearbeitete Werkstücke	Bezugsgrößenmenge: 60.000 Stück					
Kostenarten	Einheit	Planmenge	Planpreis EUR/ Einheit	Plankosten gesamt EUR/ Periode	Plankosten proportional EUR/ Periode	Plankosten fix EUR/ Periode
Löhne	Std.	8.000	10,40	83.200	83.200	–
Elektr. Energie	kWh	30.000	0,08	3.120	2.400	720
Reparaturen				5.050	4.798	252
Kalk. Abschreibung				8.000	5.600	2.400
Kalk. Zinsen	EUR	30.000	0,11	3.300	–	3.300
Kalk. Raumkosten (beheizt)	m2	400	30,00	12.000	–	12.000
Kostendeckung: verrechnete Plankosten	Plankosten für das Jahr 02			114.670	95.998	18.672
Unterschrift des Stellenleiters:	**Planverrechnungssatz** für das Jahr 02 (EUR/Werkstück)				**1,60**	

Aufgabe 177 Anfertigung von Kostenstellenplänen

In der Kostenstelle (3) – Furnierabteilung – ist der Anteil an Handarbeit sehr hoch. Es werden Nussbaumtüren (à 10 Minuten) und Resopaltüren (à 5 Minuten) bearbeitet. An jedem Werkstück sind zwei Personen beschäftigt, deren Stundenlohn bei 250 Arbeitstagen und acht Arbeitsstunden pro Tag voraussichtlich bei 12,20 EUR liegen wird. Die Lohnkosten sind vollständig proportional.

Der Leimverbrauch liegt im Durchschnitt bei 700 g pro Türblatt. Der Planpreis für 1 kg Leim liegt bei 2,50 EUR. Die kalkulatorische Abschreibung beläuft sich auf 4 % von 45.000 EUR, die kalkulatorische Verzinsung auf 11 % von 20.000 EUR. Die Reparaturkosten werden auf 1.500 EUR/Jahr geschätzt. Man nimmt an, dass Wertverzehr und Reparaturanfälligkeit am Anlagevermögen bei derartiger Auslastung zu zwei Drittel gebrauchsbedingt sind.

Der Raumbedarf liegt bei 250 m^2, die kalkulatorische Miete bei 2,50 EUR pro m^2 und Monat.

Berechnen Sie die **Bezugsgrößenmenge,** erstellen Sie den **Kostenstellenplan** und ermitteln Sie den **Planverrechnungssatz** für das Jahr 02!

HOBELMANN & SÖHNE Kostenplanung für das Jahr 02	– Furnierabteilung – Kostenstellen-Nr. (3)					
Bezugsgrößenart: Fertigungsminuten	Bezugsgrößenmenge: 480.000 Minuten					
Kostenarten	Einheit	Plan-menge	Planpreis EUR/ Einheit	Plankosten gesamt EUR/ Periode	Plankosten pro-portional EUR/ Periode	Plankosten fix EUR/ Periode
Löhne	Std.	16.000	12,20	195.200	195.200	–
Leim	kg	42.000	2,50	105.000	105.000	–
Reparaturen				1.500	1.000	500
Kalk. Abschreibung				1.800	1.200	600
Kalk. Zinsen	EUR	20.000	0,11	2.200	–	2.200
Kalk. Raumkosten	m2	250	30,00	7.500	–	7.500
Kostendeckung: verrechnete Plankosten	Plankosten für das Jahr 02			313.200	302.400	10.800
Unterschrift des Stellenleiters:	**Planverrechnungssatz** für das Jahr 02 (EUR/Fertigungsminute) **0,63**					

Aufgabe 178 Anfertigung von Kostenstellenplänen

In der Kostenstelle (4) – Furnierpressen – stehen vier Aggregate, von denen jeweils zwei von einem Arbeiter mit einem voraussichtlichen Stundenlohn von 12,60 EUR bedient werden. Von den beiden Arbeitern werden auch die Schlösser eingesetzt. Alle vier Pressen wurden vor sieben Jahren für jeweils 18.000 EUR beschafft; heute würden sie 30.000 EUR, in drei Jahren, wenn die Ersatzbeschaffung fällig wird, werden sie voraussichtlich jeweils 35.000 EUR kosten. Auch hier sind die kalkulatorischen Zinsen (11%) nach der Durchschnittswertmethode zu berechnen. Man nimmt an, dass der Wertverzehr an den Pressen zu 60% gebrauchsbedingt ist. Bei den Furnierpressen handelt es sich um Spezialmaschinen, so dass mit der Herstellerfirma ein Wartungsvertrag mit einer Laufzeit von 10 Jahren abgeschlossen wurde. Hiernach gehen alle Reparaturen gegen eine feste Gebühr von 1.800 EUR pro Presse und Jahr zu Lasten der Herstellerfirma.

Die Furnierpressen sind auf 12,5 kWh ausgelegt. Der Planpreis beträgt 0,08 EUR/kWh, die Grundkosten belaufen sich auf 30 EUR pro Presse und Monat. Der Raumbedarf der Kostenstelle liegt bei 320 m^2, der Planpreis bei 2,50 EUR pro m^2 und Monat.

Berechnen Sie die **Bezugsgrößenmenge** (vgl. Aufgabe 161), erstellen Sie den **Kostenstellenplan** und ermitteln Sie den **Planverrechnungssatz** für das Jahr 02!

HOBELMANN & SÖHNE Kostenplanung für das Jahr 02	– Furnierpressen – Kostenstellen-Nr. (4)					
Bezugsgrößenart: Maschinenminuten	Bezugsgrößenmenge: 360.000 Minuten					
Kostenarten	Einheit	Plan-menge	Planpreis EUR/ Einheit	Plankosten gesamt EUR/ Periode	Plankosten pro-portional EUR/ Periode	Plankosten fix EUR/ Periode
Löhne	Std.	4.000	12,60	50.400	50.400	–
Elektr. Energie	kWh	75.000	0,08	7.440	6.000	1.440
Reparaturen				7.200	–	7.200
Kalk. Abschreibung				14.000	8.400	5.600
Kalk. Zinsen				3.960	–	3.960
Kalk. Raumkosten	m2	320	30,00	9.600	–	9.600
Kostendeckung: verrechnete Plankosten	Plankosten für das Jahr 02			92.600	64.800	27.800
Unterschrift des Stellenleiters:	**Planverrechnungssatz** für das Jahr 02 (EUR/Maschinenminute) **0,18**					

Aufgabe 179 Anfertigung von Kostenstellenplänen

In der Kostenstelle (5) – Schleiferei – werden nur Türblätter der Ausführung „N“ bearbeitet. Das beidseitige Abschleifen dauert drei Minuten pro Türblatt. In der Kostenstelle sind zwei Personen mit einem voraussichtlichen Stundenlohn von 10,67 EUR beschäftigt. Die Schleifanlage ist auf 5 kWh ausgelegt. Der Planpreis liegt bei 0,08 EUR/kWh zuzüglich 25 EUR pro Monat. Mit einem Schleifband, das 7 EUR kostet, können normalerweise sechs Türblätter bearbeitet werden.

Die Schleifanlage kostete vor fünf Jahren 16.000 EUR, wenn sie in zehn Jahren ersetzt wird, muss man etwa 30.000 EUR dafür bezahlen. Der Wertverzehr der Anlage ist zu 50% gebrauchsbedingt. Der Kalkulationszinsfuß liegt auch hier bei 11%. Der Raumbedarf beträgt 200 m^2, der Planpreis pro m^2 und Monat 2,50 EUR.

Berechnen Sie die **Bezugsgrößenmenge,** erstellen Sie den **Kostenstellenplan** und ermitteln Sie den **Planverrechnungssatz** für das Jahr 02!

HOBELMANN & SÖHNE Kostenplanung für das Jahr 02	– Schleiferei – Kostenstellen-Nr. (5)					
Bezugsgrößenart: Türblätter „N“	Bezugsgrößenmenge: 36.000 Stück					
Kostenarten	Einheit	Plan-menge	Planpreis EUR/ Einheit	Plankosten gesamt EUR/ Periode	Plankosten pro-portional EUR/ Periode	Plankosten fix EUR/ Periode
Löhne	Std.	4.000	10,67	42.680	42.680	–
Elektr. Energie	kWh	9.000	0,08	1.020	720	300
Schleifmaterial	Stück	6.000	7,00	42.000	42.000	–
Kalk. Abschreibung				2.000	1.000	1.000
Kalk. Zinsen				880	–	880
Kalk. Raumkosten	m2	200	30,00	6.000	–	6.000
Kostendeckung: verrechnete Plankosten	Plankosten für das Jahr 02			94.580	86.400	8.180
Unterschrift des Stellenleiters:	**Planverrechnungssatz** für das Jahr 02 (EUR/Türblatt „N“) **2,40**					

Aufgabe 180 Anfertigung von Kostenstellenplänen

In der Kostenstelle (6) – Lackiererei – sind zwei Personen beschäftigt, deren Stundenlohn voraussichtlich 11,90 EUR betragen wird. Auch hier sind die Lohnkosten zu 100% proportionale Kosten. Der Energieverbrauch liegt bei 10.000 kWh. Der Planpreis beträgt 0,08 EUR/kWh, die Grundkosten 30 EUR pro Monat.

Für die Behandlung eines Türblattes benötigt man 400 g Lack, der 6 EUR/kg kostet. Die kalkulatorische Abschreibung auf die Anlage veranschlagt man auf 3.000 EUR, davon zwei Drittel proportional. Die kalkulatorischen Zinsen beziffern sich auf 1.200 EUR. Der Raumbedarf liegt bei 400 m², der Planpreis pro m² und Monat bei 2,50 EUR.

Berechnen Sie die **Bezugsgrößenmenge,** erstellen Sie den **Kostenstellenplan** und ermitteln Sie den **Planverrechnungssatz** für das Jahr 02!

HOBELMANN & SÖHNE Kostenplanung für das Jahr 02	– Lackiererei – Kostenstellen-Nr. (6)					
Bezugsgrößenart: Türblätter „N“	Bezugsgrößenmenge: 36.000 Stück					
Kostenarten	Einheit	Plan-menge	Planpreis EUR/ Einheit	Plankosten gesamt EUR/ Periode	Plankosten pro-portional EUR/ Periode	Plankosten fix EUR/ Periode
Löhne	Std.	4.000	11,90	47.600	47.600	–
Elektr. Energie	kWh	10.000	0,08	1.160	800	360
Lack	kg	14.400	6,00	86.400	86.400	–
Kalk. Abschreibung				3.000	2.000	1.000
Kalk. Zinsen				1.200	–	1.200
Kalk. Raumkosten	m2	400	30,00	12.000	–	12.000
Kostendeckung: verrechnete Plankosten	Plankosten für das Jahr 02			151.360	136.800	14.560
Unterschrift des Stellenleiters:	**Planverrechnungssatz** für das Jahr 02 (EUR/Türblatt „N“) **3,80**					

Aufgabe 181 Ermittlung von Plangrenzherstellkosten

Aus welchen Bestandteilen setzen sich die Plangrenzherstellkosten zusammen? Ermitteln Sie mit Hilfe der bisherigen Ergebnisse (vgl. Aufgabe 166 und 175 bis180) für die Fa. HOBELMANN & SÖHNE die Plangrenzherstellkosten für das Jahr 02!

Lösungshinweis: Die Abfallerlöse (vgl. Aufgabe 164) sind nach der Subtraktionsmethode abzurechnen.

Die Plangrenzherstellkosten setzen sich wie folgt zusammen:

	Planmaterialeinzelkosten
+	Planmaterialgemeinkosten (proportional)
–	Abfallerlöse
=	Planmaterialkosten
+	Plangrenzfertigungskosten
=	**Plangrenzherstellkosten**

Die Plangrenzfertigungskosten setzen sich aus den proportionalen Plankosten der einzelnen Fertigungsstellen zusammen.

	Planmaterialeinzelkosten „N“		(Aufgabe 166)		2.981.664
+	Planmaterialeinzelkosten „R“		(Aufgabe 166)		2.156.760
=	**Planmaterialeinzelkosten** (gesamt)				5.138.424
+	Planmaterialgemeinkosten		(Aufgabe 175)		46.248
–	Abfallerlöse		(Aufgabe 164)		28.800
=	**Planmaterialkosten**				**5.155.872**
+	Zuschneiderei	(2)	(Aufgabe 176)	95.998	
+	Furnierabteilung	(3)	(Aufgabe 177)	302.400	
+	Furnierpressen	(4)	(Aufgabe 178)	64.800	
+	Schleiferei	(5)	(Aufgabe 179)	86.400	
+	Lackiererei	(6)	(Aufgabe 180)	136.800	
		Plangrenzfertigungskosten:		686.398	**686.398**
=	**Plangrenzherstellkosten**				**5.842.270**

Die Plangrenzherstellkosten belaufen sich 5.842.270 EUR.

Aufgabe 182 Kostenplanung im Verwaltungsbereich

Im ablaufenden Geschäftsjahr beliefen sich die planmäßigen Verwaltungskosten auf 382.530 EUR. Für die Planungsperiode wird mit einer Kostensteigerung um 12 % gerechnet. Auch für das Jahr 02 schätzt man im Verwaltungsbereich den proportionalen Kostenanteil auf 30 %.

Ermitteln Sie für die Kostenstelle (7) – Verwaltung – die proportionalen und fixen Plankosten für das Jahr 02 und beziffern Sie den **Planverrechnungssatz** (auf Grenzkostenbasis) nach der Bezugsgröße Plangrenzherstellkosten = 5.842.270 EUR!

	Planverwaltungskosten (Jahr 01)	382.530
+	12 % Zuschlag	45.904
=	Planverwaltungskosten (Jahr 02)	428.434
	30 % proportionale Planverwaltungskosten (Jahr 02)	128.530
+	70 % fixe Planverwaltungskosten (Jahr 02)	299.904
=	gesamte Planverwaltungskosten (Jahr 02)	428.434

$$\frac{\text{proportionale Planverwaltungskosten}}{\text{Bezugsgröße}} = \frac{128.530}{5.842.270} \cdot 100 = 2{,}2\,\%$$

Der Planverrechnungssatz für das Jahr 02 beziffert sich auf 2,2 % proportionale Planverwaltungskosten, bezogen auf die Plangrenzherstellkosten.

3. Plankalkulation

Aufgabe 183 Anfertigung von Kalkulationsplänen

Nachdem die Kostenstellenrechnung hiermit abgeschlossen ist, sind nunmehr die Kalkulationspläne für die beiden Kostenträger anzufertigen. Erstellen Sie zuerst einen Kalkulationsplan für den Kostenträger Türblatt-Ausführung „N". Die Kalkulationseinheit soll 1 Stück betragen. Verfahren Sie dabei nach dem in Aufgabe 181 wiedergegebenen Schema; fassen Sie aber dieses Schema hier als Kostenträger**stück**rechnung auf und dehnen Sie es durch den Ansatz eines Verwaltungskostenzuschlags über die Plangrenzherstellkosten hinaus bis zu den Plangrenzselbstkosten aus!

Lösungshinweis: Beachten Sie die Bearbeitungszeiten in Kostenstelle (3) und (4) (vgl. Aufgabe 161 (Vorspann) und Aufgabe 177 bis 178). Ein Beispiel zur Bezugsgrößenkalkulation auf Istkostenbasis findet sich in Aufgabe 149.

HOBELMANN & SÖHNE	**Plankalkulation (Jahr 02)** – Türblatt Ausführung „N" – Kalkulationseinheit: 1 Stück (90 · 200) geplante Anzahl an Kalkulationseinheiten: 36.000 Stück			
Berechnung der Planmaterialkosten	Art der Mat.-Einh.	Anzahl der Mat.-Einh.	EUR/ Mat.-Einh.	Grenzkosten EUR/Kalk.-Einh.
Türblattkern	m^2	2,05	13,30	27,27
Nussholzfurnier	m^2	4,05	12,78	51,76
Schloss	Stück	1	3,80	3,80
I. Einzelmaterialkosten				82,83
+ Materialgemeinkosten (0,9% von I)				0,75
./. Abfallerlöse (0,2 m^2 Türblattkern)				0,80
II. Planmaterialkosten				**82,78**
Berechnung der Plangrenzfertigungskosten	Bezugsgröße	Umrech-nungs-faktor	Kostensatz EUR/ Bezugs-größeneinh.	Grenzkosten EUR/Kalk.-Einh.
Zuschneiderei (2)	1 Stück	1	1,60	1,60
Furnierabteilung (3)	1 Fert.-Min.	10	0,63	6,30
Furnierpressen (4)	1 Masch.-Min.	5	0,18	0,90
Schleiferei (5)	1 Stück	1	2,40	2,40
Lackiererei (6)	1 Stück	1	3,80	3,80
III. Plangrenzfertigungskosten				**15,00**
IV. Plangrenzherstellkosten (II + III)				97,78
V. Plangrenzverwaltungskosten (2,2% von IV)				2,15
VI. Plangrenzselbstkosten (IV + V)				**99,93**

Erläuterungen:

Die Erlöse aus dem Abfall an Holzplatten von 0,80 EUR pro Nussbaumtür ergeben sich aus folgender Rechnung (vgl. Aufgabe 164): Aus einer Holzplatte, das entspricht fünf Nussbaumtürblättern, ergibt sich ein Abfallstück von 200 cm · 50 cm. Bei einem Abfallerlös von 4 EUR/m^2 entfällt auf ein Türblatt ein Abfallerlös von 0,2 m^2 · 4 EUR = 0,80 EUR.

Bei der Berechnung der Plangrenzfertigungskosten sind die aus den Kostenstellenplänen übernommenen Kostensätze (= Planverrechnungssätze) auf eine bestimmte Bezugsgrößeneinheit, z. B. eine Fertigungsminute, definiert. Sind Bezugsgrößeneinheit und Kalkulationseinheit nicht identisch, benötigt man also zur Herstellung eines Türblattes nicht nur eine, sondern zehn Fertigungsminuten, dann ist der Kostensatz (pro Bezugsgrößeneinheit) zur Berechnung der anteiligen Grenzkosten mit einem von eins abweichenden Umrechnungsfaktor zu gewichten.

Aufgabe 184 Anfertigung von Kalkulationsplänen

Erstellen Sie einen vergleichbaren Kalkulationsplan für Türblatt-Ausführung „R". Die Umrechnungsfaktoren zu den Kostensätzen aus Kostenstelle (3) und (4) finden Sie im Vorspann zu Aufgabe 161 und in Aufgabe 171.

HOBELMANN & SÖHNE	**Plankalkulation (Jahr 02)** – Türblatt Ausführung „R" – Kalkulationseinheit: 1 Stück (100 · 200) geplante Anzahl an Kalkulationseinheiten: 24.000 Stück			
Berechnung der Planmaterialkosten	Art der Mat.-Einh.	Anzahl der Mat.-Einh.	EUR/ Mat.-Einheit	Grenzkosten EUR/Kalk.-Einh.
Türblattkern	m^2	2,05	13,30	27,27
Resopal	m^2	4,00	14,70	58,80
Schloß	Stück	1	3,80	3,80
I. Einzelmaterialkosten				89,87
+ Materialgemeinkosten (0,9 % von I)				0,81
II. Planmaterialkosten				**90,68**
Berechnung der Plangrenzfertigungskosten	Bezugsgröße	Umrech-nungs-faktor	Kostensatz EUR/ Bezugs-größeneinh.	Grenzkosten EUR/Kalk.-Einh.
Zuschneiderei (2)	1 Stück	1	1,60	1,60
Furnierabteilung (3)	1 Fert.-Min.	5	0,63	3,15
Furnierpressen (4)	1 Masch.-Min.	7,5	0,18	1,35
III. Plangrenzfertigungskosten				**6,10**
IV. Plangrenzherstellkosten (II + III)				96,78
V. Plangrenzverwaltungskosten (2,2% von IV)				2,13
VI. Plangrenzselbstkosten (IV + V)				**98,91**

Aufgabe 185 Überprüfung der Plankalkulation

Überprüfen Sie die Richtigkeit der beiden Plankalkulationen! Wie ist eine Kontrollrechnung aufzubauen, um Fehler, die sich bei der Erstellung einer Plankalkulation einschleichen können, aufzudecken?

Will man die Richtigkeit einer Plankalkulation überprüfen, muss man von folgender Überlegung ausgehen: die Summe aller voraussichtlich **anfallenden** Kosten (Materialeinzelkosten + Kosten aus Kostenstellenplänen) muss restlos auf die Kostenträger verteilt werden, d. h. sie muss mit der Summe der **verrechneten** Kosten übereinstimmen.

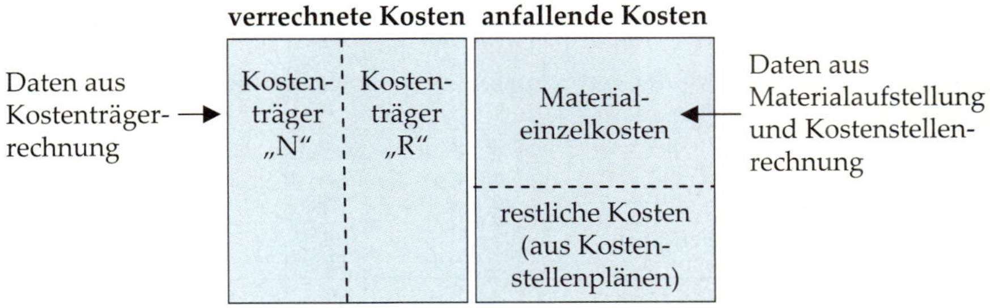

Es ist also eine Tabelle aufzustellen, in welche als kalkulierte Kosten (linker Block) die Daten der Kostenträgerrechnung (Kalkulationspläne) eingehen. Dabei ist der Kostensatz/Bezugsgrößeneinheit mit der Bezugsgrößenmenge (36.000 bzw. 24.000) zu multiplizieren.

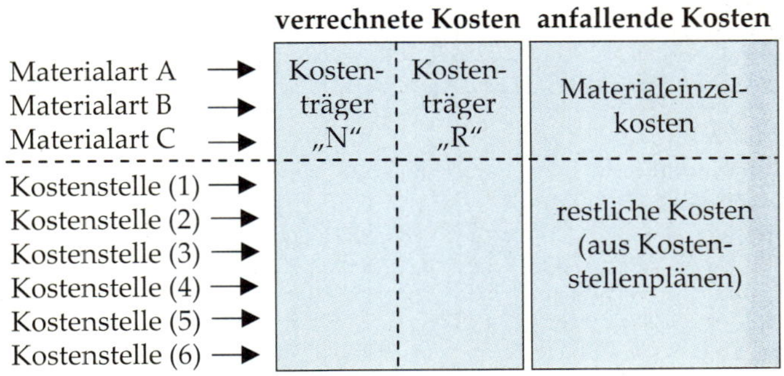

Sind die Daten aus den Kalkulationsplänen in den linken Block übertragen, kann man ihn um eine Summenspalte ($\sum_1$) und um eine Summenzeile ($\sum_2$, $\sum_3$) erweitern:

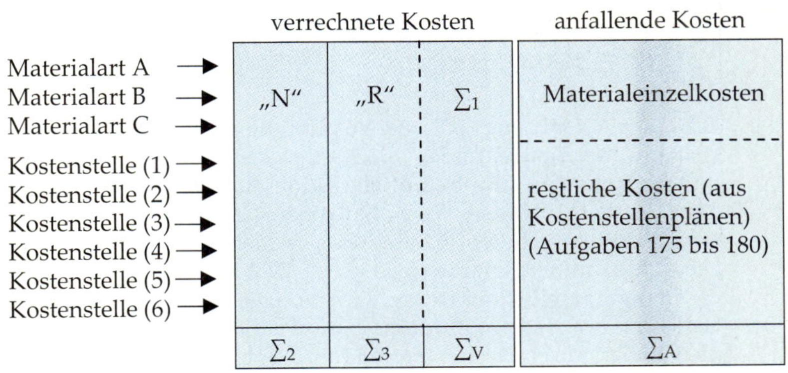

In der Summenspalte ($\sum_1$) lassen sich dann die verrechneten Kosten pro Materialart bzw. die verrechneten Kosten pro Kostenstelle ablesen, während in der Summenzeile ($\sum_2$, $\sum_3$) die verrechneten Kosten differenziert nach Kostenträgern ausgewiesen sind. Das Ergebnis von Summenspalte und Summenzeile ist $\sum_V$, die Summe der verrechneten Kosten.

Die Zahlen in der Summenzeile sind wichtige Daten für **Erfolgsplanung** und **-kontrolle** (kurzfristige Erfolgsrechnung), während die Zahlen der Summenspalte $\sum_1$ die Möglichkeit zum **Vergleich** mit den Werten der Kostenstellenrechnung (anfallende Kosten) und somit zur Fehlereinkreisung bieten. Unter $\sum_A$ ist die Summe der anfallenden Kosten zu verstehen, wobei – wie oben gesagt – $\sum_A = \sum_V$ sein muss.

Vergleich der verrechneten mit den anfallenden Grenzplankosten

Kostenträger / Kostenherkunft		Ausführung „N" 36.000 Kalk.-Einheiten	Ausführung „R" 24.000 Kalk.-Einheiten	∑ verrechnete Plankosten (Plankosten aus Kostenträgerrechnung)	∑ anfallende Plankosten (Planeinzelkosten + Plangemeinkosten)
Türblattkern	27,27/Kalk.-E.	981.720	654.480	1.636.200	1.635.900
Nussholzfurnier	51,76/Kalk.-E.	1.863.360		1.863.360	1.863.324
Resopal	58,80/Kalk.-E.		1.411.200	1.411.200	1.411.200
Schloss	3,80/Kalk.-E.	136.800	91.200	228.000	228.000
I. MATERIALEINZELKOSTEN		2.981.880	2.156.880	5.138.760	5.138.424
Materialverwaltung	0,9% v. I	26.837	19.412	46.249	46.248
– Abfallerlös	0,80/Kalk.-E.	– 28.800		– 28.800	– 28.800
II. PLANMATERIALKOSTEN		2.979.917	2.176.292	5.156.209	5.155.872
Zuschneiderei		57.600	38.400	96.000	95.998
Furnierabteilung		226.800	75.600	302.400	302.400
Furnierpressen		32.400	32.400	64.800	64.800
Schleiferei		86.400		86.400	86.400
Lackiererei		136.800		136.800	136.800
III. PLANGRENZ-FERTIGUNGSKOSTEN		540.000	146.400	686.400	686.398
IV. PLANGRENZ-VERWALTUNGSKOSTEN 2,2% von (II + III)		77.438	51.099	128.537	128.530
∑ II, III und IV (PLAN-GRENZSELBSTKOSTEN)		3.597.35 5	2.373.79 1	**5.971.146**	**5.970.800**

Die unter Ausführung „N" und Ausführung „R" enthaltenen Zahlenwerte werden spaltenweise ermittelt, indem die Kostensätze in den einzelnen Kalkulationsplänen mit der geplanten Anzahl an Kalkulationseinheiten (36.000 bzw. 24.000) multipliziert werden. Während die Kalkulationspläne in den Bereich der Kostenträger**stück**rechnung gehören, handelt es sich hier um eine Kostenträger**zeit**rechnung. Die Zahlen in der Summenzeile (3.597.355 EUR; 2.373.791 EUR) beziffern folglich die **Plangrenzselbstkosten** pro Kostenträger und Periode. Setzt man diese Werte zu den Planerlösen pro Produktart und Periode in Beziehung, so erhält man die für die Planperiode erwarteten produktbezogenen **Plandeckungsbeiträge**.

Die erste Summenspalte enthält die für die Planperiode zu erwartenden kalkulierten Grenzplankosten nach Materialarten bzw. Kostenstellen gegliedert. Da diese Zahlenwerte aus den Kalkulationsplänen ermittelt wurden, die Kalkulationspläne aber nur dann richtig sind, wenn nicht mehr und nicht weniger als die in den Kostenstellenplänen (und Einzelmaterialaufstellungen) ausgewiesenen Plankosten verteilt werden, erlaubt ein Vergleich dieser Zahlen mit denen der zweiten Summenspalte Rückschlüsse auf die Richtigkeit der Kalkulation.

Die Abweichung beläuft sich im vorliegenden Beispiel auf 346 EUR und ist auf Rundungsdifferenzen zurückzuführen.

Aufgabe 186 Plandeckungsbeitrag und Plangewinn

HOBELMANN & SÖHNE rechnen damit, in Anbetracht der gewünschten Absatzmengen (36.000 bzw. 24.000 Stück) einen Preis von 118 EUR/Stück für Ausführung „N" und einen Preis von 107 EUR/Stück für Ausführung „R" erzielen zu können. Ermitteln Sie den Planerlös, den Plandeckungsbeitrag und den Plangewinn für das Jahr 02!

Lösungshinweis: Die Fixkostenbestandteile sind in den Kostenstellenplänen aufgeführt.

Planerlös:	118 EUR/Stück · 36.000 Stück =		4.248.000 EUR
	107 EUR/Stück · 24.000 Stück =		2.568.000 EUR
			6.816.000 EUR
Plangrenzselbstkosten: (Aufgabe 185)			5.971.146 EUR
Planfixkosten:			
	Kostenstelle (1)	37.492 EUR	
	Kostenstelle (2)	18.672 EUR	
	Kostenstelle (3)	10.800 EUR	
	Kostenstelle (4)	27.800 EUR	
	Kostenstelle (5)	8.180 EUR	
	Kostenstelle (6)	14.560 EUR	
	Kostenstelle (7)	299.904 EUR	
			417.408 EUR
Planerlös			6.816.000 EUR
– Plangrenzselbstkosten			5.971.146 EUR
= Plandeckungsbeitrag			844.854 EUR
– Planfixkosten			417.408 EUR
= Plangewinn			**427.446 EUR**

4. Kostenkontrolle

Aufgabe 187 Grenzplankostenrechnung und Kontrollfunktion

Es wurde oben bereits gesagt, dass die zweite Aufgabe der Grenzplankostenrechnung darin besteht, eine Kontrolle der Wirtschaftlichkeit des Faktoreinsatzes zu ermöglichen. Wie ist eine solche Kontrollrechnung aufzubauen?

Wöhe S. 999–1003

Da die Kontrollrechnung (Soll-Ist-Vergleich) nicht Selbstzweck ist, sondern das Ziel verfolgt wird, die verantwortlichen Mitarbeiter bei Kostenüberschreitungen zur Rechenschaft zu ziehen (bzw. bei Kostenunterschreitungen zu honorieren), ist diese Kontrollrechnung an den Verantwortlichkeiten der einzelnen Mitarbeiter auszurichten. Das lässt sich am einfachsten dadurch erreichen, dass man die geplanten Kosten und die tatsächlich angefallenen Kosten **kostenstellenweise** erfasst und gegenüberstellt, denn schließlich wurden die Kostenstellen u. a. nach Verantwortungsbereichen gebildet.

In jeder einzelnen Kostenstelle werden – gegliedert nach Kostenarten – die im Jahr 02 tatsächlich angefallenen Kosten mit den ursprünglich geplanten Kosten verglichen. Dabei ist zu berücksichtigen, dass eine wirksame Kostenkontrolle nur dort möglich ist, wo es mehr oder weniger genaue Anhaltspunkte für die Kostenverursachung gibt. Dies dürfte in den Fertigungsstellen (bei HOBELMANN & SÖHNE, Stelle (2) bis (6)) in der Regel der Fall sein.

Da sich die Kostenkontrolle kostenstellenweise vollzieht, baut sie auf den Kostenstellenplänen auf (vgl. Aufgabe 176 bis 180). In diesen sind freilich die Planmaterialeinzelkosten nicht enthalten. Da aber auch die Materialeinzelkosten kontrolliert werden müssen, kann es zweckmäßig sein, die Kosten für das Einzelmaterial in den Kostenstellen zu erfassen, in welchen es verbraucht bzw. verarbeitet wurde. (Danach müssten die Kosten für Türblattkerne dort erfasst werden, wo diese zugeschnitten werden, nämlich in Kostenstelle (2). Die Kosten für Furnier müssten dort erfasst werden, wo dieses verarbeitet wird, nämlich in Stelle (3) und die Kosten für die Schlösser müssten in Kostenstelle (4) erfasst und kontrolliert werden.)

In der Grenzplankostenrechnung vollzieht sich die Kostenkontrolle durch einen Vergleich der Istkosten mit den **Sollkosten** (Sollkosten = Plankosten beim Istbeschäftigungsgrad). Unter „Istkosten" versteht man hier ausnahmsweise die Istverbrauchsmengen bewertet mit **Planpreisen**. Da in der Regel kein Mitarbeiter für Preisabweichungen verantwortlich gemacht werden kann, sollen derartige Kostenabweichungen die Kostenkontrolle unberührt lassen. Die Sollkosten sind nur dann mit den Plankosten identisch, wenn die Beschäftigung (Ausbringungsmenge) in der abgelaufenen Periode tatsächlich so groß war, wie man sie zuvor veranschlagte. Plante man eine Ausbringung von 60.000 Einheiten zu proportionalen Plankosten von 100.000 EUR und produzierte man in Wirklichkeit nur 30.000 Einheiten, dann belaufen sich die Sollkosten, welche den „Istkosten" gegenüberzustellen sind, auf 50.000 EUR.

Stehen diesen Sollkosten „Istkosten" in Höhe von 58.000 EUR gegenüber, ergibt sich eine Kostenabweichung von 8.000 EUR, die man als **Verbrauchsabweichung** bezeichnet. Da nämlich die „Istkosten" mit Planpreisen bewertet wurden, kann diese Kostenüberschreitung in einer Grenzplankostenrechnung nur auf einen im Vergleich zur Planung erhöhten Verbrauch von Produktionsfaktoren zurückzuführen sein.

Aufgabe 188 Ermittlung von Verbrauchsabweichungen

Bis zum Ende des Jahres 02 haben HOBELMANN & SÖHNE produziert und verkauft:

Ausführung „N“: 32.400 Stück (geplant 36.000 Stück)
Ausführung „R“: 21.600 Stück (geplant 24.000 Stück)

Die Istbeschäftigung ist somit um 10% hinter der Planbeschäftigung zurückgeblieben. Für die Fertigungsstellen ergeben sich folgende Istkosten (bewertet zu Planpreisen):

(2) – Zuschneiderei –		(3) – Furnierabteilung –	
Türblattkern	1.475.318 EUR	Nussfurnier	1.713.415 EUR
Löhne	73.840 EUR	Resopal	1.271.491 EUR
Elektr. Energie	3.200 EUR	Löhne	177.022 EUR
Reparaturen	5.090 EUR	Leim	95.025 EUR
Kalk. Abschreibung	7.440 EUR	Reparaturen	1.400 EUR
Kalk. Zinsen	3.300 EUR	Kalk. Abschreibung	1.680 EUR
Kalk. Raumkosten	12.000 EUR	Kalk. Zinsen	2.200 EUR
		Kalk. Raumkosten	7.500 EUR
(4) – Furnierpressen –		**(5) – Schleiferei –**	
Schlösser	205.333 EUR	Löhne	39.159 EUR
Löhne	46.242 EUR	Elektr. Energie	960 EUR
Elektr. Energie	6.920 EUR	Schleifmaterial	38.220 EUR
Reparaturen	7.200 EUR	Kalk. Abschreibung	1.900 EUR
Kalk. Abschreibung	13.160 EUR	Kalk. Zinsen	880 EUR
Kalk. Zinsen	3.960 EUR	Kalk. Raumkosten	6.000 EUR
Kalk. Raumkosten	9.600 EUR		
(6) – Lackiererei –			
Löhne	41.055 EUR		
Elektr. Energie	1.016 EUR		
Lack	71.700 EUR		
Kalk. Abschreibung	2.800 EUR		
Kalk. Zinsen	1.200 EUR		
Kalk. Raumkosten	12.000 EUR		

Ermitteln Sie aus diesen Angaben die **Verbrauchsabweichungen** (prop. Istkosten – prop. Sollkosten) gegliedert nach Kostenstellen und Kostenarten. Die Istkosten für Türblattkerne in Höhe von 1.475.318 EUR wurden bereits um die tatsächlichen Abfallerlöse reduziert. Die ihnen gegenüberzustellenden Sollkosten sind gleichermaßen zu behandeln. Vergessen Sie nicht, dass in den hier aufgeführten Istkosten Fixkostenbestandteile enthalten sind! Die proportionalen Sollkosten werden aus den proportionalen Plankosten nach folgender Formel abgeleitet:

$$\text{proportionale Sollkosten} = \frac{\text{proportionale Plankosten}}{\text{Planbeschäftigung}} \cdot \text{Istbeschäftigung}$$

Die notwendigen Ausgangsdaten zur Ermittlung der Sollkosten finden Sie demnach in den Kostenstellenplänen (Aufgabe 176 bis 180). Die Angaben über die Planmaterialkosten finden Sie in Aufgabe 185.

Ermittlung der Verbrauchsabweichungen in den Fertigungsstellen für Periode 02 (Lösung zu Aufgabe 188)

HOBELMANN & SÖHNE	(2) – Zuschneiderei –				(3) – Furnierabteilung –			
Planbezugsgröße Istbezugsgröße Auslastung	60.000 Stück 54.000 Stück 90 %				480.000 Minuten 432.000 Minuten 90 %			
Kostenarten	Fixkosten	prop. Kosten		Kostenabweichung	Fixkosten	prop. Kosten		Kostenabweichung
		Ist	Soll			Ist	Soll	
Türblattkern		1.475.318	1.446.390	28.928				
Nußfurnier						1.713.415	1.676.992	36.423
Resopal						1.271.491	1.270.080	1.411
Schlösser								
Löhne		73.840	74.800	– 1.040		177.022	175.680	1.342
Elektrische Energie	720	2.480	2.160	320				
Leim						95.025	94.500	525
Lack								
Schleifmaterial								
Reparaturen	252	4.538	4.318	220	500	900	900	
Kalkulatorische Abschreibung	2.400	5.040,2	5.040		600	1.080	1.080	
Kalkulatorische Zinsen	3.300				2.200			
Kalkilatorische Raumkosten	12.000				7.500			
Summe	18.672	1.561.216	1.532.788	28.428	10.800	3.258.933	3.219.232	39.701

Ermittlung der Verbrauchsabweichungen (Fortsetzung)

HOBELMANN & SÖHNE	(4) – Furnierpressen –				(5) – Schleiferei –				(6) – Lackiererei			
Planbezugsgröße Istbezugsgröße Auslastung	360.000 Minuten 324.000 Minuten 90%				36.000 Stück 32.400 Stück 90%				36.000 Stück 32.400 Stück 90%			
Kostenarten	Fixkosten	proportionale Kosten		Kosten-abweichung	Fixkosten	proportionale Kosten		Kosten-abweichung	Fixkosten	proportionale Kosten		Kosten-abweichung
		Ist	Soll			Ist	Soll			Ist	Soll	
Türblattkern												
Nussfurnier												
Resopal												
Schlösser		205.333	205.200	133								
Löhne		46.242	45.360	882		39.159	38.412	747		41.055	42.840	– 1.785
Elektrische Energie	2.440	5.480	5.400	80	300	660	648	12	360	656	720	– 64
Leim												
Lack										71.700	77.760	– 6.060
Schleifmaterial						38.220	37.800	420				
Reparaturen	7.200											
Kalkulatorische Abschreibung	5.600	7.560	7.560		1.000	900	900		1.000	1.800	1.800	
Kalkulatorische Zinsen	3.960				880				1.200			
Kalkulatorische Raumkosten	9.600				6.000				12.000			
Summe	27.800	264.615	263.520	1.095	8.180	78.939	77.760	1.179	14.560	115.211	123.120	– 7.909

Aufgabe 189 Analyse von Verbrauchsabweichungen

Der Ermittlung der Verbrauchsabweichungen folgt die Analyse der Verbrauchsabweichungen. Geht man davon aus, dass dies die erste Kontrolle nach Einführung der Grenzplankostenrechnung ist und unterstellt man ferner, dass sich teilweise sehr große (positive und negative) Verbrauchsabweichungen ergeben, erhebt sich die Frage, womit man die Analyse der Verbrauchsabweichungen beginnt.

Wöhe S. 999–1003

Überall dort, wo sich hohe Kostenabweichungen ergeben, sollte zunächst der Plankostenansatz, auf welchem die **Sollkosten** basieren, überprüft werden. Ehe ein Mitarbeiter für Kostenabweichungen zur Rechenschaft gezogen wird, muss erwiesen sein, dass der Plankostenansatz realistisch ist.

Aufgabe 190 Verbrauchsabweichungen und Verantwortlichkeit

Im folgenden wird unterstellt, dass sich die Plankostenansätze nach genauer Überprüfung als richtig erwiesen haben. In den Kostenstellen (4) und (5) ergaben sich Kostenabweichungen, die so geringfügig sind, dass sie im folgenden vernachlässigt werden können, wodurch die verantwortlichen Leiter dieser Stellen zunächst entlastet sind. Stark ins Gewicht fällt dagegen die Verbrauchsabweichung der Kostenstelle (2), insbesondere bei den Materialkosten für Türblattkerne mit 28.928 EUR. Nachforschungen ergeben, dass der außerplanmäßige Materialverbrauch darauf zurückzuführen ist, dass eine erhebliche Anzahl von Holzplatten nicht maßgerecht geschnitten und somit nur noch als Abfall verkauft werden konnten. Mit dem Leiter der Zuschneiderei müssen geeignete Maßnahmen zur Abstellung solcher Mängel vereinbart werden.

Dem verantwortlichen Leiter der Lackiererei ist es dagegen gelungen, die Kostenvorgaben zu unterschreiten. Eine Prämie, welche von der Höhe der Kosteneinsparung abhängig ist, wird diesen Kostenstellenleiter auch künftig zu einem kostensparenden Faktoreinsatz veranlassen.

In der Kostenstelle (3) – Furnierabteilung – ergab sich ein außerplanmäßiger Verbrauch an Nussholzfurnier. Vom Leiter dieser Abteilung erfahren Sie, dass im abgelaufenen Jahr 02 ca. 600 Türblätter, die bis auf die Lackierung fertiggestellt waren, zum erneuten Furnieren zurückgekommen seien, da das Furnier an einer oder mehreren Stellen versehentlich bis auf den Türblattkern durchgeschliffen wurde. Wie beurteilen Sie diesen Vorgang im Hinblick auf die Verantwortlichkeit der Abteilungsleiter für Kostenabweichungen?

Der Mehrverbrauch an Nussholzfurnier ist zwar in Kostenstelle (3) – Furnierabteilung – angefallen, wurde aber durch Kostenstelle (5) – Schleiferei – verursacht. Deshalb ist nicht der Leiter der Stelle (3), sondern derjenige der Stelle (5) für diese Verbrauchsabweichung zur Rechenschaft zu ziehen. Dieser ist nicht nur für den Mehrverbrauch an Furnier und Leim, sondern ebenso für die zusätzlichen Bearbeitungskosten in der Kostenstelle (4) – Furnierpressen – verantwortlich.

Aufgabe 191 Beschäftigungsabweichung

Was ist eine Beschäftigungsabweichung? Wie kommt sie zustande? Warum gibt es in der Grenzplankostenrechnung keine Beschäftigungsabweichung?

Wöhe S. 1000–1002

Bei einer Änderung des Beschäftigungsgrades, d.h. bei einer Verringerung oder Erhöhung der Ausbringungsmenge, verändern sich auch die Gesamtkosten. Sind in diesen Gesamtkosten auch fixe Kosten enthalten, dann vermindern (erhöhen) sich bei einer Verringerung (Steigerung) der Ausbringungsmenge um beispielsweise 10% die Gesamtkosten um weniger als 10%. In einer Plankostenrechnung auf Vollkostenbasis wird dagegen unterstellt, dass sich die Kosten im gleichen Maße ändern wie die Ausbringungsmenge. Da in den Kalkulationssätzen der Plankostenrechnung auf Vollkostenbasis fixe und variable Kostenbestandteile enthalten sind, werden in diesem Abrechnungssystem bei einer Verringerung (Steigerung) der Ausbringungsmenge um 10% nicht nur 10% weniger (mehr) variable, sondern auch 10% weniger (mehr) fixe Kosten berechnet. Verrechnet man aber in der Plankostenrechnung auf Vollkostenbasis weniger (mehr) Fixkosten als tatsächlich entstanden sind, dann entsteht eine Differenz zwischen verrechneten Plankosten und tatsächlich entstandenen Kosten, welche man **Beschäftigungsabweichung** nennt.

In der Grenzplankostenrechnung kann es derartige Beschäftigungsabweichungen nicht geben, da in die Kalkulationssätze nur variable Kosten eingehen und somit eine Beschäftigungsänderung um 10% nur eine proportionale Änderung der variablen, nicht aber der fixen Kosten nach sich zieht.

VII. Testfragen zum Sechsten Abschnitt: C. Kostenrechnung

Den folgenden Fragen sind Antworten beigegeben, die teils richtig, teils falsch sind. Ihre Aufgabe besteht darin, die richtigen Antworten herauszufinden und zu begründen, warum sie richtig und die anderen falsch sind. Die Lösungen finden Sie im Anschluss an die letzte Frage. Gelingt Ihnen die Begründung nicht, so ist es empfehlenswert, die erfragten Zusammenhänge und Definitionen im „Wöhe" noch einmal durchzuarbeiten. Das Stichwortverzeichnis des „Wöhe" wird Ihnen helfen, sich schnell zurechtzufinden.

(1) Welche der folgenden Feststellungen sind zutreffend?
- (a) Fixe Kosten = Einzelkosten; variable Kosten = Gemeinkosten,
- (b) fixe Kosten = Gemeinkosten; variable Kosten = Einzelkosten,
- (c) zwischen fixen und variablen Kosten einerseits und Einzel- und Gemeinkosten andererseits lässt sich keine Beziehung herstellen,
- (d) fixe Kosten = Gemeinkosten abzüglich variable Gemeinkosten, variable Kosten = Einzelkosten zuzüglich variable Gemeinkosten.

(2) Welche der folgenden Behauptungen sind richtig?
- (a) Bilanzielle und kalkulatorische Abschreibung können zwar in den einzelnen Jahresraten divergieren, sind jedoch auf die gesamte Nutzungsdauer bezogen stets gleich.
- (b) Die kalkulatorische Abschreibung ist höher als die bilanzielle Abschreibung, da man in der Kostenrechnung von einer längeren Nutzungsdauer ausgeht.
- (c) Die kalkulatorische Abschreibung ist insgesamt höher als die bilanzielle Abschreibung, wenn in der Kostenrechnung trotz Beendigung der geschätzten Nutzungsdauer weiterhin kalkulatorische Abschreibungen verrechnet werden.
- (d) Eine höhere kalkulatorische Abschreibung führt zwangsläufig über höhere Preise zu höheren Gewinnen.

(3) Ein Betrieb ermittelt bei einem Beschäftigungsgrad von 80% einen auf die (proportionalen) Einzelkosten bezogenen Kalkulationssatz von 130%. Die Gemeinkosten sind teils fixe, teils variable Kosten. Welche der folgenden Feststellungen sind richtig?
- (a) Bei einer Änderung des Beschäftigungsgrades führt die Verrechnung eines Gemeinkostenzuschlages zu Kostenüber- und Kostenunterdeckungen.
- (b) Wenn in den Gemeinkosten nur variable Kosten enthalten wären, käme es bei Anwendung eines Kalkulationssatzes von 130% auch bei Beschäftigungsänderungen nicht zu Kostenüber- oder -unterdeckungen.
- (c) Im Falle eines Beschäftigungsrückganges können Kostenunterdeckungen nur vermieden werden, wenn der Kalkulationssatz erhöht wird.
- (d) Eine Kostenüberdeckung führt zwangsläufig zu höheren Absatzpreisen und somit zu einem höheren Gewinn.

(4) Bei welchen der folgenden Kostenarten handelt es sich um variable Kosten?
- (a) Grundsteuer
- (b) Akkordlöhne
- (c) Zeitabschreibung
- (d) Einzelmaterial
- (e) Leistungsabschreibung
- (f) Geschäftsführergehalt
- (g) Ladenmiete

(5) Warum verrechnet man einen kalkulatorischen Unternehmerlohn?

(a) Um möglichst hohe Preise zu erzielen,
(b) um Steuern zu sparen,
(c) um das Unternehmergehalt auszahlen zu können,
(d) um den Faktorverbrauch bei Ermittlung der Preisuntergrenze vollständig zu erfassen.

(6) Welche Gemeinsamkeiten bestehen zwischen kalkulatorischer Miete und kalkulatorischen Zinsen für Eigenkapital? In beiden Fällen handelt es sich um

(a) ein fiktives Entgelt für unternehmereigene Faktorleistungen,
(b) Kosten, denen kein Aufwand gegenübersteht,
(c) Beträge, die im Gewinn der Handels- und Steuerbilanz enthalten sind,
(d) eine Maßnahme zur Verhinderung einer zu niedrigen Preisuntergrenze.

(7) Welche Kostenarten sind Bestandteil der Herstellkosten?

(a) Fertigungsgemeinkosten
(b) Fertigungsmaterial
(c) Sondereinzelkosten der Fertigung
(d) Sondereinzelkosten des Vertriebs
(e) Verwaltungsgemeinkosten

(8) Welche Grundsätze sind bei der Kostenstellenbildung zu berücksichtigen?

(a) Jede Kostenstelle muss ein abgeschlossener Raum sein.
(b) In jeder Kostenstelle darf nur eine Person beschäftigt sein.
(c) In einer Kostenstelle dürfen nicht zu hohe Kosten anfallen.
(d) In einer Kostenstelle dürfen nur Einzelkosten anfallen.
(e) In einer Kostenstelle dürfen nur variable Kosten anfallen.

(9) Zur Anwendung einer einstufigen Divisionskalkulation müssen folgende Voraussetzungen vorliegen:

(a) Einproduktunternehmen
(b) nur variable Kosten
(c) proportionaler Gesamtkostenverlauf
(d) keine Bestandveränderungen an Halb- und Fertigfabrikaten

(10) Der Betriebsabrechnungsbogen ist Bestandteil

(a) der Kostenartenrechnung
(b) der Kostenstellenrechnung
(c) der Kostenträgerrechnung
(d) der Divisionskalkulation
(e) der Zuschlagskalkulation

(11) Die mehrstufige Äquivalenzziffernkalkulation ist anzuwenden bei:

(a) Einzelfertigung
(b) einheitlicher Massenfertigung
(c) Sortenfertigung
(d) Sortenfertigung mit Lagerbestandsveränderungen

(12) Die Deckungsbeitragsrechnung bietet gegenüber der Vollkostenrechnung den Vorteil,

(a) die effektiven Selbstkosten pro Stück zu ermitteln,
(b) die variablen Kosten verursachungsgerecht zu verrechnen,
(c) die fixen Kosten verursachungsgerecht zu verrechnen,
(d) das Verursachungsprinzip einzuhalten und auf die Einbeziehung nicht zurechenbarer (fixer) Kosten zu verzichten.

(13) Die Differenz zwischen Plankosten und Sollkosten bezeichnet man als
- (a) Verbrauchsabweichung
- (b) Beschäftigungsabweichung
- (c) Preisabweichung
- (d) Planabweichung

(14) Welche Abweichungen gibt es in der Grenzplankostenrechnung?
- (a) Preisabweichung
- (b) Beschäftigungsabweichung
- (c) Verbrauchsabweichung
- (d) überhaupt keine Kostenabweichung

(15) Welche der folgenden Kostenrechnungsarten liefert die genauesten Entscheidungs- und Kontrollgrundlagen?
- (a) Vollkostenrechnung
- (b) Plankostenrechnung
- (c) Grenzkostenrechnung
- (d) Deckungsbeitragsrechnung
- (e) Istkostenrechnung
- (f) Grenzplankostenrechnung
- (g) Normalkostenrechnung

(16) Welche der folgenden Aussagen sind richtig?

In der Kostenrechnung sind zu berücksichtigen:
- (a) Kredittilgungen
- (b) Der Verkauf einer Maschine zu einem über dem Restwert liegenden Preis
- (c) Die Zahlung von Lohnvorschüssen
- (d) Die Zahlung bzw. der Erhalt von Spenden
- (e) Der Einsatz unternehmerischer Arbeitsleistung in Personenunternehmen

(17) Welche Aussagen zur Äquivalenzziffernkalkulation sind richtig?
- (a) Die Äquivalenzziffernkalkulation ist eine spezielle Methode der Divisionskalkulation.
- (b) Die Äquivalenzziffernkalkulation beruht darauf, dass die unterschiedlichen Kostenverhältnisse einzelner Sorten durch Äquivalenzziffern erfasst werden können.
- (c) Die Äquivalenzziffernkalkulation kann nur angewendet werden, wenn alle Produkte in der gleichen Menge produziert werden.
- (d) Die Äquivalenzziffernkalkulation eignet sich auch gut für Unternehmen mit Einzelfertigung.

(18) Welche Aussagen zu den Grundlagen der Kostenrechnung sind richtig?
- (a) Die Absatzpreise der erstellten Produkte werden grundsätzlich durch die kostenrechnerische Kalkulation ermittelt.
- (b) Einzelkosten sind immer variable Kosten, variable Kosten aber nicht immer Einzelkosten.
- (c) Gemeinkosten sind immer Fixkosten, variable Kosten aber nicht immer Einzelkosten.
- (d) Der wertmäßige Kostenbegriff ist im wesentlichen durch die Merkmale Leistungsbezogenheit, Verbrauch von Produktionsfaktoren und Bewertung charakterisiert.

(19) Welche der folgenden Antworten sind richtig?
- (a) Grundkosten lassen sich einfacher ermitteln als kalkulatorische Kosten.

(b) Die Gesamtkosten setzen sich aus Einzelkosten und kalkulatorischen Kosten zusammen.
(c) Verluste vermeidet man dann, wenn man kalkulatorische Abschreibungen eher zu hoch als zu niedrig ansetzt.
(d) Die Verrechnung kalkulatorischer Wagniskosten dient der vollständigen Erfassung des Wertverzehrs.

(20) Welche der folgenden Aussagen sind richtig?
(a) Eine Kapitalgesellschaft kann auf die Erfassung kalkulatorischer Miete verzichten.
(b) Eine Kapitalgesellschaft kann mit ihren Gesellschaftern Verträge abschließen und deshalb auf die Berücksichtigung aller Arten von Zusatzkosten verzichten.
(c) Sind die erwarteten Wiederbeschaffungskosten höher als die Anschaffungskosten, übersteigt die kalkulatorische Abschreibung in jedem Nutzungsjahr die bilanzielle Abschreibung.
(d) Die Verrechnung kalkulatorischer Wagniskosten dient der Periodisierung aperiodischer anfallenden Wertverzehrs.

(21) Welche der folgenden Aussagen sind richtig?
(a) Eine Berechnung kalkulatorischer Abschreibungen auf der Basis erwarteter Wiederbeschaffungskosten sichert in jedem Falle die Substanzerhaltung.
(b) Bei der Ermittlung kalkulatorischer Abschreibungen sind außerplanmäßige Abschreibungen nicht zu berücksichtigen.
(c) Nachkalkulationen werden nicht nur zur Kostenkontrolle benötigt.
(d) Bei der Ermittlung der kurzfristigen Preisuntergrenze werden nur variable Kosten berücksichtigt.

(22) Welche der folgenden Behauptungen sind richtig?
(a) Im Betriebsabrechnungsbogen werden nur Gemeinkosten, nicht aber Zusatzkosten berücksichtigt.
(b) Sekundäre Kosten erscheinen im Betriebsabrechnungsbogen nur dann, wenn es Hilfskostenstellen gibt.
(c) Gibt es zwischen den Hilfskostenstellen keinen Leistungszufluss, sollte man zur innerbetrieblichen Leistungsverrechnung einfachheitshalber das Stufenleiterverfahren heranziehen.
(d) Die Summe der primären Gemeinkosten der Hilfskostenstellen ist identisch mit der Summe der sekundären Gemeinkosten der Hauptkostenstellen.

(23) Welche der folgenden Behauptungen sind richtig?
(a) Dem Proportionalitätsprinzip wird in jedem Fall Genüge getan, wenn zur Ermittlung des Kalkulationssatzes einer Fertigungsstelle Fertigungseinzelkosten als Bezugsgröße herangezogen werden.
(b) Im Einproduktunternehmen führt eine einstufige Divisionskalkulation immer zu Kalkulationsergebnissen, die dem Kostenverursachungsprinzip entsprechen.
(c) Die summarische Zuschlagskalkulation kann ohne Betriebsabrechnungsbogen abgewickelt werden.
(d) Orientieren sich die Äquivalenzziffern am Materialverbrauch, führt nur eine zweistufige Äquivalenzziffernkalkulation zu kostenverursachungsgerechten Kalkulationsergebnissen.

Lösungen: Richtig sind folgende Antworten: 1 d; 2 c; 3 a, b, c; 4 b, d, e; 5 d; 6 a, b, c, d; 7 a, b, c; 8: Alle Antworten sind falsch; 9 a, d; 10 b; 11 d; 12 d; 13 b; 14 a, c; 15 f; 16 e; 17 a, b; 18 b, d; 19 a, 20 a, d; 21 b, c, d; 22 b, d; 23 c.

Anhang
Zinstabellen

6%					
Periode n	Endwert einmalig 1 EUR $(1+i)^n$	Barwert einmalig 1 EUR $\frac{1}{(1+i)^n}$	Renten (Annuitäten-) barwertfaktor $\frac{(1+i)^n-1}{i(1+i)^n}$	Wieder-gewinnungs (Annuitäten-) faktor $\frac{i(1+i)^n}{(1+i)^n-1}$	Periode n
(1)	(2)	(3)	(4)	(5)	(6)
1	1.060	0.9434	0.943	1.06000	1
2	1.124	0.8900	1.833	0.54544	2
3	1.191	0.8396	2.673	0.37411	3
4	1.262	0.7921	3.465	0.28859	4
5	1.338	0.7473	4.212	0.23740	5
6	1.419	0.7050	4.917	0.20336	6
7	1.504	0.6651	5.582	0.17914	7
8	1.594	0.6274	6.210	0.16104	8
9	1.689	0.5919	6.802	0.14702	9
10	1.791	0.5584	7.360	0.13587	10
11	1.898	0.5268	7.887	0.12679	11
12	2.012	0.4970	8.384	0.11928	12
13	2.133	0.4688	8.853	0.11296	13
14	2.261	0.4423	9.295	0.10758	14
15	2.397	0.4173	9.712	0.10296	15
16	2.540	0.3936	10.106	0.09895	16
17	2.693	0.3714	10.477	0.09544	17
18	2.854	0.3503	10.828	0.09236	18
19	3.026	0.3305	11.158	0.08962	19
20	3.207	0.3118	11.470	0.08718	20
21	3.400	0.2942	11.764	0.08500	21
22	3.604	0.2775	12.042	0.08305	22
23	3.820	0.2618	12.303	0.08128	23
24	4.049	0.2470	12.550	0.07968	24
25	4.292	0.2330	12.783	0.07823	25
26	4.549	0.2198	13.003	0.07690	26
27	4.822	0.2074	13.211	0.07570	27
28	5.112	0.1956	13.406	0.07459	28
29	5.418	0.1846	13.591	0.07358	29
30	5.743	0.1741	13.765	0.07265	30
31	6.088	0.1643	13.929	0.07179	31
32	6.453	0.1550	14.084	0.07100	32
33	6.841	0.1462	14.230	0.07027	33
34	7.251	0.1379	14.368	0.06960	34
35	7.686	0.1301	14.498	0.06897	35
36	8.147	0.1227	14.621	0.06840	36
37	8.636	0.1158	14.737	0.06786	37
38	9.154	0.1093	14.846	0.06736	38
39	9.704	0.1031	14.949	0.06689	39
40	10.286	0.0972	15.046	0.06646	40
41	10.903	0.0917	15.138	0.06606	41
42	11.557	0.0865	15.225	0.06568	42
43	12.250	0.0816	15.306	0.06533	43
44	12.958	0.0770	15.383	0.06501	44
45	13.765	0.0726	15.456	0.06470	45
46	14.590	0.0685	15.524	0.06442	46
47	15.466	0.0647	15.589	0.06415	47
48	16.394	0.0610	15.650	0.06390	48
49	17.377	0.0575	15.708	0.06366	49
50	18.420	0.0543	15.762	0.06344	50

8%					
Periode n	Endwert einmalig 1 EUR $(1+i)^n$	Barwert einmalig 1 EUR $\frac{1}{(1+i)^n}$	Renten (Annuitäten-) barwertfaktor $\frac{(1+i)^n-1}{i(1+i)^n}$	Wieder-gewinnungs (Annuitäten-) faktor $\frac{i(1+i)^n}{(1+i)^n-1}$	Periode n
(1)	(2)	(3)	(4)	(5)	(6)
1	1.080	0.9259	0.926	1.08000	1
2	1.166	0.8573	1.783	0.56077	2
3	1.260	0.7938	2.577	0.38803	3
4	1.360	0.7350	3.312	0.30192	4
5	1.469	0.6806	3.993	0.25046	5
6	1.587	0.6302	4.623	0.21632	6
7	1.714	0.5835	5.206	0.19207	7
8	1.851	0.5403	5.747	0.17401	8
9	1.999	0.5002	6.247	0.16008	9
10	2.159	0.4632	6.710	0.14903	10
11	2.332	0.4289	7.139	0.14008	11
12	2.518	0.3971	7.536	0.13270	12
13	2.720	0.3677	7.904	0.12652	13
14	2.937	0.3405	8.244	0.12130	14
15	3.172	0.3152	8.559	0.11683	15
16	3.426	0.2919	8.851	0.11298	16
17	3.700	0.2703	9.122	0.10963	17
18	3.996	0.2502	9.372	0.10670	18
19	4.316	0.2317	9.604	0.10413	19
20	4.661	0.2145	9.818	0.10185	20
21	5.034	0.1987	10.017	0.09983	21
22	5.437	0.1839	10.201	0.09803	22
23	5.871	0.1703	10.371	0.09642	23
24	6.341	0.1577	10.529	0.09498	24
25	6.848	0.1460	10.675	0.09368	25
26	7.396	0.1352	10.810	0.09251	26
27	7.988	0.1252	10.935	0.09145	27
28	8.627	0.1159	11.051	0.09049	28
29	9.317	0.1073	11.158	0.08962	29
30	10.063	0.0994	11.258	0.08883	30
31	10.868	0.0920	11.350	0.08811	31
32	11.737	0.0852	11.435	0.08745	32
33	12.676	0.0789	11.514	0.08685	33
34	13.690	0.0730	11.587	0.08630	34
35	14.785	0.0676	11.655	0.08580	35
36	15.968	0.0626	11.717	0.08535	36
37	17.246	0.0580	11.775	0.08492	37
38	18.625	0.0569	11.829	0.08454	38
39	20.115	0.0497	11.879	0.08419	39
40	21.725	0.0460	11.925	0.08386	40
41	23.462	0.0426	11.967	0.08356	41
42	25.339	0.0395	12.007	0.08329	42
43	27.367	0.0365	12.043	0.08303	43
44	29.560	0.0338	12.077	0.08280	44
45	31.920	0.0313	12.108	0.08259	45
46	34.474	0.0290	12.137	0.08239	46
47	37.232	0.0269	12.164	0.08221	47
48	40.211	0.0249	12.189	0.08204	48
49	43.427	0.0230	12.212	0.08189	49
50	46.902	0.0213	12.233	0.08174	50

10%					
Periode n	Endwert einmalig 1 EUR $(1+i)^n$	Barwert einmalig 1 EUR $\frac{1}{(1+i)^n}$	Renten (Annuitäten-) barwertfaktor $\frac{(1+i)^n-1}{i(1+i)^n}$	Wieder-gewinnungs (Annuitäten-) faktor $\frac{i(1+i)^n}{(1+i)^n-1}$	Periode n
(1)	(2)	(3)	(4)	(5)	(6)
1	1.100	0.9091	0.909	1.10000	1
2	1.210	0.8264	1.736	0.57619	2
3	1.331	0.7513	2.487	0.40211	3
4	1.464	0.6830	3.170	0.31547	4
5	1.611	0.6209	3.791	0.26380	5
6	1.772	0.5645	4.355	0.22961	6
7	1.949	0.5132	4.868	0.20541	7
8	2.144	0.4665	5.335	0.18744	8
9	2.358	0.4241	5.759	0.17364	9
10	2.594	0.3855	6.144	0.16275	10
11	2.853	0.3505	6.495	0.15396	11
12	3.138	0.3186	6.814	0.14676	12
13	3.452	0.2897	7.103	0.14078	13
14	3.797	0.2633	7.367	0.13575	14
15	4.177	0.2394	7.606	0.13147	15
16	4.595	0.2176	7.824	0.12782	16
17	5.054	0.1978	8.022	0.12466	17
18	5.560	0.1799	8.201	0.12193	18
19	6.116	0.1635	8.365	0.11955	19
20	6.727	0.1486	8.514	0.11746	20
21	7.400	0.1351	8.649	0.11562	21
22	8.140	0.1228	8.772	0.11401	22
23	8.954	0.1117	8.883	0.11257	23
24	9.850	0.1015	8.985	0.11130	24
25	10.835	0.0923	9.077	0.11017	25
26	11.918	0.0839	9.161	0.10916	26
27	13.110	0.0763	9.237	0.10826	27
28	14.421	0.0693	9.307	0.10745	28
29	15.863	0.0630	9.370	0.10673	29
30	17.449	0.0573	9.427	0.10608	30
31	19.194	0.0521	9.479	0.10550	31
32	21.114	0.0474	9.526	0.10497	32
33	23.225	0.0431	9.569	0.10450	33
34	25.548	0.0391	9.609	0.10407	34
35	28.102	0.0356	9.644	0.10369	35
36	30.913	0.0323	9.677	0.10334	36
37	34.004	0.0294	9.706	0.10303	37
38	37.404	0.0267	9.733	0.10275	38
39	41.145	0.0243	9.757	0.10249	39
40	45.259	0.0221	9.779	0.10226	40
41	49.785	0.0201	9.799	0.10205	41
42	54.764	0.0183	9.817	0.10186	42
43	60.240	0.0166	9.834	0.10169	43
44	66.264	0.0151	9.849	0.10153	44
45	72.890	0.0137	9.863	0.10139	45
46	80.180	0.0125	9.875	0.10126	46
47	88.197	0.0113	9.886	0.10115	47
48	97.017	0.0103	9.897	0.10104	48
49	106.719	0.0094	9.906	0.10095	49
50	117.391	0.0085	9.915	0.10086	50